国家出版基金项目
NATIONAL PUBLICATION FOUNDATION

国家重点图书出版规划项目

20世纪
中国知名科学家学术成就概览

总 主 编　钱伟长

本卷主编　石元春

农 学 卷

第三分册

科 学 出 版 社

北 京

内 容 简 介

国家重点图书出版规划项目《20世纪中国知名科学家学术成就概览》，以纪传文体记述中国20世纪在各学术专业领域取得突出成就的数千位华人科学技术和人文社会科学专家学者，展示他们的求学经历、学术成就、治学方略和价值观念，彰显他们为促进中国和世界科技发展、经济和社会进步所做出的贡献。

《20世纪中国知名科学家学术成就概览·农学卷》按传主出生年月日先后结集卷册，卷首简要回顾20世纪的中国农学发展概况，卷尾附20世纪中国农学大事记。这与传文两相映照，力图反映出中国农学领域的百年发展脉络。

农学卷记述了200多位农学家的研究路径和学术生涯，全书以突出学术成就为重点，力求对学界同行的学术探索有所镜鉴，对青年学生的学术成长有所启迪。本卷分四册出版，第三分册收录了43位农学家。

图书在版编目(CIP)数据

20世纪中国知名科学家学术成就概览·农学卷·第三分册/钱伟长总主编；石元春本卷主编. —北京：科学出版社，2013.4

国家重点图书出版规划项目. 国家出版基金项目

ISBN 978-7-03-037279-6

Ⅰ.①2… Ⅱ.①钱… ②石… Ⅲ.①农学家-列传-中国-20世纪 ②农学-技术发展-成就-中国-20世纪 Ⅳ.①K826.1②N12

中国版本图书馆CIP数据核字（2013）第071609号

责任编辑：李 迪 盖 宇/责任校对：张怡君

责任印制：钱玉芬/封面设计：黄华斌

科学出版社 出版

北京东黄城根北街16号

邮政编码：100717

http://www.sciencep.com

中国科学院印刷厂 印刷

科学出版社发行 各地新华书店经销

*

2013年4月第 一 版 开本：889×1194 1/16

2013年4月第一次印刷 印张：34 1/4

字数：628 000

定价：157.00元

《20世纪中国知名科学家学术成就概览》
农学卷编辑委员会

《20世纪中国知名科学家学术成就概览》

总　　序

记得早在21世纪的新世纪之初，中国科学院、中国工程院和中国社会科学院的一些老同志给我写信，邀我来牵头一起编一套书，书名就叫《20世纪中国知名科学家学术成就概览》（以下简称《概览》）。主要目的就是以此来记录近代中国科技历史、铭记新中国科技成就，同时也使之成为科技创新的基础人文平台，传承老一辈科技工作者爱国奉献、不断创新、追求卓越的精神，并以此激励后人。我国是一个高速发展中的大国，世界上的影响力不断增强，编写出版这样一套史料性文献，可以总结中华民族对人类科技、文化、经济与社会所做出的巨大成就与贡献，从而最广泛地凝聚民族精神与所有炎黄子孙的“中华魂”，让中国的科技工作者能团结奋进，为共建和谐的祖国多做贡献，更可以激发年轻一代奋发图强，积极投身祖国“科教兴国”战略的伟大实践中。

在党和政府的高度重视和长期大力支持下，酝酿已久的《概览》项目终于被列为国家重点图书出版规划项目，并由科学出版社承担实施。

《概览》总体工程包括纸书出版、资料数据库与光盘、网络传播三大部分。全套纸书计划由数学、力学、天文学、物理学、化学、地学、生物学、农学、医学，机械与运载工程学、信息与电子工程学、化工冶金与材料工程学、能源与矿业工程学、环境与轻纺工程学、土木水利与建筑工程学，以及哲学、法学、考古学、历史学、经济学和管理学等卷组成。

《概览》纸书预计收录数千名海内外知名华人科学技术和人文社会科学专家学者，展示他们的求学经历、学术成就、治学方略、价值观念，彰显他们为促进中国和世界科技发展、经济和社会进步所做出的贡献，秉承他们在百年内忧外患中坚韧不拔、追求真理的科学精神和执著、赤诚的爱国传统，激励后人见贤思齐、知耻后勇，在新世纪的大繁荣、大发展时期，为中华民族的伟大复兴和全人类的知识创新而奋发有为。

在搜集整理和研究利用已有各类学术人物传记资料的基础上，《概览》以突出对学术成就的归纳和总结为主要特色。在整理传主所取得的学术成就的基础上，分析并总结他们所以取得这些学术成就的情境和他们得以取得这些学术成就的路径，如实评介这些学术成就对学术发展的承前启后的贡献和影响，以及这些学术成就给人类社会所带来的改变。从知识发生、发展的脉络上揭示他们创造、创新的过程，从而给当前的教育界在培养创新型人才方面，以及给年轻科技工作者自我成长方面有诸多启示。同时，《概览》还力求剖析这些海内外知名华人科学技术和人文社会科学专家学者之所以成才成家的内外促因，提供他们对当前科技和学术后继人才培养的独到见解，试图得出在科学史和方法论方面具有普遍性意义的结论，进而对后学诸生的个人成长和科技人才培育体系的优化完善有所裨益。

在世纪转型的战略机遇期，编写出版《概览》图书，可以荟萃知名专家学者宝贵的治学思想、学术轨迹和具有整体性的科技史料，为科研、教学、生产建设、科研管理和人才培养等提供一个精要的蓝本。

他们的英名和成就将光耀中华，垂范青史。

钱伟长

2009年1月9日

《20世纪中国知名科学家学术成就概览·农学卷》

前　　言

16 世纪以来，随着科技革命和工业革命在欧美的兴起，先进的中国逐渐地被抛在了世界后面，一直领先于世界的中国传统农业理论与技术也是望洋兴叹。19 世纪中叶，达尔文进化论发生在英国；施莱登和施旺的细胞学说、维勒的人工尿素合成和李比希植物矿质营养学说发生在德国；孟德尔遗传学发生在奥地利，正是它们奠定了近代农业的生物学和农业化学的理论基础，掀起了 19 世纪末开始的，以育种、化肥、农药和拖拉机为代表的近代农业科技革命。而这时的中国，正经受着鸦片战争和列强瓜分的奇耻大辱，半封建半殖民地的痛苦熬煎，近代科学与技术在“西学东渐”中蹒跚起步。

中国近代农学启蒙于 19 世纪末，发祥于 20 世纪上半叶。这一时期创办了农作物、园艺、林科、蚕桑、茶叶、家畜等各类学科的学堂、试验场和学会组织，聘请了外国专家，引进了先进技术和优良品种。1905 年兴办京师大学堂的农科大学，1906 年农工商部设农事试验场，1932 年成立中央农业实验所。这一时期主要是聘请美英和日本专家主持讲学与试验，也通过出国留学等形式培养了我国第一代的农科专家，逐步建立中国的农科教育和试验体系。

新中国成立使农科教育和研究进入到一个崭新的发展时期。新中国成立之初仅有高等农科院校 43 所，教师 2140 人，在校生 1.3 万人，在大学院系调整中，1949 年成立了北京农业大学，并将原有 43 所农科院校和综合大学的农科院系调整为 30 所独立的高等农林院校，分布于全国各地。1957 年成立了中国农业科学院以及各地的农科院。在国家大形势影响下，这一时期是农业科技和教育大发展，也是大动荡的年代。先是全盘学习苏联，以米丘林学说批判孟德尔遗传学，土壤、农经等其他学科也在不同程度上以苏联学派抑制西方农业科技在我国的影响。“大跃进”给农业科技和教育以巨大冲击；“文化大革命”使农业科教蒙受了一场灾难。

新中国成立后 17 年间的农业科技和教育取得了显著的发展，特别是在组织体系、科技队伍以及农业科教人员深入农业第一线上。17 年间累计毕业本专科生近 18 万人，研究生 1004 人，正是这个农业科教体系的建立和素质较高的农业科技队伍的形成，为改革开放后农业科技的大发展提供了人才与组织准备。新中国成立后的 17

年，是 20 世纪中国农业科技发展历程中的一个承上启下的重要时期。

改革开放迎来了农业科技发展的春天，一个生机勃勃、成果累累、人才辈出的大发展时期。这一时期的农业科技成果丰硕，如获 1981 年度国家技术发明奖特等奖的杂交水稻，获 1993 年度国家科学技术进步奖特等奖的黄淮海平原中低产地区综合治理等一大批国家和省部级科技奖励。农业科技对农业生产的贡献率由 27%提升到 45%。

新中国成立后 17 年培养成长的农业科技队伍成为改革开放后农业科技大发展中的骨干和主力，他们一面积极学习西方先进科技，弥补曾经失去的时间；一面大力培养改革开放后新一代的农业科技人才。改革开放后有 80 多位农科教授和研究人员进到中国科学院和中国工程院院士行列。恢复高考后全国农科高校在校生 5 万人，2007 年发展到 35 万人，在校研究生由 312 人增加到 4.3 万人；1981～1988 年，公派出国农科留学生 1063 人。

“十年树木，百年树人”，20 世纪的一百年里，中国农业科技走过了由启蒙发祥到跟上世界发展步伐的百年路程。科技传承和创新的载体是人，是一支农业科技队伍。在这一百年里，有罗振玉、许璇等为代表的启蒙时代的第一代人；有丁颖、梁希、俞大绂等为代表的第二代人；有新中国成立后培养成长的袁隆平、李振声等为代表的第三代人；有改革开放后培养成长的张启发、武维华等为代表的第四代人。如果说第一代人和第二代人担负了学习引进西方农业科技的历史重任，第三代人承上启下的话，在改革开放大环境下成长的第四代人在 20 世纪后期开始的，以生物技术和信息技术为主导的新的农业科技革命中与西方发达国家水平间的差距已经大大缩小了。中国的杂交水稻和抗虫棉等已居世界前列。

《20 世纪中国知名科学家学术成就概览 · 农学卷》包括总序、前言、20 世纪的中国农学、传文、20 世纪中国农学大事记等部分。农学卷的入选学者是本卷编委会经过充分讨论，严格把关，最终投票优选出来的。有部分入选学者，虽已列入名单，但在组稿过程中或本人婉拒，或因过世多年而使撰写者难以落实，未能及时收入本卷，希望以后再版时加以补充。

《概览》农学卷将展示这一百年间中国现代农业科技从启蒙到逐渐跟上世界先进水平历程中成长和做出较大贡献的 200 多位代表人物。这是一幅历史长河中的百年画卷，这些代表人物是滚滚长江激流中的点点浪花。

《20 世纪中国知名科学家学术成就概览 · 农学卷》编委会

石元春

2009 年 11 月 17 日

目　　录

20世纪的中国农学

20世纪是中国农学发展变化极其巨大、深刻的时期。1900年前后，影响中国农业生产的是建立在经验基础上的中国传统农学。1905年，清廷正式废除了实行一千三百余年的科举、八股取士的教育与人才选拔制度，兴办新式学校教育，各种类型、层级的农业学校、农业试验场（站）才得以发展。中国农学逐步向以采用实验科学方法、取得工业能源和产品支持、为以商品生产为目标的现代型农业生产服务的科学农学阶段推进。经百年的努力，农、林、渔、牧等各相关分支学科不断构建起来，农业科研、农业教育形成完整体系。各研究领域接连取得丰硕学术成果，涌现出成千上万的具有开拓精神、国内领先或跻身世界水平的研发人才。《20世纪的中国农学》的“概论”部分，就中国传统农学与西方实验农学的交汇、中国近现代农业科技之发祥、抗日战争影响下的农业科技、迈向现代农业科技时代等不同发展时段阐述相关农学领域发展历程。“农学主要分支学科发展与成就”部分，简叙农学主要分支学科发展与成就。本文力求为20世纪中国农学发展勾勒出一个演进的轮廓。

第一部分　概　　论

一、中国传统农学和西方实验农学的交汇

（一）近代中国传统农学未能向实验农学突破

中国古代有素称发达的农业和较为完善的传统农业科学技术体系。公元前3世纪《吕氏春秋》的《上农》、《任地》、《辩土》、《审时》等篇农学论著问世，标志着中国传统农学的奠基。公元6世纪贾思勰撰《齐民要术》一书，对当时中国北方旱地农耕技术的经验，作了系统的总结和概括，凝练出耕耙耱成套的墒情、地力调控技艺，建立起北方旱区精耕细作农学体系。公元12世纪的《陈旉农书》，归纳了水田耕耙耖系列作业的经验，在南方水田精耕细作农学体系的形成方面起着重大的作用。农学家、历算学家、水利专家徐光启（1562～1633）深谙当时中国农业科学技术，并努力吸收西方科学技术成果，所撰《农政全书》，在中国古代农学体系的发展完善方面，起过重大的作用。该书收进了《泰西水法》，主要介绍西方取水、蓄水、用水方法和器械等，卷首题泰西熊三拔（Sabbathino de Ursis，1575～1620）撰，

吴淞徐光启笔记。《徐光启集》“书牍二”还载有徐光启采用西洋方法栽插、修剪葡萄，取得良好效果的内容。徐光启在《几何原本杂议》中，提到教授形式逻辑思维的《几何原本》，能令学理者祛其浮气，练其精心；学事者资其定法，发其巧思。认为它是举世无一人不当学的好书，并说能精此书者，无一事不可精；好学此书者，无一事不可学。从农业科学技术若干要素的构成来看，17～19世纪间，中国在不少方面已接近实验科学的门槛。明末宋应星（1587～?）撰《天工开物》书中载有“凡秧田一亩，所生秧，供移栽二十五亩”；“凡苗自函活以至颖粟，早者食水三斗，晚者食水五斗，失水即枯”，已注意到农业技术措施中的数量关系；品种培育上有将不同产地的黄茧种蚕蛾与白茧种蚕蛾交配，后代可以产生变异，将早雄蚕蛾配晚雌蚕蛾，“幻出嘉种”，已注意到不同品种杂交呈出优势的叙述。明末《沈氏农书》中有“人畜之粪与灶灰脚泥，无用也，一入田地，便将化为布帛菽粟”等这类朴素的物质循环转化思想的记载。清代王筠（1784～1854）《说文释例》中，提到根瘤不可食，其大小与年景丰凶有关，对豆类根瘤形态已有具体的观察描述。

（二）中国传统农学和西方实验农学对比是严峻的

从15世纪左右起，在一些国家，工场手工业发展，商业繁荣，城市人口骤增，使农业有利可图，农业被加速纳入资本主义经济发展的进程，农业科学技术接连发生重大变化。18～19世纪，西方在产业革命推动下，机器动力农具逐步推广应用，不断以工业产品来装备农业；向农业投入较多物质和能量并科学合理地加以应用，按动植物生长发育需要补给各种营养；对病虫害使用药剂防治；物理、化学、生物学科等领域的研究成果不断转引用于农业，实行技术转移。

美国科学史专家G. G. 坎农（G. G. Cannon）《近代农业名人传》（赵伟钧译，农业出版社，1981）阐释近现代农业科学技术的发展。书中选取了J. 特尔、C. 林奈、A. L. 拉瓦锡、J. V. 李比希、G. 孟德尔、L. 巴斯德、C. 达尔文等19位欧美科学技术专家为他们写传，将他们在农业科学进步方面做出的贡献昭示世人。这些专家学者从时间跨度上看，最早是英国的J. 特尔（1674～1741），最晚为美国的T. 琼斯（1890～1963）。从科技领域看，他们有的是农具改革家，有的是植物分类学家，有的是现代化学的奠基人，有的是植物生理实验家，有的是现代遗传学、进化学说或微生物学的开创者。他们以在农学发展方面给出的成果为世人景仰。在相近的时段内，以传统农学著称的中国并未涌现出深具世界影响的农学家，也未取得推进近现代世界农学发展的重要业绩。所以至此，除了社会政治、经济、技术的原因外，中国农学与当时世界主流农学相比发展滞后，近现代型农业教育、科学缺失是不可忽视的因素。

二、中国近现代农业科技之发祥

（一）欲挽利权　激励兴办新农学

1840年中英鸦片战争爆发，中国失败后，以英国为代表的列强接连进犯中国，清廷被迫签订多项丧权辱国的条约。中国的农业生产在19世纪50年代以后，已直接受世界农产品市场价格的影响。19世纪60年代，国外棉纺织业发展较快，棉花价格上提，棉花种植受其刺激。《申报》光绪二年（1876年）七月二十八日载，上海南汇以及浦东浦西，“均栽种棉花，禾稻仅十中之二”。《申报》光绪六年（1880年）六月二十一日称：“江西、浙江、湖北等处，向只专事蚕桑者，今皆兼植棉花”。19世纪50年代前后，中国丝茶两项占出口总值高达90%，而到1893年，则下降为45.82%。且当时中国的进出口贸易90%都操纵在外国洋行手里。中国茶的出口与外贸收益一落千丈。在农产品出口不振、农产品质量对比失衡的严峻形势下，中国实业界、知识界日益感到引进、发展农业科学技术、推行新式农业教育的迫切。冯桂芬（1809～1874）于1860～1861年间撰成《校邠庐抗议》，其“筹国用议”中主张大力发展丝茶的生产和出口，提倡使用西方的火轮机来加速垦复土地。“采西学议”中，对农具、织具等，认为多用轮机可达“用力少而成功多”的功效。1876年，被派赴美国费城参加万国博览会的官员李圭（1842～1903）对博览会“机械院”、“耕作院”中中外展品作了比较，认为西人“不仅器具便巧，尤讲究种植之法。”清廷派出的首任驻英、法使臣郭嵩焘（1818～1891）1876～1879年在英、法期间，颇为留心农业，对当时英国“农田犁地、吸水、刈麦、刈草、出麦、锯木格式机器等”甚感兴趣。他见到英国种子公司已将“其蔬子及花草诸子种贩运各国”。郭嵩焘还曾到法国格立雍农业学馆（今巴黎格里农国立农学院）访问，参观其农田机器图式院、谷种院，了解课程设置和各种仪器设施，注意到有一馆“专讨论牛马诸兽骼骨及筋络血管及辨马齿年岁”。他参观格致院，“始知西洋园户种花变易颜色，一出于格致之功，即所谓化学也”。这表明郭嵩焘对外国农学的进展表现出惊异和兴趣。

当时清廷上下已注意到农业衰疲的窘况，认为工商已见发展，而农业显著落后。作为政府高级官员，张之洞（1837～1909）在奏折中就说：“近年工商皆间有进益，唯农事最疲，有退无进。大凡农家率皆谨愿愚拙、不读书识字之人。其所种之物，种植之法，止系本乡所见，故老所传，断不能考究物产，别悟新理新法，惰陋自安，积成贫困”。地方学界也认识到农业生产技术落后的现象存在。1898年刊行的《浙江海宁绅士请创树艺会禀》中讲："乡民务农，而不知农之有学，其于辨土性、兴水利、除虫害、制肥料等事，懵然不知。古法相传，日就湮没。其四民之矫矫者，悉致力于时艺，以耕种为野老之事，鄙之而不屑言"，许多有志之士或奏议成立农工商部，职掌全国实业，筹办各类农业学校，建设农业研究实验机构，或着手引进优良作物畜禽品种和其他机具器物，翻译外国农书。

（二）中国采用外国科学新法谋改良农业者，初由学校教育入手

1. 原来中国那套培养、使用人才的制度弊害极大 清末御史杨深秀（1849～1898）在奏章中曾痛陈"八股取士"一套办法，说："今用此种庸滥文体，既使天下相率于不学，而人才之消磨也已十之八九矣"。他为力挺自己的主张，作为戊戌六君子之一而遭杀害。当时重要官员张之洞在《创设储才学堂折》中即提到："设立学堂，即今日亟应举办之一端。古者四民并重，各有相传学堂。晚近来唯士有学，若农、若工、若商，无专门之学，遂无专门人才，转不如西洋各国之事事设学，处处设学"。他主张农政之学分为种植、水利、畜牧、农器四个子目。

中国筹建京师大学堂，创立农科大学，受日本推行维新政策的一定影响。孙中山（1866～1925）《上李鸿章书》中回顾中国仿效西法30余年的得失，指出"试观日本一国，与西人通商后于我，仿效西方亦后于我，其维新之政为日几何，而今日成效已大有可观。"他认为推行人能尽其才、地能尽其力、物能尽其用、货能畅其流四项富强大经，治国大本，关键在于教育，"方今中国之不振，因患于能行之人少，而尤患于不知之人多"。中国农业教育兴办初期，较多采用1877年建立的日本驹场农校、1890年发展成东京帝国大学农科大学的办学章则。

2. 农业教育是从蚕桑、茶叶等专科和农务学堂办起的 1900年前后清政府在教育方面发布的章程、议案、例则中，学校分为普通教育和实业教育。普通教育分为小学堂、中学堂、高等学堂（大学预科）、大学堂，大学堂已有格致、工程、农业等学科。实业教育分初、中、高三等；农业实业教育有初等农学堂、中等农学堂、高等农学堂；其他还有补习实业学堂、实业师范；实业学堂进行职业教育。1903年的《奏定实业学堂通则》称："实业学堂所以振兴农工商各项实业，为富国裕民之本计；其学专求实际，不尚空谈，行之最为无弊，而小试则有小效，大试则有大效，尤为确实可凭，近来各国提倡实业教育，汲汲不遑，独中国农工商故步自封，永无迁境，则以实业教育不讲故也"。

1896年江西高安筹办蚕桑学堂，1897年建起杭州蚕学馆，结合蚕桑、茶生产和维系出口贸易的实业学堂率先办起。1898年3月，张之洞在《设立农务工艺学堂暨

劝工劝商公所折》里提出“于湖北省设立农务学堂，研究种植、畜牧之学”。延聘美国康奈尔大学农学学士C. 白雷耳（C. Brill）等为农学教习。1898年《遵筹开办京师大学堂折》中列有“农学科，种植水利附焉”的项目。1901年江苏开办江南蚕业学堂，山西在太原大东门内农工总局之西开办农林学堂，兼授农林两科，农林本科采用日本大学专门教本。1902年，直隶高等农业学堂建于保定，占试验地约计8亩（1亩=666.6米^2）余，教学中以农桑为正业，制造为副业，由洋教习授以农桑各学。山东、四川、福建等省较快办起农林或蚕务学堂。1902年颁有《钦定高等学堂章程》和《钦定京师大学堂章程》，后者书有：“农业科之目四，一曰农艺学，二曰农业化学，三曰林学，四曰兽医学的规定”。1903年又订下来《奏定大学堂章程》，其中写有农科大学的款目。1904年北洋马医学堂在保定成立。1905年京师大学堂农科大学分建，为中国最早的农科大学。1906年安东设奉天中等林学堂，为中国最早的林业学校。1911年辛亥革命前的农业教育多为实业教育。1909年全国有高、中、初农学堂95所，在校学生6028人。1911年后，农科大学和农业专门学校有了迅速发展。中国农业院校早期的课程设置、周教学时数、实习安排等多采自日本学制，参及欧美。各科的教材有的是外文，有的是翻译的。后期间或有结合中国实际进行编写的材料。通过教材，直接地、分门别类地把外国先进的农业科学技术吸收过来，为中国农业生产技术革新、农业教育、科学研究、农业技术推广体系的形成奠定了人才培育的基础。

3. 京师大学堂农科大学筹议建设的艰难过程 1979年，沈宗瀚（1895～1980）《中国近代农业学术发展概述》（《中华农业史论集》，中国台湾，商务印书馆，1979）一文中带有总括性地指明：“我国农业科学实发轫于清末学校教育”，“中国采用外国科学新法谋改良农业者，初由学校教育入手。”创办农科大学从1898年进入筹议阶段到1905年批准了京师大学堂农科大学的具体兴建，走了八年的路程，却也给人们提供了较为完全的新教育，包括农业教育理念和规制，经过不断的删改、调整，奠定了中国新式农业教育的格局。

1900年前后，在推动中国农学发展方面，罗振玉（1866～1940）的业绩是不可低估的。他曾认真地研习过《齐民要术》、《农政全书》、《授时通考》等书，又读欧洲农书的译本，知道农业新法可增收获，又感到其叙说不详，于是邀集专家学者创办《农学报》，从1897年5月创刊到1906年停刊，共出315期，曾起到“广开风气，维新耳目”的先导作用。罗振玉1905年主编《农学丛书》，收入233种农学著作、译作和调查报告，并为不少篇目写了按语。罗振玉撰有《农事私议》，提倡各地设立“售种所”，用进步方法检验种子，从外国引进佳种，“依植物学新理，施人工媒合（即杂交）之法，以人力改良植物之种类”。还主张办“虫学所”，研究益虫养殖和害虫防治。罗振玉经办农业教育之际，曾两次去日本考察，其一是光绪二十六年（1900年）应鄂督张之洞的聘请，任湖北农务局总理兼农务学堂监督，后奉刘坤一（1830～1902）、张之洞派遣，以江楚编译局襄办名义率团去日本考察教育事务两月余，写有《扶桑两月记》，对日本东京农科大学学制、课程等考察较详；其二是宣统元年（1909年）北京京师大学堂办分科大学，罗振玉担任农科监督，主持校政，在北京西郊罗道庄建新校舍，办试验场等工作，奉命去日本考察农学，曾写有《扶桑再游记》。罗振玉曾两次主持农业学堂。1907年在张之洞任体仁阁大学士、军机大臣，主管学部时，清政府考选留学生，曾奏派罗振玉担当同考官，阅农科试卷及各科国文卷。这表明罗振玉在当时农学界有着显赫地位。

农科大学初办时，主要教职员10人中有5名是日本人，讲授农业课程。1911年辛亥革命后，京师大学堂改称北京大学校，农科大学仍为其分科大学之一。1914年以后，北京大学校农科改称国立北京农业专门学校、北京农业大学，教授均为中国籍，他们多系日本留学生及京师大学农科毕业生。讲义多摘译自日本课本，动植物标本多购用日本成品，农场实习为播种、除草、施肥、收获等活动。各省设立的农业学校，如江苏南京省立第一农校、苏州第二农校及浙江杭州笕桥省立甲种农校，当时教员也多为日本留学生及京师大学堂农科毕业生，他们多以外国资料解释学理。

4. 农学领域留学回国的人士在学科建设方面开始发挥作用 许璇（1876～1934）1913年从日本留学回国，历任北京农业大学教授、校长，曾提倡“融学术教育与农村事业于一炉”，他兼任过学校农场场长，讲授过农政学、土壤学、畜产学等课程。所编农政学讲义，对于当时中国关税、土地、人口、粮食等问题，论述甚详，在农科创建上曾做出过贡献。陈嵘（1888～1971）1913年从日本留学回国任教，从教数年后赴美国、德国再攻林学。他最早撰出具有中国特色的《造林学》，曾被选为中华农学会会长。梁希（1883～1958）赴日本学林学，1916年毕业回国在北京农业大学讲授森林利用、林产制造、木材性质等课。1923～1927年又赴德国萨克森林学院研究林产化学，为中国森林利用、林产化学学科建设开辟了途径。丁颖（1888～1964）于1924年日本帝国大学农学院毕业归国后，曾在中山大学农学院任教。他于1926年在广州石牌中山大学农学院创办稻试验场。同年，在广州东郊犀牛尾沼泽地发现野生稻，用它与农家品种竹粘杂交，育成中山一号水稻品种。这是在世界上进行的将野生稻的种质成功地转移给栽培稻种的首例科学试验。

5. 农学发展需要基础学科研究的支撑 近现代农业科研发展初期，较为简单的经验式试验也可取得显著的成果。随着学术的广泛探索和技术手段的提高，一般应用研究和试验已不能适应需求，而要更多依靠基础科学研究的开展。中国农学基础学科的开拓，是从农科教学改革和专业学者研究深化入手的。邹秉文（1893～1985）曾在多所农学院教书和当院长。他认为改进农业教育，关键在于要有学有专长的教师。他针对 20 世纪 20 年代时的情形，指出农业学校的课程太普通、太杂乱，不能造就专门人才。他说“盖农业范围极广，无论何种最聪明人物，亦只能精于其中之一二门，故世有作物专家、园艺专家、畜牧专家、植物专家等名目，而独不能有农业专家之名称”。他举出某畜牧专家，在国外留学时，每个暑期均在牧场实习。回国后，在某农校所任课程竟有八门之多，包括农具、作物、植病。畜牧课每周仅 2 小时，其专长不能发挥。而当时部定章程每一专任教员，必须每周任课 18～24 小时。邹秉文力主改革农科教学，在东南大学农科，每一教授基本上只担任他的专业课程，每周授课时数按实际需要安排，强调教学、科研、推广三结合的重要。东南大学农科参照美国康奈尔大学与金陵大学农学院的方式，教授除教书外须做研究或推广。该校教授与学生人数较多，功课较为完整，研究范围亦较广。农学基础学科研究富有成绩的有：秉志（1886～1965）等的动物学，钱崇澍（1883～1965）、胡先骕（1894～1968）、陈焕镛（1890～1971）等的植物分类，戴芳澜（1893～1973）等的作物病害研究，以及过探先（1886～1926）等的棉花育种与栽培方法，原颂周（1886～1975）等的改良水稻、小麦品种，葛敬中（1892～1980）等的蚕桑改良，罗清生（1898～1974）等的牛瘟、猪瘟研究，等等。农科院校曾是当时全国农业科学发展的重要策源地。

（三）农林试验场站的兴办与演进

1. 立足求解中国农业实际问题 张謇（1853～1926）在 1897 年所写《请兴农会奏》中，述及中日甲午海战中国失利后，朝野人士以练兵通商为急务的情形。在“呈翰林院掌院代奏劾大学士李鸿章书”中，张謇抨击李鸿章签《马关条约》丧权辱国的行径，也指出“我有自腐之机，敌乃有可乘之隙”。张謇认识到提高国力在于兴办新型农业。他说：“上溯三代，旁考四国，凡有国家者，立国之本不在兵也，立国之本不在商也，在乎工与农，而农为尤要。盖农不生而工无所作，工不作则商无所鬻，相因之势，理有固然”。张謇主张讲求农学，行西国农学所得之法，强调发展农业实验，即便对外来技术也要核夺。他讲：“不征实事，不特西人新法之与中土宜否，无从真知，即中国旧法之与今日宜否，亦无从真知。而且天度、温带、寒带、热带之不同，土地为埴为垆为壤之各异，非先以化学方法，分辨土宜物性，一一著明，无从消息”，对农业技术改进持积极态度。1914 年张謇任农商总长时曾规划棉、糖、林试验场各3个，牧场2个，共11个试验场的筹建。

各地、各级农事试验场的产生，是近代农业科技兴起的标志。上海农学会1898年于上海桂墅里设试验场，于淮安设饲蚕试验所，进行育种和蚕病防治试验，目的是把蚕桑生产建立在科学试验基础之上。1902年设直隶农事试验场，分蚕桑、森林、园艺、工艺四科，进行专项试验。1903年，山东建农事试验场，试图以此开风气、启民智、考良法。一些省份创办试验场，广购各种植物，分别试种，以资实验。1906年，直隶束鹿县于南关外设农事试验场，"仿东洋新法试种作物"。

2. 农工商部农事试验场的建立 在寻求改革农业技术的气氛中，1906年3月农工商部给清廷上了奏章，其中称"泰西各国，罔不以农事为重，美利坚以农立国，富甲全球，日本维新以来，农事改良，遂致物产繁兴，工艺发达"。奏章叙述日本为劝农在各地广设农事试验场的情形后，提到"京师为首善之区，树艺农桑又为臣部所职掌，自宜择地设立农事试验场一所，以示模范"。

农工商部农事试验场1906年获准成立，选址在北京西直门外乐善园等地（现北京动物园）开办。技术部门设农林、蚕桑、动物、博物、畜牧等科。试验分五大宗：谷麦试验、蚕桑试验、蔬菜试验、果树试验、花卉试验。试验场提出，"为振兴全国农业起见，与各省已设之农事试验场互相联络，以资取益"，为开通风气，改良农事起见，特于场内附设博览园，以便公众观览，"得考察试验之成绩，发起农事之观念"。为试验和博览需要，农工商部在农事试验场成立第二年就行文各省府和商会命令地方将本地的物产或酌收种子，或精选秧苗（幼仔），植物则并详加培植方法、动物则详述饲养方法，妥善包装，写清名单上送。接着又令各出洋大臣从外国选购一些种子带回。试验场均就各省汇解到物品以及外洋各国选购种子，"分别试验以相土宜，而兴地利"。农事试验场章程中，对所设各科工作都有规定，如树艺科（土壤肥料农器附）分为30项，其中包括：普通农作物、特别农作物选种试验，本、外国种子比较试验，撒播、点播和条播各法试验，播种深浅试验，播种时令试验，播种交互试验，耕耘试验，肥料试验，收获期及收藏法试验，灌溉排泄试验，本、外国各种蔬菜试验，本、外国各种花果试验，本、外国接树方法试验，树枝成形试验，剪枝试验，果品蔬菜之采取收藏及制造试验，以及试验土壤及农作物之关系，试验肥料及农作物之关系，试验气候及农作物之关系，气候观测试验等，还有种子、种苗分配，肥料出纳，农工雇用及其他管理等事项。其中作物栽培试验占相当大的比重，试验注重事物的对比与量的权衡。农工商部农事试验场多方面做新技术引进、实验和推广工作，以期全国农业日有进步。

2007年，北京大学就清末农工商部农事试验场这一近代中国第一个中央政府创办并掌控的集试验、研究、教育、生产、销售、推广与博览于一身的综合性农事专业机构，进行博士论文层次的研究。在解读第一历史档案馆所藏农工商部全宗档案中与农事试验场相关文献以及农事试验场试验报告等原始材料的基础上，考察农工商部农事试验场在物种、技术、农具等农事成果的引进、试验等活动，及其所体现的农业科技水平以及所选择的农业进步路线，等等。研究结果显示，"20 世纪早期的清朝在运用中央政府权力资源发展农业方面，做得好于通常所认识到的程度"。论文在分析阐述农工商部农事试验场成就时，也摆脱了就技术而言技术、忽略技术与政治、经济及文化互动关系研究的倾向。

3. 棉粮迫切需求推动农业科学发展 由于工业原料和对外贸易的推动，棉花、蚕桑的品种选育、选育原理与方法得到较快发展，且能得到实业界的具体支持。1914 年爆发第一次世界大战，欧洲作为主战场，纺织商品不能东来。中国民族棉纺工业得以发展，但所需纺织原料棉花，国内所产纤维粗短，数量不足，国外又难供应，为当时厂商最感困难的问题。1917 年，穆藕初（1876～1943）等在上海组织植棉改良社，刊印《植棉浅说》，购备、推广美棉种子，优价采收各地改良新棉。1919 年，上海组织纱厂联合会，其中设植棉改良会，穆藕初被举为委员长。同年，穆藕初代聘过探先主持植棉推广事业，在江苏、浙江、湖北、河南、湖南、河北设场 16 处。从 1921～1924 年，改由纱厂联合会每年捐洋 2 万银元资助东南大学农科，由农科主任邹秉文和过探先主持植棉推广项目。这是中国企业界资助农科大学从事棉业研究的开端。过探先曾采用系统选种法，由中棉育成江阴白籽棉优良品种。1919 年上海纱厂联合会以经费补助金陵大学为试验改良中国棉花品质与产量的研究费用，该校从美国农部引进八个标准棉花品种，代表早熟、大铃、短绒与细长绒四个特性，在长江与黄河流域棉区试种。同年 8 月请美国农部植棉专家 O. F. 柯克（O. F. Cook）等来华作技术指导进行考察，华商纱厂联合会派植棉专家叶元鼎同行，周历浙江、湖北、河南、河北、山东等省的棉区和棉业试验场。根据这次考察，认为脱字棉（Trice）最适于中国的栽培，其次为爱字棉（Acala）。柯克这个意见影响中国此后十几年的棉种方向。

从 1919 年起，中国开始采用科学方法进行水稻品种选育的试验。试验由南京高等师范农科农事试验场原颂周主持。由各省征集多个优良水稻品种，经过严格比较选育，选出江宁洋籼、东莞白两个纯系优良品种，并在生产上得到推广。那一时期，农商部中央农事试验场也先后自江苏、浙江、安徽、河南、河北、吉林、湖北、福建、广东等省和日本、意大利等国引进 47 个水稻品种进行品种比较试验，曾选出数个每公顷产量在 3750 千克以上的品种。

自1922年起，华北连年发生大旱，接着长江流域又患大水，在水旱灾害，粮食缺乏，大量输入洋米、洋面、洋棉的背景下，农业技术曾突出抓小麦、大麦、高粱、粟、大豆等的品种改良。1925年金陵大学与美国康奈尔大学建立合作改良华北粮食作物，训练遗传育种人才的项目。金陵大学农学院及其他学校注重粮食增产，后金陵大学与纽约洛克菲勒基金世界教育会及康奈尔大学建立中国作物改良合作项目。每年由康奈尔大学派育种教授至金陵大学协助指导作物改良，金陵大学供给试验场与研究室设备，世界教育会则津贴康奈尔大学教授旅费。H. H. 洛夫（H. H. Love）、C. H. 迈尔（C. H. Myers）等教授相继来华指导作物育种。此一时期，中国育种、栽培、植物病理诸学科有着迅速的进展。1920年，南京高等师范农科建立小麦试验站，在900个小麦品种比较中，确认武进无芒、南京赤壳、日本赤皮为最佳小麦品种。1925年，沈宗瀚从南京通济门外农田中选出单穗，育成金大2905小麦品种，于1933年推广。该品种具有丰产、抗病、早熟等特点，甚受江苏、安徽等省农民欢迎。

4. 中央农业实验所等的成立和多种农学分支学科的构建　20世纪20年代后期，中国学术界出现兴办科学研究机构的热潮。1928年在南京成立的中央研究院和1929年成立的国立北平研究院，其体制较为完善，对全国科学研究起到一定的推动、联络和指导作用。那时组建的气象、地质、动物、植物等研究所（室）、中国科学社生物研究所、北平静生生物调查所、中央地质调查所等官办民办的研究机构，其课题研究许多涉及农学。动植物、微生物考察，已从个别专家学者的研究活动发展到建立机构、有计划地在更广泛范围有成效地进行。农业科学技术的发展与植物分类学、动物分类学及其中的昆虫分类学、真菌分类学等学科的发展关联越来越紧密。许多位研究植物病理、植物病害防治的学者，同时也是真菌分类专家；研究土壤利用改良的学者，同时也是土壤分类专家。这是学科开创初始较为常见的现象。这一时期，动植物标本的采集、整理分类，土壤调查及其分类，土地利用调查与分析等基础性的资源技术、经济调查分析或分类工作多方开展，有关谱、录、志专著大量涌现。其中突出的成果包括：中央地质调查所自1930年起调查全国土壤，于1936年由J. 梭颇（J. Thorp）汇聚侯光炯（1905～1996）、李连捷（1908～1992）等多位学者的调查成果，用英文出版了《中国土壤地理》专著，1937年以《中国之土壤》为书名的中译本问世，并制成中国土壤分类图。陈嵘将讲授树木学历年采集的标本，于1934年写成《中国树木分类学》专著。戴芳澜继续其真菌考察工作，写成了《中国真菌名录》。1942年胡先骕在国立中正大学农学院以《经济植物与农业之关系》为题作学术演讲时，仍强调二三十年代植物分类、野生植物资源考察对发展农业的重要作用。

1937 年行政院农村复兴委员会组织农学专家撰写的《中国农业之改进》一书中称，“我国专门人才不多，大都集中在各大学农学院”，这是中国近现代农学发展、建设早期的活动特点。为推动全国农业的技术改进，筹组相应的指导性、协调性学术机构已属必要。1931 年国民政府实业部设立中央农业研究所筹备委员会，派实业部副部长穆藕初为主任，中央研究院自然历史博物馆馆长钱天鹤（1893～1972）为副主任，邹秉文、沈宗瀚等 16 人为委员，拟设植物生产、动物生产及农业经济三科。该会选定南京孝陵卫为所址，草拟工作规程，确定中央农业研究所（为强调实验的重要，后改称中央农业实验所）主管全国农业技术改进。中央农业实验所占地面积 2400 余亩，规模宏大，主持者多方罗致专家，宽筹经费，实验设备完美，研究改良多收实效。那一时期，全国经济委员会设立中央棉产改进所，行政院设立全国稻麦改进所，实业部设立全国稻米检验监理处与全国小麦检验监理处，均在孝陵卫中央农业实验所内，人员互相兼职，工作密切配合，稻麦棉改良工作日臻完善。农业科学实验和技术推广逐渐由中央农业研究机构领导起来。

5. 在接近世界农学水平方面做出努力 中央农业实验所和大学农学院合作，聘请世界农学权威前来指导研究工作并培训各省农业技术人员。1931 年，金陵大学农学院举办农作物讨论会，聘请中央农业实验所总技师、美国作物育种学博士 H. H. 洛夫讲生物统计方法，将运用生物统计分析的田间试验新技术传播给中国作物育种界。1934 年，中央农业实验所和金陵大学、中央大学农学院合办，各省农科人员参加的中国作物改良研究会议，邀请英国生物统计专家 J. 韦适（J. Wishart）博士来华主讲田间技术及生物统计。1936 年又请美国作物育种专家 H. K. 海斯（H. K. Hayes）博士讲授作物育种方法。这些，对提高中国稻麦育种技术和方法，曾有很大的推动作用。经过聘请中外著名农业专家讲学，采用拉丁方式和随机区组方式设置对比试验，中国农学研究中采用的生物统计方法和田间试验技术已接近当时国外先进水平。

马保之（1907～2004）在 1934 年《中国作物改良会议演讲集》卷首语中称“近十年来，我国作物育种事业进步奇速，成绩斐然”。但他同时指出：“夫育种为技术，不过为各种纯粹科学之应用，是以凡从事作物育种者，对于各种纯粹科学如植物学、生理学、细胞学、遗传学、病虫害学及统计学等均须有相当之基础，否则人云亦云，欲谋工作之进展，岌乎难哉”。20 世纪 30 年代初，中国农学基础学科的研究有较快发展。中央农业实验所、全国稻麦改进所、中央棉产改进所等，广延中外专家，改良全国农业；同时各省力求设农事试验场，各大学多设农学院，对于稻、麦、杂粮、棉花、园艺、土壤、肥料、昆虫、病害、畜牧、兽医、蚕桑、森林树木、农情报告、土地利用、农场经营、仓储、农产运销、稻麦棉的分级检验等多方面研究改良，理论与应用并重。应用温室、细胞室等条件设备，进行诱致棉花突变与杂交小麦细胞遗传的研究，多种新研究方法得到应用。各大学农学院，多参照中央大学与金陵大学农学院的组织教课、研究及小规模推广结合的方式运作。作物育种、土壤、肥料、植物病虫害、园艺、畜牧、兽医、造林、农业经济等教课与研究工作，在此时期进展明显。

中国农学当时的这种发展势头，由于1937年7月7日日本军国主义者掀起全面侵华战争，中国被迫转入全面抗战而遭受重挫。

三、抗日战争影响下的农业科技

（一）艰难条件下的农学发展与技术转移

从农业科技发展来看，一个幅员辽阔的国家，科学发现、技术发明，多从先进地区向后进地区呈辐射状转移。中国农业在20世纪30年代中期，近现代农业科技体系形成，努力吸收国外先进经验，开展专业与基础研究，中央和地方结成层次，技术推广体制已具端倪。但这一前进历程突遭中断，出现了在非常条件下产生的农业科技措施与技术转移。

1937年，为抵抗日军侵略，中央农业实验所、主要的大学农学院、农业领导机关西迁。1938年1月，国民政府实业部改为经济部，农产调整委员会改组为农产调整处并隶属于经济部农本局。稻麦改进所、棉业统制委员会、蚕丝改良委员会归并入中央农业实验所。1940年又成立农林部，管理全国农林事业，分设农林渔牧和农村经济等司。各省的农业行政则集中于省政府建设厅，县农业则由建设科主管。中央农业实验所划归农林部，并进行扩充，作为全国农业技术运作的总枢纽，在后方各省设立工作站，协助各省农业改进工作。后方各省设立农业推广繁殖站，各省将农业实验机构集中于省农业改进所，各县设农业推广所，以实地指导扶助农民改善耕种技术和经营方法。1941年，中央农业实验所兽医系单建为中央畜牧兽医所。不久，林业系也分出，单建为中央林业实验所。1945年年初，在农业促进委员会等单位的基础上，成立中央农业推广委员会。中央与省的农业技术研究推广机构增多，并从经济上补助各省的农业技术改进工作。

国民政府和后方各省地方农业机构的调整、建立、健全，对于原来农业科技工作薄弱的西南、西北地区有相当的组织、示范和督导作用。抗战前西南几省的粮、棉、布匹尚不能完全自给，其农业的发展起点是低的。就是这样一些区域，在东南沿海主要工农业生产区相继沦陷后，成了后方军民衣食所寄和易货偿债物资所出的根据地。国民政府颁布“九省荒地开垦计划”、“非常时期难民移垦规则”，国家组织大片可耕荒地垦殖，促进省营、县营及民营垦殖，鼓励回国华侨从事垦殖。还竭力提倡扩种冬作物和夏季杂粮，推倡双季稻、再生稻的种植，限种烟草等。国民政府把这些措施以战时法令的形式强制推行。

战时强制性技术措施对提高后方农村的土地利用率，改变沿袭已久的耕作习惯，增加粮食产量有直接的效益。吴伟荣（1964～）《论抗战期间后方农业的发展》文中叙说及引述的材料称：1942年，封昌远在《最近全国粮食增产工作概况》文中提到，1941年西南五省推广冬耕面积为847万余亩，利用荒隙地243万余亩，利用夏闲田315万亩，减糯改粳139万亩，推广再生稻306万亩，总计相当于扩大耕地面积1548万亩左右。据中央农业实验所的统计，战前全国年人均拥有粮食为250.5千克，除去牲畜、种子和其他用途外，人年均食用粮食为193千克；而战时后方年人均拥有粮食322千克，人年均食用粮食236千克，均超过了战前。吴伟荣给出的综合评述是：“战时后方农业的发展作用是巨大的，它基本保证了战时军民衣食供应的需要，换取了相当数额的外汇和物资，减少了财政赤字，缓和了财政危机，进而维系了战时经济免遭崩溃，为抗日战争的胜利提供了物质基础。”

抗日战争时期，陕甘宁边区及其他边区为打破封锁、支援前线，本着自己动手、自力更生精神，创办农业学校和试验农场，发展粮棉等生产。1940年2月，陕甘宁边区政府创立延安光华农场，该场在作物栽培、培育推广优良品种、防治病虫害方面做了显著的工作。同年9月，延安自然科学院成立，设生物系，1943年上半年改为农业系。光华农场和农业学校，就当地重要害虫粟灰螟进行细致观察研究，选育出抗螟品种狼尾谷加以推广。努力提倡种植棉花和栽桑养蚕，引进烤烟栽植和加工技术，进行区域森林资源调查。1943年秋成立延安中国农学会。各边区在农业技术引进、推广、提高方面，做出了可贵的努力。

（二）日军占领区的农业科学教育

1931年日军占领中国东北，1937年进而攻入华北、华南，给中国农业生产和农业技术造成难以估计的损失。在日军侵占并认作是“基地”的地方，建起或扩建了若干农事试验场，如吉林公主岭农事试验场、黑龙江克山农事试验场、辽宁熊岳农事试验场等。据1933年《克山农事试验场概要》载，其试验场设置目的是为具有特产意义的大豆的品种改良、小麦栽培育种、农业机械化等进行试验研究，着眼于开拓可耕未耕地。

日本人井口贞夫1937年《日本最近关于农林预算之变迁》文中称日本自1931年以来，因农业恐慌之深刻化，“农林预算额，屡见变迁”。“对总预算之千分比，逐年增高”，以实现“工业日本”、“农业中国”的计划，着重在华北数处成立农事试验场，重点试验日本最缺乏的棉花和羊毛。1936年7月，日本外务省文化事业部正式在青岛成立华北产业科学研究所，后迁北平，1938年4月在北平西郊白祥庵村建立中央农事试验场，1940年6月改名华北农事试验场，经过不断地接管和扩充，华北农事试验场逐步发展成为地跨中国河北、山东、河南、山西、北平、天津、江苏等7个省市，拥有5个支场，1个分厂，2个试验基地，13个原种圃，曾是20世纪40年代亚洲最大的一个综合农事试验场。该试验场主要从事华北农林畜产的改良。项目涉及小麦、水稻、玉米、粟、高粱、大豆、甘薯、棉花、烟草、麻类等农作物的育种和栽培法，蔬菜、果树试验，土壤研究，施肥，农作物病虫害防治，农田水利改良，育苗造林，家畜、家禽育种和繁育，家畜传染病调查，兽疫血清类的制造和应用等。

（三）抗日战争胜利后农业科教的恢复

1. 提出复原后要办什么样农学院的问题 抗日战争胜利后，农林部、教育部分别接收沦陷区的农学院和农事试验场。迁往西部的农学院校陆续复原返回南京、北平等地。在复原后要办什么样的农学院？1946年，汤佩松（1903～2001）提出：要把清华大学农学院办成一个学术水平很高的农业生物学教学和研究场所，学生头一年完全上理学院文理课，特别是生物学、化学、物理学和数学课；第二年到农学院本部上植物生理学、农业化学、生物化学、植物病理学、昆虫学、农业经济学等专业基础课。大学四年毕业后，最好能再进行一至三年研究生学习。将其或在某一专门学科如生物化学、微生物学等方面培养成专科研究人员，或在农业专门技术领域，如兽医、作物和园艺等学科中培养成为高级专家。为办成独具特色、有国际声望的农学院，汤佩松作为清华大学农学院院长，从国内外学府聘请颇有成就的学者到校(聘请的50余位教学、科研、实验人员中，后来有14位当选为中国科学院或中国工程院院士)，添置图书仪器设备，制订课程安排和入学要求。1947年录取了新生。汤佩松在《资深院士回忆录》书中长文叙及了当时为提高农学水平，发展农学教育研究提出的新思维与举措。

2. 农业科研项目不断整理、拓展 中央农业实验所等在南京陆续恢复。华北农事试验场由中央农业实验所、中央林业实验所、中央畜牧实验所接管，成立中央农业实验所北平农事试验场，中央林业实验所华北林业试验场，中央畜牧实验所华北工作站，以后又另外成立农林部华北兽医防治处。它们在原有的基础上，继续发展和进行农、林、牧、兽药各方面的科学试验。中央农业实验所北平农事试验场，在农业科学实验方面增加了“抗病育种”、“蔬菜品种整理”等项目。充分应用田间试验的新技术，重视生物统计原理，改正了日占时期那种试验项目过于复杂，而设计又过于简单，试验重复太少以及小区排列不合理的缺点。在小麦育种，小麦耐寒性，抗病性检定，大麦育种，棉花杂交育种，美棉栽培试验，美棉病虫害防治试验等方面取得了不少成绩。植物保护全国性机构和几所设有植保科系的大学迁回南京、北平，恢复了全国蝗患旬报制度，刊行全国蝗患调查报告。六六六粉剂与毒饵诱杀蝗虫在中国首次试验成功，DDT 的合成、鱼藤精乳剂研制完成。在农田施肥技术方面，张乃凤（1904～1998）、H. L. 利查逊（H. L. Richardson）、叶和才（1912～1992）等发表了 17 个省 171 个试验点的肥料田间试验报告，为确定这些地区主要作物需肥情形提供了重要数据。1947 年农林部在上海新设中央水产实验所，在南京设中央农业经济研究所、全国烟产改进处，并恢复中央棉产改进所。农学研究及国际合作有一定的开展。

1945 年以前，日本军国主义者侵占中国台湾达 51 年之久。第二次世界大战中，日本更加残酷掠取以支持侵华战争和太平洋战争，加之台湾水利设施破坏，化肥供应短缺，1939～1945 年，台湾农业生产递减率竟达 12.33%。靳晋（1929～）等《台湾农业发展及其科学技术》一书中称：1945 年“光复后，大陆派出众多农业科技人员，赴台取代日籍人员进行了艰苦的修复工作，主要是迅速增加生产，以求解决粮食不足，缓和恶性的通货膨胀，满足民众的基本需求，并为‘农业培养工业’打下基础”。台湾农业科技机构和农学院得到积极的整理改进，以适合中国统一国家的农业教育与科学研究制度。在各方支持下，台湾组建农业试验所，台湾农产公司恢复了鱼藤粉等的生产。

1945～1946 年，联合国善后救济总署与行政院善后救济总署合作办理战区善后救济事宜。为发展华北乳业，联合国善后救济总署输进大批乳牛。为适应黄泛区及盐垦区垦荒的需要，运来大批农业机械，并帮助培训技术骨干。美国 H. 韩丁（H. William）曾为中国农垦系统培养了第一批农用拖拉机驾驶人员。1945 年沈宗瀚与美国驻华大使馆农业参赞 O. L. 陶逊（O. L. Dawson）接洽中美农业技术合作，同年 10 月中国政府正式向美国政府提出农业技术合作的建议。1946 年 6 月，中、美政府合组中美农业技术合作团，中国方面由 13 位农业专家、学者组成代表团，团长为邹秉文，副团长为沈宗瀚。美国选派各方面农业专家 10 人，由 C. B. 赫济生（C. B. Hutchison）任团长，R. T. 穆易尔（R. T. Moyer）为副团长。他们研究农业状况，分组赴江苏、浙江、河北、辽宁、吉林、绥远、陕西、甘肃、宁夏、青海、四川、广东、广西、云南、台湾等地考察，拟订改良中国农业计划。1947年南京、华盛顿同时公布此计划，以《改进中国农业之途径》的书名出版。这一计划体现了中美农业科学技术工作者为改进中国农业科学技术做出的努力。由于那时政府的腐败，搜刮人民，通货膨胀，物价飞涨，农学缺失顺畅发展的条件。经过解放战争，1949年中华人民共和国成立，农学较快走向现代型发展的途程。

四、迈向现代农业科技时代

（一）制定农业发展纲要　推进粮棉增产

20世纪50年代起，中国农业经历着巨大变化。所取得的成就从以占全世界9%的耕地养活了占全世界22%人口的基本事实可以得到证明。尽管从农业生产技术装备、资金物料投入、经营管理、农产商品比率等方面看，中国不少地区农业尚处在铁犁畜耕、简单物质循环、劳动生产率较低的阶段，南北东西和城乡还有相当差距。但我们必须看到，中华人民共和国成立后，新的农业技术体系在向全国各地全面延伸，并向现代化方面不断发展完善。在这方面，中央人民政府1956年1月制定的《1956年到1967年全国农业发展纲要（草案）》具有重要意义。《纲要（草案）》列有：在12年内，不同地区粮食、棉花每亩平均年产量应达到的指标。此《纲要（草案）》和1957年10月的《修正草案》中，许多款目涉及农、畜牧、水利灌溉、农家肥料和化学肥料、农具、改良土壤、防治病虫害、发展林业、水产养殖、气象水文测报等广泛的技术内容。以农机具来说，既强调了农具改良运动的现实意义，也指明了由农业技术革命的这种萌芽逐步过渡到农业耕作的半机械化和机械化的道路。

（二）农业教育的调整与发展

1949年年初，中国有公立农学院10所，综合大学设有农学院19所，私立大学农学院10所，私立农业专科学校4所，共43所。1949年9月，中央决定将北京大学农学院、清华大学农学院和华北大学农学院合并建立为北京农业大学。1949年12月17日，教育部负责人在北京农业大学讲话时称："今天全中国范围内，以这样大的力量办这样的学校是头一个。中央人民政府对这个学校方针与实施给以重大注意，我们建设这个学校，对中国农业及农业教育要树立新的榜样。"北京农业大学当时汇集了较多知名农学及相关生物学科学者，专业设置包括农、林、牧、农机、植物病理、昆虫、动植物生理生化等，设置较为配套，仪器图书较为齐全。承担发展农学和国家农学科学考察的较多任务。这所大学在中国农学发展中曾经历重大洗练，其学术业务运作多次牵系着 20 世纪 50 年代以后中国农学的兴衰促抑。

20 世纪前半叶，农业院校虽有发展，但总体上说，农业教育基础仍较薄弱，办学规模、布局和学科门类设置等问题甚多。为适应全国经济均衡发展的需求，改变高等农林院校过分集中在沿海少数大城市和科系设置不合理的状况，1952～1954 年，国家进行了农林院校的大规模调整。将原有 43 所农业院校和设在综合大学中的农林科系调整为 30 所独立的高等农林院校，原有的 182 个科系调整为 124 个专业点。调整后的高等农林院校布局基本趋于合理，那时除吉林、青海、西藏外，全国各省、直辖市、自治区都至少设有一所独立的农学院。其后，农林院校逐步发展，至 1998 年，全国各省、直辖市、自治区共有独立设置的农林院校 62 所，设有农学院的综合大学 9 所。1949 年全国农科研究生招生数只有 20 人。到 20 世纪 80 年代，初步形成布局基本合理、学科专业基本齐全的博士、硕士研究生培养基地。全国多所高等农业院校和中国农科院有博士学位授予权，授予学科专业为 36 种、106 个专业点。全国有 31 所高等农业院校和 2 所农业科研单位有硕士学位授予权，授权学科专业 73 种、439 个专业点。到 1997 年，农林院校在校研究生为 7597 人。还增有博士后流动站 21 个。在学科建设方面，农林院校与国外农业学术单位联合培养研究生的工作也得到较快的发展。在农业教育体系中，晚近兴起的继续教育甚为引人注意，它在农业科学技术人员成长和知识更新、农业技术改造、农业技术革命的过程中，将发挥越来越大的作用。

（三）中国农业科学院的筹备和组建

在向现代型农业科学技术体系推进中，1952 年，农业部拟以华北农业科学研究所为基础，加以扩充组建中国农业科学院，《邓植仪文选》中称：曾邀集专家学者参与筹备。1957 年 3 月 1 日中国农业科学院在北京正式建立。中国农业科学院的建立，成为中国农业科学研究事业走上统一部署、全面发展的重要标志。中国农业科学院经过 50 多年的发展，现已成为 39 个研究所（室、中心）及 1 个研究生院，研究网点遍及许多省市的全国性综合农业科研机构。该院坚持科学研究与农业生产相结合、为生产服务的方向和认真贯彻执行“经济建设必须依靠科学技术，科学技术必须面向经济建设”的方针，承担多项国家重点科研任务。在组织全国重点项目的科研协作，开展国内外学术交流，编辑出版专业理论著作和为各地培养人才等方面，做了大量工作，在全国农业科学技术领域中，发挥了主力军的积极作用。20 世纪 50 年代中期组建起来的中国农业科学院，以及相继成立的中国林业科学院、中国水产科学院等及其所、室形成核心，与省、直辖市、自治区农、林、畜牧及水产科研院所、地区以至县农科所构成的农、林、牧、渔科研体系，在推动农业技术改造，引进新研测手段，开辟新领域，如辐射、同位素示踪、电子显微镜观测、航空拍摄、航调等技术在农林各业上的应用等方面，有着重要的拓展，缩短了在同类项目上与当时国际先进水平的差距，填补了不少学术空白点。1964 年启动的籼型水稻杂种优势利用课题等很快处于国际领先地位。

（四）农学发展中的若干波折

中国现代农学体系的发展，是曲折多态的。1900 年前后，农业教育、农业研究的体制，受日本影响较大。20 世纪 20～40 年代，美国及西欧的农业学术成果和农业教育、科研体系，在中国曾有过重要作用。50 年代前期，苏联的农业教育、科研体制曾被当成范本，在相当的范围得到推行。

20 世纪 50～70 年代，中国农业向现代化推进中曾出现若干阻碍农学发展的事件。

1. 遗传学中所谓摩尔根学说和“米丘林学说”之争 所称“米丘林学说”、“米丘林生物学”、“米丘林新遗传学”等，实际是苏联 T. D. 李森科《论生物学现状》一书观点的传播与影响。1949 年年底至 1950 年年初，北京农业大学校务委员会主任同时是中国米丘林学会会长的一位领导人，力主该校取消摩尔根遗传学、田间设计和生物统计三门主要课程，而代之以“米丘林新遗传学”。1950 年 10 月，该领导人被“以粗暴方式进行改革”、“作风不健全”的缘由经中央调离北京农业大学。但把“米丘林生物学”作为全国农学及相关生物学科指导方向的问题并未完全解决。1952 年五六月，政务院文教委和中国科学院召开生物科学座谈会，据会议讨论结果反映发表以《为坚持生物科学的米丘林方向而斗争》为题的文章。该文给摩尔根遗传学戴上“反动的”、“唯心的”、“为资产阶级服务”的帽子，强调“必须认真系统地学习米丘林生物科学，彻底批判摩尔根在生物科学上的影响”，提出“发动一个广泛深入的学习运动，来学习米丘林生物科学，彻底改造生态学、细胞学、胚胎学、微生物学等生物科学的各部门”。接着，中央教育部召开全国农学院院长会议，决定在农业院校取缔遗传学和育种学两门课程，规定设立“达尔文主义”和“米丘林遗传育种与良种繁育学”，并作为重要课程加以安排。这对全国农学及相关生物学科的发展曾产生较大的负面影响。1956 年 8 月在青岛召开遗传学座谈会，中央希望通过这次会议扭转 1949 年以来在遗传学界的不正常状况。同时，也以遗传学作为突破口，使整个自然科学界认真地贯彻百家争鸣的方针。中共中央宣传部科学处处长于光远（1915～）就遗传学中的百家争鸣问题作了指导性讲话。对遗传学不同派别争辩焦点之一的特殊遗传物质问题，明确“特殊遗传物质”的争论只能由科学实验的事实做出结论，而不是由哲学来回答问题。会后中国科学院、高等教育部恢复了一度被取消的普通遗传学、细胞学、生物统计学等课程的教学和摩尔根遗传学方向的研究工作，开展对摩尔根遗传学说批判的错误决定得到了纠正，农学基础理论相关学科得到了顺畅发展。

2. 农学发展中科学态度和“浮夸风”的问题 1958 年，在农业生产领域提出过高的产量指标，许多地方争放农业高产“卫星”。一时间，“人有多大胆，地有多大产”成了宣传口号，违反科学的“浮夸风”、“密植高产风”在全国范围内越刮越猛。1958 年 7 月中共中央高层负责人康生专程到北京农业大学视察，学有成就的农学专家教授被当面质问“农业科学有什么用?”“农业专家有什么用?”坚持科学态度的教授学者遭受责难和羞辱。1958 年 9 月中央发出《关于改进农林大专学校教育的指示》，全国 28 所高等农林院校 47 000 名师生被“下放”到 20 个省市自治区的农村或农林牧场参加劳动、改造思想。没有多久，又在一些高产红旗点掀起“大办高等农林院校”的高潮。到 1960 年，全国高等农林院校曾达 204 所，为 1957 年的 5.6 倍。由于仓促命名的学校多无办学条件，接着又大幅度调整。农学的扎实发展、提高受到相当大的干扰。

3. 农业科研教学是发展还是停办、滞障 “文化大革命”期间，大学院校停课，停止招生。以至今仍查不清出处的“农业大学办在城里不是见鬼吗!”的最高指示为“依凭”，1969 年开始将北京农业大学师生下放河北武邑就地分遣、解散，后改搬迁陕西甘泉一条狭窄的清泉沟。接着一半以上农林院校校舍被占，学校被解散或搬迁到边远地区。这种影响很快波及农林科学院所。1970 年 5 月，原农林口各部所属 62 个科研机构被令合并、裁撤和近 14 000 名职工下放。另建中国农林科学院，暂定编制 620 人，组成 35 个科技服务组（队），奔赴一些革命圣地和“红旗点”接受“再教育”。这种拆散农业科学研究机构的做法曾形成强风。农林大学、农林科研院所被停办、裁撤、搬迁，人员流散，图书资料、仪器设备严重损失，课题进展遭受的损失难以估计。数年间，农业领域违反实事求是精神处置农业复杂多样性问题之事到处泛滥，“瞎指挥”、“一刀切”难于阻遏，等等，曾使农学发展陷于迟滞，从而拉大了中国农学同世界先进水平的差距。这种情况，到 20 世纪 70 年代后期才有了根本性的转变。农林学科史会有若干硕士、博士学位论文或专著深入探讨所以滞障农学前进的底里。

（五）博采众长、精心运作，全方位、深层次、高速度、重实效地发展、提高中国现代农学

中国农学在起起伏伏中，摆脱了因袭照搬的苦处。从 20 世纪 70 年代后期起，

中国农学在立足于自己条件、巩固已有成绩的基础上，贯彻改革开放方针，从技术、教育、科学各领域，全方位地大力吸取各个国家有益的农业科学成就与技术成果，也将自己取得的成就介绍、输送到国外，进行富有成效的交流。政府推行改革开放政策，农村普遍实行家庭联产承包责任制，调动了农民的生产积极性。拆散搬迁的高等农林院校和农科院所得到恢复发展。延请外国农林专家来华，派遣本国专家出国进修考察，大量选送优秀青年出国留学，吸收国外先进理论和成果，引进新型设备，在实施社会主义市场经济体制、建设现代化农业中，中国农学遵循可持续发展的原则，迅速迈入全方位、深层次、高速度、重成效的演进阶段。对学者个人作用、学术团队力量的发挥给以充分关注。

分子遗传学、分子生理学、电子显微镜、电子计算机、卫星遥感遥控、光谱和色谱等高效自控分析仪器、系统科学等在农学领域的广泛渗透和应用，是此一时期农林渔牧各学科得以迅速发展的重要因素。在打破封闭的桎梏后，农林渔牧各分支学科许多科研课题在迅速恢复，并力求缩短与国外先进水平的差距，不少方面还取得了突破性进展。

1. 农学许多分支学科在恢复中发展

(1) 育种科学技术在恢复中发展　农业生产的原材料是生物体自身，因而良种在农业生产中始终占有重要位置。具有承前启后意义的是：在 1986 年《高技术研究发展计划纲要》中，研制高产优质抗逆的动植物新品种项目确定后，农作物、蔬菜、花卉、林果、家畜、家禽、鱼类品种培育迈上了新的阶段。杂种优势利用成果继续发展、提高。袁隆平（1930～）等研制的“三系”配套的籼型杂交水稻，在生产上广泛应用，是实现自花授粉作物利用杂种优势方面的重要突破，丰富、发展了遗传育种理论。胞质雄性不育类型的发现和系统研究应用等方面均取得世界瞩目的成果。

(2) 在作物种质资源调查、征集和国外品种资源引进方面取得新的成绩　20 世纪 50 年代，在全国范围内大规模地进行作物品种资源的征集活动，共得到 40 多种作物约 20 万份品种材料。1979 年开展第二次全国性作物品种资源的补充征集，共得到各种作物品种资源 15 万份，其中有不少是稀有名贵品种。基本查清了中国普通野生稻、药用野生稻和疣粒野生稻的分布。全国野生大豆考察，共采集植株标本 4000 多份，发现了白花、细叶新类型，具有高蛋白（含量 55.37%）、抗病性强、分枝多、结荚多等优良性状，丰富了大豆基因库，并为研究大豆起源、演化和分类提供了宝贵材料。西藏农作物品种资源考察，共收集到各种作物品种资源标本 14 787 份。国外作物品种资源引种工作得到加强，1979～1987 年即引进各种作物品种资源 92 781 份。到 1989 年，共收集作物品种材料 85 万份。有关单位曾组织编写 18 种作物品种资源目录和 13 种作物品种志。

作物种质资源方面另一项重要进展是国家种质库的建立。1978 年以后，中国着手低温种质库的建设。1984 年和 1986 年在北京中国农业科学院内建成两座国家种质库；20 世纪 90 年代，在青海省农林科学院内建成国家种质复份库，形成了国家库中、长期配套和异地相结合的种质资源保存体系。中国国家种质库的保存体系、保存资源数量、品种资源的丰富程度、现代化管理和研究，在世界种质库范围达到较高水平。

（3）养殖动物品种资源收集、保存、开发利用方面研究进展迅速　随着畜禽工厂化养殖和野生动物人工养殖业的兴起，育种、繁殖、饲养标准、饲料配方、饲料投喂、防疫、卫生检验、加工储运、排泄物清除处理、装备设施、调控技术等在解决关键性问题中，发展起来多门新的学科领域。母畜同期发情、低温保存公畜精液、家畜人工授精和胚胎移植、转基因克隆牛、羊、猪培育等，已积有多项居世界水平的学术成果。

（4）土、肥、水等利用效益骤增　1978 年开展了全面、深入的第二次全国土壤普查，在多数县市初步查清了土壤资源现状，以及各类土壤中阻碍生产发展的因素，摸索出适合中国国情的生物措施和工程措施相结合、单项措施和综合措施相结合、利用与改良相结合的路径。石元春（1931～）等“黄淮海平原中低产地区旱涝盐碱综合治理和农业发展”项目取得的成果，为改良盐碱土、红壤、黄壤土、北方风沙土，治理低洼易涝地，不懈地提高地力，建设高产稳产农田提供了可贵支撑。20 世纪 80 年代后期起，配方施肥在中国各地区迅速发展。它根据各种农作物的需肥规律与不同作物需肥特点、土壤供肥性能与肥料效应，在以有机肥为基础的条件下，提出各种营养元素的用量与比例。配方施肥能节肥，增加作物产量，改善品质，可以显著提高经济效益、社会效益和生态效益。进入 20 世纪 90 年代，配方施肥技术由定性半定量阶段走向定量优化阶段。农田水利方面，体现节水、增收原则，渠道防渗漏、滴灌、喷灌、旱区集水灌溉理论与技术有较快发展。我国 1976 年进行地膜覆盖技术引进试验，1978 年起大规模推广，已成功地在玉米、棉花、西瓜、水稻、小麦、花生、烟草、蔬菜等 40 多种作物上应用。

（5）开创高产、优质、高效、抗逆生产途径　1978 年起，由于推行联产承包责任制，农民生产安排上有充分自主权；还由于实行改革开放政策，农业新技术的研究和引进转为活跃。作物栽培在良种选育、土壤肥料、水利灌溉、植物保护等单项研究深入的同时，发展了多项技术综合配套应用研究。作物高产栽培理论及配套技术研究在 20 世纪 80 年代以后进展迅速。它以一种或几种作物生长发育规律和诊断为基础，以研究水、肥、化学药剂控制等为手段，以充分利用自然资源和生产资料潜力达到最高产量和最大效益为目的。研究作物产量形成生理和作物高产、高效、抗逆的作物生产理论体系和提出大田生产指导原则，为较大幅度提高作物单产和品质服务的作物高产高效生理学已经出现。20世纪80年代以来，水稻、小麦、玉米、棉花等作物叶龄模式化高产栽培理论与技术措施，在全国大面积推开。适应市场需求，蔬果传统上市节令已经突破，运用多种调控抑促手段，构建了错开季节立体栽培体系。应用各种不同植物生长调节剂，调节、控制植物种子发芽、营养体生根、生长发育和产量形成，提高产量和品质，是农学进展较快的领域。化学药剂促长或抑制作用的利用，与常规栽培技术结合，能更有效地达到作物高产、稳产、优质、高效的生长发育条件需求。作物栽培学科经过几十年的发展，在传统技术和高新技术的交融中，开辟了新的途径。

(6) 作物产前、产后研究得到加强　为适应竞争，充分利用科学技术成果，实行科学管理，农业生产在可能的范围内出现“产前”、“产中”、“产后”的划分。中国农学从20世纪80年代起，加强了“产前”、“产后”的研究。特别是“产后”，包括农、园、林、牧、渔各业产品收获后的分级、保鲜、后熟、运输、贮藏、加工制作、包装、销售等环节的研究，已受到充分重视。“采后生理”、“气调”、“速冻”、“干制”、“榨汁”等多种保持天然成分、富含营养、具有保健作用、安全无毒的产后加工、制作原理与技术得到较快的发展。为民众提供多样、优质、健康的粮食、蔬果、乳肉，为保证农产品出口信誉，农学领域向产品分析和检测方面迅速延拓并取得很大成绩。

2. 开始与世界农学同步发展　由中国农、林、水产、农工等科学研究院及其所、室、中心，省市自治区农科、林科、畜牧及水产院所、地区以至县农科所构成的农、林、渔、牧科研体系，由全国各地农林院校和综合大学生物类院系构成的农业及有关生物学教学、科研体系，它们互相结合，发挥所长，在推动农林多项技术改造，引进新手段、开辟新领域、取得新成果方面起了重要的作用。在改革开放大环境下成长的新一代专家学者，在以生物技术和信息技术为主导的新的农业科技革命中，将农业各分支学科研究创新推进到开始与国际发展同步的阶段。

(1) 生物技术的采用　中国生物技术的研究开发从20世纪70年代起步，经过80年代的努力，有些方面已达到了国际先进水平。生物技术在育种方面出现重大突破。常规育种基于对种内和种间杂交优势有限的利用，主要依赖育种家本身的经验在田间和畜舍牧场对动植物进行表型的选择。生物技术则能克服动物、植物与微生物间的界限作基因的转移，拓宽了种质资源和杂交优势的利用范围，而且可以直接进行基因型的早期选择和在实验室内的操作，有利于提高育种的目的性和效率，缩短育种周期。生物技术在品种培育方面已开辟多种途径。中国单倍体育种和花药培养成功的植物达 20 多种，其中小麦、玉米、苹果、柑橘等 19 种植物在中国首先培养成功，不少已获得了品种，并在生产中推广。牡丹、唐菖蒲、三倍体无籽西瓜、甘蔗、猕猴桃等重要花卉、瓜果的组织培养技术已在中国建立，有的已转入工业化生产。马铃薯茎尖培养生产无病毒植株、甘蔗组织培养均已在生产上应用。水稻、烟草、黄瓜、番茄、柑橘等原生质体细胞培养再生成株，接近或达到了国际先进水平。在转基因植物培育方面，已获得抗棉铃虫棉花、抗黄矮病小麦、抗青枯病马铃薯等多项成果。在动物育种方面，生物技术也开拓出广阔的发展途径。1998 年“第 6 届国际遗传学应用于畜牧生产学术会议”对猪分子育种指标曾作预测，显示中国猪日增重可由 800 克提高到 1200 克；瘦肉率可由 54%提高到 70%；料肉比可由 4.5∶1 提高到 2.3∶1，具有翻番的潜力。畜禽胚胎工程育种的超数排卵、体外受精、胚胎分割、性别控制、核移植、活体提取卵母细胞等技术已趋成熟。常规育种技术选育优种牛需要 10 年左右，应用胚胎工程可以一代成功。转基因的猪、牛、羊、兔等突破性案例在中国已不鲜见。

（2）电子计算机与信息技术的采用　20 世纪 70 年代中期，电子计算机与信息技术开始在中国农业上应用，并且取得了初步结果。农业是以土地为基本生产资料，利用植物的光合作用能力和当地的光热水资源，从事生物性生产的产业。因而呈现出生产的分散性，很强的地域性和时变性，很低的可控性和稳定性，以及经验性强而量化、规范、集成程度差的行业特点和弱势。而先进的信息收集、处理和传递技术将有效地减缓农业生产的分散性和小型化的行业弱势；强大的计算机运算能力、智能化和软件技术，使农业中极其复杂和多变的生产要素量化、规范和集成成为可能，改善了时空变化大和经验性强的弱点，中国已开发多个种植和养殖生产管理的农业专家系统，并在北京等地建立了国家级智能化农业信息应用示范区。中国接连建立了水稻、小麦、玉米和家蚕、畜禽品种资源数据库。为研究小麦、棉花、大豆等产量与气象条件的关系，建立起数学模式，进行了产量预测预报。开展了塑料大棚黄瓜产量形成和光温条件关系的研究，初步查明影响黄瓜产量的限制因子，提出了日积温管理和黄瓜高产栽培变温管理技术与措施。在小麦遗传距离研究上，选出表征各亲本总体遗传方差的主成分因素，用来描述品种的性状特点，为小麦的亲本选配和组合设置提供了理论依据。20 世纪 90 年代起，作物高产栽培的计算机模拟系统和农业气象专家系统都取得明显成效。在这方面，北京农业大学的“小麦作物生产系统”、江苏省农业科学院的“水稻栽培计算机控制系统”、中国农业科学院的

"玉米低温冷害防御专家系统"以及多种作物高产栽培技术系统在生产实际应用方面均曾取得突破，推动这一领域迅速进展。

(3) 遥感航天技术的引用　遥感技术方面，20世纪60年代初，中国曾进行了航空像片的土壤调查和制图的研究，其误差为8%；在边界轮廓信息评查的地区，误差只有1%，而完成的速度只有常规量的1/2。从80年代起，利用遥感技术，对农业气象测报和森林防火、水旱灾情的监测已得到较好的应用效果。遥感技术还广泛运用于北方草地进行资源调查，绘制出各种资源图；在华北平原盐碱土区，应用系统科学、地理信息系统、计算机和遥感等现代理论和技术，提出对区域综合治理和节水农业具有意义的"区域水盐运动监测预报体系"。应用遥感技术预报北方冬麦区小麦产量，其准确率达80%～90%。随着航天技术的开拓，由卫星导航飞机防治麦蚜虫等技术已取得生产验证试验的成功。1987年，中国利用返回式卫星的发射，首次将小麦、水稻、辣椒等种子搭载升空进行育种实验。至2008年，曾多次利用返回式卫星进行数十种植物数百个品种的太空培育试验，已获得小麦、水稻、大豆、番茄、辣椒等多个优良品种。太空培育品种试验为植物、微生物育种开辟了新途径，并逐步发展为引人关注的"太空育种"学科。

第二部分　农学主要分支学科发展与成就

一、农艺学

(一) 学科的奠基

20世纪初是中国近现代农艺学的初创期。20世纪三四十年代，全国重要农业区初步形成了一些试验研究网点，集中于水稻、小麦、棉花等当时三大主要作物及大豆、高粱、玉米、粟、薯类等重要粮豆作物的引种、品种检定、品种比较、系统选育，以及相关的作物品种分类研究等方面。这一阶段原颂周著《中国作物论》(1923)、金善宝（1895～1997）著《实用小麦论》(1934)、王绶（1897～1972）著《中国作物育种学》(1936)、胡竟良（1897～1971）著《中国棉产改进史》(1945)等，都是代表学科初创期的重要著述。

(二) 学科的持续提高及与国际农学同步发展

1. 作物良种培育　20世纪，特别是50年代以来，中国农艺学科通过大量引进、试验、示范和推广工作，成功地将近代与现代工业提供的机械化、化学化、工程化等物质技术手段应用于各类农田、作物及其主要生产过程，推动了农作物生产的现代化进程，使土地产出率和劳动生产率大幅度提高。在作物遗传育种研究方面，20世纪已先后推出适于不同地区和条件种植的各类农作物良种4000多个。从1950年至今，中国主要作物大都经历了5～6次品种更换，每次都使产量显著提高。

中国稻、麦、棉、玉米、油菜、大豆等新品种的培育，在解决抗病、抗倒伏、高产、早熟等重大生产问题上起了关键的作用。在作物育种研究中广泛采用了各种不同的育种途径和新技术，在杂交育种、杂种优势利用、诱变育种、单倍体育种等方面都取得了大量成果。中国杂交水稻的研究、开发、应用居世界领先地位；杂交玉米的普及推广对改变中国粗粮低产面貌和全国粮食供求平衡方面做出了重大贡献。

(1) 水稻为中国的主要粮食作物　在品种培育方面，几代学者做出了重要贡献。丁颖1926年开始进行有关野生稻农艺性状、生态生理特性及其地理分布等课题的研究，并肇始了野生稻与栽培稻杂交育种的试验，曾育成世界第一例具有导入野生稻血缘的栽培新品种。他还创立了“水稻品种多型性”理论，为品种选育、良种繁育、品种提纯复壮等工作奠定了理论基础。卢永根（1930～）继承、发展了丁颖的工作，主持和组织“中国水稻品种对光温条件反应特性的研究”试验。在水稻矮生性遗传，水稻诱导胞核雄性不育突变体的分类及其细胞学、组织学基础，水稻不同类型杂种的雄性不育性及其遗传组成等方面，获得了重要研究成果。黄耀祥（1916～2004）1959年育成中国第一例人工杂交矮秆良种广场矮，后又相继育成珍珠矮、广陆矮、二九矮等矮秆良种。这些良种的应用，解决了高秆品种易倒减产的问题，促进了南方稻区良种的矮秆化。袁隆平1964年首先提出利用不育系、保持系、恢复系三系配套方法来实现水稻杂种优势的利用，并开始从利用不育系进行探索。1970年，其助手李必湖（1945～）等在海南岛找到了雄花败育的普通野生稻“野败”，他们把“野败”材料分送中国南方10个省、市20多个单位进行协作攻关研究。1972年，袁隆平等与颜龙安（1937～）等率先育成水稻雄性不育系和保持系。1973年广西、湖南等地先后在东南亚水稻品种里找到一批强优势的恢复系，实现了籼型杂交水稻的三系配套，1976年开始推广应用于生产。“籼型水稻杂交优势利用”项目研究成果在作物遗传育种理论和实践上，攻破了“水稻等自花授粉作物没有杂种优势”的传统观念，使中国成为世界上第一个成功利用水稻杂种优势的国家。1997年袁隆平主持的“超级杂交稻育种计划”正式启动。项目研究在原有利用水稻杂种优势的基础上，往提高群体有效光合效率的超高产株型，成功利用水稻亚种间杂种优势的方向延拓。2000年以来，超级杂交稻连年取得高产效果。周开达（1933～）首创籼亚种内品种间杂交培育雄性不育系。20世纪80年代后期，他开始利用亚种间杂交提高杂种优势；利用重穗型结构提高单位面积的光能利用率，研究居国际领先水平。

(2) 小麦是中国另一主要粮食作物　金善宝 1939 年从国内外征集和引进的几千份小麦品种资源中，应用系统选育法，成功地选育出中大 2419（即南大 2419）、矮立多等优良品种，是中国小麦育种史上的一个里程碑。蔡旭（1911～1985）1946 年从美国引进小麦品种资源 3000 多份。20 世纪 50 年代，鉴于小麦条锈病猖獗发生，他提出了以抗条锈病为主兼顾抗寒抗旱、适当考虑早熟、丰产性为育种目标，育出的农大 36、农大 139、农大 183、农大 311 等抗锈良种，在北京和华北北部得到大面积推广。庄巧生（1916～）1952 年在西藏高原第一次进行较大规模的作物引种试验，确定了拉萨河谷、年楚河畔海拔 3700 米上下可以种植冬小麦。曾先后主持育成五批冬小麦新良种共 20 多个，其中以北京 8 号、北京 10 号和“丰抗”系列品种，具有抗锈、抗旱、丰产、优质、早熟等特性。赵洪璋（1918～1994）20 世纪 40 年代选育出具有耐肥抗倒、穗大粒大、抗条锈病强、早熟和品质好等优良性状的碧蚂 1 号小麦品种。60 年代，推广种植他育成的碧蚂 4 号、西农 6028，在当时对黄淮麦区的小麦增产起了重要作用。70 年代以后，他又选育出矮丰 3 号，促进了中国小麦矮化良种的发展。卢良恕（1924～）曾主持中国南方稻麦两熟地区小麦新品种的选育。1954～1958 年选育出华东 1 号、华东 10 号等 10 个品种（系）。李振声（1931～）1956 年开始进行小麦与长穗偃麦草的远缘杂交及小麦染色体工程的研究。在他主持下的研究组采用染色体工程新技术，将野生偃麦草的两对染色体转入小麦细胞中，先后育成了八倍体小偃麦新种、小偃麦异附加系、异代换系和易位系，以及高产、抗病的小偃 4 号、小偃 6 号等小麦优良品种，开创了小麦远缘杂交新品种在生产上大面积推广应用的先例。

(3) 玉米是中国种植面积发展迅速的粮食作物　玉米杂交种的培育推广影响着中国的粮食产量结构。1925 年，赵连芳（1894～1968）最早开展杂交玉米育种的研究。吴绍骙（1905～1998）致力于利用品种间杂交、选育推广综合品种以利用杂种优势、异地培育来加速玉米自交系杂交种的选育过程等研究，先后育成豫农 704、豫单 5 号等优良品种。李竞雄（1913～1991）1944 年赴美留学，从事玉米染色体相互易位、X 射线照射玉米花粉、分析杂种一代各种染色体畸变频率及其分布规律等项研究。1949 年以后，在玉米育种领域开创中国玉米自交系间杂交种的正确利用途径，于 1956 年育成首批表现抗倒抗旱、增产显著的北农大 1 号玉米双交种，把中国玉米杂种优势利用推向新阶段。20 世纪 60 年代中后期，针对玉米病害的流行，他及时提出抗病育种目标，于 1973 年组配了多抗性玉米杂交种中单 2 号，标志中国杂交玉米育种达到一个新高度，实现了丰产、多抗和适应性强三大目标的统一。1982 年，他提出提高玉米籽粒营养水平，开展玉米品质育种的建议。在他主持下，育成了中国第一个通过品种审定的高赖氨酸玉米杂交种中单 206，又育成了甜玉米新品种甜玉 4 号。他较早开始玉米细胞质雄性不育的转育和利用研究，自己设计了易于操作的雄性不育基因 *msl* 与白胚乳基因 *y* 相连锁的材料，作为回交转育的基础，使玉米基因雄性不育研究取得突破性进展。戴景瑞（1934～）继承发展了李竞雄开拓的玉米杂交育种研究，40 余年育成玉米品种 19 个，发表《优良玉米杂交种农大 3138 的选育与推广》、《玉米 RFLP 遗传图谱的构建及矮生基因定位》、《RAPD 分子标记与玉米杂种产量预测的研究》等多篇论文。在将中国玉米遗传育种学科从群体水平提高到细胞水平、分子水平方面做出贡献。山东莱州农业科学研究所李登海（1949～）首次培育出株型紧凑兼大穗型玉米杂交种掖单 2 号、掖单 13 号等品种，1991 年以后得到大面积推广，美国玉米育种专家来华看了玉米高产田，认为李登海培育的玉米品种，其耐密性超过了美国现有玉米品种。

（4）棉花品种培育多有建树　中国农作物大规模引种和品种培育是从棉花开始的。中国原种中棉，产量低，棉绒短，不适宜机器纺纱织布。1892 年起，就大力引种美棉。1914 年，穆藕初在上海首创植棉试验场，研究棉花改良推广的方法。1935 年冯泽芳（1899～1959）在中央农业实验所主持全国中美棉区域试验，提出中国划分五大棉区的主张，至今仍为学术界采用。他致力于棉花遗传育种工作，对亚洲棉的形态、分类、遗传，亚洲棉与美洲棉杂种遗传学和细胞学有深入的研究。

1949 年以后，中国从美国引入岱字 15 号品种，曾大面积种植。1964 年起，通过以岱字 15 号复壮种进行更新，推出洞庭一号和光叶岱字棉等品种，使产量提高 20%。1974 年起，主要推广黄滋康（1927～）、蔡荣芳（1931～）等培育的中棉所 3 号、中棉所 7 号等品种。1980 年后，山东省培育鲁棉一号，中国农业科学院棉花研究所培育出中棉所 10 号、中棉所 12 号等推广开来，使棉花产量又有大幅度提高。1992 年郭三堆（1950～）等合成了 *CrylA* 抗虫蛋白基因，培育出多个转 *Bt* 基因抗虫棉新品种（系），迈上了转基因抗虫棉品种培育和大面积种植的新阶段。

（5）大豆优种选育任重道远　大豆原产地是中国，中国学者在大豆品种培育上倾注了巨大力量。王绶 20 世纪 20 年代初就致力于大豆的遗传育种研究，由他育成的金大 322 大豆品种，广种于长江流域，国外称为南京大豆。60 年代，他在山西选育出多种适合华北地区栽培的大豆优良品种，其中太谷早大豆含油量曾被评为全国大豆品种之冠。在王金陵（1917～）主持和指导下，育出东农 36 号大豆新品种，具有超早熟性，生育期 80～90 天，且有耐低温性，在中国最北部黑河高寒地区种植，平均亩产100千克左右，使中国大豆种植领域向北推移100多千米。马育华（1912～1996）长期从事大豆遗传育种、试验统计研究。70年代育出秋大豆品种，亩产可达100千克以上；他在中国首先用数量遗传方法，从理论上论证大豆的主要经济性状及其间的遗传相关和选择指数，为改进育种技术提供了科学依据。

（6）其他作物品种培育都有重要发展　现今，中国多种作物建立了专项学科，出版单一作物如花生育种学、马铃薯育种学等专著。择举油菜杂交育种的案例可了解这方面的突出进展。傅廷栋（1938～）主要致力于探索油菜杂种优势利用的新途径。1972年，他在国际上首次发现波里马油菜细胞质雄性不育，现已被国内外广泛应用。在国内已育成一些波里马雄性不育杂种；在国外，不少国家都已利用“傅氏波里马”实现三系配套，几十个波里马杂交种在各国试验、采用。

2. 主要农作物种质资源的研究　全国对主要农作物的种质资源进行了广泛的收集、整理和研究，保存作物种质30余万份，为中国作物育种以及作物起源、进化、分类、遗传等研究提供了丰富的基本材料。其中对中国野生稻、野生大豆、云南和西藏作物种质资源等的系统考察、收集与研究，其科学意义和深远影响远超出了中国之外。董玉琛（1926～2011）20世纪50年代末首先提出“品种资源”的概念及其工作任务。80年代，她在野外考察中查明了小麦野生近缘植物10个属50余个种在中国北方的主要分布区、生境和染色体数。她发现2个能使属间杂种染色体自然加倍的小麦种质，并利用其合成22个抗病的小麦-山羊草双二倍体。还应用现代生物技术将6个属与小麦杂交成功，其中3个属为世界首创。

3. 在作物栽培学和耕作学研究方面取得突出进展　主要在20世纪的后50年，广泛探索了主要大田作物在不同地区的高产规律、高产途径、配套农业技术和适宜耕作制度。小麦栽培即其一例。余松烈（1921～）作为作物栽培学家，长期从事作物栽培学的教学和研究工作。在小麦方面，探索出“精播高产栽培技术”，曾取得每亩增产15％以上的成果。于振文（1944～）继之发展小麦产量与品质生理和高产优质栽培技术研究，其成果2006年以《小麦产量与品质生理及栽培技术》专著面世。

在栽培、耕作学领域，学者们对作物的合理群体动态结构、形态建成、产量构成、作物诊断、作物生产力、理想株型、作物种间关系、用地养地关系、农田生态等理论与方法研究，为新技术体系的制定奠定了必要的基础。在此期间，中国农作物生产中行之有效的水旱作物育苗移栽技术、以叶龄指标为基础的肥水促控技术、不同地区的作物模式化栽培技术、周年作物一体化栽培技术即吨粮田技术，以及高效益多熟种植、立体农业、旱农及节水农业、垄作耕作制、大面积地膜覆盖、水旱田免耕、杂草综合防治、化学调控等生产技术创造，都是现代农学在中国条件下应用的突出技术成就，为世界农学的进展增添着重要内容。

二、园艺学

（一）20 世纪前半叶的发展

1902 年，直隶农事试验场园艺科进行的果树栽培试验是中国果树研究的开端。1906 年设置的中央农事试验场在农事试验场章程中，列有本国、外国各种菜蔬、花果、接树法试验，树枝成形、剪枝试验，果品蔬菜之采取、收藏及加工制造试验等。1919 年，吴耕民（1896～1991）从日本引入柑橘等果树良种及新型栽培技术和设施，1921 年曾在南京东南大学主持兴建了中国最早的现代型蔬菜温室设施。他于 1936 年撰写出《蔬菜园艺学》，1937 年创建了浙江园艺改良场，标志着蔬菜作物的研究进入了新的阶段。1934 年章文才（1904～1998）研究并发表了乙烯对柑橘效应的成果；1937 年他在博士论文中曾提出果树砧木亲和性的有关生理生化指标。1939～1945 年在四川主持柑橘选种工作中选育出先锋橙、锦橙。其中锦橙后来发展成为中国主要外销品种。曾勉（1901～1988）曾对柑橘、杨梅、橄榄、猕猴桃等大量果树种质资源进行调查、研究和整理。沈隽（1913～1994）从 1941 年起，在中国最早开设果树生理学、果树解剖学、果树研究法等课程，开展、推进果树花芽分化、根系发育等领域的研究。

（二）园艺学科的持续发展

1949 年后，园艺事业经历了恢复与发展时期。许多农业院校建立、发展了果树、蔬菜、花卉专业，农业科学院设置了果树、蔬菜花卉研究所。20 世纪 80 年代后，随着人民生活的日益提高，园艺事业和园艺学科迈入快速的发展阶段。

1. 种质资源的搜集、保存与应用　中国自 1950 年以后曾多次进行园艺植物种质资源的调查。1986 年起，国家科学技术委员会将农作物品种资源研究列为国家重点科学技术攻关项目。蔬菜部分由中国农业科学院蔬菜花卉研究所主持，并与各省、市、自治区蔬菜研究单位及部分院校协作进行。在 20 世纪五六十年代蔬菜种质资源调查、整理的基础上，80 年代再次进行蔬菜品种资源调查、征集工作，并重点对云南、西藏、湖北神农架地区进行了种质资源考察搜集，发现了一批有重要研究和利用价值的珍贵资源，如西双版纳黄瓜、黑籽南瓜及蔬菜植物的新变种、新类型及近缘野生种。到 1995 年年底蔬菜种质资源入库数达 3 万份，分属 21 科 67 属 103 种，果树种质资源 1.1 万份。并在此时期对菜豆、黄瓜、大白菜、甜（辣）椒四种蔬菜种质资源进行了主要病害的抗病性鉴定和品质分析。1991 年编写出中国第一本《中国蔬菜品种目录》，后又编辑出版《中国蔬菜品种志》，基本摸清了中国蔬菜种质资源的现状。全国 80%以上蔬菜地方品种已收入品种资源库长期保存。吴明珠（1930～）从 20 世纪 50 年代起，就开始对新疆甜瓜地方品种资源进行收集和整理。她在国内率先采用远生态、远地域、多亲复合杂交、回交及辐射育种等技术相结合，选育出优质抗病的甜瓜、西瓜新品种，获得一批新的育种资源，并利用生态差异，长期在新疆和海南两地进行南北选育，创造了一年三季高速育种的成功经验。中国对国外引种工作日益加强。主要从美国、日本等 13 个国家及地区引入蔬菜品种约 5000 余份。这些材料经各地试种后直接或间接地纳入蔬菜生产事业中。

观赏园艺学的开拓成果显著。观赏植物的起源与分类研究、引种与育种研究以及栽培技术、采后处理研究得到繁荣发展。陈俊愉（1917～）创造了花卉“野化育种”新技术和进化兼顾实用的花卉品种二元分类法，育成具多种抗性的梅花、地被菊、刺玫月季和金花茶新品种 80 多个；率先开展花卉区域试验。1998 年国际园艺学会命名与登录委员会及国际园艺学会执行委员会授权陈俊愉成为“梅”这一品类的国际植物登录权威。

2. 园艺植物育种　20 世纪五六十年代许多科研单位及高等农业院校蔬菜专业开展了育种研究工作。侯锋（1928～）等培育的津研号、津杂号、津春号三代系列黄瓜品种，表现丰产，适应性强，抗霜霉病和白粉病，在全国推广，曾约占全国黄瓜栽培面积 60%以上。20 世纪八九十年代，抗病、优质、丰产品种选育列为国家重点攻关项目，由育种及植保科技单位协作，对白菜、黄瓜、番茄、甘蓝、甜（辣）椒五种蔬菜进行抗病育种研究。经数年努力，选育出抗 TMV、抗 TuMV 等多种病害的新品种。20 世纪 80 年代至 20 世纪末，培育出通过国家或省级农作物品种审定委员会审定的蔬菜新品种共 2000 余个，使中国主要蔬菜进行了 2～3 次品种更新。

在果树育种研究方面，20 世纪 50 年代初，许多地区先后开展了柑橘、梨的地方品种选择，以及桃、葡萄芽变的研究应用，开创了国内果树杂交育种的新纪元。迄今，包括苹果、梨、桃、葡萄、柑橘、枇杷、菠萝等 10 多个树种，先后育成 700 多个新品种及苹果、梨的一些新砧木类型，一些单位还进行了辐射育种，选出苹果、梨、柑橘的优良突变体。所有这些经选育的新品种和砧木，对丰富和改善果树品种组成、发展果树生产起到了很大的推动作用。此外，对缩短果树童期、早期鉴定、预先选择的原理和技术方法进行了探索研究，特别是把生物技术应用于果树研究中，对苹果、柑橘原生质体培养和苹果、柑橘等的花药培养等，均获得了成功。

3. 栽培技术研究　园艺植物栽培专家在育苗、灌溉、施肥等方面进行了细致的研究。为探索果树营养元素需求的规律，沈隽于 1982 年在北京农业大学创建了中国高校中第一个果树矿质营养研究室，经多年研究，在中国首次研制出果树标准叶样，并被国家标准局所确认。束怀瑞（1929～）从 20 世纪 80 年代起，针对中国苹果栽培面积迅速扩大，但单位面积产量很低的现状，将现代肥水理论和农家经验有机结合，创造性地提出穴贮肥水技术，既控制和协调了苹果的营养生长和生殖生长的关系，又显著提高了苹果的产量。此外，中国园艺工作者还研发、引进吸收了整枝、摘心、授粉、疏花疏果、摘心摘叶、压蔓、抑蔓、支架等园艺植物栽培技术，从而在避免植株徒长，减少养分消耗，加强通风透光，提高光能利用率，增加单位面积内的株数，提高结果率，促进早熟和提供优质产品方面不断取得创新成果。

植物生长调节剂在园艺植物生产中应用很广。李曙轩（1917～1990）在蔬菜作物的生长发育、器官形成、植物激素应用技术及其机理以及蔬菜生物技术等研究方面，取得了突破性进展。

4. 保护地栽培技术研究 在以蔬菜作物为主的园艺作物上，保护地栽培是中国的特色，用途也愈来愈广泛，特别是用于育苗、春早熟栽培、秋延迟栽培、炎夏栽培、越冬栽培、软化栽培、假植贮藏等方面，在园艺产品的周年均衡供应中均发挥了重大的作用。20 世纪 80 年代日光温室的成功研制与应用，给园艺作物的生产带来了革命性变化，可在严寒冬季不加温的条件下生产喜温蔬菜、果树和花卉，丰富了冬季园艺产品的市场，并给从事园艺作物生产的农民带来巨大的收益而得以迅速发展。

（三）园艺学开始与国际发展同步

1. 蔬菜作物的杂种优势利用 蔬菜作物杂种优势利用在中国起步较晚。20 世纪 60 年代开始研究，70 年代后蓬勃发展，到 2000 年，已有 27 种蔬菜应用杂种优势。方智远（1939～）在国内率先开展并长期主持甘蓝遗传育种研究。他和贾翠莹等在 1973 年育成中国第一个甘蓝杂种——京丰一号，后又先后育成不同类型甘蓝新品种 20 个。他和课题组在国内首先突破甘蓝自交不亲和系选育技术，首次发现甘蓝显性核基因雄性不育材料并用于育种，选育的甘蓝品种种植面积占全国甘蓝总栽培面积的 50%以上。

2. 生物技术的应用 20 世纪 80 年代以来，园艺学界重视将生物技术应用于园艺作物育种中。分子标记辅助选择花药与小孢子培养、原生质体融合已实际用于育种并培育出新品种。建立了多种蔬菜、花卉、果树作物的转基因技术体系，开展了抗虫、抗病、耐贮等性状的转基因研究，并取得良好的结果。邓秀新（1961～）致力于柑橘原生质体培养再生植株技术的研究，1987 年首次在中国创建了从原生质培养到再生植株的全套体系，他还取得了将柑橘三倍体胚乳愈伤组织再生成植株并植入大田的国际领先水平的研究成果。

三、林学

（一）学科的奠基

中国林学开创的过程中，陈嵘撰著出《造林学概论》、《造林学各论》及《造林学特论》。这些是集聚 20 世纪早期中外造林技术的精华，以中国主要造林树种为基础的林学典籍。20 世纪 40 年代，干铎（1903～1961）、王战（1911～2000）于四川省万县谋道溪发现水杉。后经胡先骕、郑万钧（1904～1983）正式命名，系新生代第四纪孑遗树种，获中外植物学界和林学界的高度评价。森林经理学是一门交叉于生物学、工程技术学及经济学的综合学科，最早将其引入的是留学日本于 1916 年归国的侯过（1880～1973）和 1917 年归国的张福延（1891～1972），曾在高校率先开设测树学、森林数学（包括测树学、林价算法、森林较利学）、森林经理学、森林经济学等课程。这一代学者为林学的发展奠定了基础。

（二）学科的持续发展

1949 年中华人民共和国成立，中国的林学研究从此进入了一个全面发展的新时期。

1. 大面积的森林调查和宜林地调查研究 首先，森林调查方法的进步、航调及航摄像片的应用、森林数表的编制乃至森林施业案的编制等，促进了森林资源管理学科群的发展。其二，森林调查及定位试验研究的开展，推动了林业区划、林型学和森林立地学的前进，也为区域森林的描述提供了野外数据。在这些方面，老一代的林学家以学术成果，如吴中伦（1913～1995）的《中国林业区划》（1957）、范济洲（1912～2001）的《森林经理学》（1962）、黄中立（1918～1983）在测树数表编制方面的系列成果等，起着开拓领路的作用。

2. 大规模植树造林工作的开展对造林学科的发展起了巨大的推动作用 造林学科在这个时期的发展，既有以适地适树为首的造林技术体系的全面发展，又有对单项造林技术，如造林密度、混交林、造林整地等的试验研究成果；既有速生丰产林营造的综合探索，又有分地区、分树种的造林技术研究。1978 年由郑万钧主持，俞新妥（1924～）、沈国舫（1933～）等一批学者协助编写出版的《中国主要树种造林技术》是这个时期造林学研究进展的集成。

3. 各类防护林的营造促成了水土保持和治沙学科的形成和发展 1949 年以后从东、北、西部防护林开始，到冀西、豫东的固沙造林和平原绿化，从黄土高原的水土保持造林到西北地区的沙漠治理及绿洲防护林网的建设，促成了水土保持和治沙学科的形成，其标志是林业高等院校中水土保持专业的确立和第一本《水土保持学》教材的诞生。在这期间，老一代的水土保持学者如关君蔚（1917～2007）等做了大量的开拓性工作，一批当时的中青年学者如高志义（1929～）等在水土保持和治沙的教学和研究工作中，也做出了一定的贡献。

4. 林木遗传育种的研究在这个时期有了开拓性的进展 徐纬英（1916～2009）等的杨树良种选育，朱志淞（1910～1989）等的南方松引种，俞新妥的马尾松种源试验，叶培忠（1899～1978）、陈岳武（1935～1985）的杉木优树选择及种子园初步试验等都是这一时期的代表性工作，其成果为后来林木遗传育种研究的迅速发展打下了基础。

5. 森林病虫害防治研究起步较迟 1958年在林业高等院校内设立独立的森林保护专业以及随之而来的《森林昆虫学》（张执中等，1960）和《森林病理学》（周仲铭等，1961；李传道，1963）等教材的出版，对森林病虫害防治与研究工作的发展有重要推动作用。

（三）与国际林学发展同步

随着科学技术的迅速发展，林学领域出现了新交叉学科、边缘学科。它们逐步成为覆盖原有多种分支学科的新兴学科，诸如森林生态学、林业生态经济学、林业系统工程学、林业生物工程学、遥感与计算机在林业上的应用等。

1. 森林生态学 其蓬勃发展是这个时期的明显特点，已开始与世界林学和生态学发展同步。以阳含熙（1918～）和李文华（1932～）为首参与、由联合国教科文组织（UNESCO）相继实施的国际生物学计划（IBP）、人和生物圈计划（MAB）与国际地圈生物圈计划（IGBP）对中国森林生态学发展起了极大的推动作用，由引进、吸收到参加活动，并进而成为计划的核心成员，成为国际生态界的一支活跃力量。另一个侧面是学者们对中国自己的森林及其内在规律在微观及宏观（系统）的水平上进行了深入的探索。在这方面，20世纪70年代末80年代初李文华等对西藏森林的深入考察可作为一个良好的开端。以王业遽为首的东北林业大学森林生态学团队对东北阔叶林、红松林和次生林的深入研究可作为有代表性的进展。以王战为首一批学者对长白山森林生态系统的长期定位研究，堪称区域森林研究的典范。

2. 在林木育种和良种繁育方面成就比较突出 突出成就有：杉木的良种繁育（洪菊生等）、南方黑杨育种（王明庥等）、北方白杨（朱之悌等）和青杨×黑杨杂交育种（徐纬英等）、油松侧柏的良种繁育（沈熙环等）和落叶松的良种繁育（张颂云等）等。在杨树抗虫转基因植株的培育方面取得了重要成果（韩一凡等）。

3. 在森林培育学方面有新的推进 在造林研究方面比较突出的成果有南方杉木、马尾松等树种的定向培育技术（俞新妥等）、桉树的速生培育技术（祁述雄等）、泡桐栽培技术（蒋建平等）、北方干旱半干旱地区的造林技术（高志义等）、经济林树种的栽培技术（胡芳名等）。在森林培育生理基础及生长素应用技术方面也取得了很好成绩（王沙生等）。王涛（1936～2011）发明的新型绿色植物生长调节剂——ABT生根粉，突破了国内外植物生长调节剂单纯以植物激素为主的范畴，在植物生长发育调控方面开辟了一个新的领域，在同类产品中居国内外先进水平。由黄枢和沈国舫共同主编的《中国造林技术》（1994）是这一时期森林培育方面总结性的代表著作。

4. 在林业生态工程研究方面进展很快 从1978年开始实施三北防护林建设项目以来，中国进入了大规模林业生态工程建设的新阶段。20多年来，这个学科的研究成果收获颇丰，其中比较突出的有黄土高原沟壑区水土保持综合治理方面的系列成果（李玉山等），山区小流域综合治理及信息管理方面的系列成果（王礼先等），平原农牧区防护林建设方面的系列成果（宋兆民等），荒漠化防治（治沙）方面的系列成果（高尚武等）。在这个学科领域的研究进展综合反映在《水土保持原理》（关君蔚，1996）、《水土保持学》（王礼先等，1995）、《治沙工程学》（朱震达等，1997）和《林业生态工程学》（王礼先等，1988）等专著中。

5. 在森林保护学方面做了新的开拓 在森林病虫害方面，初步摸清了森林病虫害的种类（约4000余种）、分布、习性及为害情况。《中国森林昆虫》（肖刚柔主编，1992）和《中国乔灌木病害》（袁嗣令等主编，1997）等专著出版。森林病虫害防治工作由单一措施转向综合防治（管理），尤以生物防治措施发展迅速；在防治理论方面由简单的消灭发展为可持续控制的良性循环。自然保护区的发展、生物多样性和野生动物的保护工作在这个时期有了巨大的进步。自然保护区的设置和经营成了一种专门的学问（王献溥等），生物多样性研究揭开了序幕（陈昌笃等），对一系列自然保护区进行了深入的考察研究（周政贤等）。野生动物保护方面发展了从基础到保护和应用的研究，已建成了独立的学科。

6. 在森林资源管理方面有了新发展 新的发展包含了森林资源的清查（调查）、监控、调整和管理等多项研究内容。森林资源清查、森林经理（二类调查）和作业设计调查等三类调查体系的确立、抽样技术和遥感技术的广泛应用，使中国森林资源调查工作进入了世界的先进行列。

四、林业工程学科

（一）学科的奠基

从1916年起，梁希开始在北京农业专门学校森林系讲授林产化学和木材学课程，编写了《林产制造学讲义》，后在浙江大学和中央大学创建了森林化学实验室。朱惠芳（1902～1978）、唐燿（1905～2008）对中国主要树种的木材解剖学和物理力学性质进行了研究，1936 年唐燿出版了中国第一部木材学著作《中国木材学》。梁希等为中国近现代林业工程学科奠定了基础。

（二）学科的持续发展和开始与国际发展同步

1952 年，时任林业部长的梁希，在林业部第一次林业工作会议上提到：在国家需要木材的时候，我们不能不忍痛采伐。当时东北各省的林业局实行国家经营体制，都是单一的木材生产。这一时期森林采运逐步实现了机械化大生产，木材工业和林产化学工业蓬勃发展，逐步实现了机械化、连续化生产，林业与木工机械制造业已初具规模，林业工程学科人才培养和科学研究体系逐步形成，分支学科构建起来，学术成就不断涌现。

1. 在森林工程领域

（1）森林资源开发的理论和指导思想，由掠夺式开采逐步向可持续发展转变
长期以来，森林资源的开发就是获取木材的指导思想，一直在森工企业占主导地位。1956 年，林业部制定并颁布了中国第一个《国有林主伐试行规程》，对采伐后的更新等作了规定，使中国的森林开发开始走上了采育结合的道路。1991 年，陈陆圻（1918～）主编的学术专著《森林生态采运学》问世，书中首次提出了“生态型森林采运”的理论观点，探索了在森林采运全过程中使森林生态效益与经济效益密切结合的途径，以实现森林的永续利用。1995 年，林业部组织专家编写《中国 21 世纪议程林业行动计划》，明确提出了中国林业必须走可持续发展道路的战略思想。

（2）在生产技术上实现由人畜力作业向机械化作业的转变　20 世纪 50 年代以前，除东北部分林区使用简易森林铁路运材外，基本上全靠人力、畜力，使用简易的工具进行作业。50 年代初期，中国开始从苏联和东欧引进木材生产机械，在部分林区试行机械化作业。60 年代初开始生产集材拖拉机、运材汽车。至 60 年代中期基本上已形成了自己制造木材生产机械的体系。80 年代，中国国有林区的木材生产机械化程度已达 90%。进入 90 年代，在提高机械化水平上不断取得新进展。80～90 年代，熊超主编的《中国林道网研究》，提出了中国林区的路网密度指标和计算方法，对林区道路的规划设计具有重要参考价值；单圣涤的《悬索曲线理论及其应用》为架空索道的设计提出了新思路；周新年的《架空索道理论与实践》在索道设计手段现代化上进行了新的探索。

2. 在木材科学与技术领域

（1）木材基础理论研究成果显著　中国木材基础理论研究始于 20 世纪 30 年代。

70年代后期开始，木材学的研究工作步入了快速发展阶段。1985年成俊卿（1915～1991）主编的《木材学》问世，此书是反映当时中国木材研究成果的权威性著作。1992年又出版了成俊卿主编的另一部专著《中国木材志》，该书对中国528个树种的木材特征、性质和用途进行了全面描述，包括了中国使用的大部分商品材。1994年，周崟等在木材细胞壁超微结构的研究中做出了贡献，出版了《中国裸子植物木材解剖学及超微结构》专著。1995年鲍甫成等在中国木材渗透性及其可控制原理和途径的研究中取得了突破，为木材处理、改性等提供了科学依据。

（2）木材加工技术研究获得发展　20世纪80年代以来是中国木材工业发展最快的时期。中国林业科学研究院木材工业研究所、北京林业大学等研制的木材干燥自动控制系统能够精确调节干燥介质状态，保证干燥质量、缩短干燥周期、降低能源消耗，达到了较高水平。在人造板方面，中国已形成了大、中型刨花板、中密度纤维板、胶合板成套设备的制造能力。1981年张齐生（1939～）领导的课题组提出了竹材以高温软化—展平工艺为核心的竹材胶合板制造方法，经试验突破了高温软化—展平技术难关，使竹材胶合板制作技术从无到有并迅速发展。

3. 林产化学加工工程领域　林产化学加工工程领域在制浆造纸工程，树木提取物化学，植物纤维原料水解和热解，森林植物生物化学工程，木材改性，林产化工装备等方面都取得重要进展。北京林业大学等通过对糠醛生产设备改造，使得提取率有较大提高。南京林业大学在酶水解研究方面也做出了成绩。活性炭生产发展很快，已普遍使用回转式连续炭化活化炉取代传统平板炉，液态化活化炉、百叶式活化炉等新炉型不断出现。

4. 林业与木工机械领域　林业生产和木材加工中的专业机械设备在开发上实现了由引进、消化吸收到自主创新开发的转变。20世纪50年代中国的林业与木工机械以引进为主，60年代开始自主开发了少量新产品，70年代后期则逐步进入了以自主创新开发为主的新阶段。1980年以来开发了近2000种新产品，其中营林与园林机械近300种，木材生产机械300余种，木材加工和人造板机械1000多种，基本上满足了中国林业生产机械化和木材加工现代化的需要。在工作机理的研究上，卓凤英等开展的挖坑机挖穴机理的研究，揭示了挖坑机的升土理论，为这类机具的合理设计提供了科学依据。在人机工程研究方面，东北林业大学、北京林业大学等在制材厂噪声研究与分析，油锯、割灌机、集材拖拉机、运材汽车、木工刨床等设备的减振研究，以及便携式林业机械对操作者健康影响的研究等都取得了一定成果。在机械工作阻力的研究中，顾正平等在树木移植机的下铲阻力、草坪打洞通气机的打洞阻力、链锯切削阻力、木工机床切削阻力等方面，通过大量理论分析与测试，确定了影响阻力的因素及其影响程度，建立了这些阻力的计算公式或数学模型，有些属首创，有些对国外的传统公式提出了修正。

五、茶学

（一）学科的奠基

中国是茶的起源地，茶学研究有悠久的历史。20 世纪初，中国实业界一些有识之士，目睹华茶衰落，深感发展新茶学的重要。于是，一方面派遣留学生到国外学习，另一方面在湖北羊楼洞、四川灌县、湖南长沙、安徽屯溪、云南昆明等产茶地区先后创办了一批初、中等茶业学校，为开展现代茶学研究准备了初期的人才条件。1934 年全国经济委员会、实业部和安徽省政府联合成立祁门茶业改良场。这是中国建立最早的茶叶试验机构。1936 年 2 月，全国经济委员会召开首次茶叶技术会议，推选吴觉农（1897～1989）等组成研究委员会，对当时存在的茶叶技术问题进行研究。同年中山大学农学院成立茶蔗部，分设茶作、蔗作两个学科。1940 年春，在吴觉农的倡导下，复旦大学创建茶叶系和茶叶专修科，开设的专业课程有：茶叶概论、茶树栽培、茶叶制造、茶叶化学、茶叶检验、茶树病虫害防治等。1941 年 10 月，在福建崇安创建隶属于财政部贸易委员会的茶叶研究所。该所设有茶树栽培、茶叶制造、分析化验和技术推广四个研究小组。当时，正值抗日战争期间，条件极其艰苦，在吴觉农所长、蒋芸生副所长带领下，王泽农、胡浩川等一批茶叶科技工作者在茶树开花习性观察、茶树日照试验、茶蚕及茶毛虫生态观察、茶园土壤调查、有机肥比较试验、不同茶树品种制茶比较试验、红茶分级试验、制茶机械设计与试验、茶叶包装贮藏试验、茶叶咖啡因提取试验以及岩茶制造过程中水分变迁的研究等方面，进行了许多有一定深度和广度的试验。中国茶叶加工历史悠久，20 世纪三四十年代，胡浩川对祁红、屯绿，方翰周对宁红、婺绿的初、精制进行了研究，冯绍裘赴云南创制滇红。50 年代后，茶加工研究有了很大发展，基本探明红茶、绿茶和乌龙茶等主要茶类品质形成机理和合理的加工工艺；逐步实现了大宗茶初、精制全程机械化。王泽农（1907～1999）较早地从事茶叶化学成分研究。他们分别为相关茶学分支学科做了开拓性的工作。

（二）茶学的持续发展阶段

1949 年中华人民共和国成立后，茶叶生产获得迅速恢复与发展，茶学研究进入一个新的提高时期。20 世纪 50 年代起开展茶树品种资源的调查与收集。1981～1984 年，通过资源考察与收集，国家在云南勐海与浙江杭州分别建立两个茶树种质资源库。到1997年已收集保存国内19个省（区）和6个国家的茶树种质3000余份，发现了新种与变种。全国经审（认）定的茶树良种达97个，其中无性系良种有80个。虞富莲等（1992）、陈亮等（1996）对400多份种质资源进行了系统研究，首次采用X射线能谱分析，发现花粉的钙含量与茶树进化程度有关。董丽娟等（1988）进行了385个组合的杂交试验，研究了不同茶树亚种、变种的杂交亲和性；陈振光等（1983）利用茶树花药培养，在国内外首次获得单倍体茶树；刘祖生等（1992）研究指出，利用遗传基础不同的南方类型与北方类型杂交，通过基因互补，在F_1有较大希望育成高水平的新品种。周汉忠（1984）研究嫁接换种获得成功，为茶树良种繁育推广开辟了新途径。20世纪60年代开始，庄雪岚重点研究了茶树光合作用和呼吸作用的基本规律。中国农业科学院茶叶研究所和湖南省茶叶研究所等单位对茶叶的水分、营养和抗性等生理机制，做了系统研究。潘根生等（1997）研究了茶树内源激素与新梢生育的关系及其调控机理，在国内外首次建立茶树内源激素定量分析方法。茶树保护学科发展迅速，陈宗懋（1933～）等于20世纪70年代，曾对中国茶树病虫害的种类分布做了调查，1989年报道称，中国已发现为害茶树的害虫430种、病原133种。初步探明中国茶树病虫害的种类与分布以及主要害虫和病害致病菌的生活史；基本掌握了茶树主要病虫害的预测预报技术。陈宗懋还提出茶的近20种农药的安全使用间隔期。20世纪80年代以来，茶树病虫防治从化学防治逐步转向综合治理。为了解决农药残留和环境污染问题，胡萃等调查发现各地茶树害虫天敌资源丰富，为开展生物防治奠定了基础。茶尺蠖核型多角体病毒（ENPV）的研究已进入实用阶段。陈宗懋、许宁等（1997）以茶树、茶树害虫和天敌之间的化学通讯为基础的化学生态学研究已取得突破性进展。

（三）茶学与国际茶学同步发展

茶学发展与分子生物学技术的应用密切相关。奚彪等（1997）采用分子生物学技术在茶树遗传转化方面进行了开创性的研究。在茶的综合利用方面，20世纪80年代以来，茶叶品质化学与理化检验有了突破性进展。骆少君等对茶叶香气进行了深入研究，取得突出成绩。气相色谱、液相色谱、原子吸收、核磁共振、薄层扫描等新技术的应用，大大提高了茶叶生化的研究水平。从20世纪70年代起，夏春华等对茶籽的综合利用进行了系统研究，并在国内首次建立茶籽油工业生产线；他们从茶籽饼粕中提炼出茶皂素并开发出石蜡乳化剂、加气混凝土稳泡剂和农药湿润剂等系列产品。杨贤强等（1990）研究出一种安全、简易、无毒、低成本生产脱咖啡因、茶多酚的新工艺；中国农业科学院茶叶研究所发明一次投料，同时提取茶多酚、色素、多糖、咖啡因等多种有效成分的系统工艺技术；浙江农业大学组织多学科协作，从分子—细胞—组织—整体水平研究了清除自由基的机理，为探明茶的药用价值提供了理论依据；同时研制出以茶多酚为原料的多种药品、保健品和天然抗氧化剂。

六、土壤学

（一）学科的奠基

中国近现代土壤学是于 1931 年中华教育文化基金会资助下，在前中央地质调查所成立的土壤研究室开创的。土壤研究室成立伊始，延聘了侯光炯（1905～1996）、李连捷（1908～1992）等 10 多位中国土壤学家和美国土壤学家 R. L. 潘德顿（R. L. Pendleton）与 J. 梭颇（J. Thorp），他们是中国现代土壤学的奠基者。当时在美国土壤学理论和方法影响下，主要工作是在中国 20 多个省市进行野外土壤调查制图和室内化学测定，编制了中国土壤概图，发表了多份土壤调查报告，出版了《中国之土壤》一书。

（二）承前启后、缩短差距时期及与国际同步发展时期

中华人民共和国成立初期，为国家大规模经济建设做准备，政府组织了一批科技专家在东北、西北、华北平原等地进行了大规模土壤调查和土地资源勘测；继而于 1958 年开展了以耕地和农民经验为主导的全国第一次土壤普查。在土壤物理学、土壤化学、土壤植物营养学和土壤微生物学、土壤改良学等分支学科上也都有显著发展。这个时期研究的重要特点是苏联土壤发生学和与农民认土、用土、改土经验对中国土壤学的深刻影响。1980 年起，在改革开放的时代背景下，学术界有机会了解吸收美欧诸国现代土壤学的理论观点和最新成就，中国土壤学和各分支学科得到顺畅发展，其各主要分支学科的建设与学术成就已开始迈入与国际同步发展阶段。

1. 土壤物理学 20 世纪三四十年代土壤物理学的工作内容，主要是在土壤调查中对土壤机械组成、容重、比重等物理性状的描述。1953 年兰梦九撰出的中国第一部《土壤物理学》，对黑土、塿土、褐土、潮土、盐渍土等主要土类的土壤水分状况和周年动态进行研究，为土壤水分研究打下基础。70 年代末，中国开始应用能量观点和土壤水动力学理论，在土壤水分和溶质运动的参数测定、动力学模型、均衡模型和统计模型、盐渍土的水盐运动、土壤空间变异等方面取得一批成果。以后，又在土壤水分和溶质运移模型、随机模型及其应用、土壤水分管理等方面的研究中取得进展。1998 年完成的“节水农业的基础研究”项目中，对以土壤水为中心的农

田水均衡模型及软件开发、土壤—植物—大气连续体（SPAC）的多学科研究成果处于国际先进行列。

2. 土壤化学方面 1949年，李庆逵（1912～2001）在美国*Soil Science*（《土壤科学》）上发表了《中国主要土壤的化学特性》论文，使中国土壤化学研究成果进入国际土壤学术界。熊毅（1910～1985）等对中国主要土类的胶体组成和盐渍土代换性盐基方面做了专门研究。1956年，熊毅首先阐明中国土壤胶体的一般性质，编制了《土壤中黏土矿物分布图》，他率先用X射线分析中国黏土矿物。于天仁（1920～2004）等用独创的测定方法研究了氧化还原性质的数量因素特征及其与强度因素的关系，使此项研究进入定量化研究阶段；还区分了有机还原性物质的电化学特征和与无机氧化还原体系间的反应规律。中国土壤氧化还原过程的这些研究一直处于国际领先水平。

20世纪50年代初，朱祖祥（1916～1996）研究了各种黏粒矿物在多离子系统中的交换吸附平衡、盐基饱和度及陪伴离子对交换性阳离子有效度的关系，后来又进行了土壤磷的吸持、解吸、固定的化学过程和物理化学过程及养分位的研究，提出了绿肥耕埋后激起土壤微生物强烈活动而耗失土壤有机质的“起爆效应”论点。

3. 土壤微生物学领域 20世纪30年代起，张宪武（1905～2000）、陈华癸（1914～2002）和樊庆笙（1911～）等主要从事于豆科根瘤菌和生物固氮的研究，陈华癸首次分离获得紫云英根瘤菌，他们为中国土壤微生物学的发展奠定了基础。90年代陈文新（1926～）在新疆根瘤菌资源调查中发现并命名的有2个新属和6个新种。在根瘤菌的分子遗传学研究上，马庆生等在紫云英根瘤菌的质粒组成、结瘤基因及其遗传多样性方面都有出色的研究成果。

4. 土壤植物营养学方面 1935年出版了彭家元（1897～1966）编著的《肥料学》一书。中国曾三次组织了全国性的肥料试验研究。通过大规模的田间试验，得出在化肥施用量和作物产量迅速增长形势下，不同农业生态区的氮、磷、钾状况和肥效、适宜用量和合理配比、复合化肥肥效和施用方法的大量研究成果。20世纪80年代以来，土壤—植物根际营养成为研究的热点和前沿，中国在根土界面的显微特征、根表对离子的吸附、根际pH和Eh状况、根际养分浓度梯度变化等方面的研究取得重要进展。

5. 土壤地理学进展很快 中华人民共和国成立初期，政府组织大批科技人员在东北、青海、西藏、新疆、内蒙古、宁夏、华北平原、两广（为发展橡胶树种植）等地进行了历时十年的大规模土壤调查和土地资源勘查。马溶之（1908～1976）主持编制了1∶1000万的《中国土壤图》(1965)。李锦主持编制了1∶400万的《中华人民共和国土壤图》(1978),并出版了《中国土壤》一书。20 世纪 70 年代末以来,美欧等国的现代土壤学思想和最新成就的传入,遥感、计算机和地理信息系统等现代技术的应用,将中国土壤地理学的研究推进到一个新的发展时期。

1950 年,宋达泉(1912～1988)提出的“中国土壤分类”代表了中国早期应用美国土壤分类系统的成果。1958 年全国土壤普查提出耕种土壤分类。1978 年,陈恩凤(1910～2008)提出:“将农业土壤和自然土壤纳入统一的分类系统之中”的论点。在全国土壤分类会议上,学者们取得将农业土壤与自然土壤纳入一体的全国土壤分类系统的共识。20 世纪 80 年代初,在赵其国(1930～)等主持下,以诊断层和诊断特性为基础,结合中国实际,于 1995 年提出了《中国土壤系统分类》,国际土壤信息参比中心(1SRIC)已将此作为国家分类收入该系统,中国人为土壤分类已正式列入国际土壤学会的分类方案。

20 世纪 70 年代末,遥感(RS)、地理信息系统(GIS)、全球定位系统(GPS)等现代技术相继用于土壤地理、制图、资源环境监测,成为新一代的强有力的宏观性研究手段。在中小比例尺遥感制图中,林培(1928～)应用同比例尺透明地形图与卫星影像叠加方法成功地解决了影像几何精度与土壤类型的地理分布相结合的问题。

6. 土壤改良学 20 世纪 50 年代以来,中国进行了大规模的土壤改良和综合治理的研究和实践,沙漠化、盐渍化和水土流失的防治以及红壤改良等均取得重要进展。但是在整体上,中国土壤退化形势十分严峻,种植土壤中具有障碍因子的中低产土壤可占到 60%。50 年代起,中国科学院陆续在不同生物气候带建立了 16 个沙漠化治理试验站和示范区,研究提出了沙障阻沙、生物和化学固沙技术、草场改良和农业高产技术等。在包兰铁路宁夏沙坡头段、内蒙古巴丹吉林沙漠南沿以及国家三北防护林带等均取得良好治理效果。中国的沙漠化防治在国际上有着良好学术声誉。

中国是个盐渍土分布广、类型多、盐渍化危害严重的国家。中国土壤盐渍化的科学研究和治理实践十分丰富,在盐渍土的发生和过程、类型和分布、水盐运动的时空规律等方面的研究上均取得了许多成果。在大量的实践中,探求了不同条件下因地制宜的治理原则和措施。石元春等经过多年的探索,找到了以农田水盐管理为中心,以地下水位调控为杠杆,对旱、涝、盐和地下咸水实行综合治理的成功经验。中国土壤盐渍化的理论研究和治理实践在国际上得到很高评价。

七、农田水利学

（一）学科的奠基

农田水利作为一项现代科学技术肇始于20世纪初，而学科的形成则在20世纪30年代。李仪祉（1882～1938）1915年由德国丹泽工业大学学习水利毕业回国后任南京河海工程专门学校教授及教务长，1922年任陕西省水利局局长兼渭北水利工程总局总工程师，开始兴办农田水利工程。他主持修建的泾惠渠、渭惠渠等灌溉工程，成为中国现代灌溉工程的开端。他首先提出研究“水土经济”问题，并以其作为农田水利学研究的重点。

在农田水利人才培养和学科体系形成的过程中，李仪祉和继他之后的沙玉清起了重要的奠基作用。李仪祉在20世纪30年代初所写的《农田水利之合作》论文和撰著的《农田水利讲义》，对农田水利的内容和范畴做了概括性的论说。1935年沙玉清编写和出版了中国第一部农田水利科学专著《农田水利学》，对农田水利的基本内容和方法、灌溉、排水、放淤及洗碱、垦殖以及有关沟洫、整理土地和护田所必需的堤防等做了阐述。粟宗嵩（1910～2009）、郑肇经（1894～1989）在农田水利学科方面也做了开拓性的工作。1952年郑肇经出版了一本《农田水利学》，把农田水利学分为灌溉工程和排水工程两大部分，在内容上更多地反映了中国灌溉工程的成就。

（二）学科的持续发展及开始与国际发展同步

1949年以后，农田水利事业进入一个蓬勃发展的新时期。经过约半个世纪的努力，全国有效灌溉面积从20世纪50年代初期的1600万公顷，发展到1998年的5100万公顷。除涝治碱面积达2400万公顷，水土流失治理面积达5600万公顷；2002年灌溉面积已达5500万公顷，除涝治碱面积超过2500万公顷，水土流失治理面积达8700万～9300万公顷。现今，灌区以约占全国耕地40%的面积，生产占全国总产量75%的粮食和90%以上的经济作物。

20世纪80年代以来，研究方向逐步转向对不同缺水状况下的作物需水量及其对产量影响的研究。这样，就为以后进行作物生产函数和灌溉优化配水研究提供了依据。同时对作物需水量的试验研究逐渐深入到植物水分生理和农田微气候领域。把作物需水量同植物冠层温度、大气CO_2浓度、植物叶水势、气孔阻力、根系吸水力等联系在一起，从而进一步揭示了作物需水量与农田水分环境及植物生理生态的关系，为节水灌溉提供了理论基础。《中国主要农作物需水量等值线图》的研制成功为各地进行节水灌溉计划用水提供了依据。而更多的研究则是关于节水灌溉的内涵、节水灌溉技术、灌溉效益及存在问题的研究。1981 年，贾大林（1923～）提出节水农业概念，推动节水农业综合体系构建，在河南商丘作出样板，为节水农业研究开拓了道路。中国农业科学院农田灌溉研究所主持的以华北地区为对象的“农业节水研究”，对该地区农业节水潜力、节水灌溉制度、节水灌溉技术、土壤水调节和利用潜力等方面进行了较广泛的试验研究和调查总结。此外，全国各地，特别是一些先进灌区针对不同作物、不同地区开展了节水灌溉试验研究和经验总结，如：蔬菜、棉花及砂田喷灌研究，改进地面灌水技术，推行低压管灌技术，改进水稻灌溉技术，提高泵站和机井的效率，应用塑料薄膜、软管等的节水灌溉技术等，使节水灌溉效益进一步提高。

20 世纪 90 年代以来，节水灌溉研究有了进一步的扩展和深入。节水灌溉在更大程度上已融入节水农业。节水灌溉研究已扩展到节水灌溉潜力研究、非充分灌溉、农田逆境条件下的水分调控以及水土环境研究等方面，并影响了整个灌溉水管理和灌区用水管理领域。中国自行研制的各种喷灌机具、微灌设备、滴灌材料等，已广泛应用于生产。

农业水资源的合理利用越来越受到人们的重视。20 世纪 80 年代以来，山仑（1933～）在西部旱区农业发展研究中，提出：“半干旱地区影响农作物生长的要害不在于降水量少，而在于降雨未充分利用”的理论。他据以在宁夏南部山区制定相应的技术措施，取得了很好效益。他在逆境成苗生理生态研究的基础上，研创出一种抗旱剂，属国内外同类研究中居领先水平的成果。对地面径流的利用研究，特别是同水土保持工程相结合的雨水集流工程的应用研究，对干旱缺水地区的农业发展和人畜用水保障起到重要作用。随着工业的发展，废水排放量不断增加，水资源污染日益严重，不仅使农田遭受破坏，且危及人畜用水，此领域研究在向精细和深化方向发展。

中国是一个水资源严重短缺的国家，维持、开拓农业必须走节水农业的道路。在农田水利学科，特别是学科基本理论和新技术应用方面，多年间投注巨大力量。在核技术应用于水土研究领域，特别是放射性示踪原子、中子和 γ 射线在研究土壤水分运动研究方面取得显著成果。应用红外测温技术研究植物冠层温度与水分消耗和应用电子技术开发研制的土壤湿度计对研究农田水分运动提供了有效的工具。现代分析计算方法等的应用，如模糊数学、系统分析、优化方法等的应用以及所提出的众多数学模型，能够有效地进行水资源的联合运用与评价，使在灌溉排水中对水的调度和运用更为合理。现代科学技术最新成就，特别是信息技术的应用，包括各种测量技术、数据处理技术、自动化技术等信息技术在农田水利学中得到广泛应用。在灌排工程规划和管理工作中应用这些技术和非线性规划、动态规划等技术，进一步提高了规划管理工作的效率和合理性。用现代信息技术开发出的灌溉用水信息管理系统，闸门和水位的遥测和遥控，土壤水分自动监测，灌溉用水数据处理，灌溉预报与水源预报，动态用水计划的制订与执行等，将灌溉用水管理研究提高到与国际相应学科同步的发展阶段。

八、植物保护学

（一）学科的奠基

1909～1911 年，京师大学堂农科大学曾开设植物病理学课程。1906 年，农工商部农事试验场建立，研究项目中设有：桑树之病虫害试验、害虫益虫之发生经过、预防害虫及驱除之法、益虫之保护繁殖方法、益虫和害虫及有害动物与气候之关系、各种害虫在本国地理上和农田上的分布、制作昆虫标本、调查虫害等。1911 年，农商部农事试验场成立了病虫害科。1916 年发表了章祖纯的《北京附近发生最盛之植物病害调查》，包括 42 种植物的 29 种病害，指明了部分植物病害的病原菌，叙述了植物受害后的病征和防治方法。1914～1917 年，章祖纯曾在北京农业大学讲授植物病理学课程。戴芳澜早期从事水稻、麦类、果树等作物病害及其防治的研究，中后期从事真菌分类学、真菌形态学、真菌遗传学以及植物病理学等方面的研究，对中国真菌学和植物病理学的建立和发展，做出了开创性的贡献。俞大绂（1901～1993）在中国首先报道小麦秆黑粉病具有生理分化性。他对中国作物病毒病害和细菌病害做了先驱性的研究工作。1933 年，中央农业实验所设有病虫害系，负责研究全国病虫害问题，与稻、麦、棉各改进所和大学的病虫害工作者展开合作，协助各省农事试验场的病虫研究和防治技术推广。虫害研究由吴福祯（1898～1995）主持，着重稻螟、飞蝗、棉虫、玉米螟、松毛虫、蔬果害虫、仓库害虫的研究与防治。病害研究由朱凤美（1895～1970）主持，着重稻瘟病、麦类黑穗病、小麦锈病、小麦线虫病、粟黑穗病、蔬菜菌核病等的研究和防治。1933 年，邓叔群（1902～1970）主持真菌分类研究，从事棉病及其他植物病害的防治试验。1934 年，中央棉产改进所设棉作病害研究室，沈其益（1909～2006）等主持棉作病害的调查和防治。黄瑞纶（1903～1975）1936 年起分析出雷公藤碱，在植物性杀虫剂毒鱼藤和豆薯种子中杀虫有效成分的研究和创建农药学科方面做出了重要贡献。

（二）学科持续发展及开始与国际发展同步

1. 完善植保技术体系 1949 年，农业部建立时即设病虫防治局。1950 年曾在全国建立了 28 个病虫害防治站，1952 年发展到 120 个。1949 年，北京农业大学设有植病系、昆虫系，南京、西北、华南、华中、西南等农学院均设植物保护系，开设多种植保方面的课程。1957 年中国农业科学院植物保护研究所的成立，各大区农科院所、植保所系的组建，标志着植保技术体系已迈向一个新的发展阶段。

2. 发展主要病虫害的防治技术 在防治飞蝗方面，马世骏（1915～1991）、邱式邦（1911～2010）等经多年的调查研究，提出改造蝗虫发生基地来防治蝗害的建议，基本上控制了蝗灾。小麦锈病防治研究方面，1950 年，小麦条锈病大流行。陈善铭（1909～1993）等和许多方面的专家对小麦锈病流行规律进行研究，取得了多项成果。李振岐（1922～2007）等揭示了中国陕、甘、青地区小麦条锈病的发生发展规律，提出了防治途径。曾士迈（1926～）率先提出小麦条锈病大区流行和流行区系的观点以及流行规律数理分析方法。20 世纪 70 年代将系统分析和计算机模拟方法引入流行学研究；80 年代初在国内开设植物病害流行学课程。在植物病毒病的防治领域，裘维蕃（1912～2000）50 年代开展了植物病毒学和病毒生物诊断研究，写出了中国第一部《植物病毒学》。谢联辉（1935～）系统研究中国水稻病毒病的病源种类、分布、为害、传播、测报与治理。80 年代初，他发现一种新的水稻病害——水稻簇矮病毒。他所报道的水稻齿矮病毒和水稻东格鲁病毒均系中国新记录。田波（1931～）1983 年首次报道了应用病毒卫星 RNA 防治黄瓜花叶病毒获得成功。他所领导的实验室在生物工程方面开展了核酶工程、随机序列多肽库技术、抗体基因工程和植物基因工程等研究，获得高度抗病毒和类病毒的转基因作物，所设计的切割类病毒的核酶在转基因马铃薯中可抑制类病毒的复制。

棉铃虫在黄河流域棉区为害严重。中国在繁殖、利用赤眼蜂生活史中有一个阶段寄生于棉铃虫卵的天敌行为方面已取得技术上的成功；在利用蓖麻蚕卵和柞蚕卵大量繁殖赤眼蜂方面也有创新。中国农作物病虫害研究与防治曾以单一病虫害为对象，1986 年以后发展为以作物及全生育期的多病虫为研究对象，从农业生产的全局和农业生态系统的整体观念出发，以保证高产、稳产与优质为中心，以获取理想的经济、社会、生态效益。郭予元（1933～）曾创造性地提出中国农作物病、虫、草、鼠害综合防治技术研究。在棉铃虫迁飞规律及其与寄主植物相互关系、阻击外来生物入侵等方面，做出有成效的工作。

学者们研究提出一批具有多种效应和互补功能的关键防治技术，主要有发掘作物耐害补偿功能，制定和合理放宽一批主要病虫的防治指标；评价、筛选出一批兼抗或多抗病虫的优良新品种、新材料；筛选或研制出一批高效、低毒、低残留或选择性强的农药新品种、新剂型，开发出一批针对不同病虫对象的复配剂，提出了合理用药的配套使用技术，以及生物与化学农药结合缓解病虫产生抗药性的施药方法。新的理念和措施提高了病虫监测预测与化防、农防、生防等关键防治技术，制定科学防治指标，优化防治决策与综防配套技术，充分发挥有机协调的综合功效，构建了适合各主要生态区的农作物主要病、虫、草、鼠害综合防治技术体系。

3. 病虫害发生预测预报研究 多年来，植物保护工作者摸清了中国主要农作物病虫害的发生流行规律，制定了57种全国性病虫和100多种地区性病虫对象的预测预报措施，由农业部颁发各地应用。通过越冬调查，远距离标放回收，摸清了黏虫、稻飞虱、稻纵卷叶螟、地老虎等主要害虫的迁飞为害规律，可以及时地进行异地测报。掌握了小麦条锈病、叶锈病、白粉病、稻瘟病、稻白叶枯病、玉米大小斑病等重大病害病原菌生理小种及其分化变异规律，并明确了品种的抗病性丧失与病菌生理小种的变异有关，对及时指导抗性育种、更换品种、进行品种合理布局、控制病害的流行有重大意义。应用计算机技术建立病虫预测模型、管理模型和专家系统的研究，有较快的发展，曾创建了水稻三化螟、二化螟、褐稻虱、纵卷叶螟、小麦条锈病、叶锈病、白粉病、棉蚜、棉铃虫等的发生预测模型，中期预测准确率在80%以上；黏虫、稻纵卷叶螟的专家系统，经回检及试用，效果很好，为应用计算机技术进行病虫测报开拓了新途径。对水稻、小麦、棉花、玉米、蔬菜等作物的多种病虫，曾开展危害损失研究，发现作物本身存在着耐害补偿自我调节功能，病虫害发生在一定程度以内，损失在经济允许水平，不需要采用药剂防治，有利于天敌的繁殖。根据这一研究结果，在1990年修改了18种病虫的药剂防治指标，从而使农药使用量显著减少。上述研究成果，有多项处于国际领先水平。

4. 生物防治研究 保护利用自然天敌和开发生物制剂研究工作取得了重大进展。邱式邦等长期从事害虫综合防治和生物防治的研究工作，阐明了蝗虫、松毛虫、玉米螟、大豆害虫、甘蔗害虫等多种害虫的发生规律并提出了控制方法，对农业生产起了显著的保障作用。

农田杂草防治、农田兽害防治、植物检疫、农药、植保器械等方面均有重大进展。

九、畜牧学

（一）学科的奠基

1917年，虞振镛（1890～1962）自美留学归国，携带第一批安雪奶牛抵达北京，于北京西郊海淀创办北京模范牛奶场，是中国最早的民办奶牛场。1924 年，陈宰均（1897～1934）留学美、德归国，任青岛农林局畜牧组主任技师，引入约克夏猪进行猪种改良工作，进行不同猪种的甘薯叶、富于蛋白质淀粉的谷豆、青粗饲料的饲喂试验。1926 年，在他主持下北京农业大学兴建动物营养研究室，为中国农业院校最早建立的动物营养研究机构。1934 年，国民政府军政部于江苏句容建立种马牧场，计划用阿拉伯种公马，采用人工授精结合辅助交配技术，同蒙古母马杂交，级进到第五代，再导入英国纯血种马血液育成类似法国盎格鲁阿拉伯马的中国新马种。1936 年，许振英（1907～1993）在南京中央大学任教时，引入巴克夏、波中、杜洛克、大约克夏、切斯特白猪五个外来品种，进行饲养及改良品种的研究，为中国进行大规模养猪研究的先声。

（二）学科的持续发展及开始与国际发展同步

1. 动物遗传育种学 数量遗传学发展的早期著作是 1948 年李景均（1912～2003）出版的《群体遗传学导论》。吴仲贤（1911～2007）多年讲授统计遗传学，其专著《统计遗传学》于 1977 年出版，对数量遗传学的发展起了积极的引导作用；利用数量遗传的方法，较快地育成一些高产奶牛品种、早熟的瘦肉型猪、高产鸡和细毛羊品种。

中国在遗传参数、育种值、选择指数、线性模型与最佳线性无偏预测（BLUP）以及非线性模型的应用等方面已取得了重要研究成果，有的达到国际上同类研究的先进水平。吴常信（1935～）继承、发展了吴仲贤的动物遗传与育种学研究，他参加的北京白鸡育种工作，解决了从商品鸡中育成纯系和配套系的理论与方法。在数量遗传学研究中，提出了“混合家系”的概念，推导了计算混合家系亲缘相关的公式。他成功地主持了“合成系蛋鸡育种理论与实践的研究”与“节粮小型褐壳蛋鸡选育”研究项目。他的《数量性状隐性有利基因的选择》论文，首次对数量性状隐性有利基因的存在做了实验证明，提出了新的选择方法。刘守仁（1934～）突破了传统血亲近交育种禁区，首次提出建系新理论。采用血清转蛋白、基因定位和两月龄羔羊特殊培育等方法，育成五个各具特点的新品系，研创出品种品系齐育共进的育种配套技术，育成具有国际领先水平的中国美利奴羊（军垦型）新品种。

2. 繁殖学 家畜繁殖领域著作频出，主要有：郑丕留（1911～2004）编著的《绵羊人工授精》、《驴的生殖器官及生殖生理》、《繁殖驴骡》；王丕建（1915～2002）编著的《猪的人工授精》；安民（1922～）于 20 世纪 60 年代在中国首次研究了兔胚胎移植并获得成功，创新了生殖激素和繁殖免疫的某些研究内容；董伟（1923～

1995）主持的“奶牛胚胎移植黄牛”课题在中国首次成功。

3. 营养与饲料 中国对动物营养学的深入研究是在 1949 年以后，1959 年王栋（1906～1957）编辑出版的《动物营养学》，论述了动物有机体在维持生命和生长发育过程中，对营养物质的需要和转化，对中国动物营养学研究和发展起到了先导作用；1979 年出版了许振英主编的《家畜饲养学》，论述了“家畜营养原理”和“各种畜禽营养需要量”。1991 年杨凤主编《动物营养学》，重点阐述不同种类、不同生产目的的动物在不同条件下的营养需要基础，估计和评定营养需要的基本原理、方法以及必需营养素的需要量。张子仪（1925～）主持的“中国饲料成分及营养价值表”研究项目，为研制猪、鸡、奶牛、羊等饲养标准提供了科学参数，为开发饲料资源、提高饲料利用率、优化饲料配方提供了重要科学依据。在反刍动物蛋白质营养研究中，1985 年，冯仰廉（1931～）提出小肠可消化蛋白质体系，被列为世界反刍动物蛋白质营养新体系之一。

4. 动物生产学 在养马学、养牛学、养羊学、养猪学、养禽学等从生物学和经济学特性，以及遗传、育种、饲养、管理和产品处理、加工等理论和技术等方面都有重要推进。

5. 草业科学 新中国成立后，开始了有组织的草地资源研究，较早的如 1952 年王栋等随国家组织的内蒙古锡林郭勒盟牧区调查团考察了锡林郭勒草原；1955 年由中国畜牧兽医学会、农业部、内蒙古自治区农牧厅等组织了内蒙古伊克昭盟草原调查队，由贾慎修（1912～1988）负责并写出了《内蒙古伊克昭盟草原调查报告》。1955～1956 年，李继侗（1897～1961）带领学生在黄土高原及呼伦贝尔草原首次开展了草原植被的详查与制图工作。任继周（1924～）1956 年研究提出了草原的综合顺序分类法，1959 年提出了划破草皮改良草原的理论，1973 年研究提出了评定草原生产力的新指标——畜产品单位，结束了全国各地不同畜产品无法比较的历史。畜产品单位已被国家采用，并被 The World Resource Institute 和 The International Institute for Environment and Development 用来评价世界不同地区草原生产力。李博（1929～1998）20 世纪 50 年代后期到 60 年代初，率先在中国开展草原与荒漠植被的定位观测及生理生态研究。90 年代，把遥感与地理信息系统结合起来用于草地植被生态研究，实现了大面积草地遥感估产，建立了中国草地资源数据库和草地动态监测技术系统，把中国草地植被生态研究推上一个新阶梯。

6. 家畜生态学和家畜环境卫生学研究 汤逸人（1910～1978）在 20 世纪 60 年代初提出，把家畜遗传内因与环境条件等外因两者统一起来，才能发挥遗传性能，顺利发展生产，将家畜生态学理论应用于畜牧业生产当中。1964 年，汤逸人研究了滩羊产区的生态条件，为品种区域规划提出了理论依据；结合生态学研究，1965 年建议在新疆建立百万只细毛羊基地，对中国家畜生态学的创立、发展做出了贡献。

1981 年由东北农学院主编的《家畜环境卫生学》出版；1987 年中国畜牧兽医学会家畜环境卫生研究会成立，多次召开全国家畜环境科学学术讲座会，曾出版《现代化畜牧生产和环境与环境管理》著作。有关家畜环境卫生学的专著，如黄昌澍著的《家畜气候学》(1989)、王新谋编的《家畜环境卫生学》(1989)、李震钟主编的《家畜环境卫生学附牧场设计》(1993) 等得到出版。1998 年 8 月召开了全国家畜环境卫生学教学改革及学科发展研讨会，标志着家畜环境卫生学科在中国已经形成并得到发展。

蜜蜂学科的发展与成就概略

1900 年左右，中国采用传统技艺饲养中蜂。1913 年，张品南（1879～1927）从日本引进意大利蜂 4 群和巢箱、巢础、摇蜜机、隔王板、喷烟器等新式蜂具，以及数部新法养蜂书籍。他还撰写《养蜂大意》等书，创办《中华养蜂专刊》，在福建高等农林学校讲授养蜂学。1926 年，黄子固（1896～1958）主持试制成意蜂巢础机，后又制成中蜂巢础机，1933 年创办并主编《中国养蜂杂志》。许多地方兴办了养蜂场。现代养蜂学科与技术在中国逐渐发展起来。

1949 年以后，养蜂学科有着较快发展。由于蜜蜂能为大田作物、蔬菜、果树授粉，提高收获物的产量与品质，更能提供对人体有保健作用的蜂产品，蜜蜂学科的建设受到农学界与社会各界的重视。许多农林院校开设了蜜蜂学课程，不少地区建立了研究机构。1958 年中国农业科学院蜜蜂研究所成立不久，就试验成功有王群生产王浆技术，解决了产浆与繁殖取蜜的矛盾，为中国跃居产王浆大国创造了条件。20 世纪 80 年代，周崧（1926～）在蜜蜂遗传育种方面提出“蜜蜂育种数理工程技术”，撰写《蜜蜂工程育种》专著，在蜂王浆的作用机理、采收方法、加工技术以及蜂毒、蜂胶加工方面取得显著成果。陈盛禄（1938～）主编的《中国蜜蜂学》2001 年出版。他主持培育的浙农大 1 号意蜂，其蜂王浆单产和群产与本地意蜂相比，提高一倍以上，蜂蜜可增产两成，曾向国外出口蜂王，标志着中国蜜蜂学科发展达到了世界先进水平。

十、水产学

（一）学科的奠基

1905 年，张謇建议沿海七省组织渔业公司，开发海洋渔业。1906 年春，中国实业家开始购进、使用蒸汽机拖网渔轮，这是中国从传统渔业向近现代渔业转变的一个里程碑。1910年在天津建立水产讲习所，开始了中国的水产教育。1917年山东省在烟台创建水产试验场，下设渔捞、制造和养殖三个科。1946年山东大学设立水产系，分渔捞、养殖、加工三个专业。1947年在上海成立中央水产实验所，设渔业生物、水产养殖、水产制造和渔业经济四个系。朱元鼎（1896～1986）1931年将中国鱼类文献整理成《中国鱼类索引》，为研究中国鱼类提供了基础资料。1935年发表了《中国鲤科鱼类之鳞片、咽骨与其牙齿之比较研究》，论述了鲤科鱼类形态变化和生态及演化之间的关系。伍献文（1900～1985）20世纪30年代曾对鱼类、河蟹等进行研究，撰出《中国河蟹志略》。费鸿年（1900～1993）肇始了中国水产资源科学研究领域。他的《鲇鱼呼吸生理之研究》(1934)、《海洋学纲要》(1935)、《鱼类学》(1935，合著）等，均为中国水产学科方面的奠基之作。朱树屏（1907～1976）1942～1945年在英国主持水化学和浮游生物研究，他研制发表的“朱氏10号培养液”和“朱氏人工海水”是世界上使用最广泛的经典性浮游藻类培养液之一。曾呈奎（1909～2005）1933年发表《厦门的海藻及其他经济海藻》一文以后，一直致力于海藻资源调查、分类、养殖和利用研究。

（二）学科的持续发展及与国际发展同步

1. 淡水增养殖研究 中国池塘养鱼历史悠久，技术体系完整而成熟，河道养鱼、湖泊水库养鱼、海水鱼类养殖等是采用池塘养鱼的基本原理与技术而发展起来的。长期以来，由于养殖鱼类的鱼苗均需从江河中采得，产量极不稳定。20世纪50年代初期，草鱼、鲢鱼、鲤鱼、青鱼四大家鱼人工繁殖试验有了进展，曾孵出草鱼、鲢鱼苗200多万尾，但均系利用江河中成熟亲鱼获得，无法在内地推广。钟麟(1915～）于1956年在池塘中培育出性腺发育成熟的鲢、鳙亲鱼，并于1958年带领研究人员应用注射鲤脑垂体并模拟江河产卵场的生态条件，用催情方法成功地使鲢、鳙在池中产卵孵化，实现了鱼苗就地自繁自养，鱼类人工繁殖研究进入了新阶段。刘筠（1929～）系统地研究了中国四大家鱼生殖生理基础理论和人工繁殖应用技术，写成《中国养殖鱼类繁殖生理学》专著。他应用细胞工程和有性杂交相结合的综合技术培育成功四倍体鱼，利用四倍体鱼和二倍体鱼杂交，培育成功不育的三倍体鲫鱼——湘云鲫和三倍体鲤鱼——湘云鲤。林浩然（1934～）从20世纪70年代起致力于鱼类生理学、比较内分泌学和分子生物学研究，系统地研究调控鱼类繁殖和生长的理论和技术，与加拿大R. E. Peter教授合作，阐明鱼类促性腺激素的合成与分泌受神经内分泌双重调节的作用机理，并将其应用于鱼类人工繁殖，建立使用多巴胺受体拮抗剂和促性腺激素释放激素诱导鱼类产卵的新技术，国际上定名为“Linpe Method”（林彼方法）。夏德全（1938～2005）1983 年留美期间，自费从美国引进奥利亚罗非鱼，开创了中国奥利亚罗非鱼养殖研究。由于纯系尼罗罗非鱼和纯系奥利亚罗非鱼的杂交后代是全雄性的，突破了全雄罗非鱼大规模育种技术，显著提高了罗非鱼的产量和品质，使中国罗非鱼养殖业迈上了一个新阶梯。

2. 在海水增养殖方面取得多项成果 20 世纪 50 年代以前，中国海水养殖业处于分散状态，主要养殖品种为蛏、蛤、蛎、蚶四大类，养殖地区局限于东南沿海。1965 年赵法箴（1935～）发表了对虾幼体发育形态的研究，首次描述了中国对虾的幼体发生形态，奠定了对虾人工繁殖生物学中幼体发生的形态基础。张福绥（1927～)70 年代首创贝类工厂化人工育苗技术，育苗单产达 1000 万粒/米^3，曾创世界最高纪录。雷霁霖（1935～）对 22 种中外海水经济鱼类的胚胎学、繁殖生物学、实验生态学和增养殖学等方面进行了系统的研究，为中国海水鱼类增养殖理论的建立和生产实践打下了坚实的基础。在大菱鲆引种和育苗、成功开发温室大棚、加深海水养殖模式等方面，为中国海洋科技工作者自主创新树立了范例。

3. 水产动物疫病防治和渔业环境保护改良研究 随着淡水、海水鱼类增养殖的发展，特别是水产养殖业出现了集约化和规模化饲养的条件，对于水产动物疾病的防治措施也要求经济、高效、安全、不污染环境以及朝着群防群治的方向发展，加上远洋渔业的迅速开拓，这都要求水产动物疫病防治有更快的提高。中国水产动物疫病防治专家学者致力于研究水产养殖动物重大疫病病原生物学及流行病学，确定疾病发生和流行的宿主基本指征性生理指标和相关性环境因子，建立监测预警系统；研究控制水产养殖生物病害大规模流行的生态环境调控技术，开发生物鱼药等无公害鱼药，提出鱼药安全使用及评价技术，实现对暴发性病害的基本有效控制；研究水产养殖动物免疫学及免疫防治技术，使免疫防治技术在水产养殖动物的病害预防中起到重要作用。徐洵（1934～）致力海洋生物基因工程的研究，研创了中国第一个具有知识产权的海洋基因工程菌，将先进的生物技术引入海洋环境污染检测，建立了中国第一个海洋基因工程实验室。在世界上率先破译了对虾病毒的遗传密码，中国对虾的“微卫星序列”也已在国际数据库进行注册登记。他们的工作将对虾遗传育种和疫病防治的研究提高到国际先进水平。

4. 远洋渔业科技的发展研究迅速推进 中国的渔业生产历来依赖近海，一些年来，近海资源明显衰退，要把渔业生产搞上去，必须充分利用海洋生物资源，发展远洋渔业，到外海去捕鱼。1985 年，中国由 12 艘渔轮和 1 艘冷藏运输船组成的远洋渔业船队开赴西非，跨洋开展捕捞是一个重要起点。唐启升（1943～）20 世纪 80

年代以来，从整体系统的水平上研究黄海渔业生态系统的资源动态和管理，发展大海洋生态系概念，对海洋渔业生物学进行了深入研究，发展了在不同环境条件下的亲体与补充量关系理论模式，1991 年出版了中国第一部《海洋渔业生物学》专著，建立了具有中国特色的新学科体系。1993 年他率“北斗号”科学考察船赴北太平洋白令海考察，深入研究北太平洋狭鳕渔业资源，发现狭鳕当年生幼鱼分布情况，在公海幼鱼分布方面取得了国际公认的重要成果，为国家维护远洋渔业利益和公海捕鱼合法权益发挥了重要作用。

5. 发展水产品的加工制作及水产养殖机具等的研究 管华诗（1939～）于 1967 年参加完成“海带提碘新工艺规模生产”工程，为中国海带提碘工艺奠定了基础。90 年代，发明研制了甘糖酯等海洋新药和藻维胶囊等保健品，创办了海洋药物化学专业。丁永良（1932～）从 20 世纪 60 年代中期致力于水产动物养殖机械的研制，先后研制成“叶轮增氧机”、“水力挖塘机组”、“硬颗粒饲料加工成套设备”、“清淤机”、“水净化机”等机械设备。石文雷是中国研制鱼用配合饲料的创始人之一，主持承担了多项有关鱼类营养与饲料科技攻关项目、国际合作项目，获得多项科技成果，有的成果达到国际领先水平。

十一、蚕桑学科

（一）学科的奠基

20 世纪是中国栽桑养蚕传统科学技术与现代科学理论技术相结合，中国现代蚕桑学科形成与发展的时期。1840 年鸦片战争后，列强胁迫清政府签订一系列不平等条约，把中国作为倾销过剩商品的市场和掠夺原料的基地，生丝外销出现了危机。更多有识之士认识到兴办蚕桑学校，研究新蚕学的重要。1897 年杭州知府林迪臣获批在杭创办“蚕学馆”，这是中国第一所蚕桑学校。该校讲授理化学、动植物学、蚕体解剖学、生理学、病理学、气象学、土壤学、栽桑学、养蚕学、制丝学、显微镜检查法等课程，并进行实验、实习，开始了中国传统技术与近现代科学相结合，中国蚕桑学从此进入实验科学阶段。

1902 年郑辟疆（1880～1969）从杭州蚕学馆养蚕及制丝学科毕业，致力于兴办蚕桑教育。1915～1918 年曾编写出版了《制丝学》、《桑树栽培》、《蚕体解剖》、《养蚕法》、《蚕体生理》、《蚕体病理》等中国最早的蚕学教材。他应用新的科学方法改进蚕的品种，引进、推广和改良养蚕缫丝技术，革新装备，为中国蚕桑学科的发展奠定了基础。1906 年清政府在北京兴办农工商部农事试验场，设有蚕桑科。1933 年在南京创建中央农业实验所蚕桑系。在理论研究方面，1928 年孙本忠（1897～

1968）应用组织化学方法，最早阐明桑蚕中肠上皮圆筒形细胞兼有分泌消化液和吸收营养的作用，杯形细胞只有分泌功能。同年，沈敦辉（1891～1936）提出丝量、纤度和丝长系由四对遗传基因所支配，三者之间呈高度正相关，其中包括一对性连锁基因共同起作用的结果。1935 年，顾青虹（1894～1985）发表了《浙江省桑树品种之研究》和《桑的新品种》等论文；陆星垣（1905～1991）曾撰出《蚕体生理学》、《蚕种学》、《家蚕育种学》、《家蚕良种繁育与育种学》、《家蚕遗传育种学》等专著。蒋同庆（1908～1988）1948 年著《蚕体遗传学》，是中国家蚕遗传育种学科的奠基之作。晚年，他创建中国第一个家蚕基因库。曹诒孙（1905～1993）等对蚕病防治有重大贡献。他们研究发现石灰浆对脓病多角体病毒有很强的杀灭作用，创制石灰浆消毒法，控制了病毒病的危害。进而研制了赛力散防僵粉等，有效地控制了各种僵病的发生。

（二）学科的持续发展

中华人民共和国成立后，蚕桑学科迅速发展。现今，中国蚕桑学科高等教育在国际上规模最大，且具相当高的水平。为了集中力量，加强科研工作，1951 年数个研究单位和蚕丝试验场合并在镇江建成华东蚕业研究所，1957 年改称中国农业科学院蚕业研究所。该所是中国目前规模最大、设备最好、学科配套齐全的蚕业科学研究中心。20 世纪 50 年代开始，有蚕业的省（区）也先后成立蚕业研究所。全国已形成一个从中央到地方统一攻关、分工协作的蚕业科技研究组织体系，进行多种课题研究。

1. 栽桑学科 从 20 世纪 50 年代起，全国进行了桑品种资源的收集、整理。据调查，中国有 16 个桑种，其中 3 个是变种。收集整理了桑品种资源 2542 份，并选育出适应不同生态环境栽培条件的优良桑品种 70 多个，基本实现了桑品种的区域化和良种化。林寿康等用花药培养于 1984 年在世界上首次获得桑树单倍体植株，并移栽大田成活。50 年代初，祝汝佐研究应用寄生蜂大面积防治桑蟥，首创了国内桑树害虫的生物防治。1965 年蒯元璋（1932～）等阐明中国桑树萎缩病有黄化、萎缩和花叶三种病型，并发现拟菱纹叶蝉是传播该病的媒介昆虫，首次成功地将桑黄化型萎缩病病原类菌原体纯化，并研制出其抗血清，后来又用于泡桐丛枝病、枣疯病等木本植物菌原体类病原上。他们这些研究均达国际先进水平。

2. 养蚕学科 20 世纪 50 年代吴载德研究桑蚕幼虫生长发育规律，在国内首先提出显示桑蚕幼虫生长发育规律、幼虫生长速度的数学公式。吕鸿声（1926～）于 60 年代初研究桑蚕化性调节机理，首次发现并阐明脑有调节咽下神经节分泌滞育激素的功能，并查明滞育激素通过调节卵细胞DNA、RNA代谢控制胚胎滞育的途径，提出了桑蚕化性变化与激素调节机制的模式。70年代进行昆虫激素类似物调节生长发育增产茧丝的研究取得成果，保幼激素和蜕皮激素开始在蚕业上应用。80年代陆雪芳等在国内率先发现咪唑类药物能诱导四眠蚕三眠化，研发出“SM-I”等三眠蚕诱导剂。20世纪养蚕上最突出的进步，是盐酸人工孵化法和二化性一代杂种合理催青技术的应用，不仅可人工解除蚕卵滞育在一年内多次养蚕，而且通过催青高温感光引起化性变化，提高了蚕茧的产量和质量。

蚕病防治取得多项研究成果。20世纪60年代于溪滨查明柞蚕空胴病病原菌及发病规律，研究出应用卵面消毒法，有效地控制了此病的危害；50年代末期辽宁柞蚕饰腹寄蝇蔓延，柞蚕生产面临毁灭。农业部组织有关科研、教学单位合作研究，黄瑞纶主持发明了“灭蚕蝇”农药以及添食防治法。徐俊良（1933～）等1963年用^{32}P标记“灭蚕蝇”进行口腔注射、体表涂布试验，发现均能高效杀死蚕体寄生蝇蛆。蚕业界还研制推广了防病1号、防僵灵、毒消散、蚕康宁、消特灵等蚕室蚕具与蚕座消毒剂；应用抗生素防治细菌病；应用杀螨灵防治蒲螨病等研究成果都已在生产上推广。蚕病发生率由50年代的30%左右下降到10%以下。

3. 蚕种学科 孙本忠20世纪50年代主持桑蚕品种、品系整理，选拔出华8、华9、华10、瀛瀚、瀛文等10个优良品系供蚕种场繁育，对改变当时品种、品系混乱局面起了关键作用。1955年中国制定桑蚕品种选育方案和蚕品种培育、鉴定工作细则，开展了蚕品种资源收集、整理、保存和利用研究。陆星垣为解决蚕种不足，保障蚕种供应，在中国首创了原蚕区。主持育成夏秋蚕品种浙2、603、浙农1号。其中603品种，20世纪60年代曾在浙江、江苏大面积推广。浙农1号在20世纪七八十年代是浙江夏秋蚕的当家品种。蚕的品种资源征集工作得到发展。1980年成立了全国蚕品种审定委员会。至2000年全国已收集、保存桑蚕品种资源777份，柞蚕品种资源150余份，蓖麻蚕品种资源48份。中国农业科学院蚕业研究所建立了种质资源保存中心。20世纪八九十年代，全国各地先后育成、审定、推广了100余个(对）蚕品种，实现了全国蚕品种的5次更新。

20世纪50年代以来中国加强了对柞蚕等蚕种的研究，1959年中国农业科学院曾在辽宁成立柞蚕研究所。沈阳农业大学重点培养柞蚕学高级人才，开展了柞蚕应用基础和应用技术研究。在柞树修剪、改良柞蚕品种、杂交育种、改革放养技术、柞蚕病虫害防治等方面均有很大成绩。

（三）开始与国际学科同步发展

1. 研究中广泛采用现代生物工程技术 随着分子生物学等基础学科的理论与现

代实验技术不断导入蚕桑学，使蚕桑学各分支学科的研究，逐渐由个体水平进入到细胞水平、亚细胞水平和分子水平，特别在 20 世纪后期，取得了较大的进展。向仲怀（1937～）等继承发展了蒋同庆开拓的家蚕遗传系统研究，发现家蚕遗传基因达 60 余个。1995 年向仲怀、李振刚提出中国首个家蚕基因组计划，并于 2003 年完成了“家蚕基因组框架图”，是近百年来蚕业科学史上标志性的成就。

2. 开拓蚕桑副产物综合利用研究 20 世纪 50 年代后期，随着蚕桑生产的大发展，逐渐形成了蚕桑副产物综合利用产业，主要用蚕蛹提取蛹油和蛹蛋白；用桑皮研制书画纸、人造棉及黏胶丝；用蚕粪提取叶绿素、叶蛋白、糠醛；废丝生产丝绵、丝氨酸等。华南农业大学（1959）、浙江农业大学（1960）先后自编教材，开设了蚕桑综合利用课程，建立了研究队伍。20 世纪 70 年代起，浙江、广东、山东、江苏、四川等省先后开展工业化生产，产品有叶绿素、叶绿素铜（铁）钠盐、植物醇、三十烷醇、胡萝卜素、水解蛋白、复合氨基酸及各种氨基酸、油酸、亚油酸、亚麻酸等多种药物及用丝素粉开发出蚕丝食品、丝素系列化妆品、蚕丝保鲜材料等。

十二、兽医学

（一）兽医学的奠基

1904 年在保定建立的北洋马医学堂，以西兽医学为教育内容的学校教育开始兴办，中国兽医学有了中、西兽医之分。兽医人员在家畜疾病防治和生物药品制造检疫方面，进行了开创性的工作。罗清生（1898～1974）主编的《家畜传染病学》在兽医学科发展中甚有影响。他在 20 世纪 20 年代后期曾与程绍迥（1901～1993）等合作，研究兽医生物药品的生产与应用，制成血清、疫苗，为家畜家禽传染病的防治做出贡献。熊大仕（1900～1987）于 20 世纪 30 年代在反刍动物与马属动物共生纤毛虫的研究中，进行过开拓性的工作。马闻天（1911～1997）曾着重牛瘟和鸡病的研究，研制简易干牛瘟疫苗，测验印度山羊适应牛瘟毒苗和兔化牛瘟毒苗的安全性和免疫力，明确后者可用于中国黄牛、水牛和奶牛的免疫。中国曾普遍流行的“鸡瘟”，他首次明确是新城疫。胡祥璧（1913～2001）1945 年首次在中国发现马媾疫的病原体——马媾疫锥虫，确认马匹中有媾疫病的存在和流行。后曾致力于鸡马立克氏病研究协作，终于研制成功鸡马立克氏病冻干疫苗。盛彤笙（1911～1987）1945 年发表《水牛脑脊髓炎之研究》，是国际上首次报道在中国证实的一种水牛病毒性传染病。

（二）兽医学科的持续发展

1949 年以来，兽医科学在中国得到重视，逐步在全国建立、健全了兽医防治、教育和研究机构，又通过中西兽医相互学习、取长补短以及吸取其他国家的经验，不断提高了兽医的学术及防治水平。

1. 疫病防控和免疫学的发展　沈荣显（1923～）研究成功了兔化绵羊化等牛瘟弱毒疫苗，在全国应用后阻抑了中国牛瘟的流行；主持研究成功的马传贫驴白细胞弱毒疫苗在中国全面推广应用后，使马传贫病得到完全控制。在理论上，突破了慢病毒的免疫理论，为人畜慢病毒病的免疫研制疫苗提供了新途径。殷震（1926～2000）曾取得包括“十三种动物病毒的分离鉴定”、“不同属小RNA病毒基因的细胞内重组研究”、“干扰素转基因小鼠构建”和“无病原性腺病毒载体构建”等多项成果。夏咸柱（1939～）研制成犬五联弱毒疫苗。他参与多种动物病毒的分离鉴定研究，在中国首次分离了10余种动物的多种病毒，其中虎源流感病毒、熊猫犬温热病毒与冠状病毒均为国内外首次发现。

2. 兽医临床各学科的发展　兽医临床诊断学在应用现代科学技术不断提高诊断水平的情况下，正向病原学及特异性诊断和群体诊断以及预防性监测的方向发展。家畜传染病学研究动物传染病发生、发展的规律，并研究提出有效的防治措施，为防治、消灭危害严重的动物传染病和人畜共患病提供有效的防治手段和理论根据。兽医寄生虫病今后仍以研究人类饲养或与人类有密切关系的动物的寄生虫及寄生虫病为中心，进一步阐明危害严重的有关寄生虫的发育史和流行病学，为有效地防治动物寄生虫病提供科学依据。兽医内科学发扬原有成绩，进一步研究完善基本理论及内容，向群体医学倾斜，尤其要围绕生产性疾病建立更加完善的预防监测系统。兽医外科学仍以研究动物外科病的机理、临床特征为主，进一步提高诊断率和实现外科病的早期诊断，从而提高防治效果。在外科手术方面，在现已取得进展的基础上，要进一步发展动物经济外科，开展组织和器官移植的实验研究。兽医产科学重点研究将新诊断技术用于不育和产科病的临床实践，同时把新的繁殖技术用于提高动物的繁殖率，并且继续进行有关机理的研究。在中兽医学方面，要进一步运用现代科学知识和技术对兽医学遗产进行发掘、整理、研究、提高，使之能更好地得到继承与发扬。

（三）开始与国际兽医学同步前进

20世纪80年代以来，中国在兽医基础学科及高新科学技术在兽医学领域的发展和应用颇为迅速，主要表现在抗原和抗体的快速检测、免疫荧光技术、免疫酶技术、电镜负染、对流免疫电泳检测技术以及病原体的单克隆抗体的研制等技术的采用，大大提高了兽医鉴别诊断的水平。如立项研制的仔猪白痢基因工程疫苗以及应用于狂犬病痘苗重组疫苗等均获成功；同时，应用无病原性或弱毒疫苗株病毒（细菌）作为载体，插入外源保护性基因研究多价疫苗以及基因工程疫苗的研究等均取得了新的进展。在畜禽致病性微生物及免疫学的研究方面，先后分离鉴定了马、牛、羊、猪等家畜的 30 多种新的病毒和致病性细菌，其中兔出血症病毒、猪流行性腹泻病毒、貂冠状病毒以及小鹅瘟病毒等为世界上首次分离成功。

在兽医公共卫生方面，中国曾在 20 世纪 50 年代开拓了兽医卫生检验工作，80 年代以来在人畜共患病防治、动物性食品卫生以及环境卫生保护方面均取得了新的进展。实验动物学是一门新兴的学科，是研究实验动物产量和质量以及定向培育疾病模型或检测手段的一门学科，中国现已成立了专门研究机构，除从国外引进和保种的一些实验动物外，还培育成功了一些新的实验动物品种。

兽医药理学方面，也取得了很大进展。如近些年来对于药物在健康或患病动物所做的药物代谢动力学研究，揭示了动物种属差异和有病机体的异常机能对药物在体内代谢有很大影响。从兽医药理学发展起来的家畜毒理学，在中国虽然起步很晚，已在兽药及药物添加剂安全性毒理学评价和兽药在乳、肉、蛋等中的残留开展了研究，并已发挥了作用。

随着人类社会和科学技术的进步，兽医学的范围也日益扩大。其研究的对象除家畜家禽等动物的疾病外，还包括：其他伴侣和观赏动物、实验动物以及人类所保护的野生动物等的疾病预防与诊治。由于现代各学科之间的相互渗透与促进，兽医学在不断地突破原有的范围，而向生物学、医药学、环境保护、疾病的动物模型、空间医学以及生态学领域延伸，出现了一些边缘学科。兽医学研究是动物养殖业发展的保障，对于保护人类健康和促进人类经济生活的提高起着越来越大的作用。

十三、农业工程学

（一）学科的奠基

1914 年，北京农业专科学校有农具学课程的设置，1915 年该校引进了农产品加工机具。1920 年邹秉文主持南京高等师范农科（后改称东南大学农科）工作时，重视农机具的教学研究与改良创制，并筹建农具院。20 世纪 20 年代，辽宁双辽人张鸿钧赴美留学回国后，购置美国农具，自设农场，逐一试验，结合东北垄作种植实际情况创制出经辽宁农矿厅认可“既属便捷，又省人工”、“为东省特殊之农作物制定，因地制宜，确属优品”的新式农机具。1932 年南京金陵大学农学院开设农具与农艺、机器与动力必修课。1938～1945 年，刘仙洲（1890～1975）在云南昆明西南联合大学工学院任机械系教授，曾从事犁、水车、排水机的改良研究，并发表了题为《中国农具改进问题》的论文。1946年他专程赴美，对10多个州的农学院、农业实验站、农业机械厂以及大型灌溉工程进行农业机械考察与研究。曾提出：农业机械必须适合中国国情，与其模仿外国大型机械，不如先对中国原有的畜力机械加以改良，即机械部分改进设计，动力部分仍用畜力，然后求其发展的主张。他写出《农业机械》教材，在清华大学机械系讲授。1945年由美国万国农具公司向中国教育部提供奖学金，招收20名研究生赴美攻读农业工程硕士学位，还有10多位通过其他途径先后到美国、法国、比利时等国家学习农业工程。这些人学成归国，后来不少人成为新中国农业工程高等教育和科学研究的奠基人。

（二）学科的持续发展

中国农业工程学科与农学的农作物等其他分支学科相比起步较晚。20世纪50年代初，中国进行第一次高等学校专业调整，全盘学习苏联。专业设置、课程安排、教学大纲均参照其经验，采用翻译其教材，聘请其专家教课和派遣留学生去苏联进修农业机械化、农业电气化、水利和土壤改良专业或攻读研究生学位。20世纪五六十年代，政府把实现农业的“四化”（农业机械化、电气化、水利化、化学化）放在突出的位置，大量需要专业人才，研究院所和高等学校农业工程院系得到较快发展。

由于中国人口及工、农业迅速发展，水土资源的消耗和破坏日趋严重，水土资源的短缺问题不仅制约了农业的持续发展，并直接威胁着人类生存。因而节约与保护农业水土资源已成了最迫切的问题。曾德超（1919～）致力于机器—土壤—植物基础关系研究，在国内外率先建立动剪强方程、动摩阻方程、切土动力模型和提出一个机械土壤动力学体系；将传统的土—机力能关系研究扩展到耕作的水、热、肥、气效应模拟预测与工程调控技术研究；开发中国调控植株亏水度的节水灌溉适用技术；提出一种中国适用型集雨补灌精密农耕技术体系。余友泰（1917～1999）主持研究东北垄作和耕作机具，提出了平翻、垄作、深耕三结合的土壤耕作体系和垄作耕作机械系统与部件的设计方法。他重视农业机械化发展规律的探索，倡导将系统科学思想与方法应用于农业机械化研究中，提出用农业生物科学、工程技术和经济管理科学三者组装强化农业生产的技术含量，建立高产、高效、持续的机械化农业生产模式。为解决适应国情机械装置运作的问题，陈秉聪（1921～）开创了地面—机器系统学术领域的研究。他根据中国实际，开拓出松软地面行走机械新技术领域，对中国水田机械化和农业机械化做出了贡献；在国际上最先提出了畸变模型、半步行、仿生步行和仿生脱附理论，奠定了该领域的理论基础。在收获机械方面，蒋亦元（1928～）主持的水稻割前脱粒收获新工艺及其机器系统的研究成果被鉴定为

“国内首创、国际先进水平”。他还研究了在割前脱粒的同时能够收割稻草的联合收割机，并且落粒损失明显降低。他在相似理论研究中提出国际上已运用数十年的 G. Murphy 理论的重大缺点，经其修正后国内专家们评论为：对相似准则即 π 试验设计的推广具有重要意义，是对相似原理精确实用的有力推动。

（三）开始与国际农业工程学科同步发展

20 世纪中叶以来，一些发达国家对农业工程学科的应用基础理论进行了大量研究，例如，农业物料的工程性质、农业生物环境物理、机器土壤动力学、作物与水土关系等，使农业工程学的学科特色更加突出。农业工程措施往往涉及传统工程科学技术的许多分支（机械、土木、电工、化工等）及管理科学，以至现代生物技术、信息技术、遥感技术等，使农业工程学具有很大开放性和综合性。农业的发展受自然资源条件及社会经济因素制约，这使农业工程学在不同国家或地区的发展具有不同的特点。

农业自动化是在农业机械化与电气化的基础上进一步研究利用电子技术、传感器及监测技术、计算机及自动控制技术、现代信息技术（GPS、GIS、RS 等）以至机器人技术，使农业生产过程或其个别环节实现自动化、农业智能化。汪懋华（1932～）自 20 世纪 80 年代以来，为农业自动化学科新体系的建立和推进教育改革做出了贡献，他在中国农业大学领导筹建农业电气化、自动化、应用电子技术新专业。他致力于开拓农用智能化仪器、农业设施与人工生物环境自动控制、机器视觉与图像识别等电子信息技术在农业中的应用研究，发展精准农业技术等新领域。

现今，中国所处的时代与那些工业化先行国家当时的情况有根本差别，中国人口众多，随着经济发展，一方面人民物质文化的需求日益增加，而中国人均耕地资源、水资源、能源资源相对贫乏，要求通过扩大耕地面积及大量增加外部投入来提高农业的产量，已很困难。现有的耕地中有 2/3 是低产田和中低产田，尤其严重的是中国的水土流失和生态环境破坏对中国农业和经济的持续发展已经构成了严重威胁。农业工程科技工作者吸取发达国家的经验、教训，应用世界上一切科学技术的先进成果，坚决走农业持续发展的道路，重视保护耕地、保护生态环境、节约自然资源，在不断丰富对人民农产品供应的同时，需要把提高劳动生产率及土地生产力、改造低产田及中低产田和节约水资源、节约能源紧密结合起来。从事有针对性的研究，发展相关的技术，中国农业工程学科在与国际同步发展方面取得许多成果。

十四、农业基础学科

（一）农学基础学科受到重视

20世纪二三十年代在中国学术界呈现出基础学科活跃的趋势。中央研究院，国立北平研究院组建的气象、地质、动物、植物研究所室，中国科学社生物研究所，北平静生生物研究所，中央地质调查所等官办、民办科研机构，所从事的动植物志、真菌志、土壤志基础性研究课题，许多涉及农学领域。1928年，中山大学创办农林植物研究室，第二年扩充为农林植物研究所，不仅做纯粹科学的植物分布调查，而且于实用科学方面进行经济植物的研究。30年代，试验用温室、细胞室、稻麦品质检验室接连建立，作物生态、生理、细胞、遗传、土壤肥力测定、作物抗病能力、病菌生理小种研究等试验均有开展。40年代罗宗洛(1898～1978）等用微量元素、生长素、秋水仙碱对根的生长及种子发芽影响进行研究；汤佩松等对云南丰富的植物油进行过调查及试验工作，以期提供工业上的应用。他们从事过利用生长素诱导油桐等经济植物生根的试验，还在高等植物荸荠中找到有杀菌效能的抗生素物质“荸荠素”。汤佩松等进行过光合作用机制的实验，首次证明当时被认为只有动物血液中才存在的碳酸酐酶，在绿色植物叶绿体中也存在。崔澂（1911～1997）等利用生长素和腺嘌呤处理烟草切段和愈伤组织以控制生长和芽的形成的试验，导致了激动素的发现和利用激动素和生长素控制器官分化研究的开展。

（二）农业基础学科较快发展

1. 农学提高要求基础学科发展同步 20世纪五六十年代，国家对高等学校及科研机构进行了调整，强调理论联系实际，科学研究必须密切结合国家建设，基础性学科尽力寻找解决实际问题的途径。动物学工作者走出实验室，参加防治牛瘟、扑灭蝗虫、蚜虫，进行鱼类的养殖试验等；植物学工作者寻找生产急需的橡胶树，帮助解决农牧、森林及土地利用、水土保持等课题；藻类学者着手解决淡水湖沼发生“湖靛”引起鱼瘟的难题。从研究者角度看，1949年以前，研究者选题主要依据个人受教育背景、客观条件与兴趣而定；1949年以后，由于教学、科研机构实行了专业化，选题主要依据实际需要及个人特长来确定。农业生物学、农业气象学、动植物生理与生物化学、动植物遗传学、农业生态学、农业物理学、农业数学等农业基础学科的教学与研究有着迅速的发展。土壤学、农业化学、植物保护、农业机械、农田水利以及其他基础性的学科已成为专业学科。栽培植物、家养动物及相关的作物品种改良、农业病虫草鼠害防治、水产养殖、林业资源持续利用、畜禽舍饲和草场畜牧业、外域或野生动植物引入栽培、养殖等领域，开展了广泛的农业生物学研究，取得了显著学术成就。

20 世纪 50 年代，娄成后（1911～2009）揭示，植物成熟和衰老时期，细胞内含物的彻底转移是靠局部解体的原生质自身通过胞间连丝的胞间运动进行的。他还在国际上最早发现与论证了植物细胞间的电偶联现象，得出胞间连丝是细胞间电波传递与电解质转移的有效通道。武维华（1956～）在植物响应低钾胁迫的细胞信号转导及植物钾营养高效的分子调控机理、植物气孔运动调节信号转导等基础理论研究方面取得了有重要创新意义的成果。寿振黄（1899～1964）推动了中国兽类分类学与兽类生态学的建立，1954～1956 年，他通过动物生态学的研究，弄清了害鼠数量变化的规律，为控制小兴安岭直播红松的鼠害创造了条件。

从 20 世纪 50 年代起，在世界范围，分子生物学、分子遗传学肇兴，并得到迅速发展，遗传工程、细胞工程技术不断有新的突破。中国在一些领域开展跟踪研究，并在作物雄性不育、核质杂种优势、单倍体育种、远缘杂交理论与技术等方面的整体研究水平上取得世界领先的成就。

农业的基础学科范围广阔，其早期发展的特点是数学、物理、化学，特别是生物学与农业的结合，出现农业数学、农业物理学、农业化学、农业生物学等。1980 年以后，用以表述、分析和解决农业科学问题的数学内容大量增加，农业应用数学在中国有较快发展。农业应用数学一般包括基础数学与现代数学两方面，包括线性代数、概率论、数理统计、多元统计分析、运筹学、计算数学、回归设计等。许多学科发展要靠农业物理学新成果来支撑。20 世纪 50 年代发展起来的原子核科学技术，很快与农业科学之间相互渗透与结合，形成了一门新兴的交叉学科——核农学，它研究核素和核辐射在农业科学研究与农业生产中的应用理论及其技术。徐冠仁（1914～2004）、陈子元（1924～）等在开拓中国核农学方面做出过重要贡献。

2. 不少基础学科发展为独立的专业学科，农业气象学是其中一例 中国现代农业气象学的研究工作开始于 20 世纪初。1916 年竺可桢指出：中国多熟制农业的形成，是各地温度、雨量不同的结果。1922 年他发表了《气象与农业的关系》一文，揭开了中国农业气象科学的新篇章。后涂长望（1906～1962）等先后做出结合农业的中国气候区划，现代农业气象学研究在中国逐步丰富起来。1945 年涂长望所撰论文《农业气象之内容及其研究途径述要》提出了农业气象研究的作用与任务，指出农业气象研究应着重于农业物候、气候适应性等内容。

自 20 世纪 50 年代起，全国各地农业科研和气象系统陆续设立农业气象研究和教学机构。在竺可桢、涂长望等倡议下，北京农业大学于 1956 年创办了中国第一个农业气象学专业。学术单位主要进行了一些农业气象学的基础研究，如作物生育对温度、光照、水分的要求；农业气象观测和研究方法的探讨；农业措施的农田小气候效应；土壤水分，土壤蒸发；农业气候资源的分析、农业气象灾害和森林防火气象等方面的研究。70 年代以后随着学科间相互渗透，出现了多种农业气象数学模式，并在农业气象预报、气候生产力鉴定等方面加以应用。开始注意用生态学的观点研究天气、气候与农业的相互关系。农业气象预报内容不断扩充，形成各种专业天气预报，如森林火险预报；直至发展到既估测生产对象的生育状况，又预测气象条件演变趋势的农业气象灾害预报、农业气象产量预报。

3. 农业基础学科不断向微观与宏观两极延拓 农学及有关生物学的实验研究一方面从个体、组织向细胞、分子水平的微观领域延拓，出现了遗传工程等多种学科；另一方面又向卫星遥感、应激与调控等宏观领域延伸，卫星定位调控耕耘，气象、产量、病虫害测报和太空作物的培育不断取得新的成果。中国计算机技术和信息科学等高新科技的开拓，对农学与国际农学同步发展起到了重要的推动作用。

十五、农业高新技术

农业高新技术是一个综合和动态的概念，包括生物技术、新能源技术、信息技术等科技成果在农业方面的移引和应用。农业高新技术领域不断有优异的成果纳入或开拓出分支学科，更新的高新技术探索又涌现出来。

（一）生物技术对农业发展的影响

生物技术是以生命科学的最新成就为基础的综合技术，它包括基因工程、细胞工程、酶工程、发酵工程。就现今的状况来看，能够使农业发生革命性变革的生物技术，主要是基因工程和细胞工程。

1. 植物基因工程、细胞工程等方面的研究

（1）采用基因工程的方法，培育抗性强的优良植物品种　中国植物基因工程起步较晚，但发展迅速，在转基因作物的大田试验和商品化生产的一些领域则处于领先地位。范云六（1930～）在中国农业科学院建立了农业方面第一个分子生物学研究机构，率先将分子生物学技术应用于农作物遗传改良。在国内最早获得转抗虫基因的水稻及棉花。成功地人工设计、克隆和改造了 *Bt* 基因，在籼稻明恢 63 以及多种植物中表现出高效杀虫效果。率先获得拥有全部自主知识产权的高效表达植酸酶活性并能稳定遗传的转基因玉米，可替代工业微生物发酵方式，是“零耗能”的植酸酶工厂，可减少饲料中磷酸氢钙添加量，延长我国磷矿资源使用年限，可减少动物粪、尿中磷的排泄，大规模降低水体污染。于2009年获得农业部批准的生产应用安全证书，这是全球首例获准商业化的转植酸酶基因玉米，也是中国首个获得生产应用安全证书的转基因玉米，是我国继抗虫棉后生物育种发展的第二个标志性成果。首次揭示出水稻种子醇溶蛋白启动子区域ATGAGTCAT序列，通过导入*Jun*和*Fos*基因（哺乳动物基因）至含有水稻醇溶蛋白基因*4a*启动子的细胞中，发现有增强基因转录表达的作用。此外，还开发了一种具优越酶学性质的乳糖酶及其高效生产新途径，可解决乳糖酶生产中单位产量低、胞内酶提取困难的问题。中国水稻研究所1986年开始将抗细菌病基因*cecropinB*和*cecropinD*及*Xa21*基因转入水稻，获得了抗水稻白叶枯病的转基因植株。1997年，在构建抗除草剂高效转化表达载体的基础上，研制出转基因杂交稻技术。1998年研制出转基因直播稻技术。中国科学院遗传研究所联合扬州大学、浙江大学等单位，将白叶枯病广谱抗性基因*Xa21*转入水稻，获得抗病植株。2001年，薛庆中采用转化技术将抗虫基因和抗除草剂基因导入水稻，不仅育成了抗虫型、抗除草剂型，同时获得了兼抗型种质。2001年朱宝成等联合攻关的“转基因抗旱耐盐碱水稻”通过专家鉴定。

（2）细胞工程育种技术的发展　最早用花培技术培育出通过品种委员会审定品种的，是20世纪80年代初胡道芬等培育的小麦花培品种京花1号和李梅芳（1939～）等培育的水稻花培品种中花8号、中花9号。

（3）遗传工程和研究生物固氮　李季伦（1925～）1973年开展生物固氮研究，先后进行了根瘤菌的自生固氮、固氮酶催化机制和巴西固氮螺菌遗传的研究。1975年发现豇豆族根瘤菌不仅能自生固氮，也能固定二氧化碳。1980～1982年，阐明了催化HD是固氮酶的通性。同时，还发现在无氮的情况下，很少甚至没有HD的形成。他还得出固氮酶反应的化学计量公式，计算出的放氢量与试验所得的数据吻合。从而改变了当时流行的固氮反应化学计量式及由此得出的H_2和N_2的比值。他在植物基因工程研究中，筛选出高赖氨酸蛋白，并克隆了相应的基因。由他主持的“玉米赤霉烯酮研究”、“快生型大豆根瘤菌分类地位的确定及其DNA转化”研究项目获得了成功。

2. 动物转基因、克隆技术　20世纪80年代后期，中国学者就已经开展了动物转基因和克隆的研究。

（1）转基因鱼　转基因鱼的研究，中国起步较早。1973年起，童第周（1902～1979）等与美籍学者牛满江合作进行核酸诱导鲤鱼遗传变异的研究，成功地将鲤鱼的信使RNA注入金鱼的受精卵中，受精卵长大后，一部分成了单尾的鳍金鱼，证明注入外源RNA的受精卵可引起动物形态变化。1984年，朱作言研究组在世界上又首先获得鱼类基因转移的成功。

（2）家畜体细胞克隆　2000年6月，世界首例体细胞克隆山羊在西北农林科技大学降生；2001年8月，世界首例由成年体细胞克隆山羊与胚胎克隆山羊通过自然交配产生的后代在西北农林科技大学获得成功；2001年12月，莱阳农学院胚胎工程中心与日本山口大学协作攻关，在国内首次成功地利用牛胎儿皮肤上皮细胞克隆出两头健康成活的牛犊；2003年3月，李宁（1962～）等在中国农业大学成功获得中国第一头体细胞转基因克隆牛。同年10月，又获得世界上第一头转入岩藻糖转移酶基因的体细胞克隆牛，并开创了用冷冻卵母细胞克隆成功的先例；2005年8月，中国第一只克隆猪诞生，这是中国独立自主完成的首例体细胞克隆猪。2008年成功培育出一批人乳铁蛋白转基因牛。在*PloS ONE*杂志上发表《一种新的转基因技术高效表达人乳铁蛋白》论文，将中国转基因奶牛新品种培育和生物反应器技术推到了国际先进水平。

（3）动物胚胎工程技术　旭日干（1940～）20世纪80年代初，在日本留学期间，率先攻克了家畜体外受精过程中最关键的环节——射出的精子的体外药物诱导获能，并培育出了世界第一例“试管山羊”。1987年在绵羊和牛卵巢卵母细胞体外培养、体外受精方面获得成功。1988年，绵羊和牛卵母细胞的体外成熟率、受精率及发育率均达到或超过了当时国际上同类研究的最好水平。1991年他又取得了世界首例冷冻的绵羊试管胚胎移植产羔成功。

卢克焕（1945～）致力于牛体外受精胚胎移植研究，于1985年开始用5000个卵细胞，历时10个月，终于探索出关键技术，曾于1986年7月获得卵母细胞体外受精成功，产下16头试管犊牛。2006年，卢克焕主持的“分离水牛XY精子控制性别”研究项目取得了成功。表明水牛的性别已达到可以人为控制水平。

熊远著（1930～）主持育成中国瘦肉率高、产仔数多的瘦肉型母本新品种湖北白猪及其品系。主持培育出杂优杜湖猪。80年代在国内提出瘦肉猪专门化品系选育技术路线与方法，主持育成七个专门化父母本品系，形成了具有中国特点的优质瘦肉猪多元配套系。建立了PCR、RFLP等快速准确检测氟烷基因型的分子生物学技术，提出*RYR1*基因多重效应的利用原理与方法，培育了中国瘦肉猪抗应激品系，开辟了猪品质育种新领域。

（二）新能源技术对农学发展的影响

农业本身是个能量转化过程，开辟新的能源会对农业发生重大的影响。太阳能可以说是一种取之不尽的能源，现在只利用了很小很小的一部分，开发研究工作的任务还很艰巨。生物质能、风能等也都是太阳能的转化形态，也是可再生无污染的能源。太阳能、生物质能、风能，地域性强，能流度低，适合于农业和农村使用。开发这些新能源的技术，将对农业发展产生重要影响。

（三）信息技术开始与国际发展同步

随着计算机技术的迅速发展，20 世纪 70 年代初开始，逐步开展了计算机在农业方面的应用研究。80 年代，计算机在农业上的应用日趋广泛，已从一般的计算扩大到农业信息处理、农业生产管理、科研教育、农业生产控制等方面。此后发展迅速，并取得了明显的进展。2001 年，孙九林（1937～）撰著的《信息化农业总论》出版，书中提出了“农业信息科学”的理论、方法、技术、工程和应用的科学体系。

在 21 世纪农业科学的进步中，除了生物技术带来的进步外，最大的进步将来自于信息技术。以计算机技术为核心的农业信息技术是推动农业新技术革命的主要动力之一。农业信息技术包含的内容很多，主要有农业遥感（RS）技术、农业地理信息系统（GIS）技术、农业网络技术（Internet、WWW、LAN 等）、农业数据库技术、农业全球定位系统（GPS）技术、农业智能化技术、农业多媒体技术、农业信息自动采集和控制技术等。信息农业将成为合理利用农业资源、提高作物产量、降低农业成本、减少环境污染、提高农产品国际市场竞争力的前沿研究领域。

第三部分　结　　语

中国农学从 1900 年前后由原来的“学者不农，农者不学”，开始提倡“行西国农学所得之新法”，通过①倡导、启蒙新农学，②为农学若干分支学科奠定基础，③承上启下缩短与世界先进农学差距，④开始与世界农学发展同步的几代学人不断求新的努力，到 2000 年前后，建立起较系统的现代型农业教育体系、农业科研体系，为推进全国农业生产从传统农业全面向现代型农业转变，做出了坚韧的努力，取得了重大的成绩。人们认识到：农学是研究农林渔牧生产中植物、动物、微生物的形态、性状、生长、发育、遗传、繁衍过程和规律，探讨生物体与环境间、生物体之间各种关系，通过调控手段和管理方式的变化，不断取得高额、优质、低耗产品，为民众提供主要衣食来源和宜居环境的多层次、多门类的综合性应用科学。

农、林、渔、牧各业受气候、土壤、动植物资源、政治、经济、科学技术等多方面的制约，其涵盖的范围和主要内容呈现明显的时代属性和地域特征，农学发展显示出历史的继承性和表现的地区性。20 世纪 30 年代中国农学家钱天鹤曾称：“农业系有地域性的科学，与其他科学，如物理、化学等之有世界共性者不同；我国地大物博（当时全国人口4亿多），随时随地有亟待解决之农业问题存在，无异铺金满地，待人拾取；如肯努力精进，其前途自无限量。”指明了农学应用学科与数理化基础学科的歧异，农学发展与农业生产问题阐释、解决的互动关系。农学及各分支学科从动植物微生物个体研究，从微观向细胞学研究水平、分子生物学研究水平不断推进，从宏观向系统、遥感方向延拓，借助不断添新的观测、运算、模拟、调控、分析等技术手段，中国农学研究已大大缩短了与世界先进水平的差距，在不少方面已跻身于世界领先位置。

在发展农学方面，国际学术交流显得越来越重要。20世纪初，开始以遗传育种、农业化学、农业机械等技术为主导的一次农业技术革命，使20世纪下半叶世界和中国粮食平均单产成倍增长。20世纪50年代起，在世界范围拉开了以生物工程、信息技术、航天技术等为主导的新的农业技术革命的序幕。中国农学发展中甚为重视把握机遇，把农业高新技术的研究开发提到战略高度；强化人力、物力、财力的投入和国际交流；坚持农业高技术与常规技术的结合，并重而不偏颇；将现代农学成果，特别是创新科技成果，迅速以物化和产品形式体现和按市场机制运作；大力发展农业高新技术产业或联合体，提高农学成果的转化功效；中国农学跻身于国际农学水平的人才和研究成果一批批涌现出来。

20世纪中国农学发展的历史，变化巨大，成就颇丰，令人振奋。中国人口众多，人均自然资源占有率不高，发展农学需体现可持续原则，在发展中认真保护环境，求取各类农产品达到足量、优质、低耗、安全、动态平衡的要求。深入实际，勇于开拓，认真研究，汲取国外农业科研教学优异成果，中国农学会有更快、更好的发展。农学发展中不能忽视存在的弱项。面对中国农业劳动生产率尚低，光、热、水、土、肥、生物等自然资源的利用率不高，地区、学科领域发展不平衡，与发达国家农业现代化标准还有一定差距的现状，农学工作者继往开来，提振信心，奋力攻克一个一个难题，以扎实、出色的成绩回应百姓的期待。农学的构建和演进是吸纳多种学科成就的结果。农学的综合性和不断添新的特点，推动农学工作者积极开拓、钻研。早在1989年，农学和植物生理学重要奠基人汤佩松在《〈石声汉纪念集〉读后》一文中称：“我相信，祖国的农业在不久的将来不仅能得到复兴和继承，而且将在本质上起一个历史性和世界性的科学技术革命性发源地的光辉灿烂的作用。”中国农学今天和未来的发展将不负老一辈科学家的厚望。

主要参考文献

杨直民. 1984. 中国传统农学与实验农学的重要交汇. 农业考古，(1)：19-29.

杨直民. 1995. 近代农业科技的奠基//董光璧. 中国近现代科学技术史. 长沙：湖南教育出版社：1006-1059.

吴熙敬. 2000. 中国近现代技术史. 北京：科学出版社：761-822，823-855，856-877，878-901.

刘江. 2000. 21 世纪初中国农业发展战略. 北京：中国农业出版社.

邓楠，万宝瑞. 2001. 21 世纪中国农业科技发展战略. 北京：中国农业出版社.

石元春. 2002. 20 世纪中国学术大典 · 农业科学. 福州：福建教育出版社.

胡跃高，孔祥智. 2004. 中国农业现代化发展历程//胡跃高. 20 世纪中国农业科学进展. 济南：山东教育出版社：3-11.

张宝文. 2004. 中国农业科技发展战略研究. 北京：中国农业出版社.

信乃诠. 2005. 科学技术与现代农业. 北京：中国农业出版社.

杨直民. 2006. 农学思想史. 长沙：湖南教育出版社.

撰写者

杨直民（1931～），中国农业大学农业科技史研究员，原北京农业大学图书馆馆长，农业史研究室主任。

本文在撰写中曾得到主编、副主编、编委及多位专家、学者的帮助，在此深表感谢！由于农学历史内容涉及面甚广，撰述不当、错漏之处，责在撰者，特此说明。

20世纪
中国知名农学家

吴相淦

吴相淦（1915～2005），湖南常德人。中国农业工程学科的创始人之一，中国农业工程、农村能源专家。1937年毕业于南京金陵大学农学院后留校任教。1945年赴美国艾奥瓦州立大学农业工程系学习，1947年获硕士学位。1948年回国后在金陵大学农学院农艺系农业工程组任教，并筹建成中国首批农业工程系之一。1948年12月任金陵大学农业工程系主任、教授。1952年全国高校院系调整后，历任南京农学院农业机械化系、农业机械化分院、镇江农业机械学院（现江苏大学）农业机械化系教授、名誉系主任。1985年以后任南京农业大学农业工程学院教授兼农村能源研究室主任、博士生导师。1985年，作为中国科协赴印度农业工程代表团团长参加中印农业工程学术讨论会。1991年7月起享受政府特殊津贴。他提出的拖拉机前、后双向行驶的原理获得美国专利，这是中国人首次在国外获得的农业机械专利。主要著作有《农业机械学》、《农业拖拉机》、《农机运用学》、《耕作原理》、《农村能源》、《农业机械运用学原理》等，为中国农业工程事业发展做出了重大贡献。

一、生平概要

吴相淦，1915年5月出生于湖南省常德一个地主兼商人的大家庭中，父亲是清末秀才，曾留学日本宏文师范，在日本参加过中国同盟会。1919年，五岁的吴相淦进入湖南常德区立初级小学读小学，在那里读到三年级。1922年随父亲举家搬到湖南长沙，随即转入长沙楚怡小学就读。1926年升入楚怡中学。1927年“马日事变”后，汪精卫集团叛变，楚怡中学因为参加街头宣传等活动而被停办，他随即转入长沙明往中学，读至1933年春季高中毕业。毕业后在家自修了半年，1933年秋季考入金陵大学农学院，跟随美籍教授林查理（C. H. Riggs）修读农具学专业，1937年毕业。吴相淦成为我国最早的农具学专业三个本科毕业生之一。

毕业后，吴相淦留在金陵大学担任农具学助教。不久，抗日战争爆发，南京沦陷，金陵大学被迫西迁，吴相淦被学校遣回湖南老家，在湖南高级农业学校任作物学教员兼农科主任至1940年春。

1940年2月，落址于四川成都的金陵大学发信给吴相淦，邀请他到四川成都金陵大学继续从事农具助教工作，他应邀前往。可是在他到成都金陵大学后不久，因为家里叔父婶母去世，他返家奔丧。在返回成都的路上，过湖北宜昌后，因四川被日寇侵占而无法进入，只得再回湖南工作。在湖南安江国立十一中（后改为湖南省立第十职业中学）职业部任农业教员，后任教务主任，一直工作到1942年2月，转入湖南原省立高级农业学校任作物教员兼农科主任，工作至1943年2月再次得以返回金陵大学任农具学讲师。1944年兼授华西大学川康农工学院农具课程。

1945年，吴相淦获得美国向中国农业导入的农业工程"教育计划"奖学金。该计划由时任联合国粮农组织（FAO）副主席和中国农林部驻美代表的邹秉文与万国农具公司倡议并支持，由中国教育部在中国重庆、昆明、成都、西安四地同时公开招考，共组织10名毕业于农科大学和10名毕业于工科大学机械工程系并有两三年工作经验的学生去美国学习农业工程，由万国公司提供包括学费、生活费、购置书籍仪器费和离校实习的差旅费等在内的全额奖学金。这20个人是中国首批赴美学习农业工程的研究生，学成归国后，大部分成为中国著名的农业工程专家。

1945年，吴相淦按照计划安排，由重庆登机飞往美国，进入艾奥瓦州立大学（Iowa State University）农业工程系，补学工程课程。他用两年时间，完成了农业工程学硕士学位，并利用假期和完成学业后的一年时间到美国农场实习。1948年9月回国，成为首批按时回国的18个留学生中的一员（原20人中，1人未曾成行，1人转专业从而滞留美国），按照邹秉文预先的安排，回到金陵大学从事农业工程教学工作，发展中国农业。

1948年南京解放前，南京城内人心惶惶。吴相淦为了利用自己所学的知识，施展抱负，实现中国的农业振兴，毅然决定留在南京，继续从事教学研究工作。

1952年全国高校院系调整后，吴相淦一直工作在农业工程科研和教育的第一线，历任南京农学院农业机械化系、农业机械化分院、镇江农业机械学院农业机械化系教授、系主任、名誉系主任。

二、主要成就与贡献

1. 筹建农业工程系

吴相淦学成归国后立即投身教育岗位，而当时国内农业机械学科基本处于空白状态，人才匮乏。他利用自身的专业优势，在金陵大学执教期间，积极推动院系改革，将农业工程组升级为农业工程系，担任首任系主任，同时开设主系课程。他建议在大学二年级第二学期、三年级第二学期开设“农业工程概要”课，还提出将此课程分为“农业土木工程学概要”和“农业机械工程学概要”两大部分。他在《“农业工程学”在我国农学院之地位及其内容》中写道：“在大学农学院中普遍开设农业工程课程，自为将来实现农业机械化之有效及必经之方法，短时期内，或将为人物议此课程全属空中楼阁，但日后之成效，非可以一日论短长也。”农业工程系成立之初，在其导师、中国农业工程事业的开拓者林查理教授的合作下筹集经费，并游说美国农机公司赠送教学用农业机具，组织师生自力更生，建设农业工程馆。同时，利用展览会等多种形式，鼓励青年学子学习农业工程，在他的努力下，农业工程系的报考人数逐步增加。

在筹建农业工程系的同时，建立了二年制的农业工程专科，招生 30 名。在 1949 年国家急需毕业生时，他们发挥了重要作用。

1958 年南京农学院农业机械化系迁到浦口与江苏省南京农业机械化学校合并，成立南京农学院农业机械化分院。“文化大革命”期间，学校受到了非常严重的摧残，1970 年 10 月，南京农学院农业机械化分院迁至镇江，与镇江农业机械学院合并。吴相淦任农业机械化系教授兼名誉系主任，1985 年迁回南京市浦口区，成立南京农业大学农业工程学院。

2. 著书立说

学生的增加凸显教学内容的缺乏，当时真正用于高等院校农机教育的教科书更是微乎其微。吴相淦在新中国成立后的三年中连续自编自印出版三本书，很好地解决了教材问题。

第一本是与 1932 年就来金陵大学讲授农具课的美国人林查理合著的《农业机械学》，于 1949 年问世。这是我国一部重要的高等农机教科书，也是 20 世纪 40 年代我国早期农机学者对农机专著，特别是高校农机教科书的重大贡献。这本书与刘仙洲的《农业机械》一书共同奠定了我国农业机械学科的基石。第二本是 1950 年 5 月完成的《农业拖拉机》，是中国 20 世纪 50 年代重要的农机著作之一，主要内容是欧美的农业动力机械。该书当年 11 月即出修订版，主要是增加了苏联拖拉机的介绍。第三本是翻译的《耕作原理》。

此外，吴相淦于 1964 年主编的《农机运用学》成为重要的高校教材，1987 年主编《农村能源》，1988 年与张松明合编《农业机械运用学原理》。这些著作充实了农业机械学科，传播了农业机械知识，促进了中国农业机械学科的发展。

1937 年，吴相淦在金陵大学学习农具学的毕业论文题为《犁之设计与拉力研究》，论文对犁做了简单介绍，然后分亚洲、欧洲和美洲三个地区来介绍犁的演变历程。吴相淦想从犁在世界各地，特别是在中国的演变过程中找到犁被人们不断改进以增进工作效率、合乎地域需要的过程，从前人的思想中获取适应新时期、新国情的犁的设计灵感与改进方法。1947年，吴相淦在美国留学时的硕士论文题为《中国水稻机械化的初步探索》，回国后仍然在水稻机械方面做延续性研究。

20世纪五六十年代，吴相淦相继发表了论文《马尔采夫耕作法所需深耕犁的设计及在江苏盐渍土垦区的应用初步报告》、《水稻直播机试验报告》。进入20世纪80年代后，又相继发表了《我国农业机械化的回顾与前瞻》、《我国能源结构分析与农业现代化》、《八十年代我国农业机械化展望》、《我国2000年农村用能与农业机械化预测研究》等论文。

20世纪90年代左右，吴相淦带领学生对农村能源的利用进行研究。发表了《立轴V形风力机气动模型的建立及实验验证》，申请了课题“超细煤粉与碳5混合气及甲烷等作为内燃机代换燃料的研究”。

3. 申请专利

吴相淦注重教书育人，著书立说，广泛传播知识，同时还注重实践发明。1947年11月18日，他的研究成果“拖拉机双向行驶设计”获得美国专利，1951年4月17日正式获得专利证书。这是他在农业机械方面获得的首个个人专利，也是中国人首次在美国获得农业机械方面的专利。

1988年，他与学生丁为民（后任南京农业大学工学院院长）一起研发的“农牧区畜力发电机组”获得实用新型专利。1989年，他在之前的研究基础上再次深入，在畜力发电的基础上，综合利用风力能源发电并进行提水利用，发明“畜力风力联合发电提水机组”，并申请获得实用新型专利。后来，他还积极研究我国水稻栽培机械化问题，并进行改进方法试验及水稻旱地移植机设计与试制。

4. 学术交流

吴相淦多次参加国际性学术会议，1945～1949年参加美国农业工程师学会年会，1981年以中方技术委员会成员在北京参加中美能源资源会议，1982年在长沙参加国际支农会议，1983年在杭州参加国际小规模农业机械化会议，1985年作为中国科学技术学会赴印度农业工程代表团团长参加中印农业工程学术讨论会，为国际农业工程技术与知识交流做了重要工作与贡献。

5. 教书育人

20 世纪 80 年代起，吴相淦开始对农村能源问题进行研究，着力开发并利用农村能源。1982 年农业机械化系成立农村能源及动力教研室，1985 年经农牧渔业部高教司批准成立农村能源研究室，吴相淦任研究室主任，负责培养博士研究生。在他的学生中有金陵大学农业工程系首届本科毕业生中国工程院院士蒋亦元、原东北农业大学校长史伯鸿、南京农业大学农业工程学院副院长彭嵩植、中国农业机械化科学研究院副院长、总工程师诸慎友等农业工程专家。

吴相淦工作中思维活跃，勇于创业和创新，正直坦荡、敢于直言，积极为国家、学校事业的发展献计献策，生活中平易近人，深受学生爱戴、同事敬重。他热爱祖国、热爱教育事业，并为此奉献出宝贵的一生。他历任中华农学会会员、美国农业工程师学会会员、南京市人民代表大会代表、镇江市人民代表大会代表、江苏省民盟代表大会代表、民盟江苏省委委员等。1991 年 7 月起享受政府特殊津贴。1992 年 12 月，经国家人事部批准，成为暂缓退休的高级专家。

吴相淦长期从事农业工程高等教育工作，培养了新中国一批优秀的农机人才，为中国农业工程和农业工程教育事业的发展做出了巨大贡献，被誉为中国农业工程学科的创始人，农村能源学科的奠基人。

1992 年，吴相淦突然昏倒，醒来后生活不能自理，于 2005 年 6 月 24 日在江苏南京去世，享年 91 岁。

三、吴相淦主要论著

林查理，吴相淦. 1949. 农业机械学. 南京：金陵大学农业工程学会.

吴相淦. 1950. 农业拖拉机. 南京：金陵大学农业工程学会.

吴相淦. 1951. 两向行驶拖拉机设计：美国专利，2549715.

吴相淦，陈永有. 1956. 马尔采夫耕作法所需深耕犁的设计及在江苏盐渍土垦区的应用初步报告. 南京农学院学报，(1)：37-52.

吴相淦. 1980. 我国农业机械化的回顾与前瞻. 镇江农业机械学院学报，(1)：1-8.

吴相淦. 1980. 我国能源结构分析与农业现代化. 农业经济问题，(8)：9-15.

吴相淦. 1982. 我国农村能源的利用、开发与节约. 镇江农业机械学院学报，(1)：1-11.

吴相淦，韦文虎，杨明. 1983. 我国 2000 年农村用能与农业机械化预测. 江苏工学院学报，(4)：8-21.

吴相淦. 1984. 江苏省农村能源发展前景展望. 江苏工学院学报，(3)：1-13.

丁为民，吴相淦. 1988. 农牧区畜力发电机组：中国专利，87205534.

吴相淦. 1988. 农村能源. 北京：农业出版社.

吴相淦．1989．畜力风力联合发电提水机组：中国专利，2035807．
吴相淦，张松明．1990．农业机械运用学原理．北京：中国农业机械出版社．
何宗敬，吴相淦，郑思．1993．立轴V形风力机气动模型的建立及实验验证．南京农业大学学报，(4)：118-122．

撰写者

杨坚（1970～），南京农业大学人文学院科学技术史系副教授。

熊文愈

熊文愈（1915～），四川崇庆（今崇州市）人。林学家、森林生态学家和竹类研究专家，中国竹类研究的倡导者，国际“竹先生”。1940年毕业于四川大学农学院森林系，1944年考取公费留学，1947年获美国耶鲁大学硕士学位，1951年获美国明尼苏达大学博士学位，1953年回国。历任南京林学院副教授、教授、林学系主任，中国林学会第三、四、五届理事，国务院学位委员会第一、二届学科评议组成员，九三学社社员。提出了“现代林业”、“生态系统工程”、“生态边界层”和“仿生生态学”理论，对推动中国林业现代化和森林生态学的发展发挥了积极的作用；他对竹林生态、竹林培育、竹林经营、竹材解剖、竹林利用、南竹北移和竹子引种驯化等方面做了大量深入的研究，极大地提高了竹林的经济效益和社会效益。在南竹北移、竹材丰产，扩大竹林资源，以竹代木等缓解国家森林资源不足方面，从理论到实践做出了重大贡献。1978年“毛竹丰产和南竹北移”成果获全国科学大会集体奖。2003年“生态边界层”理论系列研究成果获国家科技进步奖二等奖。他从事林业科学和林业教育工作近60年，为国家培养了大批林业生产、科研、教学人才。

一、曲折求学　报效祖国

熊文愈，1915年7月9日出生于四川省崇庆县（今崇州市）。4岁入私塾，10年中，他熟读了四书、五经、古典诗词，临摹各种碑帖，练习书法。1936年高中毕业并考入四川大学农学院森林系。在大学期间，学习成绩一直名列前茅，多次获学校奖学金。他在当时森林系主任程复新教授的启示和教导下，对森林生态学（当时叫林学原理）和森林环境利用产生了浓厚兴趣。他的毕业论文《通江白木耳之调查及其改进方案》就是从这两方面进行阐述和论证的（该论文整理后发表在《林学》1941年第7号上）。1940年取得农学学士学位后，留校（四川大学）任助教。四年后晋升为讲师，主讲林学原理和造林学。1944年考取中英文教基金会公费留学，1946年年初先进入加拿大多伦多大学旁听，后转入美国耶鲁大学林学院，1947年获硕士学位，同年8月转入明尼苏达大学攻读博士学位。在美国生态学家W. 寇柏

(Cooper)、林学家 T. 项氏汉生（Schantz Hanson）和 H. 汉森（Hansen）等指导下，专攻森林生态学，于 1951 年获得了博士学位，并留校（明尼苏达大学）做研究工作。与 H. 汉森、Q. 斯伯（Spurr）等教授合作，从事榛子灌丛生长特性及松林树干解析方面的研究。通过系统地研究林内榛子灌丛与森林类型的关系及其控制措施，以及各生态因子之间的时空位置关系，形成了森林生态系统概念。这对他以后学术思想的发展产生了决定性的影响。

1949 年中华人民共和国成立，熊文愈受到极大鼓舞，积极准备早日回国，但由于朝鲜战争，中国留美科技人员回国受阻，一时难以如愿。根据美国移民局规定，滞留人员必须每三个月向其所在地移民局进行一次登记。当时正值熊文愈在野外工作，未能及时报告登记，移民局就以过期居留和企图离美两项罪名，于 1952 年 6 月 6 日将其拘禁于杜鲁兹市，准备起诉和开庭审讯。在拘留期间，熊文愈曾写就一首七律："频年浪迹滞瀛洲，心力交劳愁日多；尘海生涯甚似梦，风流自赏奈耆何；高堂白发万千里，故国春光几度过；何日放歌兼纵酒，从头俯仰新山河。"以此抒发海外赤子爱国思乡之情怀。后经多方交涉及明尼苏达大学营救，移民局方同意熊文愈离境。1953 年 8 月回到中国，熊文愈被南京林学院（今南京林业大学）聘为林学系森林生态学副教授，并担任森林生态教研组组长，同时承担了几个专业数门课程的讲授任务。1956 年和 1958 年，他先后被评为南京市模范教育工作者和南京林学院先进工作者，1959 年任林学系副主任，1962 年任系主任，1978 年晋升为教授。

他曾任中国林学会第三、四、五届理事，中国生态学会理事，江苏省第三、五、六届人大代表，国务院学位委员会第一、二届农学科评议组成员，林业部教材编审委员会林学组副主编，中国科学院生态环境研究中心学术委员会委员，中国科学院南方山区综合考察组顾问，林业部科学技术委员会委员、顾问，江苏省生态学会理事长、名誉理事长。1978 年以后，熊文愈先后被聘为美国爱达荷大学林学院访问教授，加拿大不列颠哥伦比亚大学林学讲座教授（是该讲座成立 30 年来第一位被邀请的亚洲科学家），国际林业研究机构联合会（简称国际林联，IUFRO）第 17 届（1981）、第 18 届（1986）及第 19 届（1990）世界会议特邀主题报告人，英国爱丁堡、阿伯丁、牛津、北威尔士大学及西德林科院、哥廷根大学的访问学者，联合国开发署马来西亚林业顾问，并于 1987 年起担任国际林联第 5 学部（P5·04，热带竹子与热带树木生产与利用）专业组组长，负责主持 1990 年 8 月召开的第 19 届学术讨论会。

数十年来，熊文愈在教学之余，孜孜不倦地从事竹类和森林生态学方面的研究。作为老一辈的林学家、学科带头人，为使中国森林生态学成为跻身世界先进行列的重点学科，他积极带领南京林业大学林学系中青年教师及博士研究生制订森林生态学国家级重点学科发展规划，将重点放在农林复合生态系统工程和生态边界层的深入研究和应用方面，为学科发展开辟了两个重要研究方向，积极推动了中国林业经济建设和生态学理论的发展。

二、研究竹类　贡献卓著

熊文愈自幼在竹林沿溪绕屋的环境中长大，对竹子怀有深厚的情感。他为中国森林资源短缺而忧心，看到中国有大面积的竹林，分布广、种类多，群众栽培和利用竹子的经验也极为丰富，认定如果加强竹林生产、以竹代木，就可大大缓解国家木材供需矛盾，也可发挥竹林资源潜力，突出中国林业的特色。于是他决定从事竹子研究，并选定成材快、经济价值高、分布广的毛竹为其研究对象。他把大量精力投入毛竹研究中，通过深入竹区调研，用生态学的原理去总结提炼群众的经验并积极推广。1958 年由上海科学技术出版社出版的《浙江石门毛竹丰产林》一书，就是从实践升华到理论的成果之一。这一成果先后在浙江、安徽、江苏、福建、江西、湖南、广西、贵州、四川等省区进行试验推广，均取得丰产效果，经济效益十分显著，赢得了同行及广大群众的赞誉。

熊文愈在实际工作中发现，要扩大竹林面积，提高单位面积产量，必须设立平台进行系统研究，为此，他于 1962 年在南京林学院组建了竹类研究室，并在学校下属实习林场和浙江莫干山林场的竹林内设定位观测点，开展毛竹生长与地理、气候、土壤等相关性的研究，每年春秋两季（出笋—成竹），他和年轻的科技人员一起在竹林中收竹叶、锯竹竿、挖竹鞭、测定林内小气候及观测地表径流等野外调研，并取得了系列成果。

1964 年，广西昭平毛竹大面积开花，熊文愈应邀前往调查，发现开花后的毛竹果实累累，但地下竹鞭已失去了繁殖能力，而林下幼苗很多，天然更新很好。于是，他建议将幼苗移出林外栽植，同时采种育苗，造林。这一建议取得了显著成效。20 世纪七十年代，在黄河以南各省区就利用这种方法先后大规模开展了毛竹引种工作，有力地推动了南竹北移、竹林更新和扩大竹林面积的工作。熊文愈数次主持召开南竹北移协作会和竹类培育培训班，交流经验，推广成果，显著地促进了北方竹林的发展。例如山东的文登、日照、青岛，河南的信阳、新县、商城、固始，陕西的汉中、南郑、城固、渭南等地的竹林面积都不断增大。在山东日照等地还建成了新型的毛竹林基地。1974 年，他和周芳纯教授等将多年研究和实践的丰富资料，编撰成了《竹林培育》一书，出版后受到广大读者的欢迎，并先后重印四次，仍供不应求，日本同行对此书更是推崇备至。1978年“毛竹丰产和南竹北移”成果获全国科学大会集体奖，并于次年获国务院侨办优秀归侨知识分子奖。

1981年，熊文愈作为特邀代表参加了国际林联在日本京都召开的第17届世界会议。行前，他放弃一切休息时间把同行们在竹类研究方面的有关论文译成英文，编成专辑，带到会上分送与会代表。他在会上宣读了题为《竹类植物的居间分生组织与节间伸长研究》的论文，提出了一些新的论点，如按传统理论认为植物的居间分生组织是嵌镶在成熟的组织之间的分生组织，而竹类的居间分生组织则导源于顶端分生组织，经过分化形成节隔，并分割分生组织而成为各节的分生组织；各节分生组织由下而上的增长延伸，就构成了竹子的高生长。这些新的发现引起了与会者的极大兴趣。这是中国竹子科研成果第一次与世界同行们见面，从而使世界竹子工作者们对中国丰富的竹类资源和科研工作有了初步了解，促进了国际交流。为此，1986年国际林联在南斯拉夫召开第18届世界会议时，熊文愈再次被邀参加，并在会上作了《中国竹子研究的现状和展望》的报告，并于联合国《林业研究》杂志上发表。这次会上，他被选为国际林联第5学部（即P5·04）专业组组长，任期为1987～1990年。1987年，英国朗曼出版公司把熊文愈列入《世界科学名人录》生物学卷。1988年，剑桥国际传记中心又将他列入《远东及澳洲科学家名人录》及《国际知识分子名人录》。

为推动国内外竹子生产利用的研究，熊文愈与周芳纯一起在南京林业大学筹建了竹类研究所，数年来，多次组织全国和国际性的竹业工作会议、学术研讨会及技术交流会，大大推动了中国竹子生产、加工利用、产品销售和流通等的发展。

1986年，熊文愈以P5·04专业组的名义，主持编写英文《竹业通讯》，主要介绍世界各国竹子生产利用和科学研究的动态，每年2期，每期350份，发送各国竹子工作者。这一杂志，对弘扬中国竹子研究、生产和经营管理的先进成果发挥了积极的作用。熊文愈在发展中国和世界竹子事业方面付出了大量的心血，做出了巨大的贡献，声名远扬海内外。1990年12月获“国际林联工作突出贡献奖”，2012年获第九届世界竹子大会“竹子先驱奖”（Bamboo Pioneer Awards）。他被国际友人亲切地称为“竹先生”（Mr. Bamboo）。

三、潜心研学　成果斐然

熊文愈通过大学期间对白木耳的生产调查，工作以后对嘉陵江流域油桐的生产调查及留美期间对北美森林的调查，逐步认识到森林除生产木材以外，还有极其丰富的环境资源（生物的和非生物的）值得研究和开发，对森林主要以生产木材为主的传统单产低效林业提出不同的看法，以后经过几十年的实践，他更坚定了这一观点。1983年，他在《振兴林业，要有大林业思想》的论文中，首次提出了这一论点，阐明了他对森林资源的多项经营、综合利用、以短养长、长短结合的现代林业思想，引起了林业界的兴趣和重视。1989年，他根据林业的发展情况，提出了“现代林业”概念的范畴。他说现代林业就是林业的指导思想、政策方针、规划设计、经营管理、生产技术和加工利用等领域的现代化。即把传统的单效低效林业转变为现代化经营的多效高效的现代化林业，并把它作为强国富民、社会繁荣、科技进步的主要标志之一。他的这种从大林业发展而来的现代化林业论点已在全国生态林业研讨会上作了报告，并在林业部1990年编辑的《中国生态林业理论与实践》（生态林业论文集）上发表。

在长期的实践中，熊文愈从天然林的类型多样、结构复杂、林产品丰富和人工林的林粮间作中得到启示，认为农、林、牧、渔等生产过程是在生物转化过程中形成的一个有机整体。而稳定、高效的生物转化速率，则取决于生物在系统中的时空位置和数量比例的合理排序，及其对环境资源的利用能力。于是，1985年他又提出了“生态系统工程”这一边缘学科及其方法论。指出生态系统工程是把系统的规划、设计、组建、经营管理、改造更新都看作工程，在系统思想的主导下，用生态学及经济学作为指导，工程技术作为手段进行工作的过程。因此，凡是优化的系统结构，就可发挥系统的潜在功能，从而取得巨大的效益。生态系统工程是系统工程的一个分支，它的理论和方法论导源于系统生态学和系统工程学。既有技术科学的内容，又有社会经济科学的特点。可适用于生态研究、生物生产、环境治理，并可广泛用于农、林、牧、渔各业的分散或综合生产经营、环境保护，以及服务于人类社会。目前出现的生态农业、生态林业，及生态县、生态村等的规划，就是这一理论实际应用的一部分。

熊文愈并不满足于这种宏观的研究，认为要形成优化的系统结构，必须深入研究生物与环境之间如何进行微观影响的关系，需要有新的研究方法。生态学的传统研究方法总是着眼于环境变化和生物反映两个侧面，作孤立的测试、对比以探其“因”、“果”关系，或者是对生物个体、种群、群落、生态系统的动态研究。对环境因子影响的估算，对生物环境生态效益的评价等等，都是用这种“因果”关系进行推理分析。这种研究方法工作量大、花时多、费人力，所得结果不能直接反映生物与非生物环境间的本质关系。他认为生物与环境之间存在着一个居间“物质薄层”，称为“生态边界层”，是生物与环境间物质交换、能量流动、信息传递必经的途径，是由生物与环境之间相互产生的。界层一侧由于生物的生命活动产生“内力”，另一侧由于环境因子的综合作用而产生“外力”，内力和外力同时作用于“界层”而产生“生态合力”，从而推动“界层”运动。他用这一论点研究植物体每个器官的界层运动。生物体各器官界层的功能和性质各有不同，但都要按照生物总体的活动机制，形成分工明确、功能协调的生态边界层系统。这一新的研究方法是以气象学科中边界层空气动力学原理及修正了的湍流运动方程组为依据，以求解决生态系统物能流通机制问题。了解这一运动规律，就可评价生物的适应性、与环境的相关性、生态系统的稳定性、经济效益和生态效益的统一性。这一改变传统方法的研究方法，是他从理论上研究生态学的一个重要突破。文章发表后，深受国内外同行们的重视。如中国科学院林业土壤研究所（今沈阳应用生态研究所）、南京大学等单位的同行们都纷纷来信表示愿意共同合作进行研究。熊文愈还将这一新理论用于茶园生产的研究，以探讨茶园灌丛生态边界层系统的性质、结构、功能、作用及其与茶叶产量、质量的关系，从而充实了这一理论和方法论。经过多年的积累，总结出生命的存在及人工生态系统的构建要“因时因地制宜、扬长避短补缺”，从而初步形成了“仿生生态学”概念与理论的雏形。

熊文愈提出的“生态系统工程”和“生态边界层”理论受到同行们高度重视，并纷纷从各自的领域开展深入研究。他深知最后能否成为一个新的科学分支，还需大量的研究来充实。然而事实证明，这一理论的引入，对于了解生态系统中物能流动机制和最佳生态系统结构设计，无疑是有益的。经过大量的研究充实，生态系统工程已经成为生态学的一个分支学科，生态边界层理论系列研究成果于2003年荣获国家科技进步奖二等奖。

四、国际交流　身体力行

熊文愈学术生涯中另一重要活动是推动林业科学的国际国内交流与合作。

回国以后，20世纪80年代以前，他担任了中国林学会理事和《林业科学》杂志编辑，80年代及以后，先后担任了《南京林业大学学报》编辑、《生态学杂志》编辑及《竹类研究》主编，林业部科技委员会委员，中国竹业协会理事长，中国生态学会常务理事，江苏省生态学会理事长，中国科学院生态环境研究中心学术委员会委员，中国科学院南方山区综合考察会顾问，林业部科技委员会顾问，中国生态学会顾问等职务。他的努力工作，为中国国内林业科学技术的交流与合作发挥了重要作用。

他留美多年，为开展国际交流与合作创造了便利条件。1979年9月至1980年5

月，担任美国爱达荷大学客座教授；1980 年 3 月，担任加拿大不列颠哥伦比亚大学来克米兰林学讲座教授；1981 年 9 月，是国际林联第 17 届大会的特邀代表，P5・04 专业讨论会主题报告人；1983 年 5～6 月，成为英国艾丁堡、阿伯丁、北威尔士、牛津大学、西德林科院、哥廷根大学访问学者；1982～1994 年，任荷兰 Elsevier 科学出版公司的 *Forest Ecology and Management* 杂志编辑；1986 年 9 月，作为国际林联第 18 届大会 P5・04 专业组讨论会主持人和主讲人；1987～1990 年，担任国际林联 P5・04 专业组组长、主编 *Bamboo News Letter*；1987 年 1～3 月，担任联合国开发署马来西亚竹类经营顾问；1988 年 6 月，是欧洲竹学会第二次国际竹子学术会议主题报告人；1988 年 11 月，是国际发展研究中心（IDRC）和国际林联主持的第三次国际竹子学术会议报告人；1990 年 8 月，再次担任国际林联第 19 届大会 P5・04 专业组讨论会主持人和报告人；1990 年 9 月，担任华盛顿大学林学院博士生论文答辩委员并作学术报告。

五、治学严谨　生活朴素

熊文愈对工作积极主动，对学生循循善诱、言传身教，对同事热情诚恳，极富幽默感。20 世纪 80 年代，已年近 70 的他，自喻为“老牛已识夕阳晚，不待扬鞭自奋蹄”。在“火炉”南京的酷暑天，他干脆“赤膊上阵”，或伏案写作，或评阅送审论文和鉴定材料，或处理国内外函件。凡送审的论文或条目，都一丝不苟地进行反复修改、补充，直到满意为止。他主编国内外数种学术杂志，每年还不断地参加国内外各种学术会议。尽管写论文、作报告、接待国内外的来访学者忙得他团团转，但他仍愉快地说：“最大的乐趣是工作、工作、工作。”

熊文愈有深厚的诗词功底，在工作之余，常做诗填词抒发自己的抱负，写下了不少诗篇。诗词作品多次刊在《松风诗词》、《中华竹诗词选集》、《当代中华诗词词典》、《中国老年诗词艺术》、《中国当代律诗选粹》、《中华当代词海》、《当代词坛百星佳作选》和《当代百家律诗佳作选》等出版物上。他一生爱竹，在一首《赞竹》诗中写道：“虚怀若谷自雍容，耿直凌霄傲骨风。迎日纤竿皆挺秀，临霜绿叶更葱茏。高风潇洒不偏颇，亮节分明正气中。历尽炎凉仍郁郁，任他春夏与秋冬。”从这首诗中可以看出他对竹子的情感，这首诗也是他人生的真实写照。

六、一代名师　桃李满园

自 1953 年回国后，熊文愈立即投入紧张的教学工作。当时的中国百废待兴，林业教育也不例外，师资与教材均缺乏。熊文愈担任了林学、林工、森林保护、特用经济林等专业的森林生态学、林学概论、森林学等课程的讲授任务。他一心扑在教学上，认真备课，深入浅出地向学生介绍学科的现状及其发展前景，课后又为学生指定参考读物。在野外实习中，与学生同吃、同住，每天跋山涉水，还兼做学生的后勤。在做好教学的同时，熊文愈积极开展教材的编写工作。1959年，他主编的《森林学》（前半部为森林生态学，后半部为森林经理学）教材印出后，被当时南方林业院校作为教材而广泛采用。

1959年，他开始招收硕士研究生，1982年，他被批准为博士研究生导师。培养了生态学及交叉学科的博士生8名、硕士生15名。他在指导研究生的过程中，要求研究生在选题之前，必须查阅资料，做摘要，写文献综述，然后与他们共同讨论、共同拟定题目，把新的观点、设想灌输给研究生。经过细致周详的预备工作，无论是硕士生还是博士生，都得到了严格的锻炼，为写出高质量的论文和毕业后在相关工作岗位独立开展工作奠定了坚实基础。目前已有数人走上大学、科研院所的领导岗位，更有一些博士生已成为国家级重点学科的学术带头人。20世纪80年代初期，正值国家派遣出国留学生的高峰，熊文愈热心推荐优秀人才到国外留学深造。先后有一批学生在他的推荐下，被送往美国、加拿大、澳大利亚等国攻读硕士、博士学位或访问、进修。熊文愈学术思想和教学方法亦颇得国际同行称道。他协助指导美国华盛顿州立大学的博士研究生工作受到该校的高度评价，为中国林业教育走向世界起到了一定的推动作用。

熊文愈很注意对学生的品德教育，经常鼓励学生要“勤勤恳恳做事，踏踏实实做人”。常说：“知识是力量，品德是标准”，二者不能偏废。经常利用节假日邀请学生到家里，大家动手，边吃边谈，在轻松的环境中，向学生进行爱国主义教育，谆谆教育学生珍惜自己的年华，为国家多做贡献。

熊文愈从事林业教育事业50余年，亲手教过的学生可谓“成千上万”，为国家培养了一大批林业建设人才。

寒来暑往，秋收冬藏。熊文愈几十年如一日，在林业教育和科研的第一线，像一支光照环宇的红烛，用自己的光和热谱写着一曲曲既平凡又伟大的生命赞歌。

七、熊文愈主要论著

熊文愈. 1958. 木本缠藤的缠绕生长习性及其对支柱树木的影响. 南京林学院学报，1（1）：62-67.

熊文愈. 1962. 毛竹林的群体结构及其经营管理. 林业科学，62（3）：183-192.

熊文愈，乔士义，李又芬. 1980. 毛竹秆茎的解剖结构. 植物学报，22（4）：343-350.

熊文愈，丁祖福，李又芬．1980．竹类植物的居间分生组织与节间生长．林业科学，(2)：1-13.
熊文愈．1980．森林生态系统与环境保护．南京林产工业学院学报，(3)：1-12.
熊文愈．1983．竹在中国文化发展上的作用．竹类研究，(1)：88-100.
熊文愈，任荣荣．1983．降低自然地理熵值，发挥现代生态系统的经济效益．南京林产工业学院学报，(1)：1-10.
熊文愈，邹经文．1985．论生态系统工程．南京林业大学学报，(1)：1-11.
熊文愈，王汉杰．1986．论生态界面系统．南京林业大学学报，(2)：1-3.
熊文愈，李又芬，陆平，等．1986．单轴型竹类植物分枝规律的研究．竹类研究，(2)：1-8.
熊文愈，骆林川．1989．琅琊山森林群落演替及其经营利用．南京林业大学学报，(3)：1-8.
熊文愈，姜志林．1989．中国森林生态系统类型及其评价指标．江苏生态，(1)：1-19.
熊文愈，王汉杰．1990．旱竹林生态系统湍流动态特征的研究．南京林业大学学报，(2)：1-8.
熊文愈．1990．论现代林业//中国生态学会．中国生态林业研讨会论文集．北京：中国科学技术出版社：31-35.
熊文愈．1991．生态系统工程与现代混农林业生产体系．生态学杂志，10 (1)：21-26.
熊文愈．1993．茶园生态边界层结构及其变化规律．应用生态学报，(3)：256-264.
熊文愈，沈泉，王信理．1994．生态力概念．南京林业大学学报，18 (4)：1-6.
Xiong W Y，Huang X. 1994. On ecoforce field. Modern Plant Sciences，(2)：37-43.
Xiong W Y，Chandler P F. 1996. Agroforestry-Research and Practice. Beijing：China Forestry Publishing House.
Xiong W Y，Huang X. 1997. Theory and methodology of ecosystem engineering. Journal of Forestry Research，(2)：77-82.

主要参考文献

杨绍章．1986．熊文愈//中国科学技术协会．中国科学技术专家传略·农学编·林业卷 1．北京：中国科学技术出版社：461-476.
南京林业大学．1996．赤子归来（多媒体短篇）．内部资料.
南京林业大学．2005．熊文愈文集．内部资料.
南京林业大学．2005．滥竽集，熊文愈诗词．内部资料.

撰写者

鲁小珍（1963～），南京林业大学森林资源与环境学院生态环境系副教授，熊文愈先生的同事。

成俊卿

成俊卿（1915～1991），四川江津人。木材学家，中国木材学开拓者之一。1942年7月毕业于四川大学农学院森林系，获农学学士学位。1948年赴美国西雅图华盛顿州立大学林学院攻读林产工业专业，1951年获得硕士学位。长期从事木材学研究和教学工作，在木材解剖、识别、材性和利用等研究工作中取得重要成就。他著述、主编或合著的有关木材学论著有《木材学》、《中国木材志》、《中国热带及亚热带木材——识别、材性和利用》和《中国主要木材名称》（国家标准GB/T 16734—1997）等43篇（部）。这些重要论著中对木材科学，特别对应用基础研究有不少重要的学术创见和实用价值的论证。他强调木材科学研究属应用基础科学研究，要按其特有的科研规律办事，为林业生产服务。他总结了中国近几十年来木材科学研究成果，为中国的木材科学奠基铺路和发展付出了毕生的智慧和精力。

一、生平概要

成俊卿，1915年10月8日生于四川省江津县。成俊卿自幼在农村长大，受务农的影响，养成了勤奋刻苦的好习惯。成俊卿1931年小学毕业，1933年初中毕业，1937年高中毕业，1942年四川大学农学院森林系毕业，获农学学士学位。1942年8月，成俊卿任四川省乐山县中央工业试验所木材试验室技助，后升任助理研究员。1945年9月，成俊卿任四川省立遂宁高级农业职业学校森林科主任，讲授除测量学以外的全部林业课程。1947年12月兼任四川农业改进所技佐。

1948年，成俊卿赴美国西雅图华盛顿州立大学林学院攻读林产工业专业，通过《华南主要树种的木材解剖》论文，于1951年获得硕士学位。留学期间，他如饥似渴地学习木材学知识、并充分利用美国的有利条件，搜集大量的科学资料。他身居海外，心系祖国，亟盼以自己学得的知识报效新成立的中华人民共和国的林业事业，毅然于1951年11月8日回到广州。先在安徽大学农学院林业系任副教授；1956年被借调到林业部林业科学研究所任研究员、木材工业研究室负责人；同年任森林工业部森林工业研究所筹备委员、木材构造及性质研究室负责人；1958年10月中国林业科学研究院成立后，在木材工业研究所任研究员、材性研究室副主任和主任。1956～1960 年，仍兼授安徽农学院林学系木材学课程。他还是《林业科学》和《木材工业》杂志副主编、中国林业出版社特约编审、《林产工业》杂志和中国林学会木材科学学会顾问。1983 年、1988 年连续两届当选为中国人民政治协商会议第六、七届全国委员会委员。

二、出谋献策　打好基础

成俊卿为发展木材应用基础科学研究出谋献策。他强调木材科学要为生产服务，但同时坚持木材科学研究属于应用基础科学研究，要按其特有的规律办事。他始终坚持实事求是的科学态度和加强应用基础研究的正确方向，为中国木材工业的发展做出了积极的贡献。他更重视科研规划的实施，以出人才、出成果的方式体现了科学发展观。他对发展木材科学提出不少重要建议，归纳起来主要有以下几点。

（1）他认为中国林业，特别是木材加工利用方面十分落后，要改变这种状况，培养人才是关键。在安徽农学院短短的几年中，竭力促成安徽农学的林业系分为林业组和森林利用组，先于 1955 年中国第二次高等院校院系调整前的 1952 年，开展了重点培养了更专业的木材学及木材加工专业人才的先河，这些学生都已成为木材学科的骨干，大大地促进了木材学和木材工业的发展。

（2）他认为应全盘考虑木材科研方针和规划，既要着眼于发展开发性的研究工作，又要特别注意应用基础方面的研究。木材科学是木材工业的应用基础科学，应增加基础研究经费、更新陈旧设备、添置先进仪器，以适应研究的需要，促进木材科学的发展。

（3）1963 年，他参与制订《木（竹）材性质研究》10 年规划时，强调木材化学性质和木材细胞壁亚微观结构研究的重要性；同时强调应从速调进或培养材料力学专业方面的人才，进行木材流变学和有关木材力学方面的理论研究。

（4）1978 年，在组织制订《1978～1985 年木材性质重点科研规划》时，他提出重点研究木材细胞的亚微观结构、非破损检验理论和方法及浸提物成分、木质素、半纤维素等。

（5）建立木材标本馆/木材解剖研究中心。他希望扩大木材解剖的研究范畴（包括生态、营林、植物系统发育等方面的解剖研究），成立木材解剖研究中心，借此为中国林业科学研究院及院外的学者、专家提供良好的研究环境和条件。木材标本是研究木材学的基础，为取得准确的木材标本，经他倡导和努力，一是安排两位工作人员专职采集木材标本；二是自 1961 年开始，亲自到除新疆、西藏外的重要林区，结合在产材区采集国产树种的木材标本，再以国产树种标本与国外进行交换，使木材标本在以 1932 年原静生生物研究所为基础的西南木材馆的 7130 号的基础上，到 1991 年他辞世时已增至 20637 号，3128 种（隶 755 属，149 科），居中国之首、亚洲前茅。要搞解剖研究，木材切片是必不可少的，1991 年针叶树材已有 3705 片，217 种（隶 45 属，12 科）；阔叶树材已有 21384 片，2911 种（隶 70 属，137 科）。

三、醉心研究　有所建树

成俊卿自 1956 年到林业部林业科学研究所（中国林业科学研究院前身）后，一直醉心于木材学的研究，在木材解剖、材性、识别和利用方面，特别在木材归类方面做了大量的研究工作，成绩卓著。他十分注重抓研究室的建设，30 多年来，他亲自组织采集、制作标本。还亲自查摘文献、分类编号，按著者和主题将 7000 多份英文资料分类管理，编制两套卡片，以利检索。在他的简陋的三居室中不见豪华的家具，摆放文献、资料和卡片的书架倒有 10 多个。

20 世纪 50 年代初，他在研究中国裸子植物材的解剖时，首次在杉木中发现“髓斑”，后又见于福建柏的木材中，而国外的报道是仅见于阔叶树材中。在泡桐材的研究中，取得了重要突破并有新的发现。泡桐属是中国著名的速生树种，除一种产自国外其余均产于中国。泡桐材的利用有悠久的历史，但因缺乏科学试验数据仍存在一些令人疑惑的记载与传说。80 年代初，在泡桐材的研究中，确认泡桐的髓心材中具有两种形态的木纤维，一是正常的木纤维，一是类似木纤维的纺锤状薄壁细胞和（或）串状（束状）薄壁细胞。他组织了 11 位木材学专家，对泡桐树种木材的构造、材性和用途进行全面系统的试验研究。试验数据证明：泡桐材的声共振性和绝缘性能优良，胀缩性很小，从而科学地解释了中国古代用泡桐作各种乐器和存放衣物的箱柜等的奥秘，纠正了过去认为泡桐材不易吸水和吸湿、耐磨损、耐腐性强等错误记述。1983 年试验结果发表后，被摘译成英文，同年 7 月被选为中国参加国际林业研究机构联合会（IUFRO）会议的研究论文。该项研究树种试材齐全，试验内容广泛、深入，是迄今研究泡桐材材性最为完整的材料，文中的数据和观点常被国内外著作所引用。该文与林业方面的研究成果合并为《泡桐属植物种类分布及综合特性的研究》，获林业部 1987 年科技进步奖二等奖。

四、总结科研成果　勤于著书立说

世界各国早就开始结合本国实际研究木材科学，并逐步形成了一专门学科。中国在这方面的工作起步较晚，一直没有自编的，特别是系统、全面的木材学科专著。系统的专著始于新中国成立后，由成俊卿等一批木材学专家完成。据不完全的统计，成俊卿著述、主编或合著的有关木材学论著共有 43 篇（部），其中最重要著作有《中国木材志》、《中国热带及亚热带木材——识别、材性和利用》和《木材学》等。

由成俊卿主编的《中国木材志》是《中国热带及亚热带木材——识别、材性和利用》姊妹篇。该书是全面和系统介绍中国重要商品材的木材特性和利用的首部专著，获林业部 1980 年科技成果奖一等奖。

《中国木材志》第一部分是木材名称及其特性和利用，每种木材的记载内容包括树种名称、树木及分布、木材粗视构造、木材显微构造、木材加工、工艺性质和木材利用。从科到种的各级分类单位的排列是按各自拉丁学名的字母顺序。由于中国疆土辽阔，地跨寒、温、热三带，树种十分丰富。据统计，中国种子植物共约 276 科，3109 属，25 700 种，其中木本植物约 7500 种，乔木 2500 种，其中几十种为中国特产树种。为确定用材树种，成俊卿等自 1957 年就常在林区、工厂、木材生产和使用单位，广泛调查工农业及生活用材的有关树种的木材地方名称等有关的资料后，确定有代表性的树种共 528 种（隶 335 类商品材，297 属，94 科）。虽然商品材约占近 90%，但仍有一部分罕见的乔木树种尚待采集研究，在提倡全树利用、充分利用森林资源的今日，倡议在全国范围内按自然区域各自采集研究本区域内木本植物的木材特性和用途，从而提高和完善整个国家木材资源的基础研究。

第二部分是树种木材的主要用途，共分 13 大类，大类下又分若干小类，并按各项用途对材质的要求列出最适宜、比较适宜和可用（包括代用）的商品材；既可根据树种查找木材用途，也能根据木材用途选择适用的树种（木材）。附有《木材解剖分子分级规定》和《木材材性分级规定》两表。书中树种按作者研究所得的商品材归类排列，即 1 属（或种）1 类者如银杉、水青冈等属，因商品材名称与之相同（即属或种与类同名），则不再列商品材名称。若 1 属（或种）不超过 1 类，如青冈属，则列出红青冈和白青冈两类商品材；1 类包括 2 属或以上，如鸡骨常山属和盆架树属，则由两属建成 1 类，如灯架类商品材。同时参考了东北、安徽、广东、广西、陕西等省区发表的有关资料，采用了中国林业科学研究院木材工业研究所材性研究室和国内的木材科学单位协作，近期先后发表的 340 多种木材的物理力学性质试验数据。

树种名称及木材加工性质，系二十几年来从700个以上的工厂和林区的调查、对比和研究最后确定下来的。粗视和显微构造系事先设计记载方案，逐一观测，除制作各树种的切片外，还测算了导管、管胞、木纤维等解剖分子20万次以上。物理力学性质，采用中国林业科学研究院所作的物理力学指标研究，也取自林业院校新的试验结果，再参考1967年以来广泛收集的木材利用资料，最后分章写出木材用途、木材主要用途，并将木材用途分为21大类，337小类。按照各类木制品对木材的要求，根据木材的构造、材性“适材适用”的原则，选择适宜和比较适宜的树种。从另一侧面与按树种记载用途相辅相成，有利于用材部门合理选用木材。也为当时的木材鉴别（涉及用材、考古、公安等部门）提供依据；为合理利用提出商品材的分类、适材适用和代用树种等提出了意见；考虑到中国木材工业的现状和前景，强调造林树种的选择，为林业生产提出建设性意见；按各类木制品对材质的要求，对选材提供科学根据；根据木材构造和材性的异同（特别是“属”）制订了“商品材”名称（《中国木材及树种名称》国家标准的蓝本），这不仅简化了木材的基础研究工作，并大大地方便了木材合理利用和树种代用的推广工作。

关于《中国热带及亚热带木材——识别、材性和利用》，20世纪70年代，他曾按木材特性相近、用途略同的工业用材树种进行归类，有商品材380类（隶340多属，约100科的900多个树种）；常见者约300种以上，近190类。中国热带及亚热带指包括南方13个省、区，或概称南方，是珍贵速生树种的集中地区，但对树种（木材）的名称、特性和利用缺乏比较系统、全面和深入的研究，因此在木材识别和利用方面都有很多困难。为了既便利木材产销和使用单位选材，又对制定木材价格也有应用价值，首先要突破中国热带及亚热带地区树种复杂、木材产量多的这块“硬骨头”。该书为当时中国的木材鉴别合理利用提供了依据，对于一些浪费木材和不合理的利用木材现象提出了意见和建议；为各类木制品对材质的要求，按用途选材提供了科学根据；根据木材解剖特征提出了某些树种在植物学上的位置问题（如穗花杉属宜隶属粗榧科，铁油杉属应予恢复，青冈属应单独建属）等。

全书以恩格勒-第尔士植物科属系统为纲，一则可以保持着植物进化的系统性，二则因同属树种的木材特性往往相近，可以大大减小描述种的篇幅；同时也可以比较树木分类与木材解剖之间的关系。是当时树种最多、木材记述最全面和最细致的一部专著。树种的选择则根据树种在木材工业中的重要性而定。全面地研究了中国重要用材树种470种（隶281属、90科），阔叶树材占90%以上。就科属而言，虽然涉及的是南方树种，但对东北、华北的主要用材树种，红松、鱼鳞云杉、云杉、落叶松、水曲柳、柞木等，在“属”或“商品材”也有扼要的介绍，并附有显微照片1005幅。

树种木材的记载内容包括名称、树木分布、木材粗视构造、木材显微构造、木材主要物理力学性质、木材加工性质和木材利用七个记述部分。先概述各科属的重要用材树种的至要用途，最后有“木材主要用途分类”。可按用途选择的树种，与前面从树种来确定用途互为补充，使用时既可按树种查用途，又可按用途找树种。

《木材学》是新中国成立以来有关木材工业和生产实践为主的首部权威性专著。为了科学地、系统地、全面地总结新中国成立以来木材基础研究方面的成果，1977年以成俊卿为首的全国13个单位的木材学科教工作者31人共同编著。全书共7篇，32章，178万字。前4篇论述了树木的形成、木材的构造、化学性质、物理性质及力学性质；后3篇论述了与现实生产极为密切的木材缺陷，木材材性改进和中国重要木材（521种）的解剖特征和用途。既阐述了木材科学理论，又紧密结合木工生产，以理论指导生产，具有较大的适用性。本书内容较之其他国家的木材学范围更宽、资料更丰富、试验的树种更多，并在木材声学、电学、热学性质及木材天然耐久性等研究方面填补了国家的空白。为保证质量，初稿完成后，又送请全国120余个有关科研、教学、设计、生产单位的840余人审改，1981年最后又邀请20位教授、专家与全体作者共同复审、定稿，1985年由中国林业出版社出版。1987年12月获中国林学会首届梁希奖，次年10月又获国家新闻出版总署颁发的第四届全国优秀科技图书一等奖。

五、结合生产实际　研究木材归类

中国的木材科学研究始予20世纪30年代初，当时人员和资金匮乏、设备简陋，工作不能正常开展，使木材科学研究工作一直停留在粗浅的调查、描述，零星的试验和外国成果的介绍阶段；用材部门对木材的使用通常是因袭经过千年流传下来的习惯，或照搬用国外的木材试验数据。这时的木材科学研究基本上处于萌芽阶段。至1940年前后，在航空、工业、林业部门设置木材研究机构，从事木材构造研究和少量的木材物理、力学性质试验。在教学方面，设有森林系的少数大专院校，从30年代起开始讲授有关森林利用课程，其中包含木材解剖和木材用途等内容。概言之，在新中国成立以前近20年期间，有关木材基础研究的木材科学，仅得到少数木材科学家的重视，木材科学研究工作处于启蒙阶段。

中华人民共和国成立后，由于国民经济建设发展的需要和政府的关怀和支持，林业、木材科教单位开始正常工作，中央和地方的林业科研及木材利用部门也相继设置研究室和配备专业人员从事木材学科研究，在国家科研规划指导下科教事业有极大的发展。1951～1958年，中国的木材科学研究显然已进入发展阶段，对中国主要用材树种的木材构造、物理、力学性质等方面进行了广泛的、系统的研究。1958年中国林业科学研究院成立后，又按科研规划进行了木材化学性质的试验研究。通过全国性的试材采集，广泛的木材利用调查和比较，深入、详尽的试验研究，对木材正确的识别和系统的记载、材性的恰当评定和合理的选材利用等方面都积累了大量资料，获得了不少成果。木材基础科学有了很大的发展。20世纪50年代初有的高等院校也开设了专门的木材学课程，同时对本地区木材的构造和材性亦进行了比较系统的研究。

成俊卿为了合理用材、材尽其用，要搞木材归类的研究，首先应该注意统一树种名称，认识木材，搞清包括树种的拉丁文和中文名称和该木材的构造、物理力学性质和现实的用途，并考证和历史上商品材归类的实际情况。为此，早在20世纪50年代，他为此写了不少论文，如《针叶树材解剖性质记载要点和说明》、《阔叶树材粗视构造的鉴别特征》、《木材穿孔卡检索表（阔叶树材微观构造）》等。他认为其次要结合生产实际开展木材识别和归类的研究。缘于他对木材学的高瞻远瞩，认为南方的树种多而杂，木材材性差异也较大，如不能很早很好地归类和统一名称，将会严重影响木材的合理利用。为解决生木材鉴别和商品材类别实际难题，成俊卿于1950年实地调查，进行名称统一和木材归类问题实际研究。为了紧密结合生产实际，他和广东、广西、海南的同行们共同实地进行调查研究，在木材（板材）的识别上进行了许多工作，也记载原木的识别特征，先后把海南458个树种的木材归并为270类商品材、广西产509个树种归并为290类商品材、广东644个树种归并为266类商品材，并按材质各分为五等。他主编了《海南木材》、《广西木材的识别与利用》和《木材识别与利用》等，系统地总结出立木和原木的识别方法，编制了检索表，方便了生产应用。这些著作对基层的木材检验人员掌握识别要领、提高识别能力等方面起到很好的作用。

后来，他又参考其他研究成果和各木材制品厂的调查资料，以树木分类系统为基础，按木材特性和用途的异同，将全国近1000种用材树种（隶101科、约350属）归并为商品材380类，编成《中国木材及树种名称》。1977年审核定稿，1978年印发给木材产销和使用单位作为制定木材价格、调销和用材单位参考。为适应生产上的需要，《中国主要木材名称》1997年正式批准为国家标准（GB/T 16734—1997），解决了现实的急需。

六、倡导人工种植　强调材尽其用

有人认为针叶树人工林比天然林材质差，他们认为生长速度快，生长轮变宽，材质就差。这种“生长轮的宽度”的论点，早在1848年已被Chevandien和Wertheim的“生长轮的年龄”是决定材性主因的理论所否定。但直到近年来，特别是从20世纪40年代以来，这一理论才逐渐被部分人所接受。事实上，决定材性优劣主要是生长轮的年龄（离髓心的距离），而不是生长轮的宽度（生长速度）。这对提倡针叶树人工林来说，其意义深远，也是提倡林木改良时所必须树立的观念。此外，材性与材质不能混为一谈，这也是培育快速丰产优质良材时所不可忽略的。为此，成俊卿等人做了切合实际的科学试验，证实“生长轮的年龄”是决定材性主因的理论。

1960年对福建速生丰产杉木材的木材构造及其物理力学性质进行初步研究表明：速生丰产杉木直径生长最快，生长轮平均宽度达8.8毫米，最宽超过20毫米；次为丰产和非丰产的杉木；非速生杉木生长最慢。年轮平均宽度仅为速生的63.3%（3.2毫米）。速生杉木晚材率最低（9.1%），次为非速生，非丰产和丰产者晚材率约占全年轮的1/3左右。自髓心到树皮，晚材率有增加的趋势。年轮宽的杉木，其晚材率低。杉木的早材管胞比晚材管胞短，生长快者其管胞比生长慢者短而小。自髓往外，杉木管胞的长度和径向直径随年龄增加而增加，但有起伏。杉木的容重和强度取决于胞壁率；非速生杉木的容重和强度最大，速生者最小。生长轮的年龄对容重的影响远比生长轮的宽度对容重影响大（强度亦然），这个结果一反长期以来认为树木生长快则木材容重小的说法，对提倡林木速生具有重大意义。自髓往外，容重和强度因年龄增长而增大。容重和强度不是评定材质的唯一依据，应以立木外观和木材内部的诸多特性为根据。该试验所用丰产杉木的材质最佳，但其株间距离太大，导致树形差、材质低。因此，建议采取适当措施，有目的营造快速生长的优质杉木林。

1962年搞了针叶树长白落叶松人工林与天然林木材材性比较试验。研究结果表明：人工林长白落叶松比天然林者生长迅速，材质优良。前者比后者直径和树高生长约快3.5倍，树干通直，尖削度小，枝下主干长；在相应的年轮范围内管胞较大（1/4～1/3），晚材率约大12%，容重大17%；各项强度亦较大（10%～50%）；同时减少开裂。人工林比天然林快5倍时间使其木材容重和强度达到最大。木材解剖特性是在不同断面由于距离髓心的远近而引起的差异比由不同生长年度所引起者更大，因此作比较试验时应自内向外切取试样，即应以“生长轮的年龄”为主要考虑之点。晚材管胞比早材者长17%（人工林）或11%（天然林）。同一生长轮内由下而上，管胞大小通常有增加的趋势，晚材率和容重则减小。从髓心往外，管胞增长增大，材性增强，唯靠近树皮部分的容重减低。

1963年又搞东北林区红松人工林与天然林木材材性的比较试验。研究结果表明：在相似的立地条件下，人工林红松比天然林者直径生长快4倍多，树高生长快3倍；管胞较长（31%），较大（早材11%，晚材28%）；晚材率和容重各略低28%和2%，强度各略有高低（可看作大致相等）；若就相应的年轮比，则人工林红松比天然林者一般更重更强。由此证实，用人工培育红松既可能达到速生，又可能达到优质。从髓心往外，管胞增长和生长轮变窄都比较明显，管胞直径、晚材率和胞壁率除头年外，以后的变动不大，起伏不定。容重和强度，人工林红松以9～18年间为最大，天然林者则为30～70年，即前者比后者快3～4倍时间。从人工林红松试验证明容重有随着半径年龄的增加而增大的趋势，不与年轮相干。由下而上（1.3～11.3M），在同一生长轮或生长轮范围内，管胞长度增长；晚材率和容重等均减小；强度除天然林红松以5.3～7.3M一段为最大，并在50年以前增大外，余均由下而上减小。上述的试验结论证实了“生长轮的年龄”是决定材性主因的这一理论的正确性，增强了人们对针叶树材人工林的认识，满足了人们对用材日益增长的需要。

他在《中国木材志》和《木材识别与利用》等论著中强调适材适用、材尽其用。他认为，没有一个树种，其木材能适合于一切用途；同样，也不能说哪一个树种，其木材完全无用，各有各的最适合用途，只是人们尚未了解罢了。但是各个树种间，材质的优劣，用途的多少、大小是有差别的。选用木材时应以用途对材质的要求及木材使用的环境作为主要考虑的依据；前者是从“适材适用”出发，后者则是与“材尽其用”有关。同时也不宜忽略次要的因素，如蓄积量、采运加工设备与技术，乃至用材习惯等。借此说明不论人工林还是天然林、针叶树材还是阔叶树材，都要适材适用，材尽其用。他在多本论著中都列出木材主要用途，如在《中国木材志》中列出军工材等13项、每项中还有若干小项（如家具及其他生活用材就有家具等27项）。甚至为了选用坑木的需要，1959年以《选用坑木的依据和树种》为题，在《林业科学技术快报》发表短文。

七、言传身教　培养人才

成俊卿在人才的培养方面，求真务实，言传身教。除课堂教学，为培养基层木材检验人员较快提高识别要领和识别能力，掌握适材适用方法，做了很多有益的工作。

在教学方面结合教学、科研和实地调查培养人才。为了提高教学质量，使学生具有坚实的专业知识基础，首先致力于教材的编写，先后编写出木材学、木材干燥、木材防腐、胶合板等四门课的教材。这都是他根据先进的理论，结合本国的实际融会贯通后写出来的，是国内较早、较完整的木材学科方面的教科书。在教学实践中，不断更新、充实教学内容，所以他的讲课受到师生们的好评和欢迎。他始终特别注意结合生产和科学研究进行教学，以培养既有科学知识又有实践操作能力的人才，自己带头去林区采集标本，以身教来带动周围的科研人员，培养了一批业务骨干。在科研上，他十分注意国际木材学会等基本文献的介绍、木材科学发展的信息和国内外发展的态势，如推荐了国际通用的《木材解剖学名词语汇》等，并将他自己收集和制作的7000多份中英文资料热情提供给科研人员等查阅。

他以言传身教两者结合的方式来教育学生，帮助科研人员和业务技术人员。从严要求是他培养人才的另一个特点。在安徽农学院任教时，有一年天气特别炎热，有的课程延期考试或免考，学生们要求他所担任的课程能给予缓考。他再三坚持必须考试，而且考试内容还不少。当时有的学生很有意见，但事后觉得应该这样做，而且有收获。在研究工作中，他要求对每个环节都特别认真、仔细，决不马虎。如在现场调查时，记载木材特性时总是反复仔细地观察核对，并作详细记录，一次不成，二次、三次，直到符合要求为止；在审查科研论文时，他都是一字一句地仔细推敲，认真提出修改意见，有时反复三四次之多，决不迁就。他同时要求科研人员都要仔细地看别人已经完成的研究报告，并提出自己的具体意见，以求得共同提高。他强调只有在十分严格的环境里，经过严格训练才能培养出过硬的人才。他在教育下一代多做贡献的同时，又要求他们淡泊名利。

除培养教学和科研人才外，还热心培养基层的技术人员。他在木材产地广西、广东、海南大量调查研究，认真总结生产实践经验后，把应用树皮、材身表面特征鉴别立木或原木树种的方法，与木材内部构造有机地联系在一起，编写出《海南木材》等著作，作为木材检验员培训班的教材，培养基层木材检验人员掌握识别木材的要领，提高识别木材的能力和检验技能，为适材适用和合理用材起到很好的作用。

成俊卿对科研极端认真，时间上不分昼夜，空间不分室内（实验室、居室）和室外（生产现场），尽量多查、多看文献，多作调查，多存资料，多作试验，多作研究。即使在长期患有痛风病的时日也是这样。他认为担任木材材性研究室主任已能为发展木材科学做出贡献；为了有更多的时间用于研究工作，多方谢绝上级令他担任领导职务的期望（包括推荐他认为的合格人选）；他更利用单身的有利条件，醉心科研数十年如一日，尽量多做工作。他为人性格开朗、诚恳正直、公私分明、淡泊名利。他生活简朴，严于律己，尽量不麻烦别人，看病也是自己挂号。有一次上午到北京医学院第三附属医院看病，由于血液病科下午才有门诊，他就在医院一直等到下午。确诊为白血病后，转到人民医院住院。由于病情严重恶化，治疗无效，成俊卿于1991年11月26日告别了他为之奋斗毕生的木材科学研究事业。他把一生积蓄全部捐给木材工业研究所木材材性室作为研究发展的基金。

八、成俊卿主要论著

成俊卿. 1956. 国产主要乔木树种木材检索表. 安徽大学农学院林业系森林利用组研究报告，第4号.

成俊卿. 1958. 中国裸子植物材的解剖性质和用途. 北京：中国林业出版社.

Cheng T C. 1958. The anatomical features and uses of the gymnospermous woods of China.

成俊卿，李源哲，孙成志. 1960. 福建速生丰产杉木的木材的木材构造及其物理力学性质的初步研究.

成俊卿，何定华，陈嘉宝，等. 1960. 中国重要树种的木材鉴别及工艺性质和用途. 北京：中国林业出版社.

成俊卿，鲍甫成，孙成志. 1962. 长白落叶松木材导湿性与木材构造-纹孔托位置的关系. 北京：中国林业科学研究院科学技术情报室.

成俊卿，李源哲，孙成志. 1962. 人工林及天然林长白落叶松木材材性比较试验研究. 林业科学，7（1）：18-27，102-103.

成俊卿，杨家驹. 1962. 阔叶树材粗视构造的鉴别特征. 林业科学，7（1）：35-44，98-101，104-105.

成俊卿，胡荣，张寿和，等. 1962. 北京地区木材平衡含水率及其变异的研究. 林业科学，7（3）：193-203.

成俊卿，李源哲，孙成志. 1963. 东北林区人工林与天然林红松木材材性的比较研究. 林业科学，8（3）：195-213.

成俊卿，孙成志，李秾. 1963. 中国松属树种的木材解剖特性与木材归类. 中国林业科学研究院研究报告，森2（63）：9.

成俊卿，柯病凡. 1964. 安徽木材（第一辑）. 合肥：安徽农学院.

成俊卿，李秾. 1978. 中国木材及树种名称. 北京：中国林业科学研究院.

成俊卿，杨家驹，刘鹏，等. 1979. 木材穿孔卡检索表（阔叶树材微观构造）. 北京：农业出版社.

成俊卿，等. 1980. 中国热带及亚热带木材——识别、材性和利用. 北京：科学出版社.

成俊卿，蔡少松. 1982. 木材识别与利用. 北京：中国林业出版社.

成俊卿，杨家驹，刘鹏. 1983. 泡桐属木材的性质和用途的研究. 林业科学，19（1～3）：57-63，153-167，284-291.

成俊卿译. 1983. 中国木材解剖. 济南：山东大学生物系.

成俊卿. 1985. 木材学. 北京：中国林业出版社.

成俊卿. 1986. 中国壳斗科商品材识别的研究. 林业科学，22（4）：373-379.

成俊卿，杨家驹，刘鹏. 1992. 中国木材志. 北京：中国林业出版社.

主要参考文献

杨家驹．1991．成俊卿//中国科学技术协会．中国科学技术专家传略·农学编·林业卷 1．北京：中国科学技术出版社：477-487．

撰写者

杨家驹（1928～），中国林业科学研究院木材工业研究所副研究员，是成俊卿先生在 1954 年安徽大学农学院林业系森林利用组培养的第一批学生，与成俊卿先生共同工作了 34 载。

陆熙娴（1941～），中国林业科学研究院木材工业研究所研究员，与成俊卿先生共同工作了 28 载。

钟　麟

钟麟（1915～1996），广东佛山人。家鱼人工繁殖发明者和鱼类繁殖科学家，新中国水产科学技术开拓者之一。1938年毕业于广东省立高级水产学校。曾任中国水产科学研究院珠江水产研究所所长，水产部、农业部学术委员；中国水产学会副理事长、名誉理事长；九三学社广东省委常委、中央委员；广东省第五届人大常委，第三、五、六届全国人大代表。1958年集鱼类生理学、生态学原理发明了“家鱼人工繁殖技术”，开启了水产养殖苗种可控生产的新时代，该学术体系迄今仍为鱼类人工繁殖的核心，在当前水生动物资源严重衰退的情况下，尤其具有重大的生态学意义。该项成果几十年来产生了巨大的经济效益和社会效益，曾获得广东省科学大会奖，国家发明奖和全国科学大会奖。20世纪70～80年代，联合国粮农组织（FAO）将培养第三世界家鱼人工繁殖技术专家的任务选定在了中国，由钟麟主持“淡水养鱼培训班”，使处于世界领先水平的中国池塘养鱼技术能够无偿进行世界性传授，从而促进了世界水产养殖业迅速发展。钟麟发明的“家鱼人工繁殖”技术，不仅是对中国鱼类繁育研究的巨大贡献，更是世界渔业史上的一座丰碑，他被誉为“家鱼人工繁殖之父”。

一、艰苦的求学之涯

钟麟，原名钟攀麟，1915年10月29日诞生于广东省南海县佛山镇沥东乡龙腹村。钟父钟季岳，知书达理，注重教育。钟母张凤鸣，善良温厚，吃苦耐劳。钟麟在兄弟六人中排行第四，天资聪颖，勤奋好学，深得父母欢爱，受到重点培养。他学习用功，考上了校风严谨、很有名气的南海县石门中学。他在辛亥革命后社会变革中接受了三民主义、唯物主义等新的思想和教育。家境困难的他在三位兄长辍学打工支持下，到广州圣心中学继续求学。他文理俱佳，英文突出。

1935年6月，国民党广东省政府建立“广东省立高级水产职业学校”。高级渔捞班招收初中毕业生40人，学期三年，免学宿费，供口粮，毕业后协助就业等优厚条件，吸引了许多具有高中文化程度的青年踊跃报考，竞争激烈。热爱海洋、对水产事业充满幻想的钟麟虽还未初中毕业，但他闻讯后，力争获许越级报考。学校择优筛选，钟麟终于走进了广东水产最高学府。他刻苦学习，学识大增。他是学校排球队主力，还是游泳、划艇好手，德智体全面发展。1938年秋，钟麟完成学业，成为广东省第一批水产高级专才。

二、艰难的求职之旅

1938年，正当钟麟怀着美好憧憬，欲以自己的学识雄心勃勃为水产事业施展才干之时，日本发动侵华战争，钟麟逃亡到香港。他常与同学们一起声讨日寇侵略，探讨如何报效祖国。当时中国共产党在延安建立了红色根据地及“抗大”，热血青年钟麟满怀爱国热情想去延安参加革命，后因故未能成行。在艰难岁月中，他为生计做过小生意，当过教师、店员、报关员等。

1939年春，中国侨港渔民协进会为使渔民子弟能受教育，创办了一所渔民学校。钟麟担任教员，自编《水产知识》讲义。由于他工作积极，不久就升为教导主任。

1940年春，香港成立水产研究所，几位当时很有名望的专家在此担纲。所长Y. Herklots，英国人，生物学家，香港大学生物系主任。副所长林书颜，海南人，鱼类学家，中国鱼类现代分类及鱼类研究创始人之一，被誉为“水产泰斗”。林绍文，福建人，留美生物学博士，香港大学教授。钟麟在此半工半读，系统学习生物学、水化学、水物理学等课程，奠定了良好基础，很快就由实习研究员晋升为助理研究员。他决心向水产科研的方向发展，逐渐走向成熟。

1941年冬，日寇占领香港，钟麟不甘心当亡国奴，前往未被日寇侵占的广西桂平的农林部淡水鱼养殖场工作，担任养殖专家李象元场长的助手，参与家鱼人工授精孵化试验，认真学习与实践李象元的《实用养鱼法》。

1945年秋，抗日战争胜利。钟麟回到香港后任渔政司林书颜副司长的助理，后到农林部渔业善后物资管理总处广东分处任技师。1949年年初，他被总部调到上海主持设备技改工作。

1949年夏，新中国即将成立。钟麟再回香港，同学林遂深告诉他，中国共产党解放全中国已成定局，祖国前途一片光明，新中国需要大批技术人才建设美好家园。经林遂深引荐，钟麟参加了革命，这是他一生中的重要转折。

1950年5月25日，广东省人民政府农林厅水产局成立。当年在香港渔政司与钟麟共事的地下党员钟杰明担任水产处处长。他希望钟麟这样立志于水产事业、学识丰富的专才回内地工作，于是钟麟向组织提出了回内地工作的请求，很快得到了批准。

三、艰巨的攻关之举

钟麟有幸长期与学识渊博的水产界高人共事，他师承林书颜、李象元等老前辈，在理论与实践上，收获颇丰，学有所成。他热爱水产事业，可谓矢志不渝。

广东濒临南海，水脉纵横，海洋捕捞业和池塘养殖业十分发达，西江盛产鱼花，有鱼米之乡的美誉。1951 年 3 月，钟麟回国后被分配到广东省人民政府海岛管理局下属的广东省水产公司负责生产工作。当时，全国淡水鱼种满足不了养殖业迅速发展的需要。政府采取有力措施提高鱼苗装捞产量，但产量越大，对鱼类资源破坏越大，代价越惨重，后果不堪设想。每逢生产季节，各地动用了飞机、火车、轮船、汽车及大量人力、物力和财力，集中在长江、珠江流域产区“抢购”鱼苗，长途运输成活率仅为 20%。鱼苗供应不足已成为养殖业发展的拦路虎。

“四大家鱼（草、鳙、鲢、青）”是有千年历史的中国传统养殖鱼类。其种苗（鱼花）一直是从江河中装捞，靠自然界恩赐。家鱼适应江河水流急缓变化的繁殖习性，亲鱼难以在一般池塘条件下性成熟。家鱼人工繁殖也就成了世界性难题，许多专家做出巨大努力都无法解决，因而有“家鱼是不能在池养中繁殖的”，其“性腺是不能在池养中成熟的”权威观点。

钟麟以丰富的学识和超前的科学思维面对养殖技术难题，提议组织专业科研机构研究攻关。时任省农林厅水产局副局长的钟杰明对此十分支持，积极奔走。1951 年 10 月，中南财委批准正式筹办广东省水产研究所。钟杰明副局长这位“伯乐”慧眼识“骏马”，对钟麟委以重任，借调中山大学生物系博士生导师、水产专家廖翔华等多位在鱼类方面颇有建树的专家负责筹办。

钟麟凭着远大的科学信念，毅然选择了为水产事业发展，向国内外权威认为“家鱼人工繁殖是不可能的”世界难题发起冲击。他以极大的勇气提出并亲自承担“鲢鳙鱼亲鱼生理生态培育法的研究”即家鱼人工繁殖研究工作。1953 年该研究课题正式立项。

钟麟发现，用刺网或“滚钩”（飞钩）捕获的亲鱼，伤痕累累，大量在江河中生活了 5～10 年，几十斤重的成熟亲鱼被强行挤完精卵后奄奄一息，九死一生，使本来就紧缺的鱼类资源遭到灾难性破坏，后果严重！他总结经验，独辟蹊径，从四大家鱼中选出当时广东最缺乏的，性成熟、生殖周期较短的鲢、鳙鱼为突破口，从最难点也是最根本点——池塘中培育性腺能成熟的亲鱼入手，以使家鱼人工繁殖问题迎刃而解。他设计的亲鱼培育塘在潮水涨退时，能形成一定水流，刺激鱼种快速成长，性腺成熟。1955 年夏，满 3 龄的鲢、鳙鱼性腺发育良好，雄的可挤出精液，雌的虽挤不出卵，但其性腺发育良好，卵巢丰满，卵子一颗颗分离，从Ⅲ期向Ⅳ期过渡。结果表明鲢、鳙鱼在池塘中有一定水流刺激，营养足够，可使性腺发育成熟。

1956 年 5 月，钟麟选择成熟的亲鱼，用鲤鱼脑下垂体和孕妇尿分别制成针剂，注射催产，但雌鱼没能产卵。钟麟等跋山涉水，到珠江上游干流及支流郁江、柳江等地的家鱼产卵场和鱼苗装捞点（鱼埗）进行细致调查研究。在广东省肇庆市星湖与西江相通的排水渠，用竹箔围成一个试验池，利用排水流速，提高水位，模拟产卵场的条件对亲鱼产卵进行试验。家鱼产卵后，受精卵在水流带动下浮游于水中发育孵化，孵出的小鱼花腹中卵黄被吸收，鱼花就可自由活动了。钟麟对此进行综合分析，得出了“家鱼繁殖过程是一个反射性的性活动”的正确结论。

1957 年，家鱼人工繁殖研究，列入国家 12 年科技发展规划重点项目。

1958 年年初，钟麟等确定以“生理刺激”与“生态刺激”相结合的方法，即注射脑下垂体（生理），同时改进有进出水口，池中水流有一定流速，也可以使水位升高（生态）的产卵池（60 平方米，水深 1.5 米），进行试验。5 月下旬相继发现被注射过鲤鱼脑垂体的雌鲢获得显著效果，鱼体离开水后，卵粒自然的大量流出，与江河捕捞的满熟雌鲢产卵情况无异，但连续 3 次人工授精都告失败。研究中发现原因是鲢卵球吸水不正常，生理尚未完全成熟。长时间的试验使钟麟精疲力竭，但他仍全神注视池塘动态，生怕错过任何机会。当发现雌雄鲢鱼不断在水中互相追逐，有“起水”现象时，钟麟指挥大家将满熟的亲鱼进行人工授精，获精的鲢鱼卵 12 万粒。雄鳙亲鱼挤不到精液，只好用雄鲢鱼精液杂交，得受精的鳙鱼卵 18 万粒。受精 1 小时后，受精卵发育到 16 个细胞分裂期。3 小时后进入囊胚期，鱼卵受精，放进网箱在流水中孵化。

1958 年 6 月 4 日清晨，当霞光冲破漫漫长夜，晨曦露出笑脸时，已忙碌多日，疲惫不堪的钟麟等人，此时发现受精卵内微微抖动，受精卵经过 17 小时，1 万余尾鲢鱼苗、2 万余尾鳙鱼苗陆续破膜，争先恐后地来到世上。一个世界奇迹诞生了！世界上第一批全人工繁殖的家鱼苗问世了，人类依赖江河装捞家鱼花的历史结束了，水产业从此进入了一个崭新的发展时期，这是一个振奋人心的历史性时刻！广东省水产厅厅长舒光才闻讯后即赶到广州西村鹅掌坦现场，向钟麟等表示热烈祝贺及深切问候！

喜讯引起了世界性轰动。1958 年 6 月 7 日《羊城晚报》率先在头版显著位置发表题为《创世界纪录，开生产坦途，鲢鳙鱼池中繁殖成功》的报道：“南海水产研究所已经孵出了世界上第一批在池中繁殖的鲢鱼苗和鳙鱼苗，开创了世界的记录，为鲢鳙鱼苗的大量繁殖开创了广阔的前途。”新华社、《人民日报》等也纷纷好评。时任中共广东省委书记陶铸、广东省省长陈郁等领导、同行、友人都为此庆贺。苏联列宁格勒大学鱼类学及水生生物学教研室主任尼·里·格尔比里斯基，基辅国立大学教授、斯大林奖金获得者、乌克兰社会主义共和国联邦学院通讯院士、生物学博士 B. A. 莫夫强也来信祝贺。

1958 年，是钟麟与助手们最辛苦的一年，更是胜利的一年，欢乐的一年！自从 6 月 4 日第一批人工繁殖鲢、鳙鱼花后，在鲜花与欢呼的海洋中，钟麟清醒地知道，要走的路还很长，草、青、鲮鱼等许多难题还有待攻克，技术方法还待完善。只有不断总结经验，不断研究推进，将家鱼人工繁殖成果转化为生产力，才能更好地为生产服务，才能取得了巨大的经济效益和社会效益，才能验证这项发明的可靠性和科学性。1958 年 6 月他们以最快速度编写了《鲢、鳙池塘繁殖法的技术操作过程》油印本，这篇代表作是一份未经公开刊物发表，未经专家评审，没有申报奖励的优秀论文和科研成果。水产部向全国推广后，朱德委员长等中央领导很重视，询问许德珩部长可否从广东运亲鱼来北京搞孵化，扩大影响。

同年 12 月，钟麟的助手刘家照代表“鲢、鳙鱼亲鱼生理生态培育法”课题组出席全国第二次青年社会主义建设积极分子大会，受到了周恩来总理、朱德委员长、郭沫若院长、许德珩部长等中央领导亲切接见，大家深受鼓励与鞭策。

1959 年，试验组对亲鱼人工授精方法加以改进，将挤出精卵进行人工授精，转为自然产卵的受精方法，池中自然产卵受精率达 90%以上。自然产卵符合生物的自然规律，受精率高，为保护亲鱼及现代化生产解决了问题。1959 年 6 月，鲢、鳙鱼人工控制繁殖通过中华人民共和国水产部鉴定，同时获国家科学委员会颁发的《创造发明鉴定书》。1960 年 4 月钟麟等人向草鱼人工繁殖发起“总攻击”，广东主养的草、鲢、鳙、鲮鱼的人工繁殖，全部成功。1961 年家鱼苗人工繁殖全线告捷。为了尽快解决鱼苗供应奇缺问题，钟麟毫无保留地将家鱼人工繁殖技术公布于众，在全国推广。在该原理指导下，各地结合生产、试验，掀起了一场培育亲鱼的技术革命，鱼苗生产捷报频传，鱼苗奇缺状况得以缓解。

1961 年，科学出版社出版了钟麟等编的《中国淡水鱼类养殖学》，这本专著在水产界极具权威性，被称为“当代《养鱼经》（战国时期范蠡撰写的世界上最早的养鱼著作）”。1962 年，在太平洋西部渔业研究委员会第五次会议上，钟麟的论文《白鲢的生长发育和人工繁殖》受到与会者的重视。

1964 年，钟麟与伍献文（曾任中国科学院学部委员、中国科学院水生生物研究所所长、鱼类学家）合署的论文《鲩、青、鲢、鳙的人工繁殖在我国的进展和成就》在北京科学讨论会上宣读，引起人们的浓厚兴趣与高度评价。同年，国家科委技术委员会把家鱼人工繁殖技术，列为“国家重大科研成果”（档案号 001020），载于《科学技术成果公报》总第 10 期。此后钟麟的助手刘家照援建越南一年，成功地为越南解决鲢、鳙、草鱼的人工繁殖问题，获得了苏维埃徽章及胡志主席徽章和证书。

1965 年 10 月，家鱼人工繁殖成果，即鲢、鳙鱼的亲鱼生理生态培育法，由国务院副总理兼中华人民共和国科学技术委员会主任聂荣臻元帅签发《发明证书》（000199 号），发明者：钟麟、刘家照、李有广、张松涛。其《发明纪录》（0038）：《鲢、鳙鱼的亲鱼生理生态培育法》，发明技术包括：甲、亲鱼培育；乙、催情产卵；丙、受精；丁、孵化等四方面内容。《发明纪录》指出：“鲢、鳙池中繁殖不仅在生产上已起重大作用，而且还丰富了鱼类人工繁殖的理论和技术，使它进一步更为全面和系统化。”这是国家对家鱼人工繁殖的最充分肯定。

钟麟等人通过几年试验和总结，研究和推广，写成了《家鱼的生物学和人工繁殖》一书，由科学出版社出版。该书通过对家鱼人工繁殖生物学论述，建立了家鱼人工繁殖理论体系，详尽地规范了家鱼人工繁殖的操作技术，对家鱼人工繁殖及以后众多驯化、引进新养殖种类进行人工繁殖，具有普遍指导意义。

四、艰辛的“文革”之郁

1966 年，“文化大革命”突然爆发，钟麟被当做“资产阶级反动学术权威”受到批判。作为从旧社会过来的知识分子，在历次政治运动中当“运动员”，长期得不到公平对待，被无休止地审查。在巨大精神压力下，他忍辱负重，没有自暴、自弃、自卑，没有放弃为国家发展而勇攀科学高峰的理想。他奋发拼搏，历尽艰辛发明了家鱼人工繁殖技术，完成了人类的一项创举。对国家建设发挥了积极作用。虽然一直担任极不相称的职务和职称，但他胸怀坦荡，不予计较，将毕生精力用于科研。

1968 年年初，在毛主席“知识青年到农村去，接受贫下中农的再教育，很有必要”指示下，钟麟首批前往粤北山区乐昌县安口农场，在重峦叠嶂的水产五七干校，他每天都干着劳动强度很大的垦荒工作。1969 年夏，干校撤并到曲江县消雪岭。钟麟这位“专家”受“照顾”去当“牛倌”，成为当地谈资。

1969 年冬，钟麟又被“对口下放”到粤东山区兴宁县合水水库。当地科技人员闻讯后十分高兴，希望在钟麟指导下，取得家鱼人工繁殖好成绩，但带队的指示说，钟麟是到这里劳动改造，接受贫下中农再教育的。因为纪律严明，人们只好对他敬而远之，但遇到技术问题，他都会悄然施教。

为了宣传家鱼人工繁殖成果，中央电影制片厂拍摄了一部关于家鱼人工繁殖的纪录片，该片在广州水产界中试映征求意见时，人们纷纷质疑片中为何没有发明者钟麟的镜头。钟麟获悉此事后淡然一笑："该片目的可能是推广家鱼人工繁殖，只要能达到这个目的，促进我国淡水养殖业迅速发展，有没有我又有什么关系呢?"该片后被国家科委下文封存，未能发行。

五、坚定的科研之路

1966～1973年，钟麟到五七干校"修理地球"，八年后才得以重返科研工作岗位。钟麟并未因"文化大革命"而停止对家鱼人工繁殖技术的研究，在他帮助下，群众掌握了其基本原理和技术以后，技术不断完善。在亲鱼培育、催产、受精、孵化等方面，形成了一套操作易、效率高的方法。有的鱼苗场年生产鱼花能力可达数十亿尾至百多亿尾。昔日装花鱼埗、壮观的竹箩、装捞鱼排"抢"鱼花的场面已销声匿迹。钟麟感言："家鱼人工繁殖是我发明的，若没有人民群众的参与和创造，怎么会有今天?"

钟麟与群众保持着水乳交融的关系。他经常下基层了解情况，所到之处，人们都以一片诚挚表达对"家鱼人工繁殖之父"的崇敬之情，热烈欢迎。他的人格魅力及"家鱼人工繁殖发明"这场养殖革命取得巨大成功的影响已深入人心。他常说："群众用智慧发明创造了一些经验，我们深入基层，会学到很多东西，知道生产中存在的问题，开阔我们的思路，对我们的科研方向、课题立项都有好处，能使科研成果应用到生产之中。"钟麟发明家鱼人工繁殖，可谓生不逢时，既没有专利，也没有奖金。他对此十分坦然："我们搞科学研究，不是为了自己，更不是为了钱，而是要造福社会，造福人民。"凸显了他淡泊名利的优秀品德。

钟麟以"要成伟业必须先学会做人"作为座右铭。他实事求是，脚踏实地做人。身处逆境时，不气馁、不言败；取得成就时，不居功、不自傲。当别人有成绩时，他会真诚赞扬，给予热情鼓励。当别人谈到他的功劳，称赞他为"家鱼人工繁殖之父"时，他会说："我只是做了我应该做的工作。"他绝不会利用名望与职权去搭顺风车，坚决反对在别人的科研成果或论文中假他之名。他深恶沽名钓誉、弄虚作假、学术腐败。他以身作则，维护科研、学术的纯洁与权威。

六、坚实的育才之策

1971年10月25日，第26届联合国大会恢复中国在联合国合法席位后，中国国际地位大大提高，与联合国的合作也不断增强。为在世界上推广中国养鱼技术，联合国粮农组织与中国政府商定，委托广东省水产局负责承办“联合国粮农组织淡水养鱼培训班”，为第三世界国家培训渔业官员、专家、科技人员。这是我国恢复联合国合法席位后第一个多边援助项目，周恩来、李先念等中央领导均对文件圈阅。中国长期处于一种闭锁状态，甚少与国外接触。消息传开，大家既感到光荣、新鲜，又诚惶诚恐，毕竟“外事工作无小事”啊。

当时钟麟刚从五七干校回来，领导将培训国际同行这项艰巨的工作重任交给了德高望重、学识渊博、年届花甲的钟麟。“文化大革命”浪费了这位科学家八年时间，为在有生之年将失去的事业和工作时间补回来，向世界推广普及家鱼人工繁殖技术，他勇敢而又愉快地接受了这件有利于国家和事业的任务。他主持教学工作，被称为“国际教授”。尽管当时他只是一位六级工程师（相当于副高），但如果按联合国“国际教授”的相关待遇，那该是天文数字了。钟麟虽待遇未变，但他毫无怨言，全力工作。

1975年4月1日，“联合国粮农组织淡水养鱼培训班”在广州淡水养殖试验场正式开学，钟麟将家鱼人工繁殖技术、鱼苗鱼种培育、池塘成鱼养殖、鱼病防治等中国先进的池塘养鱼科研成果的精髓，以最科学、最合理的方法，以低成本，高效益的成功教案，结合《水库养鱼与捕捞》和《养殖场建造》等课程，他亲自辅导关键章、节，带学员一起下亲鱼培育塘进行生产实践操作，讲解雌雄区别、亲鱼成熟、选择亲鱼标准。让学员选亲鱼、编号、称重、量体，计算催产剂量、配制、注射、做记录，计算受精率、孵化率、成活率。钟麟设计的这套科学而又独特的教学方法，使学员们大开眼界，受益匪浅，进步很快。

在培训班结业典礼上，学员们都对钟麟等中方教师的无私传授，使他们牢固地掌握了家鱼人工繁殖技术，充满感激之情。斯里兰卡学员团长贾亚玛哈热情洋溢地说：“我们的培训班是一个极大的成功。你们传授给我们的知识是广泛全面的、完满彻底的。中国政府委托你们以艰巨的任务，用你们切实可行的、经济节约的养鱼技术丰富我们的头脑。在我国淡水养鱼工程设计的每一个步骤上，我们都把你们记在心中。我们希望也能效仿你们对工作的态度，从而对我国淡水渔业的成功做出贡献。”他与另一位学员维拉空，回国后成功孵出鱼花及本地的鲤科经济鱼类，成绩显著。两人分别由渔场经理晋升为斯里兰卡国家渔业部副部长、部长和淡水局局长。在国际渔业高层交往中，国外的许多官员和学者都会自豪地称自己是钟麟的学生。

1976 年在罗马召开的联合国粮农组织的渔业会议上，斯里兰卡政府及培训班学员应用中国养鱼技术经验，发展该国养鱼情况的报告引起了各国代表的浓厚兴趣。数十个国家代表围住中国代表，要求为其培训养鱼技术人员，气氛热烈。培训班取得巨大成功，一炮走红，欲罢不能。

1981 年 1 月 6 日《南方日报》发表的《让中国家鱼落户五洲》例证充分。

1987 年中国为联合国粮农组织举办了 10 期中国鲤科鱼类大规格鱼种培训班。来自亚、非、大洋洲 15 个国家的 163 位学员来华学习实践操作技能，大多数人回国后成绩显著，促进了本国淡水养殖业发展，受援国反映很好，联合国开发计划署和粮农组织给予高度评价，提高了中国的国际声誉。联合国粮农组织总干事长萨乌玛、开发计划署亚太地区发展局局长迪万、粮农组织高级培训主任彼莱、亚太地区高级官员曾富仁、粮农组织高级新闻官员安德列等纷纷前来视察。美国、英国、德国、加拿大、澳大利亚、苏联、日本等数十个国家近 70 个代表团来访。希腊副总统、哥伦比亚党主席和众议院议长及阵容鼎盛的由英女皇科技顾问、农业与渔业部长等组成的英国女皇科学考察团均对培训班评价甚高。

当年条件比较艰苦，钟麟每天上下班要骑自行车往返几十公里。他年纪大，有高血压，大家都关心他的安全。没有专车接送，他就乘公共汽车，但下车后要步行 40 分钟。钟麟想：作为教授，这样出行，对外宾来说是不可思议的，这会影响国家和中国科学家的形象。为此他选择穿越泥泞、杂草丛生的田野小道回所。“国际教授坐拖拉机、搭自行车”的佳话从此流传开了。外国学员出于对钟教授的尊崇，提出到钟家拜访。当时他一家五口，挤在 20 多平方米的房子里，陈设简陋。与外宾心目中教授应有的条件相去甚远。钟麟为了维护国家形象，婉言相拒。

钟麟在科研上成就巨大，主教培训班，治学严谨，成绩卓著。他以德育人，广受尊崇，是学员们心目中一位平易近人，幽默风趣、乐于助人的师长。

家鱼人工繁殖成功以后，受极左路线干扰，他的两位助手被调离研究所。钟麟没有忘记他们做出的贡献，在拨乱反正以后，把李有广调来一起参与培训工作。由于家庭原因没有调回的张松涛，在钟麟极力推荐下，晋升为高级工程师。

钟麟意识到搞好科研工作的关键是人才。因此他想方设法调入技术骨干，为培养青年创造条件，支持鼓励他们到国外进修学习、深造。他以亲身经历感受告诫年轻人：“一个社会有很多行业，行业可以选择，一旦决定了，就要敬业乐业，就要努力奋斗，千万不要朝三暮四，否则就会一事无成。”钟麟希望年轻人树立崇高理想，脚踏实地工作，不怕苦累，百折不挠，并谆谆教导他们在实践中锻炼成长。

七、坚强的报国之心

1978 年 3 月 18 日，全国科学大会在宏伟庄严的人民大会堂召开，标志着科研工作进入一个崭新阶段。

1979 年，钟麟出任珠江水产研究所副所长，1981 年起任所长，晋升为研究员。老科学家担子重，工作忙，但从不叫苦叫累，一心扑在事业上。

珠江三角洲是中国淡水渔业、池塘养鱼、鱼苗及商品鱼生产、出口的重要基地，其池塘养鱼产量占全国 14%，鱼苗生产占全国 70%，在国内淡水养殖业中地位显赫。为保持珠江流域淡水渔业养殖研究和可持续发展，珠江水产研究所这个国家级的高水平科研机构应运而生。钟麟以家鱼人工繁殖成功经验为基础，不断改革创新，解决生产难点问题。他从国外引种莫桑比克罗非鱼（1956 年）、美国牛蛙（1957 年）及罗氏沼虾、露斯塔野鲮、蟾胡子鲶、尼罗罗非鱼、齐氏罗非鱼等，成果转化率高，取得了巨大经济效益和社会效益。

广东是全国淡水养殖最发达地区之一，但广东有多少种淡水鱼类及鱼类资源可以合理利用？如何保护广东淡水鱼类资源？为了破解这些问题，由时任华南师范大学校长、动物学家潘炯华任主编，钟麟及鱼类学家郑慈英、伍汉霖、珠江水产研究所所长刘家照任副主编的《广东淡水鱼类志》因此开编，钟麟亲自到广东省科委等单位寻求支持。经大批鱼类专家十年勤劳，在广东全省采集标本万余号，共获淡水鱼类共 321 种，隶属于 2 纲 19 目 184 属，详述了每种鱼类的可测性状、形态特点、地理分布；为同物异名的种类正名；记述了主要经济鱼类的生态习性及真实性图谱；对广东省自然条件、地理分布、鱼类区系、鱼类研究历史等作了论述。这部工具书为中国淡水鱼养殖、鱼类资源利用、加强鱼类资源保护及水环境保护，提供了翔实的数据。1991 年《广东淡水鱼类志》由广东科技出版社出版，因学术价值高而获得广东省优秀科技专著出版基金会的推荐与资助。1992 年 2 月 7 日《羊城晚报》头版头条评论："广东优秀科技专著出版基金会的支持，使一批具有岭南特色、跟得上世界最新科学进展的研究成果广为传播并且保存下来。近百年来，国内外学者对广东淡水鱼类有过不少调查报告，可是迄今还没有一部全面、系统的著作。由基金会资助出版的《广东淡水鱼类志》填补了这项空白，它是全省几十位鱼类学家一生心血的结晶，为我国淡水鱼类的养殖、引种驯化及鱼类资源保护提供了权威性的资料。"这部书凝结了众多专家的心血。圆了几代鱼类工作者的梦，为鱼类研究做出了积极贡献。

1991年钟麟任主编的《中国池塘养鱼》英文版 *Pond Fisherier in China* 专著，由国际学术出版社出版，他与潘炯华在这本全国水产界中的“珍稀”读物中合署的《广东的自然环境》、《广东鱼类研究简史》，蜚声中外，好评如潮。他主编的、由广东科技出版社出版的《中国池塘养鱼》，成为联合国粮农组织淡水养鱼培训班的教材。该书详尽论述了家鱼人工繁殖、鱼苗鱼种培育、成鱼养殖、鱼病防治等理论性和实践性内容。

八、坚韧的强国之躯

钟麟与陈惠芳1942年成婚，这一对在战火纷飞、艰苦环境下结成的情侣，相濡以沫，相敬如宾，共同生活了54年。陈惠芳是一位知识女性，她识大体、顾大局，放弃了自己的工作机会，将毕生都毫无怨言地奉献给了钟麟及他钟爱的事业。

1983年，坎坷了一生的钟麟不再担任行政职务。组织上曾多次想为他庆贺生日，他都没同意，直到他八十大寿，才勉强应允从简操办。1995年10月29日，钟麟八十诞辰祝寿活动就在他临迁的简陋出租屋中进行，形式极为简朴。由于他一再叮嘱低调，因此通知范围不大，但消息还是不胫而走，领导、同事、学生等纷纷前来祝寿。大家都说，钟老贡献那么大，我们要见见他，祝贺他，表表心意。他神采奕奕，与来者一一握手致谢、合影。由于居室较小，人们只好分批进出，场面十分感人。

珠江，对钟麟来说十分亲切和重要。青年时在珠江中上游的产卵场留下了寻觅足迹。中年时为了揭示家鱼人工繁殖的秘密，在珠江边奋战了无数个日夜。珠江留下了失败的印记，也抒发出成功的喜悦，晚年时他为了增强体力，与病魔作斗争，常拄着拐杖到珠江边散步，或坐在江边的石头上，看着江水一泻千里，奔流不息。他眼里的珠江充满灵气，曾激发出灵感、孕育出智慧，帮助他实现了伟大的理想，造福于人民。欣赏珠江，不仅可以看到一番美景，对他是一种身心愉悦，在呼吸新鲜空气之时，还可回味着他的骄傲时光。

钟麟淡泊名利，安于清贫。他的工资相对较高，但家庭人口多，他又是长期病号，因此生活清贫、拮据。但他从不以资格老、贡献大而向组织伸手。有一次他因脑血栓住院用了两支自费进口白蛋白，组织上要给他报销，被他婉言谢绝了。他告诫家人：“我十分感谢组织给我各方面都无微不至的关怀。我病了那么长时间，医药费开支很大，已拖累了组织。反正我看病、住院，按规章制度办事，不要提出规定以外的要求，给组织增加麻烦”。在疾病缠身时，能勉强支持的，他都不肯住医院，以减轻国家负担，体现了一个老科学家为国家分忧的高尚品德。

1996年3月17日，钟麟与世长辞。同行同仁，唁电如云，深表哀悼。

挽联之一：献身水产创人工繁殖先河　堪称家鱼之父
终生探索攀世界科技高峰　蔚为祖国争光

挽联之二：毕生爱国　无私奉献　星光闪闪耀科史
敬业乐群　光明磊落　风范彤彤照同侪

这是人们对钟麟情系水产事业，毕生致力于科研工作，成果丰硕，战功赫赫作出的客观评价。

钟麟是一位默默奉献，日落不息的老渔夫。他远航了，给我们留下的是丰富的遗产，永存的精神！

九、钟麟主要论著

钟麟. 1958. 鲢、鳙的池塘繁殖. 科学通报，(21)：658-659.

钟麟，等. 1958. 鲢鳙池塘繁殖法的技术操作（油印本）.

钟麟. 1960. 池养草鱼人工繁殖首次成功初步总结（油印本）. 广州：广东水产研究所.

中国淡水养鱼经验总结委员会. 1961. 中国淡水鱼类养殖学. 北京：科学出版社.

钟麟. 1962. 白鲢的生长发育和人工繁殖. 太平洋西部渔业研究委员会论文集. 北京：科学出版社：54-65.

伍献文，钟麟. 1964. 鲩、青、鲢、鳙的人工繁殖在我国的进展和成就. 科学通报，(10)：900-907.

钟麟，李有广，张松涛，等. 1965. 家鱼的生物学和人工繁殖. 北京：科学出版社.

钟麟，李有广，张松涛，等. 1965. 鲮鱼的生物学特性和人工繁殖. 北京：科学出版社.

钟麟，李有广，谢康年. 1983. 中国池塘养鱼的模式. 珠江水产，(4)：1-7.

钟麟，赵继祖，曾美棣，等. 1984. 中国池塘养鱼. 广州：广东科技出版社.

钟麟，等. 1987. 淡水科学养鱼. 广州：科普出版社广东分社.

钟麟，等. 1988. 家鱼繁育及鱼苗运输. 广州：科普出版社广东分社.

潘炯华，钟麟，郑慈英. 1991. 广东淡水鱼类志. 广州：广东科技出版社.

Zhong L，et al. 1991. Pond Fisheries in China. International Academic Publisher & Pergamon Press.

主要参考文献

钟麟先生诞辰88周年暨家鱼人工繁殖成功45周年纪念活动组委会. 2003. 钟麟——家鱼人工繁殖之父. 内部资料.

罗建仁. 2003. 珠江之水 源远流长. 中国水产科学研究院珠江水产研究所创立五十周年专集. 内部资料.

撰写者

谢诤（1958～），中国水产科学研究院珠江水产研究所实验师，曾在钟麟先生身边工作。

刘后利

刘后利（1916～2011），湖北汉阳人。农学家，油菜遗传育种学家和农业教育家。1939 年 7 月毕业于中央大学农学院农艺系，1948 年 2 月毕业于美国伊利诺伊州立大学研究生院，获博士学位。曾任武汉大学、华中农业大学教授，中国作物学会副理事长，作物遗传改良国家重点实验室第一届学术委员会主任等职。从事油菜遗传育种教学科研工作长达 50 年，创建中国油菜分类系统，提出中国油菜育种应以甘蓝型为重点，选育出华油 3 号、华油 8 号等优良品种并在国内大面积上推广；率先开展黄籽油菜育种和“双低”品质育种，育成第一个黄籽品种华黄 1 号投入生产应用；先后编著或主编学术专著 20 余本。形成了一套颇具特色的农学专业人才培养方案，培养了新中国第一个油菜遗传育种方向硕士和第一个农学博士等一大批作物遗传研究的骨干人才，并建立了油菜遗传育种研究所，为发展中国油菜生产和科学事业做出了重要贡献。

一、立志学农报国

1916 年 1 月 8 日，湖北省汉阳县蔡甸镇上肖湾的一个农民家里，刘后利呱呱坠地。刘家世代耕读，父亲刘其标是前清末年的秀才。6 岁时刘后利开始跟父亲读私塾。9 岁时，他第一次离开农村，到汉口读小学。1930 年 8 月，他考入汉口日租界外日本人兴办的同文中学（留日预备学校）。初中二年级时，恰逢九一八事变发生，同学们群情激愤离校。刘后利后转入汉阳十二中学继续学业。刘后利敏而好学，曾得到数学奖。由于对农民有深厚感情，在语文课上，他曾写了一篇长诗《农民泪》，老师认为有真情实感，批在全班传阅。

1932 年 9 月，刘后利考入武昌省立高级中学。学校分文理两科，刘后利读理科。这是当时湖北省最好的高中之一，由留日归国的资深学者任校长。课程极多，学习压力很重，但校风纯正。课堂之余，课外活动如读书会、童子军、各种体育活动、出版墙报的机会都很多。刘后利勤奋读书，1935 年 6 月毕业会考时，他列全省第十名，得到大陆银行颁发的奖学金。高中学习期间，他坚持每天晨跑 2000～2500 米。这一习惯一直坚持了 10 年，为后来长期从事艰苦的农业科研打下了身体基础。

高中毕业后，1935 年 7 月，刘后利报考了武汉大学生物系和南京中央大学农学院农艺系，两个学校都获录取。刘后利在农村长大，自幼随母亲下田劳动，目睹农村凋敝，农民辛苦，因此立志学农报国。1935 年 8 月，他放弃武汉大学到中央大学学农，这一志向从此一生未曾更改。

在中央大学农学院农艺系，刘后利的专业是作物生产和遗传育种。在修完基础课和专业课后，1937 年 6～7 月，他来到昆山稻作试验场，参加水稻专业实习。指导实习的教授和农场的老师，特别是留日归国的陈场长，从不束缚学生的思想，放手让学生自己通过实践来掌握专业。400 亩试验田，几千份的水稻原始材料，很快成为了刘后利的最爱。他几乎整天都打着赤脚在试验田里面观察记载，熟悉田间布置和试验材料。

抗战硝烟弥漫，日军进攻上海，战火很快波及南京。1937 年 8 月，刘后利不得不结束正在进行的水稻专题研究，随学校西迁至重庆。西迁的中央大学师资不足，农场面积很小，但幸好图书馆的图书大部分还在。这些书陪伴他在重庆度过了大学最后两年的时光。

1939 年，大学毕业的刘后利留校，参加筹办农业经济组。1941 年他转到柏溪分校农场，担任农场主管员，并讲授农学院一年级学生的农场实习，每周指导学生 3 小时的实习，后又到重庆农业部病虫药械制造厂担任技师，筹建除虫菊种植场。1944 年 6 月，刘后利参加首届教育部举办的自费留学考试，取得农学类第一名的成绩。后刘后利出面，率领湖北籍同学 10 人，向湖北省主席王东原申请湖北省自费留学费用补助，省政府答应每人补助 2 年，每年美金 1200 元。有了这笔补助，他得以从重庆启程，赴美国伊利诺伊州立大学。1945 年 2 月，登记注册后，在大豆遗传育种专家 C. M. 伍德沃斯（Woodworth）教授指导下，刘后利开始了自己的留学生涯。

刘后利深感学习机会来之不易，因此特别珍惜时间，尽量多修一些课程。他安排了在农艺系主修，副修植物系，主攻方向是大豆遗传育种。时值二战末期，美国大学的学生人数少，不少课程只有刘后利一个人选课，能够极为自由的安排自己的学习。他自己参加实验，植物实验大楼的钥匙由他保管，实验室可以自由出入，时间长短也由自己掌握。植物系图书馆书库里有他一个固定的座位。在这样自由的氛围中，刘后利如鱼得水，抓紧点滴时间学习，思想境界日益开阔。1948 年 2 月，他顺利完成了硕士和博士阶段的学习，先后获得硕士学位和博士学位。

刘后利三年顺利写出两份论文，拿到两个学位，导师 C. M. 伍德沃斯起到了关键作用。一直到晚年，刘后利仍然感念导师的帮助，他在回忆录中写到："我的科学研究完全在 Woodworth 教授指导下进行，他没有一个助手，他的一切研究工作（大豆和玉米）都是他亲自动手作的（包括田间播种和收获以及考种分析）。三年来我作了四个生长季节和两个完整的田间过程都是亲自动手。他的这种良好学风影响了我的一生，因此我回国后从事科研工作，从未假手别人，只是带领年轻人让他们熟悉过程和操作，带熟悉了以后我就放手让他们自己去作了。这样对培养青年人的独立思考和独立工作的能力大有好处。”

当时国内战火四起，学有所成的刘后利迫切地盼望回国，实现他科技救国的理想。1948年8月，受山东大学农学院之邀，刘后利偕夫人踏上了归国的征程。导师C. M. 伍德沃斯夫妇专程设宴为他们送行，教授特别深情地说：“希望你回国去为你的祖国贡献你的知识和力量！”

1948年9月初到达上海后，三大战役相继展开，山东已经成为主战场，陆路交通完全切断，山东大学农学院教职已经不可能赴任。在老师冯泽芳的推荐下，刘后利来到武汉大学农学院任教授，并代理农艺系主任。他同时承担遗传学和生物统计学两门课程，并主持三、四年级学生农学讨论。1950年，他参与筹办茶业专修科并担任副主任。

到武汉大学是思乡情绪所驱使，但中南地区并非大豆生产的优势区域，刘后利不得不放弃自己钟爱的大豆遗传育种研究。1952年全国高校院系调整，武汉大学农学院合并到新成立的华中农学院，刘后利继续任教授和农学系负责人。1953年，他开始了油菜研究。当时中国油菜面积很少，平均单产还不及欧洲国家的1/3，是名副其实的“小作物”。刘后利的取舍之间，不经意开创了这个“小作物”的崭新研究局面。

二、中国油菜研究第一人

中国的油菜种类十分丰富，但直到新中国成立初期仍然分类混乱，生产水平低下，育种工作及相应的遗传研究还是空白。从1953年开始，刘后利响应国务院关于在南方大力发展油菜的号召，转攻油菜遗传育种，成为发展中国油菜科学的创导者和奠基者，是广受中国油菜科学界敬重、名副其实的“中国油菜研究第一人”。

在长达50年的研究生涯中，凭借广博而坚实的理论基础和作物遗传育种的实践知识，刘后利面向国内生产，深入实际，以勇于探索的开拓精神，带领油菜科学界的同仁，提出了中国油菜的分类体系，明确了以甘蓝型油菜为育种重点，建立了中国自己的育种体系，为中国油菜育种奠定了正确的技术路线。

1956年，农业部在四川召开油菜试验研究座谈会。刘后利在会上首次系统提出了中国油菜的分类体系，即以农艺性状为基础，将芸薹属植物中称为油菜的近缘植物和栽培种，分为白菜型、芥菜型和甘蓝型三大类型。在各个类型内又包括若干个种。这种分类体系既符合中国油菜分类的历史传统和芸薹属植物分类学的系统，又能反映油菜的地理起源和分布，也便于开展不同类型油菜的品种改良和栽培研究，目前已为中国学者普遍接受。

20 世纪 50 年代初期，中国南方油菜主产区栽培品种都是低产的白菜型油菜。在大规模调查分析的基础上，刘后利于 1960 年中国农业科学院油料作物研究所成立大会上提出，油菜育种应以甘蓝型为重点，用高产甘蓝型品种逐步取代低产白菜型品种。这一观点立即受到油菜科学界同仁的支持。很快，长江流域各省就有了一大批甘蓝型油菜的早、中熟品种，中国油菜主产区产量开始有了一个质的飞跃。

根据油菜繁殖特点，刘后利建立了中国油菜育种体系。在这一体系中，一类是以异花授粉占优势、自交不亲和性强的基本种；另一类是以自花授粉为主、自交亲和性强的复合种。第一类按异花授粉作物的特点进行育种，第二类按自花授粉作物的特点进行育种。该体系明确之后，各地在甘蓝型油菜上采用单株系统选择法育种，育种步伐大为加快。

随着新的育种体系的建立，甘蓝型油菜的迅速推广，培育早熟品种以适应新的耕作栽培制度的工作就显得十分迫切。中国过去从日本引进的甘蓝型油菜，产量虽然较高，但生育期偏长。刘后利琢磨，培育早熟品种，可以利用白菜型油菜品种早熟性状。1960 年开始，他针对国内丰富的白菜型油菜资源，系统开展了甘、白杂交，先后育成了甘蓝型早熟和中熟高产品种华油 3 号、6 号、9 号和华油 11、12、13，同时利用品种间杂交育成了华油 8 号、14 和 16 等高产的甘蓝型早、中熟品种。这些品种在鄂、湘、赣、皖、苏、豫、陕等省累计推广 1000 多万亩。其中华油 8 号曾经是湖北省的当家品种之一，一度在江西的上饶、九江以及江苏的吴县等地大面积推广，收到了良好的增产效果。

在油菜中，黄籽品种具有含油量高、毛油无色素少杂质、蛋白质含量高、纤维素含量低等优点，颇受各国油菜育种家青睐，但国际油菜同行面临的共同难题是黄籽油菜种皮色泽不稳定，很难得到具有生产应用价值的甘蓝型品种。1975 年，刘后利在国内首先发现了甘蓝型黄籽油菜，此后，他对此展开了长达 15 年的系统研究。除指导研究生对黄籽油菜的种皮结构、色泽的分类和遗传规律等开展研究外，他还亲自主持黄籽高油育种工作。在育种实践中，他发现高油材料并非都是纯黄的，不完全黄籽中也有高含油量基因型的现象，提出了以提高含油量为主，逐步提高黄籽频率的育种策略。经过 10 多年的努力，终于育成了中国、也是世界上第一个黄籽品种——华黄 1 号。该品种含油量比普通黑籽品种高 5%以上，已在各地推广 40 多万亩。与此同时，他组织力量对黄籽的不稳定性进行探索，取得了较大进展。1987 年，他所主持的“甘蓝型黄籽油菜遗传育种研究”获国家教委科技进步奖一等奖。

为缩小中国油菜品质育种与世界先进水平的差距，刘后利夙夜兴叹，多次在各种场合大声疾呼，希望社会各界重视油菜品质育种工作。“六五”和“七五”期间，他担任国家重点科技攻关项目“单、双低油菜新品种选育”的专家组组长和顾问，对整个攻关计划的制定和实施倾注了大量心血，为中国油菜品质育种制定了路线图。他先后出访波兰、联邦德国和加拿大，详细考察了这些国家油菜品质育种情况，收集了大量资料，并征集了一批国内品质育种所急需的低芥酸、低硫苷等品种资源，同时邀请国外从事品质育种和品质分析的专家来中国讲学。在开展品质育种工作中，他组织育种家和化学家紧密配合，协同攻克技术难关。为解决中国在油菜育种理论研究领域力量薄弱的问题，他相继指导 10 多名研究生有计划地开展品质性状的遗传规律和育种途径与方法的研究，填补了中国在这一领域的空白。在他的主持下，华中农学院油菜攻关小组育成了双低新品种华双 1 号，1985～1990 年累计推广了 50 余万亩。

除常规育种工作外，他还积极支持和领导同事与学生开展油菜杂种优势的利用研究，并对油菜的起源、进化、自交退化及其防治等与育种密切相关的问题，进行了卓有成效的研究。

三、得天下英才而教之

20 世纪 50 年代初期，刘后利开始负责华中农学院作物遗传育种方向的教学和科研工作。从教研组到教研室，刘后利经过半个世纪艰苦的努力，带领同事和学生为学校构建了完整的作物遗传学科框架，建立了一个符合国家战略需要和时代发展的学科平台，建设了一个合理的学术梯队，培养了大批人才。

在半个多世纪的从教生涯中，听过刘后利课的学生数以万计。60 岁以后，他还相继为本科生和研究生开出了以专题或文献选读为内容的五门高级新课程，其中有三门系国内首次开班。在教学中，他始终坚持农科学生的学习要坚持理论与实践相结合的原则。党的十一届三中全会后，中国高等农业教育开始走上正轨，但是当时华中农学院作物遗传育种专业面临着缺乏师资、教材，没有正规的培养方案，实验室不能满足教学需要等种种困难。1980 年，校方决定由刘后利负责重新筹建这个专业。他提出本科生专业培养方案的四个要点：一是在一二年级要打好坚实的理论基础，二是实践性教学环节四年不断线，注意培养动手能力、分析问题和解决问题的能力，以及开展社会工作的能力；三是组织学生参加科研课题，在教师的指导下开展科学研究，培养研究工作能力；四是指导学生写好毕业论文，使学生受到严格治学的熏陶和科研写作能力的训练。这些意见得到同行专家的赞同，并在全国修改制定植物遗传育种专业的培养方案时被采纳。

从培养第一个研究生傅廷栋起，到 1995 年培养最后一个博士后李再云止，前后 30 多年间，刘后利培养了研究生共计 63 人，这其中包括新中国第一位油菜遗传育种方向的研究生傅廷栋，新中国第一个农学博士孟金陵等。这些学生绝大多数已经成长为国内外各类学科的学术带头人和学术骨干。

在长期的实践中，他摸索出培养研究生必须具备的四个基本条件：一是要有一个能团结共事、协作互助的老中青配套齐全（3～5 人）坚强的师资队伍；二是要担任讲授骨干课程，并能根据需要开出新课程，教学效果良好；三是要承担国家（中央和省级）重大研究项目和课题，并取得充足经费建设现代化实验室，不断提高研究质量和科研成果；四是要参与国内外科技文化交流，并不断提出有学术分量的科学论文，在国内外都要居于领先地位。

在主持制定相关专业硕士和博士研究生的培养方案时，刘后利提出五大原则：一要打好理论基础，在广博的基础上求专精。为此，特意安排研究生到综合性大学听基础课，同时聘请校内外基础学科的专家作副导师；二要循序渐进地学习，优化培养过程；三要理论与实践相结合，加强实践环节的教学和训练；四要求实与创新相结合，每周举行一次学术讨论会，开拓学生视野，活跃科研思路；五要思想教育与专业教育融为一体，寓思想工作于研究生培养过程中。他始终坚持研究生培养的条件和原则，形成了自己独特的研究生培养模式。在 1986 年农牧渔业部举行的全国作物遗传育种专业研究生质量评估中，刘后利的工作受到同行专家的一致好评。

在教书育人的过程中，他又把研究生的思想动态分为六个阶段，按阶段有针对性地开展教书育人工作：一是入学前后，主要帮助学生树立献身农业的远大理想，坚定为振兴中华发奋学习的信念。二是开拓学习到制订研究计划，主要是正确处理各学习科目之间的关系，克服偏爱某一科目和选课只求学分不求效果等偏向，并在选课上给予指导。三是从制订研究计划到提出开题报告，注意通过计划制订培养学生怎样在前人研究的基础上，选择自己的突破点，如何在阅读文献的过程中发现问题，逐步形成科研设想。这是一次高难度的科学思维活动过程，必须切实加强指导。四是开展专题研究，不仅要帮助克服工作中的实际困难，还要引导学生树立科学求实的态度与克服困难的信心，培养学生独立思考、工作的能力。五是写作论文和参加论文答辩，通过帮助研究生整理数据和进行论文写作，培养他们的逻辑思维，进一步提高独立思考和分析问题的能力。六是毕业工作，说服学生正确对待分配问题并满腔热情地帮助他们解决一些实际困难。

刘后利就是这样因人施教、因势利导地做好每一个研究生的思想工作。这其中，他与傅廷栋、张启发两名院士的故事最能反映刘后利的育人观。

时常有人开玩笑，说中国工程院院士、油菜遗传育种专家傅廷栋院士是十字花科的"科长"(注：油菜属十字花科)，他总是幽默而耐心的纠正："其实，我只是一个'副(傅)科长'，'科长'是我的老师、遗传育种学家刘后利教授。"

1960年，傅廷栋师从刘后利，成为新中国第一位油菜遗传育种方向的研究生。在刘后利悉心的指导和支持下，1972年，傅廷栋发现了波里马(Polima)雄性不育材料。这个被国际上公认为"第一个有实用价值的油菜雄性不育类型"，后来被国内外广泛用在育种实践中，加快了世界油菜生产进入杂交油菜时代的步伐。

寻找波里马雄性不育型油菜时，刘后利还在"牛棚"里接受"改造"，傅廷栋是年轻教师，才没有受太大冲击。多年以后，傅廷栋翻出1972年实验记录本，诙谐地说："本子是刘教授制作的，我负责找和记录，他遥控指挥我。造反派把我们的教研室称为'资产阶级顽固堡垒'。"

刘后利十分重视科研在人才培养中的作用。他的口头禅是"科学家要讲科学"，经常教育学生要充分认识农业科学实践性强的特点，重视实际动手的基本功。几十年来，他坚持指导学生的生产实习，在油菜播种、杂交、选株以及田间取样观察等实践环节中，都亲自给学生和助手作示范。特别是田间试验的全过程，从播种到收获和脱粒，到室内的考种工作，到最后一袋一袋检查种子的质量(种皮色泽和发育程度)，只要有可能，每个环节刘后利都要参加。他说，这样我对现已掌握的试验材料才能做到心中有数。他要求研究生定期到基层搞调查研究，了解生产实际，并带他们到外地作"科学旅行"开阔眼界。晚年，他在谈到自己的培养人才经验时说，老师必须亲身参加实践，才能真正开展科学研究，也才能真正保证工作质量和指导研究生的质量。他这种与社会紧密结合，强调动手实践的务实态度，对学生影响深远。在傅廷栋的学生时代，就多次和老师一起到农村进行"科学旅行"。一次下乡，10多名学生住进农民家中，因为床铺不够，刘后利就和他挤在一张床上。

刘后利对中国科学院院士张启发的指导，则反映出他瞄准国际前沿、对学科发展敏锐的把握能力，从中也可窥见他为祖国农业科学事业发展求贤如渴的博大胸怀。刘后利认为，硕士生需要进一步打基础(包括基础理论和实验技术)，而单科性农学院毕业的大学生，一般数理化和生物学基础，都不及综合性大学，必须补足必要的基础，特别是高等数学等有关基础学科和现代实验技术。20世纪70年代末，张启发在刘后利的建议下，先后学习数量遗传学、数学，为后来的分子生物学的研究打下了坚实基础，后又以429分的高分考上了刘后利的研究生。

1982年2月，张启发以进修教师身份赴美国加利福尼亚大学戴维斯校区。临行之前，刘后利为他设计了一个既要选课、又要读学位的两全方案。四年半后，张启发拿到博士学位。为了争取张启发夫妇回国，年过古稀的刘后利在学校遗传、植物生理和学校中心实验室三个具有现代设备的实验室来回奔波，逐项落实开展分子生物学实验必需的实验仪器。在他和学校领导等人的共同努力下，1986年7月，张启发回到华中农业大学，由此开创了中国植物功能基因组研究的全新局面。1998～2009年，张启发水稻文献论文发表量居世界第五位，论文总数和被引用次数居全国第一。至今，他仍然十分感念刘后利导师在人生关键时刻的关键建议。刘后利在世时，每年农历正月初一，张启发都会以学生的身份到先生家拜年。

刘后利把建设合理的学术梯队，视为建设教师队伍、提高人才培养质量和科研水平的核心。他特别注意从硕士生、博士生中选拔学术带头人。1986年，在农业部研究生教育评估总结中，他进一步提出建设学术梯队的五个条件：一是要有名副其实的学术带头人，要求业务造诣较深、组织能力较强和思想品德优良；二是有老、中、青结合，有关专业配合较好的五人以上的研究集体；三是能开出若干高质量的专业课程和开设新课的能力；四是有稳定的科研方向，并在工作中做出显著成绩；五是有艰苦创业的精神和良好的工作条件。在他的带领下，几代人艰苦奋斗，华中农业大学的作物遗传育种专业得到了迅速发展，形成了学科、学历、职务、年龄结构比较合理的队伍，成为一个享有国际声誉的学术团队。

在实验室和专业图书室的平台建设上，刘后利费尽心血。从解决用房到仪器的购置、安装、调试、操作、管理等各个环节，他都一一过问亲自动手。通过几年艰苦奋斗，先后建成了粗具规模的、拥有一些现代化仪器设备的遗传学、细胞生物学、作物育种学实验室以及棉花、水稻、玉米、油菜、麻类等专业实验室或研究室。刘后利认识到，每一个教学和科研单位，为了保证工作质量，提高工作效率，必须有配套较为齐全的专业性的图书室或资料室，配备必要的图书、杂志、科学论文（单行本）以及专业杂志中各种复印件。他向农业部申请经费，经过多年努力，终于为研究室建立了一个完整的专业图书室，收列了各类论文，历年采购的有关专业的图书、杂志以及各种交换的科学资料。90岁后，刘后利将毕生积累的图书、辞典、专题论文、文献资料和复印件以及大量卡片资料，全部捐献给图书室，以供师生长期参考和应用。

1992年，在作物遗传改良教研室、生物技术中心和果树学等工作的基础上，学校组建作物遗传改良国家重点实验室，刘后利担任实验室第一任学术委员会主任。今天，成立20周年的作物遗传改良国家重点实验室秉承刘后利的遗志，正向“中国第一、世界一流”的目标迈进。

为适应教学和科研工作需要，刘后利积极从事教材和专著的编写工作。多年来，他主编了《农作物品质育种》等10多本（部）专著，其中《油菜的遗传和育种》、《实用油菜栽培学》等教材已成为中国油菜育种和研究的权威性著作。此外，他还参加了《作物育种学》、《中国大百科全书农业卷》、《中国农业百科全书农作物卷》等著作的编写和审稿工作，先后以第一作者身份在国内外专业期刊杂志上发表科学论文100篇以上。

四、结　　语

刘后利一生与金黄的油菜花结缘，躬耕三尺讲台桃李遍天下，所取得的成就与他实事求是的做人态度、“勤、恒”的治学风格分不开。50多年来，节假日他基本都是在油菜试验田里、实验室内度过的。他为发展中国油菜科研和生产勤奋工作，殚精竭虑。就是在“文化大革命”中下放劳动的日子里，他还把培养皿搬到“五七”干校学习班，一有机会就进行研究工作。年过古稀之后，每年播种、收获时，他仍然和年轻人一起亲自动手工作。为了促进中国边远地区油菜生产和科研工作，他不顾年迈体弱，先后多次去青海、新疆、甘肃和陕西等地考察，作学术报告，进行具体指导。

刘后利在校内外身兼多职，任务十分繁重。他数十年如一日，恪守“勤、恒”二字，争分夺秒地工作。每一个向他求教的人，他都热情相待，有问必答。经他修改的论文不计其数，对每一篇文章都字斟句酌，明确提出自己的见解，甚至整段整段地改写。1988年他住院做手术，伤口尚未痊愈，就躺在病床上和同志们谈工作，为研究生修改论文。看到刘后利那吃力而又专注的神态，探望他的同志深为感动。2005年5月，在学校为他举办的90岁华诞座谈会上，精神矍铄的刘后利花一个小时的时间，为在场的领导、学生报告了自己毕生的心得——怎样学习和植物讲话。

在名利面前，刘后利从不伸手。他一直支持和指导华中农业大学的作物杂种优势利用研究工作，而当有关的研究报奖时，他却一再将自己的名字划掉。参加国内外重要学术会议，他总优先安排年轻的老师而不考虑自己。刘后利的生活简朴，儿女的生活也并不宽裕。20世纪90年代中期，他和傅廷栋等人一起，设立的一个遗传育种优秀研究生奖学金，基金中大部分款项来自刘后利的工资收入，前后有10多名全国各地大学的研究生享受过该基金1000～5000元的奖励。2008年5月，汶川特大地震后，刘后利将两万元的善款打入学校汶川地震赈灾专用账户上，这是华中农业大学接受的最高金额的个人单笔捐款。

2011年2月15日，刘后利因病医治无效，不幸于武昌逝世，享年96岁。他的一生奉献给中国的农业事业，他曾说，“回顾半个世纪以来，我亲身接触到的油菜科学的发展全过程……我是目击者和亲身参与者，我就是中国在这个世纪发展油菜科学和油菜生产的见证人。”幼年立志学农报国，早年学成归国，后克服艰难险阻努力科研、得天下英才而教之，刘后利的一生，始终与国家和时代同呼吸共命运，是无私、无畏、坦荡、高尚的一生！

五、刘后利主要论著

四川省农业科学院（刘后利主笔）. 1964. 中国油菜栽培. 北京：农业出版社.

刘后利. 1976. 实用农业试验研究法. 武汉：湖北人民出版社.

刘后利. 1985. 油菜的遗传和育种. 上海：上海科学技术出版社.

刘后利. 1987. 实用油菜栽培学. 上海：上海科学技术出版社.

刘后利. 1979. 甘蓝型黄籽油菜的发现及其遗传行为的初步研究（摘要）. 遗传学报，6（1）：54.

刘后利. 1979. 油菜育种//作物育种学各论. 北京：农业出版社. 1995，第二版；2003，第三版.

Liu H L. et al. 1983. Studies on the breeding of yellow-seeded *Brassica napus*. Proceedings of the 6th International Rapeseed Congress. Paris，France.

刘后利. 1984. 几种芸薹属油菜的起源和进化. 作物学报，10（1）：9-18.

Liu H L，Gao Y T. 1986. Breeding for new cultivars yellow-seeded *B. napus* to increase the oil content in rapeseed. Crusiforae Newsletter，11.

Liu H L，Fu T D，et al. 1987. Discovery and studies on Polima. Proceedings of the 7th International Rapeseed Congress（Abstract）. Poznan：Poland：69-72.

Liu H L，Gao Y T. 1987. Some fundamental Problems conducted from the studies on the breeding of yellow-seeded *Brassica napus* L. Proceedings of the 7th International Rapeseed Congress（abstract）. Poznan：Poland：476-480.

刘后利. 1989. 自然科学年鉴·自然科学进展（3）. 油菜育种. 上海：上海科学技术出版社.

刘后利. 1992. 甘蓝型黄籽油菜的遗传研究. 作物学报，18（4）：241-249.

刘后利. 1993. 作物育种研究和进展·第一集. 北京：农业出版社.

刘后利. 1994. 作物育种研究和进展·第二集. 南京：东南大学出版社.

刘后利. 1994. 甘蓝型油菜的粒色遗传和高油分育种的研究//傅廷栋. 刘后利科学论文选集. 北京：中国农业大学出版社.

刘后利. 1999. 农作物品质育种. 武汉：湖北科学技术出版社.

刘后利. 2000. 油菜遗传育种学. 北京：中国农业大学出版社.

刘后利. 2002. 作物育种学论丛. 北京：中国农业大学出版社.

主要参考文献

周永明. 1995. 刘后利//中国科学技术协会. 中国科学技术专家传略 · 农学编 · 作物卷 1. 北京：中国科学技术出版社：423-439.

彭光芒，范敬群，等. 2009//中国教育报刊社组. 漫游中国大学 · 华中农业大学. 重庆：重庆大学出版社：84，90-92.

撰写者

范敬群（1976～），华中农业大学校报编辑部主任。

鲍文奎

鲍文奎（1916～1995），浙江宁波人。作物遗传育种学家，中国植物多倍体遗传育种的创始人。1980 年当选为中国科学院学部委员（院士）。1939 年毕业于中央大学农学院农艺系，获农学学士学位。1947 年赴美国加利福尼亚州理工学院生物系学习，1950 年获博士学位。曾任四川省农业改进所技佐、技士，四川省农业科学研究所食粮组副主任，中国农业科学院作物育种栽培研究所研究员、副所长，北京农业大学教授等职。兼任四川大学农学院农艺系和华西协和大学理学院农艺系讲师，中国遗传学会、中国植物学会常务理事，农牧渔业部科技委员会第一、二届委员，第七届北京市人大代表，第五、六届全国人大代表。1978 年异源八倍体小黑麦获全国科学大会奖。鲍文奎毕生从事植物多倍体遗传育种研究，秉持“新物种可以通过多倍体途径飞跃产生”的理论，采用染色体加倍技术创造新作物，改良现有作物品种的特性，先后解决了同源四倍体水稻的结实率和异源八倍体小黑麦的种子饱满度等世界性难题。所培育的异源八倍体小黑麦新品种首次在世界上应用于生产；四倍体水稻综合性状日臻完善，优良单株无性系的产量也已经达到当时生产上二倍体推广品种的水平。他为发展中国植物遗传育种学研究做出了突出贡献。

一、求学之路

鲍文奎，1916 年 5 月 8 日生于浙江宁波石碶镇。他自幼勤奋好学，在高中时便对生物学产生了浓厚的兴趣，常与同学讨论达尔文进化论的问题。1935 年，他毕业于宁波效实中学，毕业后考入中央大学农学院农艺系。

1937 年七七事变后，中央大学农学院从南京迁到重庆沙坪坝。鲍文奎于 1939 年夏在重庆毕业，获农学学士学位。经金善宝推荐，到成都静居寺四川省农业改进所工作，任技佐、技士。鲍文奎起初在该所食粮作物组麦作股从事小麦育种和栽培研究，1942 年转到由食粮作物组主任李先闻领导的细胞实验室，从事小麦和粟（小米）的细胞遗传研究。

1947 年夏，鲍文奎由李先闻推荐，得到“美租借法案”的资助，进入美国加利福尼亚州理工学院生物系遗传专业研究链孢霉菌的生化遗传，1950 年获博士学位。同年 6 月他未参加毕业典礼，而到芝加哥参加中国科学工作者协会留美分会的年会。这次会议的主要议题是号召留美同学回祖国参加建设。9 月，鲍文奎与赵忠尧、沈喜炯、罗时钧一道搭威尔逊总统号邮轮回国。回国后，他辞谢了罗宗洛的邀请，没有去中国科学院上海植物生理研究所工作，而是根据自己的既定目标，选择了他三年前离开的地方——四川省农业科学研究所。

二、主要学术成就

1. 小麦和粟（小米）的遗传学研究

1939 年 9 月，在李先闻的领导下，鲍文奎在四川省农业改进所细胞实验室从事小麦和粟的遗传学研究。研究内容涉及小麦的丛生矮化特性，黄色花叶条纹，减数分裂不配对现象，五倍体杂种后代的染色体分布，以及不正常高温引起的花粉母细胞减数分裂不配对等问题。用粟（Setalia，$2x=18$）和四倍体狗尾草（S. faberii，$4x=36$）进行种间杂交，并对其杂种 F_1 花粉母细胞的减数分裂进行染色体组分析，发现粟与二倍体狗尾草的染色体组是相同的，配对正常，杂种 F_1 结实也正常，许多相对性状在 F_2 代出现孟德尔式的分离。四倍体狗尾草中，有一组染色体与粟相同，所以是异源四倍体。它与粟的杂种 F_1 完全不育，经秋水仙碱处理，得到了可育的六倍体杂种。1943～1948 年，鲍文奎和李先闻、李竞雄等联名在国内外学术刊物上发表了 15 篇相关的研究论文。

1947 年夏，鲍文奎由李先闻推荐，进入美国加利福尼亚州理工学院生物系，在导师 Sr. Emer 领导下研究链孢霉菌的一个隐性突变体 25a 的基因作用机理。这个突变体在室温下（23℃）能利用乳糖长成正常的菌丝，而当温度升到 35℃ 时，它改变了利用乳糖的方式，不再长成细长的菌丝，而是长成团状的菌落。在蔗糖培养基上，则无此差别。所以，这个突变体的遗传行为虽然简单，但其机理则是复杂的。鲍文奎在比较了正常的与突变体的乳糖酶以后，未发现在作用强度和氨基酸组成上有任何差别。当比较菌丝的几丁质组成时，用 X 射线衍射分析，它们的单元结构虽然相同，但在生化反应上却发现了明显的差异。正常菌丝只能吸收少量的葡萄糖，而菌落状菌丝则能吸收大量的葡萄糖。由此推测，在高温下以乳糖为能源长成的几丁质可能是分枝的，因而能较多地吸收葡萄糖，而在低温条件下生成的几丁质是长链的，吸收葡萄糖亦较少。假若继续追踪下去，将会在生化遗传机理方面有所发现，但是他放过了这个机会。

鲍文奎研究遗传学的主要兴趣是在应用方面。他最关心的问题是遗传学的最新发展对植物育种究竟能提供什么帮助。他在国内进行小麦、粟的细胞遗传学研究期间，已经注意到木原均的植物染色体组分析研究，植物界中异源多倍体的发生规律和多倍体的突然形成等问题。他想利用已知的植物多倍体发生规律开展多倍体育种。他认为这类研究不但设备要求简单，而且还是一个尚待开拓的育种新领域，在国内完全有可能做得同国外一样好。1950 年年初，在即将结束博士学习之前，就为开展这项研究购买了必需的器材、药品，如紫外光管、X 光管、秋水仙碱等，并提前预订了回国船票。

2. 多倍体育种研究

1950 年，鲍文奎从美国博士毕业，回到四川省农业科学研究所。抵成都之后，鲍文奎向所领导谈了拟开展多倍体育种研究的设想，并获得了同意。所领导拨给他 4 万千克稻谷作为筹建实验室的经费，同时分配大学刚毕业的严育瑞作为助手。在同事戴铭杰的协助下，筹建了一个谷类作物多倍体实验室。当时仅有的一个多倍体材料是李竞雄 1939 年用大谷黑麦（Dakold，自美国引入）经秋水仙碱处理而得的同源四倍体，之后，他们又陆续创造了同源四倍体大麦，同源四倍体水稻和异源八倍体小黑麦。

工作伊始，多倍体方面的工作量不大，鲍文奎还就配合作物灌水和丰产栽培中对合理施肥问题开展了小麦、油菜需水量试验和肥料对稻、麦生长发育的影响等试验。需水量试验进行两年后，转交给四川省水利厅的专业队伍。多倍体工作在 1954 年秋因受苏联李森科学派的影响，遭到严厉批判而被迫停止。稻麦肥料试验一直进行到 1956 年调离成都之前。他与助手严育瑞通过对试验数据的整理分析写成了以《肥料对于作物生长发育的影响》为题的一组文章，共 6 篇，先后发表于 1954～1958 年的《农业学报》、《植物学报》和《西南农业科学》等杂志上。他们发现：①在一定量的范围内，氮肥用量与水稻的产量呈直线关系。由此可以推算出该作物在不施肥的情况下，从土壤中吸收的氮肥量及其肥效的转折点，即开始出现报酬递减的氮肥量。②养分在植株中的分配是有重点的，其重点随着个体发育过程中生长中心的转移而转移。例如水稻开始穗分化后，施肥会促使小穗数的增多，茎和正在生长的几片叶子伸长，只有用肥过量才会重新促使前一生长中心——分蘖重新发生。③稻、麦在拔节期施肥能获得穗大粒多的效果，但若时期和用量不当，也最易导致徒长或倒伏。④密植实际上是地力利用的最优密度，过稀、过密都非所宜。⑤氮肥施用量对小麦根的发育有极明显的影响。在缺肥情况下，根长得多而细；施肥过量时，根长得少而白胖（鲍文奎根据这一结果常向人们说，条件太好时，植物也知道偷懒）；用量适宜，则根长得多而壮。⑥水稻中有相当一部分空秕率是由于内部养料分配的激烈竞争，使一部分小花得不到充足的养分而造成的。在当时盛行李森科“种内无竞争”学说的时候，发表这类涉及内部竞争的试验结果，是冒着一定风险的。

鲍文奎的科研重点始终放在谷类作物的人工多倍体育种方面。开头四年的工作进展较快。大麦获得四个品种的同源多倍体，并开始进行四倍体品种间的杂交育种。水稻得到一个籼稻品种和两个粳稻品种的同源四倍体，同时发现四倍体籼粳杂种的结实率远远超过它们二倍体的籼粳杂种。首次得到了“中国春”小麦与黑麦合成的中国第一个八倍体小黑麦“WRC”原始品系。

1949年鲍文奎在美国时，就读到了1948年苏联关于孟德尔-摩尔根遗传学大辩论的文集，他深知李森科学派是激烈反对搞多倍体工作的。当时鲍文奎对两个问题估计不足：一是他低估了植物多倍体育种的难度；二是他估计李森科学派的“风”在我国科学事业比较落后的情况下，不会闹得像苏联那么厉害。事实上正相反，这股“风”刮得更快，更厉害。在困难的时候，所里新上任的党员副所长王楚材经过调研后认为：多倍体研究不存在什么反动不反动的问题，这项工作可以进行，既然秋水仙碱是“毒品”，那就不要用它好了，而已经诱变成功的材料还是可以继续研究的。

这样，从1953年起就停止使用秋水仙碱，许多小麦与黑麦的杂种因不能进行染色体加倍而损失掉。即便如此，在1954年11月有千人参加的农业生产大会上还是对多倍体工作发动了大批判。批评者不顾鲍文奎和严育瑞为多倍体研究所作的辩护，从李森科的本本中找到两句对多倍体的评语作为谁也不敢反对的结论，并以此为依据将所有秋播的多倍体材料全部铲除。多倍体研究工作被迫停止了，王楚材也被调离四川省农科所。鲍文奎对停止多倍体研究一直想不通。1955年5月，他给中央农业部写信提出他的看法，一个月后，所领导通知鲍文奎说农业部电令恢复多倍体研究。他一得到此喜讯，不顾早已过了水稻播种季节，赶紧在钵子里种下四倍体籼粳杂种的第二代。

1956年科学出版社刊印了《禾谷类作物的同源多倍体和双倍体》。这是他与助手合写的第一篇关于稻、麦多倍体研究初期阶段的总结。他们证实了不论是同源或异源的人工多倍体均不同程度地存在结实率低和种子皱瘪问题。同源四倍体籼稻的结实率一般高于同源四倍体粳稻，而四倍体籼粳杂种的结实率则更高。这预示人工多倍体的结实率和种子饱满度问题有可能通过在多倍体水平上的广泛杂交育种而获得解决。这一预见，自 20 世纪 60 年代中期后，在四倍体水稻和八倍体小黑麦上都陆续得到了证实。

1956 年 10 月，鲍文奎和严育瑞在农业部刘瑞龙和杨显东两位副部长的帮助下，离开了成都，被调到北京中国农业科学院筹备处。为便于立即开展工作，筹备处安排鲍文奎等暂时到北京农业大学农学系工作，并拨给经费 1.1 万元，用以购置急需的实验设备。系主任蔡旭将鲍文奎安排在李竞雄的遗传学 I 教研组，积极提供稻、麦的试验田和工人，并立即修建百余平方米的土温室。1957 年春稻、麦多倍体研究就在北京农业大学重新开展起来了。

开展最快的是四倍体水稻的工作。最初两个组合的四倍体籼粳杂种后代通过系统选择，结实率和种子饱满度得到明显的改进。水稻工作的进展大大增强了鲍文奎对多倍体育种的信心，并认为大量制造人工多倍体，充实人工资源应是多倍体育种的关键所在。因此，他就广泛征集各种水稻良种，包括籼、粳、糯稻和早、中、晚稻以及具有突出性状的国内外水稻品种，使之诱变成为同源四倍体，而后用作亲本，广泛地进行杂交和杂种后代的选育，到 1966 年四倍体原种已积累到 70 余个，正在选育中的四倍体杂交组合也有数十个。“文化大革命”开始后，这些材料在三年内都未种植，因丧失发芽力而损失了 2/3。四倍体大麦和四倍体黑麦全未出芽，数量最多的小黑麦材料约保存了 1/3，损失极为惨重。四倍体水稻育种工作的重新开始自 1970 年后，通过与助手们连续 10 年的共同努力，创造了一大批各种性状的同源四倍体原种 250 多个，极大地丰富了四倍体水稻的基因库。四倍体与二倍体亲本相比，其优点是种子显著变大，蛋白质含量增加，但它也带来极为严重的缺点，如结实率大幅下降，半饱米增加，每穗粒数减少，分蘖力下降等。鲍文奎首次尝试了四倍体水稻籼粳杂交，并在其杂种后代中分离出结实率正常且种子饱满的个体，人工选择的效果是显著的。这就从实践上验证了利用多倍体方法进行育种的可行性。到 1964 年，已经选出了一些结实率在 90%左右且种子饱满的选系。通过多年、多次、多亲本籼粳四倍体间复合杂交和选育，到 1976 年，在杂种后代的育种材料中，出现了许多结实性正常，农艺性状优良的单株。但是，从这些单株后代用系谱法培育出品种是很困难的。其原因在于同源四倍体水稻每个基因都有 4 个拷贝，而不像二倍体只有 2 个，也就是遗传学上所说的四体遗传，而杂种后代优良选株的纯化或稳定，在四体遗传条件下是极为困难的。1978 年，鲍文奎提出了用试管苗无性繁殖的方法使优良选株繁殖成无性系，以细胞代替种子。田间试验表明：优良无性系植株能保持母株的优良农艺特性；一个无性系内各种性状的标准差低于二倍体栽培种，整齐度很好；最好无性系的单产已经达到了北京地区最好推广品种的产量水平。

这批通过染色体加倍，而又经历了广泛杂交的四倍体材料也是蕴含丰富变异的种质资源库。随着生物技术的发展，鲍文奎助手们利用丰富的四倍体水稻资源开展了创建二倍体突变体的研究，得到了许多特殊性状而又有利用价值的突变体。在此基础上一批重要基因，如可发生表观变异的显性矮秆基因 *Epi-df*，与株型相关而又与 *MOC*1 互作的基因 *TE*，与氮素高效利用有关的基因 *OsARG* 相继被克隆出来。可以预计，这批四倍体材料资源必将为现代的分子生物学研究做出新贡献。

3. 八倍体小黑麦研究

我国开始八倍体小黑麦研究的时候，国外已做了近 20 年的工作，积累了一些经验和教训，但始终未能进入生产领域。到 20 世纪 50 年代初，国外正在考虑将此项研究转向六倍体类型。一些学者认为八倍体小黑麦的结实率和种子饱满度问题难以解决，可能是由于它的染色体数目过多，已超过了最适水平所致，但鲍文奎的看法是：在禾本科的小麦族中，染色体组的基数都是 7，野生种中已知的最高倍性是十倍体，它并不存在结实率和种子饱满度问题，所以，染色体超过最适数目的观点，科学证据不足。他分析国外进展缓慢的主要原因是：八倍体小黑麦的原种制造得太少，因此杂交组合数目也很少。以小麦常规育种而论，每年需在世界范围内征集大量的品种资源，做成千上万杂交组合，这样才能从中培养出比已有良种更加丰产的品种。对于小黑麦像国外以往的做法，要想使它赶上或超过小麦，这是不可能的，所以过去的失败不足为奇。小黑麦完全是人工合成的，它没有自然资源。一切资源都得人工制造出来。因此，鲍文奎采取的措施是首先要大量制造原种。过去制种的效率太低，他提出用“中国春”作为桥梁品种，与国内外优良品种杂交，其杂交 F_1 再与黑麦进行测交。结实率高于 20%以上的 F_1，所有麦穗都去雄与黑麦杂交，低于 20%的 F_1 植株全部留种繁殖 F_2 代，每株取两穗与黑麦杂交。这样有效地利用了“中国春”中与黑麦易杂交的基因作为桥梁，就可得到遗传性极为丰富的小麦——黑麦杂种（这也是获得具有优良性的小麦新桥梁品系的有效方法）。每粒杂种种子或其幼苗经染色体数加倍后，都是一个原种。再加之秋水仙素处理基数的改进，他们小组从 1957～1966 年共制种 9 次，获得了八倍体小黑麦原始品系 4695 个、副系 551 个。这一阶段工作为小麦、黑麦属间杂种提出了高效率的制种方法，并创造了一批性状极为丰富的人工资源。制种工作与杂交育种是同步进行的。在 1966 年制种工作告一段落时，以解决结实率与种子饱满度为中心目标的第一阶段杂交育种也开始选育出用于生产的选系，即结实率达 80%左右，种子饱满度达到农民可以接受的三级水平。

由于小黑麦工作是在成都开始的，所以初期选用的普通小麦都属于春性或偏春性类型，研究工作转移到北京后才开始选用一些冬性品种。我国自然条件复杂，气候多变，产量不稳，小麦低产地区多分布在南北山地和丘陵。如果在以解决结实率和种子饱满度为目标的时候，选用的材料是春性或冬性偏春的，而又能在北京越冬，具有这样性能的小黑麦，就可能在我国许多地区试种，这一设想得到了证实。第一个要求试种小黑麦并获得成功的是贵州西北部海拔2200米以上的高寒山区威宁县。

威宁县是乌蒙山上的高海拔地区，种植小麦因晚霜频繁而常遭失败，玉米有时遇早霜也不能成熟，是主产马铃薯的缺粮地区。1968年自云南引入黑麦，种植面积迅速扩大后，以食味不佳而大量积压。因之，农民很希望得到抗逆性像黑麦、食味像小麦的谷类新作物。1972年秋当他们得知北京有小黑麦时，就派专人前来引种。经威宁县农科所品种小区试验和全县42个多点示范结果，肯定了小黑麦2号和3号的生产价值，首次进行推广。1976年在威宁召开了全国小黑麦第一次现场会。到1978年全国小黑麦种植面积达40万亩，鲍文奎于同年获全国科学大会奖。由于推广速度过快，问题随之而来，最严重的是大量混入了黑麦。1979年鲍文奎到毕节地区调查小黑麦生长情况时，已经找不到一块纯度较好的小黑麦田，混杂程度至少在10%以上，严重的甚至80%～90%是黑麦。小黑麦中混入了5%的黑麦就会明显影响食味。当地盛传小黑麦退化了，返祖遗传了，黑麦又从小黑麦里跑出来了，并据此误认为小黑麦品质差、不好吃。尽管1981年贵州人民出版社发行了鲍文奎主编的《八倍体小黑麦育种与栽培》（被评为1977～1981年度全国优秀科技图书）来纠正这些错误说法；县种子公司也通过提纯向农民提供一批小黑麦3号纯种，但已于济无事，小黑麦面积迅速下降了。1984年以后，鲍文奎认为应将力量转到小黑麦第二代品种的选育上去而对第一代品种的推广过程应很好地进行总结，从中吸取教训。

以小黑麦3号为代表的第一代品种，主要缺点是植株过高，晚熟，不易脱粒，因之只能在高寒山区一年一熟的中低产地区种植。小黑麦育种工作的第二阶段是从20世纪70年代初开始的，计划以矮秆组合h353为主要矮源，育成株高为110厘米左右的第二代小黑麦品种。这个矮源亲本的种子饱满度都是皱瘪的4级或5级，其杂种后代中矮秆植株的种子饱满度都较差。在北京经过8年的努力，进展不大。原因之一，是北京地区的株高受干旱气候条件的干扰很大，许多基因不能充分表达其应有的植株高度。因此，从1979年起在成都加设工作站，对h353的矮源结合育种进行遗传分析。经10年的研究，明确了h353矮源是由两个互补的降秆基因和一组修饰基因组成，在成都的润湿条件下，可使小黑麦株高变化在80～150厘米的范围内。鲍文奎认为这是h353突然失掉了来自黑麦的高秆基因所致。小黑麦中的两个互补降秆基因就是来自亲本意大利小麦品种矮立多的 *Rht8* 和 *Rht9*。因此，这两个矮秆基因基本上能满足培养株高从 80～90 厘米的短秆类型到 110 厘米左右的中秆类型小黑麦新品种的需要。矮化育种的关键还不在降秆上，而在消除由矮化所引起的一系列不良副作用，其中最严重也是最难克服的是种子饱满度下降。解决这个问题竟花了 20 年的时间，这是远出乎意料的。1986 年出现的株高在 110～120 厘米、种子饱满度为 3 级的一些小黑麦选系劲松 5 号和黔中 1 号，通过了区域试验和生产示范，在贵州西部高丘陵地区推广种植。从 1988 年起，在成都种植的遗传育种材料中，株高 100 厘米以下的植株迅速增多，而且种植饱满度达到 3 级或更好的单株也时有出现。利用这些资源和贵州农科院旱粮所董永琴老师合作，又相继育成了黔中 3 号、黔中 5 号和黔中 6 号。目前，这些品种仍在贵州省丘陵地区零星种植。

鲍文奎和严育瑞曾撰写了一篇积 40 年心血的总结性文章《中国八倍体小黑麦》（英文）。文中总结了大量制造八倍体小黑麦原始品系的方法、经验以及对小麦与黑麦可杂交性遗传的独立见解；同时系统地阐述了小黑麦育种三个阶段的特点及其主要结果。对于各阶段育成品种的推广情况和经验教训也作了简要的说明。这是一篇关于八倍体小黑麦在我国初期发展史的实况记录，它必将对多倍体的遗传进化研究产生深远的影响。

八倍体小黑麦遗传改良的大规模的杂交和品种选育终止于 1999 年，经历了 40 多年。从大量创造原始亲本开始再到十几轮杂交选育，其农艺性状经历了降低株高、提高种子饱满度、改善单株脱粒性和稳定染色体组成的漫长过程。鲍文奎的学生们通过比较八倍体小黑麦改良品系和原始品系的染色体组后发现，品种脱粒性的改良与黑麦第 2 号染色体（2R）的丢失有关，而染色体稳定性的提高与黑麦第 5 号染色体短臂（5RS）的丢失有关。尽管八倍体小黑麦最终未能在生产上大面积应用，但是，八倍体小黑麦的改良群体除了作为普通小麦的改良资源外，还是一部浓缩了物种进化的难得的种质库，它隐藏着许多不为人知的与物种进化有关的信息，有待于有志者的进一步探索。

三、结　　语

鲍文奎正直，爱国，勤奋，善于思考，是他的为人品格。数十年如一日，不畏艰险，百折不挠，锲而不舍探索科学真理是他的职业精神。他将毕生精力贡献给我国植物多倍体遗传和育种研究，他将独特而优良的多倍体种质资源和物种改良的创新思路留给后来者。鲍文奎先生十分注重人才培养，他对助手们常说的一句话就是：

“对科学的问题一定要勤勤恳恳，认认真真。”他对学生们一再告诫：“对于未知的世界，没有现成的理论可以借鉴，要靠自己探索。”我们没有忘记他的教诲，正努力地在各自的事业上发展着。

鲍文奎先生于 1995 年 9 月 15 日在北京逝世。

四、鲍文奎主要论著

鲍文奎，严育瑞. 1956. 几种禾谷类作物的同源多倍体和双二倍体的研究初报. 植物学报，5 (3)：297-316.

严育瑞，鲍文奎. 1960. 禾谷类作物的多倍体育种方法的研究. I. 四倍体水稻. 农业学报，11 (1)：1-19.

严育瑞，鲍文奎. 1962. 禾谷类作物的多倍体育种方法的研究. Ⅱ. 小麦与黑麦可杂交性的遗传. 作物学报，1 (4)：331-350.

多倍体工作组. 1974. 八倍体小黑麦的培育. 遗传学报，1 (1)：46-58.

多倍体工作组. 1975. 八倍体小黑麦的培育和试种. 中国农业科学，，1 (1)：36-49.

鲍文奎. 1981. 从小黑麦工作想到的两个问题. 生物学通报，(1)：26-29.

严育瑞，吕知敏，童庆娟，鲍文奎. 1981. 八倍体小黑麦的矮化基因. I. 株高的分布类型. 中国农业科学，6：1-11.

鲍文奎. 1981. 八倍体小黑麦育种与栽培. 贵阳：贵州人民出版社.

鲍文奎，严育瑞，吕知敏，等. 1982. 八倍体小黑麦株高、结实率和种子饱满度的遗传分析. 种子，(1)：2-12.

鲍文奎. 1983. 植物育种中的几个遗传问题. 遗传，5 (4)：6-8.

Pao W K，Qin R Z，Wu D Y，et al. 1983. High yield tetraploid rice clones. Abstracts of Contributed Papers，part Ⅱ. P585，X V International Congrness of Genetics，New Deihi Clndia.

鲍文奎. 1984. 从“第 15 届国际遗传会议”得到的一些看法. 遗传，6 (6)：45-48.

Pao W K. 1984. Evaluation of primary strains in breeding work of octoploid tritical. Genetics and Breeding of Triticale，Eucarpia Meeting Clermont—Fenand. France：121-124.

Pao W K. 1985. Cytogenetics and fertility of rice autotetraploid. Rice Genetics，IRRI. Proc Intern Rice Gen，Symp，153-159.

秦瑞珍，吴德瑜，陈志勇，等. 1986. 四倍体水稻杂种选株无性系的研究. 作物学报，12 (1)：63-65.

Pao W K，Tong Q J. 1986. Man-made Triticeae genomes by chromosome recombination. I. Priliminary experiments and possibilities. Procedings of FISCEP (Abstracts). Xian：China：14-16.

鲍文奎. 1988. 培育新作物——八倍体小黑麦. 中国科普创造研究所主选. 农业科普佳作选. 北京：农业出版社：115-126.

鲍文奎. 1990. 由小黑麦工作想到的一些问题. 中国科学院院刊，(3)：262-263.

鲍文奎. 1990. 机会与风险. 植物杂志，(4)：4-5.

Bao W K，Yan Y R. 1993. Octoploid triticale in China. Advance of Science in China，Biology，3：55.

主要参考文献

严育瑞. 1993. 鲍文奎//中国科学技术协会. 中国科学技术专家传略·农学编·作物卷 1. 北京：中国科学技术

出版社：449-467.
中国农业科学院. 2010. 农科英才（第一辑）. 北京：中国农业科学技术出版社：74-81.

撰写者

程治军（1964～），中国农业科学院作物科学研究所研究员，鲍文奎先生的学生。

秦瑞珍（1941～），中国农业科学院作物科学研究所研究员，鲍文奎先生的助手。

方中达

方中达（1916～1999），江苏武进人，出生于上海。植物病理学家，农业教育家。1940年毕业于金陵大学农林生物系。1940～1945年任清华大学农业研究所助教。1945～1948年在美国威斯康星大学研究院专攻植物病理学，获博士学位。历任金陵大学农学院教授，南京农学院教授，江苏农学院教授，南京农学院植物病原生物研究室主任、院学术委员会副主任，植保系学位委员会主任。专长于植物病原细菌学，曾先后发现水稻细菌性条斑病等6种植物病原细菌新种，尤其在水稻白叶枯病的研究上，首次证实该病传播媒介、侵染途径、水稻品种抗病性机理及菌系分化等重大成果，为防治该病提供了科学依据，同时在国际上享有很高声誉。

一、简　　历

方中达祖籍江苏省武进县，1916年5月22日出生于上海。其父方毅是上海商务印书馆的编辑，家庭生活支出全部来源于父亲一个人的薪金。方家在当时尚属小康，但到抗日战争时期，家里的经济情况每况愈下。方中达幼年时曾在上海和苏州两地上过幼儿园和小学，1924年起，一直在上海读书，从小学直到中学，后因“一·二八”事变在家休学半年，1932年9月至1936年1月，转赴南京金陵中学学习。1936年2月被保送到金陵大学农学院植物病理学系学习，七七事变后随学校西迁至成都，在成都金陵大学求学，于1940年1月毕业，2月即赴昆明，经俞大绂、魏景超推荐，到清华大学农业研究所任研究助理，在俞大绂指导下从事麦作和蚕豆病害的研究。1945年7月，考取清华大学第六届留美公费生。1945年8月，乘机从昆明出发，再转搭轮船赶赴美国。1946年1月至1948年10月，在威斯康星大学研究院学习，师从植物病理系A. J.莱格（Riker）和J. G.狄克逊（Dickson），主要研究小麦黑颖病（*Xanthomonas translucens*）的生理分化。在美期间，他学习非常努力，勤奋钻研，并加入美国植物病理学会、美国细菌学会和美国科学工作者协会（Sigma Xi），于1948年获哲学博士学位。毕业回国时适逢美国海员罢工，方中达虽然归心似箭，但直到1948年12月初方得离开旧金山，月底回到上海。

1949年2月，回到南京金陵大学农学院任教。在金陵大学执教期间，他除开设作物病害、植病研究法及植物病害的实验、设计、实习和文献等多门课程外，科研事业也取得显著成果。

中华人民共和国成立后，1952年院系调整，金陵大学农学院合并入南京农学院，方中达先后担任南京农学院植物病理教研组主任、植物病原生物研究室主任、植保系学位委员会主任、南京农学院学术委员会副主任等职。

方中达1952年加入中国民主同盟，1958年加入中国共产党。先后担任江苏省第五、六届人民代表大会代表，国际水稻白叶枯病研究组理事、国际植物病原细菌学会中国理事、中国植物病理学会副理事长、江苏省植物病理学会理事长，他还是联合国粮农组织国际水稻研究所的特约研究员。此外，多年受聘为农业部科学技术委员会委员、国务院学位委员会农学评议组成员、江苏省农业技术委员会主任。

由于方中达在农业科学技术、农业教育上做出了突出贡献，多次被学校评为先进工作者和优秀教师。1989年被国务院授予全国先进工作者称号。

二、主要学术成就

方中达知识渊博、治学严谨，对植物病理学各分支学科都有深厚的造诣，他在植物细菌病害、真菌病害、线虫病害和病毒病害等学科领域的研究中硕果累累，特别是在植物病原细菌学和植物病理学研究技术方面建树卓著。他长期从事水稻白叶枯病、水稻细菌性条斑病、十字花科软腐病、茄青枯病等细菌病害的研究工作。对白叶枯病菌致病型的分化和致病机制、病害的发生规律以及抗病育种等进行了广泛深入的研究；提出了以抗病品种为基础的综合防治理论和措施，有效地控制了病害的发生。

水稻白叶枯病在国内过去没有全面的研究过，仅根据日本学者的报道，这一病害主要是由土壤和杂草传染，病菌随着雨水从伤口侵入，每年七八月如遇台风，白叶枯病必然大流行，在防治上始终找不到有效的方法。方中达经过多次试验、调查，对日本专家所下的结论大胆怀疑，破除迷信，不受书本文献等原有观念的束缚，终于找出了水稻白叶枯病的发生发展规律，证实种子是主要的侵染来源，推翻了日本专家的学说，并且证明李氏禾以及其他禾本科杂草不是白叶枯病的传染来源。病菌主要是从水孔侵入，病害的发展绝不是台风之后才引起的，而是在秧田期早已发作，只是未曾被人们所发现。这些完整而细致的科研工作，是在不断解放思想，敢想敢做的精神指导下开展起来的。

方中达1955年投入到该病的研究工作，和助手一起经常深入农村调查，在实验室和温室观察病害的发生规律，发现白叶枯病菌能在种子上成活和越冬。他们把带菌种子播种后，秧苗就发生白叶枯菌，从而首次提出了水稻白叶枯病种子带菌的观点。1956年年初在全国水稻白叶枯病防治专业会议上首次报告了这一成果，引起与会者的广泛兴趣。1956年6月，方中达参加了江苏省农业厅组织的考察团，到江阴、溧阳、扬州等地进行考察。在实地调查中，他看到白叶枯病首先从水稻叶尖开始发病，然后逐渐扩展。这给他以很大启发，经过研究，证实了水孔是白叶枯病菌侵入的主要途径；带菌种子长出的病菌中可以产生大量菌体，构成植株生长后期重复感染的主要来源；水稻生长后期，病菌侵入种子内部潜伏越冬，成为翌年新侵染的主要来源。根据这些结果，在防治水稻白叶枯病研究中，他推行选用无病种子和种子消毒等措施，在生产上收到良好效果。与此同时，他又对病菌做了系统的生理研究，测定了1200多个品种对水稻白叶枯病的抗病性，在江苏江阴等地有针对性地大面积换用无病种子防治白叶枯病，取得显著的防治效果。方中达不满足于现有成果，因为换种对广大群众的实际应用还存在着一定的困难。通过进一步探索和研究，克服重重困难，他在1959年夏天，通过人工接种，顺利获得带菌率高的病种，从而创造出通过种子消毒防治水稻白叶枯病的方法，这一成果在当时处于国际上最先进的水平。

方中达在以后的20多年中，对水稻白叶枯病菌做了更深入的研究，其范围涉及病菌生理学、菌系分化、水稻品种抗病性鉴定及其抗病机制等等。在种子检验和种子消毒问题上，终于找到了简便的噬菌体检测法和盐酸加401种子处理方法，在水稻白叶枯病的防治方法上做出了突破性贡献。先后发表相关论文20余篇，出版《水稻白叶枯病》专著。这项科研成果荣获全国科学大会奖、农业部科技进步奖二等奖及江苏省重要科技成果奖。

一切从实际出发是方中达工作的一贯作风，在水稻白叶枯病和小麦赤霉病的防治研究中，他一再提出要多找一些药剂来进行药效测定，在将近300种土洋农药的测定中，终于选定了5种防治白叶枯病的种子消毒药剂和将近10种小麦赤霉病土壤消毒和穗期喷洒药剂。当室内研究获得初步成果后，他破除了先室内再室外最后才到大田的研究步骤，使原来要三年之后才能推广的方法缩短为一年，同时改变过去试验一定要等有了结果才能进行第二次重复的做法，改为不断的连续重复，大大缩短了试验期限。科研处处为应用着想，不光找洋农药，还从生产简便、来源多样、药效良好、使用安全等诸多因素来考虑，真正做到又好又省。

方中达在植物细菌性、真菌性病害的研究上成就卓著，在基础理论研究和应用研究上也取得了诸多新突破。20世纪五六十年代，他和助手们一起发现、鉴定和命名了水稻细菌性条斑病、李氏禾条斑病、甘薯叶斑病、生姜叶枯病等6种植物病原细菌新种。其中，水稻细菌性条斑病几经反复，终于得到世界公认。他还和助手提出大白菜软腐病菌从根系侵入和潜伏侵染的新观点、新理论，为防治策略和技术上的改进提供了依据。20世纪80年代初，他对江苏省棉花黄萎病的发生和防治研究组织攻关，取得显著成果。其中“大丽轮枝菌生物学研究及其在抗病育种上的应用”获得农业部科学技术进步奖三等奖，“棉花黄萎病综合防治研究”获江苏省科技进步奖二等奖。在线虫病害方面，1982～1983年，发现了南京地区松树大量死亡的重要原因是一种松萎线虫所害，首次在国内作了报道，并对南京中山陵园根除这种病害提出了科学依据，对挽救陵园的大批松树起到关键作用，因而荣获江苏省1984年重要科技成果奖。

方中达执教50多年，是南京农业大学植病学科的奠基人。他的教学内容、教学方法和教学态度一向受到师生的好评，虽然有多年的教学经验，但每次课前都认真写出详细的讲课大纲，补充最新的资料；课堂讲授有系统、有重点，深入浅出，联系实际，逻辑性强。多年来他教书育人，严谨的科学态度和对科学的执著追求使南京农业大学植物病理学科的教学科研水平不断提高，并在跟踪国际发展中有所创新。

他从20世纪50年代起就注重引导青年教师向学科的不同方向发展，经过30多年的努力，南京农业大学植物病理教研组初步建成真菌及真菌病害、细菌及细菌病害、病毒及病毒病害、植物菌原体及其病害、线虫及线虫病害，以及植物病害生态、植物病理生理和分子植物病理等比较完整的学科体系。由方中达亲自领导的植物病原生物研究室成为当时全国一流的教学、研究中心，人才结构形成了强有力的学术梯队，承担众多国家攻关及重点课题。

方中达认识到，要保持植物病理学的学科优势，必须不断获取国内外的新知识、新理论、新技术、新成果，来充实、提高和发展本学科。早在20世纪50年代，他就提出在植物病理教研组努力充实与专业有关的学科，搜集、研究国内外有关的文献资料，尽快掌握世界各国的发展趋势和研究进展。他重视国际学术交流，和美国、英国、日本等国的相关院校和研究单位建立友好联系，互派访问学者，进行学术交流。1985年邀请新西兰森林研究所周启昆教授来宁举办森林病害训练班；1986年5月，他邀请美国威斯康星大学 A. H. 爱伦堡（Ellingboe）来校讲授“寄主-寄生物关系的分子遗传学”。

方中达非常重视教材建设，发动教研组内的骨干教师编写出一套适合新专业需要的教材，受到校内外同行的欢迎。他所主持编写的《普通植物病理学》和《植病研究方法》既考虑到一定的稳定性，又注意充实新内容，既注意知识的广度，又注意深度，突出重点，因此这两本书成为国内普遍欢迎的教材和科研重要参考书。他十分注重对中青年教师和研究生的培养。从20世纪80年代初开始，他通过多方努力，陆续将一些年轻有为的优秀中青年教师派往国外进修或合作研究。这些人学成回国后，方中达立即把他们推上教学科研工作第一线进行锻炼。

方中达严于律己，作风正派，为人师表，顾全大局，甘为人梯，为学校植物病理学科的建设与发展做出了不可磨灭的贡献。他淡泊名利，所编写的教科书以及发表的论文，多是用教研组或集体的名义发表。对研究生，他不仅在业务上悉心指导，而且在政治思想、道德品质、治学态度等方面更是严格要求。1979年以来，他和助手们先后为国家培养了200多名硕士生和60多名博士生。他们大多数已成为中国高等院校和科研部门教学和科研队伍中的骨干。

方中达博学多闻，不仅擅长于细菌病害，在真菌病害和病毒病等方面的功底也很深厚，基础扎实。他的业余爱好是体育与文艺，20世纪40年代的时候常打马球，60年代还打过排球。此外，他还喜欢音乐，尤其是经典的，如《蝴蝶夫人》、贝多芬交响乐等。他说，优美的音乐可以陶冶心情，使人心旷神怡。

方中达从教50余年，素有言传身教、治学严谨、实事求是的优良作风，并以此熏陶和教育身边的教师。他在教学改革、专业建设、培养高级人才方面，以及在科学研究、发展植病学科、建立学术梯队等方面均取得了长足进展，对中国植物病理学的教育和科研事业做出了突出贡献。

三、方中达主要论著

方中达，陈迺用. 1955. 小麦品种苗期对条锈病抵抗性的测定及条锈病菌的变异性问题. 植物病理学报，1 (2)：29-42.

方中达，刘经芬，朱家玲. 1956. 水稻白叶枯病（*Xanthomonas oryzae*）侵染循环的初步研究. 植物病理学报，2 (2)：173-185.

方中达，任欣正，陈泰英，等. 1957. 水稻白叶枯病及条斑病和李氏禾条斑病病原细菌的比较研究. 植物病理学报，3 (2)：99-124.

方中达，刘经芬，朱家玲. 1957. 葡萄糖对水稻白叶枯病细菌（*Xanthomonas oryzae*）生长的抑制作用. 植物病理学报，3 (2)：125-136，220.

方中达. 1957. 植病研究方法. 北京：高等教育出版社.

方中达，任欣正. 1959. 李氏禾和水稻白叶枯病及条斑病相互关系的进一步研究. 植物病理学报，5 (2)：100-110.

方中达，任正欣. 1960. 豆薯的一种新的细菌病害. 植物病理学报，6 (1)：87-89.

方中达. 1960. 链霉菌的噬菌体. 北京：科学出版社.

方中达. 1962. 水稻白叶枯病. 南京：江苏人民出版社.

方中达，刘经芬，朱家玲. 1963. 水稻品种对白叶枯病抗病性和抗病机理的初步分析. 植物病理学报，6（2）：107-112.

方中达. 1964. 水稻白叶枯病和条斑病的田间诊断和鉴别. 植物保护，(5)：214.

方中达，承河元，朱家玲. 1964. 豆科植物 *Xanthomonas* 属细菌的比较研究. 植物病理学报，7（1）：21-31.

方中达，许志纲. 1965. 水稻和李氏禾属植物上四种 *Xanthomonas* 属病原细菌氮素营养的研究. 植物病理学报，8（1）：31-39.

方中达，许志纲. 1978. 水稻白叶枯病研究中的几个问题. 中国农业科学，(2)：73-77.

方中达. 1980. 普通植物病理学（上）. 北京：农业出版社.

方中达，许志纲，过崇俭，等. 1981. 水稻白叶枯病细菌致病性的变异. 南京农学院学报，(1)：28-38.

方中达，许志纲，朱家玲，等. 1982. 水稻白叶枯病稻种的带菌和检验. 植物保护学报，9（2）：103-108.

方中达，朱家玲，卢其瑜. 1982. 水稻白叶枯病带菌稻种的消毒处理. 植物保护学报，9（2）：109-112.

方中达. 1984. 普通植物病理学（下）. 北京：农业出版社.

主要参考文献

王金生，金瑞阳. 1992. 方中达//中国科学技术协会. 中国科学技术专家传略·农学编·植物保护卷 1. 北京：中国科学技术出版社：562-571.

撰写者

杨坚（1970～），南京农业大学人文学院科学技术史系副教授。

许绶泰

许绶泰（1916～1994），江苏吴县人。寄生虫学专家。1938年毕业于中央大学畜牧兽医系，获农学学士学位；1943年毕业于菲律宾大学兽医学院，获兽医学博士学位。曾任原西北畜牧兽医学院副院长、甘肃农业大学副校长、上海农业科学院副院长、上海农学院副院长、中国农业科学院上海家畜血吸虫病研究所所长、上海市畜牧兽医学会理事长、《中国兽医寄生虫病》杂志主编等职。许绶泰提出了“家畜疫源地理论”，强调研究家畜疫病病原体的分布区，用密切联系环境的观点来控制和防治疫病，对家畜疫病的防治产生了巨大的影响。他在国内首次确定了一些家畜寄生虫病病原，并对病原名称、专业术语作了规范性的命名，为该学科规范命名、科学用语奠定了基础。在血吸虫病防治研究方面，他亲率科研人员深入广大疫区，开展家畜血吸虫病的流行病学调查和防治对策研究，摸清不同类型流行区血吸虫病流行的特点，针对不同特点制订科学的防治对策，提出了“以灭源为主，结合易感地带灭螺”、“人畜同步化疗”的血防工作方针，为控制和消灭血吸虫病找到了具有中国特色的、与经济同步发展的血防对策。他先后获得7项科研成果奖，发表论文60多篇，为我国畜牧兽医事业的发展做出了巨大的贡献。

一、漫漫求学路，拳拳报国心

1916年6月6日，许绶泰出生在江苏省吴县。他出生时家道已衰，5岁时，父亲30多岁因病去世。母亲出生于一个旧式家庭，靠着几亩地租的微弱收入拉扯着许绶泰和另两个更小一点的孩子。童年的许绶泰饱尝世态炎凉、贫苦为生的生活。

1934年，许绶泰以全校第一的学习成绩从苏州农业学校毕业。当校长得知他家境贫穷，急于工作的情况后，当即把第一个就业机会给了他。

正当许绶泰打点行装，准备到苏州的一个民众教育馆开始他的馆员生涯的时候，他的人生出现了一个戏剧性的转变——他的舅舅叶德备，这一年也从北京农学院毕业，当他得知许绶泰的情况后，力劝他投考大学，一切费用均由他来负担。许绶泰听从了舅舅的建议，同年，他投考大学并同时被中央大学和金陵大学录取，最后他选择了中央大学，就读于畜牧兽医系。1937年，许绶泰读大三的时候，抗日战争爆发，日军随即悍然进攻南京。学校包租了民生公司的一艘客轮，许绶泰随船前往重庆沙坪坝继续学业。

就在他大学毕业的这一年，一位教养鸡课程的老师看中了他，盛情相邀学习成绩出色的许绶泰做他的助手，一同去菲律宾开办农场。到菲律宾后不久，许绶泰即向他的老师提出想去马尼拉读书。老师望着这个嗜学成癖的学生，答应了他的请求。从此，许绶泰开始了在马尼拉半工半读的生活。他依旧选择了兽医专业。白天，他在马尼拉大学潜心攻读。课余和夜晚，他来到一家由国民党开办的报馆做编辑和翻译。不久，日本侵略者侵占了菲律宾，报馆关闭。他又来到了一所名为"建国中学"的华侨进步中学教书。也正是在这里，他认识了后来成为他妻子的黄瑾。黄瑾是一位华侨的后代，父亲在马尼拉经营一家家具厂，两岁时，即被父母带到了菲律宾。

1940年12月，许绶泰由黄瑾引领和介绍，参加了"劳联会"（菲律宾劳工联合会，是华侨们组织的进步工会组织），并报名参加了"华支"（"劳联会"和当地的菲律宾进步组织一起组织抗日游击队。这支抗日游击队成立后，华侨部分由原"新四军"战士王汉杰领导负责，历史上称为"华支"），成为"华支"的一员。在"华支"抗日游击队中，许绶泰的主要工作是做部队长王汉杰的翻译和随队军医。这个昔日的文弱书生，也从此接受了血与火的考验和洗礼。1943年，日本侵略军终于被彻底击败，退出了菲律宾，"华支"也开始由"地下"转入"地上"，公开在社会上举行各种集会和政治活动。许绶泰也来到了《华侨导报》，在国际版做编辑，又开始了他在马尼拉大学的半工半读生活。1944年，许绶泰如愿以偿地获得了菲律宾马尼拉大学的兽医学博士学位。

1948年，他收到了兰州兽医学院院长盛彤笙邀请他做国立兽医学院寄生虫研究科主任、教授的盛情邀请，于是，偕妻子、女儿回到了阔别多年的祖国，在贫穷落后的西部地区安家落户，献身于西部地区的畜牧业和高等教育事业。

二、潜心研究寄生虫病防治工作，提出"家畜疫源地理论"

新中国成立后，党和政府十分重视畜禽寄生虫病防治工作，许绶泰即把全部精力投入到这项工作中去，他和其他同志一道在甘肃兰州、岷县、武威，宁夏贺兰、盐地等地做了绵羊蠕虫区系的调查，发现了寄生虫病和羊只春季死亡问题的关系，提出了季节性的驱虫工作是防治措施中的重要环节。为了合理使用驱虫药物，许绶泰急人民之所急，和同事们一道对硫酸铜、四氯化碳、硫化二苯胺、砷酸锡等早期驱虫药物进行了药效试验，提出了各药物使用浓度指标，对我国畜牧业的发展做出了贡献。同时，在许绥泰的领导下，牧区配药用水的硬度问题被重视了，作为反刍动物牛、羊的特殊解剖构造食道沟与给药关系的问题被重视了，作为配合防治的感染季节动态和感染高潮的研究也被重视了。

线虫感染的春季高潮问题，是一个引起世界各国兽医寄生虫学界普遍关注的问题，因为它不仅与牛、羊蠕虫病的防治实践密切相关，而且和免疫寄生虫学的理论研究，即Ⅰ型超敏反应和低生物现象也密切有关。1961 年及较后期，许绥泰在国内外发表的《绵羊春季感染高潮及其预防》的文章，标志着我国对这一现象的注意，并开始了这方面的研究。在许绥泰的主持下，对西北地区绵羊消化道线虫病的病原、感染情况、传播途径、季节动态等进行了调查研究，绘制该类寄生虫病的地理分布图，同时对危害绵羊较严重的血矛线虫、食道口线虫、夏伯脱线虫、肺线虫等及莫尼茨绦虫、羊鼻蝇幼虫等进行了驱虫试验，研制出有效的驱虫药物和剂量及用药方法，硫酸铜驱除血矛线虫、肺线虫的气管注射，羊鼻蝇幼虫的喷射等。多年来，西北地区把这些方法作为经典，推广应用。

1952 年，宁夏牧区给当时领导西北军政委员会的彭德怀打电报，报告牧区的骆驼发生了一种不明病因的“驼蝇疫”，大量骆驼死亡，西北军政委员会畜牧部指示西北畜牧兽医学院尽快派教师去诊治。许绥泰亲自带领寄生虫教研室的部分同志深入到荒漠的大草原进行工作。在当地兽医部门报告情况的基础上，他们进行了大量的现场调查和实验室检验，最后确诊为骆驼伊氏锥虫病。经过一段时间的艰苦奋战，他们治愈了大批病驼，骆驼锥虫病的大面积流行得到了控制。在国内首次查明了这一疫病的病原（骆驼锥虫）、传播途径、流行规律，并摸索出一套主治骆驼锥虫病的方法，包括一种在现场快速诊断骆驼锥虫病的方法——升汞全血反应法（这种方法至今仍在应用），控制了该疫情的扩散，受到了西北军政委员会的嘉奖。在对骆驼锥虫病的诊断和治疗进行了大量的富有实效的研究工作后，许绥泰又与同事们一起对我国西北地区骆驼锥虫和中南地区马锥虫进行了比较研究，其中包括形态学和对各种宿主动物的感染性的研究。尤其值得提出的是，在这一系列严谨细致的试验研究中，许绥泰还进行了免疫交叉反应和免疫血清反应的比较研究。这些工作在我国兽医寄生虫学领域中都处于领先地位。其后，对其动物感染、免疫诊断进行了数年的系统研究，研制出一种免疫诊断方法，该项成果获省部的表彰。

许绥泰在寄生虫学的分类、生物学、流行病学等方面也做了大量工作，并有所建树。在国内首次确定了许多家畜寄生虫病病原，并对病原名称、专业术语作了规范性的命名，为该学科规范命名、科学用语奠定了基础。同时发现、命名了一些病原新种，这项成果获甘肃省表彰奖励。

1957年，正值南方十二省市轰轰烈烈的血防运动拉开帷幕之时，农业部在兰州举办了一个全国家畜寄生虫病讲习班，从各省市抽调专业人员进行集中培训。当时各行各业都强调学习苏联老大哥的经验，而许绶泰却积于自己多年对于科学的理解和认识，强调要走出一条自己的路，要注重实际。讲习班也不能一味地照本宣科，要进行“生产实习”。征得农业部的批准，作为主讲人的许绶泰率领讲习班的40多名学员来到了江苏省南京市，随后汇同南京市的一部分专业人员，深入到了高邮、宝应、金湖等苏北地区，并来到南京的浦镇等地的屠宰场，进行了大规模的耕牛血吸虫病实际情况的调查。

当时，要不要进行家畜及耕牛的血防，看法不一。在1956年的南方血吸虫病全国会议上，许绶泰力陈家畜血防的重要性，他提出：“防治血吸虫病应有三大战场，即人的、钉螺的和家畜的。而只重视前两个战场忽视乃至无视后一个战场，势必影响整个血防工作的积极展开。”但他的主张在当时没有引起足够的重视。讲习班的学员通过大量细致扎实的实际工作，总结出了名为《中央农业部江苏省耕牛血吸虫病调查》的报告，报告的结果和数据与许绶泰的主张正相吻合：牛的血吸虫病感染率远远高于人的血吸虫病感染率，黄牛高达40%，水牛也有10%，紧接着在江西的又一次调查再一次证明了家畜血防工作的重要性。从此，家畜血防工作在我国正式地大规模地展开，这对我国消灭血吸虫病具有重要的战略意义。同时，通过深入农区、牧区得来的实践经验，许绶泰提出了“家畜疫源地理论”。这一理论强调研究家畜疫病病原体的分布区，强调用密切联系环境的观点来控制和防治疫病；它的任务是探讨疫病的存在、分布、发生、发展方面的普遍规律，以及疫病防治研究的方向。特别是“猪姜片吸虫病疫源地的研究”证实了这一理论。在以后，这一理论对家畜疫病的防治产生了巨大的影响。

1965年，许绶泰离开兰州，来到中国农业科学院家畜血吸虫病研究室（中国农业科学院上海兽医研究所），继续从事球虫、血吸虫等寄生虫病防治研究工作。

1976年前后，许绶泰选择了新课题——鸡球虫病虫种调查与球虫病的防治研究。鸡柔嫩艾美尔球虫病是南方家鸡的重要疫病，对养鸡业的发展危害很大。当时，在我国鸡场主要都是靠呋喃西林和呋喃唑酮来防治雏鸡球虫病。这类药物由于多年连续应用，普遍地产生了抗药性，因此基本上已经不能解决生产中鸡球虫病的问题。许绶泰和他的合作者史天卫研究员等在投入这一课题的研究工作后，经过努力摸索，系统地提出了上海市球虫虫种的研究，并在药物防治即增效磺胺等方面获得了成果。在他的建议下，湖北医工所首次在我国合成最新抗球虫药——氯苯胍，许绶泰用它进行了鸡球虫病的笼饲试验、舍饲试验和田间试验。应当指出的是，这套研究方法是由许绶泰首次引入我国。这一方法得到全国同行的认可并应用到现在。目前，国内仍生产氯苯胍，而且它还是非常重要的抗兔肝脏球虫病的有效药物。

党的十一届三中全会后，许绶泰被任命为全国血吸虫病防治研究委员会副主任委员，从那时起，他把工作重心转向了血防工作。当时血防工作亟待解决的问题是要进一步摸清不同类型流行区血吸虫病流行的特点，针对不同特点制订科学的防治对策。

1979 年春，顶着洞庭湖刺骨的寒风，时任中国农业科学院上海血吸虫病研究所所长的许绶泰来到洞庭湖的腹地汉寿县，从事家畜血吸虫病的流行病学调查和防治对策的研究。在对汉寿县的血吸虫病疫情作了全面的了解和深入的分析后，他将汉寿血吸虫病疫区分成三种亚型，并为每种亚型设立一个动物血吸虫病流行病学工作点，经过 3 年（1979～1981）的流行病学调查研究，得出如下主要结论：一是耕牛血防工作必须分类指导，在洲垸亚型、湖汊亚型和输入亚型中，洲垸亚型是耕牛血防工作重点；二是目平湖湖洲是人畜共患血吸虫病传播强度较高的次发性疫源地，其中草洲以家畜特别是放牧牛为主要传染源；三是应用常规的查病方法，人畜血吸虫病感染率多年来都停留在徘徊不前的状态中，这就使目平湖湖洲血吸虫病疫源地上的病原体，通过人畜宿主动物和中间宿主钉螺的循环，畅行无阻，重复感染不断发生，要突破这种局面，必须采取新的防治对策；四是 1981 年年底，提出了“联防围歼疫源”的防治对策，即用扩大化疗的办法，最大限度地减少人畜体内病原体的传播，以净化湖洲，消灭疫源而控制感染。提出这一对策的主要依据有四个方面：第一，在疫源地四要素中，目平湖有 36 个湖洲，35 万余亩，夏季随长江涨水一片汪洋，冬季湖洲暴露，生物生长区因调洪蓄洪需要而无法改变，中间宿主钉螺因洲土面积大，水位不能控制也无法消灭，人畜易感动物因生产生活需要，不可避免地季节性入湖活动，唯一可行的措施就只能集中打击病原体这一要素；第二，根据耕牛长距离大范围敞放的特点，必须在足够大的范围内实行区域联防；第三，根据血吸虫病感染季节动态和洞庭湖的螺口动力学规律，以及农业生产的季节性，选择合适的时机，试区每年 4 月 10 日前进行一次耕牛查治，8 月洪水期进行一次普治，两者都要在治后 3 周方准许上湖洲；第四是防治工作中要克服“四漏”，即漏送，漏检出，漏治，漏治愈，在具体措施上，主要包括“区域联防”和“人畜联防”。区域联防即根据耕牛共同放牧地划分区域，确保有一定的覆盖面，化疗后 3 周才准其上湖洲放牧，以杜绝带有虫卵粪便进入湖洲。人畜联防即在区域联防的基础上，做到人畜血防工作同步规划，同步实施。这一对策实施 3 年（1982～1984），1985 年春普查发现，水牛感染率以从1982年7.33%下降到1985年的0.45%，下降了93.86%；在西港公社，0～2岁犊牛的感染率已从1982年的10.45%下降到1985年的0.46%，下降了89%；1984年草洲上进行螺情调查，未发现阳性钉螺，全年进行哨鼠疫水测定，未发现阳性哨鼠。

1983年9月，湖南省人民政府血防办公室在汉寿县召开了“联防围歼疫源防治血吸虫病”工作会议，总结交流了目平湖地区联防围歼疫源控制血吸虫病流行的经验。会议认为，在钉螺无法消灭的情况下，应实行人畜联防围歼疫源，以打击病原体为主、消除传染源、逐步控制血吸虫病的流行。

1984～1986年，在湖南的血吸虫病重疫区即常德七里湖地区、华容县菱子湖地区、益阳县万紫湖地区开展了人畜联防工作。1987年，湖南省人民政府二十号文件做出了《关于洞庭湖地区开展人畜同步化疗工作》的决定，在全省血吸虫病疫区范围内全面开展人畜同步化疗工作。5年（1987～1991）时间，在34县（市），共化疗人群732,185人次，家畜296,940头次，治愈率89%以上。居民感染率从18%降到6%，减少了66.7%；耕牛感染率从20%降到7%，减少了65%；生猪感染率从10%降到4%，减少了60%，院外高危易感地带减少了24%，阳性螺密度减少了46.1%，急性血吸虫病年发病人数减少89%以上，为湖区控制和消灭血吸虫病找到了具有中国特色的、与经济同步发展的血防对策。

1985年在巴西里约热内卢召开的“世界兽医寄生虫学”第11次年会上，许绶泰宣读了对于洞庭湖、目平湖地区血吸虫病调查情况、防治对策及其对对策的考核的论文摘要，引起了与会者的浓厚兴趣。

1991年，国务院在岳阳召开全国血防工作会议，推广了湖南省综合治理、科学防治的经验。

“以灭源为主，结合易感地带灭螺”、“人畜同步化疗”方针的提出并逐渐被越来越多的人所接受，无不意味着我国在对血吸虫病防治的道路上，迈出了关键性的一步。而这其中，无不凝聚着许绶泰等人辛勤的劳动与卓越智慧的结晶。

三、勤于探索，为动物血吸虫病防治开辟新路子

许绶泰经过多年在血吸虫病疫区蹲点，进行家畜血吸虫病流行病学调查和防治对策的研究，发现疫区家畜如牛、羊、猪等患病后虽经有效药物治疗，但一些散放的小牛和猪、羊等存在漏治，造成在钉螺没有消灭的地方家畜重复感染不可避免，与此同时还有可能扩大疫情，影响了血吸虫病防治的进程。针对这个现实问题，许

绶泰认为光靠药物治疗，不能完全控制血吸虫病。适时国外国内的学者特别是一些寄生虫病学家、免疫学家对若干东南亚国家的日本血吸虫（*Schistosoma japonica*）病、非洲的梅氏血吸虫（*S. metheel*）病 和牛血吸虫（*S. bovis*）病均已经进行过疫苗研究的情况下进行免疫探讨。许绶泰在20世纪70年代末80年代初先后与美国学者 E. R. Games 博士、法国巴斯德研究所 A. Capron 博士、英国伦敦大学 M. G. Taylor 教授和美国寄生虫病学家 H. F. Hsü 和 S. Y. Li Hsü 教授等通信交流，并于1980年8月去美国马里兰州农部 Beltsville 的动物寄生虫病研究所进行研究访问，得到美国动物寄生虫病研究所 Harry Hubch 主任和38位专家学者签名嘉奖。1981年去美国艾奥瓦大学医学院与 H. F. Hsü 和 S. Y. Li Hsü 教授等一起开展大剂量辐照致弱血吸虫尾蚴和童虫免疫苗研究取得较高的免疫保护。1981～1983年，许绶泰和中国农业科学院上海家畜血吸虫病研究所的施福恢、沈纬等一起，与美国艾奥瓦大学医学院美籍华裔寄生虫学教授徐锡藩、李书颖合作进行了耕牛血吸虫病免疫预防的研究。他们利用来自钴-60丙种射线辐照的日本血吸虫尾蚴和童虫作为活疫苗，在我国安徽省血吸虫病疫区对耕牛进行了免疫田间试验，结果对耕牛的保护率达到70%～75%左右，效果较为理想。随着 E. R. Games 乙二醇二步加入法的发现，80年代中期把辐照童虫苗制备成了冷冻辐照童虫苗。经过多年探索和实验，至90年代初在国内又开展了血吸虫童虫冻融苗和提纯抗原苗等的研究。

许绶泰在1980～1981年访美期间，和美国一些当代知名学者进行了合作研究，包括猪蛔虫体外培养的研究、紫外光辐照的曼氏血吸虫活苗免疫小白鼠的研究以及曼氏血吸虫攻击尾蚴消耗部位的组织病理学研究。为表彰他的辛勤工作，1980年美国农业部动物寄生虫学研究所给他发了荣誉证书。

1987年6月30日，许绶泰离休，但因研究所的事业发展需要，被返聘留用。许绶泰针对血防工作的难点和需要，把工作的重点转移到预防苗的研究。他曾看到过的一篇美国宾城大学的一位病理学教授的文章，该文是对世界血吸虫病疫苗研究学术讨论会的总结文章，其中谈到了世界上童虫苗的研究已发展到了相当规范化的程度。于是许绶泰给这位教授写信，问及详细情况及有关的资料。这位热心的国际同行随即把许绶泰的情况介绍给了英国伦敦大学教授马丁·泰勒，并回信给许绶泰，要他与泰勒直接联系。这位同样热心的泰勒从此开始了与许绶泰的科研合作与亲密往来。

他们向欧共体争取到了一笔65万人民币的科研经费，从此，翻开了许绶泰及家畜寄生虫病研究所（原家畜血吸虫病研究所）国际合作与交流的崭新一页。在许绶泰的努力下，研究所先后与美国艾奥瓦州大学、英国伦敦大学、世界卫生组织、欧盟建立了国际协作关系，争取到国际有关组织的经费资助，合作进行动物血吸虫病免疫预防苗的研究，为研究所动物血吸虫病免疫预防苗的研究达到国内领先地位，并与国际先进技术接轨，奠定了良好的基础。

许绶泰在西北畜牧兽医学院和家畜寄生虫病研究所工作期间，为我国兽医寄生虫病教学、科研、生产一线培养出了大批优秀人才。他所在的西北畜牧兽医学院家畜寄生虫病教研组曾多次受农业部委托，承办了高等农业院校家畜寄生虫学师资讲习班，也承办了全国农校师资训练班，为全国高校和中等农校培养了大批专业人才，这些人员其后成为我国家畜寄生虫学专业的教授、专家或学科带头人；先后两次举办了全国家畜血吸虫病讲习班，并率领学员亲赴疫区进行诊断防治实践，培养了一大批基层血防人员，为全国血防战线提供了骨干力量；先后接纳了全国各地大批专业进修人员，这些人员充实了湖南、湖北、广西、云南、贵州、福建、南京、陕西、甘肃、宁夏、新疆等地，现均已成为该专业的精英；于1953年起许绶泰培养了一批家畜寄生虫学硕士、博士研究生，为全国高校及科研单位输送一批高级专业人才，这些人员均已成为知名学者、专家。

1994年11月，许绶泰因病去世，享年78岁。

许绶泰学术造诣精深，他曾多次获得科研成果奖，为我国畜牧兽医事业的发展做出了巨大的贡献。1955年、1961年先后两次获得甘肃省先进工作者称号，1955年获全国先进生产者光荣称号。许绶泰著作丰盈，一生发表论文60多篇，其中14篇在国外学术刊物上发表。主要著作有《应用冷冻辐照童虫苗及冻融童虫苗来预防日本血吸虫病》、《家畜寄生虫学与侵袭病》、《家畜疫源地理论的基本概念》、《家畜寄生虫病》等，主持翻译了《家畜寄生虫学简明教程》（俄文）等译著。

四、许绶泰主要论著

许绶泰，王肇西，张思敏，等. 1953. 宁夏省骆驼“蝇疫”疫情调查及病状与病变的观察 宁夏省骆驼“蝇疫”研究队工作报告之一. 中国畜牧兽医杂志，(3)：71-74.

许绶泰. 1956. 苏联蠕虫学家叶尔绍夫教授淡苏联蠕虫学的发展. 中国畜牧兽医杂志，(5)：230-235.

许绶泰，林孟初，梁经世. 1957. 甘肃绵羊奥斯脱他属线虫二新种. 畜牧兽医学报，2(1)：1-6，88-89.

许绶泰. 1959. 论寄生现象的扩展及人体疾病的家畜疫源地. 甘肃农业大学学报，(1)：8-71.

许绶泰，秦建雍，胡思超，等. 1959. 西北区骆驼锥虫和中南区马锥虫的比较研究.（一）形态学. 甘肃农业大学学报，(3)：1-5.

许绶泰，李如式，王尔相，等. 1959. 绵羊抗蠕虫药及其使用方法的研究.（一）影响硫酸铜溶液驱除捻转血矛线虫药效的诸因素. 甘肃农业大学学报，(3)：53-62.

许绶泰，李如式，王尔相，等. 1959. 绵羊抗蠕虫药及其使用方法的研究.（二）食道沟封合反射的观察和合理使用硫酸铜溶液驱除捻转血矛线虫的问题. 甘肃农业大学学报,(3):63-69.

许绶泰,刘婉贞,毕成佑. 1959. 绵羊抗蠕虫药及其使用方法的研究.(三)硫化二苯胺的容量(浓度)和驱除捻转血矛线虫的药效关系的试验. 甘肃农业大学学报,(3):70-76.

许绶泰,魏珽,黄瑾,等. 1959. 绵羊抗蠕虫药及其使用方法的研究.(四)硫化二苯胺的容量(浓度)和驱除仰口线虫及夏伯特线虫的药效关系的观察. 甘肃农业大学学报,(3):77-81.

许绶泰,魏珽,张平成,等. 1959. 绵羊抗蠕虫药及其使用方法的研究.(五)砷酸亚锡驱除羔羊莫尼茨绦虫的初步试验. 甘肃农业大学学报,(3):82-86.

许绶泰. 1961. 放牧绵羊线虫病的春季高潮及其预防. 甘肃农业大学学报,(2):19-23.

许绶泰. 1962. 家畜疫源地理论的基本概念.(一)序言及家畜疫病的共性——寄生现象. 甘肃农业大学学报,(2):36-42.

许绶泰. 1963. 家畜寄生虫病疫源地的研究及其与防治实践的关系. 新疆农业科学,(3):85-91.

许绶泰. 1963. 家畜疫源地和家畜疫源地理论. 中国农业科学,(7):8-16.

许绶泰. 1963. 家畜疫源地理论的基本概念.(四)家畜疫源地的自然演变. 甘肃农业大学学报,(1):33-37.

许绶泰. 1963. 家畜疫源地理论的基本概念.(五)家畜疫源地的空间特性和时间特性. 甘肃农业大学学报,(1):38-43.

许绶泰. 1963. 家畜疫源地理论的基本概念.(六)家畜疫源地认识的重要意义. 甘肃农业大学学报,(2):32-34.

许绶泰. 1963. 家畜疫源地理论的基本概念.(七)家畜疫源地的性质范围和特点. 甘肃农业大学学报,(2):35-43.

许绶泰. 1965. 家畜疫源地理论和动物流行病学. 甘肃农业大学学报,(1):1-9.

许绶泰,史天卫,杨振中,等. 1980. 鸡球虫病药物防治研究.(二)氯苯胍对四种艾美耳球虫病疗效的笼饲试验. 家禽,(1):1-3

主要参考文献

王香平. 2004. 深切缅怀我国寄生虫学专家许绶泰教授——纪念许绶泰教授逝世十周年. 中国兽医寄生虫病杂志,12(4):封二.

撰写者

王香平(1968~),中国农业科学院上海兽医研究所助理研究员,人事处分管离休干部工作的副处长。

胡述光(1954~),湖南省参事室副主任、研究员,农业部血防专家咨询委员会副主任委员。

施福恢(1934~),中国农业科学院上海兽医研究所研究员,许绶泰先生的同事。

史天卫(1938~),中国农业科学院上海兽医研究所研究员,许绶泰先生的同事。

沈纬(1938~),中国农业科学院上海兽医研究所研究员,许绶泰先生的同事。

庄巧生

庄巧生（1916～），福建闽侯人。小麦遗传育种学家，中国农业科学院作物科学研究所研究员，1991年当选为中国科学院院士。1939年毕业于成都金陵大学农艺系，1945～1946年在堪萨斯州立农学院等学习，曾任《作物学报》主编和中国作物学会理事长。毕生从事小麦育种与遗传研究，主持育成十多个冬小麦优良品种，其中北京8号是20世纪60年代后期至70年代中期华北平原的主栽品种之一，年最大种植面积在2000万亩上下；北京10号年最大面积约900万亩，丰抗8号于20世纪80年代在北部冬麦区大面积应用长达十余年。积极探索改进育种方法，是国内较早倡导使用三交和复合杂交的少数育种家之一，在推动数量遗传学和计算机在中国作物育种中的应用研究及改进小麦加工品质等方面做出贡献。主持“六五”和“七五”全国小麦育种攻关，参加主编《中国小麦学》、《中国农业百科全书·农作物卷》和《中国小麦品种改良及系谱分析》等专著，为发展中国小麦生产与育种事业和繁荣作物科学做出了重要贡献。获全国科学大会奖（1978）、农业部科技改进奖一等奖（1983、1984）、北京市技术改进奖一等奖（1984）、国家科技进步奖二等奖（1987）、何梁何利基金科学与技术进步奖（1995）。

一、崎岖求学路

庄巧生，1916年8月5日出生在福建省闽侯县旗山南麓小山村的农民家庭。祖母和母亲在家务农，父亲中等师范毕业后，闯荡南洋谋生，落脚于荷属苏门答腊群岛的一个荒僻小岛教小学。庄巧生4岁时，随家迁居该地，就读于华侨创办的民德小学。初小毕业后，1925年全家回到福州城内定居。此后一家五口仅靠父亲教小学和开私塾的微薄收入度日。1927年夏母亲染时疫去世，三年后继母又病逝，家境更趋贫寒。1928年1月考入福州私立三民中学，高中三年级时，因学校闹分裂，便随主流教师转至福州私立三山中学，读完最后一学期，于1934年1月毕业。中学时代的庄巧生是在一个刚从农村过渡为城市居民的家庭中成长起来的，生活经验告诉他，穷苦人家的孩子只有靠自己刻苦努力才有可能立脚存身。为了给家里减轻经济负担，他勤奋学习，并以优秀成绩豁免了几个学期的学费。1934 年夏，福建省教育厅公开招考第三届清寒学生大学奖学金，理、工、农、医各有 1～2 个名额，这个信息给庄巧生带来了希望。由于他在高中时就对生物学颇感兴趣，并获得过市知识竞赛奖励，所以决意报考农科，结果以第二名幸获录取。1935 年 1 月，庄巧生考入南京私立金陵大学农学院就读，主系农艺，辅系植物。

一个家境贫寒、无力问鼎高等学府的穷学生，获此良机，哪有不竭尽全力以求上进。入学后，受到校园学习环境和人文气氛的熏陶，他的视野日渐开拓，领悟到学海无边，人生有限，唯有兢兢业业、孜孜以求，方可登临上佳境界。这时，他内心开始萌生了要在农学领域不断进取的想法。1937 年初夏，正当他在齐鲁大学合作农场暑期实习结束之际，驻扎在冀东地区的日本侵略军挑起了震惊中外的卢沟桥七七事变，一个月后又在上海登陆，直指南京，从而点燃了中华儿女在北南两个战场浴血抗战的熊熊战火。这年秋季学校虽如期在南京开学，但也在做最坏的打算，幸好福建奖学金按时寄来，庄巧生才得以继续就读。后来南线战火迅速西延，南京危在旦夕，学校遂即决定西迁成都，在教会办的华西大学内落脚。11 月下旬庄巧生随校紧急转移，先搭轮至汉口，后分段西进经沙市、宜昌、万县、重庆，最后乘汽车到达成都华西坝。一路上冒着敌机狂轰滥炸的风险，过着流亡学生的生活，同时抓紧时间完成了老师预先布置的自修课程。

1938 年是庄巧生在大学的最后一个学年，所剩的必修课和学分不多，除听课外，主要是做毕业论文的准备。由于战乱，没有条件由学生自己做试验，只好用阅读文献、写专题综述代替。他就以“小麦与黑麦属间杂种一代的细胞遗传学研究”为选题，搜集阅读当时在成都所能找到的国外文献，摘录其主要做法、结果和观点，加以分析整理成为论文，如期交到系里。这年夏天，还参加了系里在川西平原开展的水稻单穗选择活动，这是他第一次在广阔田野上从事选种实战的演练。1939 年 2 月，他毕业于成都金陵大学农艺系，获学士学位，并膺选为斐陶斐荣誉学会会员，被授予金钥匙奖。

二、国难中辗转求进取

从入大学的第一学期起，庄巧生的学业成绩就较出色，特别是最后一年，门门功课全优，一时传为佳话。当他上完四年级上学期时，便被系里提前推荐给中央农业实验所副所长、小麦界权威沈宗瀚先生，计划毕业后到该所贵州工作站工作。1939 年 3 月，他怀着第一次踏入社会、献身农业的满腔热情来到贵阳，在中央农业实验所技正兼贵州省农业改进所农艺系主任沈骊英先生的主持下，分管小麦品种区域试验。那时中央农业实验所贵州工作站与贵州省农业改进所全面合作，两班人马，一个工作。通过一年多的实践，在主持人的安排下，他将系里同事们以前调查获得的资料和所内两年区域试验结果进行整理，写成《贵州之小麦》一文，对该省小麦生态环境、生产概况、地方品种类型、种植技术和参试品种的表现做了系统阐述。此文经沈骊英审阅定稿后，作为经济部中央农业实验所专刊第24号（第三作者）发表，这是有关贵州省小麦的第一篇历史性文献。文中指出：地方品种遵义136丰产性好，植株不高，茎秆较壮，籽粒饱满，或可在生产上过渡利用，这一推断被后来的实践所证实。

战乱年代，各方面条件差，高原山区尤甚，而且小麦种植面积小，难以开展工作。1940年8月，正好后方高校开始招收研究生，庄巧生便借口回校深造，请求辞职获准，实则已联系好给刚从英国留学回来的靳自重教授当助教，回到成都金陵大学农艺系。靳先生讲授的细胞遗传学当时是国际上正在迅速成长的一个新兴领域，庄巧生在两年半的助教生涯中，协助靳先生完成了两篇小麦种间细胞遗传学的研究报告：一是《蓝麦杂种后代的细胞学研究》，发表在《印度农业科学》（1943）；二是《马卡小麦杂种后代的细胞遗传学研究》，刊登在美国《陶莱植物学会会志》（1944）。前者指出四川盆地边缘山区种植的“蓝麦”，属埃及圆锥小麦，它与普通小麦杂交后，F_1细胞学行为是典型的五倍体类型；后者对马卡小麦的系统发生学地位进行了探讨，它与斯卑尔脱小麦、普通小麦杂交，F_1都有不同程度的不育，染色体配对也和一般六倍体杂种有所不同，同源性较小，因而对定名者关于马卡小麦起源进化问题提出了质疑。

1942年冬，抗战进入最艰难时期，鉴于蜷居在校园内搞些“不痛不痒”的研究，对现实难有作为，庄巧生便辞去助教工作，应戴松恩先生之邀到位于恩施的湖北省农业改进所任技师兼鄂北农场场长，希望做点实事。但该场处在群山峻岭中的房县，交通闭塞，工作有名无实，后又因场内人事摩擦，经费入不敷出，员工生活困难，以及衙门俗套、弄虚作假等问题，他不甘心把自己的宝贵年华消磨在这些无能为力和繁杂无聊的事情上，半年后便辞去现职回恩施。

1944年10月，经戴松恩先生推荐，庄巧生又回到中央农业实验所麦作杂粮系任技士，从事小麦品种改良。此时所址设在重庆北碚，以前派驻西南各省工作站的人员均撤回。这一年，太平洋战场上美军对日本侵略者已占明显优势，国内抗日战争也度过最艰难的时段，中美双方商讨通过美国租借法案为中国战后复兴培训中层科技骨干的计划已达成协议。国民党政府决定由工矿、交通、农业主管部门从科研单位和高等院校中推荐合适人员，经考试遴选赴美进行现场实习，为期一年，期满回国服务，同时还留出少数名额由考试院在社会上公开招考，择优录取。庄巧生因刚从外单位转回中央农业实验所，便参加考试院的招考，又幸被录取，他申报的实习志愿是小麦品质检测。

1945 年 7 月，他到美国后先在堪萨斯州立农学院制粉工业系主任 J. A. Shellenberger 教授等的指导下，学习硬质小麦品质鉴定技术。鉴于这项工作与谷物化学关系密切，4 个月后又去康奈尔大学补修几门化学课。随后到位于俄亥俄州的联邦软质小麦实验室进修软质小麦品质测试技术，历时 2 个月。最后，他去北部春小麦和硬粒小麦主产区参观两个品质实验室，同时了解美国北部和西部一些州农业试验站的麦类作物育种工作。他从农艺学家角度了解美国小麦品质分析工作布局，学习实验技术，初步认识到品质检验与研究在品种改良中的重要性，并注意收集有关文献，以便回国后创造条件填补这一空白领域的研究。1946 年 8 月，庄巧生又回到了已从重庆迁返南京原址的中央农业实验所工作。

三、在希望的田野上为小麦育种献力

抗日战争胜利后，中央农业实验所接管了日伪时期在北平创建的华北农事试验场，并改名为中央农业实验所北平农事试验场，这是国内当时田间试验规模最大、实验室条件最好而又亟待充实人力资源的农业科研单位。这对留学初归、想在接近小麦主产区的广阔大地上驰骋的庄巧生很有吸引力。于是他主动提出北上，为发展北方小麦生产和科研效绵薄之力。1946 年 10 月，他被派至北平农事试验场任技正兼麦作研究室主任，主持小麦育种课题。1949 年 2 月北平和平解放时，政府接管了这个场并更名为华北农业科学研究所，1957 年又扩建为中国农业科学院，庄巧生就在该院作物育种栽培研究所（2003 年更名为作物科学研究所）继续进行小麦育种工作。“文化大革命”中后期，他一度随所下放到北京市农业科学研究所（后扩建为北京农林科学院），1978 年夏又被回收到中国农业科学院，前前后后在北京地区从事小麦育种研究 60 多年。从 20 世纪 50 年代初至 90 年代中期，先后主持育成华北号、北京号和丰抗号等优良小麦品种 10 多个，在华北地区大面积推广应用，为发展中国小麦生产做出了重要贡献。1990 年 5 月，他荣获全国农业劳动模范的光荣称号，1991 年 11 月被选为中国科学院生物学部委员（院士），1995 年荣获何梁何利基金科学与技术进步奖，这既是对他个人热心敬业、真诚奉献的奖励和学术成就的肯定，也是授予他所在课题组齐心协力、共同奋斗的集体荣誉。此外，他还曾当选为全国政协第七届委员、中国科协第四届全国委员。

1946 年秋，当庄巧生初到北平工作时，华北平原是雨养农业，冬春干旱，两年三作，小麦单产很低，育种目标理所当然以抗寒、耐旱、丰产稳产为主。在短短两年内，在前人工作的基础上，他明确出燕大 1885、北系 3 号等三四个新品种，准备在周边地区试种推广。不料 1950 年春，由于各地雨水较多，南方菌源充足，从而爆发了前所未见的条锈病全国大流行，上述品种因感病严重而未能投入生产应用，就连新近开展的、旨在抗锈病的杂交后代也无一幸免。这对庄巧生的工作无疑是个大挫折，可谓前功尽弃。而北京农业大学蔡旭先生课题组则有几个中美品种间杂交组合的第三代材料，表现抗锈、较早熟、丰产，其中以“胜利麦×燕大 1817”最为突出。那时遗传学上两个学派的争论在北京农业大学校园内正搞得水深火热，上纲上线，蔡先生怕可能会危及这批宝贵材料的安全，便主动将这一组合的入选株系分出一套给华北农业科学研究所，以防不测，这对庄巧生课题组是莫大的支持。不巧的是，1952 年初夏，庄巧生应邀参加中国科学院组织的西藏工作队农业科学组考察高原农业，随后华北农业科学研究所又决定从 1953 年起抽调绝大部分科技力量到河北、山西农村蹲点，开展粮棉增产运动，并为此要求尽可能精减所内实验研究，以便腾出人力支援重点工作。1954 年春，当庄巧生从西藏考察回来，上述最好组合的选系只剩下一个有十来个品种参加的产量比较试验，其中最看好的有华北 672、华北 497 和华北 187 三个新品种。以华北 187 综合表现较好，早熟、抗锈、穗大粒大、籽粒外观品质好，但成穗数稍少，从当时的大面积生产水平看，只能作为搭配品种种植。后来又从华北 187 群体中系选出北京 6 号，植株稍矮，茎秆较强，可在中等肥力以上水浇地和旱肥地推广。从 20 世纪 50 年代中后期至 60 年代中期，这两个品种曾先后在京、津、冀东、晋中、晋东南、陕西渭北等地推广种植，年最大种植面积各约 70 万～80 万亩。

锈病的发生和流行，是病菌小种与寄主品种相生相克、互相适应、共同进化的结果。由于病菌小种变异快，所以品种的抗性会不断丧失。为了适应生产发展的需求和防止条锈菌新小种为害，20 世纪 60 年代中后期，庄巧生先后育成了北京 8 号和北京 10 号。前者是在石家庄配置的组合，碧蚂 4 号（黄淮）×早洋麦（北京），第三代以后在北京继续选育，表现早熟、抗条锈、丰产、籽粒外观品质好、白粒、适应性很广，在沧州、保定、临汾一线以南，以至苏北、皖北、关中均可种植，遍布于北方冬麦区，是 60 年代后期至 70 年代中期华北平原的主栽品种之一，年最大种植面积在 2000 万亩上下。北京 10 号的丰产性比北京 8 号略胜一筹，曾在晋中、晋南、冀中和晋东南广为种植，年最大面积约 900 万亩，唐山地区农科所从中系选出的唐 6898，在相当长的时期内是南疆的主栽品种。北京 8 号和北京 10 号，于 1978 年获全国科学大会奖。

20 世纪 70 年代初，随着施肥水平不断提高，灌溉条件日益改善，生产上需要耐肥喜水、抗倒伏、抗锈病、增产潜力更大的新品种。其实，早在 1963 年，他就带领课题组配置了代号为 6354 的三交组合（据回忆，这是他从事育种几十年中最好的四个组合之一，三个亲本分别具高产潜力、大穗和早熟的特点并都对条锈病免疫，见后文），选到第三代。那时正值“文化大革命”伊始，号召“开门育种”，有关单位分别从 6354 这个组合的第三代群体中选育出 12057（冀麦 1 号）、12040（冀麦 2 号）、红良 4 号、红良 5 号、京双 2 号和京双 3 号等新品种，在河北中部、山西中南部和京郊广为种植，收到良好增产效果。其中 12057 于 1983 年获农业部科技改进奖一等奖。（注：农业部在召开由中国农业科学院原子能所和河北藁城县联合育成的 12057 新品种评审会时，匆忙请庄巧生前往咨询材料来源，在毫无准备的情况下，他将材料世代与“文化大革命”年代混为一谈，脱口说出是第 6 代后就离开会场，最后评委会决定将作物所列为主持单位之一。后来他早把此事忘得一干二净，也没有向有关领导汇报这次“口误”事件，很多年后回忆起来，便补充在此。）

1972 年，他的课题组以洛夫林 10 号为代表的具有 1B/1R 易位的“洛类”材料为抗病亲本，分别与抗寒、早熟、丰产性能好的有芒红 7 号和有芒白 4 号杂交，于 20 世纪 80 年代初育成了以丰抗 8 号和丰抗 2 号为代表的丰产、抗倒伏、兼抗条锈、白粉病和落黄好的丰抗号系列品种，在北部冬麦区大面积应用长达十余年之久。其中丰抗 8 号年最大种植面积曾达 600 万亩（1988 年），是当时北部冬麦区推广面积最大的品种，于 1984 年获农业部技术改进奖一等奖。丰抗 2 号、丰抗 4 号、丰抗 5 号、丰抗 7 号系列品种于 1984 年获北京市技术改进奖一等奖。丰抗 13 是北京 14（6354 组合选系）/抗引 655（非 1B/1R 易位）的后代，年最大推广面积 200 多万亩，于 1988 年获农业部科技进步奖三等奖。80 年代后期还育成了北京 837 和北京 841，其产量潜力和千粒重又有所提高，比同期对照品种丰抗 8 号稳定增产。前者在河北省中部推广，年最大种植面积 300 多万亩，1992 年获农业部科技进步奖三等奖；后者丰产稳产，适应性好，20 世纪 80 年代后期至新世纪最初几年是山西晋中地区的主栽品种之一。

四、因材“施教”随机应变的育种方法

庄巧生不仅主持育成了十多个能在生产上站住脚跟的冬小麦优良品种，还在育

种技术、流程和方法上提出一些独具特点的做法。他是国内较早倡导使用三交和复合杂交的少数育种家之一，善于在亲本选配上因材“施教”和后代处理中因地制宜。北京10号是用三个亲本以双交方式育成的，其中的产量亲本为两个单交所共有，这样既保证产量亲本的血缘比重，又能扩大复交一代性状分离的范围与频率，有利于优异单株的选择。那时正逢农业“大跃进”时期，绝大部分科技人员到农村蹲点，为了压缩试验规模，他就利用上述有希望的组合第一次在国内采用 F_2 代派生系统法处理杂种材料，不仅简化了程序，而且提前积累两年的初步测产资料，为后来决选出北京10号提供了依据。他还善于根据不同类型亲本材料的特点进行合理组配，以拓宽种质资源的利用面。12057（冀麦1号）的选育便是一例，它的组合为亥恩·亥德（西北欧）/欧柔（智利）∥北京8号（华北），这是在亲本间性状互补的前提下采用冬/春∥冬，兼具地理上远距离的三交模式，不但可以把高产、大穗、大粒、抗锈病、早熟和白粒比较顺当地结合于一体，更重要的是有可能通过定向选择将不同来源的各种有利基因聚合起来，以丰富杂种后代的遗传背景，从而提高其总体性状水平和遗传多样性。丰抗8号的育成和推广，成功的关键是在国内最早启用了具1B/1R易位、穗子长、穗型好、兼抗三锈和白粉病、后期灌浆快、熟相好的洛夫林10号（罗马尼亚）做亲本，其后代丰产性、抗病性、熟相好的株系较多，主要问题是熟期偏晚，经连续几代优中选早之后，获得一批熟期适中、可供生产上种植的“丰抗号”新品种。后来北方冬麦区各育种单位广泛采用“洛类”抗源做亲本，相继育成了一大批在20世纪80年代中期至90年代在生产上占据主导地位的优良品种。可以说，庄巧生凭他近60年来实践经验的积累，在鉴评和选用杂交亲本上已逐渐进入“慧眼识珠”、“巧点鸳鸯谱”的独到境界。

众所周知，与产量有关的一些目标性状大多是由多基因控制的，在常规育种的株、系选择上不大好掌握。有感于此，1962年他与沈锦骅、王恒立合写了题为《自花授粉作物性状遗传力的估算和应用》的综述，在《作物学报》发表，第一次把遗传力的概念及其在育种上的意义介绍给国内读者；并在《冬小麦性状遗传力的初步研究》（作物学报，1962年第2期）一文中，对与产量有关的主要性状的广义遗传力进行了研究，初步明确了抽穗期的广义遗传力最高，达72%，穗长、株高的较高（66%～69%），千粒重的中等（57%），结实小穗数、单株粒重的较低（37%～39%），单穗粒重、单穗粒数的低（28%～30%），单株穗数的最低仅25%，使这些性状大体上有了量化概念；随后又发表一篇有关小麦亲本配合力分析的论文（作物学报，1963年第2期），推动了数量遗传学在我国作物育种中的应用研究。这三篇文章在当时及“文化大革命”后的一段时间内受到国内同行的广泛注意。

庄巧生还十分注重新技术在育种中的应用。20 世纪 80 年代初，受到水稻中花 8 号在生产上大面积推广的启示，他从冬麦育种室抽出人力，在所内小麦组培小组指导下协同开展花培育种，曾育成矮秆、多穗、高产的 CA8686（1995 年通过北京市审定）在生产上试种。由于冀东群众不喜欢秃头小麦，又因籽粒小些，推广面积不大，但也说明只要看准杂交组合，而且花培出愈率又不太低，就可以作为常规育种的辅助措施，来加快杂种后代的纯合进度，缩短育种年限。1981 年他负责的冬麦育种室首先成立计算机应用小组，后来所里以此为基础建立计算机农业应用研究室，由赵双宁研究员负责，双方协同开展了计算机在小麦育种中的应用研究，其中“冬小麦新品种选育专家系统”于 1991 年获农业部科技进步奖二等奖。在国内，庄巧生最早注意小麦加工品质问题，首先在所内筹建旨在为育种服务的小麦品质实验室，20 世纪 80 年代中期当国家开始把粮食品质提到议事日程时，立即利用参加北方冬麦区区域试验的新品种，开展了历时三年的“我国小麦主要优良品种的面包烘烤品质研究”（1989）。该总结报告对国内品种面包烘烤品质一些指标的内在联系及其量化标准做了较深入的探讨。这是我国小麦品质研究的一项奠基性工作，为后来小麦品质研究的深化、拓展创造了有利条件。还值得一提的是，20 世纪 80 年代初，他在主持“六五”育种攻关时，带头为所内引进一些育种试验田间小区作业机械，包括穗行点播或稀条播器、小区点播机和小区联合收割机等，由于当时研究经费少，机器价格贵，维修麻烦，再加上试验地灌溉沟渠多，影响播种作业等原因，最后只留用了适用于产比试验的小区播种机和联合收割机。其实，如果采用先播种、后修水沟、再辅以相应的措施，其他作业机械也都可以发挥应有的作用。田间试验作业机械化，不但提高工效，更重要的是能显著提高作业质量，对育种材料的选优汰劣起着很大作用。

五、总结育种实践经验与成就的笔迹

庄巧生在工作岗位上做了大量的文字编写、审阅工作。他知识面较广，文字功底好，审阅稿件认真、细致，一丝不苟，即使文稿中误点个逗号也要把它改过来，经他修改的稿件文字通顺、层次清楚、言简意赅，在已发表的不少文章中都凝结了他辛勤笔耕的汗水。与此同时，他还承担由上级布置的撰写任务或抽空翻译一些专业著作。由他主编（译）或参编（译）的专著有《植物育种学》、《中国小麦栽培学》、《中国小麦品种及其系谱》、《生统遗传学导论》、《小麦育种理论与实践》、《小麦育种理论与实践的进展》、《基因库与世界食物》等，对提高我国作物育种理论水平起到积极作用。《中国小麦品种及其系谱》一书，系统总结了新中国成立后30多年来小麦品种改良的成就与经验，着重阐述育成品种的系谱渊源及其与种质资源利用的关系，其中由他主笔的《亲本选配的基本经验》一章实际上也包括了他本人的实践经验。此书问世后受到国内外同行的好评，并获国家优秀科技图书奖一等奖（1985）和农牧渔业部科技改进奖一等奖（1985）。20世纪80年代中期，他作为第一副主编协助金善宝院士主编《中国农业百科全书·农作物卷》，从设置框架、确定条目、落实撰稿人、审稿乃至部分条目的加工等做了大量工作。这是我国第一部长达200万字的大型工具书，荟萃了国内数以百计的专家学者的集体智慧与研究心得，它的出版是中国农业发展史上一个重要的里程碑（1991）。此外，他协助金善宝院士组织国内知名专家撰写一本融国内外小麦科技新进展于一体，代表国家学术水平的权威性专著——《中国小麦学》。21世纪初期，为了将新中国成立以来有关小麦育种实践、技术成就和生产发展的进程留下历史真实，继《中国小麦品种及其系谱》之后，庄巧生又主持编写了百万字的《中国小麦品种改良及系谱分析》专著，系统总结了新中国成立后50多年来我国育种工作的主要成就与经验，也包括20世纪前半叶开创小麦改良工作时的简略情况，成为“涵盖”整个世纪的一本专著。像这样专门从选用亲本与配置组合的角度，分析总结一个国家在半个多世纪开展小麦育种工作的进程与经验，在国内外尚未见报道。这本专著虽然旨在回顾过去中国小麦育种工作的历程和成就，但仍可以史为鉴，从中找出一些可供参考的经验，对今后小麦育种实践的科学发展有一定意义。此外，1954年由他参加定稿的《西藏农业考察报告》，系西藏工作队农业科学组全体成员从1952年夏秋至1954年春在前藏、后藏、农区、牧区沿途考察、访问的实录以及在拉萨农场进行一年农作物引种试验的汇总。由于专业较多，行程匆促，语言不通，在多数情况下没有翻译，难免有不够翔实、准确甚至差错之处，与后来更有针对性的专题或小领域考察相比，可能显得有些粗糙、简单，但它毕竟是中国第一部关于西藏农、牧、土壤、植物资源等调查开发和生产技术的历史性文献，有其特定的参考意义。

庄巧生曾是中国作物学会第四届理事长，一度参加过《中国科学》、《科学通报》副主编工作。自20世纪80年代到2003年年底，他一直担任《作物学报》主编，该学报质量和影响力的逐步提高得到了广大读者的充分肯定。

六、推动协作与国际交流

庄巧生在小麦育种上取得的成就，特别是他学风严谨、处事公允、乐于助人的高尚品德，博得了全国小麦育种界同仁的拥护和好评。从1981年（注：1983年前受国家科委委托组织华北五省小麦协作育种，应是全国攻关的前奏）起，受国家科委和农业部委托，在主持“六五”和“七五”国家重点科技攻关项目中的“小麦高产、稳产新品种选育及其理论与方法的研究”课题期间，他带领协作组成员大力加强大区级品种区域试验并密切其与省级品种区域试验的联系，做到因地制宜，“对口”种植新育成的优良品种，扩大其应用范围，加快良种转化为生产力的步伐，从而“全国大区级小麦良种区域试验‘六五’成果及其应用”于1987年获国家科技进步奖二等奖。同时，他注意安排好有关支撑研究，提高技术水平，增强育种后劲，使优良品种不断推陈出新。此外，他还积极倡导材料、经验双交流，开展穿梭育种，并采用各种措施调动参加单位相互协作的积极性。在他的倡议下，1983年3月协作组在陕西杨陵召开了盛况空前的“全国小麦育种协作攻关第一届学术经验交流会”，邀请学有专长的专家教授做专题发言，使与会者在沟通信息、更新知识上收到了实际效果。会后编印的论文集取名为《小麦育种理论与实践的进展》，1987年由科学普及出版社发行。上述这些各具导向性的科技管理和学术交流措施，对提高全国小麦育种工作整体水平，加快新品种选育与推广速度以及育种人才的成长都产生了积极影响。为此，他本人获国家三委一部颁发的“六五”国家科技攻关先进个人奖（1986）和各民主党派工商联为四化服务先进个人奖（1985）。

庄巧生十分注意推动国际合作，促进小麦科技走向世界。改革开放后，他曾多次出国访问或参加有关学术活动，率领小麦育种考察组访问波兰（1979），农作物育种考察组访问原联邦德国（1981），应邀访问澳大利亚观摩有关小麦生物技术研究进展（1986）。1984～1987年，在担任国际玉米小麦改良中心理事会的理事期间，曾多次赴位于墨西哥城的国际玉米小麦改良中心总部参加相关会议，并学习观摩其小麦育种研究工作。此外，还积极推动我国和国际玉米小麦改良中心及澳联邦科工组织（CSIRO）开展双边合作研究。“综合应用生物技术创造抗黄矮病普通小麦新种质”之所以取得突破性进展，当然是中澳双方课题组成员密切配合共同努力的结果，而他作为中方协调人之一，在力所能及的情况下起到一些敲“边鼓”的作用。在他看来，通过中澳连续两届的国际合作，前作物育种栽培研究所有关小麦生物技术研究的水平确实有了明显提高并取得实质性进展。这个国际合作项目于1995年获国家发明奖二等奖。

七、勤奋实践带后人

庄巧生勤奋工作，深入实践。尽管工作繁忙，各种事务缠身，仍坚持现场作业，每到小麦生育的关键时期总是起早贪黑，见缝插针，尽可能详细调查了解育种材料的田间表现。1952年，他第一次接待苏联专家，尽管当时彼此的学术观点不尽相同，但专家在强调科研要密切联系生产实践，“要跌打滚爬在麦田中，学会同小麦对话”的肺腑之言，深深地刻印在庄巧生的心坎上，成为他以后从事科学试验的座右铭，也是他走上“成功”之路的指路标。八小时工作制对他来说显然是太短了，加班加点，没有节假日，已习以为常。他这种孜孜以求、锲而不舍的劲头，在遭受“文化大革命”的磨难之后反而更加坚定不移。你问他为什么？他自己也说不清楚，可能是“老牛自知夕阳晚，不用扬鞭自奋蹄”吧！不过，他倒常有这样的感受，每当顺利完成一桩自认为较为艰巨的工作后，总会从内心油然涌现一股“如释重负”的轻松感，那短短的一瞬间才是奉献者心灵上最美的享受。

凡是跟庄巧生一块工作过的人，都会从他身上受到一种无形的感染——身教。有一年早春，土温室的小麦加代材料在下班前没盖上草栅，晚10点他突然听到天气预报，当晚将有大风降温，便立即从城内住家骑车赶到十几里以外的板井村，叫起工人师傅一同把草栅放下盖好，回到家时已是午夜时分。还有一次下班前，为配合各课题组抢时轮流灌溉试验田，临时决定当天夜间突击浇麦，他便自告奋勇秉灯干了一个通宵。这些小事都是发生在“文化大革命”之后，那时他已年逾花甲。

庄巧生襟怀坦荡，坚持真理。1958年在河南孟县蹲点负责总结小麦高产经验时，与小组成员共同总结了《千斤小麦高产栽培技术》的报告，可是那时各地报纸已纷纷报道小麦亩产3600千克的高产纪录。当麦收后回到中国农业科学院汇报工作时，他本着科学家的良知，实事求是地指出当时我国小麦主产区的单产潜力也就在千斤上下。他关心生产，重视把科学技术转化为生产力，从20世纪60年代初到90年代初（“文化大革命”期间中断），经常参加北京市小麦顾问团的活动，为发展京郊小麦生产建言献策。

他十分关注中青年科技人员的成长，时常提醒他们加强中外文修养，养成博览文献、敢于争鸣的习惯，逐步深化个人的本职工作。为此，他热心帮助年轻人修改文稿，乐于为他们联系出国进修深造的机会，希望他们在专业上尽快成长，勇挑重担。中国农业科学院内熟悉情况的同志说，不少攻读小麦遗传育种和种质资源的研究生，在撰写毕业论文时都希望庄先生给予指导，他也乐于从内容到文字在必要处加以修改，因为这对他也是一次很好的学习。

庄巧生深深体会到个人的才智与精力有限，而集体的智慧和力量无穷，只有把个人的努力融汇于集体奋斗的目标之中，各项事业才能兴旺发达。当他1995年荣获何梁何利基金科学与技术进步奖时，便立即将所得奖金10万元港币捐献出来，支持冬小麦育种课题组。这一举动感动了院、所两级领导，分别匹配资金设立了“庄巧生基金”，用以奖励作科所在小麦育种相关领域做出重要贡献的青年科研人员。以此为基础，在全国16个单位的支持下，2005年中国农业科学院作物科学研究所设立了“庄巧生小麦奖励基金”，面向国内基层，奖励在小麦育种相关领域做出杰出贡献的个人，旨在弘扬庄巧生献身科学、热爱农业、服务农民的崇高精神。

1995年以后，他虽然年事已高，仍然身体力行，每年在小麦关键季节都到试验田重点考察有苗头的材料和有望在生产上利用的新品种，并把更多精力用于扶持课题组的发展。在他的指导下，目前已初步形成了一支以海外回国人员为主，常规育种、谷物化学、植物病理和应用分子生物学相结合，并注意与国内外加强合作的开放型小麦育种课题组。近年来，这个新班子在中国小麦品质研究和高产优质新品种选育等方面取得了显著进展，“中国小麦品种品质评价体系建立与分子改良技术研究”获2008年国家科技进步奖一等奖，“中国-CIMMYT小麦合作育种与新品种培育”获2011年北京市科学技术奖一等奖；作为第二完成单位，“优质面条小麦新品种济麦19号的选育和应用”和“优质高产广适强筋小麦新品种济麦20号”分获国家科技进步奖二等奖（2005，2009），“优质小麦品种培育和分子标记发掘与应用”获国际农业磋商组织亚太地区杰出农业科技奖（2007）。一度不景气的新品种选育工作也逐步走出低谷。通过四省市审定的优质面包小麦品种中优9507，仍是国内面包烘烤品质最好的少数几个品种之一，在北京、天津、河北、山西、甘肃和新疆累计推广900多万亩；高产面条小麦新品种北京0045曾是河北北部第一大品种（2007～2010），累计推广600万亩以上；高产、优良面条品质和广泛适应性良好结合的中麦175，通过北部冬麦区和黄淮旱肥地两次国家审定及五省市审定，已成为北部冬麦区东片第一大品种和国家区试对照品种，2012年秋播350万亩左右。近10年服务地区逐渐扩大到黄淮麦区，育成的中麦895（与中国农业科学院棉花研究所合作）高产、抗倒、抗高温，面条品质好，2012年通过国家审定，正在大面积示范推广。

八、零星感悟

庄巧生从抗战初期开始一直从事小麦改良研究，这项工作之所以能在生产上产生一些实际效益，是因为在新中国成立后，党和政府一直十分关心和重视作为国民经济基础的农业。简而言之，他认为一生只做了两件事：一是育成十来个优良小麦新品种在生产上应用；二是编几本与小麦或育种有关的专著，为国家科技事业留下一些历史记录，仅此而已，微不足道。从个人来说，有此收获纯属两个偶然：一是北上接近小麦主产区，可在更广阔的天地开拓进取，二是专业上“从一而终”，一直搞小麦育种，而且没有动窝，便于经验与知识的积累；当然，科技视野也就狭窄一些。感到遗憾的事有二：刚到北方不久就碰上历史罕见的1950年小麦条锈病大流行，造成此前以抗逆育种为主的品种材料几近全部报废；二是发表论文太少，只有40余篇，这与当时所处的历史条件不无关系。但细想起来，也与育种专业性质有关，因为不经常下地和小麦打交道就难以育成能在生产上扎根的品种；再则一个优良品种在生产上使用几年之后就得更新换代，任务一个接一个，无暇顾及研究新出现的问题。作物育种是一门应用科学，需要各相关学科如遗传学等的密切配合参与，才能顺利和高质量地共同完成所承担的任务。然而，我国从事科学实践的历史毕竟很短，习惯性的封闭式工作方法在诸多领域仍较流行，大家多不善于在同一共同体内分工协作，联合作战，难以发挥多科学、多技能协同攻关的优势。就以国内现有小麦育种工作（包括研究）的基本情况来说，在单一条件下“关门育种”，多是块块、条条、点点，各自为战，自行其是，彼此间缺少互动（如材料、信息交流等），这样做显然效率就低些。他常在想，我国农业生产地区特异性大，农业科技人员也多，几乎个个都渴望把自己的专业水平提高到应有的高度，甚至在某些方面能超过国际同行。如能制定切实可行的制度或规则，齐心协力逐步将各个行业的科研队伍组成“实体研究网络”，就一定能促进农业科研与生产以更高速度向前发展。至于这当中涉及的知识产权归属、协作单位业绩等问题，只要出于公心，本着诚信办事的原则，完全可以做到双赢或多赢。

至于育种成败，关键在亲本取材和组合配置。有计划地构建系列骨干亲本，特别是产量骨干亲本，是最根本的基本功。有步骤地分别育成不同类型或特点的候选骨干亲本，再根据需要进行聚合、集成，这样能做到得心应手地组配杂交组合，更有把握地选育出符合生产要求的优良品种。骨干亲本构建应与日常育种工作同步并进，只要通过一段时间的积累就能打下良好基础，通过滚动完善、持续发展，以便迎接来自方方面面的挑战。

应该承认常规育种技术已趋老化，亟待升级，必须尽快尽多地吸收业已实用化的分子标记辅助选择技术，不断提高育种质量与效率。这项任务在一条或两条品种生产线上完成都可以，只要科学分工、精诚合作、避免重复就好。不过应该指出，尽管我国人力充沛，“东方不亮西方亮”，但我们的科研与科普事业，与发达国家相比还存在不少差距，需要追、赶、超、补（填空白）的工作还很多，而且要“只争朝夕”，所以要科学地、经济地分配使用人力、物力。这方面的历史教训历历在目，不能忘记。至于未臻实用化和有待完善或需要进一步探索的新技术如转基因技术及分子设计育种等，则可单列研究课题，以便集中优势兵力早日取得突破。最后，“工欲善其事，必先利其器”，现在国家科技投入的强度比以前大得多，应该抓住机遇将育种试验田间作业（特别是播种、收获）机械化提到议事日程上来，以提高育种试验研究的精确性和工作效率。

顺便推荐最近看到的几条国外格言，如：有梦想，就能付之实现；适当的目标是成功的一半；决定（工作）高度的是态度而非才华。看来，勤能补拙，多动脑、多动手，务实求真，必将有成。“天道酬勤”，此言千真万确。

九、庄巧生主要论著

沈骊英，张宪秋，庄巧生. 1940. 贵州之小麦. 经济部中央农业实验所特刊，第 24 号.

Chin T C，Chwang C S. 1942. The cytology of “blue” wheat hybrids. Indian J Agric Sci，12（5）：661-678.

Chin T C，Chwang C S. 1944. Cytogenetic studies of hybrids with “Makha” wheat. Bull Torrey Bot Club，71（4）：356-366.

庄巧生，郑丕尧. 1958. 西藏农业概况//西藏工作队农业科学组. 西藏农业考察报告. 北京：科学出版社：60-86.

庄巧生. 1961. 我国作物育种方法的新进展. 中国农业科学，(3)：51-53.

庄巧生，沈锦骅，王恒立. 1962. 自花传粉作物性状遗传力的估算和应用. 作物学报，1（2）：179-196.

Hayes H K. 1962. 植物育种学. 庄巧生，林世成，王恒立，等译. 北京：农业出版社.

庄巧生，王恒立，曾启明，等. 1963. 冬小麦亲本选配的研究——杂种第一代优势和配合力的分析. 作物学报，2（2）：118-130.

王恒立，庄巧生，曾启明，等. 1963. 冬小麦性状遗传力的初步研究. 作物学报，2（2）：177-184.

庄巧生. 1973. 小麦杂交育种中亲本选配和后代选拔的一些问题. 遗传学通讯，1：8-13.

Mather K，Ginks G L. 1981. 生统遗传学导论. 冯午，庄巧生，莫惠栋译. 北京：农业出版社.

金善宝，庄巧生，吴兆苏，等. 1983. 中国小麦品种及其系谱. 北京：农业出版社.

庄巧生，王恒立. 1987. 小麦育种理论与实践的进展. “六五”小麦育种协作攻关学术经验交流会议论文集. 北京：科学出版社.

王光瑞，林晓曼，曾浙荣，等. 1989. 我国小麦主要优良品种的面包烘烤品质研究（1985～1987 年总结报告）. 中国农业科学院作物育种栽培研究所专刊.

Zhuang Q S，Li Z S. 1993. Present status of wheat breeding and related genetic study in China. Wheat Information Service，76：1-15.

金善宝，庄巧生，李竟雄，等. 1991. 中国农业百科全书·农作物上卷. 北京：农业出版社.

庄巧生. 1993. 中国科学技术专家传略·农学编·作物卷 1. 北京：中国科学技术出版社.

庄巧生，杜振华. 1996. 中国小麦育种研究进展（1991～1995）. “八五”小麦育种攻关研究论文集. 北京：中国农业出版社.

金善宝，庄巧生，黄佩民，等. 1996. 中国小麦学. 北京：中国农业出版社.

庄巧生. 2003. 中国小麦品种改良及系谱分析. 北京：中国农业出版社.

主要参考文献

李春华. 1993. 庄巧生//中国科学技术协会. 中国科学技术专家传略·农学篇·作物卷1. 北京：中国科学技术出版社：478-493.

李振声，董玉琛，辛志勇，等. 2005. 庄巧生院士在中国小麦育种史上的四大贡献. 作物杂志，107：1-3.

撰写者

何中虎（1963～），中国农业科学院作物科学研究所研究员，1993年至今与庄巧生院士在同一课题组工作。

此文经传主本人反复审阅修改，并说他年老力衰，未能更多献力，深感歉憾，但能目睹新班子、新气象、一片风光，又觉得欣慰荣幸交加。

朱祖祥

朱祖祥（1916～1996），浙江宁波人。土壤学家，中国土壤化学的开拓者和奠基人。1980年当选为中国科学院学部委员（院士）。1938年毕业于浙江大学，并留校任教。曾任浙江农业大学校长、名誉校长，中国水稻研究所首任所长，中国土壤学会副理事长等职。20世纪40～50年代，揭示了土壤多界面多离子系统中，黏粒矿物离子吸附的饱和度效应、陪补离子效应及黏粒结构效应的理论及其在土壤肥力上的意义。60年代，剖析了绿肥施用中产生的起爆效应，为合理施用绿肥及其他有机肥料提供理论和实践指导。70年代，倡导土壤作物营养诊断，研制了一套土壤作物营养诊断化学测试技术与方法，为中国土壤普查和配方施肥做出重大贡献。70～80年代，提出了土壤水分能量概念和养分位理论，论证了土壤水分能量概念和养分位理论的生理意义，及养分、水分对植物生长的有效性、有效量及有效补给上的应用。80～90年代后，指导博士研究生，深入研究土壤养分平衡及其生物有效性，特别在土壤磷素化学方面取得新进展，并开拓了农业环境保护研究新领域。

一、成长经历

1916年10月5日，朱祖祥出生于浙江省慈溪县云山乡（现属余姚市），自幼即随父母迁居当时县治所在地慈城镇（现属宁波市）。父朱清奇，清末秀才，热心乡里公益事业，深孚众望，育有四女三子，朱祖祥排行老七。他自小聪慧、勤奋好学，1934年从宁波效实中学毕业，报考浙江大学。当时宁波旅沪同乡会中有识之士为在宁波筹建“四明大学”募集资金，设立“四明大学奖学金”，以资助有志于教育事业而又品学兼优的青年，加以培养，作为将来建校的师资储备。朱祖祥以名列浙江大学农学院录取新生榜首而获得全额奖学金。入学后，他的成绩一贯优异，因而年年都获奖学金。1937年7月，日军侵华战争全面爆发，随着炮火日近杭城，浙江大学被迫西迁。奖学金因无财源而中断，他自力更生通过勤工俭学，为学校抄写、刻印讲义、推销浙江大学学报等获得部分报酬，加上过去奖学金省吃俭用所得的节余，维持生活，在艰苦的条件下，勤奋学习，直至1938年，在西迁途中毕业并留母校任助教。

自1937年11月迁离杭州至1940年5月浙江大学农学院定居贵州湄潭，历时两年半，途经浙、赣、湘、粤、桂、黔六省，行程五千余里，浙江大学师生凭着爱国主义的热情，培养人才、拯救中华、抗战必胜的坚强信念，备尝艰辛，一路西行。大量图书、仪器、药品和必要的教具设备也同时迁运，朱祖祥作为刚毕业的年轻助教，胸怀爱国爱校之热情，承担了整个农学院仪器设备、药品等的押运工作。千里迢迢，重峦叠嶂，当时公路尚未竣工，又缺车辆，他和同事们一起，克服重重困难，水陆周转，或高卧于箱顶激流行舟，或曲蹲于箱背以避逆风，历尽艰险，辗转了个把月，先南下赣州。因战争形势逆转又复北上，绕道湖南再中转仓储于广西阳朔，后待机运抵广西宜山。最后安全地将这些珍贵的教学科研设备转运到贵州湄潭，为师生在偏僻的西南小镇开展教学科研工作提供了保证。

在湄潭，篷窗茅舍，虽条件简陋，然生活较为安定，浙江大学师生在极其艰难的环境中因陋就简，想方设法创造和改善教学和科研条件，做出了杰出的成绩。朱祖祥当时承担了除农产制造课以外的本系全部实验课、实验室建设乃至清洁卫生工作。没有自来水，就自己制备；没有电灯，就用桐油灯代替；在实验用房、仪器不敷周转时，就利用晚上或假日为同学们安排实验，克服困难，恪尽职守，热心执教。在宜山时，他甚至住宿在仪器药品室里，一人兼理保管、打扫、采购、担水和制备蒸馏水事务，既激励了学生勤奋好学之心，也坚定了他自己献身教育之志。1941年，他与同学并同时留校任教的赵明强女士结为夫妻。1942年，朱祖祥被提升为讲师。

1944年冬，朱祖祥经教育部组织考试，中华农学会选拔，获得中华农学会留美奖学金，次年到美国密执安州立大学研究生院深造，主修土壤化学，辅修植物生理学，后转表面化学。留学期间，他如饥似渴，日夜苦读，没有放过一个寒暑假，选修尽可能多的课程，还利用一切机会在学校试验场的农业化学室做分析工作。他选修并完成的学分总数，超过博士学位定额，学习成绩除第一年因入学迟有两个学分的选修课为B外，其余均为A。在研究中，他首次提出了土壤“饱和度效应”、“陪补离子效应”概念。年轻的朱祖祥崭露头角，深得导师的器重。经历过艰难困苦的磨砺和知识海洋的遨游，扎实的基础，广博的知识，活跃的思想，不服输的精神，使他日后在开辟新的研究方向和领域时游刃有余。除了刻苦学习外，他还参加不少社会活动，担任过密执安州立大学中国同学会会长。从1945～1948年，仅用了三年时间，他就获得了硕士、博士两个学位。当时，妻子赵明强已怀有身孕，也在美国密执安州立大学研究生院攻读，并获得了硕士学位。毕业之际，在浙江大学竺可桢校长充满诚意的邀约感召下，朱祖祥夫妇婉言谢绝了美国导师和朋友的挽留，选择了回国任教。学成归国之际，其系主任和导师还特意致函浙江大学，高度评价了朱祖祥的学业成绩和科研成就。因此，他被浙江大学聘任委员会破例聘任为农化系教授。这时，他刚过而立之年。

1949年春，朱祖祥在美国的一位好友来信，并寄来两张机票，热情邀请朱祖祥夫妇去美国农业部下属的一个单位任职，条件十分优越，但他一心要报效祖国，再次婉言谢绝了邀请。自此，作为教授，他一直工作在浙江农业大学（1952年院系调整前为浙江大学农学院）。

朱祖祥曾任浙江大学农化系主任、浙江农业大学土壤农化系主任、校务委员，浙江农业大学副校长、校长、名誉校长，中国水稻研究所第一任所长、副理事长、名誉所长，中国科学院南京土壤研究所学术委员会委员、兼任研究员，国务院学位委员会评委，浙江省农学会理事长，中国农学会常务理事，中国土壤学会副理事长，中国农学会土壤肥料研究会副理事长，浙江省科协副主席、名誉主席，1980年当选为中国科学院生物学部委员（中国科学院院士），浙江省人大副主任，九三学社浙江省委主委，第五、六届全国政协委员和第八届全国人大代表。1996年，八十高龄的他，在中国科学院上海分院组织的长三角资源环境与社会经济考察中，不幸在浙江绍兴因公殉职，执著地走完了生命的最后一刻，将自己的一生献给了新中国的教育事业，献给了他热爱的这片土地和他钟爱的土壤科学。

二、学术成就

朱祖祥的学术研究着力于土壤与农业、环境的交叉点上，重点集中在土壤养分和水分的运动、平衡及循环领域。从20世纪40年代起，他在不同年代提出的土壤交换离子的陪补离子效应、绿肥起爆效应、土壤养分和水分能量概念等，对中国土壤科学，特别是土壤化学的发展方向产生了很深刻的影响，推动了中国科学事业的发展。

（一）黏粒矿物结构效应、饱和度效应和陪补离子效应

朱祖祥早期的学术成果中，最有代表性的是，1945～1948年在美国密执安州立大学攻读硕士、博士学位期间，以及回国后的20世纪50年代初，对土壤胶体离子交换吸附平衡及其有效性机理的潜心探索上。他发现密执安沿湖区，桃树生长与土壤交换钾含量之间存在着复杂的关系。在20世纪30年代，土壤阳离子交换平衡及

其有效性研究是土壤学的热门课题，但这些研究都是在单一阳离子平衡体系中进行的，局限于单一阳离子交换平衡。鉴于土壤多离子体系中交换吸附现象的复杂性，再加上不同黏粒矿物吸附机制的差异，朱祖祥通过精心设计，在几种典型土壤黏粒矿物上，对 $H^+-K^+-Ca^{2+}-Mg^{2+}-Al^{3+}$ 两种及两种以上多离子交换吸附平衡进行系统研究，揭示了土壤黏粒表面吸附的盐基离子与吸附阳离子总量的关系（饱和度效应），不同黏粒矿物结构与阳离子交换量的关系（黏粒矿物结构效应），土壤黏粒表面吸附着多种阳离子，其中对某一特定阳离子而言，其他阳离子均为它的陪补离子（陪补离子效应）。这一研究成果，在理论上丰富了土壤离子交换平衡及其有效性的内涵，进一步加深了对养分平衡在土壤肥力中重要性的认识。进而，朱祖祥对施肥理论提出了新建议，指出土壤施肥不是量的绝对概念，而是量的相对概念，合理施肥不仅要求土壤吸收性复合体达到一定的盐基饱和度，还要保持调控陪补离子质量，使养分能充分发挥其有效性。

（二）绿肥起爆效应

20 世纪 60 年代初，朱祖祥发表了两篇论文《从绿肥起爆效应探讨它的肥效机制及其在施用上的若干问题》和《再论绿肥的肥效机制及其施用上的若干问题》。这两篇论文，虽然不拘一格地刊登在一份省级学术刊物上，但却引来了全国农业科技人员的广泛讨论。朱祖祥根据自己直接从事绿肥试验获得的资料和间接从腐殖质化学研究的推理，以深厚的土壤化学功底，剖析了绿肥在土壤中分解过程产生的一系列物理化学和生物化学机理。指出施用绿肥可以激发土壤中原含腐殖质的矿化加速，一方面可增加有效养分供应量，另一方面又能加速土壤中原含腐殖质的损耗，使土壤中的碳、氮平衡反而因施用绿肥而趋向亏损。这就是朱祖祥称之的绿肥起爆效应。从绿肥起爆效应出发，朱祖祥进一步剖析了不同种类绿肥和其他有机肥起爆的大小、时效，产生有效起爆的绿肥用量，及保持有效起爆的施肥频度，碳、氮平衡等实际生产问题，为合理使用绿肥和有机肥提供了理论与实践指导。

（三）土壤水分和养分的能量概念研究

20 世纪 70～80 年代，朱祖祥的学术研究重点放在土壤水分和养分的能量概念的研究上。早在 20 世纪的 60 年代初，国际上对土壤能量研究刚刚起步时，朱祖祥就十分重视收集资料，关注这一前沿领域的研究动态。1966 年，他在中国科学院南京土壤研究所作了专题报告《土壤有效养料的能量概念》，并以《土壤物理化学专题综述》为书名，由科学出版社出版。以后直到“文化大革命”后期，他克服重重困难，继续该领域研究，于1979年在《土壤学进展》创刊号上，首篇发表了《土壤水分能量概念及其在土壤-水分-植物中的意义》一文。是年，又在《土壤学报》上发表了《土壤磷酸盐位的理论与应用》。在朱祖祥的推动下，1980年由中国土壤学会举办了全国土壤水分研讨会，朱祖祥作了主题报告，从化学热力学的基本原理出发，将土壤-水分-养分-植物作为一个整体来统一考虑能量关系，从理论上深入浅出地论证了土壤水势、养分化学位、水分和养分自由能及热力学函数的各种表式，并始终围绕农业生产实际，回答了土壤水分，养分的有效性、有效量和补给速率问题，为提升土壤肥力概念的理论水平，深刻理解土壤肥力的本质提供了新观念。这次研讨会包括清华大学等一些重点大学的水利、土壤学教师及科技人员参加。从此，在中国开启了土壤水分能量研究。

（四）土壤和作物诊断技术与方法

在土壤学研究中，朱祖祥特别强调理论与实践结合，强调土壤学为农业生产服务。早在20世纪40年代，在贵州湄潭，他与彭谦教授合作，成功地研制了土壤反应速测粉剂配方。50年代，他研制了包括土壤水分、有机质、速效氮、磷、钾等项目的土壤速测箱，并对土壤反应混合指示剂的配方改正完善。该配方因比国际上通用的Truog法的适用范围更宽，而被国内外广泛应用，并被美国农部确定为《土壤调查手册》中的方法。20世纪70年代，朱祖祥顶着“文化大革命”的种种压力，主动奔赴农村，倡导土壤作物营养诊断，成功地开展了“水稻缺磷发僵诊断与防治”、“油菜疯花不实诊断与防治”、“水稻湖田褐斑诊断与防治”、“盐土黑泥层诊断与防治”等农业生产中的土壤与作物营养障害问题。主持全国土壤普查、作物诊断协作组课题，会同全国十多所高校及科研院的科技人员，在湖南对化学诊断方法进行了反复比较、筛选，提出了一套适合中国国情的诊断方法，并由朱祖祥主编《土壤和作物营养诊断速测方法》一书，推动了中国土壤普查和配方施肥的蓬勃开展。

三、教育贡献

（一）求是传人，辛勤耕耘育社会英才

朱祖祥在青年时期，深受中国教育家竺可桢倡导的浙江大学“求是”校训和西迁精神的熏陶，又受西方教育理念的影响。新中国成立后的50多年中，他一直活跃在高教第一线，担任繁重的教学、科研及校（系）行政领导职务，是新中国教育改革的实践者。

1. 教书育人，以德为先

朱祖祥对中国高等教育有很深的思考，对大学培养什么人，怎样培养人有许多精辟的论述。“为人师表求真求善求美贵在奉献，教书育人是德是智是体严于律己”，这是朱祖祥为浙江农业大学80周年校庆题词，概括了他的教育理念。朱祖祥多次谈到，大学育人要把德放在首位，培育学生的独立思想、理想与信念、做人的品格。1985年，他在一次谈话中说：“大海虽浩瀚，比大海更浩瀚的则是人的思想境界和对社会的理想”，要求大学生要树立“为国为民为社崇尚社会”的崇高理想。

数十年如一日，朱祖祥用自己的所言所行给学生做出了很好的回答。20世纪30～40年代，在浙江大学西迁，湄潭教学和美国留学时，年轻的朱祖祥的坚韧不拔和学术才华已名声在外，深得学生的尊敬。从1957一直至“文化大革命”的20年中，虽身为系主任，却不时遭受到迫害。同时间，他曾经历胃和阑尾两次切除手术及脑膜炎的折磨，历尽精神与疾病的痛苦，但对自己的理想和信念忠贞不渝，坚持编写教材和为学生上课。手术后不久，老师拖着疲惫的步伐来上课。他脸色苍白、满头冷汗走下课堂的情景，令学生终生难忘。1978年迎来了科学的春天，他深感这是一生中报效国家的最好机遇，责任重大，为了打开学校发展的新局面，不辞劳苦，夜以继日地工作。

2. 打好基础，终生受益

在土壤乃之农林科技界，朱祖祥坚实的数理化基础是出了名的。朱祖祥经常说起，要真正读懂一些书，数理化基础很重要。学生打好数理化基础，终生受益。他在学生时代对数理化很感兴趣，在浙江大学虽是农学院学生，但修完了理学院学生的数理化基础课程，并得到苏步青等一批名师的指点。

朱祖祥长期兼任中国土壤科学两个最高学术机构——南京土壤所和沈阳林土研究所的研究员和学术委员，科研人员都很敬慕他的学术才华，喜欢听他的学术报告。听他的报告是学习，提高，也是欣赏。他总是能把复杂的问题及数理公式讲得深入浅出，融会贯通。

从教50多年来，他的眼光看得很远，总是反复强调基本理论、基本技能和基本技术的学习。

3. 严师出高徒

朱祖祥学术严谨、博学多才、风度翩翩，他的学者风范广受学生仰慕。朱祖祥要求学生做科研必须做到一丝不苟、精益求精、严格要求。在研究生教育中，对学生的每一个细节都有很具体的要求。例如，论文选题，对学生只有细心地指导，没有任何限制。总是要求学生在阅读文献、调查研究、认真思考的基础上，提出自己感兴趣的自选课题。他认为学生自选课题是发挥学生自主创新的学术思想，培养独立思考能力的重要途径，但在具体实验中，对实验操作规程、实验数据记载，甚至实验器皿洗刷和实验台的整洁等，要求十分严格，不得半点马虎。在他看来，一个化学实验人连实验室都不能保持整洁，他的实验结果是不可信的。有不少青年教师和学生，因这些细节的不严谨，曾受过他的批评。做朱祖祥的研究生，让学生又喜又怕的是读书报告和开题报告这样一类学术活动。他再忙也争取参加，对每次报告，不仅与学生面对面讨论、点评，并经常提出一些敏感问题，弄得学生张口结舌，下不了台。有一次，他对两位学生报告提出了严厉的批评，学生掉下了眼泪。他说："你们的报告没有令我满意，我这样严厉批评是为你们好。学术报告要达到三个境界，即科学性、逻辑性和艺术性，你们都没有做到。"接着又用苏步青的话来解释说："苏步青是著名数学大师，他培养的学生已成为杰出的数学家。苏步青的名言是严师出高徒，而不是名师出高徒。"想想，朱祖祥对学生是何等的良苦用心。

4. 国际化的办学视野

1978 年的改革开放为中国大学打开了国门。时任浙江农业大学校长的朱祖祥深知，抓住改革开放机遇，以国际化视野办学，必将对学校人才培养、学科建设产生长远的影响。于是，以他的国际声誉，频繁地与国外的同行、朋友、同学联系。20 世纪 80 年代初，短短的几年中，浙江农业大学与美国、加拿大、英国、德国、日本等国的十余所大学建立了校际合作关系。他不辞劳苦，多次出国参加学术会议，代表学校签署合作协议。在当时，国家经济较困难，国外的邀请只解决他一人的旅费。他曾多次单身一人出国，每次出国的时间又安排得很紧。在英国的一次访问中，连续几天每天要行车 400～600 公里，对一位年过七旬的老人来说，他的家人和学生着实为他担忧。1983 年 10 月在德国访问途中，去波恩车上，应同伴所求，即兴填词一首，调寄《捣练子令》：

远山清，近野茵，异国风光炎黄情，
无奈十年误岁月，奋力四化兴国运。

在校际合作中，朱祖祥的目标很明确，即培养高层次人才。通过校际合作桥梁，请进来派出去。在 1981～1985 年，他亲自请来多位国际著名土壤化学家来华讲学，其中为期一个月以上培训班就有三期。有 300 多人次受训，对提高中国土壤化学师资队伍的业务水平起到了非常积极的作用。与此同时，他为数十位教师出国进修铺路搭桥。从1984年起，陆续派出了“文化大革命”后毕业生去国外攻读学位或联合培养研究生，十年后很快见到了实效。当年派出的学生陆续回国，并逐渐成长为国内外知名科学家。目前，在中国土壤学界，获得国家杰出青年基金资助，教育部长江特聘教授，973首席科学家的人员中，曾直接受过朱祖祥教诲和悉心指导的浙江农业大学毕业生就有13位，约占该领域总人数的2/3，为浙江农业大学赢得了声誉。全方位的开放使浙江农业大学一所省属农业院校快速发展，并于1997年进入“211工程”，成为全国农业院校中的佼佼者。

（二）追求卓越，开拓创新求学校发展

“一切从事业出发，无可畏惧”。朱祖祥特别善于把握机遇，执著创业。60年的浙江大学从教生涯中，始终与浙江大学的创新专业，提升学科，开拓学校新局面紧紧联系在一起。呕心沥血，鞠躬尽瘁。

1. 从浙江大学农化系到浙江农业大学土化系

1934年，朱祖祥以名列浙江大学农学院新生榜首的优异成绩被录取，主修农业园艺系下属的农化组。农化组内涵丰富，由土壤、农化、微生物和食品加工等部分组成，但整体规格较小。学校西迁前后，一些教师先后离去。到1938年只剩下3位教授，包括朱祖祥在内的2名助教（朱刚留校）和不到20名学生。农化组规模虽小，但生源很广，在学生中要求独立建系的呼声很高，作为新留校的年轻助教，他主动承担起学生与教授间的沟通桥梁。他以系主持人身份（学生组织）与农化学会一起向农学院和校长陈述建立农化系的建议。1938年5月15日，在广西宜山经校委会讨论通过，正式成立农业化学系（简称“农化系”），成为在战乱中浙江大学成立的第一批院系中的一个。新成立的农化系发展很快，1940年5月迁到贵州湄潭后，农化系师生在科学研究和服务当地方面做出了大量出色成绩。1948年秋，朱祖祥结束美国三年的留学，接受竺可桢校长邀请回母校，担任农化系教授和系主任。农化系已从农学院中的小系变成一个大系。1949年，学生在校人数已从建系初的10多人发展到100多人。

1952年，全国高校院系调整，浙江大学被解体。农学院独立建设为浙江农学院，但所属的8个系被调出4个。其中浙江大学农化系被奉命调到南京农学院（土壤和农化部分）和南京工学院（食品加工部分）。朱祖祥坚信，浙江农学院重建农化系是迟早的事，他选择留下来。一方面与孙羲教授及几位助教一起，给农学系学生

开课，编写教材，积蓄学术力量；另一方面竭尽全力，引进人才。他曾说起，亲自去省农科所请土壤地理学家俞震豫，就像“三顾茅庐”，花了很多周折才成功。

1955 年，经浙江省政府同意成立并委托朱祖祥筹建土壤与农业化学系（简称“土化系”），已是水到渠成。1956 年，朱祖祥被任命为系主任，重建后土化系向全国招收第一届新生 90 名。1958 年开始全国第一次土壤普查，浙江农学院土化系学生分赴各地参加普查，成为主要的技术骨干。作为普查后的重要成果，在朱祖祥的领导下，建立了当时全国收集土壤标本最多、最大的“土壤标本馆”。1962 年起，浙江农业大学在全国率先招收土壤化学和农业化学研究生，当时的土化系有全国知名的三老，即土壤化学家朱祖祥、农业化学家孙羲和土壤地理学家俞震豫。浙江农业大学土化系声名远扬，吸引了北京师范大学、华东师范大学及多所农业院校教师慕名而来进修，使浙江农业大学土化系成为全国最有影响的系之一。

2. 创建了全国第一个农业环境保护系

在国际上，20 世纪 70 年代，环境保护已逐渐成为一门热门学科。当时朱祖祥虽处于受批判或靠边境遇中，但仍很关注国外科学前沿动态。了解到外国农学院中从事土壤化学、农业化学的部分教师已首先涉足环境领域。在 70 年代中后期，在他的支持下，一些教师开启环境保护科研领域，朱祖祥为他们提供国外的研究资料。1978 年，朱祖祥复出任校长后，学校恢复、重建的工作千头万绪，在忙于规范学校教学科研秩序，四处奔忙的同时，提出要筹建农业环境保护专业。在他的直接领导下，从土壤、农化、微生物、化学等教研组，抽调有一定科研背景的教师，于 1978 年在中国农业院校建立了第一个农业环境保护专业，并开始招收本科生。同时又在他的支持下，面向全国引进数位教师，克服重重困难，盖起环境保护楼，编写环境保护教材，并于 1983 年独立建系。国家发展的需求和自身的努力，浙江农业大学环保系发展很快，成绩斐然。1983 年获得了该领域的首批硕士授予权。1990 获得了全国唯一的农业环境保护学科博士授予权，成为当时最有影响的学科之一。朱祖祥为中国环境保护特别是农业环境保护事业培养了大批骨干力量。

3. 首任中国水稻研究所所长

新中国成立后，在农业科学领域先后建立了棉麻、果树、茶叶等研究所，但中国人的主粮，世界最大产稻米国家，却没有水稻研究所。朱祖祥虽不是水稻专家，但出于科学家的敏感，早在“文化大革命”前就曾有过建立专门研究水稻机构的设想。1978 年伴随着科学春天的来临，朱祖祥深知许多过去难办成的事都有可能成为现实。于是，又与几位农业科学家一起向农业部表达了想法。获得了农业部的支持。1980年6月，他与老朋友洛氏基金会兼国际水稻所董事会主席Dr. Gray商讨中国水稻所筹备事宜，然后又率团访问国际水稻研究所，签订长期科技合作协议。1981年经国务院批准开始筹建中国水稻研究所，并列入“六五”计划大中型建设项目，投资4054万元。农业部聘请朱祖祥为筹建委副主任、副理事长（主任由当时的农业部长何康兼任）。朱祖祥认为，中国水稻所要借鉴国际水稻所的成功经验，办成一个高起点、高水平的研究所。在筹建中，研究所选址、科研队伍建设、研究机构设置和资金筹集等重大问题，朱祖祥都亲自出马，并发挥关键作用。通过多种渠道，疏通国际交流，获得了洛氏基金会、联合国开发署的资助，争取到世界银行专项长期无息巨额贷款。1983年，农业部公布中国水稻研究所正式挂牌成立，并任命朱祖祥为首任所长。中国水稻研究所成立后，在朱祖祥的领导下，筹集资金陆续到位，新所建设欣欣向荣，科技成果捷报频传。正如前农业部部长何康说：“今天水稻所的发展与成就，第一任所长朱祖祥先生功不可没。”

4. 从四校合作到新浙江大学成立

从教育实践中，朱祖祥深刻体会到，中国农学院学生的数理化基础及外语应用能力明显较低，不利于学生的成长和发展。在不同场合多次说过，这是1952年院系调整后带来的负面影响，对中国高等教育事业的发展十分不利，盼望有一天同根同源的浙江大学、杭州大学、浙江农业大学、浙江医科大学能重新组合。“文化大革命”后，压在心中的这想法又提出来，获得了四校中许多老先生的支持。他还邀请老浙江大学的欧美同学会的多位校友回母校访问，校友们都很怀念老浙江大学的办学成就，对老浙江大学被解体深感惋惜。于是朱祖祥与刘丹一起发起了四校领导共同研究“四校合作，联合办学”问题，1980年4月，省教文卫部批文同意四校开展校际合作，发挥老大学优势，并提出先从教师互聘、图书共用等合作开始，先易后难，改革高校体制，逐步走向联合，向多科性、综合性发展；并决定建立四校校际合作委员会，推荐刘丹任主任，下设办公室，协调四校合作。

虽然四校同根同源，但毕竟已各自运转了30多年，各校间的差异加上校领导的交替更换等原因，走合作—联合—合并的路并不平坦，但朱祖祥看准的事业，总是坚韧不拔，勇往直前。他通过各种渠道反映情况，特别在任省人大常委会副主任、分管文教卫工作时，多次与省和国务院有关领导商讨四校联合办学。在北京开院士会，请来了老校友著名生物学家谈家桢和数学家苏步青，一起向中央提建议。1986年在全国政协会上，他作了《加强学生基础教育，促进学科发展，提高教学质量，我国高校应建立真正意义上的综合性大学》的发言。十年后，1996年在全国人大会上又提出了“我国高校改革和发展对建设综合性大学的呼唤，建议同根同源的浙江大学、杭州大学、浙江农业大学、浙江医科大学四校合并，恢复重建新浙大的设想”。得到了政治局常委，国务院副总理李岚清的赞誉。1998年经国务院批准，四校强强联合，宣布新浙江大学成立。朱祖祥从1978年开始为之呼吁、努力了18年，终于变成了现实。

（三）学术严谨，精益求精编（著）精品教材

1. 全国优秀教材《土壤学》

谈起《土壤学》教材，自然就想到朱祖祥。从20世纪50年代起半个多世纪来，朱祖祥一直是中国《土壤学》教材的主编。一代又一代立志为中国土壤与农业科学奉献的科技人员，是伴随朱祖祥编写的《土壤学》成长发展的。

新中国成立后，中国急需编一本自己的土壤学教材，但在当时，全国上下学苏联“一边倒”，土壤界也不例外，将苏联土壤学家威廉斯捧得特高，组织全国学习，在学术上出现了片面强调苏联土壤学派的倾向。在这一背景下，土壤学教材写什么，怎样写？是一个艰难的课题。当时，没有人出来接这个烫手的山芋。从美国留学回国不久的朱祖祥，一方面努力学习俄语，钻研威廉斯土壤学，一方面思考西方土壤科学的最新进展和中国的国情，他提出要将西方土壤学与苏联土壤学融合，相互补充，根据中国国情，建立一个完整的中国土壤学新体系。他以坚实的基础、广博的知识和精益求精的科学态度，吸取了西方土壤学精华，融入了苏联土壤学发生学观点、地理分布规律和综合肥力理论等长处与特色，于1953年完成了高等学校交流试用《土壤学》教材。1956年，经过修改、完善，由高等教育出版社出版。此书是中国农业院校五六十年代的主要教育用书，其结构框架与教学内容的主要观点，一直沿用至今。

1958年，全国“大跃进”，大刮浮夸风，各地放高产卫星田。土壤界突然刮起了农业土壤特殊论的学术思潮，批判欧美和苏联的自然土壤学为基础的认土、用土、改土理论。一时，部分院校出现了否定《土壤学》教材内容，有的学校甚至组织学生编写所谓的农业土壤学。直到1961～1962年，中央总结了大跃进、浮夸风的惨痛教训后，才纠正了农业土壤特殊论的认识。根据这一背景，教育部于1963年发出通知，委托几所重点农业院校编写一本土壤学教材，并指定朱祖祥为召集人。在朱祖祥的主持下，召集了北京农业大学、南京农业大学、沈阳农业大学和西北、华南、华中农学院的知名专家在杭州浙江农大讨论，制订了编写大纲。与此同时，农业部

教材编审委员决定编写一本《土壤学基本原理》，聘请朱祖祥为主任。由于1966年的“文化大革命”，打断了编写工作，这两本土壤学教材均不幸夭折。

1977年，“文化大革命”结束前夜，编写《土壤学》教材又提上了议事日程。农业出版社在山西召开会议，朱祖祥虽未被邀请出席会议，但与会代表一致推举朱祖祥任主编。经积极筹备，于1978年1月在杭州召开第一次编写会议，拟定了编写大纲，并作了分工，应全国急需于1980年试印。1983年，经几次审查修改后由农业出版社作为全国统编教材出版。成为20世纪八九十年代，中国农业院校土壤学唯一教科书。该书于1988年经国家教委评定为全国优秀教材。

2. 中国农业百科全书土壤卷

朱祖祥一生发表90余篇学术论文，出版多部专著，留给我们的全部遗作中，最重要的无疑是《中国农业百科全书土壤卷》。这是他花了8年心血（1988～1996），组织全国数十位专家编写的一部经典巨著。全书共有9个分支，600多个条目，共1300千字，528页。由于编写的时间跨度长，又要发挥全国土壤学家的智慧，不仅学术上要严格把关，组织上也困难重重，编委会成立之初的两位副主编，相继在1992年、1993年逝世，沉重的担子就压在了他这位主编的肩上。土壤卷首条——土壤学，撰稿人是李庆逵院士，由于身体一直有病，迟迟不能落实。仅为此事，1995年6月一天，朱祖祥和夫人专程赴南京，车子路上抛锚修了两个多小时，加上出差前一夜通宵未眠，路上呕吐多次，在路上颠簸了9个多小时，才到达南京。在南京等候的学生真为两位八旬高龄的老人担心，他们对事业的执著让大家深受感动。1995年10月，在中国科学院和工程院两院会议期间，请农业出版社副主编和本书责任编辑讨论此书出版，临别送出版社同志到电梯口时说：“希望我能看到此书出版。”真是世事难料，本书1996年12月付印，而他却于1996年11月18日突遇不幸，永远地离开了我们。

四、朱祖祥主要论著

Peng C, Chu T S. 1945. Development and use of a powdery indicator for rapid and accurate estimation of soil reaction. Soil Science, 57: 367-369.

Chu T S. 1946. Some chemical studies of soil in relation to satisfactory and unsatisfactory growth of peach trees. Quarterly Journal of Michigan Agri.

Chu T S, Turk L M. 1948. Growth and nutrition of plants as affected by degree of base saturation of different types of clay minerals. Michigan Univ, Tech Bull, 214.

袁可能，朱祖祥. 1956. 关于目前我国常用的几种土壤反应混合指示剂在使用上的探讨. 土壤学报，4（1）：59-75.

朱祖祥，俞震豫，周鸣铮. 1956. 土壤学. 北京：高等教育出版社.

朱祖祥. 1956. 各种黏粒矿物在多离子系统中的代换吸附平衡及其对植物矿质营养的意义. 浙江农学院学报，1：255-265.

朱祖祥. 1957. 黏粒矿物的盐基饱和度与代换性阳离子有效度的关系. 浙江农学院学报，2：83-114.

朱祖祥. 1957. 黏粒矿物上代换性阳离子的有效度和陪补离子的关系. 浙江农学院学报，2：281-296.

朱祖祥. 1961. 合成土壤改良剂的效果试验初报. 浙江农业科学，(1)：17-22.

朱祖祥. 1962. 影响磷矿粉肥效的土壤化学因子. 浙江农业科学，(12)：548-554.

朱祖祥. 1963. 从绿肥的起爆效应探讨它的肥效机制及其在施用上的若干问题. 浙江农业科学，(3)：104-109.

朱祖祥. 1964. 再论绿肥的肥效机制及其在施用上的若干问题. 浙江农业科学，(1)：1-6.

熊毅，朱祖祥. 1965. 土壤物理化学专题综述. 北京：科学出版社.

朱祖祥. 1974. 早稻苗期缺磷发僵的化学诊断. 土壤，1974（创刊号）：9-14.

朱祖祥. 1979. 土壤水分能量概念及其在土壤-水分-植物体系中的意义. 土壤学进展，(创刊号)：1-21.

朱祖祥. 1979. 土壤磷酸盐位的理论与应用. 土壤学报，16（2）：196-202.

朱祖祥. 1979. 从磷酸盐位探讨土壤中磷的固定机制及其有效度问题. 土壤学报，16（2）：94-109.

朱祖祥. 1983. 土壤学（土壤农业化学专业用）. 北京：农业出版社.

何振立，朱祖祥，袁可能，等. 1988. 土壤对磷的吸附特性及其与土壤供磷指标之间的关系. 土壤学报，25（4）：397-404.

谢正苗，朱祖祥. 1989. 土壤中二氧化锰对 As（III）的氧化及其意义. 环境化学，8（2）：31-35.

主要参考文献

张迪梅，杨陵康. 1996. 中国高等学校中的中国科学院院士传略. 北京：高等教育出版社.

浙江大学《纪念朱祖祥院士诞辰 90 周年文集》编辑委员会. 2006. 求真求善求美——纪念朱祖祥院士诞辰 90 周年. 北京：科学出版社.

杭州宁波经济促进会. 2007. 西子湖畔宁波人. 宁波：宁波出版社.

杨达寿，等. 2007. 浙大的校长们. 北京：中国经济出版社.

撰写者

黄昌勇（1940～），浙江大学环境与资源学院教授，朱祖祥先生的学生。

朱荫湄（1944～），浙江大学环境与资源学院教授，朱祖祥先生的女儿。

周泰冲

周泰冲（1916～1987），江苏淮阴人。兽医病毒学家，兽医生物制品专家，家畜传染病防治专家，中国兽医病毒学研究的开拓者和奠基人之一。中国兽医药品监察所研究员，病毒研究室主任，1940年毕业于中央大学兽医系。曾当选中国微生物学会病毒专业委员会副主任委员，中国畜牧兽医学会委员，北京市畜牧兽医学会理事、副秘书长，北京实验动物学会常务理事，《中国畜牧兽医学报》编委，《中国兽医杂志》编委，九三学社北京市委农牧渔业委员会委员。他在兽医微生物学、免疫学，特别是病毒学方面有深厚的造诣。他在规范和认真执行兽医生物制品监察制度，确保产品质量和制定我国《兽医生物制品规程》方面做出了突出的贡献，是中国兽医生物制品事业的开拓者之一。他参加设计了中国兽医生物制品领域第一台真空冷冻干燥机。他为国内首次引进了鸡胚化牛瘟弱毒。20世纪50～80年代，他主持了鹌鹑化鸡痘弱毒苗、猪喘气病弱毒疫苗、马瘟弱毒疫苗、猪水泡病细胞弱毒疫苗、传染性牛鼻气管炎和牛黏膜病诊断方法、猪瘟病毒单克隆抗体等多项课题研究。他是猪瘟兔化弱毒疫苗研究的主持人之一，曾被授予国家技术发明奖一等奖、全国科学大会奖、农业部爱国丰收奖。他在传代细胞系的保存及病毒培养方面也做了大量开拓性和先导性工作。他的学术理念和研究成果至今仍对中国兽药制品和国际同业都有实际意义和指导意义。

一、生平概述

周泰冲，1916年12月28日生于江苏省淮阴城内的一个开明绅士家庭，兄弟姐妹七人。其祖父是个读书人，前清“拔贡”。他认为中华欲强盛，必走西洋的科技强国之路。于是他卖掉田地，办起一个小火柴厂，竭尽全力支持四个儿子学邮电报务、医学、无线电、土木工程。周泰冲初中毕业时，其父已是淮阴电报局局长。在祖、父辈的影响下，要学好科学技术报效国家的思想，已在少年时期的周泰冲心中萌动。

周泰冲读初中时，正逢九一八事变，蒋介石的不抵抗政策及东北三省相继沦陷，激起了他的爱国之心，他积极参加青少年抗日和对上海十九路军的捐献活动。1932

年，考入南京高级中学的周泰冲第一次从进步学生那里了解了共产党，并由衷地产生敬佩。高中时期，他积极地参加了由共产党领导的驱逐当时伪校长张海澄的学潮，为此，周泰冲被处以记大过、留校察看处分。1936年，周泰冲高中毕业，以优异成绩考入中央大学农学院畜牧兽医系。1940年大学毕业并被授予农学士学位。从此，周泰冲抱定一颗科技报国之心，开始了自己的兽医研究人生。1940～1949年，历任国民政府农业部中央实验所，中央畜牧实验所技佐、技士，中华教育文化基金会农业部研究员，高等文官考试及格后任四川省农业改进所畜牧改良场兽医股长技士及中央畜牧实验所荐任技士等职。

1949年南京解放后，由华北人民政府华东工作团调周泰冲来北京任华北农研所技士。1952年农业部成立兽医生物药品监察所（现中国兽医药品监察所，以下简称中监所），周泰冲一直在中监所工作，历任中监所病毒研究室副主任、主任，副研究员、研究员。

在周泰冲的社会关系中，有两个人对他的人生观和世界观颇有影响，一个是他的堂哥周太和，两人从小关系就很好，堂哥是一名共产党员，上大学时去了延安，新中国成立后，成为国家的高级领导干部。在他们相互的书信往来中，周泰冲看到了中华民族的希望，于是他更加如饥似渴地学习国内外有关兽医方面的科学知识，吮吸其精华，将以往在心中萌动的“科技救国、强国”的夙愿升华到了热爱共产党热爱新中国而不懈工作的境界。另一个人是程绍迥，曾获美国双博士学位，历任中央农业部畜牧兽医司副司长，中国农业科学院副院长，中国畜牧兽医学的奠基人之一，他既是周泰冲的恩师，又是姐夫。周泰冲大学毕业后，在程绍迥领导下从事科学实验与研究，程绍迥给予这个正直、热情年轻人的品格以高度评价，对周泰冲的求知精神、勤奋好学及永不满足的上进精神表示了高度的赞赏，长此以往便产生了亲近感。正因为这样，程绍迥促成了自己的妻妹——唐怡昭与周泰冲的姻缘。

二、科技路上带头人

1940年，周泰冲大学毕业后在农业部中央农业实验所及中央畜牧实验所主要从事兽医微生物学和家畜疫病防治研究，研制了牛瘟脏器灭活苗和抗血清，有效地控制了牛瘟的流行蔓延。由于脏器苗的效力和安全等方面存在缺陷，1947年，周泰冲开始着手牛瘟弱毒苗的研究。在联合国粮农组织（FAO）专家的协助下，引进并培育成功鸡胚化牛瘟弱毒，制成鸡胚化牛瘟弱毒疫苗并于1949年在FAO专刊上发表了研究结果。

猪瘟是猪的毁灭性传染病，遍及全世界，死亡率高达80%～90%，给养猪业造成极大的损失。国际兽医局（OIE）的国际卫生法规将猪瘟列入A类16种法定传染病之一。1833年美国的俄亥俄州（Ohio）首先发现猪瘟，中国何时确诊猪瘟无明确记载。由于猪瘟对一个国家畜牧业的发展有至关重要的影响，自1946年开始，国外相继有Keprowski、Baker、Hudson等人报告用不同方法将不同的猪瘟病毒株适应于家兔，成为对猪致病力减弱的变异毒株。据当时在美国、欧洲及日本的一些试用报告，这些变异株具有良好的免疫原性，但对仔猪会诱发严重的副反应，且有严重的死亡现象。虽然可以通过与免疫血清共同注射控制副反应，但终因安全性不够理想，未能推广应用。我国早在1947年就首先报道了猪瘟灭活疫苗的试制，1951～1952年，方时杰、李继庚选出我国免疫原性优良的石门系猪瘟毒株，并用该毒株制成猪瘟结晶紫疫苗，在全国大量生产、推广、应用，对控制猪瘟疫病的传播起到了很大的作用，收到了良好的效果，但它也存在一定的缺点，即原材料必须用感染猪、容易散毒、费用也高，同时免疫力产生较慢、达到保护的周期长、保护率较低。此时，美国的ROVAC、MCV和英国的SFA三个弱毒疫苗已可用于猪瘟的预防，但据当时欧美的试用报告，上述弱毒疫苗注射后猪反应重，死亡率分别达5.1%、66.9%和5.1%，还可引起怀孕母猪的死胎和流产。当时猪瘟防疫水平和防疫手段的现状已成为阻碍和制约世界各国养猪业发展的关键所在。控制猪瘟，迅速发展生猪生产，也成为新中国成立初期的重要课题。1948年我国先后有多位资深科研人员曾从事猪瘟病毒“兔化”致弱的研究，由于种种原因没能将猪瘟病毒适应于兔体而中断。1953年，农业部责成中监所培育猪瘟弱毒，当方时杰调离中监所后，周泰冲作为课题组主要负责人，率领他的课题组历经三年的艰辛攻关，相继选用四株猪瘟病毒，分别诱发家兔感染，经过一系列试验，终于选育出一株能够充分适应兔体的猪瘟病毒。该株病毒经一系列生物学测定，其对猪的致病力已充分减弱，仍保持了坚强的免疫原性。为确保种毒的安全性，又用乳猪和妊娠母猪做试验，证明疫苗注射后不影响乳猪生长发育，不使孕猪流产，不产生死胎。同时，周泰冲课题组对兔化毒的特征进行了诸如家兔定型热的反应特性，各脏器的含毒量，不同接种途径兔体感应的差异，毒价抵达高峰时间，乳兔感染情况，免疫猪与非免疫猪的接触感染，最小免疫量、免疫期、免疫力和免疫力产生的时间等15项试验。为进一步验证猪瘟兔化毒的遗传稳定性，回归易感猪7代，毒力不返祖增强，注射猪体内不长期保毒，不排毒。这些数据均证明猪瘟兔化弱毒已具备优良弱毒所应有的生物学特性。因来源于家兔，故把该弱毒株种毒称兔化毒。后赠与国外后，国外统称“C”株（或“K”株），即“中国”株。

兔化毒培育成功后，周泰冲又对全国各兽医生物药厂的科技人员进行了培训。1956年起在全国各省制备猪瘟兔化弱毒湿苗的试用，证明了其安全有效，并深受用户欢迎，1957年正式在全国推广应用。该苗在农村或基层可就地制苗，生产使用方便，免疫保护率近100%。由于该苗的推广应用，迅速有效地控制了我国当时猪瘟的流行，预防工作做得好的地区已无猪瘟发生的报告，每年减少经济损失数亿元，保证了我国养猪业的迅速发展，维护了广大人民群众的利益。该项研究于1957年获农业部爱国丰收奖。

创新是一个优秀科技工作者的职业本能。为了解决猪瘟湿苗在运输保存等方面存在的不足，1957年秋，周泰冲和他的课题组又一起研制成功真空冷冻干燥猪瘟兔化弱毒疫苗，大大延长了疫苗的保存期，方便了运输与储存。同时制定出生产和检验规程交全国各兽医生物药厂生产推广应用，每年接种猪均在2亿头左右，从而替代了猪瘟结晶紫疫苗，成为控制和消灭猪瘟的有力武器，保障了畜牧业的健康发展。1978年，周泰冲和他的猪瘟兔化弱毒课题组获全国科学大会集体奖，1983年获国家科技发明奖一等奖。

1975年，中监所和富裕兽医研究所同甘肃、郑州、南京、成都、黑龙江等地生药厂组成了猪瘟组织培养疫苗试验协作组，开展了各种试验，为组织培养疫苗的生产和使用提供了重要数据，但因同源细胞存在安全性问题，随后成都等生药厂又开展了猪瘟兔化弱毒犊牛睾丸细胞苗的研究，并获得成功，20世纪80年代在全国各兽医生物制品厂推广应用。

中国培育的猪瘟兔化弱毒种毒，不但有效地防治了我国猪瘟的传播与蔓延，而且对世界各国猪瘟疫情的控制，甚至消灭猪瘟也做出了重大贡献。从1957年以后，朝鲜、苏联、越南、匈牙利、波兰、罗马尼亚及民主德国等国相继向中国索取猪瘟兔化毒种毒试用。1978年8月，周泰冲访问匈牙利及波兰时见到了J. Meszares院士和K. Bognar副所长，他们验证了“C”株兔毒的安全性及效力比ROVAC的弱毒疫苗优越，后制成冻干苗应用，逐渐为欧洲各国采用。20纪70年代末，美国的Norden Labs跨国公司在墨西哥的制药厂已制成中国兔化毒株——克隆化CRZO的“VAOIMUN”猪瘟弱毒冻干苗。随后，几乎全部欧洲国家及少数拉美国家都采用了中国株兔化毒。1976年在联合国粮农组织和欧洲经济共同体召开的（FAO/EEC）专家会议上，大家一致认为中国“C”株弱毒疫苗的应用，对控制欧洲国家发生猪瘟做出了重大贡献。

1984年12月，由FDA动物生产和卫生部主任H. A. Jasiorowski为代表的一方和联邦德国Hannover兽医学院病毒研究所所长B. liess博士为代表的另一方，签订一项合同，生产中国“C”株疫苗种毒供猪瘟免疫用。在生产前，需要进行试验，验证其是否符合联合国的要求。这项工作已于1986年2月完成。经过检验合格的一批冻干疫苗种毒已经储备，可供FAO向其他实验室分发应用。

周泰冲除用大部精力攻克猪瘟兔化弱毒苗外，还是猪水泡病细胞弱毒苗研究的主持人之一，20世纪70年代中期，猪水泡病发病严重，与口蹄疫在临床症状上难以区分，严重影响了养猪业的发展和畜产品的出口，为防治猪水泡病的发生和对上述两种传染病的准确鉴别，周泰冲带领课题组经过数年的试验研究，试制成功了猪水泡病细胞弱毒苗和猪水泡病与口蹄疫鉴别诊断方法，获全国科学大会奖。

猪瘟的早期准确诊断，是防止其发生和蔓延的重要环节。一般的实验室诊断方法时有发生误诊的状况，给有效地防治猪瘟和养猪事业的发展造成了很大的影响。周泰冲首先开展了猪瘟病毒单克隆抗体诊断试剂及应用研究，终于成功研制出敏感性高、操作方便的诊断试剂，并获农业部科学技术进步奖二等奖。

随着改革开放和世界各国贸易的不断开展，为适应畜牧业生产快速发展的需要，我国开始从国外大批的引进牲畜良种，但是由于欧美等一些发达国家中普遍流行牛黏膜病和传染性牛鼻气管炎等疾病，给引种带来了困难。为口岸检疫的需要，周泰冲利用出国的机会，从匈牙利带回了牛黏膜病和牛传染性鼻气管炎病毒毒种，指导科技人员开展了牛黏膜病和传染性牛鼻气管炎病毒血清中和试验方法和病毒分离诊断方法的研究，及时地为进出口动物检疫提供了可靠的方法，填补了国内空白，获得了农业部科技进步奖三等奖。

周泰冲还在马瘟弱毒疫苗、绵羊痘弱毒苗、鹌鹑化鸡痘弱毒苗、猪喘气病弱毒株的培育，以及传代细胞系的保存等方面做了大量工作。

真空冷冻干燥对于兽医生物制品是一项举足轻重的技术革新，它与兽医生物制品的质量有着密不可分的关系。20世纪50年代之前，我国兽用生物制品均为湿苗，体积大，保存期短，运输使用十分不便，与世界先进水平的差距颇大。为缩小差距，20世纪50年代末，周泰冲与北京生物制品研究所合作，亲自研究设计了中国兽医生物制品界的第一台真空冷冻干燥机，为中国兽医生物制品采用真空冷冻干燥技术工艺奠定了基础，使中国兽医生物制品的制备、生产从此上了一个新台阶，实现了一个全新的质的飞跃。为把此项技术迅速推广应用，周泰冲组织举办了数次培训班，培养了一大批能熟练掌握真空冷冻干燥技术的工程技术人员。这项技术首先在农业部部属的五个生物制品厂推广，然后全国各省级兽医生物制品厂也普遍采用，实现了中国兽医生物制品与国际接轨。

三、任劳任怨，勤奋敬业

由于周泰冲一贯无私忘我的工作态度，严谨求实的科研精神以及所取得的众多卓越科研成果，1954 年，他被评为中监所先进工作者。1956 年，他被北京市科协评为先进科学普及工作者，光荣地参加了全国科普大会。1965 年，他领导的病毒室被评为中监所先进单位。1986 年周泰冲由于对北京市科技工作的卓越贡献，而获得北京市科协颁发的荣誉证书。

在几十年的科研工作中，周泰冲几乎没有休息日，大多数星期天都要到实验室去，走时总跟家人说“我一会儿就回来”，结果一去就是一天。星期天是这样，平时更是如此。每天傍晚下班后，他吃完晚饭就又赶回实验室，要工作到 11～12 点钟所里要关大门了才离开，回家后又接着查资料、写东西直到深夜 2～3 点钟。有很多次他在实验室工作竟忘记了时间，等要回家时，工作区的栅栏门因已过午夜 12 时被锁上了，周泰冲这位大专家只好爬栅栏回家了。周泰冲的勤奋敬业已到了忘我的程度，每次单位体检，他几乎都是出差、开会，或因工作忙走不开，事后也舍不得抛开工作去看医生，脑子里装的全是工作。他对已知患有的冠心病、慢性胃炎也毫不在意。为了科研工作，他长年深夜伏案，要么撰写论文，要么翻译国外最新的科技动态或科技资料，要么给全国各地的科研同行及群众来信做回复。周夫人说：“老周这几十年，对每一封来信和技术咨询是每封必回，特别是基层技术人员的来信，而且都非常认真，生怕对方搞不清楚。他不是那种自以为是大专家、大教授，有名有利的事才动笔的人。”他对他所带的研究生要求甚严，从实验室操作的规范性到实验数据记录的真实性，他都亲自过目。他还经常指导检查病毒室科技人员的工作情况，发现问题及时指出，并且发动大家共同研究解决。

周泰冲作为病毒室主任，为严谨、有效地完成科研项目，进行了大量的动物实验。他每次都是亲自带人到猪舍抓猪，从不怕脏臭劳累；在给猪做 X 射线透视的过程中，由于防护铅板一般只有两块，他总是先让给自己的学生或其他工作人员，自己很多时候都是在不带防护铅板的情况下进行的，他明知 X 射线对人体有危害，但他却依然年复一年的这样做着。在他的心里，科研项目比自己的生命还重要！他不懂喊口号，也不懂哗众取宠，默默地用不怕苦、不怕死的舍身精神实践着自己的科技人生！如此想来，他和同事们取得如此的科研成就也是一种必然。

1967 年年初，尼泊尔境内发生牛瘟并传入中国西藏边境，严重威胁西藏畜牧业生产的安全。应西藏自治区人民政府的要求，农业部委派工作组前往西藏支援。周泰冲已时年52岁，作为领队他不顾自己身患冠心病和骨性关节炎的困扰，在当时交通极为不便的条件下，爬雪山、穿戈壁，带领工作组直插世界屋脊海拔平均5000多米的阿里地区改则县进行就地制苗，并深入牧区开展紧急预防接种。在支援队伍的共同努力下，历时半年完成了对阿里地区的牛群预防接种，为防止此次牛瘟的蔓延筑起了坚固的防线，为保护广大牧民的经济利益做出了重大贡献。这半年中，他一直工作、生活在环境极端恶劣、条件极端艰苦的藏北高原。工作结束时，劳累和病痛使他无法行动，是当地的藏族同胞用担架将他抬下大山，送进了当地医院。周泰冲用自己的行动赢得了西藏人民的爱戴和赞扬。

1964年，周泰冲母亲病逝，当时他正在外地出差。当通知他马上返京时，因工作正处于关键阶段不能离开，他只好委托组织上为老人安排了后事，为此受到了家人的怪罪。周泰冲耐心给家人解释："工作和家事冲突时，我们周家人应先考虑工作，考虑国家的大事，忠孝不好两全，望亲人们理解"，最终得到了家人的谅解。1978年到东欧考察，1982年赴美国合作研究一年，他利用这两次机会，省吃俭用，把节省下来的有限生活费用，购买了许多重要专业资料和有价值的菌、毒种及细胞系，供国内生产和研究用，对我国兽医生物制品的研究生产起到了重要的作用。1986年，他积劳成疾因病住院，即使如此，他还想着所里的工作，写条子对他所带的研究生进行指导；为北京实验动物协会完成了《用重组DNA技术研制和生产疫苗的进展》的综述；为《兽用生物制品》一书编写了10万余字的文稿，给兽医学文库增添了宝贵的资料。直到1987年3月周泰冲被确诊为淋巴癌入院治疗前，还为国家科学技术进步奖农牧渔业组审阅了相关论文。

周泰冲治学严谨，诲人不倦，为兽医生物制品的生产与研究培养、扶植了一批人才。他几十年如一日，以强烈的事业心和责任感孜孜不倦地工作。他的求知欲特别强，在学识上从不满足。他这种在科学道路上不断开拓、不断攀登的精神深受同志们的敬佩。他撰写和翻译了大量有价值的著作。40多年来仅公开发表的著作、论文、综述、研究报告就有近90篇。与一般人不同的是，他时常把中国的兽医监察和科研进展情况写成综述文章并提出自己的意见和建议，在适当的时机送上级领导机关参阅决策。他从不唯上，直言不讳，求实直谏，一针见血地指出中国兽医生物制品行业在机构设置、法规建设、技术人员培训、人才培养等方面应加强与改进的地方。他经常翻译一些国外先进的科学论著，供广大科技人员阅读，期望尽快提升大家的科研和监察水平，加快中国兽医生物制品事业的步伐。由于他博览群书，知识渊博，视野广，见识多，所以一些重要的课题的提出、设立以及一些新的兽药检测手段、诊断技术的启用等，周泰冲往往是先导者和开拓者。

四、坦荡做人，踏实做事

周泰冲为人正直，生活简朴，待人热情爽直，从不追求个人名利，不计较个人的得失。多少年来，他的研究员级别就没有调过，他总与家人说："我每月的工资算是高的了，我们的生活水平应当知足了，你们知道知足者常乐吗！"他对饮食要求不高，吃饭都极其简单，有个热汤下馒头就够了。他不抽烟，不好喝酒，也没有别的嗜好，每月让夫人准备一斤糖块足矣。他的工资除全家生活开销外，其余几乎都用来购买各类中外科技书籍了。

周泰冲心地善良，乐于助人。几十年来，每月都寄钱帮助在淮北农村的妹妹，每月寄钱接济一个患病的远房弟弟。只要出差到艰苦的地方或工作繁重时，他都会自己掏腰包给一起工作的年轻人买营养品。他所在的病毒室的同志们也常常吃到他的糖块。他的研究生病了，他想尽办法从各方面予以照顾，并亲自到医院去看望。他还热情、主动地介绍、推荐他的研究生出国深造，但当他的儿子也想让他介绍出国留学时，他却对儿子说："你在国内的本事还没有学好，不要赶这个时髦。不论在哪儿，学到真才实学是最重要的。"

在"文化大革命"中，周泰冲受到极左思潮的极大冲击，被关进"牛棚"，被诬陷为"国民党的残渣余孽"、"资产阶级反动学术权威"。面对这些不白的冤屈和不公平的待遇，周泰冲始终抱着积极、豁达的态度，相信党相信群众会给他一个公正的结论。当他的家人和子女受到政治牵连，使他们在上山下乡、升学就业、政治进步等一系列问题受到影响时，周泰冲仍耐心教育子女们，要相信党，要正确对待这一切，鼓励子女们要在艰苦中磨炼，在逆境中奋斗，要靠自己的努力去寻觅人生的位置，永远不能气馁。

五、周泰冲主要论著

程绍迥，费思曼，周泰冲. 1949. 中国的鸡胚化牛瘟疫苗. 农业研究，(8)：29-46.

周泰冲，于光熙. 1950. 真空冻干鸡胚化牛瘟疫苗. 畜牧与兽医，1 (6)：120-126.

周泰冲. 1950. 兔化牛瘟苗的研究与应用及其最近的发展. 畜牧与兽医，1 (6)：126-138.

周泰冲. 1952. 鸡胚化牛瘟病毒疫苗之研究. Ⅰ. 对中国牛之感染性与免疫力（第一报告）. 中国农业研究，1 (2)：127-148.

周泰冲，苏麟，张林鹏. 1955. 我国关于兔化牛瘟病毒疫苗的研究. 科学通报，(10)：46-49.

周泰冲，方时杰，李继庚，等. 1960. 猪瘟兔化弱毒的研究. 畜牧兽医学报，Ⅰ. 猪瘟兔化弱毒对家兔的感染性. 5 (1)：1-6. Ⅱ. 猪瘟兔化弱毒对猪的安全性. 5 (1)：17-31. Ⅲ. 猪瘟兔化弱毒对猪的免疫性. 5 (1)：

32-40.

Burrows R, Mam J R, Goodridge D, 周泰冲. 1976. 猪水泡病：从不同国家分离的各株病毒的比较研究. 国外畜牧科技资料，(1)：64-69.

周泰冲. 1980. 猪瘟病毒与防制猪瘟的研究进展. 兽医科技杂志，(4)：25-35；(5)：32-41.

周泰冲，李继庚，潘宝年. 1981. 鹌鹑化鸡痘弱毒疫苗的研究. 畜牧兽医学报，12 (2)：35-42.

刘桂芳，翟盘兴，周泰冲. 1981. 传代细胞株的超低温保存. 兽医科技杂志，(5)：8-11，67-68.

周泰冲，刘桂芳，翟盘兴. 1981. $IBRS_2$ 猪肾细胞株污染病毒的检查. 兽医科技杂志，(4)：4-9，2.

周泰冲，陈永倜，孙序新，等. 1981. 传染性牛鼻气管炎 Bartha-Nu/67 株弱毒的研究. 兽医科技杂志，(8)：11-19，68.

周泰冲. 1980. 现代化养鸡和鸡病防治. 世界农业，(7)：25-26.

周泰冲. 1983. 抗病毒单克隆抗体的生产技术和应用. 兽医科技杂志，(1)：37-45，2；(2)：37-42.

周泰冲. 1983. 介绍美国国家兽医服务实验室——兽医生物制品检定及诊断中心. 兽医科技杂志，(6)：61-62.

周泰冲. 1983. 美国国家动物病研究中心的科研工作. 兽医科技杂志，(11)：63-66.

周泰冲. 1984. 在兽医病毒学和免疫学领域开展单克隆抗体研究. 中国兽医杂志，(4)：42-47.

周泰冲. 1984. 猪瘟兔化弱毒疫苗. 农业科技通讯，(10)：24.

周泰冲. 1985. 猪瘟和猪瘟兔化毒弱毒疫苗. 世界发明，8 (43)：1-2.

主要参考文献

周泰冲. 1965. 近年来对于非洲猪瘟病毒的研究的一些进展//马闻天，罗仲愚，刘瑞三. 兽医学进展（第一集）. 上海：上海科学技术出版社：51-70.

周泰冲，叶章明，黎少权，等. 1981. 从新西兰进口奶牛中分离传染性牛鼻道气管炎病毒. 兽医科技杂志，(1)：8-11，2.

周泰冲，李继庚，潘宝年. 1981. 鹌鹑化鸡痘弱毒疫苗的研究. 畜牧兽医学报，12 (2)：35-42.

周泰冲. 1981. 非洲猪瘟的实验室诊断. 兽医科技杂志，(5)：44-48；(6)：61-64.

周泰冲. 1984. 遗传工程疫苗和单克隆抗体技术. 中国兽医杂志，(8)：51-53，15.

撰写者

赵振亚（1940～），中国兽医药品监察所副研究员，周泰冲先生的同事。

周一民（1947～），北京，中学物理高级教师，周泰冲先生的长子。

李曙轩

李曙轩（1917～1990），广东惠阳人。园艺学家，园艺教育家，植物生理学家，中国蔬菜生理学的倡导者和创始人，中国植物生长物质研究的先行者。1940年毕业于中央大学园艺系。曾任中国园艺学会副理事长，农业部“全国蔬菜专家顾问组”组长。他长期致力于蔬菜学的研究和教育事业。主编的本科生教材《蔬菜栽培学总论》、《蔬菜栽培学各论（南方本）》系统阐述了蔬菜栽培的理论基础及各种蔬菜的基本栽培技术，是内容详尽而全面的全国优秀经典教材。他率先开展蔬菜生理学的试验研究，对蔬菜植物生长发育规律、产品器官形成特性及影响因子进行了深入研究。他卓有成效地开展了植物生长物质的应用基础、应用技术的研究，是中国倡导园艺作物应用植物生长物质的奠基人。他还积极倡导和较早开展园艺植物生物技术研究。科研成果大多已应用于生产实践，给中国农业，尤其是园艺产业带来了巨大的经济效益和社会效益。他的研究成果和学术思想对中国现代蔬菜学的发展有重要意义。

一、成长经历

1917年2月，广东省惠阳市的一个普通商人家庭出生了一个儿子。父亲希望孩子今后的人生能够福星高照、飞黄腾达，给家庭带来幸运，便取下名字：佛光。由于李家家庭条件殷实，父母注重孩子的教育培养，小佛光自幼受到良好的教育，加之天资聪颖，酷爱读书，学习成绩在班级一直名列前茅。为了实现自己宏大志向和对未来前途的期望，中学时期的佛光更名为曙轩。1936年9月，李曙轩以优异成绩考入中央大学农学院园艺系。1937年抗日战争爆发，中央大学的宁静校园被打破，学校被迫搬迁到重庆沙坪坝。动荡的生活、艰苦的环境、简陋的条件并没有动摇他求知的渴望，他仍坚持刻苦学习，努力汲取园艺科学知识。1940年，李曙轩大学毕业后，因学业成绩优异而留校任教，师承曾勉教授。任职期间经常乘车后再步行十余里到植物资源丰富的缙云山或北碚的静观镇，紧密联系实际进行现场教学，形式生动活泼。

1945年，中国农学会选派留学生去美国学习，李曙轩以优异的成绩被录取。当时，正值第二次世界大战，飞往美国的航线未开通，他乘坐小型军用飞机穿越喜马拉雅山脉，历经颠簸到达印度，然后乘船去美国，当年10月进入密歇根州立大学深造。在美国留学期间，他充分利用美国大学良好的学习条件和研究条件，在一年多时间内，修完全部硕士课程，通过论文答辩，获得硕士学位。随后继续攻读博士学位，1948年以优异的成绩完成博士学业，获得了美国哲学博士学位，且两次荣获“金钥匙”奖。

1948年10月，李曙轩谢绝了校方的挽留和公司、研究所的聘请，决意用学到的知识报效祖国，毅然归国。他带回来的是先进的科学知识和一颗炎黄子孙报效祖国的炽热之心。除了许多专业书籍、文献资料、各种植物生长调节剂、化学试剂、一台英文打字机和一部照相机外，没有带任何高档生活用品。同年11月，在上海与大学同系同学方云亿女士结为终身伴侣，两人婚后育有一子。

回国后的李曙轩同年受聘为四川大学园艺系教授，同时兼任华西大学教授，从事鳞茎类蔬菜形态解剖结构的研究。

1950年9月，受南京大学（中央大学已改为此名）之聘，李曙轩回到母校任园艺系教授兼系主任。在南京大学任职的两年期间，他研究了植物生长物质2，4-D对大白菜脱叶及其他生理效应的影响。此间，南京大学创办了新中国成立以后全国第一份园艺刊物《园艺新报》，曾勉任主编，而组稿、审稿、编辑及发排等工作全部由李曙轩负责。

1952年，全国高等院校进行院系调整，南京大学农学院园艺系合并到浙江农学院（后更名为浙江农业大学），李曙轩随之来到了杭州任教，在浙江农业大学辛勤耕耘了38个春秋，在教学、科研和人才培养上付出了毕生精力和心血。

李曙轩曾任农业部全国蔬菜专家顾问组组长、中国园艺学会副理事长、浙江省园艺学会理事长、浙江农业大学园艺系主任、国务院学位委员会第一届（农学学科）、第二届（植物栽培、遗传育种）评议组成员、中国科学院上海植物生理研究所学术委员会委员、植物生长物质协会理事长、中国植物生理学会常务理事、浙江省植物生理学会副理事长、浙江省科协常委、第六、七届全国政协委员。同时是国际园艺学会的学术刊物 *Scientia Horticulturae*、《中国农业科学》、《园艺学报》、《中国蔬菜》编委；《长江蔬菜》主编。

二、主要研究领域和学术成就

（一）致力于蔬菜生长发育特性研究，奠定中国蔬菜生理学基础

1. 系统研究蔬菜产品器官形成规律

李曙轩一直认为蔬菜生产的目的是获得产品器官，因此对产品器官的研究是最

基本的研究，也是最重要的研究。许多蔬菜的产品器官属于变态的营养器官，无论是形态发生与演变、解剖结构还是生化成分变化都值得深入研究。1948 年，李曙轩就开始从事鳞茎类蔬菜形态解剖结构的研究，之后，又对各种蔬菜产品的器官进行细致地观察和分析，研究对象包括萝卜的肉质直根、甜瓜和葫芦的果实、生姜的根状茎、荸荠的球茎、茭白的肉质茎、花椰菜的花球、青菜的叶片、大白菜和甘蓝的叶球等。他先后在《中国科学》、《植物学报》等刊物上发表了多篇有关论文，这些论文都具有较高的学术水平和参考价值。

2. 发展了蔬菜生长发育理论

20 世纪 50～60 年代，李曙轩深入研究了春化和光周期对大白菜、小白菜、芥菜、豆类及大蒜产品的器官形成、花芽分化和抽薹、开花的影响。研究表明，二年生蔬菜的生长发育有其自身的特点：它们对低温春化和光周期处理的表现有质的反应和量的反应，完成发育所需要的温度、日照强度和日照长度依蔬菜种类、品种而异，白菜和芥菜的先期抽薹或抽薹不完全、大蒜鳞茎获得独头蒜和抽生两次蒜薹现象，均与春化温度和光周期有关，由此从理论上阐明了蔬菜生产上的许多问题。李曙轩在这方面的研究，先后发表了《春化与光照对大蒜鳞茎形成与蒜薹发育的影响》、《春化与光照对于白菜及芥菜发育的影响》、《光照及温度对不结球白菜的生长与产量的影响》、《大白菜的叶球形成与生化变化的研究》等十多篇论文，研究结果进一步拓宽了春化和光周期理论，建立了二年生蔬菜发育生理的理论基础。

（二）开创中国植物生长物质应用研究的先河

从 20 世纪 40 年代留学美国开始，李曙轩就致力于研究植物生长物质调控植物发育的机制及其在蔬菜作物上的应用技术。经过近半个世纪的努力，他获得了许多重要成果，并推动了国内蔬菜生产应用植物生长调节剂的进程。

1. 首次成功应用萘乙酸（NAA）延长花椰菜和甘蓝贮藏期

20 世纪 40 年代，美国应用植物生长调节剂延长鳞茎类和薯芋类蔬菜贮藏期已获得成功，但对甘蓝类蔬菜保鲜方面刚开始探索。李曙轩留美后阅读大量文献，认真总结前人试验经验，将甘蓝类蔬菜保鲜研究列为博士论文的研究方向。他试验了多种植物生长调节剂和不同的处理方法，终于发现 α-萘乙酸甲酯喷洒在纸屑上，然后与产品一起混装在包装箱里，可明显抑制采后脱叶，延长保鲜期。此项研究成果首次证明生长素类植物生长调节剂具有延缓衰老和蔬菜采后保鲜的效果。相继在

《美国园艺学会学报》上发表论文《α-萘乙酸甲酯对花椰菜贮藏寿命的影响》等论文。李曙轩也首创植物生长调节剂在叶菜类蔬菜贮藏保鲜上的应用技术，成为中国第一个研究植物生长调节剂延长蔬菜保鲜的学者。

2. 应用生长素类调节剂防止茄果类蔬菜落花、提高产量的研究

20世纪50年代初期，李曙轩把国外应用生长物质调节蔬菜生长发育的新技术引进国内的蔬菜科研和生产中。在国内尝试应用2，4-D防止番茄、茄子及辣椒的落花，提高产量，获得成功后在城市郊区推广应用，受到广大种植户的欢迎，解决了茄果类蔬菜早春低温结果难的问题，对春季果菜类蔬菜的供应做出了重要贡献。直到21世纪的今天，各地蔬菜主要产区仍在应用这一技术。在推广应用2，4-D时，李曙轩发现应用2，4-D十分费工，同时对嫩叶和幼芽易产生损害，因此考虑如何改进和完善。在70年代，他应用防落素（PCPA）处理，具有与2，4-D同样的效果，提高了工效，减轻了药害，在全国各地推广应用。茄果类蔬菜上应用生长素类的2，4-D和防落素，已成为蔬菜生产上一项常规栽培措施。据不完全统计，该项技术每年经济效益达亿元以上。与此同时，李曙轩先后发表了《植物生长刺激物对于番茄落花及结实的影响》、《应用植物生长刺激剂防止番茄在高温下的落花》、《植物生长刺激物对于茄子落花及结实的影响》及《应用苯酚类生长调节剂防止番茄落花、增加产量的效果》等论文。国际园艺学会曾报道："中国是应用生长素增加番茄产量使用面积最多的国家"，这项举世公认的成就里包含着李曙轩几十年的努力和辛劳。

3. 在世界上最先应用植物生长调节剂调控瓠瓜的性别表现

瓜类蔬菜是雌雄同株异花植物，性别表现的调控机理及技术一直是遗传学、植物生理学和蔬菜学的研究重点。20世纪70年代，李曙轩开始研究瓜类性别表现及乙烯利和赤霉素（GA_3）调控的机理，发明了利用乙烯利和赤霉素控制瓠瓜性别表现、增加雌花、提早上市和提高产量的技术。于1978年在世界上第一次成功地应用植物生长物质乙烯利、GA_3等控制瓠瓜的雌雄性别，探明了瓜类性别分化的两性期定向单性转化的控制机理，相继在《中国科学（B辑）》、《科学通报》、《植物生理学报》、《园艺学报》上发表了瓜类性别表现与激素控制的相关论文，引起了学术界的关注和重视，使植物生长调节剂调控植物性别的理论向前推进了一步。应用该项技术，使原来瓠瓜早春主蔓上很少产生雌花的现象大大改善，大幅度增加了瓠瓜的早期产量，提高了生产效益。1980年，李曙轩在美国科罗拉多大学召开的美国园艺学会第77届年会上宣读了《瓠瓜性别表现的激素控制》论文，与会科学家认为这是全

世界一项重要发现，并给予高度评价，会后世界各国科学家纷纷来函索取资料和论文。

此外，李曙轩在植物生长调节剂应用领域内的研究极其广泛。如应用2，4-D防止大白菜脱叶，用MH防止洋葱、大蒜在贮藏期间的抽芽，用乙烯利对番茄、西瓜催熟及植物生长调节剂在甘蓝、大白菜叶芽扦插繁殖与采种上的应用等方面，都取得了明显成果。

李曙轩是我国植物生长物质分会的创始人之一。“文化大革命”后，他是中国植物生理学会激素专业委员会成员。20世纪80年代初，他发起将当时的全国防落素推广协作组和全国“双膦”协作组合并，成立了中国植物生长物质协会，提出将从事植物生长物质的科研、教学、生产和推广单位的人员组织起来，有力地推动了我国植物生长物质事业的发展。1989年和1992年，李曙轩先后出版了《植物生长调节剂与农业生产》和《植物生长调节剂与蔬菜生产》两本专著，系统介绍了国内外植物生长调节剂在农作物和蔬菜作物上的研究和应用进展，全面总结了他几十年在植物生长物质领域的研究成果。

4. 在其他方面的成就

此外，李曙轩还是中国较早开始生物技术研究的科学家之一。

早在1942年，李曙轩与曾勉一起进行芸薹属蔬菜分类的研究，并在《中国园艺专刊》（英文版）上发表了《中国栽培芸薹属的初步研究》的论文，首次正式对起源于中国的小白菜、大白菜、乌塌菜和根用芥菜等进行科学分类，确定学名。分类方法和命名至今仍被沿用。

20世纪80年代初期，他成功地进行了花椰菜、大白菜等园艺植物的组织培养及无性繁殖，之后还开展了番茄幼胚离体培养、细胞突变体筛选和培养等研究，在*Planta*等国内外刊物上发表了多篇相关论文。鉴于他杰出的研究成果和组织能力，1987年，李曙轩作为中方主席在杭州主持召开了国际农业生物技术研讨会。

（三）履行教书育人职责，践行为人师表风范

半个世纪以来，李曙轩在园艺教育事业、人才培养和科学研究方面做出了重大贡献，将毕生的精力献给祖国的社会主义事业，不愧为一位卓越的科学家和教育家。

李曙轩在中央大学求学和任教11年间，一心刻苦钻研学问，精益求精，唯一爱好是阅读科学书籍，甚至没有买一只枕头，晚上就枕着用布包着的书籍睡觉，他的同窗学友曹寿椿和王业遴曾赠“枕书求学巴山蜀水传佳话”之句，就是对当年李曙

轩以书代枕勤奋学习的称颂。

他长期在高等学校任教，基础扎实、学识渊博、诲人不倦，忠诚教育事业。他十分重视第一线的教学工作，一直没有离开过讲台。20世纪80年代后虽然招收了多名博士生和硕士生，还有行政工作和社会活动等，工作极其繁忙，但他始终坚持给本科生上课。他认为科学技术在日新月异地发展，教学内容应当不断丰富和更新，虽然他已是一位资深老教师，但每次上课总是认真备课，改写讲稿，增添许多反映当代园艺学科的新成果和蔬菜学科前沿的新内容。曾经有几所农业院校的资深教师将李曙轩编写的几十万字的讲稿连同图表全部抄写一遍，回校后作为重要的教学参考资料。

李曙轩热爱事业、热爱专业。他言传身教，把自己的全部知识传授给学生。他经常教育学生，研究学问要有锲而不舍的精神，干事业要有献身精神，工作上要脚踏实地、精益求精，学习上要刻苦钻研，永不自满，千万不要做夸夸其谈的人。他是这样说的，也是这样做的，他的言行给学生和青年教师树立了榜样。每到深夜，窗前灯光陪伴着他认真备课，收集国内外的最新资料，撰写论文。他十分珍惜分分秒秒的时间，无论开会、出差，无论在火车上还是在飞机上，总是手不释卷，专心学习。李曙轩不分节假日，不论烈日炎炎的夏天，还是冰天雪地的寒冬，总是忙碌在蔬菜试验田、实验室和温室。他常常脱掉衣服，亲自搬盆钵，观察试验结果，或详细记载，或跪在地上拍照，或取样分析，或一连数小时聚精会神在显微镜下观察。他从不说这样工作辛苦，而是说这样测定挺有意思，把工作看成最大的乐趣。

李曙轩对胸怀大志、勤奋好学、踏实肯干的学生和年轻教师非常器重。他会毫无保留地把自己珍爱的文献、试验用具供年轻人使用，热心耐心地进行答疑，或提供资料、卡片，或指明参考书。他总是逐字逐句地认真审阅硕士生和博士生的毕业论文，论文观点和数据的正确性，学名拼音、文字修饰、标点符号及参考文献等都一一仔细审校、修改，一丝不苟，从不马虎。在他的热情指导和帮助下，许多年轻人发表了高水准的论文和著作。李曙轩在生活和工作中十分平易近人，对待同行、同事和学生，总是面带微笑，以商讨的口吻表达自己的见解，交流学术上的研究成果。每逢研究生做读书报告，只要有空，他都会参加，一边听一边记，然后跟大家一起讨论，提出建议性的意见。为了加强研究生的英语专业训练，他经常用英语上课，用英语举办学术讲座。李曙轩认为蔬菜学是一门实践性很强的学科，实验课、教学实习和生产实习是重要的教学环节，他常常亲自设计试验方案，提出试验方法，制作试验教具，并亲临实验室手把手地指导学生。他时时要求学生掌握扎实的基础理论知识、全面的专业知识和熟练的操作技能，成为园艺事业的有用人才。他还经常带领年轻教师和研究生深入乡镇、农村进行生产调查，到蔬菜种植区搞科学实验。他与许多菜农成了朋友，除了悉心交谈、总结经验之外，还帮助他们解决蔬菜生产上的疑难问题。

李曙轩认为，中国是世界上最古老的栽培植物起源中心，拥有大量的种质资源、悠久的农业历史和丰富的生产经验，在世界上没有比在中国研究蔬菜园艺更理想的地方了。虽然他的一生也有曲折和磨难，但他始终没有一句怨言，从未停止过试验研究，体现了一位爱国科学家的博大胸怀和执著追求。党的十一届三中全会以后，他看到了党和国家对知识、对人才的重视，科学的春天来到了，教育和科研战线出现了蓬勃生机，更迸发出旺盛的工作热情和创造精神，全身心投入到工作之中，建立起蔬菜生理生化实验室和果蔬生理研究室等，并将组织培养生物技术等较先进的研究手段应用到蔬菜园艺的研究中。由于他有扎实的植物学、植物生理学及植物生物化学等专业基础功底，在国内首先开设蔬菜栽培生理课程，全国有 20 多所农业院校的教师前来进修蔬菜生理课的教学内容和教学方法，各院校教师回去后也先后开设了蔬菜栽培生理课程，还经常得到李曙轩的指导和他提供的新资料。李曙轩还与国外许多著名蔬菜生理专家一起在国内多次举办了全国性蔬菜栽培生理培训班，使我国蔬菜园艺学的研究从经验总结、调查研究的方法进入到生理分析研究的新阶段，逐步形成了蔬菜栽培生理的新领域。1979 年编著出版了《蔬菜栽培生理》一书，奠定了中国蔬菜栽培生理学的理论基础，开辟了一个新的学科分支，并率先在国内农业院校开设蔬菜栽培生理课，为国内各农业院校培养了一支师资队伍，培养了许多蔬菜栽培生理方向的硕士和博士。10 年以后，1989 年国家教委正式批准将蔬菜栽培生理课定为高等农业院校蔬菜专业本科生的必修课。李曙轩为建立具有中国特色的蔬菜栽培生理学做出了重大贡献，成为中国蔬菜栽培生理学的创始人。其中“大白菜叶球形成生理的研究”和“瓜类蔬菜性别控制机理的研究”分别获得国家教委科技进步奖一等奖和二等奖。他的许多成果还被拍成科教电影，如《植物激素与蔬菜》、《大白菜采种新方法》等在全国播放，并获得一致好评，其中《植物激素与蔬菜》于 1984 年获得全国科教片金鸡奖。

李曙轩在蔬菜教学事业上的贡献，还包括他主编了两本高等农业院校蔬菜专业全国统编教材《蔬菜栽培学总论》、《蔬菜栽培学各论（南方本）》，于 1992 年荣获农业部首届农科本科部级教材优秀奖。李曙轩主持制定了中国第一个“蔬菜专业硕士研究生培养方案和论文标准”。

40 多年的教学生涯，李曙轩培养出数以千计的高素质大学毕业生。从 1956 年开始招收硕士研究生，1984 年在国内首批开始招收博士研究生，1988 年又首批被批准向国外招收博士研究生，先后共培养了硕士研究生和博士研究生 20 多名。此外，还培养了一批兄弟院校来进修的教师，可谓桃李满天下，很多学生都已成为专家、教授，成为高校蔬菜教学第一线的中坚力量，有的还担任了部、省级的领导，为中国蔬菜教育事业做出了卓越贡献。

（四）努力与国际研究前沿接轨，提升中国蔬菜园艺学研究水平

李曙轩在植物学、植物生物化学及植物生理学等方面亦有深厚的造诣，更为重要的是他有敏锐的学术洞察力，善于把基础科学和农业生产紧密地结合起来，跨越蔬菜学和植物生理学的界限，运用植物生理学的理论和方法对蔬菜进行研究，并从生理学角度探讨和阐明蔬菜生产中的问题，引导国内研究与世界水平接轨。早在美国求学时，他就把植物生长调节剂应用到蔬菜生产和保鲜上。经过 40 多年的努力和研究，终于形成了独树一帜的学术风格。他先后提出了关于芸薹属、葱蒜类蔬菜春化及光周期现象，植物生长调节剂与单性结实、性别分化及离层形成的关系，薯芋蔬菜和水生蔬菜产品器官形成及大白菜叶球形成与生化变化，茄果类及根菜类蔬菜大田群体结构与光能利用，以及蔬菜产量形成等理论，构成了蔬菜栽培生理基础，形成中国蔬菜学的特色。

李曙轩是一位有国际声望的园艺学家，他曾多次出席国际学术会议，代表中国园艺界向世界各国介绍中国园艺科学和蔬菜事业的进展。1983 年，*Scientia Horticulturae* 在全世界聘请七位园艺学家担任编辑顾问，李曙轩作为唯一的中国园艺科学家被聘任。他将此看做是中国园艺界的光荣，怀着强烈的民族自豪感愉快地接受了聘任，从此在他十分繁忙的日程表上又增添了一项重要工作。他总是认真、及时地审阅与修改杂志社寄来的各国作者的稿件，他常说：这项工作不只是个人面子问题而是关系到国家的声誉，必须以国际学术界的标准认真做好，不能马虎。李曙轩的学术成就和认真工作精神赢得了国际园艺界的声誉，在出席大型国际会议时经常受邀主持专业会议。

自 1980 年以后，李曙轩不断地接待来华访问的各国学者和专家，并与美国、英国、日本、澳大利亚和意大利等国的科研机构、出版社、大学和著名的教授、学者保持经常联系和交流，建立友谊和合作关系。如邀请美国科学院院士、加利福尼亚大学教授 Bukovac 博士、美国蔬菜生理学家 Rappaport 博士、日本高知大学加藤彻教授及英国蔬菜生理学家何廉全博士等来华，把国际先进的学术成就和科学技术引进国内。1982 年，李曙轩作为北京蔬菜研究中心访英代表团的顾问，访问了英国大多数园艺研究单位，把英国先进的营养液膜栽培技术（NFT）和蔬菜种质资源基因

库技术带回中国。

李曙轩通过留学以及后来的国际交流与合作，充分认识到中国是农业大国，园艺植物种类之多，栽培面积之大、生产技术之丰富，在世界上很少有国家可与之相比，中国应当对国际园艺科学有重要贡献，因而他努力将中国的园艺学术成就介绍给国际园艺界。1980 年，李曙轩出席了在美国科罗拉多大学召开的美国园艺学会第 77 届年会，并在大会上宣读了《中国白菜的无性繁殖与采种效果》和《瓠瓜性别表现的激素控制》论文，受到美国和其他各国园艺学家的称赞和关注。1986 年，他出席了在美国加利福尼亚大学召开的第 22 届国际园艺学会大会，宣读了《芸薹属蔬菜种子春化与绿体春化类型生化比较的研究》论文。1987 年，他应邀出席了在意大利帕多瓦召开的第一届国际猕猴桃学术会议，宣读了《中国猕猴桃资源和生产技术》论文。李曙轩为中国园艺界赢得了声誉，为促进中国与国际园艺界的交流与合作做出了积极贡献。

（五）悉心学术研究，科研成果累累

李曙轩在园艺科学领域研究广泛，专长是蔬菜栽培生理研究，尤其是在植物生长调节剂的应用，蔬菜生长发育理论，蔬菜产品器官形成与生物化学变化，蔬菜群体结构与产量形成，以及蔬菜生物技术研究方面，取得了卓越的成就。自 20 世纪 80 年代以来，由李曙轩主持研究获得国家教委科技进步奖一等奖 1 项，国家教委科技进步奖二等奖 1 项，农业部科技进步奖 1 项，省科技进步奖 6 项，全国及省优秀论文奖与优秀科技图书奖 9 项。

李曙轩在整理和总结中国蔬菜科技成果、介绍现代蔬菜科学方法等方面亦做出了重大贡献，他担任了《中国大百科全书·农业卷》编委，《中国农业百科全书·蔬菜卷》编委会主任，主编出版了《现代蔬菜科学丛书》一套 12 本，并担任《蔬菜栽培总论》和《蔬菜栽培学各论（南方本）》的主编，还出版了《蔬菜栽培生理》、《植物生长调节剂与农业生产》、《植物生长调节剂与蔬菜生产》等专著 6 部。李曙轩的学识和成就，受到了园艺界的敬重，在农业科技界享有很高声望。他为中国蔬菜产业的布局及蔬菜科技政策的制定做出了积极贡献。1987 年荣获全国科协先进工作者称号。

李曙轩一生热爱自己从事的教育事业，全身心投入到教学科研工作中。由于长期超负荷工作，患上心脏病。1987 年之后，他的心脏病已十分严重，在医生的强烈要求下，勉强住院检查、治疗。病情有所缓解之后，他又投入到各项繁杂的工作之中。其间几度病危，几经抢救，终因心脏功能衰竭，于 1990 年 12 月 20 日凌晨 1 时许，离开了人世。

三、李曙轩主要论著

Carolus R L，Lee S H，Vandemark J S. 1947. Effect of the methyl ester of α-napthaleneacetic acid on the storage life of cauliflower. Proceedings of the American Society for Horticultural Science，(49)：367-369.

Lee S H. 1948. A taxonomic survey of the oriental pears. Proceedings of the American Society for Horticultural Science，(51)：152-156.

Lee S H. 1948. The effects of bud pollination of fertility and F1 fruit characters of some Chinese brassicas. Proceedings of the American Society for Horticultural Science，(52)：435-440.

李曙轩. 1952. 几种鳞茎类蔬菜叶部的比较解剖. 植物学报，1（1）：1-7.

Lee S H. 1953. A study on bulb formation and scape development of garlic. Scientia Sinica，2（2）：152-164.

李曙轩，寿诚学. 1954. 植物生长刺激物对于番茄落花及结实的影响. 植物学报，3（1）：17-30.

李曙轩，寿诚学. 1957. 春化及光照对于白菜及芥菜发育的影响. 植物学报，6（1）：7-28.

李曙轩. 1957. 落花、落果与落叶. 北京：科学出版社.

李曙轩，李式军. 1964. 白菜的花芽分化与叶球形成. 中国农业科学，5（6）：36-40.

李曙轩，傅炳通. 1979. 黄瓜及瓠瓜的性别表现与激素控制. 植物生理学报，5（5）：83-92.

李曙轩. 1979. 蔬菜栽培生理. 上海：上海科学技术出版社.

浙江农业大学（李曙轩主编）. 1979. 蔬菜栽培学总论. 北京：农业出版社.

浙江农业大学（李曙轩主编）. 1979. 蔬菜栽培学各论（南方本）. 北京：农业出版社.

李曙轩. 1981. 瓠瓜雌雄性别的激素控制. 科学通报，(8)：1135-1136.

李曙轩，裘文达. 1981. 花椰菜组织培养形成植株. 园艺学报，8（1）：33-36.

Lee S H. 1982. Vegetable crops growing in China. Scientia Horticulturae，17（3）：201-209.

李曙轩，裘文达. 1983. 大白菜的腋芽组织培养繁殖种子. 园艺学报，10（1）：41-44.

李曙轩. 1989. 植物生长调节剂与农业生产. 北京：科学出版社.

应振土，李曙轩. 1991. 乙烯控制瓠瓜性别分化的机理研究. 中国科学（B辑），(3)：276-283.

李曙轩. 1992. 植物生长调节剂与蔬菜生产. 上海：上海科学技术出版社.

主要参考文献

曾广文，喻景权. 1998. 现代蔬菜科学论文集——纪念李曙轩教授诞辰八十周年. 上海：上海科学技术出版社：1-14.

撰写者

郭得平（1964～），教授、博士生导师。在李曙轩教授指导下，完成了攻读硕士、博士学位阶段的学习。1992年开始在浙江大学（原浙江农业大学）从事蔬菜学教学和科研工作。

喻景权（1963～），长江学者特聘教授、博士生导师、学科负责人。1983年于浙江农业大学园艺系获得学士学位，1995年回国在浙江大学（原浙江农业大学）从事园艺科学教学和科研工作。

王金陵

王金陵（1917～），江苏徐州人。大豆育种学家，农业教育家，中国大豆杂交育种的开拓者。1941年毕业于金陵大学农学院农艺系。历任东北农学院副院长、中国作物学会副理事长、中国大豆研究会理事长、黑龙江省作物学会理事长、国家发明奖评选委员、农牧渔业部科技委员会委员；曾任黑龙江省科协主席、黑龙江省副省长、黑龙江省政协副主席、民盟中央委员会委员、黑龙江省民盟主任委员、全国人大常务委员、黑龙江省人大常委会副主任等职。在大豆遗传育种的各个方面，包括大豆的进化与分类、生态类型与育种、大豆农艺性状的遗传变异规律、杂交后代的选择、野生和半野生大豆产量与蛋白质利用的潜力等方面做过广泛的研究工作。根据其杂交理论选育出的东农4号大豆高产品种累计种植面积达6000万亩，选育出的超早熟品种使中国大豆生产的北限推进了100多公里。他提倡的“大豆杂交后代混合个体选择法和摘荚法”具有较高的选择效率，能较大限度地保持优良组合和丰产变异性，据此已选育出30多个高产新品种并逐步为国内大豆育种工作者所采用。他著有《大豆遗传与育种》、《大豆》等8部论著，科研论文50余篇。1978年获全国科学大会奖，1997年获何梁何利科学与技术进步奖，2009年获世界大豆研究大会奖（首位获此殊荣的中国专家）。

一、求学路波折

1. 童华少年

1917年3月15日，王金陵在江苏徐州出生。王金陵幼年时所生活的徐州市黄集乡自古人文荟萃，物盛景茂，资源优越，尤其是在农业生产上很有代表性。每逢夏日，黄集乡大片的高粱地、广袤的大豆田就成了王金陵和小伙伴们度假的“胜地”。扑鼻的豆叶清香，此起彼伏的蝈蝈鸣叫，都让他流连忘返，更留下了天真烂漫、遐想无穷的童年记忆。后来王金陵随父亲离开乡村，一起去了城里生活，但田野稼禾留给他的情结铭心不忘，始终无法淡去，那是一种发自内心的恋念和热爱。

王金陵酷爱大自然和各种小动物，无论是养羊、养鸽子、养麻雀、养蚕，还是到河里摸鱼、斗蟋蟀，他样样喜欢，并且乐此不疲。他的好奇心特别强，对感兴趣的事情总是动脑筋琢磨，总想去体验一下，并常常为此闯祸，遭到大人们的斥责、惩罚，但他秉性不移。后来，这个调皮的少年渐渐长大了，懂事了。然而他敢于实践，乐于探索的个性品质却始终不渝。

王金陵出生在一个牧师的家庭，尽管因弟兄较多，家里生活一直紧紧巴巴，但是他的父母始终认为，再困难也要让孩子们念书。特别是王金陵到南京上学后，家中的生活负担越发沉重了，父亲宁可向亲戚们借钱也要坚持供王金陵完成学业。正因求学的机会来之不易，也更激发王金陵的坚韧品质，促使他在日后科学研究中奋足纵横，硕果骄人。

2. 情系农门

1936 年 1 月，在金陵大学附属高中毕业后，王金陵考入了金陵大学理学院攻读工业化学专业。然而读了半年之后，王金陵却向学校提出申请，由理学院转入农学院农艺系学习，并以植物病理系为副系。在那重文重理的社会时尚面前，学农者可谓甚少，这样的选择通常被世人看做是“傻孩子”的举动。然而王金陵却决意踏入农门，这并不是一时冲动，而是深思熟虑后的慎重选择。王金陵始终难以割舍那些陪他一起成长的茂林秀田、花鸟草鱼，而且他早已下定决心要通过自身努力改变祖国农村落后的面貌。初创于 1914 年的金陵大学农学院开国内四年制农科先河，倡导教学、研究、推广要紧密联系中国农业实际，不尚空谈，这一点更是对初学农科的王金陵影响颇深。

1937 年，日本帝国主义发动了卢沟桥事变，抗日战争随即爆发，淞沪很快弃守，南京岌岌可危。于是，金陵大学与同处敌占区的其他大学相继迁到成都华西坝。在这几个月中，王金陵倒没有跟随学校赴川，而是留在徐州乡下简陋的校园中教授中学物理。1938 年，战事尤为紧张，日本人从北部打来，台儿庄战役爆发，王金陵参加了徐州李宗仁任司令的第五战区青年军团，并随军到了河南黄川。在第二次国共合作开始之际，王金陵因为还想继续念书，就离开了青年军团，到达汉口乘船辗转来到成都华西坝，回到了金陵大学。

日本侵略者的野蛮行径，激起了王金陵满腔的仇恨。他曾多次与师生们一道参加示威游行，这段经历不仅使他受到深刻的爱国主义教育，更坚定了他发奋读书，掌握技术，走“科学救国”的道路。重返校园的王金陵倍加珍惜每一寸光阴，如饥似渴地吮吸着知识的营养，为日后的教学和科研打下了坚实的基础。

二、愿与豆为伴

1. 大豆缘起

转到农学院以后，王金陵有幸结识作物育种学家、大豆专家、金陵大学农艺系主任王绶教授，在导师的启蒙和熏陶下，王金陵对大豆产生了浓厚的兴趣。大学四年级时，他还在导师的指导下，收集了三四百份大豆材料进行性状分析，并高质量地完成了毕业论文《大豆的分类》。

当时国内搞大豆研究的人寥寥无几，从国际上来看，除了美国引进了一些小黑豆作饲料用之外，日本的一些学者只拿大豆作些杂交，其他关于大豆的研究就更少了。因为寥有同行，这样的研究环境难免让王金陵感到有些孤单，但他同时感到前方充满挑战和希望。于是他在 1941 年大学毕业后毅然留校搞大豆研究，从此和大豆结下了不解之缘。

在留校之初，王金陵给学生讲授田间试验方法和生物统计，如鱼得水。在教学之余，他沿着大豆光周期性的思路搞科研，即从大豆的分布、大豆的生长、大豆的习性和大豆的类型这些细节做起。其间，王金陵不仅先后深入到四川几个重要农区了解农业生产和大豆种植情况，他还跑遍了因抗战而迁入成都的五所大学图书馆，翻阅了有关大豆的全部中外文献，记录了许多关于大豆遗传育种资料，为日后向大豆科学进军打下了良好的基础。基于此，王金陵独立完成了《大豆之光期性》一文，并且于 1942 年发表在《农林新报》上。

2. 初出茅庐

1942 年，王绶离开金陵大学农学院转到西北农学院工作，不久王金陵就写信给导师王绶，表明自己也愿意到西北工作。1943 年，王金陵在征得导师同意后，如愿来到陕西武功农林部省推广繁殖站任技术督导员。由于当时的推广繁殖站只是一个临时成立的机构，因此王金陵不久后转到当时农业科研最上层机构中央农业实验所工作，成为该所唯一的大豆育种工作者。这期间他的主要精力仍然放在大豆育种研究上，当时所里设备简陋，经费匮乏，试验田只有薄地 10 亩，几把尺子，两台天平，一堆纸袋、布袋和几把算盘，一台破旧的计算器。这些就是全部家当了。

清苦的工作条件并不能阻挡王金陵探索研究的脚步，他凭着他那股初生牛犊的闯劲，查阅了大量文献，结合育种工作实践，先后撰写了《大豆的品质》、《中国大豆栽培区域分划初步研讨》、《中国大豆育种问题》等论文。其中名为《中国大豆栽培区域划分之初步研讨》的文章根据大豆在各地区轮作制度的地位及光照周期性的特点，首先以春作大豆、夏作大豆、秋作大豆及冬作大豆名称区分中国的大豆并依此将全国划分五大栽培区，已为今日通用；另一篇是《中国大豆育种问题》，发表在中央农业实验所的《农报》上，并参加了农业部的论文征文比赛，获二等奖，得到中华农学会的奖励。农业部中央农业实验所所长沈宗翰在重庆见到了王金陵，夸赞王金陵头脑聪明，文章写得有见地，非常欣赏和器重他。从此，初出茅庐的王金陵在大豆研究方面开始崭露头角，稳步前进。

3. 到公主岭

东北是大豆的故乡，地域辽阔，土壤肥沃，王金陵早就向往这块搞大豆研究的宝地。带着开创大豆科研事业的雄心，王金陵于1946年作为中央农业实验所的技士及政府接收专员，来到吉林省公主岭农事试验总场接管该场工作，从事试验场接收及大豆育种和相应的基础研究。

当时许多接收大员都是忙于抓钱，根本无心过问业务，而王金陵关心的则是作物育种的材料和试验资料。他到处寻找日伪技术人员留下的各类作物育种材料和总结资料，终于在试验总场主楼的屋顶天花板上找到了一堆杂乱无章的大豆种子标本。他如获至宝，为了留住活标本，他经过初步选择、整理、观察、鉴定，把大豆种子都种了下去。除个别没有出苗外，他成功地保存了一批“公第号”大豆种质资源。至今，吉林的大豆种质仍沿用“公第号”作为品种保存的编号。这一大批宝贵的东北大豆品种资源，为以后富有成效地开展大豆育种工作打下了物质基础。

东北解放后，东北行政委员会农林部于1948年6月接管原公主岭农事试验场，因为留恋东北的大豆，王金陵放弃了南下的念头。1948年8月，王金陵开始了参加革命工作的历程，在公主岭实验场任技术员，时年31岁。

王金陵立志农学，如今有了施展才干的舞台；他热爱祖国，如今有了报效祖国的良机。过去搞科研是为了走“科技救国”之路，如今搞学术是为了开创“科技强国”的新天地。王金陵在工作人员崔力群的带领之下，经四平、通辽、白城子转到哈尔滨，迎接属于他的崭新开始。

三、北疆豆之王

1. 执教东农

1948年8月，东北地区即将全境解放，为迅速恢复生产，适应即将到来的新中国经济建设需要，中国共产党在解放区创办的第一所普通高等农业学府——东北农学院（东北农业大学的前身）在哈尔滨成立，王金陵被聘为学校的第一批教师。翌年，他被任为副教授和农学系首任主任，时年仅32岁。

主持系务伊始，他就狠抓教学改革，对课程设置、师资配备、实验室建设、农场实习等重大问题做出适当安排，自己亲自讲授作物遗传育种课程。

他重视理论，更重视实践。新中国成立初期，高等院校比较重视基础理论和教学，但王金陵却带领同事们在校园后面一块土地上种起了育种试验田，还鼓励教师要教学、科研、生产三结合，并身体力行。

考虑到黑龙江省农业生产的需要和特点，他提出应把大豆、小麦、玉米、甜菜、亚麻作为农学院开展育种研究的主要作物对象。同时积极主持开展小麦抗锈病育种、玉米杂交育种及大豆育种工作，明确认识到玉米杂交种的利用前景。在遗传学受到政治、意识形态所左右的年代，他是国内少数保存玉米自交系的人之一。他以自交系作为标本，将玉米的育种从品种间杂交发展到自交系间杂交，不仅保存了一大批早熟玉米自交系，还使玉米的产量从1500千克/垧（旧时计算土地面积的单位，各地不同，东北地区一垧一般合十五亩，西北地区一垧合三亩或五亩）增加到4000～5000千克/垧，更为黑玉46双交种建立了雏形。

2. 东农4号

黑龙江省广大农民经过土地改革后，生产积极性空前高涨，然而当时的大豆生产水平很低，每亩只收几十斤，原因之一是缺少优良品种。而黑龙江省大豆种植的主要品种有满仓金及其他一些农家品种。这些品种都是从农家品种系统选择产生的，虽然性状水平有所提高，籽粒品质优良，但仍摆脱不了地方品种的一些局限性，如植株高大、茎秆细弱、生育期晚、容易倒伏、混杂退化严重等。当时黑龙江省已有很多国营农场实行机械化作业，倒伏和晚熟是机械化收获的致命伤，随着栽培条件的改善，这些缺点暴露得更加明显。尽管王金陵在20世纪50年代曾采用纯系法育成秆强丰产的东农1号，推广后成为当地国营农场的主栽品种，但是纯系育种毕竟只能在已有群体中进行优中选优，不能集不同品种之长。

王金陵根据农民及国营农场的需要，明确地提出“一定要选育出植株高大、主茎发达、耐肥性强、抗倒伏、适合机械化作业及合理密植的大豆新品种”。在目标确定以后，就要制定正确的技术措施和方法。因此，他决定开展杂交育种工作，以便通过不同类型品种间的杂交，培育出综合双亲优点、排除或改善各自缺点的优良重组基因型。在大豆杂交育种过程中，他带领助手们做了很多杂交组合，并对杂交后代进行了精心培育，观察选择。大豆花朵很小，着位较低，人工杂交困难，有时得借助于放大镜，同时还要注意掌握父母本的花期相遇等，工作相当细致和劳累。他和助手们对全部杂种世代材料进行精心种植管理，仔细观察记载，认真调查分析、评价，而后汰劣选优。随着世代递增，后代群体越来越大，他们只好移到院属香坊农场试验站继续进行。试验期间，他们依旧特别艰辛，每年从播种、夏锄到收获决选，经常顶风冒雨，要从上千个株行、上万个单株中根据育种目标进行综合，把最拔尖的几十个株系进行产量比较和适应性鉴定，犹如在沙里淘金。因此，王金陵常常用自己的宝贵经验教导他的学生们："不会种庄稼，当不了育种家。"

1958～1960年，他们在哈尔滨和松花江地区建立了28个实验点；1959年，他们在合江地区建立了12个实验点。在区域实验和生产示范的三年中，王金陵亲自布点，他和助手们跑遍了松花江、合江等地区的许多公社、生产队和国营农场进行技术指导，同社员和农场职工一起吃住，一起调查、鉴评，并分析整理试验结果。

经过长达10年的艰难拼搏，他们终于从以满仓金为母本，紫花4号为父本的杂交后代中选育出大豆新品种——东农4号。这个品种成熟期早、主茎发达、喜肥、抗倒伏性强、结荚密、丰产性能好、籽粒品质优良、株型收敛、底荚高、适合机械化栽培及合理密植，正符合黑龙江省当时土壤肥力及机械化程度不断提高的要求，受到广大农民和国营农场的欢迎。在松花江地区、哈尔滨及合江地区的广大平原上迅速推广，并由国家指定为大量生产的出口产品。1959～1965年，累计推广面积3000多万亩，增产大豆折合产值2亿多元人民币。它不仅对当时的大豆增产起到了重要促进作用，在广交会和外贸市场也享有很高声誉。东农4号成为黑龙江省大豆杂交育种的里程碑，它为大豆育种指明了方向。20世纪60～70年代，黑龙江省选育的大豆新品种，都属于这一类型。王金陵等因该品种的选育获1978年全国科学大会奖。

3. 东农36号

20世纪60～70年代，王金陵的大豆学术认识趋于成熟，成果显著。在黑龙江和内蒙古的北部高寒地区，无霜期只有85～90天，积温低，生育期短，过去始终被人们视为大豆生产的禁区，一向只能种小麦。由于连年单一种植小麦，草荒严重，小麦的产量和质量逐年下降，有些地块不得不采用轮耕或弃耕。王金陵将这一切看在眼里，急在心上，他常想：这个地区幅员辽阔、土质肥沃、生产潜力很大，而且这些地区缺乏蔬菜，如能种植大豆，则可为群众生活增加蛋白食品。那里的农民更是迫切希望有一种生产期短的大豆品种。这一切激起了王金陵作为科学家的强烈责任感，他马上在香兰农场极其困难的环境中开始了探索培育极早熟大豆品种的途径。

1972年，王金陵和组内同志以瑞典早熟大豆品种Logbew为母本，与本地区早熟品系“东农47-1D”杂交，期望通过地理上远缘的早熟基因累加产生超亲遗传，从而选育出早熟的大豆品种。

1973年，育种试验站搬到哈尔滨阎家岗农场。两年后，试验站又搬到阿城城东。随着学校的迁移，试验站10年之内搬了4次家，育种条件变化频繁，给研究工作带来很大困难。在这种情况下，王金陵采取里外结合、以外为主和广泛布点以空间争取时间的做法，将这一优良品系散发到有关地区进行生产试种。此时已年逾六旬的王金陵不辞长途跋涉，同助手们两次奔赴内蒙古自治区的呼伦贝尔盟和黑龙江省的嫩江、黑河地区，调查了解该品系在各个点上的表现。经过在免渡河公社、拉不达林场等地试种成功后，又在嫩江、黑河地区北部的黑河、孙吴、逊克等县的黑龙江省第五、第六积温带上布置了区域试验和生产试验。

经过几年的艰辛努力，他终于发现了一个成熟特早而产量性状较好的品系，选育出产质量兼优的大豆新品种。1983年该品系经黑龙江省农作物品种审定委员会审定合格，定名为东农36号。它产量高、品质好，比国内早熟品种北呼豆早熟10天以上，比国外极早熟品种也提前5～19天，抗病虫害抵抗力较强，而且蛋白质含量达到45%～46%，高于加拿大、美国的同类大豆，很受群众欢迎，成为对日本出口的蛋白质专用品种。在黑龙江省第三积温带的讷河、依安、海伦、拜泉等地大面积推广，仅1985～1987年就出口1.6万吨，创汇350万美元。

东农36号大豆品种的育成打破了我国高纬度大豆栽培的禁区，把我国大豆种植北界再向北推进了100多公里。该品种还适合在新疆维吾尔自治区的北疆地区收麦后复种，也适合在河北、河南、甘肃等省或作麦茬豆或与棉花套种。为此，1989年获得国家科技进步奖三等奖。

4. 走出国门

王金陵非常重视国际科技交流与合作，通过推广、信息交流、种质交换等丰富了中国的大豆育种资源库，也推动世界大豆的研究不断上升到新的台阶。在1957～1994年的30多年里，王金陵先后出国参加国际学术活动数十次，分赴苏联、美国、斯里兰卡、巴西、日本、泰国许多国家进行交流与考察，其中王金陵印象最深刻的是1974年9～10月，应邀作为中国农业科学考察团成员到美国访问的那次经历。

当他随团来到美国农业部的图书馆里参观的时候，第一次看到国外已经可以通过互联网查阅大豆资料了。这里还要指出的是，虽然王金陵是第一次出国考察，但是他的不少论文，早已引起了国际大豆学术界的重视，除了高度的评价之外，自然早早地被贮入电脑，以供业内人士学习参考。当王金陵到美国伊利诺伊州大学农学院访问时，美国大豆专家哈姆威思拿出了一张电脑打出的单子，上面打印了 9 篇王金陵所写论文的题目，他发现都是自己以前在中国农业学术刊物上发表过的文章，甚至包括一些早期发表的论文。

当王金陵来到田间参观时，他对大豆病害的英文名和拉丁名都非常熟悉，这让在场的同行们都惊诧不已。然而熟悉他的人都知道，王金陵平时也是很注意了解国外大豆育种工作动态的，他不仅经常翻阅国外农业科研杂志和书籍，还坚持把有关大豆科研材料都一一摘录在卡片上（多年来，他积累了 1000 多张这样的卡片），然后进行仔细思考、分析，吸收其真正有价值的东西，并用来充实教学内容，使自己的育种研究工作同步、甚至领先于世界水平。

在美国期间，王金陵参加了一个会议。因为王金陵英文一直很好，专业知识更不用说，所以整个会议的翻译工作都是王金陵自己来完成的。流利的英语、广博的大豆知识使如此专业的科技交流进行得非常轻松顺畅，这一切给美国的大豆专家们留下了深刻的印象。

在美国考察期间，王金陵学到了“一粒传”法。这种方法能在最大程度上保持各组合的变异性，不仅组合的群体量大，还有利于南繁加代。回国后，王金陵结合育种实践经验，把“一粒传”法发展成“摘荚法”，即在 F_2 世代，根据各组合的生育期、株高、结荚习性、倒伏程度等生态表现，以及丰产长相和抗病性能等，淘汰大约 1/3 组合。在选留的组合中，从生育期适中、长相正常、病害轻的植株上每株摘 2～3 个豆荚，混合脱粒，到 F_4 代，从每组合选拔大量单株，形成 F_5 株系，此 F_5 代根据株系的多种表现进行严格选择。这一方法简便易行，已被我国大豆育种界普遍采用。利用此法育成了高蛋白品种东农 42，还培育成了东农 37、东农 40 和东农 41 等品种。

5. 迈步从头跃

当岁月流转至 1983 年初春，已年近七旬的王金陵仍然以饱满的热情投身到科研工作中，并不断向新的领域发起进攻，这一次他面对的是野生大豆。

中国是大豆的故乡，野生大豆是我国宝贵的财富，为国内外所瞩目。外国大豆科学家都非常渴望得到我国的野生大豆资源，但长期以来我们却对这些“国宝”缺乏深入研究和利用。鉴于此，王金陵和助手们走上了中国野生大豆资源研究的道路，并试图把资源研究和大豆育种紧密联系起来，明确提出要为大豆育种提供蛋白质含量高、产量潜力大、遗传基础广泛的优异资源，要为拓宽大豆遗传基础，丰富大豆基因源，提供一条可行途径。

王金陵和助手们相继开展了“中国野生和半野生大豆产量和蛋白质资源利用的研究”、“大豆种间杂种后代农艺性状改良和高蛋白资源创新”、“大豆种间杂种后代遗传潜势及利用价值”等专题研究。经过四五年的努力，他们初步认为，利用野生、半野生大豆的主要障碍是缠绕蔓生性，主要问题是农艺性状差和蛋白质下降，解决途径是用栽培大豆进行回交改良，而改良的关键是选用有限或亚有限生长习性、大粒、茎秆强直、产量潜力突出的轮回亲本。通过第一阶段的研究，已于1986年获得一些蛋白质含量高（45%以上）、遗传基础广泛、农艺性状较好的种间杂种后代。这一成果受到国内同行业专家的高度评价，认为在种间杂交后代改良和利用上达到国际先进水平，并且该工作还于1987年获农牧渔业部科技进步奖二等奖。

王金陵及其助手们初战告捷，他们坚持不渝，结合种间杂交育种，采用广义回交（即不断采用更符合要求的栽培品种进行回交，如早代回交、选择性回交、大粒亲本回交、矮秆亲本回交等）做进一步的改良，以期能在野生大豆资源利用上取得突出进展。他们在这些材料中果真获得一些具有突出的特异性状的品系，例如一个超小粒的大豆品系能够加速繁殖，这为日本商人提供纳豆的专用品种。这些含有野生血缘的栽培化的种间杂种后代对拓宽大豆遗传基础有着重要作用。

四、情智赢天下

1. 大师风范

王金陵在一次新生开学典礼上曾讲：“你们是小泥鳅，我是老泥鳅，只要我在你们中间一转，你们的身上就有腥味了。”半个多世纪以来，王金陵一直没有离开过东北农业大学，他正是通过言传身教出色地诠释了大师的风范。

王金陵认为，通过勤奋工作来为振兴中华多出把力才是人生的价值。他常以此热情鼓励中青年学者为祖国科研事业多做贡献，用第一流的工作成绩来报效祖国。

他十分重视学科带头人的培养和选拔。1983年，他承担有关野生大豆资源潜力研究的国家自然科学基金项目时，为了使中年教师在实践中增长才干，脱颖而出，他让助手杨庆凯负责这项工作。杨庆凯等在导师的悉心指导下，经过努力，出色地完成了预期任务。这个项目获得了农牧渔业部1989年科技进步奖二等奖，杨庆凯也被评选为国家级有突出贡献的中青年科学家。

1987年冬，王金陵给东北农学院的领导写信，主动请求辞去了大豆研究室主任职务。接着，他早期的研究生、年逾六旬的孟庆喜也向学校领导要求辞去大豆研究室副主任的职务，让研究室其他三位年富力强的中年教师分别承担起大豆研究室的领导职务。他们带头主动让贤的美德受到学校领导的赞扬。

2. 浓与淡

王金陵是作物遗传育种家、中国大豆杂交育种的开拓者，同时，他是关怀重视农业及其科教发展的社会活动家、教育家。他曾经担任过黑龙江省政府副省长、黑龙江省政协副主席、全国人大常务委员、黑龙江省人大常委会副主任、民盟中央委员会委员、黑龙江省民盟主任委员、东北农学院副院长等职。也曾任过中国作物学会副理事长、中国大豆研究会理事长、国家自然科学基金委员会农业学科评选组成员、中国农业百科全书总编辑委员会委员、国家发明奖评选委员、农牧渔业部科技委员会委员、黑龙江省作物学会理事长、黑龙江省科协主席。

他荣获过全国科学大会奖、国家科学技术进步奖二等奖、何梁何利科学与技术进步奖、农林牧渔部科技进步奖二等奖、全国劳动模范、黑龙江省模范教师、省科技战线先进工作者标兵、省科学研究成果一等奖、黑龙江省科学技术学会优秀论文一等奖。

他职居高位，却能对工作一丝不苟，始终俭朴生活，从不居功自傲，从不摆权威架子。他对农业科研和农业教育特别关心和支持，对黑龙江乃至全国农业的发展给以极大的关注，每次到试验地总是以步代车，不讲排场，广交农民朋友、平民朋友。

他身为专家，却能科学实验在田头，调查研究到炕头。在学术上他和大家一起讨论，工作中与助手们共同商量，从不把自己的意见强加于人。即使再忙，仍要想方设法挤时间到学校图书馆查阅文献，做记录，不断更新知识。

他身为名师，却能刻苦治学，持之以恒。工作再忙，每周都会抽出三两个半天到学校辅导研究生做论文，安排研究室的工作。他用实际行动教导学生做学问要选准方向，坚持到底，不能朝三暮四，见异思迁，否则将一事无成。

他身为领军人，总是能热情地帮助中青年教师，为其指明科研方向，毫无保留地把自己的知识传授给年轻一代。别人在他指导下完成的论文，他坚持不署自己名字，或把自己的名字放到后面，全心地鼓励中青年教师为科研事业奋进。

他身为资深主编，却能在创办《大豆科学》的22年里，对刊物的每篇论文都认真加以审阅，对中文和英文摘要加以仔细修改，字斟句酌，使《大豆科学》的声望不断提高，使每一个得到他指点和鼓励的作者受益匪浅。

王金陵有着炽热的爱国情、报国心，有着激流勇进的拼搏胆、攻坚志。他浓就浓个轰轰烈烈，淡就淡个心如止水，浓淡相宜、永远新鲜！

3. 永远乐天派

王金陵在90多年人生履历中，遇到过不少挫折坎坷，然而在磨难面前，他总是以乐观处世，顽强地攀登，始终没有放弃自己心爱的大豆事业。

1969年，王金陵在香兰农场接受劳动改造的头两年中，他被剥夺了搞科研的权利。数九隆冬，曾住在一个滴水成冰的小屋，屋里的土地一冬也没化冻，夜里戴着皮帽睡觉。但是，这一切并没有动摇王金陵为祖国的科学事业献身的信念。有一次，他从地里劳动回来，在路上看到一颗豆枝，便拣起来仔细观瞧，他想研究一下，这是不是他培育的东农4号大豆，它在这个地区生产得怎么样。不料被监视的人发觉，斥责他"贼心不死"，想翻案，专门开了两次会批斗他。王金陵对无端的批斗十分轻视，他非常清楚：人类是离不开科学的，为祖国选育大豆良种怎能说是有罪？

1971年，王金陵获得"解放"，尽管是"一批二用"，但终究是出了"牛棚"，可以投入到大豆育种工作中去了。没有实验室，王金陵便同其他教师一起，利用一个多年失修的老羊圈，清除掉陈年老粪，然后在这个小黑屋里用土坯垫着几块木板，摆上大豆种子考种……东农36号就是在这个老羊圈里考种时选出来的。

王金陵小儿子王乐凯对父亲积极乐观的人生态度深有感触："从清末到民国再到社会主义中国，父亲经历过许多动乱的时期，见过不同年代的人物，感受过不同的历史环境，但是最重要的一点，父亲的思想总是非常积极的，从没有负面的、黑暗的想法，遇到什么问题从不去埋怨、不憎恨。他总会乐观地向前看，他坚信社会总是往好的方向发展的。'镇反'、'肃反'等等，父亲在这些运动中最危险时都差点被处决，但事情过去后他都没有任何怨言，他会认为这些事情都是偶然发生的"。

这是流淌在王金陵骨子里面的积极与向上，是真真正正的乐观、博大和坦荡。他是永远的乐天派！

4. 心系家国

王金陵对党的事业一心一意，同志们都说："王教授把党的事业当成了自己的命根子！"王金陵唯一的一个女儿，1977年9月得重病住了医院。当时正值大豆收获的季节，为了工作，他不顾自己病重的女儿，仍然坚持到田间，上课堂。最后，在党组织的反复催促下他才从地里赶到医院，没想到第二天，女儿就离开了人世。王金陵将痛苦全部埋在了心里。

王金陵即使身居副省长的高位，也仍然严于律己，不搞特殊化。他到基层蹲点、考察，为自己规定了两条纪律：一是几里地、十几里地的路途不能车接车送；二是与社员同吃同住。一些普通的农民来要大豆种子，他都是亲自接待，亲手把种子送给人家，并再三嘱咐，希望把该品种的生长状况和发现的问题及时反馈给他。

身为中国民主同盟会的盟员，他始终坚持接受中国共产党的领导，坚定不移地走社会主义道路，并在与共产党亲密合作的参政议政事业上，树立了立德、立功、立言的崇高形象。在省及全国人大会议上他曾多次提出了一些有益的意见，诸如：技术人员军人军衔应由少将改为中将；军队退伍法律应在平时说明；测量事业应为有偿；三峡工程应重视流域的水土流失治理等，如今原提案已参考这些意见进行了相关的修改。

当王金陵看到有越来越多的年轻学者加入到大豆科研的队伍中时，总是激动不已，“我的贡献微不足道，但对你们中青年同志的成长还是非常关注的，因为未来事业的兴旺、民族的振兴，靠的是中青年同志。我年纪不小了，身体还算健康，要力争和你们一起再多干几年。”笔者仿佛看到，随着冬去春来，这位壮心不已的九旬长者又到农场的试验田里观看他眷念的豆苗了，又开始为祖国的大豆事业苦苦探索了……

五、王金陵主要论著

王金陵．1958．大豆遗传与育种．北京：科学出版社．

王金陵．1982．大豆．哈尔滨：黑龙江科学技术出版社．

王金陵．1991．大豆生态类型．北京：农业出版社．

王金陵．1991．王金陵大豆论文集．哈尔滨：东北林业大学出版社．

王连铮，王金陵．1992．大豆遗传育种学．北京：科学出版社．

王金陵，杨庆凯，吴宗璞．1994．中国东北大豆．哈尔滨：黑龙江科学技术出版社．

王金陵，许忠仁，杨庆凯．1999．东北大豆种质资源拓宽与改良．哈尔滨：黑龙江科学技术出版社．

主要参考文献

常汝镇，杨庆凯，邱丽娟．2002．大豆遗传育种学家王金陵教授的学术成就．大豆科学，(1)：1-6．

王连铮．2006．学界楷模良师益友——热烈祝贺王金陵教授九十华诞．大豆通报，(2)：1-2，5．

石岩．2006．金豆为伴．哈尔滨：黑龙江科学技术出版社．

撰写者

石岩（1981～），东北农业大学党委宣传统战部文化建设科科长。

关君蔚

关君蔚（1917～2007），辽宁沈阳人。水土保持和生态控制系统工程专家。我国水土保持学科与教育的奠基者和开拓者之一。1995年当选为中国工程院院士。1941年毕业于日本东京农工大学林学科，获技术士学位。历任北京大学、河北农学院、北京林业大学副教授、教授。参与创办了中国高等林业院校第一个水土保持专业，建立了有中国特色的水土保持学科体系。他提出的“在山区常造成毁灭性灾害的突发泥石流，不仅可以治理，而且可以预报”，已经得到实践证明；他的研究成果——石洪的运动规律及其防治途径的研究，获1978年全国科学大会奖；他牵头完成的成果“宁夏西吉黄土水土流失综合治理的研究”于1988年获国家科技进步奖二等奖；1983年获“全国水土保持先进个人”称号，1989年获“全国优秀教师”奖章；2003年，他被评为“全国治沙标兵”；2004年获首届“林业科技重奖”。其主要论著有《水土保持学》、《水土保持原理》（1989年被林业部评为优秀教材）、《“三北”防护林体系建设工程》等。他晚年锐意以生态脆弱的老少边穷地区为突破口，运用现代科学技术成就，为超前建立更高层次的“生态控制系统工程”而贡献余生。

一、快乐流淌的小溪

——不羁少年的漫漫求学路

童年是我喜剧的序幕。如果我的生命是一条清澈的小溪，那么童年便是我的源头。没有谁限定我的方向，我只是顺着自己的天性，快快乐乐地流向远方。然而，幼时的我并不知道远方在哪里，也不需要知道在哪里。我觉得孩子就应该多玩，让他们在玩乐中发现自己的爱好，找到智慧和安慰。——关君蔚

关君蔚，1917年5月23日出生于沈阳的一个满族家庭。祖父关恩祥隶属正蓝旗，深受文盲之苦，坚决供给其子关海清苦读诗书。关海清中举后被保送京师大学堂深造，毕业后任沈阳高等师范学校（东北大学前身）校长。关君蔚行三，幼年失怙，由其母抚养成人。4岁入私塾，9岁时和哥哥一起进入沈阳市立第三小学读高

小。那时的关君蔚兴趣广泛，酷爱生物，尤喜花、鸟，虫、鱼，学业荒废。由于与哥哥同桌，考试时都是向成绩优秀的哥哥抄袭。甚至有一次因为买胶卷错过了地理学的考试，得不到哥哥的帮助，不得不单独面对补考，竟把世界三大产金地答成了："新金山、旧金山和紫金山"，通过四次补考才勉强及格。

关君蔚勉强初中毕业后，随哥哥考入辽宁省第一高中理科。九一八事变前夕，他在玩乐中度过了高中一年级。1933年，哥哥不幸病逝于肺结核，姐姐也已出嫁，只剩关君蔚母子相依为命。16岁的他一夜间成熟起来，他要撑起这个家，关君蔚感到了身上的重任，为了安慰老年丧子的母亲，他必须开始刻苦攻读。虽无萤窗雪案锥刺骨，但也算得上是废寝忘食。勤奋加上天资聪颖，毕业时关君蔚考了全年级第一名，博得全校老师的赞许。

高中时期的关君蔚仍然很瘦小，但惹人喜爱。名医刘仲明知道他喜欢生物，于是劝说关母让他改学农科，并告诉她去美国留学已很难，不如改学日语，去日本留学。1934年暑假过后，关君蔚就到当时为日属南满洲铁道公司下属熊岳农事试验场，学习果树、蔬菜、花卉、农产加工和林业。在母亲的支持下，关君蔚用一年时间学会了几种主要果树的栽培技术，两年后取得"农夫"职称，三年后考录为"满铁社员"。借可以免费乘火车之便，他利用假日，遍游东北三省火车能到达之处。年轻的心随梦想游荡，产生了飞翔的愿望。

关君蔚报考公费留日时，由于马虎大意，竟把考试日期记错了，只赶上了最后的口试，但他口语极好，口试时，他用日语向老师恳切求情并朗诵天皇诏书，侥幸以最后一名被录取，首批进入留学生预备学校。1938年，他正式考入日本东京农工大学林学科，平生第一次考虑到人生的价值，开始认真为自己念书，为故乡学技术。他本打算在日本学习园艺，但是按照规定，他只能被批准学林业。日本属于温带和暖温带，但关君蔚生活了21年的东北故土则属于寒温带，于是，一心想着为故乡做些贡献的他对林业的兴趣大减。在专业之外，他兼修了临床化学和水土保持。教关君蔚水土保持的老师是天皇御赐的博士诸户北郎教授，是日本生态科学界权威人物。诸户教授是一个很严谨的人，他把每一块可能发生水土流失危险的石头承包给学生，让他们在石头上用粗笔写上自己的名字，然后在基部用水泥固定，关君蔚也分到了两块石头，用于实验研究。一天，诸户北郎教授找到关君蔚让他主修水土保持专业："我去过你们中国。你知道吗？我看见黄河时激动得说不出话来。如果日本有这样一条河，我这一辈子全扑在这条河的治理上，我就有机会把自己所学的知识全部奉献出来，这对一个学者来说无疑是最幸福的事，但我没有这样的机会。你是我退休前带的最后一个中国学生，希望你能实现我的愿望。”从此，关君蔚立志主攻水土保持专业。

在日留学的三年，是关君蔚求知的重要时期。从中国东北到日本东京后，面对一流的仪器设备，丰富的图书资料，他眼界大开，于是如饥似渴，兼收并蓄，涉猎了大量书籍。他偏爱森林生态学，学位论文题目就是《满洲植物区系及其与阿穆尔植物区系、华北植物区系的比较》。他利用假期到野外考察，在实践中学习。日本的山山岭岭，都留下了他的足迹。

1941 年，由于历史原因，关君蔚回国后在恩师陈莜西的帮助下，在长春的剧院做了几个月脚本员后来到了北京，开始了在北京的教学科研工作。

二、宝剑锋从磨砺出

——开创中国水土保持教育事业

1. 水土保持教育事业的开创

关君蔚初到北京的时候，中国罕有水土保持方面的专业人才。北京大学农学院林学系有一门课程为森林理水砂防工程，但苦于没有一位专业老师。蔡元培任校长时留下了一个规定，如果找不到合适的老师，其课程由系主任代上。德国的水土保持学科比较成熟，所以很多教材都是德文的。林学系主任白埰还得先学习德文再代课，其难度可想而知。1943 年白埰得知关君蔚可以上这门课，立即前往关君蔚的住处送聘书，于是关君蔚在北京安定了下来。

1949 年，关君蔚在河北农学院首开水土保持课。1957 年，全国林业大专院校水土保持专业委员会成立，他担任主任委员，主持研究并制定了课程设置和教学大纲。不久，国家决定以北京林学院为试点，成立水土保持专业。关君蔚和同事们一道承担起这一使命，他们赶编了全国第一本《水土保持学》教材，并培养出了全国第一批水土保持本科生，培训了第一批水土保持课程主讲教师。

1984 年，在国务院学位委员会相关会议上，中国的水土保持学科终于建立了。为此奋斗不懈的关君蔚，成了全国第一任水土保持专业负责人，第一任水土保持系主任，第一位水保学科博士生导师。

2. 人才培养——“在黑板上造不出林，在暖气片旁搞不好山区建设”

由于水土保持专业的特殊性，教学工作必须多多实践。于是，关君蔚发明了独特的“流动教学”模式，他说：“在黑板上造不出林，在暖气片旁搞不好山区建设。”

每年 5～10 月，关君蔚总要带着学生深入山区。他们一起吃住，一起钻山沟，关君蔚被老乡们亲切地称为“孩子王”。关君蔚把这种教学方法称为“一举三得”：既在朝夕相处中全面了解了学生，又使学生接受了最真实、最鲜活的教育，更培养了他们对于老少边穷地区、对于农林工作的深厚感情。

崔鹏是关君蔚培养出的第二个博士生，在长江流域综合治理工程中，正当壮年的他已成为总负责人，并受到国家表彰。谈起他，关君蔚欣慰不已，“青出于蓝这句话是科学的，他们做得比我好。”当崔鹏担任行政职务时，关君蔚多次找他谈心，“年轻时你努力，群众眼睛是雪亮的，会给你一个荣誉，但躺在上面睡大觉是危险的。一旦失败，追悔莫及。因此，不断钻研，是中青年学者要时刻提醒自己的。院士也一样，绝不该‘没当院士时是专家，一当院士就成万能’。”关君蔚提倡导师应该招收来自西部的学生，不是把学生带到课堂上，而是导师到当地去，在当地指导学生做论文，以当地的实情为题目，培养出符合西部发展需求的人才。2004年，关君蔚获得中国首届“林业科技重奖”。

三、知山知水，树木育人

——水土保持领域成就

关君蔚作为中国水土保持学科的奠基人，他始终胸怀绿染祖国大地的理想，坚持奋斗在水土保持教学科研的第一线。他严谨治学，为中国水土保持学科体系的建立和发展做出了突出的贡献。“知山知水，树木育人”，是关君蔚一生的真实写照，也是他给后辈学子的最深印象。他坚持踏遍青山，深入探索和认知以知山知水为主要内容的自然规律，开展水土保持科学研究，用科学的理论指导水土保持综合治理实践；他矢志追求人与自然的和谐，为可持续发展探索治山治水之道，将精彩的论文写在大地上。

1. 奠定了水土保持学科理论体系

关君蔚专门从事水土保持教学和科学研究，是在中华人民共和国成立之后开始的。当时，他参加了加强老革命根据地建设工作，第一次走进了中国的大山，目睹了山区贫困落后的现实，体验到了山区农民生活的艰难。他意识到改变山区面貌、让人民过上好日子是自己应负的责任。他看到了水土流失的惨状，认识到水土保持是一项关系到国计民生的重大事业。自此，他就坚定地选择了自己的道路。

根据中国的实际情况，关君蔚将世界上几个主要国家的水土保持科学成就融合在一起，引入中国为我所用。在此基础上，发展成具有中国特色的水土保持科学理论，使之成为具有世界水平的水土保持学科体系。当然，一个理论和学科体系的建立和发展，要靠众人的努力，但关君蔚作为主要带头人，在水土保持学科的建立和发展中起到了十分重要的作用。

为了治理中国的水土流失，关君蔚不断地探索着，提出了许多新的观点和新的构想，扩大了水土保持科学的外延，丰富了水土保持科学的内涵。他提出，水土保持必须和生产建设相结合，坚持发展生产和水土保持互相促进，坚持水土保持效益、经济效益和社会效益同步实现。他提出的水土保持林体系和防护林体系，补充和发展了森林涵养水源的理论，为防护林科学研究做出了新的贡献。他的论文“宁夏西吉黄土水土流失综合治理的研究”于1987年获中国林学会梁希奖，1987年获林业部科技进步奖一等奖，1988年获国家科技进步奖二等奖。

为了中国的水土保持事业甘愿吃苦，是关君蔚突出的特点之一。他常说，水土流失最严重的地方，是生活条件和工作条件最艰苦的地方，也是最需要搞水土保持的地方。他跑遍了中国水土流失严重的地区。在中国辽阔的土地上，除了西藏腹地，都留下了他的足迹。关君蔚认为，从事水土保持工作必须面向生产。几十年来，他始终坚持深入实际，向自然学习，向农民学习，向当地技术人员学习。坚持教育、生产和科研相结合。他的言行，对他所工作过的水土保持专业和水土保持系的学风的形成，起到了重要作用。为了表彰他的先进事迹，1983年国务院全国水土保持协调小组授予他“全国水土保持先进个人”的光荣称号。1989年，他又荣获了国家教委颁发的“全国优秀教师”奖章。

关君蔚在水土保持科学上的重要贡献之一，就是科学地界定了水土流失和水土保持这两个名词的基本概念。多年来，学界对水土流失和水土保持都没有科学的、完整的定义，在很大程度上造成了理论上的混乱，阻碍了水土保持科学的发展。他认为，“水土流失是在陆地表面由外营力引起的水土资源和土地生产力的损失和破坏”；“水土保持是研究水土流失发生的原因、规律和预测、治理的基本理论，据以组织和运用综合措施，防治水土流失、维持和提高水土资源和土地生产力，合理利用水土资源发展生产，有利于改善环境条件和自然面貌的一门以综合性为其特点的应用技术科学”。这两个名词的界定不但填补了中国水土保持学科领域中的一项空白，而且在国际水土保持学界也起到了消除混乱的作用。在他提出的“水土流失”的定义中，明确提出了水资源的损失也是水土流失的重要组成部分，具有重要的学术价值。在水土保持基本理论的建立和深化上，关君蔚做出了重大贡献。在他之前，国内外有关水土保持的理论，大多在论证水土流失（或土壤侵蚀）规律之后，紧接着论述影响水土流失的因素，进而论述如何影响或改变这些因素以达到防止或保持的目的。关君蔚明确提出，影响因素只是外因或条件，水土流失发生与否，主要决定于外营力的破坏力是否大于土体的抵抗力。破坏力大于抵抗力时即是水土流失，小于或等于抵抗力时即为水土保持。在此基础上，关君蔚发展与完善了水土保持科学理论。

关君蔚主持并参加了筹建中国水土保持学会的工作。1986 年经中国科学技术协会批准，该学会正式成立，标志着水土保持在中国各学科的大家族中已经得到了应有的地位和承认。该学会挂靠在关君蔚任教的北京林业大学，他当选为常务理事。1987 年他被中国科学技术协会评为“学会先进工作者”。他对学科理论体系的建立做出了突出的贡献，当之无愧地成为了中国这一学科的奠基人。

2. 探讨泥石流运动规律及其治理措施

治理泥石流较早和成绩较大的当属奥地利和日本两国，但在治理的方针上这两个国家都是单纯地治理泥石流。在中国，泥石流容易发生的地区往往居住着大量居民，单纯地治理而不顾及群众的生活和生产建设是不符合中国国情的。既要发展生产，改善群众生活，又要防止、预测泥石流的发生，这就使得中国的泥石流治理工作具有了更大的难度和更高的要求。

1950 年夏，北京市门头沟爆发大规模泥石流，摧毁了大片房屋、农田，吞没了数条无辜的生命。受命前来治理泥石流的关君蔚被深深地震撼了，从日本留学归来已经九年，专攻“理水防沙”的他做了大量教学工作，可真切地面对泥石流，还是第一次。“不能‘躲’在讲台上了，必须走出去，得踏踏实实做点事情!”关君蔚坐不住了。他住在了村里，没日没夜地研究起来。他提出针对性治理方案，和乡亲们一道挥汗苦干。整整两年，高质量地完成了工程。在之后的几十年里，这里又经历过三次规模超过当年的暴雨，泥石流却再也没有发过威。

1950 年 10 月，关君蔚被派往河北，治理清水河之灾。当时新中国刚刚成立，老区人民的生活相当的困难，而要治理泥石流，需要巨大的人力、物力、财力。河北省领导没有给关君蔚钢筋水泥等治理泥石流的必需品，却只给了 50 万千克小米，其他的让他自己想办法。通常情况下，水土流失最严重的地方，也是生活条件和经济条件最艰苦的地方，这个难题让关君蔚愁眉不展。可是，村民的朴实、坚毅和智慧又一次让他感动和惊喜。他们只用了 5 万千克小米折一万元加上当地群众的积极配合支持，硬是战胜了这条遭受过毁灭性灾害，并有再次发生潜在危险的泥石流沟道。没有水泥，乡亲们就烧石灰；冬天怕冻，乡亲们就把全村的麦秸、高粱秸、玉米秸都堆积在里面，将工程覆盖得严严实实。拨开秸秆，外面滴水成冰，沟里却是清水长流、绿树成荫，一派春的气象……这一幕幕，让关君蔚感慨不已：“这就是我们的老百姓啊。老区人民是我最崇敬的。他们久经磨砺，不但能在条件恶劣的边区生活，甚至用生命支援了革命。没有他们，就没有中国的今天，更没有我关君蔚的今天。”

1972年的一个雨天，关君蔚乘坐在昆明开往东川的列车上，当其他旅客酣然入睡时，他却在观察铁路两侧的山势地形情况。在经过老干沟时，火眼金睛的关君蔚发现“表土已经被雨水泡透了，树少石多；雨再下，这里就会发生泥石流”，当即写了一张纸条，交给了乘务人员，让他赶紧通知领导，说明这里将要发生泥石流。结果当晚老干沟里咆哮阵阵，来势凶猛的泥石流冲断了铁路。而关君蔚也留下来，考察水道、分析植被，研究治理方案，继而成了铁道部泥石流预测与治理的首席专家。

当时，大多数人认为泥石流不可治理，但关君蔚认为，泥石流不是不可抗拒的自然灾害，它的发生发展有一定规律可循。在泥石流尚未发生之前，不仅其发生的危险程度可以预报，而且可以分期预报。经过多年的研究，关君蔚初步找到了泥石流发生的条件和运动规律。他明确指出，根据泥石流的运动规律，泥石流的发生和发展是可以预见的。他认为，治理泥石流的关键，在于控制其发生的条件，运用泥石流的运动规律控制泥石流的发生、发展，变害为利。在治理中，应该根据其发展规模和灾害程度的分析，确定轻重缓急，集中力量，因害设防、因地制宜、因势利导。

为了摸清泥石流发生发展的条件、发展规律和运动规律，找出行之有效的预防和治理措施，关君蔚反复深入到泥石流发生的地区实地考察和研究，收集我国各种不同类型的泥石流的特性、形态等资料。为了取得可靠的数据，他选择了妙峰山试验林场的拉拉水沟为定位试验基地，开始了泥石流定位跟踪监测预报工作。在被看山人遗弃的破石头房度过了两个雨季。这时，他初步找到了泥石流发生发展的规律，并成功预测了一次泥石流的发生。

在泥石流的预测、预报和治理方面，关君蔚取得了重大突破。他的研究成果“石洪的运动规律及其防治途径的研究”，获得了1978年全国科学大会奖。他总结出的具有中国特色的“因害设防，生物措施与工程措施相结合”的综合治理泥石流的方案，在中国逐步实行，并已收到显著的治理效果。20世纪80～90年代，他一直在组织和指导着全国泥石流频繁发生地区的泥石流预报工作。

“泥石流是中国的心腹之患，首都北京就在泥石流包围之中。为了2008年奥运会能经受住雨季考验，建议责成水务局和园林绿化局立即深入普查山区预防体系”。2006年的2月17日，关君蔚看到菲律宾爆发泥石流的消息，连夜给回良玉副总理写了份建议书。3月30日，他等到了一直盼望的反馈——北京市水务局、园林绿化局的领导来了，学界的同行来了，齐集在这位水土保持专家身边共商对策。“要快，在今年汛期前拿出方案来。”关君蔚重复着这句话，思绪飞到了北京远郊的清水河、琉璃庙……这些如今绿树成荫的地方，他走过不下数十遍。不是因为风景，而是为了完成毕生的“缚龙之志”——在关君蔚看来，泥石流是一条猖狂却并非不能被制服的“恶龙”。

3. 倡导建设防护林体系

防护林的营造在世界上已有一百多年的历史，中国从20世纪40年代开始这方面的尝试。但无论国外还是国内，其防护对象和对其防护作用的要求都是单一的，长期停留在营造单一林种的防护林上。

中华人民共和国成立后，关君蔚参加和指导了防护林建设工作。他参与了冀北沙荒区、永定河下游沙荒区、豫东黄河故道沙地、陕西和内蒙古沙区的固沙防护林的建设，并深入研究了太行山区、永定河上游山区、内蒙古和陕西黄土高原的具体情况。1952年秋，他参加了原华北行政委员会农林局组织的华北防护林勘察团，提出了华北防护林勘察报告。1953年，关君蔚对东北三江平原友谊农场营建防护林和林网的配置营造技术进行了考察研究，参与了规划设计工作，受到了农垦部和苏联专家的好评，并按其规划设计实施。

由于防护林的营造大部分都是在自然条件恶劣的荒山荒地上进行，树种选择和造林技术上有相当的难度。为此，关君蔚首先进行了立地条件和造林类型的研究工作，对石质山地编制了立地条件类型表，对设计造林类型提出了独到见解，于1958年2月召开的全国第二届造林调查设计会议上发表，有关论文被收入林业部造林设计局主编的《编制立地条件类型及造林类型》专著。同时，他还在北京和华北山区、黄淮海平原等地，以防护林为主要研究对象，进行了探索性的工作。

1960年，关君蔚开始对甘肃省黄土丘陵地区水土保持林林种进行调查研究，撰写了专题报告在《林业科学》1962年第4期上发表。在这篇题为《甘肃黄土丘陵地区水土保持林林种调查》的论文中，他提出了水土保持林体系的概念。这在中国林业科技史上还是第一次，也是防护林体系概念的萌芽。他在文中对水土保持林体系的特点进行了全面阐述。他认为，具有各自特点的水土保持林的各个林种，不是彼此孤立无关的。在水土保持综合措施中，各林种之间具有相互依存、相互制约的密切关系。他将具有这样内在联系的各林种的综合体，称之为水土保持林体系，从而使水土保持林建设和理论研究大大地向前推进了一步。

而后，关君蔚又深入山西、陕西、甘肃、内蒙古、宁夏、青海等省区，对水土保持林体系的理论进行验证和补充。1978年，他参加了建设“三北”防护林的准备工作。在原有的基础上，他又提出了防护林的林种和体系的理论，把中国防护林建设推向了一个新的水平。他科学地总结和阐述了中国防护林体系的林种组成和分类。他认为，防护林体系建设不是几个林种的混合物，而是将各林种有机地组织起来，形成地区性的防护林体系，进而全面地发挥最大的防护效益、社会效益和经济效益，组成全国性的防护林体系。他在《我国防护林的林种和体系》专著中，详细地研究了中国的生产基础、防护林林种及防护林体系的特点，对如何加速防护林体系的建设提出了具体意见，并在1979年中国林业科学研究院编辑的《中国林业科技三十年》专辑中的《我国防护林体系的形成和发展》一文中作了系统的说明。该文的论点，成了中国“三北”防护林体系建设的科学理论基础，正广泛应用于长江中上游防护林体系、全国沿海防护林体系、太行山绿化工程、平原农田防护林体系的建设之中。1979年，经国务院批准，他被指定为“三北”防护林建设局的技术顾问，为这项工程的建设做出了贡献。1986年，这项工程作为世界百个重大获奖项目之一，荣获了联合国环境规划署颁发的金质奖章。

2000年后，他奔走于甘肃、四川和云南金沙江部分地区，对长江流域进行考察。他认真总结了“三北”防护林体系建设中的经验和教训，对长江中上游防护林体系和沿海防护林体系建设提出了重要建议，引起了政府有关部门的高度重视。

四、老骥不伏枥，只缘志千里

——关君蔚与生态控制系统工程

关君蔚晚年，不顾年事已高，依然奋斗在中国生态建设的前沿，亲自参与各个科学考察。他给自己起了一个绰号：“木乃伊”。“78岁退休以后，我还是到处出差，去现场。祁连山我上到4500米，天山我来回走过多次，青海西宁的群山也登了顶。别人问我累不累，我说我已经变成‘木乃伊’了，再累也没感觉。”

他的脚步一直没有停止过，走遍了大江南北。他以生态脆弱的老少边穷地区为突破口，敏锐地把握现代科学技术的最新动向，在更高层次上发展学术思想，以宏观和微观的多维视角深入探索生态控制系统工程，将控制论、混沌理论等前沿科学运用到生态建设研究中，阐述了复杂、抽象、深刻的自然科学问题，并将最新研究成果总结和提炼为《生态控制系统工程》一书。关君蔚在书中阐述：“生态建设是一项复杂的系统工程，涉及人与人、人与自然、自然与自然之间错综复杂的控制与依赖、竞争与共生、混沌与和谐的关系。”生态控制系统工程是自然科学与社会科学的充分交叉和融合，它用系统科学的理论，深入地研究具有生命特征的生物系统，强调了人在生态控制中的作用，并以此作为研究的出发点和最终的目标，达到生态控制的最终目标即为和谐。该书还论述了关君蔚对东方思维和延安精神的分析；从关氏模式理论和景观生态分析，到动态跟踪和监测预报；从林区和山区建设探索，到沿江和沿海防护林建设等方面。

关君蔚常常笑自己毕生无大成，只是一名上不得台面的“山村干部”。或许我们不用为他的功劳加冕，因为，他守护绿色、情牵山区的一生，自有巍巍青山为证。

2007年10月29日，关君蔚因病医治无效，在北京逝世，享年91岁。

五、关君蔚主要论著

关君蔚. 1953. 开展山区生产工作的几点体会. 中国农报半月刊，(12).

关君蔚. 1954. 山地利用和农林牧业的划分. 林业科学，(2).

关君蔚. 1958. 关于石质山地编制立地条件类型表及造林类型工作几点意见//林业部造林设计局. 编制立地条件类型表及设计造林类型. 北京：中国林业出版社.

关君蔚. 1961. 水土保持学. 北京：农业出版社.

关君蔚. 1962. 甘肃省黄土丘陵地区水土保持林林种的调查研究. 林业科学，(4)：268-282.

关君蔚. 1966. 水土保持原理. 北京：中国林业出版社.

关君蔚. 1979. 石洪的运动规律及其防治途径的研究. 北京林学院学报，(1)：9-29.

关君蔚. 1979. 关于我国热带资源开发在水土保持方面的几个问题. 云南热带作物研究所，热带作物科技，(3).

关君蔚. 1979. 青海省东部山区防护林体系建设的几点体会. 青海农林科技，(3).

关君蔚. 1981-1-5. 发展燃料林是实现农业现代化的关键. 人民日报.

关君蔚. 1981. 发展“生物能源”是实现农业现代化的关键. 水土保持，(1)：44.

关君蔚. 1982. 长江的洪灾与森林. 森林与水灾. 北京：中国林业出版社.

关君蔚. 1983. 山区建设和水土保持. 四川林业科技，(2)：11-21.

关君蔚，王礼先，孙立达，等. 1984. 泥石流预报的研究. 北京林学院学报，(2)：1-16.

关君蔚. 1985. 中国西南的水土保持问题. 喜马拉雅—兴都库什开发治理国际会议论文集.

关君蔚，等. 1985. “三北”防护林体系建设工程. 中国百科年鉴. 北京·上海：中国大百科出版社.

关君蔚，等. 1986. 关于农村林业在中国几个问题的探讨. 国际农村学术会议论文集.

关君蔚. 1989. 中国水土保持类型的特点的研究. 第四次国际泥沙学术论文集.

关君蔚. 1990. 关于“生态林业工程”项目的补充说明和建议. 中国林业，(2).

关君蔚. 2000. 运筹帷幄，决胜千里. 北京：清华大学出版社.

关君蔚. 2007. 生态控制系统工程. 北京：中国林业出版社.

主要参考文献

王选珍. 1997. 关君蔚院士简历. 北京林业大学学报，(S1)：197-198.

铁铮. 1998. 永远的追求 永远的春天——记中国工程院院士关君蔚. 中国林业教育，(4)：24-26.
张蕾，李宇英. 2007. 踏遍青山人未老——访著名水土保持和生态控制系统工程专家关君蔚院士. 科学中国人，(2).

撰写者

何经纬（1983～），2009～2012 年在北京林业大学水土保持学院读硕士研究生，2004～2005 年做关君蔚先生的助手。

余友泰

余友泰（1917～1999），江苏邗江人。农业机械化专家，农业系统工程的倡导者。1940年毕业于中央大学获农学学士学位后留校工作；1945年考取公费留美研究生，1947年获美国伊阿华州立大学农业工程科学硕士学位。归国后被聘为上海机械农垦处技术专员，兼上海南通农学院教授。1949年后曾创办东北农学院农机系、黑龙江省农机化研究所、省农机化学院。参与组建中国农机学会和农业工程学会以及省的相关学会，为历届副理事长。1959年他主持设计“通用垄作机”获全国农具展览设计奖。合编《农业机械的构造、原理及计算》（上、下册），主编《农业机械化工程》。主持全国科学院基金项目“农业机器系统综合优化设计”，获国家教委科技进步奖三等奖。倡导并主持多项农业系统工程应用研究；提出“搞中国农业现代化必须针对不同地区农业发展以及与农业发展有关的诸多因素、特点‘综合考察’，搞好农村‘经济’和‘生产’的结构调整”，并“以建设‘农业生物、工程、管理’三个科技体系为基础”的思想；1991年提出建立“高产、高效、持续”的农业发展模式。在探讨农业机械化和农业现代化的发展规律与途径，以及系统工程学在农业中应用等方面进行了卓有成效的开拓性工作。

一、求学之路

1917年6月28日，余友泰生于江苏省邗江县内长江岸边一个二十几户人家的小村——公西村，现称南华村。幼年丧母，父长年在外地银号做伙计谋生，其少年阶段由继母哺育，性格内向、倔强。

父亲切望他小学毕业就从其学徒以补家用。多亏小学校长闻颂平致书家中，言该子聪敏好学，愿出资帮助深造，以读书救国。在金城银行工作的叔叔也支持余友泰继续深造，言：唯努力读书方可自强于社会。余友泰不负恩师和叔叔厚望，考取省立扬州中学，后又由于成绩优异免费升入高中；继而又同时考取浙江大学、中央大学、金陵大学。青年余友泰一人在外，从初中到大学，生活费、学费除靠闻老师和在金城银行工作的叔叔接济外还必须打零工以资不足。不言而喻，闻老师和叔叔以及艰苦的早年学习劳动生活对余友泰的影响是深刻的。余友泰晚年回忆时感触颇深地谈到，那段生活不但磨炼了意志，锻炼了体魄，还使他有机会接触体察到旧社会底层劳动人民苦难生活。深切的同情唤起了他的社会责任感，加之老师“读书救国”思想的影响，促使他决心要解决国人温饱问题。如何解决？他当时的思想就是：要多一些有志向的人“搞农业”。由此这位 19 岁的青年放弃了原来要造飞机的梦想而立志从农，选择了中央大学农艺系就读，从此走上发展中国农业的道路。

1940 年，余友泰以优异成绩毕业后，他的学位论文《棉花遗传性状研究》受到中央大学金善宝的重视即聘为助教。之后的两年内他心存理想发奋工作，编译、撰写了《作物学概论》专著及多篇学术论文和农业学术调研报告。因小有名气被四川教育学院农艺系聘为兼职讲师。

日寇的轰炸夺去叔叔生命给予他极大悲痛，也打破了余友泰在国内靠个人奋斗发展农业的梦想。1945 年，他考取公费留美研究生，希望从美国找到强国之路。在美国留学初期，发达的机械化农业给了他极大的震撼，认为找到了祖国农业落后的原因。他转而开始攻读农业工程专业，成为被全美誉为“农业工程之父”的美国伊阿华州立大学农业工程系戴维生的学生。无数个通宵达旦的自学，一年时间，多个工科基础课考试终于通过了。之后在戴维生指导下仅用一年多时间，于 1947 年就以《设计和制造适合中国农业的小型拖拉机》论文获得硕士学位；同期从画图设计到自己动手制作、组装，余友泰将一台动力强劲、行走自如的小型拖拉机展现在同学和指导老师们的面前。老师们惊叹不已并在校报上大为赞誉，并推荐给农场实际生产使用。余友泰完善丰富了毕业论文和毕业设计的基本思想，撰写《中国农业及其机械化》论文于 1948 年发表在美国学术刊物《农业工程》上。其中关于对“农业机械产品应适应中国农田特点”、“通过发展乡村工业积累农业机械化资金”等具有前瞻性的正确观点已被后人的实践所借鉴和印证。

满怀报国之志，余友泰谢绝了美国勃兰纳特拖拉机公司的重聘，1948 年 5 月回国。在征求了金善宝的意见获得支持后，接受了国民政府驻上海的机械农垦处聘用任上海机械农垦处技术专员并兼上海南通农学院农具学教授。

面对祖国落后的农业，心急如焚的余友泰在回国后 5 个月内就针对当时农机具使用开展了多项调查研究，并在《农垦通讯》、《机械农垦》等学术刊物发表了《机犁的使用与调节》、《农技推广政策下机械农垦处应有的努力》、《离心水泵概论及打水效率的估计值》等多篇论文。

由于国统区政治腐败、民不聊生的社会现实让他不得不重新审视人生之路。虽然当时自己尚能供养家小，但政府官员尚惶惶不可终日，1949 年年初的上海有谁会重视他的学术观点和农机理论呢？余友泰以机械化实现农业强国的理想破灭了。就在他迷茫之际，北平解放了。参加新四军的弟弟秘密地向他传递解放区和中共的信息和书刊。对光明和真理的渴求又一次转动了余友泰人生航船的舵机。当时的机械农垦处处长要求他南下广东，弟弟不失时机地引导他北上进入解放区。余友泰毅然拒绝了前者选择了奔赴解放区。但北上还没成行，解放上海的战役就打响了。1949年5月27日上海解放了。抑制不住心中的喜悦，余友泰驾驶着拖拉机与上海人民一道上街游行庆祝。随即，将准备好的改造旧农垦处的意见书呈上海市军管会农林组组长何康。当晚，何康去余友泰住处进一步征求意见。第一次接触中共领导，平和的作风，博大的胸怀，谦逊中深含的睿智，使余友泰相见恨晚，彻夜倾诉。后来在余友泰的建议下，组成了农业工程队就围绕上海解放区的排灌机械化、拖拉机使用等方面开展研究考察并对部队转地方的干部进行技术培训。作为研究组组长，余友泰深入农村了解情况并联络留美归国同学一道给学员讲课，手把手地传授拖拉机等农业机械的操作技术。这些学员后来多成为华东大型农场、农机制造厂的负责人。

1950年，东北人民政府创办沈阳农学院，院长张克威、副院长邓叔群亲至上海聘请余友泰。到东北大平原开展农业机械化一直是余友泰梦寐以求的心愿。经组织同意，余友泰抛弃了上海叔叔遗留的房产与舒适熟悉的生活，欣然赶赴令当时上海亲属望而生畏的寒冷北疆，时任沈阳农学院农工系主任兼教授。后因朝鲜战事，学校迁往哈尔滨改称东北农学院，现为东北农业大学。

二、农业机械化研究

东北农学院是余友泰为中国农业机械化研究和农业高等教育倾注毕生心血的地方。与中国绝大多数知识分子一样，他的爱国热情和才华、学识受到党和人民政府的高度重视，但也曾因党内“左”的错误路线尤其是“四人帮”一伙的倒行逆施，蒙受无端审查、批斗甚至殴打。但是不论环境如何变化，他始终把为促进中国农业发展、改善农民劳动状态作为己任。在苦难的时候，他对子女们说，做事情要站得高，才能看得远。要站在国家、民族的高度看个人的发展和得失才不能迷失自己。这是他一生的信念。

在创建东北农学院农机系期间，中国东北急需农业机械化人才。由于哈尔滨毗邻苏联的地理优势，因此最早获得了苏联荣誉院士列多希涅夫所著的农业机械教材，但大家不谙俄语，于是请俄籍教师译成英文，余友泰与其助教蒋亦元共同翻译成中文并编成讲义，培养了第一、二届本科生。他们成为全国一些院校农机专业的教师，解了全国学习苏联的燃眉之急。

在东北农学院聘请了全国第一位苏联农业机械专家克里沃谢依夫副教授之后，在其教材的基础上，余友泰与同事很快合编成中国第一部高教部委托编写的《农业机械的构造、原理和计算》，供全国高校农机专业使用。他带领研究生去全国苏联援建的国营友谊农场实习考察黑龙江省垦荒所需的农业机械。通过反复研究和实践，通过团结合作，研制出“通用垄作机”，后应邀参加全国农具展览，获设计奖（1959）。与此同时，他培养锻炼了一批农业机械教学科研骨干。由于余友泰工作努力成绩斐然，不断得到组织重用，职务从系、部门负责人又成为东北农学院主管教学科研的副院长。尽管如此，他仍然坚持深入农场、农村，认真研究当地耕作制度和传统犁具——耲种的优点，结合现代农业理论和机械技术提出“垄作为主”的东北农业机械发展模式。从当时发表的《黑龙江省垄作耕作机械系列发展方向的初步探讨》、《关于黑龙江省垄作耕作机器系统的建议及其分析》、《东北地区固有畜力耲沟器作业性能的分析和机力耲沟器的设计研究》等有代表性论文的题目就不难看出，其研究内容、研究方向是属于当时垄平作之争的“垄作派”，实践证明“垄作为主”的发展模式是正确的。

看到中国农业机械学科建设初具基础，余友泰积极倡导并参与组建中国农机学会和农业工程学会，以及黑龙江省农机学会和农业工程学会，被选为历届副理事长，晚年被拥戴为荣誉理事长。1956 年他加入中国共产党，时年 40 岁。

正是由于坚定的信念，在“文化大革命”期间的“牛棚”里，他心中还在继续构想被打断的新式耕作机械的设计和教学方案；在东北农学院被迁往农场期间，刚从“牛棚”出来，面对一望无际的雪原，他深深地吸了几口早春寒冷的空气，又投入到水稻清选机和插秧机的研究工作中。那时他还没有被恢复任何领导或教学职务，甚至对以往的审查批斗还没作任何结论。亲友愤愤不平，要讨个“说法”，都被他劝住了。“经过如此大乱，全国都在整顿中，现在只要能做点工作就很高兴了”，这就是他的“说法”。在后来插队落户时，他仍然在拮据和简陋的条件下，研制了多种手动、畜力播种、中耕机具，无偿供老乡使用并受到欢迎。虽然这些农具在余友泰说来“结构简单制作粗糙”，但每次当新农具试用成功时他兴奋之情溢于言表。他说，做出老乡喜欢用的农具还真不容易呀！这是他另一个“说法”。

这就是一位大学副校长，国家科委、农业部学科委员会聘请的学术专家在经“文化大革命”所害转瞬成为一个身负多项不白罪责的“农民”对家人的说法。

在邓小平同志重新主持工作期间，余友泰与全国先进知识分子一样重新受到重用，回到东北农学院领导岗位。但由于当时党内极左错误思想还没有被彻底纠正，邓小平又一次被批判，余友泰的教学领导工作不可避免地被又一次停滞、剥夺。为不负光阴，余友泰离开难以割舍的农业机械研究教学一线，应前国家农机部邀请为《机械工程手册 第65篇 农业机械》编写组主编。在余友泰的主持下，农业机械篇的整体内容没有面面俱到地包括广义的农业机械如：农、林、副、渔各业全部生产过程各项作业所需的各类机具，而是根据当时农机行业生产亟待整顿恢复的迫切需求，有针对性地涵盖农作物生产和畜禽饲养所需的主要机械品种。余友泰的意见是，手册是具有指导意义的书，条件不允许就不要片面追求“全”，但写进去的内容一定要“精、准、易”，宁缺毋滥。“精”就是技术和知识内容先进；“准”就是科学、准确不允许有错；“易”就是尽可能做到文字简明，易读易懂易用。艰苦的编撰工作在余友泰看来蕴藏着巨大的乐趣。倾注众多编撰专家无数心血和艰辛劳作的《机械工程手册》及其《第65篇 农业机械》，以它划时代的科技地位和博大的科技内涵为“文化大革命”后的机械工业乃至农业机械化发展提供了重要的知识支持和技术支持。当两年后收到该项目荣获全国科学大会奖和国家优秀图书奖一等奖通知时，余友泰只是平静地说了四个字：“因祸得福”。被迫编书离开学校为祸，由此获奖为福。但心情并不为之振奋是因为余友泰此时最惦记的是东北农学院的发展前途，遗憾祖国被“文化大革命”耽误的大好发展时机。这可能就是所谓的“志在千里，宠辱不惊”吧。

1978～1979年，余友泰因组织安排调离东北农学院去黑龙江省科协任领导职务。他除处理日常工作外，还充分利用省科协这一宝贵的科技交流平台，积极开展农业机械化调研和农业领域的科学普及工作。在陪同国家领导人或参加国家农业代表团访问期间，在美国、英国、法国、意大利、丹麦等国积极地考察、调研了相应国家的农业现代化发展情况。认真观察，详细记录见闻，仔细研究可借鉴的发展因素以及历程、特点、优势和教训。由此并结合中国实际情况开展学术研究，发表了多篇文章或学术论文，如《美国土地资源的利用和保护》、《试论黑龙江省农业现代化问题》、《美国密歇根州常用的耕休系统和相应的耕作机械》、《美国农业的能源应用情况》、《论黑龙江省农业现代化建设的基本途径》等。在这些研究中，余友泰实事求是地指出中国农业发展水平的差距并辩证地提出正是由于中国的“石油农业”还处于较低水平，应该以此避免重复高水平“石油农业”及其带来的生态问题。根据中国国情选择性地学习借鉴发达国家已经采用的先进的“生态农业”技术和先进的能源利用经验并注重汲取“石油农业”发展过程中的教训；在加速实现中国农业现代化同时注意环境保护；提出关注“农业持续发展”的生态问题等当时具有前瞻性的、具有重要学术意义和社会效益的观点和见解。由于实事生动、观点鲜明，他先后应邀在哈尔滨、沈阳、大连、扬州、贵阳、武汉等多地做演讲。余友泰针对全国和黑龙江省的农业现代化发展问题积极组织并参与学术讨论，并将其观点先后在《光明日报》、《黑龙江日报》上发表。1979年受国家农委邀请草拟《关于如何认识中国农业现代化问题》的报告。

在总结和完善了以上研究成果后，余友泰编著出版了《农业现代化概述》。该书系统地介绍了他对发展中国农业现代化的观点和有关农业现代化的知识；提出了中国农业现代化不是要重复欧美现代化进程，而是根据中国农业发展现状和特点，结合相应产业发展情况有选择地借鉴，同时还要清醒地看到发达国家发展之路中的教训和弯路，实现中国高起点的农业现代化。

1979年冬，余友泰被任命为东北农学院院长，兼党委副书记。这时在他面前的是一个在“文化大革命”中被迁往边远香兰农场，后又辗转小镇阿城，被折腾的散了架子的学校。人心涣散，骨干教师向往“雁南飞”。余友泰强忍住对老校惨痛损失的欷歔，以创建现代化农业大学的气魄，从亲自起草《东北农学院十年发展规划》到10余万平方米新校舍建设的整体设计，从做教师干部安心东北的思想工作到解决教师住房的以理据争，他开始了人生第二次也是更艰难的“建校生涯”。四年下来，余友泰将其几年农业现代化学术研究的积累潜移默化地体现在学校的建设发展中来。教学科研骨干稳定了，各学科专业恢复了，重点实验室重建了，1981年东北农学院被评选出国家设置的博士点2个，硕士点11个，居当时全国农业院校前列。虽然繁重的建校工作占用了他的大量时间，但余友泰仍然夜以继日地挤时间从事其专业研究。他组织国内从事农业机械化方面的专家教授，并为主编出版了《农业机械化工程》。作为当时国内唯一的农业机械化博士生导师，他为该学科奠定了教材基础。该书总结了余友泰和同事们多年的研究成果，并应用系统工程的理论和方法，对农业机械化所涉及的各领域之间的关联，相互促进相互制约的科学规律进行了系统地阐述。后来以此书核心思路继续开展的研究不断深入，形成的研究成果以题为《关于发展农业机械化的途径及其规律性的初步探讨》的论文在1980年中国农机学会举办的国际学术交流会议上大会宣读，引起强烈反响。1983年应邀以此题到美国密执安州立大学农业工程系作专题学术报告。

三、倡导农业系统工程学科

1983年，召开黑龙江省人民代表大会期间，晚12时，坐椅翻倒声惊醒了同寝室与会同志，昏迷的余友泰躺在散落着研究生学位论文的地板上。

为了照顾已年近古稀且积劳成疾的余友泰的身体，组织授予他东北农业大学名誉校长称号和终身教授的待遇。在本人的建议下将他的工作岗位确定在农业工程学院农业机械化研究室。之后，本应颐养天年的日子，却被他造就成又一学术成果高产期。

1986年，余友泰开始学习计算机技术。为了更好地学习借鉴国外系统工程研究的成功经验，他借助一台286及其深厚的英语功底开始对决策支持系统发动冲击。他边翻译边学习边实践，在研究生的协助下，于1989年出版《决策支持系统——工具和技术》译著，并指导研究生开展了“决策支持系统在农业上的应用”、“黑龙江省大豆生产管理决策支持系统（SPMDSS）的研制”等研究。

同年，在由美国著名农业科学家、国际友人S. Wittwer（魏特威尔）任主编与我国农业科学家余友泰、孙颔、王连铮参与合作下，经过近五年的辛勤耕耘，出版了英文版专著*Feeding a Billion*。旋即由余友泰作为主编组织编译了该书的中文版《温饱十亿人》，其内容与英文版基本相同，后又被国外翻译成日文。这两部著作是向美国乃至世界介绍中国农业发展的一本普及性的图书，既介绍了中国农业具有悠久历史的传统经验，又介绍了采用现代化科学技术的重大成就。该书具有科学性、可读性与趣味性，一经出版不仅受到本国农业界的重视，也感染了很多外国同行。

在任学校领导工作期间，余友泰就敏锐地认识到在中国宏大的农业生产体系中，缺乏现代化管理理念和管理技术是发展现代化农业的重要障碍，也是中国农业大而不强的主要原因之一。他就此问题与中国系统工程研究的倡导者钱学森学习讨论获益匪浅。对以钱老为首的“系统工程”研究团队提出的“既搞技术又搞管理，既有‘硬科学’，又有‘软科学’的‘农业系统工程学’，不应在学科上含在纯技术范畴的‘农业工程学’之中”的观点十分赞同。他带头系统学习这一领域的国外先进经验和知识，亲自规划研究基地建设，选送培训人员，开展研究项目。在农业系统工程这一现代综合性横断科学的学科建设中投入大量心血。

1983年的余友泰虽患多种疾病，后来又检查出患前列腺癌，但是由于回到阔别多年的科研一线，他精神矍铄，先后开展了多项农业系统工程领域的研究。如在开展“海伦县保卫村农业现代化综合实验研究的基本经验”和“黑龙江八五二农场现代化建设规划的基本程序和方法研究”等课题研究时，他都坚持与课题组同志们一道前往农村、农场。从作物品种选配到农艺方式、农具选配，从项目的系统总体构想到各子系统各种数学模型的目标函数设定，他都一丝不苟地将科学性和实践性融为一体，认真实践系统工程科学，努力将他的农业现代化和可持续发展理论在农业生产实践中加以检验和发展，并获得丰硕的研究成果。其中以余友泰为主且有代表性的研究成果，如“应用系统工程方法深入开展农业现代化的综合实验研究”、“决策支持系统在农业上的应用”、“农业现代化和决策科学化”均从不同侧面表达了他提出的“搞中国农业现代化必须针对不同地区对其农业发展以及与农业发展有关的诸多因素及特点‘综合考察’，搞好农村‘经济’和‘生产’的结构调整”，并“以‘农业生物、工程、管理’三个科技体系建设为基础”的思想。这是他将农业系统工程科学结合几十年农业科研实践提出的实现中国农业现代化的途径和措施。他经常谈到，中国农业涉及面广，情况复杂，搞现代化不能一刀切，不能企图按一个模式、一个标准实现。在他的培养下先后有 8 名硕士和 8 名博士研究生针对农业系统工程和中国农业现代化过程、手段等软、硬科学技术领域开展深入研究。学生们发表了大量经他指导、完善，蕴含其学术思想的论文。

看到他带病还不停地跑下去，写呀，讲呀，同事和家人常劝他，退下来了就多休息一下，多和家人一起玩玩，但是他的“理论”是：“和家人在一起玩儿是好，我很高兴，但干事情也自有其乐，不是以苦为乐，而是一种实实在在的，发自内心的满足和‘乐’”。

1991 年，余友泰总结了数十年对中国农业发展道路的研究，发表了题为《建立“高产、高效、持续”的农业模式，走有中国特色的农业现代化道路》的文章，并在北京农业工程国际学术会议上大会宣读。当时在与会者讨论时有人提问，“中国的农业模式延续很多年了，为什么现在提出‘持续’呢?”，余友泰说：“从全国看，这里讲‘持续’不是指三年、五年，是要对子孙万代负责；从局部看，有些地方由于急功近利或不懂系统科学思想，已经造成水土流失，资源浪费，土壤沙化、板结，作物品种退化，实事求是地说，有些生态恶化严重的地方农业生产已经不能持续了，甚至人的居住生存都有困难!”

回首余友泰早年在美国发表的《中国农业及其机械化》，再看他的一系列研究成果，尤其是 1991 年发表的《建立“高产、高效、持续”的农业模式，走有中国特色的农业现代化道路》，可以明显地看出余友泰毕生治学的方向和脉络，那就是探索一条正确的中国农业发展之路。令人欣慰的是，因为有了他和像他一样崇尚科学坚持真理的人锲而不舍地努力，祖国农业已经开始走上科学的、可持续发展的道路了。

四、辛劳乐观奉献的一生

1999 年 5 月 1 日，辛劳一生的余友泰因癌转移导致心力衰竭与世长辞。在卧床前后，余友泰深知病情，从事科学研究已属不能，但他仍想做点什么。当想到高等教育存在令其痛心的青年理想淡漠和人文教育弱化现象时，81岁的余友泰开始整理历年来自己剪辑、摘录的重大历史事件、伟大历史人物生平事迹、名人隽语、文学赏析、健身之道，编撰《博识、修身、励志选萃》作为最后的礼物献给青年。在序中他以屈原的"路漫漫其修远兮，吾将上下而求索"诉说心声，"这路指求道习业、修身养性、激励人生、力图奉献之路。这路只有从积累前人经验与智慧中、从自身长期的辛勤耕耘中，去体验、去探索，才能逐渐加深认识。从而完善自身，以至死而少悔、少憾"。

余有泰的一生是辛劳的也是乐观充实的。1988年东北农业大学在40周年校庆之际曾为余友泰举行了从教50周年纪念活动，包括他的教学科研成果展览会。除了满目的成果证书、著作文献、纪念品和农机具模型外，两幅文采飞扬的字格外引人注目。

一幅是余友泰的自言心声，《贺东农建校40周年》：

远驰龙江四十春，修得新苑更宜人。
且看东农鹏翅展，八风扶翼在黄昏。

另一幅为学生所和，《贺余老师从教50周年》：

心系中国农业春，辛勤温饱十亿人。
耕耘科教壮志展，桃李余香不黄昏。

五、余友泰主要论著

余友泰. 1948. 中国农业及其机械化. 农业工程（美国学术刊物）. 29（7）.

余友泰. 1948. 机犁的使用与调节. 农科通讯，(3).

余友泰，程万里. 1957，1959. 农业机械的构造、原理及计算（上、下册）. 北京：高等教育出版社.

余友泰，王裕民. 1963. 黑龙江省垄作耕作机械系列发展方向的初步探讨. 农业机械学报，6（1/2）：1-14.

余友泰，王裕民，李明洲，等. 1965. 东北地区固有畜力耧沟器作业性能的分析和机力耧沟器的设计研究. 农业机械学报，8（4）：369-377.

余友泰. 1979. 美国土地资源的利用和保护. 国土与自然资源研究，(2)：36-42.

中国农业机械化科学研究院. 1980. 机械工程手册 第65篇 农业机械. 北京：机械工业出版社.

余友泰. 1981. 美国密歇根州常用的耕休系统和相应的耕作机械. 黑龙江农技资料，(2).

余友泰. 1983. 应用系统工程方法深入开展农业现代化的综合实验研究. 东北农学院学报，(增刊).

余友泰. 1983. 农业现代化概述. 哈尔滨：黑龙江人民出版社.

余友泰. 1987. 论黑龙江省农业现代化建设的基本途径. 黑龙江农村发展研究，(9).

余友泰. 1987. 农业机械化工程. 北京：中国展望出版社.

余友泰，孙继本. 1987. 海伦县保卫村农业现代化综合实验研究的基本经验. 农业系统科学与综合研究，(4)：51-59.

余友泰，杨广林，戴有忠，等. 1988. 黑龙江省八五二农场现代化建设规划（1988～2000）的基本程序和方法. 农业工程学报，(1)：4-16.
余友泰，程耀. 1988. 决策支持系统（DSS）在农业上的应用. 东北农学院学报，(3)：311-319.
崔贵林，余友泰. 1989. 黑龙江省大豆生产管理决策支持系统（SPMDSS）的研制. 农业工程学报，(1)：8-12.
余友泰，程耀，崔贵林，译. 1989. 决策支持系统——工具和技术. 北京：学术书刊出版社.
余友泰，魏特威尔，孙颔，王连铮. 1989. 温饱十亿人（中文版）. 哈尔滨：黑龙江科学技术出版社.
余友泰. 1990. 农业现代化和决策科学化. 农机化研究，(1)：7-13.
余友泰. 1991. 建立“高产、高效、持续”的农业模式，走有中国特色的农业现代化道路//中国农业工程学会. 中国农业工程学会1991年学术论文集. 北京：中国农业工程学会出版社.

主要参考文献

钱学森，等. 1982. 论系统工程. 长沙：湖南科学技术出版社：127
姜振寰. 1991. 自然科学学科辞典. 北京：中国经济出版社：28.

撰写者

余立（1951～），黑龙江省科技信息中心研究员级高工，余友泰之子。

左天觉

左天觉（1917～），美籍华人，生于湖北云梦。农学家，烟草专家。1941年毕业于南京大学，1944年获硕士学位，1950年获美国宾夕法尼亚州立大学农学—农业生物化学博士学位。1953年受聘为美国马里兰大学农学院副教授，并加入美国农业部贝尔茨维尔研究中心。1962年当选美国科学促进协会（AAAS）会士（Fellow），是美国化学家理事会成员（1969），美国农学会理事（1976），北美植物化学学会终身会员（1968）。1968年和1977年，先后荣获美国农业部最高公职服务奖和杰出服务奖。1979年，卡特总统授予他美国特别公职服务奖。1983年获得里根总统授予的最高文职奖。2005年，为表彰左天觉对植物生理学和生物化学研究的突出贡献，他的名字被镌刻在美国农业部农业研究局的科学家墙上。他从事烟草科学特别是烟草生理学研究42年，获国际烟草科学研究大会2005年年会授予的终身成就奖。先后发表200余篇论文，出版专著十余部。拥有烟草方面的6项美国专利和46项外国专利。

一、成长经历

左天觉，1917年7月25日生于湖北省云梦县一个经商的农家。1941年毕业于南京大学，1944年获硕士学位。1950年获美国宾夕法尼亚州立大学农学—农业生物化学博士学位。接着，他在烟草业做了两年博士后研究。1953年正式加入美国农业部农业研究局（USDA ARS）位于华盛顿贝尔茨维尔研究中心的烟草研究实验室。在其后的30余年，先后担任研究员、研究组长、实验室主任以及特任资深高级执行官。

二、主要研究领域和学术成就

正如一份国际荣誉授予状所说的，左天觉“无疑是全球最权威和最受尊敬的烟草生物化学、烟草生理学、烟草品质、抽烟与健康等方面的科学家之一”。在烟草这一备受争议和涉及多个学科的领域，绝大部分决策都有左天觉的参与和咨询。到

1984年退休时，他领导美国农业部抽烟与健康关系的研究已历经20多年。嗣后，他仍继续致力于烟草的研究。他以出色的科学睿智和领导能力，使美国农业部研究局成为全美涉及与健康关系的烟草研究的中心。

1. 发明提取菸碱的方法

1952年，左天觉应邀到有“世界烟草科学之父”之称的W. W. Garner领导的美国农业部贝尔茨维尔研究中心作访问研究。他发明了一种抽提、分离菸碱和确定其结构的方法，从而证实了23种尼古丁近似结构，对烟草作物的遗传育种和生理学研究，以及烟草产业都有重大意义。

2. 最早将同位素技术应用于烟草生理学研究

1956年，左天觉到美国橡树岭国家实验室进修同位素核技术之后，开创性地将同位素示踪技术应用于对菸碱的研究。包括菸碱的生物合成、起源、基因座定位和在植物体内的运输及代谢。他利用三重标记进行的植物成分代谢研究，被植物科学界认为具有里程碑式的意义。

3. 发现烟草生长调节素并应用于生产实践

1960年，当时的美国国会应烟草工业界的要求，责成农业部研究解决烟草“吸枝”问题。这是一种类似腋芽的无利用价值的结构，会消耗大量营养物，需烟农耗费很多劳作去除之。左天觉经过对数千种化合物的筛选，发现了可用于抑制“吸枝”的生长调节剂，不但可免除烟农繁重的劳作，还能提高烟草的品质。该项研究获得了美国发明专利。

4. 主持跨学科和跨部门的减少抽烟对健康损害的国家研究项目

1964年，当美国医疗总署发布了吸烟与健康及某些疾病的关系报告之后，烟草种植和加工业的前途受到巨大挑战。在这种公众十分敏感的气氛下，左天觉主持了广受尊重的“安全型烟草”农业部研究项目，得到了所有相关部门、业界和机构的通力合作。他先后提出11项关键性的课题，包括尼古丁是否为致癌物质，烟叶中放射性元素与健康的关系及其减量或去除方法，烟草蛋白质的人类食用用途等。取得的重大进展之一，是开发了均质性烟草烘烤工艺，经济效益显著，并且把烟草中的有毒物质和致癌物成分减少了37%～70%。其次，是从烟叶中分离和提纯了烟草有害物质的一种前体蛋白——fraction-1-protein（F1P），证明是一种高营养物，从而为日后烟草用于非烟用的其他高价值产品生产提供了可能。

由于在抽烟与健康关系研究方面的杰出贡献，左天觉先后被美国健康与公民服务部，美国卫生部癌症研究所，肯塔基烟草研究会，世界烟草与健康大会，国际烟草工作组以及美国卫生部心、肺和血液研究所聘为科学顾问。他还是 1981 年美国外科综合报告（抽烟与健康部分）书的起草人之一。

三、晚年致力于中美农业科学和技术的交流

左天觉的晚年，除了继续在烟草研究领域做贡献之外，还解决了中美两国在农业科技合作方面的一些重大课题。

早在 1974 年，左天觉即作为美国农业部的代表之一，接待了首个来自中华人民共和国的农业科技代表团。改革开放后不久，1977 年受中国农业科学院的邀请，左天觉成为粉碎“四人帮”后第一批访问中国的外籍农业科学家之一，并被任命领导一个由两国八位杰出农业科学家组成的专家组，对中国整个农业系统提出改进的建议。主要是因为在这方面的重大贡献，1982 年他被中国农业科学院授予首位外籍“名誉研究员”称号。1983 年年底，他倡导成立由在美华人农业科学家及部分中国农学家组成的“国际农业与生命科学发展与教育会”（IDEALS）。这个独立学术团体是非官方、非营利的，旨在推动和帮助年轻的中国农业科学工作者赴美开学术会议和深造，并帮助中国西部地区的新疆及西藏的农业开发，以及推进海峡两岸的农业科学与技术的交流。为了全力以赴地做好会长的工作，他提前退休。到 1997 年，他又发起由七所美国的著名农业高校和十所中国的知名农业院校以促进紧密合作为目的组建联盟，实现了联合开展学术活动的目标。

四、左天觉主要论著

Tso T C，Jeffrey R N. 1953. Paper chromatography of alkaloids and their transformation products in Maryland tobacco. Arch Biochem Biophys，43：269-285.

Tso T C，Jeffrey R N. 1959. Biochemical studies on tobacco alkaloids. I. The fate of labeled tobacco alkaloids supplied to Nicotiana plants. Arch Biochem Biophys，80：46-56.

Tso T C. 1961 Biochemical studies on tobacco alkaloids. III. The incorporation of C^{14} and N^{15} in alkaloid biosynthesis. Arch Biochem Biophys，92：248-252.

Tso T C，Burk L G. . 1962. Effect of certain anti-tumor chemicals on a tumorous Nicotiana hybrid. Nature，193：1204-1205.

Tso T C，Hallden N A，Alexander L T. 1964. Radium 226 and Polonium 210 in leaf tobacco and tobacco soil. Science, 146: 3647, 1043-1045.

Tso T C. 1964. Plant growth inhibition by some fatty acids and their analogues. Nature, 202: 4931, 511-512.

Tso T C, Harley N, Alexander L T. 1966. Source of Lead 210 and Polonium 210 in tobacco. Science, 153: 3738, 880-882.

Tso T C. 1966. Biochemical studies on tobacco alkaloids. VII. Biosynthesis of alkaloids triply labeled with C^{14}, H^{3} and N^{15}. Phytochemistry, 5: 287-292.

Tso T C. 1969. Tobacco. Encyclopedia of Chemical Technology, 20: 503-526.

Tso T C. 1970. Limited removal of Polonium 210 and Lead 210 from soil by leaching. Agronomy J, 62: 663-664.

Tso T C, Gori G. 1972. Effects of tobacco characteristics on cigarette smoke composition//Schmeltz I. The Chemistry of Tobacco and Tobacco Smoke. New York: Plenum publishing: 51-63.

Harley N, Cohen B, Tso T C. 1980. Po-210: A question of risk factor in smoking-related carcinogenesis. Banbury Report, 3: 93-104.

Tso T C. 1980. Modification through agricultural techniques for developing a safer tobacco. Banbury Report, 3: 181-190.

Tso T C. 1991. Production, Physiology, and Biochemistry of Tobacco Plant. IDEALS, Inc: 752.

Tso T C. 1996. Tobacco. Ullmann's Encyclopedia of Industrial Chemistry, A27: 123-146. VCH Verlagsgesellschaft mbH, D-69451 Weinheim.

Tso T C, Tuan F, Faust M. 1998. Agriculture in China 1949-2030. IDEALS, Inc: 775.

Tso T C, He K. 2004. Dare to Dream—Vision of 2050 Agriculture in China. Beijing: China Agricultural University Press: 381.

Tso T C. 2004. Xinjiang: The California of China—Vision of 2050 Agriculture in China. Beijing: China Agricultural University Press: 93-102.

Tso T C. 2006. Tobacco research and its relevance to science, medicine and industry. Beitrage zur Tabakforschung International, 22 (2): 133-146.

Tso T C. 2007. My Journey in Science and Life. Hong Kong: Hong Kong International Culture Co: 295.

撰写者

程序（1944～），中国农业大学农学与生物技术学院教授、博士生导师。在 1991～1994 年和 1995～1998 年分别任原北京农业大学副校长和农业部科技司司长期间，和左天觉先生有过大量的接触与交流，以后也继续保持着较密切的联系。

陈俊愉

陈俊愉（1917～2012），安徽安庆人。园林植物与观赏园艺学家。1997年当选为中国工程院院士。1943年毕业于金陵大学园艺系，获农学硕士学位。曾任北京林学院园林系主任，国务院第一、二届林学学科评议组成员，中国园艺学会副理事长，中国风景园林学会副理事长。现任北京林业大学教授，中国花卉协会梅花蜡梅分会会长，国际梅品种登录权威。中国园林专业教育的主要负责人和园林植物与观赏园艺学科的主要带头人。他创立了中国花卉品种的“二元分类”系统，并按照国际栽培植物命名法规及时修订，形成了既有中国特色，又符合国际法规的新系统。他创建了引种驯化“八句诀”、“野化育种”新途径及百分制计分选种法，培育了抗寒梅花、地被菊、刺玫月季和抗－17.8℃的年治棕等80多个新品种，在全国各地累计推广1100多万株。他创立了城市园林绿化树种调查和规划的工作规范和原则。他率先倡导国花评选，并融会到花卉科普和爱国教育中。他主编的《中国花经》、《中国农业百科全书·观赏园艺》、《中国梅花品种图志》等著作被广泛引用。他先后获得国家科技进步奖二等奖2项、三等奖1项，省部级科技进步奖一等奖2项、二等奖3项，国家新闻出版总署优秀科技著作奖一等奖1项、二等奖1项。

一、官宦子弟园艺老人

陈俊愉，祖籍安徽安庆，1917年9月21日生于天津市，中国民主同盟盟员和中国共产党党员。出身于官宦之家，是60多人大家族的长房、长曾孙。曾祖父曾任新疆布政司。4岁时随祖父举家南迁至南京，购置家业，并拥有10亩大的花园，这成为他儿时的主要活动场所。他跟着花师傅侍弄花草，对园艺的兴趣逐渐产生并日益浓厚。加上母亲的悉心引导，他在中学毕业后就报考了金陵大学园艺系。1940年1月，他于金陵大学园艺系毕业，获农学士学位（金钥匙奖），留校任助教。1943年7月金陵大学园艺系研究生毕业，获农学硕士学位。随后任四川大学园艺系讲师，前农林部农业推广委员会督导专员和复旦大学农学院副教授。1947年8月至1950年6月在丹麦哥本哈根皇家农业大学留学，获花卉专业科学硕士学位（荣誉级）。

1950年11月至1952年8月任武汉大学农学院副教授、教授，1952年9月至1957年4月任华中农学院园艺系教授、系副主任，1957年4月起先后任北京林学院园林系（现北京林业大学园林学院）教授，系副主任、系主任和博士生导师。其中1960～1963年，兼任校科研生产处处长。陈俊愉曾任国务院学位委员会第一、二届学科评议组成员，林业部科技委委员，中国风景园林学会副理事长，中国园艺学会副理事长，1997年11月当选中国工程院院士。现任中国花卉协会理事、梅花蜡梅分会会长，国际园艺学会梅品种登录权威。2012年6月8日，陈俊愉在北京因病逝世，享年95岁。

二、观赏园艺学界带头

陈俊愉在金陵大学学的是园艺专业，毕业论文做的是豌豆，硕士论文做的是柑橘。从1943年随汪菊渊先生完成《成都梅花品种之分类》（1945），才开始观赏园艺的研究，随后完成了《巴山蜀水记梅花》（1947）。留学丹麦完成了《凤仙花多倍体育种》的硕士学位论文，算是系统研究花卉的开始。陈俊愉并非新中国成立前中国观赏园艺研究的第一人，原沈阳农学院章守玉教授、南京林学院陈植教授对观赏园艺和园林植物的研究，都比陈俊愉早，也很有成就，分别出版了《花卉园艺》和《观赏树木学》。那为什么陈俊愉在新中国成立后能成为中国观赏园艺学科的带头人？其中可能与陈俊愉留学丹麦、借调北京有关；但更为重要的是，他从20世纪50年代后半期开始，一直到90年代，主持编写的几本花卉专著，在花卉工作者和花卉爱好者中间产生了重要影响，使他成为了中国观赏园艺学科众望所归的带头人。

新中国成立后中国出版最早、最有影响的两本园林花卉书籍《鄢陵园林植物栽培》（1960）和《北京黄土岗花卉栽培》（1962）就是陈俊愉任副系主任的北京林学院城市与居民区绿化系分别下放到河南鄢陵县姚家村和北京丰台区黄土岗，总结当地花农的经验，加以系统归纳和科学分析完成的。不久前他告诉我，现在不能熬夜了，不像当年编写《鄢陵园林植物栽培》时能连熬三个通宵，年轻学生都熬不过他。这也难怪，当年白天劳动锻炼，晚上不加班，哪能成书？许多人都在单纯又繁重的劳动中消磨时光，唯有陈俊愉和学生们白天劳动，晚上写书，才出版了这两本传世之作。千万别小看了这两本书！它们可是1978年以后各种花卉教材和图书的主要参考文献。可见，惜时勤奋是成功人生的基本条件。

1978年以后，陈俊愉先后与刘师汉合作编写了《园林花卉》（1980），这是“文化大革命”以后出版的第一本花卉图书。此书多次重印，30年后的今天，我们还能在书店看到。随后，他又与程绪珂合作，组织了当时全国几乎所有的花卉工作者，主编了《中国花经》（1990），成为一直到现在中国收录花卉种类最多（2354种）、论述最权威的花卉图书。此书获得建设部科技进步奖二等奖，至今仍是有关花卉论文中引用最多、书店里最有分量的花卉图书。接着，他又接受了《中国农业百科全书·观赏园艺》（1996）主编的任务，组织了全国近百位园林花卉专家，历时10年，数易其稿，完成了编写任务。该书获得国家新闻出版总署优秀科技著作奖一等奖。

这五本花卉图书的编写和出版，不仅让笔者领悟了陈俊愉的博学多识、严谨学风和提携同仁的高尚品德，更对中国花卉工作者、花卉爱好者及花卉产业产生了巨大影响。一大批青年学子从书里爱上了花卉，从书里知道了陈俊愉。笔者就是从《园林花卉》上第一次知道陈俊愉的。

三、人才培养率先垂范

陈俊愉在培养园林专业人才方面成绩巨大。他提出的以综合性的园林专业为主体、风景园林专业和观赏园艺专业各为一翼的园林及有关专业设置方案被原国家教委采纳。他主持制定了园林植物专业研究生培养方案，开设了野生园林植物采集鉴定、花卉品种分类学、园林专业英语和园林植物遗传育种专题等四门新课。他除任正、副系主任近30年，领导培养出10 000多名园林专业本科毕业生之外，还培养出硕士30人，博士及博士后20人，他们多已成为中国园林花卉事业的学术骨干，有的还成为博士生导师。桃李满天下既是陈俊愉的功劳，也是他成功基础的一个方面。

四、种质育种成果重大

中国观赏植物种质资源丰富，被誉为“园林之母”。陈俊愉以满腔的爱国热情，首次发表《关于花卉种质资源的问题》的论文，强调花卉种质资源保护和利用的重要性。花卉品种的多样性是花卉产业发展的基础性生产资料，但我国自育的花卉品种极少；没有具有自主知识产权的花卉品种，也就没有真正意义上的中国花卉业。他在深入调查研究中国花卉种质资源的基础上，充分利用野生种质资源，创造了适合中国国情的花卉抗性育种新途径——野化育种，成功应用于地被菊育种等。他从南梅北移的科研实践中，总结出园林植物“合理育苗，循序渐进；和谐自然，保护顺应；培育选择，提高抗性；抓住关键，南树北进”的引种驯化“八句诀”。他在金花茶、地被菊、柑橘等的选种中采用了百分制计分评选法。这些都是他在花卉育种中创造的行之有效的方法。

梅花种质资源的调查、收集、整理由曾勉教授开始于1941年，20世纪80年代得到了快速发展。他于1991年在武汉中国梅花研究中心建立了中国梅花品种资源圃，至今仍是花卉界唯一的、正规的品种资源圃，为各地梅园建设和梅花生产、展览提供丰富、准确的梅花品种。经过50年的不懈努力，终于在2007～2008年春将湖南沅江、江苏南京的梅驯化引至黑龙江大庆、新疆乌鲁木齐露地越冬开花，让梅花北移2000公里以上——这是创世界纪录的惊人成果。他先后育成12个梅花新品种，抗寒梅花已在全国推广100万株以上。

他对菊花的研究开始于1947年在丹麦菊花协会50周年年会上的报告。从北京岩菊到地被菊，通过远缘杂交和野化育种，将野生菊花的抗性与栽培菊花的观赏性结合起来，“改革名花走新路”。先后培育出50余个地被菊新品种，通过区域试验，累计推广1000万株以上。地被菊的区域试验迄今仍是花卉中唯一的，推广数量也是花卉中最多的，为建设节约型园林、丰富园林植物多样性及其景观做出了突出贡献。

金花茶是中国特有、世界唯一的黄色茶花，种质资源的保护极端重要。他主持建立了广西金花茶基因库，采用高接换头的方法，保存了近20种金花茶的基因。“金花茶基因库建立及繁殖研究”获林业部科技进步奖一等奖、国家科技进步奖二等奖。同时，他主持育成了12个金花茶新品种。

五、品种分类中西合璧

陈俊愉倡导花卉品种“二元分类”法，形成了独树一帜的中国学派。2007年8月，他在《园艺学报》上发表了《关于梅花 *Prunus mume* 的品种分类体系》，将梅花品种分类体系由3种系5类18型修改为3个品种群（原种系）。在第四届国际栽培植物分类学术研讨会（2007年10月14～20日，荷兰瓦格宁根）上，他提交了 *The New Revised System of Classification for Chinese Mei Cultivars According to ICNCP* 的论文，将梅花品种分为江梅、宫粉、玉蝶、黄香、绿萼、洒金、朱砂、垂枝、龙游、杏梅、樱李梅等11个品种群。2009年5月，他们又向《园艺学报》投稿《中国梅花品种群分类新方案并论种间杂交起源品种群之发展优势》，除扩出11个品种群外，还强调今后可考虑再改进（如增设“品种亚群”等）。这是根据《国际栽培植物命名法规（ICNCP）》（第7版）的规定所作的最新修改。

以上进展显示了他搞科研工作的两大特点：一是与时俱进。大家知道“二元分类”是他首创并倡导的栽培植物品种分类的中国学派，上述修订实际上是给二元分类穿上了ICNCP的外衣。既然ICNCP有这样的规定，那梅花就得照办。这里需要一种忍痛割爱的、与时俱进的精神。二是兼收并蓄。之所以在很短的时间将梅花品种分类的3个品种群修改为11个品种群，那是他在《中国梅花品种图志》审稿会上，听取并采纳了不同的意见，将二元分类与ICNCP完美地结合在一起。

六、品种登录独树一帜

1998年11月，陈俊愉及其领导的中国花卉协会梅花蜡梅分会（对外称中国梅花蜡梅协会，CSMW）被国际园艺学会授予梅（*Prunus mume*）品种国际登录权威。这不仅是他自1947年发表《巴山蜀水记梅花》以来50年专心研究梅花的最高奖赏，也是中国在栽培植物获得国际品种登录权的首创。近十年来，围绕梅品种国际登录，他走遍了南北东西的梅园，对已发表的323个及新选育的梅花品种进行了全面深入的复（调）查。已出版《梅品种国际登录（双）年报》五册（共382个品种），及主编《中国梅花品种图志》（1989）、《中国梅花》（1996）、《中国梅花品种图志》（2010）专著三部。“中国梅花品种的研究——中国梅花品种图志”获林业部科技进步奖一等奖、国家科技进步奖三等奖，《中国梅花品种图志》获得国家新闻出版总署优秀科技著作奖二等奖。

他主持的梅品种登录有以下几个鲜明的特点：①将品种调查、选育与登录结合。品种登录就像发身份证，只确定品种的有无，至于品种的优劣那是育种者或品种审定的问题。他作为梅花专家，对每个登录的品种都要实地调查，而且只登录比较优良的品种。②将品种登录与发表结合。按照《国际栽培植物命名法规》（第7版）的规定，品种登录（接受）只负责品种名称的合法性；品种名称要建立，还要在学术刊物上发表，即通过同行专家评审。他在出版《梅品种登录年报》的同时，又将所登录的品种在《园艺学报》和《中国园林》上发表，将品种的登录与发表合二为一。③将品种登录与专著结合。在品种登录的基础上，他又主编一部中英双语版的《中国梅花品种图志》，力图使登录品种质量提高，删除品质较差的品种，增加我国自育自选品种，使品种登录与品种研究相得益彰。④他把品种国际登录与学术研讨、人才培养相结合，每次品种国际登录都把顾问、秘书、主任与当地科技骨干结合起来，在现场于盛花期举办学习研讨会式的群众性国际登录。事实证明这种登录方式特别适于小花种观赏植物如梅，有助于正确记录、辨别和登录品种。

七、树种规划开创先河

园林绿化树种，尤其是行道树是城市形象的重要组成部分。陈俊愉一直在提倡园林植物的多样性，强调种质资源的同时，积极倡导城市园林绿化树种的调查和规划，主持了昆明、上海、哈尔滨和西安等城市的树种规划，并创立了工作规范。他提出的基本切合森林植被区、以乡土树种为主、基调树种、乔木为主不同生活型合理安排、根据具体情况结合生产、快长树与慢长树结合等的城市园林树种规划六个原则，至今仍具有重大的现实意义。

八、"一国两花"情系中华

自1988年陈俊愉提出"一国两花"以来，他一直在为此奔波。近十年来，在大众舆论的基础上，他又在中国工程院和"梅花"城市中大做文章。陈俊愉的"一国两花"不时见于报刊，其中辛劳有目共睹。人们不禁要问，八九十岁的资深院士不去安享晚年，管什么"国花"？这是因为"国花"之中深藏着陈俊愉的两个"情结"。一个是"大众情结"。他一直非常重视对人民大众的科学普及，他的科普文章和著作可能占到他本人整个文字的一半左右。尤其在"发财树"（实为瓜栗）流行、"玫瑰"（实为现代月季）漫飞的时代，科学的、正确的花卉知识对人民大众的普及尤为重要。国花的评选不仅是花卉普及的重要手段，还能促进花卉的科学研究。另一个是"爱国情结"。他出生在半封建、半殖民地时代，成长于战乱年代，新中国成立前出国留学，新中国成立初回国任教，又经历了"文化大革命"。他爱国之甚一般人难以理解。为什么既要百折不挠的梅花，又要荣华富贵的牡丹？那是因为我们既要精神文明，也要物质文明；只有居安思危，才能民族复兴。

九、勤奋坚持成功之本

陈俊愉治学严谨，学识渊博，理论联系实际；他教书育人，诲人不倦，曾被选为北京市高校先进教师，是第一批国务院政府特殊津贴获得者。笔者深深地感受到了陈俊愉的爱国、勤奋、坚持和博学。

首先，陈俊愉的爱国精神渗透在他的字里行间。无论是花卉种质资源、园林植物多样性，还是国花，你能从各个方面感受到陈俊愉毕生的爱国情操。陈俊愉亲身经历了旧中国、外国和新中国，他的爱国不是语言，而是风骨。我们现在很少谈"理想"、"抱负"，但我想振兴中华应该是陈俊愉一生的追求。

其次，陈俊愉勤奋过人、笔耕不辍。他最近十年亲笔撰写的文章，与以前相比一点也不少；尤其是连续四年在《中国观赏园艺研究进展》上发表论文。同时，陈俊愉眼力过人、明察秋毫。他1964年在庐山植物园待了两周，写成了一篇《庐山植物园造园设计的初步分析》；1980年到美国去了一趟，回来写成了《美国园林和园林工作的特点》。我曾经在西安植物园工作了八年，也到美国、日本、韩国、欧洲等地去过，怎么就没有看到、想到、写出类似的文章呢？从年轻时的通宵达旦，到现在的没有退休、没有假日，勤奋贯穿了陈俊愉的一生，工作就是陈俊愉的生活。"勤能补拙"是对常人所言；如果聪明加上勤奋，那就肯定能成大事。

再次，陈俊愉研究梅花60多年，大多是在没有梅花课题、没有梅花研究经费、也缺少研究梅花人力的情况下进行的。我们现在一个课题3～5年，多数是跟着课题转。美其名曰"国家需求"，个人兴趣很少提及。大家知道，诺贝尔奖不是计划出来的，院士也不是课题造就的。如果哪位年轻人能抓住一种花卉（植物），坚持研究30年，十有八九也能成功。

最后，陈俊愉博学多才、与时俱进。时下许多我们都不懂的新名词，陈俊愉都知道。除了观赏园艺和风景园林专业之外，他还兼通文化、历史、地理，甚至中医，都有独到的见解。

十、陈俊愉主要论著

陈俊愉. 1947. 巴山蜀水记梅花. 上海：上海园艺事业改进协会，丛书第15种.

陈俊愉. 1962. 中国梅花的研究——Ⅰ. 梅之原产地与梅花栽培历史. 园艺学报，1（1）：69-78，99-102.

陈俊愉. 1962. 中国梅花的研究——Ⅱ. 中国梅花的品种分类. 园艺学报，1（Z1）：337-350，380-381.

陈俊愉，张春静，张洁，等. 1963. 中国梅花的研究——Ⅲ. 梅花引种驯化试验. 园艺学报，2（4）：395-410，449-450.

陈俊愉. 1979. 关于城市园林树种的调查和规划问题. 园艺学报，6（1）：49-63.

陈俊愉. 1980. 关于我国花卉种质资源问题. 园艺学报，7（3）：57-67.

陈俊愉. 1982. 关于省花和市花问题. 植物杂志，9（6）：29.

Chen J Y. 1985. Studies on the origin of Chinese florist's chrysanthemum. Acta Horticulturae，(167)：349-361.

陈俊愉. 1987. 金花茶育种十四年. 北京林业大学学报，9（3）：315-320.

陈俊愉，程绪珂. 1990. 中国花经. 上海：上海文化出版社.

陈俊愉. 1990，1991. 改革名花走新路——关于地被菊育种的反思与展望（上篇、下篇）. 北京园林，(4)：2-5；(1)：8-12.

Chen J Y, Wang S Q, Wang X C, et al. 1995. Thirty years' studies on breeding ground-cover chrysanthemum new cultivars. Acta Horticulturae, (404): 30-36.

陈俊愉. 1996. 中国农业百科全书·观赏园艺. 北京: 中国农业出版社.

陈俊愉. 1998. "二元分类"——中国花卉品种分类新体系. 北京林业大学学报, 20 (2): 5-9.

Chen J Y. 1999. Annual Report of International Mei (*Prunus mume*) Register, 1999. Beijing: China Forestry Publishing House.

陈俊愉. 2001. 中国花卉品种分类学. 北京: 中国林业出版社.

陈俊愉, 陈瑞丹. 2007. 关于梅花 *Prunus mume* 的品种分类体系. 园艺学报, 34 (4): 1055-1058.

陈俊愉, 陈瑞丹. 2009. 中国梅花品种群分类新方案并论种间杂交起源品种群之发展优势. 园艺学报, 36 (5): 693-700.

陈俊愉. 2010. 中国梅花品种图志. 北京: 中国林业出版社.

陈俊愉. 2012. 菊花起源 (The Origin of Garden Chrysanthemum). 合肥: 安徽科学技术出版社.

主要参考文献

北京林业大学, 中国园艺学会. 1997. 陈俊愉教授文选. 北京: 中国农业科技出版社: 317.

张启翔, 刘青林. 2007. 花凝人生——陈俊愉院士九十华诞文集. 北京: 中国林业出版社: 328.

撰写者

刘青林 (1963～), 中国农业大学副教授, 陈俊愉先生的博士研究生。

李翰如

李翰如（1917～1987），湖南湘潭人。农业机械制造和农业机械化专家、农业工程学家、教育家，中国农业工程学科的先驱者之一。1945年赴美国艾奥瓦州立大学留学，1947年获得农业机械硕士学位和机械工程职业工程师职称，1948年回国。新中国成立后任华北农业机械总厂高级工程师、计划科科长。1953年10月调往北京农业机械化学院，历任教授、博士生导师、农机教研室主任、农机制造系副主任，1980～1982年任学院副院长。曾任国务院学位委员会农学类第一、二届学科评议组成员，中国农业机械学会常务理事、顾问，北京市农业机械学会副理事长、顾问；1979～1987年任中国农业工程学会副理事长等职。他是《当代中国·中国的农业机械化卷》副主编、《中国大百科全书·农业机械化卷》编委。毕生编译出版的农业机械专著约140万字。撰写各种论文近百篇，主编、校订、审定的教材和词典等约400万字。这些文献是中国农机工程界的宝贵财富。20世纪50年代，率先翻译出版了《苏联机械制造百科全书》（农业机械）第十二卷第1～5章，系统地把苏联的农业机械介绍到中国。此间还出版了《播种施肥及栽植机械》，这是中国第一本阐述种植机械的专著。50年代后期编译了《农业机械学》（上、中、下三册），这是新中国出版的第一批农业工程专著。70年代校订和编撰的《英汉农业机械词典》和《简明农业机械化词典》至今还是专业人员珍贵的工具书。70年代，曾参与多个省区的农业机械化规划。80年代初编写了农业流变学讲义，后来和潘君拯合作撰写出版了《农业流变学导论》。

一、求学生涯

李翰如，1917年10月10日出生于湖南省湘潭县一个清贫家庭。父亲是鞋铺店员，母亲不识字。李翰如兄弟姊妹较多，生活颇为艰苦。小学念书时，他因成绩一直领先，考入了当时颇有名气的长郡中学。按当时的家境，经济很困难，但是受到湘潭李氏宗族青睐，认为孺子可教，便提供了几石“升学谷”，于是，能继续学业。由于历年成绩优良，获长郡中学的“清寒奖学金”念完了初中。1933年湖南省初中毕业会考时，他名列前茅，本可免试升入高中，但因学费无着，就选择了可免交学费的湖南省立第一师范学校，1936 年毕业后任长沙幼小教师。

1937 年秋，李翰如考取了西北农林专科学校水利系公费生。在校生活全靠公费维持，每年还将写稿所得和自己节余的数十元寄回家接济家庭。1941 年，他毕业于改制后的西北农学院水利系。

李翰如在西北农学院求学期间，正值抗日战争前期，日本军队猖狂进攻，中国大片国土沦陷。国民政府从南京迁到重庆。由于战争影响，在后方念书的大学生，生活甚为艰苦，吃定量“平价米”，靠微末贷金维持生计。学习条件很差，不时还受到日本飞机轰炸的威胁。当时许多爱国学生感到国家民族危在旦夕，都在思想上和行动上寻求救国之道。李翰如认为：“我国积弱，主要由于民智不开，教育和科学技术落后。救国必须以提倡教育和发展科学技术为主”。于是他下定决心从自身做起，刻苦攻读，发愤图强。离开学校后，仍坚持不懈，工作之余，继续努力钻研学术以提高自己的业务能力和学识水平。

1941 年，李翰如大学毕业后，任重庆国民政府经济部陕西武功水工实验室助理研究员，并在农学院作兼职研究生，后因参加考试院建设人员被录取，旋即被分配到重庆中央水利实验处并升为副研究员。1942 年，他回西北农学院水利系执教。

由于李翰如在就业期间也没有放弃学习，因而他的知识领域和学术水平与日俱增。1945 年重庆国民政府恢复国外留学生考试时，他考取了由国外资助费用赴美国艾奥瓦州立大学深造的名额。1947 年，他在美国获农业机械硕士学位和机械工程职业工程师职称。

至此，作为一个贫困家庭出身的孩子，在金钱和权势所统治的旧社会，李翰如没有借助人际关系，完全以高尚情操和刻苦精神，达到了求学进取的高峰，实现了他的夙愿。

二、报效祖国

李翰如在美国学习结束，鉴于我国抗日战争胜利后国力衰竭、经济萧条，生产建设百废待兴，切望献身祖国建设，谢绝了美国一家厂商的高薪聘请，毅然回国，决心以其所学专长来发展祖国落后的农业机械化事业。

1948 年，李翰如回国后任南京国民政府行政院善后事业委员会机械农垦处（原属联合国善后救济总署）技术专员和湖南分处的业务组长，负责在长沙建立示范农场和农机修理厂。当时国民党政府贪污腐化，农村经济凋敝，农民衣不蔽体、食不果腹，哪有什么搞机械化的意趣。李翰如建立的示范农场仅500亩，就中国农业而言只不过沧海一粟，而机器维修和油料费用又远非当时农村所能承受，李翰如对此深感不安。他虽然报国有心，但却回天无术。所幸当时全国解放战争风起云涌，势如破竹，李翰如感到中国社会将有一个翻天覆地的变革，东亚病夫康复有望。

三、大 展 宏 图

1949年长沙和平解放后，他任职的农垦处，受军代表的领导。他积极工作，用机械灌溉抗旱、进行农产品运输和加工，让机器发挥了作用，受到共产党的表扬。由此他看到了新中国成立后中国发展农业机械化事业的光辉前景和自己施展抱负的广阔天地。

1949年，李翰如调入北京华北农业机械总厂，任工程师、计划科长期间，运用他的技术知识解决了韧铁件大批量生产存在的工艺问题，建立了农业机械成批生产的定额管理制度，使工厂能按计划图表组织均衡生产。1952年，他被评为先进工作者。

1953年北京农业机械化学院成立后，李翰如是调到学校的首批教授，颇负盛名。50～80年代，他先后担任过该校的教研室主任、系副主任、副院长。

1978年，李翰如赴马来西亚参加国际农业工程会议，在会上作了《中国的农业工程教育》的报告。

1980年，他赴美国考察农业工程教育，与美国农业工程学术界广泛交流了情况和信息。

20世纪80年代，他还担任过国务院学位委员会农学门类第一、二届学科评议组成员，中国农业机械学会常务理事、顾问，北京市农业机械学会副理事长，中国农业工程学会常务理事，兼该会农业机械化电气化专业委员会主任委员，中国农机化研究会研究员，洛阳工学院兼职教授，“当代中国”丛书中的《当代中国的农业机械化》卷副主编、《当代中国的农业》编委、《中国大百科全书》的《农业机械化》卷编委等职。

李翰如在北京农业机械化学院（后更名为北京农业工程大学，与北京农业大学合并后，现为中国农业大学）期间，编辑和翻译了农业机械方面的专业书籍十余册、撰写了学术论文近百篇。1987年去世时，他还正在主编《当代中国》丛书的《农业机械化》卷。

四、献身农业机械化

李翰如虽然长期担负着教学任务，但对科学研究工作却一直不曾松懈。在农业机械的试验研究、理论分析和设计计算，以及中国农业机械化的发展规划等方面，先后发表了20多篇论文。20世纪50年代前期设计的5吨韧铁焖炉，解决了当时农机制造的急需。70年代发表的关于立式割台收割机、水稻联合收获机、往复式切割器切割速度、齿纹刀刃刺切原理等方面的论文，对收获机的设计理论有所提高。

1978年，李翰如开始研究精密播种联合农业技术，开始培养这个研究方向的硕士研究生。这项研究把过去单一的机械技术，拓宽为与精密播种作业有关的综合技术。它不仅对田间播种作业大有改进，而且对精密播种机械的设计水平也大为提高，这是农业机械化的一个重大发展。

李翰如在学术思想和教育思想方面，注重理论联系实际、教育与生产结合。为了使教学和科研能够反映生产实际问题，他经常下乡下厂去做深入的调查研究，协助或参与工厂新产品设计和农机拖拉机站的机器改进等工作。20世纪50年代后期他带领青年教师去天津的农机厂研制割晒机、到河北农村参加机械化试点。有时住厂时间达半年以上。1964～1966年在通县农村长期蹲点，探索建立教学科研基地并协助当地农村提高农作物产量和机械化水平，受到北京市科委的表扬。70年代初期在河南沁阳县机械厂协助试制球墨铸铁曲轴。在重庆北碚东阳公社研制水稻脱粒机和插秧机。70年代后期，曾在北京小海子大队蹲点调查农业机械化问题，参加了农业部组织的内蒙古河套地区农业机械化考察组，深入盟、旗、社队做调查。李翰如在进行了这些艰苦工作后，提出的调查报告，揭示了许多深刻的问题，对中国的农业机械化事业的发展很有帮助，同时也使他自己的知识更加丰富。

五、教书育人

李翰如自1953年在北京农业机械化学院受聘为教授后，从此踏进了中国农业机械工程教育的行列。在以后的30多年中，他一直坚守在这个岗位上，为中国的农业工程教育贡献了毕生精力。

1956年，他就开始招收农业机械工程专业的研究生，研究收获机械和切割器。“文化大革命”后，恢复招收研究生，并成为首批博士生导师。

他在担任农业机械教研室主任和参加系、院领导工作期间，对各个专业的教学计划，各门课程的教学大纲，以及课堂讲授、课程作业、实验、实习、毕业设计等各教学环节都做过深入的分析研究，编写了大量的教材和教学法文件，并不断地修订、补充日臻完善。他对学生谆谆教导，既爱护备至，又严格要求，亦师亦友，教书育人。

20世纪80年代初，李翰如看到当时入学的研究生，由于他们在中小学阶段正值“文化大革命”时期，不能正规学习，基础较差，中文不够通顺，错别字多，标点不会用，就严格要求他们在写选题报告和调查材料时，必须用方格稿纸，一格一字地书写，否则退回。这样行之两年，果然使研究生的文字水平大为提高。

李翰如在教学中，既向学生传授业务技术知识，也向他们进行品德教育；既在讲台上正面宣讲，也在日常接触中潜移默化。大至人生哲理，小至遣词造句，他都循循善诱。例如，他多次纠正学生在“畜牧”与“牲畜”两词中“畜”字读音的差错。

李翰如一贯节俭朴素。留学回国以后，仍保持其俭朴作风。对学校建设，总是尽量节省。在日常工作中，寸墨片纸，都很珍惜。他一直把办公桌上台历的背面作为记事本加以利用。在国外使用的一支活动铅笔带回国后还使用了十年之久。他经常打扫庭院，自己烧水、做饭。他的这些优良品德，通过言传身教，使青年学生受益匪浅。

六、著述丰硕

李翰如对中国农业工程界的重大贡献，还在于他以毕生精力编写了大量的专业著作。40年来，他编译出版的农业机械专著共约140万字，发表论文40余篇，主编、校订、审定的教材、词典等共约400万字。这些文献扩大了农业机械专业的知识领域，提高了学术水平，深化了理论分析和设计计算，在社会上有着广泛的影响，成为中国农业机械工程界的宝贵财富。

20世纪50年代，他领先翻译出版了《苏联机械制造百科全书》（农业机械）第十二卷第1～5章，系统地把苏联的农业机械介绍到中国。他还出版了《播种施肥及栽植机械》，这是中国第一本阐述种植机械的专著。50年代后期他编译的《农业机械学》（上、中、下三册），大大充实了中国农业机械的学生文库。70年代校订和编撰的《英汉农业机械词典》和《简明农业机械化词典》是两本对专业人员和非专业人员都很有用的工具书。

20世纪80年代初他为研究生编写了农业流变学讲义，后来农业出版社函约他和从事水稻土壤研究的潘君拯合作撰写《农业流变学导论》。该书在他去世后由他的研究生整理完成，于 1990 年出版。这是农业流变学这门新学科在中国的肇始之作。

李翰如在教学工作中一贯注重教材建设。他每学期上课都编印讲义，由他主编的全国高等农业院校统编教材《农业机械学》已多次重印，在全国各校使用。

李翰如学识渊博，文笔流畅。他在撰写技术著作时，对遣词用字，特别是对名词术语的使用非常严谨。例如联合收割机上的一个将麦穗拨向后方倾斜以利割到的部件，原来叫“木翻轮”，词不达意。他在其著作中改为“拨禾轮”，从此人们相继沿用，成了标准术语。由于他字斟句酌，一丝不苟，因此他主编的词典出版后深受广大读者推荐。和他一起工作的编写组成员也公认他的严谨性和权威性。

七、勇于开拓

20 世纪 80 年代初，当中国农业工程由传统的种植业为主向养殖业、农产品加工等多门类迅速扩展时，李翰如率先在中国对各种农畜产品及农业物料的流变特性开始系统的试验研究。以期由此开拓出各种农业物料的流变模型，从而揭示各种农业物料流变的特性与共性，并进而将农业物料的流变机理用于农业工程装备及工艺的设计和分析。这是他在农业工程学术研究方面的一个创造性发展。1981 年他在北京农业工程大学首先开始编写《农业流变学导论》(讲义)，并于 1984 年首次为研究生讲授农业流变学课程。

流变学始于 20 世纪初，但将流变学用于农业工程实践，在国外也刚刚开始。农业物料种类繁多，性质各异，涉及流变性质的类型有：塑性流变（黄油等）、黏性流变（蜂蜜等）、散粒流变（作物籽粒、饲料、土粒、肥料、药粉等）、固体流变（茎叶等）、纤维流变（棉、毛、麻等）、粘塑性流变（水果等），以及非线性弹性流变（橡胶），等等。这些物料的流变问题研究，国内还是一片空白。李翰如开拓的农业流变学包括物料流变和农作物流变，涉及生物系统。他在所编写的研究生教材中指出：“生物系统不同于大批量生产的工业品，它们有生命，经常发生形状、大小、呼吸的变化，并存在其他方面的生命活动过程。在其储藏和发育中，体内细胞对体外环境（湿度、温度、氧、能耗、养料供应等）非常敏感，而且还有一些难于控制的因素。在生物固体中，其弹性随时间与生理状态而变化；生物液体则大多数是不依传统力学原理而运动的非牛顿流体。因此……研究生物系统的流变是很复杂的，完全采用理论的数学分析和计算方法来处理是比较困难的。”的确，这是一个超越于我们现在技术水平的问题，但又是农业工程学科和农业生物学科都不能忽视的问题。

李翰如率先进入这个别人不敢问津的领域，开拓了这个研究方向。他认为，虽然问题很复杂，但“目前研究生物系统的机械行为（behavior）还得从力学原理和（一般）流变学开始”。于是，他带领硕士和博士研究生开始对蜂蜜、食用油、泥浆等的流变特性进行试验研究，在物质条件并不太好的情况下，一步步向前迈进。不幸的是，当这门学科正在李翰如主持下开始展示出光彩的时候，他竟与世长辞了。

八、忘我奉献

李翰如对祖国、对中国共产党、对中国的农机教育事业都很热爱。工作勤勤恳恳，四十年如一日。1953年他就要求加入中国共产党。后来在整风“反右”和“文化大革命”期间，他曾受到不小的冲击，但他坚信共产主义信仰，只有中国共产党领导人民建设社会主义，才能使人民生活走向富裕。党的十一届三中全会以后，中央拨乱反正，改革开放的政策使他更加焕发革命青春，于1983年加入了中国共产党。

李翰如对工作任务有高度的责任感。认真负责，兢兢业业，夜以继日地忘我工作已经成了他的习惯。每有困难任务总是身先“士卒”。1954年春节，新校舍刚建成一幢宿舍楼，尚未供水，家属都未搬来，职工都回家过节，而他却孤身一人住在一套空房内，自备绳索、吊桶，在附近的土井里提水煮挂面。1987年3月10日，他去世的前一天，开了一整天的会，次日凌晨，感到身体不适，吃了两片药。早饭后，他还要去上班。经夫人劝阻才未去。不料随后心脏病突然恶化，中午送医院后千方百计抢救无效，不幸逝世。

九、李翰如主要论著

李翰如. 1954-12-25. 苏联农业机械的分析与评价. 光明日报.

李翰如，王万钧译. 1955. 苏联机器制造百科全书（第十二卷，第1～2章）. 北京：机械工业出版社.

李翰如，曹崇文译. 1955. 苏联机器构造百科全书（第十二卷，第3章）. 北京：机械工业出版社.

李翰如编译. 1956 . 播种、施肥及栽植机械. 北京：财政经济出版社.

李翰如编译. 1957. 农业机械学（上册）. 北京：机械工业出版社.

李翰如编译. 1959. 农业机械学（中册）. 北京：机械工业出版社.

李翰如编译. 1960. 农业机械学（下册）. 北京：机械工业出版社.

北京农业机械化学院农业机械教研组. 1961. 农业机械构造（上、下册）. 北京：中国工业出版社.

李翰如，等. 1979. 简明农业机械化词典. 北京：科学出版社.

李翰如. 1989. 农业机械化区划原理——为纪念辛树帜老师诞生九十周年而作（附记：对辛树帜老师的回忆）. 辛

树帜先生诞生九十周年纪念论文集. 北京：农业出版社.
李翰如，潘君拯. 1990 . 农业流变学导论. 北京：中国农业出版社.
北京农业机械化学院. 1991. 农业机械学（上、下）. 第二版. 北京：农业出版社.

主要参考文献

李自华. 1996. 李翰如//中国科学技术协会. 中国科学技术专家传略·农学编·综合卷1. 北京：中国农业科技出版社：453-465.

撰写者

李自华（1920～），中国农业大学教授，李翰如先生的同事。
刘向阳（1944～），中国农业大学教授，李翰如先生的学生。

赵洪璋

赵洪璋（1918～1994），河南淇县人。小麦育种学家。1955年当选为中国科学院学部委员（院士）。1940年毕业于西北农学院，历任西北农学院教授、副院长等职。从事农作物育种教学和小麦杂交育种工作50余年，尤其在小麦优良品种选育方面贡献卓著。从20世纪40年代起，先后主持育成以碧蚂1号、丰产3号、矮丰3号和西农881为代表的四批大面积推广的突破性小麦优良品种，在不同时期适应和促进了中国小麦主产区黄淮冬麦区农业生产的不断发展，为中国小麦增产做出了重大贡献。其育成品种的推广面积、增产效益和性状特点均居于中国同期前列。并在长期育种实践中，形成并提出一整套特色突出、卓有成效的学术观点，为中国乃至世界小麦育种科学提供了重要的经验和深刻的启迪。获全国科学大会奖、国家科委发明奖、陕西省科学大会奖、陕西省科技成果一等奖、国家农业部全国科技推广优秀教师、国家教委全国高等学校先进科技工作者、国务院有突出贡献专家特殊津贴、陕西省科技精英等。

一、立志在农业

1918年6月，在河南省淇县吴家寨，赵洪璋在一个农民家庭呱呱坠地，开始了他平凡而又很不平凡的人生旅途。

赵洪璋的家庭在当地当时算得上是富裕之家，但也仅仅是农历过春节的时候，家里才能吃上四五天白米细面。小小的赵洪璋当时心里想，何时能一年到头全吃白米细面就好了。

1936年，他参加了三所高校的考试，均被录取，其中一所是军事院校、一所戏剧院校、一所农林院校。抱着“但得苍生俱饱暖”的愿望，他到当时的西北农林专科学校（1938年易名西北农学院、现西北农林科技大学前身）农艺系报到入学。每个大学生都有自己的玫瑰色的理想，而赵洪璋却怀抱着一个与众不同的、终生与黄土地相依为命的理想。

1940年，赵洪璋带着四年大学学习的丰厚收获，跨出西北农学院的大门，来到陕西省大荔县。

在陕西省农业改进所大荔农事试验场的两年多日子里，他看到了北方农民赖以生存的主要粮食作物是小麦。

可农家种植的多是低产的农家种小麦和少得可怜的“洋种”，常年以每亩50千克的产量在广袤而贫瘠的黄土地上痛苦地呻吟，穷苦的农民终年辛勤的劳作却难以饱腹，衣不遮体，哀鸿遍野，饿殍载道。若逢灾荒年则更是背井离乡，家破人亡。这“第一印象”对他的“刺激”太深太重了。对于他这样一个农家出身、遵父志“以农兴家”并就读于高等农业学府的青年来说，这无疑使他从精神上感到困惑和压抑，也促使他跳出“家”的小圈子，溟濛中产生出一种“以农兴国”的抱负。因此，他夜以继日地东奔西跑，认真总结农场多年种植作物的试验资料并逐一写出报告，调查当地农作物品种及其轮作栽培情况，走访农户。短短两年时间，他那求实、钻研、勤奋、朴实的工作作风和精神，博得了他的老师和同事们的青睐与赏识。1942年，他被母校西北农学院的老师调回学校担任助教。此举无疑给了他大展宏图的机会，他瞅准了小麦品种选育和改良这条路子，认为只有由此走下去，才能“解万民于倒悬”。

二、八年铸三剑

从1942年起，他就埋头于小麦良种选育。

1945年，碧蚂1号小麦品种的第三代已崭露头角。其时正值抗战胜利之机，他觉得终于有了报效国家、造福人民的机会了。可是他的品种和研究工作却遭到了种种压制、非议、排挤和刁难。目睹国家当时的现状，他悲痛、伤感、苦闷、压抑，但他仍埋头在渭河边离学校约10多里外的农场里搞小麦育种试验，各种刁难迫使他不得不积极购买家禽家畜良种，以作回乡务农的准备，不再寄人篱下。

1948年，他培育的碧玛1号小麦以崭新的姿态出现在学校及附近农民的麦田之中，方圆几十里的农民闻风蜂拥而至，争相观摩。但反动当局和学校里却有人压制他，刁难他。

1949年，赵洪璋和同事们在1942～1947年苦斗六年辛勤培育的碧蚂1号、碧蚂4号等小麦良种幸逢盛世，相继脱颖而出。这批品种，茎秆粗壮、耐肥抗倒、穗长粒大、皮白质佳、高抗条锈病和黑穗病等病害，比当时农家种植的小麦抗倒伏、抗病，比国外引进品种耐寒耐旱。1949～1960年短短11年时间，这三个品种推广面积达1.1亿余亩，仅碧蚂1号年最高种植面积就达9000多万亩。其推广速度之快、年种植面积之大，不仅在共和国的育种史上是空前的，而且在世界小麦品种史上也是无与伦比的最高纪录。尤其是这一重大成果出自一个年仅30岁的青年科学家之手，不能不使很多人感到兴奋和震惊。

八年铸三剑，十年试锋芒。赵洪璋和同事们辛勤培育的以碧蚂1号为代表的三个小麦优良品种，在黄淮两岸、中原腹地熠熠闪光，迎来了新中国黄淮麦区小麦生产的第一次飞跃，试验增产幅度达10%～30%，累计增产效益逾数百亿元。加之这些品种对提高地力和改善耕作栽培制度等一系列发展生产措施的高度适应性，大多数地区亩产比新中国成立前翻了一番以上，有的甚至翻了两番、三番。西北农学院附近的陕西省武功县，平均亩产由新中国成立前的50余千克猛增到150千克，成为当时全国粮食生产红旗县。

20世纪50年代中期，小麦吸浆虫威胁着新中国的小麦生产，这是对赵洪璋等一大批中国的农业科学家新的考验。当时的陕西关中地区，小麦吸浆虫为害十分猖獗，成片成片的麦田没有收成。农民群众在地里抱着被吸浆虫袭掠一空的麦秆放声痛哭，有的地方甚至发生了农民自杀的情况。面对此情此景，赵洪璋培育的西农6028小麦品种，由于抽穗后内外颖扣合得紧密，吸浆虫不易从缝隙间伸入产卵危害小麦而具有抗吸浆虫的特殊性能，且不怕冷，不易脱粒，不易倒伏，因而在陕、甘、晋、豫、皖、苏等江河流域小麦吸浆虫危害区，为配合全国性“防治吸浆虫大会战”立下了汗马功劳，以致使一些多年绝种的小麦产区很快又恢复了生产，把农民的哭声变成了笑语。

三、再上新台阶

赵洪璋是一个独特的、独具慧眼的科学家，他的思路常常带有很大的跳跃性，一般人很难跟得上。当人们为他“锻铸”的三柄小麦新品种之“剑”大唱赞歌、广大农民对他感恩戴德不已的20世纪50年代中期，他却预见到了农业生产的发展势头，深深为碧蚂1号等品种抗条锈性能的降低而心焦。他独具慧眼地规划了再上一个新台阶的育种计划及模式，并从多方面搜集原始材料，自1957年起即着手实施。

1964年，他主持培育的丰产1、2、3号小麦良种如同又一批璀璨的明珠相继问世，并以其适应二三百千克地力和栽培水平的抗倒伏、大穗大粒、优质等优良特性，很快在黄淮麦区再次迅速推广，带来了中国黄淮麦区小麦生产的第二次飞跃。其中丰产3号功绩尤为卓著，最大年推广种植面积达3000余万亩，推广时间延续了20余年，增产幅度达10%～30%，累计增产效益逾50亿元。这在中国乃至世界育种史上也是罕见的。

20 世纪 60 年代中期，可达到 350 千克以上的高产田块在中国出现了。高产田块的大批出现，使得优良品种丰产 3 号等一批抗倒伏性能强的品种也难以适应了。有鉴于此，赵洪璋瞄准了矮化育种的路子。

从 1965 年起，他选用矮秆材料咸农 39 改造丰产 3 号，到 1970 年终于选育出中国第一批高产抗倒伏矮秆品种矮丰 2、3、4 号，使当时普遍种植的小麦品种从株高 110 厘米以上，一下子下降到 80 厘米以下。这一高度的降低非同小可，它预示着中国小麦产量的又一次飞跃。这批新品种，以高抗倒伏、亩成穗多、籽秆比高等优势，使小麦高产田块亩产量一下子提高到四五百千克，增产幅度又一次达到 10%～30%。其中“主将”矮丰 3 号年推广面积达 500 余万亩，累计增加效益数 10 亿元。

这是赵洪璋为黄土地奉献的又一批独具色彩的“明珠”。虽然它们还存在着一些不足，推广面积也不如前两批大，但它们代表和领导了当时中国小麦育种的新潮流，开创了中国小麦矮化育种的新时代，为黄淮麦区小麦生产的第三次飞跃打响了第一炮。陕、豫、冀等省一些地方和单位就先后从这几个品系及其姊妹系中，选育出安选 5 号、淇选 2 号、品 39、百泉 40、百泉 41、秦川矮等一大批新品种，总计推广面积达数百万亩。在 20 世纪 70 年代陕、豫、冀、鲁、皖等省迅速发展的农业高产地区，发挥了承前启后的特殊作用。

好的品种，自然是不推自广。

为了研究品种的植株结构和群体结构问题，他和助手们不知多少次在风雨交加之时，到试验地观察、研究不同品种的群体特点和倒伏情况。他们看到，在风雨的袭击下，有的品种茎秆在频繁地颤抖着，有的品种茎秆随着风雨大幅度地摇动着，有的则整个茎秆摇摇晃晃，有的品种下部似乎不动，只是上部随同风雨飘拂。他和助手们无数次地站在风雨中细心地观察、思考、交流、探讨……付出的汗水没有白费，通过现场观察和分析研究，他们概括出了抗倒伏品种植株结构的理想型模式应该是分蘖少而整齐，茎秆粗短坚韧，叶片松散而倾斜。丰产 3 号的株型结构基本上代表了这种模式。

为了验证品种的适应性和在各地的表现，他不知在黄土地上走了多少遍，留下了多少坚实的脚印。以前，他的工作条件极差，试验地不过 5 亩，试验设备极其简陋，助手长时间只有一名教师和一名技工，且几经变更，直到 1959 年才趋于稳定。就是这样的工作条件，他和同事们硬是咬着牙关拼搏，奉献给人民一批又一批良种，并手把手地把栽种方法传授给学生和广大农民群众。

辛劳半世纪，精心育麦种；至今清风袖，俨然一农夫；漫漫黄土地，万民皆口碑！要使科学研究快出成果并使之尽快转变为现实生产力，其要素之一便是与生产和生产者的密切合作。赵洪璋正是这样一位与农业生产共命运、与农民群众同呼吸的科学家，因而被农民群众亲切地称呼为“庄稼汉教授”。

农学院出身的赵洪璋，不擅长琴棋书画，出于对田园风光的酷爱而流连村野，出于对穷苦农民的同情而常常走村串户，耳闻目睹农村和农民的现状，他时时感到热血激荡，发誓要选育出一个又一个好品种，“解万民于倒悬”。当他正式起步向农业科学圣殿迈进的时候，他下意识地感到了自己的可悲和可笑：一个学农出身的大学生，还不会种田！不得已，他只好从头学起：向农民请教，请农民帮忙。在与农民、农村、农活的频繁接触中，他开始了走向成功之路的前奏曲。

如果说碧蚂1号、西农6028等首批推出的良种，是赵洪璋在忧国忧民自发感情的自然压力下产生的偶然成果的话，那么，丰产3号、矮丰3号等第2批、第3批小麦品种，则是他自觉寓科学研究于生产实践之中，置身于农村、农业、农民之中的必然成果。新中国成立后，在“知识分子与工农群众相结合”的浪潮中，他已有了朦胧的自觉意识，同时在感激共产党、感激社会主义新中国的“感恩思想”支配下积极响应。工作紧张繁忙时，每天数十封书信就是他了解社会需求的“窗口”；挤时间参加省、地、县有关生产会议，是他广泛收集信息，开阔视野的机会；广布多点试验，随时现场观察、讨论，是他沟通科研与生产的途径；带领助手，脚踏自行车，来往于学校附近农村甚至兴平、乾县、礼泉等学校周边县区实地调查，更是他的家常便饭；访问农民和农户，上门求教，则是他置身于民众与生产之中的精诚之举。他是个从不摆架子，从不讲究衣、食、住、行的教授，因而深受农民的爱戴，农民们都喜欢接近他，讲心里话，谈实在事。众多的农民、农村基层干部、农业技术人员、劳动模范、种田能手同他交上了朋友。有人是“谈笑有鸿儒，往来无白丁”。他正相反，正可谓“谈笑皆农夫，往来多布衣”。

在与生产实践、农民群众长期、广泛、深入的接触中，他已不仅仅是一位小麦育种学家，而且成为稼穑里手。在使用化肥、深翻改土、合理密植、间作套种等农业改进措施推行过程中，他都在亲手调查、试验之后提出自己独到的并被实践一再证明是行之有效的见解。

20世纪50年代，赵洪璋受到毛泽东、周恩来等党和国家领导人多次接见，几次亲耳聆听毛泽东主席的讲话，被授予全国劳动模范光荣称号，又被选为全国人大代表。经历与觉悟，对国家大事、小麦品种与农业生产的关心及体察民情等，已赋予他一种强烈的历史使命感和高度的主动性和积极性。在会议增多、试验紧张、杂务缠身以至难免使自身和科研工作受到一些影响的情况下，他也决不轻易放弃深入农业生产第一线与农民群众交流的机会。他从不“走马观花”，而是坚持“下马观花”，有时则集中利用试验研究时间，打起铺盖住在农村或农户家，住在试验田里。

凡接触过赵洪璋的人，大概都“领教”过他那直爽、实在的性格和脾气。见面首先要谈生产、提问题、找答案。谁要是对所在地的自然条件、生产发展、品种布局等一无所知或一知半解、支吾其词，就可能受到他直言不讳的质问，甚至斥责。对那些来自农业生产第一线，对品种、农业生产、农民生活关心、熟悉或有独立见解、敢提不同意见、敢当面与他争论的人，是他特别欢迎的。每遇到这样的同志，他总是热情、耐心地听取意见或参与辩论。每到一个地方，他首先要看的是试验或实地种植的品种，首先要见的是试验管理人员、老农或农技干部。谁要是着意安排吃、喝、游、玩，必定会遭到他的拒绝或毫不客气的批评。

50 多年中，他的主要精力和思维活动几乎全都集中在教学、科研、品种、生产领域内，他的活动轨迹则主要集中在育种地、试验点、生产田、课堂、农户等地方。节假日、星期天以及影、剧等娱乐活动，似乎与他生来无缘，就连占据人生三分之二以上光阴的家庭生活，也因有他老伴一人在家“承包”，他也很少过问。他几乎是全身心地投入了科学研究与教学、思考和分析问题之中，拆阅和回复繁多的书信、接待众多的来访者则成了点缀他生活的一个个“小插曲”。他所从事的工作，明明是和黄土地打交道，可他却像老练的钢琴家娴熟地在键盘上移动着手指。他弹奏的是农业科学工作者的慧心和农业科学技术之歌。

四、科学燃圣火

赵洪璋不仅以其选育的众多小麦品种为中国农业生产立下了赫赫战功，而且在学术领域，为祖国育种科学的发展谱写了新的乐章。半个世纪中，他发表和出版论著虽然不是很多，但却以其求实、精湛的方法论，为中国的作物育种科学点燃了一炬炬熊熊的科学圣火。

20 世纪 30 年代的农学院，对学生的育种知识传授是简单而教条的，仅仅涉及达尔文的进化论和摩尔根遗传学三大定律及系谱法、混合法这“育种二法”。尽管这些理论对赵洪璋初入育种科学大门起过先导作用，但书本上那些既不系统又很教条的泛泛之谈，确使他陷入迷惘和如入五里云烟之中。但他勇于实践、勤于实践、勤于思考、善于总结的个性和风格，使他在独辟蹊径的探索中打响了第一炮。虽然当时他未奢望“誉满黄淮”，也未估计到自己培育的小麦品种问世后会有如此广泛的适应性和如此巨大的生命力，但首战告捷的鼓舞和不推自广的震撼，促使他追根溯源。伴随着后来他接踵问世的许多批小麦新品种的选育和推广，他在自己负荷过重的肩上又加了许多砝码，潜心致力于小麦杂交育种基本理论和基本方法的苦苦探索和深入研究之中。一点一滴的总结归纳，一字一句的琢磨推敲，逐步形成了一套具有独立见解和普遍指导意义的理论、观点、方法。这就是“赵洪璋育种理论体系”。

“作物品种是农业的重要生产资料，更是农田生态系统中的重要生物因素”。“品种是一定生态条件下的优良群体生态类型”。这是赵洪璋用生物学与经济学相结合的基本理论和方法总结出的重要观点之一。这一观点不仅阐明了育种同生产密不可分的必然联系，而且揭示了品种适应性、地区性和时间性的实质。赵洪璋认为，品种的生物学适应性是生产（经济学）适应性的基础，生态类型和品种演变是生物学适应性和经济学适应性的综合体现。“既没有盖世品种，也无万古长青的品种”。

“品种适应性即其特征性与生态条件的协调性，亦即品种遗传性对于环境的反应规范和自我调节能力”。这是赵洪璋在育种实践中重视和强调的“性状与性状、性状与个体、个体与群体、早代与晚代、选育试验与生产利用”等协调关系的高度概括。很显然抓住适应性，也就是抓住了品种保持性与生态条件多样性、多变性之间的矛盾。而这种矛盾性，正是品种演变亦即人工进化的真正动力。

“制定正确而具体的育种目标，是育种工作成功的关键”。这是赵洪璋的又一经验之谈。育种目标必须反映和解决当时当地农业生产的主要问题和发展前途，必须反映当地品种生态类型的基本特征特性，必须反映品种组合即类型搭配观念，指标要求落实到目标性状、亚性状及亲本材料上，性状要求全面而有主次，标准要求具体而有幅度。没有规矩不成方圆。育种目标就是将来品种的蓝图、模板和方向。没有育种目标则无所遵循，有育种目标但不明确亦会谬误丛生。他总结归纳的这个“三必须三要求”看来虽然不深奥、不玄秘，但要真正做到也并非易事。经常地深入实际搞生产调查、细致入微地观察比较、全面地分析判断、准确地预测展望等工作作风，以及明辨真伪、善于抓本质的性格和本领，都是赵洪璋的过人之处，也是他制定正确的育种目标的前提和保证。

“坚持精细而得当的亲本选配，是提高育种成效的必要保证。”这是赵洪璋育种理论的又一重要论点。亲本选配是关系到能否创造所需优良变异的关键。赵洪璋不仅深刻认识到其重要性，而且有独特的方略和创见，核心是“选”、“配”二字！一是广集“材”源，慧眼识“材”，紧扣目标，结合遗传研究，选择优良性状多而突出并能相互弥补的配套类型亲本；二是精心搭配组合，即根据目标要求和亲本表现落实相对性状，确定杂交方式，使亲本间优缺点互补，在可共优而无同劣的条件下，满足全面育种目标。这样既可避免“拉郎配”，也可避免“瞎猫碰死老鼠”。实践证明，赵洪璋这些创见和实践是用最小的代价、最快的速度创造尽可能多的品种的

“秘密武器”之一。

“把握综合而灵活的后代选择策略，是育种者出奇制胜的必要素质。”这是赵洪璋的又一创见。后代选择是一项复杂工程，素有“大海捞针”之喻。赵洪璋在把握育种原则的前提下，更多地注重灵活性，在综合运用多学科理论的基础上，发挥他的经验特长。遗憾的是他的“灵活性”和“经验特长”大多是只可意会而难以言传的，但与他相处已久的同事们却也耳濡目染，或多或少领略、掌握了他的“妙诀”：其一，培养、控制和稳定育种地及栽培管理水平，给变异提供充分而真实的表现机会，其标准是高于生产、切近目标并均匀一致。其二，早代（F_1，F_2）及亲本同时种植，观察研究各性状遗传特点及配合力，同时确定选择世代及程度。材料不同，组合有异，处理有别，切忌一刀切。其三，尽可能发挥“系谱法”的优越性，依目标性状逐代系统观察记载，多代类比，前后参照。其四，逐年掌握易变环境因子（主要是温、光、水）的变化，分析相对于生育期的目标性状表现真实度，由表及里，去伪存真。其五，综合选择原则纵贯全生育期和全部世代，要求从严，处理从宽，晚代从严，早代从宽，主要性状从严，次要性状从宽，独立性状从严，互作性状从宽，重要目标性状必须“过五关，斩六将”，一关未过，即“甩包袱”。其六，遵循育种目标，但谨防模式僵化，多留类型，早代测产，先看（性状），后测（产量），看、称结合，不追求纯而又纯，大同小异即可混种参试，以群体考验个体和性状选择效果，在“边选择、边试验、边繁殖、边推广”中求提高。有人称赞说“赵洪璋的眼睛厉害”，殊不知他用脑远比用眼多。上述六大“妙诀”即可略见其精明之一斑。

“精密设计，精密施工”是赵洪璋教授的重要工作原则。别看这八个字并无多少学术内涵，实质上却是他育种方法论中不可缺少的重要内容，包含有深刻的实践意义和辩证思想。制定育种目标、重视亲本选配和活化后代选育这三大关键环节，无不渗透着他的这一要则，由此产生的“少而精”效应，使他在有限的时间、人力和物力条件下，获得了令人难以置信的育种效率和效益，他的“多产”和“高产”，不能不使人惊叹之余而深思他这一要则的巨大功效。

独特的育种观点和方法，并非赵洪璋凭空想象或杜撰，而是他半个多世纪理论与实践相结合的产物。它不仅来自实践因而具有广泛的实用价值，而且是精粹的理论而具有普遍的指导意义。他概括了指导作物育种的分层次的呈金字塔结构的理论体系，他认为生物进化论是育种学一大基本理论，遗传学和生态学是育种学的两大基础学科，植物生理学、作物栽培学、农业气象学和农业病虫害学等，则是育种学不可或缺的边缘支撑科学。这一理论体系的核心是“适者生存”的原理、自然进化与人工进化的关系以及变异、遗传、选择三要素。这是育种工作的主导理论。由遗传学原理和生态学知识相结合而产生的以生物变异规律发现和创造变异、以性状遗传规律分析并稳定变异、以生态作用规律辨识、选择和利用变异等系统法则，构成了育种设计和施工的基础理论、实践依据和执行原则，这是育种学理论的骨架与主体。在开拓研究、纵深探索及技术表现、技巧运用、落实措施、保证手段等方面，众多的支撑学科组成辅助力量而发挥主导作用。

“育种学是一门多学科指导下的强综合性与高灵活性并举的实践应用科学，也是一项融科学于技能技巧之中的表演艺术”。这是赵洪璋积 50 多年科研、生产经验与理论于一体的经验之谈。这种对于育种学理论的娴熟领悟、概括及运用，不仅体现了他在实践中关于综合且高度灵活的风格，更是展示他在基本理论和多学科领域里尊重科学的态度和驾驭科学的本领。作为教授，他走出了一条有自己特色的、集广博学识于自身专业领域的育种科学新路子，并运用得炉火纯青。

五、黄土路漫漫

1940～1989 年，在漫漫半个世纪的黄土地上，赵洪璋和同事们一起，一路风尘一路歌，在辛苦耕耘，艰苦跋涉，培育、试验、推广着一批又一批小麦良种。他们走到那里，哪里就呈现一片诱人的麦浪。他的品种走到哪里，哪里就传出阵阵丰收的欢声笑语。

为了表彰他对祖国和人民的卓越贡献，1950 年，他被授予全国劳动模范光荣称号，1954 年担任陕西省政协委员。1955 年，也就是他 37 岁的时候，他被推选为中国科学学部委员（院士）。1956 年，他光荣地加入中国共产党。从这一年开始，他连续担任了第二、三、四届全国政协委员，还作为中国农业科学考察团成员，赴丹麦、印度等国考察访问。1957 年担任中国农业科学院学术委员会委员，1971 年任中共陕西省委委员，1973 年再次作为中国农业考察团成员，赴加拿大考察访问。从 1975 年起，他连续担任第四、五、六、七届全国人大代表，1977 年任陕西省第五届人大代表。1978 年，他主持选育的碧蚂 1 号、丰产 3 号两个小麦良种，双双荣获 1978 年全国科学大会和陕西省科学大会奖，并多年担任多个省、地、县小麦生产顾问。1979 年起任国家科委委员、西北农学院副院长等。

20 世纪 50 年代初期，赵洪璋根据大量调查数据和试验资料发现，当时推广的小麦新品种和参加区试的重要品系，产量潜力都能达到亩产 400 千克以上，但由于晚熟、倒伏，特别是抗病性较差而难以稳产在 400 千克的水平上。加之中国小麦主产区小麦病害种类增加、病情加重的趋势，他在中国小麦育种界率先提出并制定了在保持基本适应性和矮秆早熟的基础上，以“多抗性”为目标的新品种选育方案。

之后，他亲自率领同事们从抗性遗传、抗源筛选、鉴定方法研究到杂交后代选择，进行了大量艰辛的准备和选育工作。1988 年，年逾七旬的赵洪璋，虽然难免偶发“力不从心”的感慨，却从不减驰骋千里之志。在当时世界小麦育种处在徘徊爬坡阶段，他为自己领导下的小麦育种研究室描绘了新的蓝图，以英雄不减当年的魄力、胆略、气概和干劲，在理论和实践的第一线上日夜耕耘，英勇开拓，奋志攻关，决心跃上中国小麦育种的第三个新台阶。

经过十多年的辛勤努力，赵洪璋率领的科研小组以高产、优质、抗病、抗逆、早熟为育种目标，又选育出三个不同类型的小麦优良品种或苗头品种。其中 85 麦以高抗倒伏、抗赤霉病、早熟、分蘖多、亩产 400～450 千克首先脱颖而出，通过陕西省品种审定委员会审定，大面积推广种植。另外几个苗头品种如西农 881 等也表现出色。

1994 年 2 月 7 日，赵洪璋因心脏病突发，经抢救医治无效，在陕西杨凌不幸逝世，终年 76 岁。赵洪璋去世后，在整理他的遗物时，人们看到他的一个笔记本的封面上，写着端庄醒目的十个大字：“脑勤、眼勤、口勤、手勤、腿勤”。这十个字，记录着他的过去，激励更多人们的现在和将来。

六、赵洪璋主要论著

赵洪璋. 1948. 陕西中部各县农家小麦品种之特性与分布//李国桢. 陕西小麦. 南京：美吉印刷社.

赵洪璋. 1950. 西农碧蚂 1 号小麦选育经过. 西北农林，(创刊号)：23-29.

赵洪璋. 1954. 小麦良种碧蚂 1 号和 6028. 西安：西北人民出版社.

赵洪璋. 1956. 碧蚂 1 号小麦选育经过. 西北农学院学报，1：9-17，140.

赵洪璋. 1956. 从农家小麦品种调查中得到的一些体会. 农业学报，7（2)：6-11.

赵洪璋. 1956. 碧蚂 1 号小麦在黄河中下游的情况. 西北农学院学报，1：19-27.

赵洪璋. 1973. 小麦高产的基本规律和措施. 植物学杂志，1：17-21.

赵洪璋. 1975. 怎样选配亲本. 自然科学争鸣，1：22-23.

赵洪璋. 1976. 小麦高产新经验. 中国农业科学，1：12-14.

赵洪璋. 1979. 关于作物育种学的若干问题（在全国《作物育种学》教材编审会上的发言提纲）//关联芳，等. 1997. 赵洪璋教授生平. 西安：世界图书出版公司：30-34.

赵洪璋. 1980. 作物育种学. 北京：农业出版社.

赵洪璋. 1980. 如何提高小麦品种选育成效（在陕西省作物学会年会上的发言提纲）//关联芳，等. 1997. 赵洪璋教授生平. 西安：世界图书出版公司：35-36.

赵洪璋. 1981. 小麦杂交育种的若干问题. 陕西农业科学，3.

赵洪璋. 1989. 小麦杂交育种的基本理论及三个关键问题//史念海. 辛树帜诞辰九十周年纪念文集. 北京：农业出版社：371-378.

赵洪璋. 1989. 对陕西关中地区小麦高产育种的一些看法（全国小麦育种攻关组南京小麦高产育种研讨会）// 关联芳，等. 1997. 赵洪璋教授生平. 西安：世界图书出版公司：41-44.

赵洪璋. 1991. 小麦矮化育种. 中国农业百科全书·作物卷（下）//关联芳，等. 1997. 赵洪璋教授生平. 西安：世界图书出版公司：37-40.

赵洪璋. 1993. 在中国科协首届青年学术年会陕西卫星会议农科分会上的讲话//关联芳，等. 1997. 赵洪璋教授生平. 西安：世界图书出版公司：45.

赵洪璋. 1994. 赵洪璋教授生前最后一封信——和宝鸡市农牧局领导谈农业问题//关联芳，等. 1997. 赵洪璋教授生平. 西安：世界图书出版公司：54-55.

主要参考文献

王新中，宋哲民，宁毓华. 1996. 创建小麦育种里程碑的大师——记中国科学院院士著名小麦育种学家赵洪璋//中国人民政治协商会议陕西省咸阳市委员会杨陵区委员会文史资料委员会. 后稷传人. 西安：三秦出版社：187-207.

王新中，宋哲民，宁毓华. 1993. 赵洪璋//中国科学技术协会. 中国科学技术专家传略·农学编·作物卷 1. 北京：中国科学技术出版社：534-544.

牛宏泰. 1994. 神农之光·麦神. 北京：中国农业出版社：166-180.

庄巧生. 1997. 赵洪璋教授生平. 西安：世界图书出版公司.

牛宏泰. 1998. 赵洪璋//张笛梅，杨陵康. 中国高等学校中的中国科学院院士传略. 北京：高等教育出版社：336-338.

撰写者

牛宏泰（1956～），西北农林科技大学高等教育研究所所长、教授，赵洪璋科技教育思想研究者。

王万钧

王万钧（1918～2012），江苏海安人。农业机械工程学家，中国农业机械科学研究与开发的主导者与奠基人之一。1942年毕业于中央大学机械系，1948年获美国明尼苏达大学农业工程硕士学位。曾任中国农业机械学会副理事长兼秘书长、国家科委农业机械学组副组长和农业工程学组副组长、国家发明奖励评审委员会委员、机电部科学技术咨询委员会委员、《农业机械设计手册》主编、《中国大百科全书·农业卷》编委、《中国农业百科全书·农业机械化卷》副主编等职。参与创建中国农业机械化科学研究院这座全国性综合性科研机构，任副院长和总工程师，主持科研和科技管理工作。他根据中国国情和农业生产特点，力倡“选、改、创”的农机科研与开发的正确发展道路，组织科研人员研制成功中国第一台牵引式谷物联合收割机，以及自走式联合收割机，插秧机和水田耕作机具，各种农用运输车，综合号播种机等多种农业机具。他力行农机产品“标准化、系列化、通用化”，实行“科研机构、制造工厂、使用单位”三结合，把科研成果很快转化为生产力，供工厂大批量生产和在农业生产中大批量推广，为中国的粮食增产增收和农业生产的发展做出重要贡献。曾多次被聘为联合国工发组织（UNIDO）顾问和联合国粮农组织（FAO）农业机械化专家小组成员，积极开展国内外学术交流，在向国外介绍中国农业机械成就和经验，以及借鉴外国农业机械科研成果等方面，做了大量卓有成效的工作。

一、在战乱中，流离失所艰辛求学

王万钧，1918年9月2日出生在中国南方一个比较富裕的农民家庭。祖父王梓卿是清朝的副举人。父亲王丽生，勤奋好学，自学成才。他一面在家务农，一面在家乡设立私塾，教穷人家的孩子读书识字。由于他执教甚严，教育有方，所教学生都有较高水平，颇受乡里称赞。王万钧有兄弟四人，姐妹三人，他排行最小。其长兄东南大学毕业后终身从事教育事业；二兄毕业于中央政治大学，不幸早逝；三兄如皋师范学校毕业后，一直教书育人。王万钧受兄长的影响，加上父辈的期望，他刻苦勤奋，终于学有所成。他在老家曲塘小学毕业后，以优秀成绩考入江苏省泰州中学初中部，而后又以优异成绩考入江苏省扬州中学高中部，该校是当时的重点中学，师资雄厚，治学严谨，教学质量高，在全国颇有名气。该校除对数学、物理、化学等理科教学严格外，还特别重视学生英语水平的提高。英语教师不仅用常规的英语教科书对学生进行教学，而且还专门从世界名人的英文著作中选取精彩段落，编成《英语背诵选》，要求学生每周熟读背诵一段，以加速提高英语水平。这种严谨的治学方法和浓厚的学习风气，令他至今念念不忘，记忆犹新，受益匪浅。在这种情况下，王万钧不仅数理化学习成绩优异，而且英语水平颇高，为他以后进入大学以及出国留学打下了良好基础。但好景不长，就在王万钧于扬州中学高中即将毕业时，日军侵占上海，扬州受到威胁，随时都有沦陷的危险，扬州中学被迫解散。当时王万钧有书不能读，有家不敢归，只得和几个同学背着简单行李，带着几本书籍，向战争后方转移，另找学校就读。他们步行，坐汽车和火车，经苏北、台儿庄、徐州、郑州、南阳，颠沛流离，进入河南省淅川临时第一中学。那里学习环境很差，学习条件艰苦，没有食堂，操场就是食堂；没有宿舍，教室就是宿舍。他在那里苦读了三个月，终于中学毕业。1938 年他考入中央大学机械系。当时南京沦陷，中央大学已从南京搬到重庆沙坪坝。他从长沙转到武汉，再乘船，逆流而上，到达重庆。在重庆期间生活学习条件更为艰辛，不仅经济困难，缺衣少食，而且常遇日军飞机轰炸，教授和学生不得不带着书本进出防空洞，教学常受干扰，生活不得安宁。目睹人民生活更是饥寒交迫，叫苦连天。现实生活使他认识到，日本敢于侵略中国，强占大半河山，就是因为中国科技落后，国弱民穷。为了使国家富强，必须发展科学技术。他决心勤奋苦学，奋发图强，学好本领，报效祖国。1942 年他以优异成绩从中央大学机械系毕业，随后留校任助教三年。

当时东南大学农学家邹秉文感到中国这样的农业大国，在农忙季节，亿万农民面朝黄土背朝天，这绝非发展农业之道。工欲善其事，必先利其器。中国农民必须使用农业机械来生产。当他在美国任中国政府的代表并在联合国粮农组织任职期间，他与美国最大的万国农业机械公司（International Harvester Co.）等协商，由该公司向中国提供 20 名学生的奖学金，其中 10 名是农学系毕业，10 名是机械系毕业。1944 年在全国招考。王万钧应考录取。1945 年他离开重庆，经印度到达美国明尼阿波斯，在明尼苏达大学攻读农业工程硕士学位。由于农业工程既要有机械知识，又要有农业知识，于是他又补修农学一年。1947 年他顺利获得农业工程硕士学位，随后到农场操作农业机械进行农业生产，到拖拉机厂见习机械制造工艺。完成农工实习任务后，他于 1948 年回国。

二、肩负历史使命，终身立志于农机事业

新中国成立前夕，中国没有什么农机工业，王万钧1948年回到上海，只能在上海棉花加工社工作。他将从美国引进的轧花机成套设备，在江苏浏阳建立了第一座棉花轧花打包厂，一年建成投产，为苏南棉花产区提供了高效的生产设施。1949年5月上海解放后，他到华东工业部机械处工作，参加对私营机械企业组织调查，为以后私营企业的社会主义改造提供了基本材料。

新中国成立后，政府十分重视农业机械工业的发展，开始建立拖拉机厂和农业机械厂。北京建成中国第一个农业机械厂——华北农业机械总厂。时任清华大学第一副校长的刘仙洲，兼任该厂顾问。他深感农机科技人员短缺。他到美国考察农业机械时与王万钧多次会见交谈，认为王是一位难得的人才。于是写信并派人到上海找王万钧。信中说："你们在美国是专门学习农业机械的，现在北京已经建立了农业机械厂，你们应该来此工作，以发挥你们的专长。"王万钧欣然接受了这一指导建议，于1950年到北京华北农业机械总厂（后改为北京农业机械厂）工作，担任设计科长。从此他真正找到了报效祖国的正确途径，进入实施才华的广阔天地。到了北京以后，他通过工作实践和农村调查了解到，由于农业生产工具落后，又经多年战争，严重影响了农业生产的发展。他深深感到，"我国人口众多，解决人民的粮食问题是重大问题，促进农业增产增收，不仅是农学家的责任，也是农机专家的历史使命。作为农业机械技术人员，应该及时根据农业生产的需要，提供又好又多的农业机械，为解决中国的粮食短缺问题，促进农业生产的发展，做出应有的贡献。"他把这个作为座右铭，一直贯穿到以后的农机科研工作中去，先后组织科技人员设计制造人力畜力新式农具和动力农机具，在农村大力推广使用，对解决粮食的增产增收起到了重要作用。

1956年，王万钧参加全国长期科技规划工作会议时，受到毛泽东、周恩来、朱德、陈云、邓小平等领导同志的接见。1957年，王万钧随农垦部部长王震赴日本考察农业时，周恩来总理在怀仁堂接见考察团成员。当得知王万钧曾在美国攻读农业工程，现在农机研究所工作后，语重心长地对他说："中国需要农业机械化，你们现在从事农业机械的青年人，要终身立志于农业机械化事业。"1959年，周总理召集农业和农业机械部门领导同志研究问题时，又把王万钧叫到身边，亲切地说："国家很重视农业机械化，你们年轻人一定要努力终身干下去。"周总理对农业机械科技人员的亲切关怀，并多次勉励农机科技人员"要终身立志于农业机械化事业"的教导，

王万钧铭刻在心，永世不忘。他不仅身体力行，为农机科研奋斗终生，而且还把周总理的教导在农业机研人员中广为宣传教育，使周总理的教导成为一种精神力量，激励一代又一代的年轻人为中国的农机化事业贡献自己的青春和才华。

三、协同创建科研机构，中国农机科研和开发事业的主导者与奠基人之一

王万钧从1950～1990年的40年中，一直在农机科研开发的领导岗位上，大力开发农机新技术和新产品，为中国农机化事业的发展起了重要作用。

新中国成立初期，中国没有农机科研机构。1956年年初，在北京华北农业机械总厂设计科的基础上，成立了一机部一局农业机械研究室，王万钧任主任。1956年中，他参加了中国农业机械化、电气化发展规划的制定工作，这是国务院主持制定的《十二年科技发展规划》的重要组成部分。这个规划明确了我国农业机械化的方向、任务、重点研究项目及建立农业机械研究所等详细内容，为我国农机化科研的发展描绘了发展蓝图。1956年10月，该规划逐步付诸实施。为了适应农机工业的发展，加快农机产品的研究和开发，一机部成立农业机械研究所，王万钧担任副所长，并负责研究所的筹建工作。他一方面组团到苏联的有关研究所、拖拉机厂、集体农庄进行考察，借鉴苏联的有关经验，并根据中国当时的实际需要和具体条件，建成设计、试制、测试、工艺材料四个部门，设计部门又组成耕作、插秧、收获、加工等专业组，把农机新产品的设计、试制、试验、鉴定、推广有机结合起来，形成了比较合理的科研秩序、组织形式和工作方法。另一方面他根据当时比较艰苦的客观条件，把华北农机总厂东边的几间平房作为科研人员的办公地点，把仓库作为试制车间。因陋就简，艰苦创业。科研人员缺乏，他们就以原设计科的一部分科技人员为基础，将当年分配的大学毕业生和工人结合起来，组成课题组。大家互相学习，密切配合，取长补短。经过大家团结协作，勤奋努力，研制和推广了一批适合当时农业生产需要的新产品。该所在实践中形成的又好又快的设计方式，研究农机新产品的合理的科研秩序、组织形式和工作方法，艰苦环境中造就的一批农机科研骨干力量，在工作中培养的不怕困难、团结协作、勤奋工作的创业精神，是中国农机科研的奠基工作，不仅在当时为中国农业生产设计试制推广了不少农机新产品，做出了积极贡献，而且为中国以后农机科研事业的发展，奠定了良好的基础。

1959年，毛泽东主席提出“农业的根本出路在于机械化”，加速了中国农业机械化进程。中国成立了农业机械部。为了适应加速农业机械化发展的新形势，1960

年 3 月，农机部在农业机械研究所的基础上扩建为农机部农业机械科学技术研究院，王万钧任总工程师，积极参加了农机院的扩建工作。在北京北郊建设了科研大楼和职工宿舍，建立了耕、播、收、加工、排灌、工艺、维修等试验室，建成了工种比较齐全的试制工厂，科研、试制，试验条件明显提高，职工生活明显改善，科研人员明显加强，农机科研和开发能力明显提高，成为全国综合性的农机科研机构。当时，在北沙滩一个院内同时存在农业部的农机化研究所和农机部的农机研究院，科研力量分散，课题内容重复，科研设施重复建设。1962 年周总理在一次农业会议中，知道王万钧从事农业机械研究，就对他说：有人反映，农机部和农业部都有农业机械研究所，希望合并，可以集中人力，请有关部门研究。在周总理亲切关怀下，1962 年 7 月，农机部的农机院与农业部的农机所合并，成立了中国农业机械化科学研究院。王万钧是合并小组成员，在院所合并中做了大量工作。随后王万钧任该院总工程师和副院长兼总工程师多年，全面主持科研开发和科技管理工作。中国农业机械化科学研究院的成立，标志着中国农机科研和开发的历史性超越，成为中国科研和开发实力最为雄厚的、主导全国性的综合性农机科研机构，建立了 14 个研究所和研究中心，科技人员发展到 1300 多人，具备了专业领域宽广、试验设备齐全先进、科研人员素质高而强的优势，能为中国农业生产提供多种农机新技术和新产品。在王万钧主持科技工作期间，不仅完成了多项国家农机产品重大科研项目的研制开发任务，还承担了对全国地方农机研究所的调协和指导作用，在我国的农业机械化事业中发挥了重大作用。2006 年中国农业机械化科学研究院建院 50 周年之际，有关部门授予王万钧“特殊功勋奖”，以表彰他在推进中国农机院和国家农业机械化事业中的历史性贡献。

王万钧曾先后去日、英、苏、美、法、加、意、荷、埃等十多个国家考察，回国后都写出考察报告，借鉴外国经验，对我国农业机械化的发展向主管部门提出建议。1957 年他随王震同志去日本考察时，选择了若干比较好的日本机型，报请政府批准引进，经试验改进后推广使用，为我国早期自行生产水田机械起到重要作用。1962 年他参加农机部组织的西欧考察组前往考察。对发达国家农机工厂组织专业化协作、多品种、大批量生产的优越性进行了分析研究，在考察报告中提出了中国农机工业进行专业化、多品种大批量生产的重要性和必要性，受到国家经委和农业部领导的重视，起到推动作用。王万钧还积极参与国家有关的政策研究，为国家有关部门献计献策。1983 年国家科委等联合组织全国性技术政策研究，王万钧是交通运输技术政策组成员，通过调研、论证和试验测定，写出了研究报告，为制订方向性的政策提供重要参数依据，获得国家一等奖，王万钧也因此获得“重要贡献”表彰。

四、力倡“选、改、创”，力行“三化”，组织研制开发成功多种农机具

王万钧在多年农业机械研制的实践中，总结出“选、改、创”的科研程序，作为农机新产品、新技术开发研制的指导思想和工作方法。选——就是先对国内外现有的成熟机型进行对比试验分析，选择其中性能良好，适合我国国情和农业生产特点的机型，进行仿制生产。改——就是对国内外性能基本良好，但不能完全适合中国国情和农业生产特点的机型，进行改进设计，使之能够完全符合中国国情和农业生产特点，然后组织批量生产。创——就是对国内外还没有的机型，而中国农业生产急需的机具，组织研究，自主创新，研制新型农机具，经试验适用后再投产。有一段时期，有人提出“创、改、选”，他坚决反对。他认为：只有对现有同类机型进行深刻了解，才能决定是否需要创新。如果不对现有同类机型进行试验对比分析，确知其不足之处，确知其应改应创之处，而贸然仓促创新，就难免会“闭门造车”。王万钧根据“选、改、创”的原则，然后按照“标准化、系列化、通用化”的要求，组织研制开发适合中国农业生产特点的多种农机具，为粮食的稳产高产和农业增产增收发挥着重要作用。

1. 组织研制生产多种畜力和半机械化农机具，在新中国成立初期恢复农业生产中发挥重要作用

新中国成立初期，中国农民一直使用落后的生产工具，有些地方还处于刀耕火种的原始状态，研制生产新式畜力和半机械化农机具，是当时恢复农业生产中亟待解决的问题。时任华北农机总厂设计科长的王万钧，积极组织科技人员，夜以继日，设计研制各种新式畜力和半机械化的农机具，其中包括步犁、双轮双铧犁，耕耘机、割草机、畜力播种机等新式畜力农机具和脱粒机，手动喷雾器和喷粉器，切片机等半机械化农机具。经试验鉴定合格后安排各农机制造厂进行大批量生产，大量供应农村，深受农民欢迎。不仅及时解决了农村农机缺乏的问题，促进了农业生产，而且也推动了农业合作化的发展。后来他又组织了科技人员对新式农具机型和图纸进行标定。统一了图纸，改进了结构，利于多厂生产，零件互换，不仅为大批量生产创造了条件，而且为农机具的“三化”工作奠定了有力基础。

2. 组织研制水田机械，提高水稻生产的劳动生产率

中国水稻种植面积很广，劳动强度很大，迫切要求机械化。王万钧首先从解决

“抠秧、插秧、收割”三弯腰的问题入手。当时在这些方面，国内外都没有成熟的机型，要求科研人员根据中国的农业生产需要，进行创新。各地研制了不少新机型，但存在不少问题。他组织中国农机院技术骨干及其他单位的科研人员合作，对中国首创的各种型号插秧机进行对比试验，结构分析，取长补短。首先对广西56型手动插秧机进行了改进设计，完善了分秧机的导轨装置，使分秧动作准确，结构合理，插秧质量符合要求，成为我国第一台定型投产的人力水稻插秧机。此项成果获国家新产品三等奖。我国首创的三轮乘坐式机动插秧机存在机型杂乱、结构不完善、作业质量差等问题。1968年他负责组织统一型号和统一图纸的改进设计工作，设计成三种基本机型和十一种变型，零件通用化程度达90%以上。便于各地工厂按统一机型，统一图纸生产，以满足插秧机械化的需要。这是我国第一种正式定型投产的机动插秧机，大量推广使用，对减轻劳动强度、加速插秧机速度、抢农时、赶季节起到很好的作用。在他组织下，马骥工程师等科技人员研制的半喂入水稻收割机，是中国首先发明的保持完好茎秆的新结构、新原理的首创机型，收获性能良好。为以后国内外半喂入水稻收割机的发展，提供了良好的基础。他还组织南方有关科研机构研制水田犁、水田耙、旋耕机等水田机具形成系列，安排大批量生产，为中国水田机械化起到了重要作用。

3. 组织研制中国第一台谷物联合收割机和自走式联合收割机，为粮食的增产增收创造条件

20世纪50年代初期，中国在东北地区建设不少大型国营农场，耕、耙、播、收全部机械化作业。东北无霜期短，小麦成熟后必须及时收割，否则下雪后埋盖，造成颗粒无收。当时中国还不能制造大型联合收割机，完全依靠从国外进口。为了节省外汇，主管部门决定，由华北农机总厂仿制苏联的牵引式联合收割机，由设计科负责。作为设计科长，王万钧当时曾认为：“这种牵引式机型是美国早已淘汰的老产品，而当时国内已引进美国制造的自走式联合收割机，为何仿旧不仿新?”但他又考虑到中国农机工业还不发达，牵引式联合收割机结构比较简单，可用拖拉机牵引作业，制造比较容易，上马快，主管部门的决定是有道理的。因此不再犹豫，全力以赴，组织科技人员日夜奋战。该机重达7吨，2000多个零件，不到半年就完成测绘图纸，经工人及技术人员全力以赴，很快制成样机。经大面积田间收获试验，性能良好，完全达到设计要求。成为当时中国谷物收获的生力军，由多厂连续生产多年，产量达一万多台。不仅节省了大量外汇，而且解决了国营农场及时收获问题，保证了农业的增产增收。为此一机部为工厂和主持试制人员发了奖金，课题被评为一等奖。为了研制自走

式联合收割机，1960年他派科技人员林其辉参加农机部组织的考察团，到苏联考察自走式联合收割机的研制生产经验，后由于中苏关系变化，中方考察时苏方承诺提供图纸和资料没有兑现，不得不组织科技人员测绘，经过两个多月的努力，测绘了除发动机以外的全部图纸，提供给四平农机厂和开封机械厂试制。在这个基础上1964年中国研制成功自走式联合收割机，经大面积试验鉴定后，投入大批量生产，成为中国收获机械的基本机型，填补了国内空白，在粮食收获中发挥着重大作用。

4. 组织研制综合号播种机，满足东北地区垄作点播需要

中国东北一些地方实行垄作，在垄上点播玉米或大豆等作物。20世纪60年代，王万钧组织研制了中型拖拉机牵引的这种综合号播种机，该机在播种、开沟装置等方面进行创造性的设计。该机结构新颖、简单、可靠，为中国首创，在吉林等东北地区投产，大批量推广使用，产量累计达二万多台。获国家发明三等奖。

5. 组织研制自走式联合收割机改进机型，解决东北小麦雨季收获问题

中国东北地区有些地方收获时恰逢雨季，田间土壤湿软，一般轮式联合收割机下陷严重，不能正常作业。往往由于不能及时收获，小麦在田间霉烂，造成严重损失。20世纪60年代中期，他组织科技人员对一般轮式联合收割机进行改进设计，把轮式行走装置改为半履带式行走装置，改善脱粒和分离机构，以适应湿地谷物收获的需要。该机可以轮式和半履带式互换，旱地和湿地收获两用，既可收小麦也可收水稻，一机多用。后由农机厂批量生产，供东北雨季收获小麦和收获水稻使用。

6. 组织研制手推胶轮车和机动农用车，为农村提供适用的运输机械

20世纪60年代，手推胶轮车是中国农村的重要运输工具，面广量大，但存在寿命短、型号杂等问题。有关领导高度重视，农机部副部长沈鸿亲自抓这项工作。他说："手推车是目前我国农村的主要运输工具，我抓好这件事，死亦无憾了。"这对王万钧和郭泰等课题人员是一个很大的触动和鞭策。他们认真进行调查研究，进行试验对比分析，进行手推胶轮车的选型和改进工作，他们改进了手推胶轮车的每个零件设计、材料、制造工艺，大大提高了手推胶轮车的寿命和强度，制定了基本机型，通用化、标准化、系列化程度大大提高，取得了很好经济效益，得到农民的欢迎和领导的表彰，1964年获国家工业新产品三等奖。该手推胶轮车连续生产30多年，产量达数百万台，到90年代初，才逐步被农用三轮车取代。

20世纪70年代，他又组织进行拖拉机牵引的农用挂车系列设计，产品有载重

2～7吨的单轴半挂车和双轴全挂车共十种，经试验鉴定后在全国推广。90 年代又组织研制农用三轮机动车。该车使用小柴油机为动力，性能良好，使用方便，价格便宜，安全可靠，受到农民欢迎。90 年代以后，该车逐步取代了农用挂车，为中国农村运输发挥了重要作用。

王万钧在农机新产品研制中十分重视并极力推行“标准化、系列化、通用化”工作，并贯彻到新产品研制和开发的工作中去。他在 20 世纪 50 年代主管农机所的技术工作时就设立了标准化组，进行农机产品标准化研究制定。他参与了多种农机产品的系列设计，提高“通用化”水平，以便一个工厂能生产大中型产品，以满足不同规模的农业生产者的需要，使不同规格的产品零部件能够互换，做到一机多用、及时修复。由于重视“三化”工作，所以中国农业机械化科学研究院能在较短时间内研制开发出若干基本作业系列农机具，无代价地提供给地方农机科研机械与生产工厂使用。他在农机新产品研制中，还十分重视“科研机构、制造工厂、使用单位”三结合，加速科研成果的转化和新产品的批量生产和推广工作。

五、参与筹建中国农业机械学会，积极开展国内外学术交流

王万钧于 1956 年开始参与筹建中国农业机械学会。当时部领导认为，现已有机械工程学会，可先在该会内成立农机学组或分会即可，暂不另立农机学会。由于中国的农业机械化事业发展很快，全国各省、市、区都先后建有农业机械研究所，不少大学设有农机系或农业工程系，全国各地先后建立了农业机械厂。在这种形势下，农机设计、制造、使用中的技术、理论问题不断增多，急需有一个学术组织进行交流和探讨，以提高技术水平，解决实践和理论问题。于是 1963 年中国农业机械学会正式成立，在第一届理事会上王万钧被选为副理事长和秘书长，以后曾多次连任此职。他积极开展科学普及和学报编辑出版工作，编辑出版《农业机械技术》、《农业机械译报》及《农业机械学报》等学术刊物，并亲自担任《农业机械学报》主编，重点刊登农机院校和科研院所专家学者的理论性文章和实践中的理论性探讨，为农机的研制和创新提供理论基础。《农业机械学报》现已成为国内外颇有影响的学术刊物，甚受读者欢迎，但对学报偏重于理论缺乏相应的实验验证，王万钧指出：学报像方方正正的大块头，令人生畏，应予改正。王万钧和其他学会领导很重视发挥学会的作用，积极开展学术交流活动，每年举办十余次不同规模和内容的学术会议，深入探讨、分析、研究生产实践和科研教学中的理论问题，提出解决问题的办法措施及政策性建议，供有关行政主管部门参考，以发挥学会的桥梁和纽带作用。1986 年，农机学

会根据当时农业生产特点，组织了以“农村经济改革与农业机械化”为题的学术年会，提出了关于发展农业机械化事业的意见和建议，上报中央有关部门参考。

王万钧重视农机科技人才的培养工作。20 世纪 50 年代初，农机人员缺乏，刘仙洲教授倡办了农业机械专科学校，王万钧兼任教务长，并亲自授课。为新中国培养了第一批德才兼备的科技人才，在以后农机科研和生产中发挥了重要作用。为了加强科研单位与高等院校在学术研究的联系和合作，他积极支持和协助有关高等院校培养农机化专业的研究生，亲自担任指导教师，并对硕士研究生和博士研究生的研究方向和工作方法提出建议。他还经常主持或参加研究生的论文答辩会，受到有关高等院校的欢迎。60 年代以后，中国农业机械化科学研究院被授予农业机械（化）专业硕士、博士研究生培养单位，王万钧根据当时农业生产需要和特点开始培养研究生。60 年代他培养了土壤耕作专业的研究生，为最适宜的耕作方法和耕作机具提供理论基础。80 年代，根据食品加工发展的需要，他培养了马铃薯加工关键设备机理方面的研究生多名，这些研究生在以后新产品研制和开发方面都发挥了骨干作用。

王万钧四次应聘担任联合国工发组织（UNIDO）顾问，积极参与发展中国家农机化和农机工业的有关活动，参与制订发展中国家在农机发展中开展技术经济交流合作计划。多次参加国际专题讨论会，多次协助在中国召开多国研讨会，在这些会议上，就有关农机制造推广和发展农机工业等问题发表多篇论文，提出可行意见和建议，受到各国代表的欢迎。王万钧应联合国粮农组织（FAO）的邀请，连任两届农业机械化专家小组成员，积极参加研究发展中国家实行农机化战略，交流各国发展农机化的经验。1983 年他在罗马召开的专题讨论会上，发表了《中国东北地区少耕法的生产实践》论文，介绍了中国在东北一些地区垄翻结合的耕作措施和机器系统，取得了较好的经济效益，受到与会专家的高度重视。

王万钧重视发挥中国农业机械学会的功能，在国内举办国际学术讨论会，为国内许多专家学者提供参加国际会议的机会。通过国际交流，了解国外科研情况和发展动向，借鉴国外经验，提高国内农机科研和开发水平。如在北京召开的“国际地面机器系统”学术讨论会，为中国研究解决水田作业和沼泽湿地垦殖作业的行走驱动装置，提供有益借鉴。

王万钧从事农业机械事业 40 多年，对中国农业机械化做出了不少贡献，受到上级及有关部门多种奖励和表扬，但是他本人谦虚地认为，只是全心全意做了应做的事，是对祖国应尽的责任。同时他感到遵循周恩来总理的教导“终生立志于农机”，是无愧地实践了。

王万钧严以律己，宽以待人，不计个人得失，对后辈积极提携培养，他的崇高品质广为后世所敬仰。

2012 年 9 月 2 日，王万钧因病在北京逝世，享年 94 岁。

六、王万钧主要论著

王万钧. 1962. 农业机械的选改创. 中国农业机械，(9)：5.

Wang W J. 1978. Manufacture and Repair of Agricultural Machines in County and Cooperative Factories. UNIDO. Conference of Exchange Experience. Single Copy.

Wang W J. 1982. Design of Agricultural Machines. UNIDO. Conference of Specialists from Developing Countries. Cairo. Single Copy.

Wang W J. 1983. Cooperation Scheme Between Developing Countries on Technique and Economic of Agricultural Machines. UNIDO. Vienna. Single Copy.

Wang W J. 1983. Practice of Less Plowing For More Production in Certain Part of East-North China. Conference of Exchange Experience of Agricultural Engineers. Rome. Single Copy.

Wang W J. 1983. Research and Development of Agriculture Mechanization in China. Agricultural Mechanization in Asia, Africa, Latin America, 14 (1).

Wang W J. 1984. Experience of Building Multi-function Agricultural Machine Factories. UNIDO. Conference of Exchange Experience of Agricultural Machine Specialists. Single Copy.

Wang W J. 1986. Guide for Construction of Multiple-function Agricultural Machine Factories. The Third Whole World Agricultural Machine Consultation Conference by United Nations. Yugoslavia. Single Copy.

Wang W J. 1987. New Challenge of Chinese Agricultural Mechanization. International Conference of Agricultural Machine Specials. Tokyo. Single Copy.

Wang W J. 1990. Chinese Agricultural Mechanization - Achievement and Challenge. Agricultural Engineers Consultation at Minnesota University. St. Paul. Single Copy.

中国农业机械化科学研究院. 1988. 农业机械设计手册·上册. 北京：机械工业出版社.

中国农业机械化科学研究院. 1990. 农业机械设计手册·下册. 北京：机械工业出版社.

主要参考文献

张德文. 1996. 王万钧//中国科学技术学会. 中国科学技术专家传略·农业编·综合卷 1. 北京：中国农业科技出版社：453-477.

中国农业机械化科学研究院出版物. 2006. 终生立志于此. 中国农机院建院五十周年征文选（内部资料）：21-29.

中国农业机械化科学研究院出版物. 2009. 献给新中国 60 华诞（内部资料）：3-6.

撰写者

林其辉（1931～），中国农业机械化科学研究院原收获机械组副组长、科技处副处长，后调任国务院特区办公室综合司副司长、研究室副主任、高级工程师，现已退休，是王万钧先生的同事。

曾德超

曾德超（1919～2012），海南琼山人。农业工程与农业机械化专家，教育家，中国农业工程高等教育的创建者与现代耕作技术的开拓者。1995年当选为中国工程院院士。1942年毕业于重庆中央大学机械工程系。1945～1947年留学美国明尼苏达大学农业工程系，获科学硕士学位。回国后，先后在湖南以及西北率先倡导并实施乡村工业化开发与推广；新中国成立后，历任农业部工程师、农业器械管理局技术室代理主任、国营农场管理局机务处副处长；后出任北京农业机械化学院农业机械化系主任，农机设计制造系主任及副院长；主导创建《农业机械学报》并首任主编；现为中国农业大学教授、博士生导师。曾兼任机械部农机组副组长，联合国工业发展组织农业机械顾问，国务院学科评议组机械学科评议组成员，农业部科技委委员，中国农业机械学会和中国农业工程学会副理事长、名誉理事长等职务，是直接参与建立新中国的高等教育和学科体系的教育家之一。主要研究方向为机器与土壤-植物之间的基础关系以及如新型耕具和新形态等有关技术的开发。曾发表犁体曲面设计法，土壤切削过程有限元分析法，耕作影响下土壤的水、热、盐运动模型和植物吸水模型，拖拉机机组翻倾动态模拟等方面的论文。《中国农业百科全书·农业机械化卷》与《中国农业百科全书·农业工程卷》副主编，著有《机械土壤动力学》。

一、走出海角天涯

曾德超，海南省琼山县人，生于1919年11月18日。在当地，男人大多常年下南洋或外出打工，地里繁重的农活主要由妇女承担，他的家庭也不例外。父亲为谋生奔波在外，母亲含辛茹苦地带着两个妹妹下田劳作维持家计。家乡的贫困落后，农民的耕作辛劳，在他幼年心中打上了深深的烙印，也为他后来立志终生投身于农业工程事业产生了重大影响。曾德超的中学时代是在两所教学风格截然不同的学校中度过的。培正中学是一所由华侨捐办的教会私立学校，大部分课程采用英文施教。他努力克服乡下孩子初来乍到的胆怯心理，发奋苦读，三年下来不仅完成了初中学业，而且打下了良好的英语基础。他初中毕业后考入了广州广雅中学，该校前身系我国早年三大书院之一，1888 年由两广总督张之洞创建。学校治学严谨，务本求实，带有浓郁的中国儒家传统文化色彩。曾德超在受到了我国传统文化熏陶的同时，未受偏重国学之束缚，同步自学英文高中数理化教科书，这种被他自诩为“自主治学”的学习方式对他后来的发展很有帮助。1938 年，他考入重庆中央大学机械工程系，依靠学校发放的战区流亡学生贷学金攻读。屈辱的中国近代史，西方国家凭借船坚炮利屡屡侵犯中华，让他意识到中国若想摆脱列强宰割，必须发展民族机器制造业。时值抗战时期，耳闻目睹日军暴行和民不聊生的事实，使他进一步认识到强国富民、建设农村，必须有发达的科学技术和强大的工业。这些进一步加强了曾德超从中学时期起就逐步形成的“科技救国”的志愿。在大学，他除了学好与专业相关的课程之外，还选修了数、理、英国文学与德语等课程。由于德国自 19 世纪工业革命以来在机械制造业一直保持着世界的领先水平，他在德语有了一定的基础后，系统地阅读了大量的德文原版的普通物理学、机械零件、机器设计和内燃机等方面的大部头专业参考书。1942 年大学毕业时，他为了进一步充实自己的专业实践环节，有意选择了位于重庆的一家军工厂工作。该厂采用全套德国进口设备和设计制造标准，当时在国内设备最为先进、工艺最为精良。

在这段长达 20 年的求学和工作经历中，曾德超通过“自主治学”，掌握了外语，并用这把钥匙，打开了通向科学的大门，逐步有深度地围绕所学专业拓宽知识面、培养实践技能，使得他在后来农业工程这门涉面宽广的应用科学研究领域游刃有余。

二、西学农业工程

1944 年是世界范围反法西斯战争走向全面胜利的前夜，中断多年的全国英美庚子奖学金留学统考在这一年的冬天得以恢复。与此同时，在农学家和教育家邹秉文、机械学家和机械工程教育学家刘仙洲等前辈的倡导下，中国科技史上首次出现了“农具学”这门学科。农家出身的曾德超怀着对改变中国传统农业落后耕作方式和落后的生活方式的愿望，于是，已经到重庆中央工业试验所机械实验工厂任助理工程师的曾德超参加了留学统考，以优异成绩成为我国首批 20 名赴美专修农具学专业的研究生之一。1945 年初夏，曾德超等远赴美国明尼苏达大学农业工程系学习。学习期间，曾德超注重培养自己较宽广的专业基础知识和实践技能，先后选修了普通生物学、土壤学、作物学、畜牧学、农业经济学等几乎全部农艺系基础课程，还选修了机械工程、水利工程、电子工程等工程方面的高等课程。在假期，曾德超还专程到明尼苏达大学的 Moris 实验农场、万国农业机械公司（International Harvester

Co.）的耕作机械制造厂和农机销售商维修站实习，参加万国农机公司组织的农机使用操作和维修销售培训班。在三年留美期间，曾德超一直在思考究竟学习哪些知识更适合当时中国农业和农民的实际需要，才能为改变农村贫困落后的现状找到出路？在万国农机公司各制造厂实习时，他留意收集了很多农业机具设计与实用技术资料。1947年获得科学硕士学位之后，又到工厂、农场实习一年。这时曾德超在导师的建议下准备继续攻读博士学位，就在他刚刚顺利通过了博士资格所必需的两门外语（德语和俄语）考试和导师拟定了他的博士论文选题之后，国内局势的迅速变化引起了他和其他赴美留学生的极大关注。当时在美留学生对国内局势的发展各持己见，辩论激烈。曾德超想到的是："国家久经战火，国弱民穷，农民首当其冲。我们学农业工程的应该马上回国，用自己所学的知识为广大农民雪中送炭。"参观学习美国田纳西流域管理局在偏僻地区开办的乡村工业后，他相信发展小型乡村工业和研制推广一批适合农民需要的农业生产机具是发展中国农村经济的有效途径。当听到联合国战后救济总署提供了一大批设备和一笔善后基金准备在湖南邵阳建立乡村工业示范点之后，曾德超毅然舍弃了博士学位的学习机会，带着大批专门搜集的资料和一批同学回到了祖国。

三、解民生之多艰

回国伊始，曾德超来到湖南邵阳乡村工业示范处任高级工程师，兼任机械厂厂长和实验示范型水泥厂厂长之职，主管农业机械和乡村工厂设备的研制、开发与应用推广。他执著地认为迅速改变中国农村贫困现状的唯一出路是大规模地发展小型乡村工业，尽管因为当时国内政治局势的动荡影响了他施展抱负，但后来20世纪80年代"乡办企业"的规模化自发涌现以及对中国经济发展做出的巨大贡献，证明了他的远见。他根据我国大部分农村没有电力的现状，研制了畜力甘蔗压辊机、手摇离心式制砂糖机、手动10锭纺纱机和手摇大田农药喷雾器等多种不需要电力驱动的实用化农产品加工装备和病虫害防治工具。此外，他还组织设计建立了小型纺纱厂、造纸厂、水泥厂、农药厂、小煤窑生产设备与工艺流程，以及小型水力与煤气动力系统，纸浆打浆机，煤气发生炉和煤气动力机，为邵阳现代工业之始。

为了推广这些新型农机具和在西北开展乡村工业示范，曾德超被派往农业复兴委员会西北办事处任总工程师，于1949年5月远赴位于甘肃河西走廊的景泰、山丹等县，与国际工业合作协会中国项目负责人露易·艾黎合作，为当地青年举办新型农村纺织技术等推广培训班。当时大西北农民的恶劣生存环境是今天无法想象的，可是这些并未使这个曾经喝过洋墨水的留学生产生畏惧。他与当地农民同吃、同住，手把手地施教这些机具的操作方法，并且倾听他们使用后的意见再加以改进。他还在五佛寺引黄河水建立洗毛厂，在临洮县建甜菜制糖厂。同期，他还在美国水利专家塔德指导下提出了临洮地区引黄灌溉的可行性论证建议。随着南京、上海等重要城市的相继解放，国民党农复会的负责人蒋梦麟、晏阳初、沈宗翰等准备携带联合国战后救济总署提供的专款前往台湾。作为西北地区项目技术负责人的曾德超闻讯后赶到兰州，与这些大员们据理力争，要求他们人走款留。后来这些官员退到广州，他又追至广州。在回忆这段往事时曾德超至今感到遗憾，因为他那时毕竟人微言轻，最终未能将这笔复兴农业的专款追回并留给西北父老。

当国民党要员和联合国战后救济署的职员们携款撤离后，在失去经济支持的困境下，他依然单纯而执著地在贫瘠荒漠的陇西腹地编织着“秧畦岸岸水初饱，尘甑家家饭已香”的田园诗画。今天，加速西部经济开发与建设社会主义新农村既是当前政府执政重点工作之一，也是两个热门的社会议题。可是人们是否曾想到，早在60多年前一位留美归国的学者已在大西北默默地付诸以实践了。曾德超是在大西北迎来了新中国诞生的。一天他与同事外出工作时意外地碰见了正在进疆途中的人民解放军第一野战军许光达部，在确认了曾德超等人的真实身份后，许光达军长不仅下令杀猪款待他和他的同事们，还宣布了解放战争正在取得最后阶段全面胜利的好消息。

带着欣闻新中国即将诞生的喜悦，他被分配到西北军政委员会农业处工作，此间他完成了一项重要任务，即作为西北军政委员会的代表和军代表张和堂一起接管了由露易·艾黎在甘肃山丹创办并任校长的培黎农校。此时起，他反复宣传乡村工业发展农村经济的可行性，虽然当时的主张未能实现，但从20世纪50年代后期的“五小”工业发展，到80年代中央农村改革以及发展乡镇企业，到21世纪的新农村建设和现代农业建设，无不与曾德超数十年坚持的信念不谋而合。从1948年8月到1950年5月接近两年的时间里，他不畏艰难，一直在中国最基层最艰苦的地方研制并推广农业机械，在湖南以及大西北为农业机械化从无到有的发展贡献了自己的青春岁月。1982年，由曾德超牵线安排原邵阳示范处美籍负责人与湖南机械工业厅厅长联合发起有关乡村工业的国际会议，这是改革开放后我国农业工程界所组织的最早的国际学术交流会议。在本次会议中，湖南省充分肯定了当年示范处对湖南经济工业的贡献，邵阳解放后成为湖南机械工业的起步基础点，也肯定了曾德超等人为此的辛勤付出。

四、为农业机械化

1950年5月，经农业部副部长杨显东推荐，曾德超奉调到农业部器械局任工程师、代理技术研究室主任。曾德超针对新中国成立之初全国范围内农业机械一片空白，农具基本上是旧式的犁头、锄头、镰刀等简单农具的现状，为满足生产推广的需求，他参与了全国增补旧农机具为主，同时大力组织制造、推广新式畜力农具的工作。同年年底，他调任国营农场管理局任机务处副处长，在京郊五里店、津郊芦台、柏各庄等地负责试办机械化农场、拖拉机站和各大垦区所需机具的配置、选型、引进和生产运用的工作。试办机械化农场期间，面临许多生产上不容延误、亟须解决的技术难题，由于许多引进的机具不适应我国耕作制度和生产特点，无法正常工作。曾德超不停奔波于生产现场，拿起锉刀榔头，画着图纸，和工人们一起改装机器。最终解决了进口棉花穴播机用于播种带绒浸种棉籽的难题，完成了北方水稻旱直播宽幅浅盖开沟器的技术开发，以及对顶凌播麦、步犁入土等关键问题的攻关。此外，他还对自走式旱地小麦联合收获机行走装置和脱粒精选等主要部件进行了改装，以适应北方水稻收获的要求，扩大了联合收割机的使用范围，在机具设备不足的状况下，充分发挥现有机械设备的使用效率。以上这些成果也为我国农业机械进一步的发展定型提供了参考。

在紧张繁忙的基层工作期间，曾德超还同时负责着部属双桥农机化专科学校和双桥机耕学校的教务指导工作。这两所学校为我国农业机械化生产第一线培养和培训了第一批农业机械化急需的拖拉机手、修理技工、机耕队长、修理队长等专业技术人员。同时还负责对全国各国营农场、拖拉机站的机务副场、站长的培训和轮训工作，组建起我国第一支农业机械化机务力量。

1951年，周恩来总理指示农业部要为开发4亿亩农田实现全面机械化准备技术支撑力量。在他亲自批示下，中央人民政府决定成立一所培养农业机械化技术和管理人才的高等院校。1951年年底，农业部为执行中央这一指示，成立了由办公厅副主任耿光波为组长，张省三、潘开茨、陈立和曾德超为组员的建校筹备小组，由潘开茨副局长和曾德超为主进行具体工作。按照当年的体制，在农业部苏联专家的指导下，确定建校以苏联莫洛托夫农业机械化电气化学院为模式。曾德超主张起步就必须把学院办成正规的培养国家急需的农业机械化工程师大学型学院，现阶段只设农业机械化一个系，并把这一设想落实到筹备工作中。

1956年是我国第一个五年计划的建设高潮阶段，该年10月11日《人民日报》

在第七版以整版篇幅刊登了他撰写的《我国农业机械化科学技术研究的任务》一文，约4000字。该文全面、客观地论述了为实现我国农业机械化高速发展所面临的任务、困难与对策。在文中他开门见山地指出：“我国农业机械化的科学技术研究既要紧密配合生产和建设的需要，又要迎头赶上世界先进水平。只有在农业生产建立在大规模机械化生产基础上才能永远摆脱农村的落后与贫困。”他特别强调：“农业机械化方面的研究问题这样繁多，我们的研究力量又是这样单薄，只有分轻重缓急，排个队，才能收效。”“忽视理论偏重试验的道路是比较容易的，但效果也是要受到限制的。团结全国农业机械工作者，使设计、制造、运用、修理工作者经常发生联系，对工作会有很大的好处”。曾德超此时还不是中国共产党党员，但是作为我党最重要的报纸，能给他一个整版的篇幅阐述我国农业机械化科学研究的任务与挑战，可见党的各级组织对他在此领域的重视。这一时期，曾德超以拓荒者的角色将全部精力投入了新中国农业机械化事业的起步发展和农业机械化技术人员的培养。

五、育天下之英才

1952年2月，北京农业机械化学院正式宣告成立，同年7月全国高考招收第一届农机系大学生。新建的校舍坐落在北京西北郊的学院路上，相邻的还有其他七所兄弟院校，当时称为八大学院。曾德超于同年9月正式从农业部调到北京农业机械化学院任教。他将自己的全部心血倾注到新中国的农业机械化和农业工程高等教育事业中。

创办之初的北京农业机械化学院由徐觉非任院长兼书记，孙景鲁任副院长，曾德超任农业机械化系主任。创建之初万事必须从零做起，学校所有教学设施的建设、师资配置、培养目标、教学计划等都参照苏联结合我国实际制定，所用专业教材都必须自行编写或从俄文翻译。教师队伍的组建更为困难，第一届学生的数学、力学课是从北京大学、北京航空学院借来的数位教授授课，以后陆续从全国调入一批知名专家、教授任教，配合大量派出青年教师赴苏联留学或国内进修深造，迅速组成了一支优秀教师队伍。

除了教学组织与管理，他亲自走上课堂，为同学讲授农业机械学和农业机械运用等课程。在课堂上，他凭借自己坚实的理论基础和丰富的工程实践经验，采取启发式教学，倡导理论联系实际的学风。他始终重视教学、科研和生产实践相结合。因为专业特点，他在要求学生学好理论基础的同时，特别重视学生到基层、到生产实践中锻炼。那时，配合国家农垦计划，历届学生都有到黑龙江、海南、湖北、云南等垦区参加机械化垦荒开发的经历，这些都使他们后来在工作中普遍被誉为最能吃苦，最能解决实际问题的大学生。每到农忙季节，总可以在麦浪滚滚的农田里找到他那驾驶着收割机和同学们支援夏收的身影。同时他还鼓励同学们在科研上要用敢于走钢丝的精神大胆地创新。在同学们的眼中，讲台上曾德超是治学严谨、知识满腹的师长，课下则是待人平易、不拘地位的兄长，因此无论学习还是生活上遇到什么问题，都愿意向他求教倾诉。他要求同学们德、智、体全面发展，工作之余和同学们一起打篮球。他语重心长地告诉大家通过篮球运动不仅能够获得健康的体魄，还可以培养合作与遵守规则的科研团队精神。

在主抓教学工作的同时，北京农业机械化学院被要求办成全国高校建设中农业机械院校的带头兵，要成为教学和联络的中心。农业机械系以自己的实践承担了这一重任。1954年，高教部农业教育处的苏联专家叶尔卓夫在考察了全国主要农业院校后，曾公开评价：北京农业机械化学院的农业机械化系是他所访问考察过的系中，教学工作组织得最好的一个。

1956年，第一届农业机械化专业学生毕业，之后，农业机械专业的毕业生陆续地输送到了各国营农场和拖拉机站、垦区和各建设兵团、各级政府农机化管理部门、各院校新建的农机专业和中央及地方的农机科研院所。到20世纪50年代末全国每个县都已经有了农机的毕业生跋涉在实现国家农业机械化的事业前沿。

1956年，毛主席提出“农业的根本出路在于机械化”，更加鼓舞了全体农机工作者。

1956年，曾德超还参与发起创办了反映我国农业机械学科最高学术水平的专业刊物《农业机械学报》，并任该刊首任主编。1957年参与发起成立中国农业机械学会，任副理事长。1979年，他还参与组织成立中国农业工程学会，任副理事长，参与出版《农业工程学报》，担任编委。学会的成立和学报的出版，团结和推动了全国的农机工作者，为农机的教育、科研、推广、应用等工作提供了互相学习、交流、提高的平台。

早在1952年农业机械化全程教学计划和教学大纲编撰的过程中，曾德超就有增设农业机械设计制造、农业电气化和农田水利等专业的设想，并多次向上级领导建议。在他与李翰如、张伟、万鹤群等人的积极筹备组织下，经上级有关部门批准，1959年7月，北京农业机械化学院在原来只有一个农业机械化系和一个农业机械化专业的基础上，增设了农业电气化系、农田水利系和农业机械设计制造系。曾德超调农业机械设计制造专业任系主任，筹备建设新专业。此举为以后中国农业工程学科的发展奠定了基础，也为学校的发展迈进了一步。同年，他开始招收农业机械化方向的研究生。

1979～1987 年，曾德超出任了北京农业机械化学院副院长，主管教学、科研和外事工作；1988 年兼任院学术委员会主任和学位委员会主席。这期间，正值我国高等教育体系饱受“文化大革命”摧残之后百废待兴的一个特殊时期。他根据当时国外农业工程学科的发展现状，一手抓教学质量，一手抓农业工程高等教育各学科方向的全面调整，力争尽快地与国际农业工程教育相接轨。在学科建设上，他提出了改造老专业和筹建新专业的五条原则：坚持教学科研两个中心；坚持工程技术与农业紧密结合；坚持专业设置与研究室建设配套；坚持按学科设专业和研究室，打好理论基础、工程基础、技能基础；坚持理论与实践相结合，普及与提高相结合。这五项原则为后来发展农业工程学科拟订了框架，为中国农业工程教育和教学的发展起了十分关键的作用。为了加强国际学术交流，让世界更好地了解中国的农业机械化发展，并学习国外的先进技术，曾德超启动了与 ASAE、CIGR 等国际学会的联系，启动了 1980 年后与美国、荷兰等十余个国家的农机代表团互访和学术交往活动，并有计划的大量派出教师学生赴欧美学习，对中国农业工程的国际化发展做出了重大贡献。在他任职期间，学院的研究生教育得到恢复并发展壮大。在他的积极计划和组织实施下，学院新增设了农产品加工、农业建筑与环境工程、系统工程与管理、农用电子技术与自动化等专业。1985 年，学院更名为北京农业工程大学，1995 年 9 月，经国务院批准，北京农业大学与北京农业工程大学合并成立中国农业大学。可以说，在学校从单一型农业机械化研究大学转型为多学科综合性大学的过程中，曾德超多年的工作功不可没。

六、植物-机器-土壤

20 世纪 50 年代，犁的优化设计是国际农业工程的一个研究热点。1957 年，曾德超在《农业机械学报》上发表了有关犁的牵引调整的学术论文，针对英美学者提出的以犁体阻力中心为依据和苏联学者以机器重心为依据，提出了既要满足牵引平衡稳定的条件，又要考虑减少耕作阻力的新方法。1963 年，他发表了按翻土曲线变化规律设计滚伐犁曲面的论文，提出了一种较前人更为合理和直观的几何绘图设计法。1970 年，他在《犁体曲面设计的数学分析法》一文中试图以解析式表达犁体曲面进行优化设计。1982～1988 年，他先后指导几位研究生，终于以土迹线构成犁体曲面途径的方法，实现了犁体曲面优化设计的新突破，由此设计出的样机耕作速度达到每小时 15 公里，获得了“常速、高速通用优化犁”的国家专利。考虑到由于犁具有较大牵引阻力从而造成拖拉机重量的不断上升以至加剧了农田土壤压实度的事实和拖拉机在较湿农田中不能充分发挥其功率的问题，他从1978年起致力于研制一种比犁耕牵引力小得多的农具——旋转翻垡犁，经过九年的不懈努力终获成功。

长期从事农耕研究的实践积累，使他逐步认识到研究植物、机器与土壤相互作用机理的重要性。1964年，他在指导研究生过程中建立了一个压密过程中描述压力和容积应变之间的关系式。1988年，他建立非饱和土壤剪切强度及摩擦阻力与加载速度的关系式，前者是对著名的库仑-莫尔土壤静剪切强度方程的修正，后者是对Foundaine-Payne静黏附摩擦阻力方程在高速加载条件下的外延。1990年，他建立了包括动强度、动黏度阻力在内的刀齿与刀板切土动力学模型，在国际上率先将机械对土壤加工过程的分析计算纳入动力学研究领域，同时为塑性动力学、连续介质动力学问题既考虑微元体的体力动力学效应，又兼顾微元体的面力动力学效应提供了先例。

在一系列试验研究的基础上，他在国际上首先建立土动剪强、动摩擦方程和切土动力模型，并以此为主线，1995年撰写出版了《机械土壤动力学》。它从土壤本质、基本属性及其性态行为的机理入手，系统地论述了学科发展的历史沿革、研究方法和实验手段，阐明了有关的连续介质力学基本原理，并将土壤变形、剪裂、内外摩擦等，视作物质微观运动的一种宏观表现，导出了土壤动态抗剪强度方程和动黏摩阻方程，定量分析了循环载荷、震动、冲击等扰动影响。土壤动态抗剪强度方程和动黏摩阻方程不仅计入了土壤微元体力的动力效应，而且也计入了微元面力的动力效应。由于有了在土壤-机器关系领域施载速度方位内的动态抗剪强度方程和动黏摩阻方程，且成功地应用于切削过程的变形、破坏、流动和阻力等动力模型，该书为机械土壤动力学体系在中国的建立做出了开创性贡献，可称为曾德超呕心沥血的经典之作。

在深入揭示土壤-机器-植物之间的复杂关系的研究过程中，他开拓了面向耕作的水热盐气效应的定量研究，为农田尺度下科学治理土壤盐碱化，提高作物产量与耕作质量提供了新的技术途径。从1986年开始，他指导研究生在此方面开展了深入研究并陆续发表了30多篇论文。其内容涵盖：农田降水入渗过程模型和模拟及其导水率数学模型和湿润峰动态进程方程；一维、二维裸地蒸发过程的模型模拟；不同覆盖条件下种床水热盐运移过程的模型模拟及应用于不同覆盖材料和覆盖比例的优化；冻融土壤水热盐运移过程的模型模拟应用于河套地区不同灌溉标准对春季种床积盐和墒情预测，此外该模型还可适用于广大北方季节性冻土地区结冻与化冻过程中对种床水热盐状况影响的预测；植物根系吸水强度估算方法的试验研究以及控制果核坐果期缺水强度以获得节水高产的试验研究等。

他和研究生们通过建立一个机械土动力学体系，将耕作的力能效应研究扩展到土壤耕作、塑膜覆盖、土壤冻融过程的水热盐运移定量模拟预报；通过研究初步掌握了塑膜高效保存返浆水和保墒、保温量化的内在规律，为提高塑膜覆盖效果和开发冬麦晚播、春作物早播等延长生育期的技术提供了必要的理论支持。

此外，他开创了农田建设和土壤耕作水热盐气定量效应与调控工艺领域的研究方向，将传统的土壤-机器力能关系研究拓宽到耕作的水热盐气动态模拟预测与工程优化调控，以及与生态资源环境协调的“复合管理耕作”领域。通过发表系列论文，先后提出了“集雨蓄水耕作”，农场生产经营与资源、生态、环境综合治理，节水、变量、保护、培育技术复合农耕制等概念，为中国农业耕作技术可持续发展提供了新的探索途径。在此研究基础上，他还主持了华北核果等节水高效的调控亏水度灌溉管理技术，开发示范了适合我国北方地区大面积推广的高科技农田节水高效环保灌溉技术体系。

在从事具体技术研究的同时，曾德超根据自己多年的亲身感受，反复思考着一个发人深省的问题：种植业作为人类生产活动的第一产业，中国传统农业长期缺少机械工具这一最活跃生产力因素的状况，随着从国外大量引进和国内规模化的自行研制等途径已经得到明显改观，这本应为中国农业生产发展带来新的机遇，然而增产效果却不明显，甚至往往增产不增收。换句话说，中国农业工程师半个多世纪的努力并未解决中国农业根本出路的问题，他对此进行了深刻的反思，提出了个人的学术观点。

其一，一个国家或地区的农业机械化内涵以及这种内涵的各自进程可以是多样化的，但是支持种植业以实现高产、高效、优质、减灾和持续发展，始终是中国农业机械化、农业工程科技的中心和紧迫任务。

其二，既然作物生产过程的实质是为作物提供适量的土、种、肥、光、热、气、药等生长诸因素，解决问题的科学途径就是对这些生长要素的有关参数实现田间监测，根据作物生理、生化、生态规律的需求，对生产综合措施进行系统定量优化。所涉及工程手段有机器、仪器和信息系统的研究开发，它构成了种植业机械优化科技的核心内涵。由此决定了工程各学科和农业、生物各学科之间的交叉和渗透，而不是死守教条。

其三，与农作物相关的大部分生长要素受自然条件的强力约束，将雨水资源集中高效利用、水土保持、植被重建以及护田防风林等统一规划，同时扩大田块以利于机耕，形成一种“资源生态型”规模经营的农场，这样就客观上要求开展农机化与水土保持、农田水利之间的跨学科合作研究。

其四，在销售与售后技术服务方面，将机具和有关仪器与信息处理软件集成形成一种增产技术。为了从多种途径获取资金来源，应吸引农民合作入股参与。这种做法旨在建立一种将技术服务、物质供应和产品销售为一体的经营公司，代替现行的农业技术推广和单一销售体制。

七、桃李争报师恩

从1952年创办农业机械化学院开始，曾德超从事农业机械化及农业工程领域的科研教育整60年，为中国农业机械化及农业工程学科从无到有及发展成长做出了重大贡献。作为中国农业工程高等教育的一代宗师，曾德超治学严谨，待人宽厚，风范师表，有口皆碑。他在半个多世纪的科研教学生涯中，最令他感到欣慰的莫过于每当听到自己的学生在科技创新中做出了公认的高水平学术成果或者在农业生产第一线为广大农民做出了实实在在的贡献。

从1956年北京农业机械化学院第一批毕业生迈着青春的脚步跨出校门，迄今已有数万计的农业工程师遍布祖国大地。在他的学生中既不乏欧美大学中的教授，国家和地方部门的行政领导，也有农业生产基层的劳模。当前中国农业机械与农业工程学科中一大批骨干教授、博导都是在曾德超的直接栽培下成长起来的，他们秉承曾德超的治学思想甘为园丁，沿着曾德超开拓的研究方向继往开来。

曾德超的学风魅力影响着全国的农业工程界的同行们。即使对有好感的后辈，在评审其学术成就时，他也是铁面无私，严格认真，但对真理的追求又上善若水。

曾德超的弟子们常提起，曾德超对于他们的教导不仅仅在于学业与科研，而更在于人格的传承。为了从多方面培养学生的健康发展，曾德超经常让学生们到家里谈完工作后谈一些生活琐事，包括宿舍同学关系、谈恋爱等问题，这些细致入微的教诲更是让弟子们刻骨铭心。

今天，无论曾德超走到哪里，都会出现师生相见、百感交集的动人场面。特别值得回顾的是1999年年底，中国农业机械学会和中国农业工程学会联合在北京为他隆重举办了80寿辰大型庆祝活动，来自海内外的数百名桃李集聚一堂，共叙老师的栽培之恩。看到眼前的一幕，他深有感触地说："第二次世界大战胜利之后，有人在《自然》杂志上撰文预言，未来科技将在两个方面为人类开创无限发展的空间。一是通过回旋加速器的途径，为人类提供无限的能源；二是通过叶绿素回旋加速器为人类提供无限的食物源泉。半个世纪犹如白驹过隙，前者已成现实，后者尚未见端倪。

科学的发展犹如接力赛跑，老骥伏枥，寄望后人。作为一个农民的儿子，毕生的愿望就是将自己的知识造福于农民。我的工作虽然不能与当今飞速发展的尖端科技相提并论，但是能够目睹自己的学生们在为人类提供食物和自然资源生态环境保护事业上锐意进取、各有所成，也就心满意足了。”

八、曾德超主要论著

曾德超. 1953. 农业机械学. 北京农业机械化学院讲义.

曾德超. 1956-10-11. 我国农业机械化科学技术研究的任务. 人民日报，第七版.

曾德超. 1957. 机引犁的牵引调整问题. 农业机械学报，(1)：71-90.

曾德超. 1962. 在旱作砂壤土上铧犁犁体曲面性能的分析. 农业机械学报，(1)：37-60.

曾德超. 1964. 旱作砂壤土上铧犁犁体曲面阻力分析. 农业机械学报，(2)：79-96.

曾德超. 1979. 中国农业机械化政策及其对其它区域国家可能的应用. 联合国工发组织第一届农业机械工业协商会议全球农机专家讨论会论文.

曾德超，赵作善. 1979. 犁体曲面设计的数学解析法. 农业机械学报，(1)：1-22.

曾德超. 1980. 中国农业机械化状况与经验. 中西非湿润热带小型农场机械化国际会议开幕式上的报告.

曾德超. 1980. 试论农业现代化进程的技术经济模型. 农业机械学报，(3)：89-102.

曾德超. 1981. 在中国条件下为发展农村经济对农村工副业适用技术的评价尺度. 国际支农工业现代化学术会议论文集.

曾德超. 1983. 中国农业工程学科优先发展的领域、内容和技术关键的商榷. 农业工程学报，(1)：6-11.

曾德超. 1984. 中国农业机械化与农机工业发展的现状与趋势. 第二届发展中国家农业机械工业国际学术会议.

曾德超. 1984. 新形势下农业机械化农机工业发展战略的探讨. 农业机械学报，(4)：1-6.

杨邦杰，曾德超，唐登银，等. 1988. 裸地蒸发过程的数值模拟. 地理学报，(4)：352-362.

曾德超，姚禹肃. 1991. 土壤抗剪强度与剪切速率关系的研究. 地面力学杂志（英）.

曾德超，黄敬党. 1991. 气体燃料及其应用于内燃机的研究与发展. 农业机械学报，(1)：92-97.

雷廷武，曾德超，王小伟，等. 1991. 调控亏水度灌溉对成龄桃树生长和产量的影响. 农业工程学报，(4)：63-69.

曾德超. 1992. 农业工程学科的对象、领域、发展现状及趋向. 农业工程学报，(1)：1-8.

易维明，曾德超. 1995. 玉米芯挥发特性的实验研究. 农业机械学报，(2)：69-72.

曾德超. 1995. 机械土壤动力学. 北京：北京科学技术出版社.

主要参考文献

曾德超. 1956-10-11. 我国农业机械化科学技术研究的任务. 人民日报，第七版.

Zeng D C. 1979. The Policy for Agricultural Mechanization in China and its Possible Applications to Other Countries and Regions. Paper Presented at Global Preparatory Export Panel Meeting for the First Consultation Meeting on the Agricultural Machinery Industry, Vienna, 5-9, June, 1979.

Stepanek J E. 1992. A Town Called Shaoyang: Introducing Industry Appropriate to China. [Boulder, Colorado,

USA] Gold Hill Publication.
曾德超. 1994. 果树调控灌溉密植技术的研究与开发. 北京：北京农业大学出版社.
曾德超. 1995. 机械土壤动力学. 北京：北京科学技术出版社.

撰写者

孙宇瑞（1954～），中国农业大学信息与电信工程学院教授，博士生导师。

于天仁

于天仁（1920～2004），山东郓城人。土壤化学家。1995年当选为中国科学院院士。1945年毕业于西北农学院农业化学系。先后担任中央地质调查所技佐、中国科学院南京土壤研究所助理研究员兼学术秘书、副研究员、研究员、土壤电化学研究室主任等职。曾任中国土壤学会土壤化学专业委员会主任，国际土壤学会土壤胶体表面工作组委员，*Biology and Fertility of Soils* 的编委。他创立了以土壤中带电粒子之间的相互作用及其化学表现为中心的土壤电化学体系，并着重从水稻土和红壤的研究中发展了土壤电化学。建立了包括离子选择性电极在内的一系列独具特色的土壤电化学方法，实现了某些土壤化学性质的田间原位测定；应用自己建立的土壤电化学方法系统地研究了水稻土的氧化还原性质及其与土壤发生和植物生长的关系，阐明了水稻土的物理化学性质特点。研究并揭示了可变电荷土壤的电化学性质，为综合恒电荷土壤的特点和可变电荷土壤的特点而成的较全面的土壤化学体系的建立提供了重要条件。由他主持完成的“水稻土的物理化学”于1987年获中国科学院科技进步奖一等奖，1987年获国家自然科学奖三等奖；“土壤电分析化学的建立与发展”于1996年获中国科学院自然科学奖一等奖，于1999年获国家自然科学奖三等奖。他在土壤电化学领域取得的丰硕成果为中国土壤科学的发展，为提高中国土壤学的国际地位做出了重要贡献。

一、生平概要

于天仁，1920年2月4日生于山东省郓城县于阁村。他3岁丧父，由母亲抚养。在封建大家庭中，母子备受歧视。家庭环境使于天仁的性格较为内向，却很坚强，不为困难和压力所屈服。1928年入本地小学求学，小学读书时成绩非常优异，于1933年考入山东省菏泽中学。在他高中即将毕业时，日寇入侵中国，为抗日救国，他投笔从戎，考取黄埔军校第十四期。经过短期培训后他被分到抗日前线的基层连队中，但由于向报社揭露国民党军官贪污、走私等问题，他遭到报复并被无端开除。后投奔在西安的同乡，并经过刻苦学习于1941年考取西北农学院农业化学系继续深造。大学期间，他靠课余为报纸副刊翻译英文故事或名人传记所得稿费，维持了四年的学习。四年的大学教育，特别是西北农学院虞宏正教授渊博的学识和严谨的科学态度对于天仁的影响很大，使他比较重视基础理论研究工作。1945 年大学毕业后报考中央大学研究生，因为考题在邮寄过程中遗失，没有考成。后经虞教授推荐，于天仁进入当时的中央地质调查所土壤研究室工作，任技佐。当时地质调查所的土壤研究室位于距重庆北碚一里路的鱼塘湾。所图书馆就在附近的小山上，而土壤方面的书刊则大多放在土壤研究室。在西北农学院，书籍很少，期刊几乎没有。他一到地质调查所，就被丰富的图书吸引住了。如鱼得水，如饥似渴地读书学习，并对土壤化学产生了浓厚兴趣。因为当时中国的土壤学还很年轻，他与年轻同事黄孝葵、曾昭顺约定，黄孝葵发展土壤物理学，曾昭顺发展土壤地理学，他发展土壤化学，使将来中国的土壤学在国际上据有一定的地位。他们的约言竟然在后来得到实现。

新中国成立后中央地质调查所更名为中国科学院地质研究所，经过三年的过渡，1953 年 1 月在地质研究所土壤研究室的基础上组建中国科学院土壤研究所（后更名为中国科学院南京土壤研究所），于天仁任助理研究员兼所学术秘书直至 1957 年。在这期间他已开始研究水稻土的氧化还原性质和红壤的化学性质，为后来系统研究土壤的电化学性质创造了条件。1961 年，经过多年土壤化学研究、探索和思考，于天仁决定发展土壤电化学，并在国际上率先创建了土壤电化学研究室，开创了以土壤中的带电粒子（胶体电荷、离子、质子和电子）间的相互作用及其化学表现为中心的土壤电化学研究体系。他于 1965 年组织编写和出版了《土壤的电化学性质及其研究法》，1976 年修订后再版。

1976 年“文化大革命”结束，中国迎来了科学的春天。于天仁带领全室人员系统开展了水稻土的电化学性质的研究，并分别于 1983 年和 1985 年编辑出版中文版专著《水稻土的物理化学》和英文版专著 *Physical Chemistry of Paddy Soils*。之后，他又集中全室力量开展了可变电荷土壤（红壤）的表面电化学特征的系统研究，并将研究成果总结成中文专著《可变电荷土壤的电化学》和英文专著 *Chemistry of Variable Charge Soils*，这一成果补充和修正了传统上人们对土壤的许多认识。

1983～1987 年，于天仁担任中国土壤学会土壤化学专业委员会主任。为提高我国土壤化学的科研水平，他先后三次组织举办现代土壤化学研讨会，并组织编写了《土壤化学原理》、《土壤分析化学》和《土壤发生中的化学过程》等著作，深受大家的欢迎。

1984 年根据中-美科学家交流协议，于天仁应美国科学院邀请到美国四所大学讲学，后来又陆续应邀到美、加、德、法、比、意和瑞士等国的15所大学和研究所讲学，还应邀在德国举办了为期9个月的土壤电化学培训班。于天仁较早地认识到国际学术交流的重要性，早在20世纪80年代，他就在 *Journal of Soil Science*、*Soil Science*、*Geoderma*，*Z. Pflanzenernähr. Bodenk.* 和 *Biology and Fertility of Soils* 等国际知名的学术刊物上发表多篇学术论文。经国外同行推荐，他于1985～1993年担任国际学术期刊 *Biology and Fertility of Soils* 的编委，于1986～1990年任国际土壤学会土壤胶体表面工作组委员。这些学术活动在国内外同行中产生了广泛的影响，为提高中国土壤学的国际地位发挥了重要作用。

于天仁勤于学习，勇于探索，善于独立思考。20世纪50年代末60年代初，他开始研制离子选择性电极并用于土壤科学研究中，当时这项工作在国际上尚处于萌芽阶段，在国内还未被人们认识和接受。但他预见到这项工作的广阔前景，克服重重困难，排除各种阻力，经过艰苦努力终于取得突破，为推动中国在该领域研究工作的发展做出了贡献。

他一生勤奋，惜时如金，节假日也很少休息，春节期间同事和晚辈向他拜年，往往只有在办公室才能找到他。他自己曾多次表示过，他并不比别人聪明，之所以能在科研工作中取得一些成绩，主要靠自己的勤奋工作。他的治学格言是："一个科学家的学术成就，勤奋往往是比天才更重要的因素。"这也是他一生治学经验的总结。

他治学态度严谨，每次帮学生修改论文都非常仔细，绝不放过一个错别字，甚至一个不当的标点符号。他的英文很好，但在修改英文论文时，仍经常为一个英文单词的用法查阅词典，反复推敲。他习惯在打印文稿上直接修改论文，以便让后生了解文章的修改过程。每次论文修改定稿后，他都要求将最后的定稿稿件再给他过目，以尽量减少错误的发生。

他热爱生活，对亲人情感深厚，对同事热情真诚，对学生既严格要求，又关怀备至。他的一生是追求真理、献身科学的一生，是无私奉献的一生。

于天仁，1995年当选为中国科学院院士，2004年5月22日在南京去世，享年84岁。

二、主要学术成就

离子、质子和电子是目前所能认识的土壤中最微小粒子，对这些带电粒子在土壤中反应的研究可以使对土壤的认识向更微观的方向发展。于天仁较早认识到，土壤表面电化学特征及其化学表现的研究，不仅可以把土壤中的化学现象、生物现象和许多物理现象从带电粒子之间的相互作用这个基本现象进行概括，而且可以阐明各种土壤的发生和演变过程以及各种养分和有毒物质的迁移、转化和积累的机理，为土壤的合理利用、管理和改良以及环境保护提供科学依据。他从20世纪50年代开始研究土壤的电化学性质，并在60年代初提出发展土壤电化学，创建了以土壤中带电粒子之间的相互作用及其化学表现为中心的土壤电化学研究体系，领导有关人员围绕这个体系进行了系统研究。

经过多年土壤化学研究中的探索和思考，于天仁发现中国有两类表面电化学特征特别明显的土壤，即水稻土和红壤。这两类土壤的化学特征是北欧、北美的温带地区土壤所不具备的。因此，几十年来，他着重研究这两类土壤的表面电化学特征及其化学表现，并根据研究工作的需要，建立和发展了土壤电分析化学，取得了丰硕的成果，使土壤电化学发展成为一个独立的学科分支，为发展土壤科学和提高我国土壤学的国际地位做出了巨大贡献。

（一）阐明了水稻土的物理化学特性

中国有大面积的水稻土。于天仁针对水稻土的性质都与“水”有关这个主要特点，进行了系统研究。在水稻土的化学性质中，以季节性的干湿交替所引起的氧化还原条件的变化最为重要。因此，于天仁等以土壤氧化还原过程的研究为中心，既研究氧化还原性质的强度因素，更注意研究其容量因素；也研究与此有关的一些其他土壤化学性质，如离子吸附、酸度、电导等。此外，他们的研究中也涉及了水稻土的电化学性质与土壤发生和植物生长的关系等问题。

土壤中的有机还原性物质的性质和数量是决定土壤氧化还原反应的主要因素。过去对这类物质知之甚少。于天仁等用自己建立的测定土壤中还原性物质的伏安法，研究各种还原性物质的数量和电化学特征以及有机还原性物质与氧化性物质的反应规律。①他将对氧化还原条件的鉴别从定性的阶段发展到定量的阶段，并阐明了氧化还原性质的容量因素与强度因素之间的关系。②用电化学方法区分土壤无机还原性物质铁、锰和硫化物的形态，揭示了土壤中主要无机体系中氧的消长平衡、各种形态的铁离子和锰离子以及硫化物之间的物理化学平衡规律，为进一步阐明土壤中氧化还原反应的影响因素和机理创造了条件，从而为土壤中氧化还原条件的调节和控制提供了科学依据。③他提出了土壤中还原性物质的还原强度的定量区分标准。根据大量的测定结果，确定在0.35V（对1mol/L Ag-AgCl电极）时可被氧化者为强还原性物质，在0.70V时可被氧化者为还原性物质总量。④土壤的氧化还原电位

(Eh)是一个既重要又不容易准确测定的参数，针对这一问题，于天仁等设计了测定土壤氧化还原电位的去极化曲线法，为精确测定土壤的氧化还原电位创造了条件。⑤他还建立了用电位法直接测定土壤和水中的硫化氢的方法，阐明了自然条件下H_2S与S^{2-}之间的化学平衡规律及其对生态环境的影响。

于天仁及其领导的研究小组对水稻土的物理化学特性的研究，使中国科学院南京土壤研究所一度成为世界上研究土壤氧化还原性质的三大中心之一。除发表了30多篇中、英文论文外，其研究成果已总结成《水稻土的物理化学》和*Physical Chemistry of Paddy Soils*。在土壤学中，过去尚没有这样的系统性专著。该书出版后，被10多个刊物介绍，在国内外产生了广泛的影响。*Bulletin of the International Society of Soil Science*注意到，“该书的许多研究结果是用作者们自己发展的独有的方法得到的。”德国的*Z. Pflanzenernähr. Bodenk.*特别提到，“该书引人注意的特点之一是有丰富的实际田间结果，用以解释和论证理论性叙述，这使本书读起来有趣。”英国的*The Journal of Soil Science*称：“本书使世界上其他各地的土壤学家对于不易涉及的研究工作能够有一有趣的洞察，使读后有一深刻的印象。”日本的《土壤学家》称：“作为土壤物理化学方面的好书，是划时代的。”美国的G. Sposito在其*The Chemistry of Soils*教科书中介绍本书“是极好的参考书”。有关成果获1987年国家自然科学奖三等奖、1987年中国科学院科技进步奖一等奖、1992年中国科学院自然科学奖二等奖。

（二）揭示了可变电荷土壤的电化学性质

于天仁很早就注意到红壤类土壤（可变电荷土壤）表面化学性质的特点，并预见到这类土壤研究的理论和实际意义。他认为，由于历史的原因，现代土壤学是建立在对温带地区的恒电荷土壤的认识的基础上。热带和亚热带地区的土壤既带可变负电荷，又带可变正电荷。它的表面电化学特征特别明显，其表面电化学反应较恒电荷土壤者复杂得多。建立在对恒电荷土壤的认识的基础上的土壤化学体系是不全面的，有些理论是有缺陷的。对可变电荷土壤的研究，可以丰富土壤学的内容，为综合两类土壤的特点而成的较全面的土壤化学体系的建立创造条件。

在中国，可变电荷土壤（红壤）占有广大的面积，对这类土壤的研究在农业生产和环境保护上有重要的意义。在世界上，可变电荷土壤主要分布在科学较不发达的第三世界国家，对这类土壤的认识尚少。可变电荷土壤的研究成果对这些地区也有用途。

于天仁自20世纪50年代就开始研究红壤的化学性质和酸度特点。60年代他决定发展土壤电化学，并以红壤和水稻土的电化学性质作为发展土壤电化学的突破点。1981 年参加国际土壤学会在新西兰召开的“带可变电荷的土壤国际会议”后，他积极倡导在国内开展可变电荷土壤的研究工作。自 80 年代中期开始，他及其领导的研究团队对可变电荷土壤的电化学性质开展了长期系统和深入的研究。他从土壤的表面电荷性质、胶体与离子间的反应平衡、胶体与离子间的动态反应、土壤与质子间的反应和土壤与电子间的反应等方面，深入地研究了可变电荷土壤的表面电化学特征，并与恒电荷土壤进行了直接的比较，取得了一系列有意义的研究结果。

他用自己建立的一些独具特色的电化学方法观察到一些新的土壤化学现象，开辟了一些新的学术研究领域。他发现可变电荷土壤中氯离子可发生专性吸附，而传统土壤化学理论认为氯离子是纯电性吸附离子。他的这一发现澄清了土壤化学中长期存在的土壤中是否有纯电性吸附的问题，具有重要的理论意义。于天仁等研究发现钠离子在可变电荷土壤表面可以发生负吸附，这是土壤学中过去从未观察到过的实验现象，是可变电荷土壤中特有的现象。这一研究发现丰富和补充了现有的土壤化学理论。他用自己建立的独特的原位测定方法研究了离子在土壤中的扩散现象，发现离子扩散受土壤表面电荷的强烈影响，离子在可变电荷土壤中的扩散行为不同于恒电荷土壤中的。于天仁等发现土壤悬液的电导受所加电场频率的强烈影响，每种阳离子或阴离子都有一特征性的电导-频率曲线，这种曲线可以作为土壤与离子间作用力的一个尺度。这使得对土壤与离子之间作用强度的描述由定性走向定量。

于天仁及其领导的研究团队对中国南方红壤的酸度特点和酸化问题进行了深入和细致的研究。研究发现氢离子与可变电荷土壤反应后，除一般想象的释放铝离子外，还可以转化为表面正电荷和释放交换性酸，三者的相对比例随环境条件而异。对中国南方大量酸性土壤中交换性铝的测定结果表明，当 pH 低于 5.5 时，土壤 pH 与交换性铝离子大致呈负相关。pH 高于 5.5 时，土壤中基本没有交换性铝。他建立了用离子选择性电极直接测定土壤石灰位的方法，研究发现田间条件下土壤石灰位比 pH 有更大的变异幅度，可以用作土壤酸度的分级指标。他发现可变电荷土壤的酸化机制与恒电荷土壤者显著不同。他指出基于温带地区的酸性土壤建立起来的酸化预测模型和土壤酸敏感性评价体系不适合中国南方酸性红壤的情况，他根据中国南方红壤的酸度特点提出了基于土壤酸缓冲容量的土壤对酸雨敏感性分级指标，并绘制了华南地区土壤对酸雨的敏感性分区图。这些研究成果不仅加深了对中国土壤酸度特点和酸化问题的认识，还为土壤酸化的预测和控制、酸性土壤的改良和利用提供了理论依据。

通过上述研究工作，他系统地阐明了可变电荷土壤的电化学性质，为综合恒电荷土壤和可变电荷土壤的特点而成的较全面的土壤化学体系的建立提供了重要条件。

有关研究成果已总结成《可变电荷土壤的电化学》(*Chemistry of Variable Charge Soils*)专著。该专著出版后，已被10多个期刊介绍，并给予了高度的评价。有关的评论认为，“本书代表了我们对可变电荷土壤的认识的重要一步”(*European Journal of Soil Science*)；“是关于可变电荷土壤的性质和反应的最新现状的甚为有用而且及时的著作”，“是对所有从事土壤化学的人都有价值的著作”(*Agrochimica*)；“本书对可变电荷土壤的各化学方面叙述得甚为全面”(*Z. Pflanzenernähr. Bodenk.*)。在具体内容方面，认为“本书包括了较过去的关于可变电荷土壤的诸书更广阔得多的方面”，“特别重要的贡献是关于动电性质、电导、离子扩散和重金属离子的专性吸附诸章”(*Z. Pflanzenernähr. Bodenk.*)，“图表的明晰和质量是本书的一个有吸引力的特点”、“书中某些名词，例如土壤的抗氧化还原能力，对我是新的”(*Soil Science*)。在用途方面，认为“本书对涉及土壤化学的每一个人都是一本有价值的著作，特别是热带和亚热带地区对生产和污染问题有兴趣的科学家”(*Agrochimica*)。美国土壤学会出版的*Future Prospects of Soil Chemistry*(1999)评论说：“虽然1981年在新西兰召开的国际会议对可变电荷土壤的研究有一定的促进，但是在土壤化学的传统家乡，对这些发展却很少注意。可喜的是，最近有些但不是所有土壤化学书在弥补这一局面。有希望的是，在这方面一本系统、全面的书(Yu，1997)的出版将改变这一局面。”本项研究成果的应用范围甚为广阔，其论著被广泛引用。除土壤学外，还涉及农学、地学、环境科学、生物学、化学、技术科学如水利、建筑、陶瓷等许多方面。

(三) 建立并发展了土壤电分析化学

于天仁认为在土壤学史上，一个新的研究方法的建立或应用往往有助于提高研究水平，甚至开辟一个新的研究领域。对于土壤化学研究，开拓新的研究方法更为必要，但是土壤的化学组成甚为复杂，许多在化学上已经成熟的方法当应用于土壤时，往往出现许多复杂的问题。因此，他根据土壤表面电化学研究的需要，建立并发展了土壤电分析化学。实践表明，新的土壤电化学方法对提高研究水平，了解一些过去不知道的土壤化学现象，开辟一些新的研究领域，起了极为重要的作用。

于天仁等根据土壤的特点，解决了电化学方法应用于土壤研究时的一系列理论和技术问题。研制成多种适用于土壤研究的电极和仪器，建立了一系列的土壤电化学方法。在理论上，①阐明了电极在土壤等非水分饱和体系中建立平衡电位的机理。因为土壤的主要特点之一是不同于溶液，一般未被水分饱和。于天仁等的研究结果为在不被水分饱和的非均一体系(土壤)中，加速建立土壤-电极界面间的电化学平衡提供了理论依据和解决途径。②阐明了土壤胶体对电极的表面性质的影响及其因素。由于土壤胶体表面带有电荷，它们会对参比电极和指示电极的电位产生影响。于天仁等的研究不仅阐明了其影响因素，而且指出了解决的途径。③修正和完善了胶体电荷对参比电极的影响的学说。不同于已有的理论，于天仁等通过研究提出胶体电荷对指示电极和参比电极的电位都可发生影响，从而产生两种悬液效应的观点。发现胶体电荷对参比电极的盐桥的影响距离，比现有理论预期者长得多。在技术上，①根据土壤的特点，从组成和结构方面设计了多种适用于土壤研究的离子选择性电极及其他电极。②提出了消除或减小土壤对电极电位的影响的途径。③确定了一系列适用于土壤条件的测定技术。④开发了某些土壤性质的田间原位测定技术。

他所取得的研究成果在国内外产生了广泛的影响。在国内，举办了 6 次专题研讨会和实验班。他的有关著作多次印刷，先后发行 18 000 多册。他及其研究团队研制的多种电极和仪器已分别转交工厂生产。通过科技咨询和合作研究，为许多单位解决了科研和生产中的关键问题。通过这些途径，产生了深刻的影响。

在国外，英国 *Ion-Selective Electrode Review* 杂志的主编 J. D. R. Thomas 和美国 *Advances in Agronomy* 杂志的主编 D. L. Sparks 分别邀请于天仁撰写了述评。Thomas 在其以后的一篇文章中说："1985 年，于教授在 *Ion-Selective Electrode Review* 上发表的 *Application of ion-selective electrodes in soil science* 一文，表明了中国学者在这方面的领先地位。"美国科学院院士 P. F. Low 在访问南京土壤研究所后写给其科学院的信中说："我从来没有见过哪个单位有这样活跃的电化学分析的研究。我对他们发展的巧妙的方法和取得的有趣的结果感到惊奇。"

相关研究成果已经总结成《土壤和水研究中的电化学方法》（*Electrochemical Methods in Soil and Water Research*）中、英文版专著。其英文版在国外出版后，受到土壤学和分析化学方面主要杂志的积极评价。德国的 *Z. Pflanzenernähr. Bodenk.* 说："本书是很值得推荐的，特别是它提出了电化学作为一个学术领域，而这个领域在我们的高技术分析中过去仅占一很小的位置。" *European Journal of Soil Science* 说："本书的出现是值得欢迎的，它是很及时的，它在许多方面是土壤和水分析文献中新增加的有价值的书。" *Bulletin of the International Society of Soil Science* 说："电分析化学在土壤和水分析中的应用帮助开辟了一些新的研究领域，并且还具有巨大的潜力。" *The Analyst* 说："本书是很值得推荐的，特别是对土壤和水分析的实际工作。" *Analytical Chimica Acta* 说："本书对不熟悉这些电化学技术的原理和应用的人员特别有用，而且对于土壤、水、环境、地学和生物学的研究人员是一本有价值的参考书。"有关研究成果被国内外文献广泛引用，并被几部教科书和专著引为参考材料。包括：《土壤分析手册》（中华土壤肥料学会）、*The Chemistry of Soils*（G. Sposito）、*Lehrbuch der Bodenkunde*（F. Scheffer und P. Schachtschbel）、《水田土壤学》（川口桂三郎）、《水田土壤学》（山根一郎）、《土壤中的离子计量法》（俄文，苏联科学院生物研究中心）和《土壤水相组成分析》（俄文，B. B. Snakin）等。

该项成果先后分别获国家自然科学奖三等奖 1 项、中国科学院自然科学奖一等奖 1 项、中国科学院科技进步奖二等奖 1 项、中国科学院科技成果奖二等奖 1 项、全国科学大会奖 1 项、中国科学院重大科技成果奖 2 项、江苏省重大科技成果奖 1 项。

于天仁在水稻土的物理化学性质、可变电荷土壤的电化学特征和土壤电分析化学的建立和发展等方面的研究成果为中国土壤科学的发展，为提高中国土壤学的国际地位做出了重要贡献。他不畏困难、勇于创新；他勤奋工作、惜时如金；他淡泊名利、严谨治学。这些崇高品德也为后人留下了一笔宝贵财富。

三、于天仁主要论著

凌云霄，于天仁. 1957. 土壤酸度与代换性氢铝的关系. 土壤学报，5：234-246.

于天仁，凌云霄，丁昌璞，等. 1957. 亚热带地区土壤中的氧化还原状况. 科学通报，(11)：338-339.

于天仁，谢建昌，杨国治. 1959. 水稻土中决定氧化还原电位的体系问题. 科学通报，(6)：207-208.

于天仁，等. 1965. 土壤的电化学性质及其研究法. 北京：科学出版社.

于天仁，等. 1983. 水稻土的物理化学. 北京：科学出版社.

Yu T R. 1983. Physicochemical equilibria of redox systems in paddy soils. Soil Sci，135：26-30.

于天仁. 1984. 关于开展“可变电荷土壤的电化学性质”研究的设想. 土壤通报，15：262-263.

Yu T R. 1985. Physical Chemistry of Paddy Soils. Beijing/Berlin：Science Press/Springer-Verlag.

Yu T R. 1985. Application of ion-selective electrodes in soil science. Ion-Selective Electrode Review，7：165-202.

于天仁. 1987. 土壤化学原理. 北京：科学出版社.

于天仁，王振权. 1988. 土壤分析化学. 北京：科学出版社.

于天仁. 1988. 中国土壤的酸度特点和酸化问题. 土壤通报，19：49-51.

于天仁，陈志诚. 1990. 土壤发生中的化学过程. 北京：科学出版社.

Li C B，Yu T R. 1990. Interactions of anions with the clay fraction of variable charge soils as inferred from conductivity dispersion. Soil Sci，150：831-835.

于天仁，季国亮. 1991. 土壤和水研究中的电化学方法. 北京：科学出版社.

Yu T R. 1991. Electrochemical techniques for characterizing soil chemical properties. Adv Agron，48：205-250.

Zhang F S，Zhang X N，Yu T R. 1991. Reactions of hydrogen ions with variable charge soils：I. Mechanism of reaction. Soil Sci，151：436-443.

Yu T R，Ji G L. 1993. Electrochemical Methods in Soil and Water Research. Oxford：Pergamon Press.

于天仁，季国亮，丁昌璞，等. 1996. 可变电荷土壤的电化学. 北京：科学出版社.

Yu T R. 1997. Chemistry of Variable Charge Soils. New York：Oxford University Press.

主要参考文献

张效年，季国亮. 1993. 于天仁//中国科学技术协会. 中国科学技术专家传略·农学篇·土壤卷1. 北京：中国科学技术出版社：433-444.

中国科学院南京土壤研究所. 2003. 中国科学院南京土壤研究所发展历程：203-205.

中国科学院南京土壤研究所. 2007. 情系华夏大地，献身土壤科学——于天仁院士纪念画册.

撰写者

季国亮（1939～），中国科学院南京土壤研究所研究员，于天仁先生的学生。

徐仁扣（1965～），中国科学院南京土壤研究所研究员，于天仁先生的学生。

陶鼎来

陶鼎来（1920～），湖北武汉人。农业工程学家，社会活动家，中国农业工程学科的奠基人之一。1947 年获美国明尼苏达大学农业工程硕士学位，1948 年回国。先后任中国农业科学院北京农业机械化研究所研究室主任、副所长，中国农业机械化科学研究院副院长，中国农业科学院副院长兼北京农业机械化研究所所长，中国农业工程研究设计院院长；担任学术团体中国农业机械学会、中国水利学会和中国农业工程学会的副理事长，以及多次国际学术会议主席。他毕生致力于中国农业工程类综合科学和事业的发展，倡导和参与组建农业机械化、农业工程的科学研究机构；倡导和促进建立国家科委农业工程学科组；倡导并主持运筹学、区域规划、系统工程等在农业上应用的科学研究，开拓和发展了农业工程科学研究的领域和范围；提出了“进行农业建设的方法”，主张农业区域综合治理开发建设，积极争取并主持了中国第一个利用世界银行优惠贷款的大型农业区域开发建设项目——华北平原农业项目，这是一次成功的大规模实践，取得了卓越的经济、社会和生态效益，为中国农业利用外资和项目建设、管理积累了经验。陶鼎来深入农业生产实践，为中国农业现代化建设做出了重要贡献。

一、生平概要

陶鼎来，1920 年 10 月 20 日出生于湖北省武汉市新洲区陶胜六乡一个书香门第，祖父是清末拔贡，父亲陶述曾毕业于北洋大学，是水利工程专家。他自幼受到父辈工程师们的影响和熏陶，对工程技术产生了浓厚的兴趣。1938 年毕业于桂林高级中学，以广西全区高中学生会考第一名的成绩，被保送入西南联合大学，选定工学院机械工程系，1942 年毕业。1945 年 5 月赴美国明尼苏达大学农业工程系攻读研究生，1947 年获农业工程硕士学位后，又在农场、工厂实习一年，1948 年学成回国。

1950～1956 年，陶鼎来创建国营东辛机械化农场，任技术场长。1956 年加入中国共产党。1956～1962 年，参与组建中国农业科学院北京农业机械化研究所，先后任农业机械运用修理研究室主任、副所长。1962～1978年，参与组建中国农业机械化科学研究院，任副院长并担任中国农业机械学会副理事长。1964～1998年，任中国人民政治协商会议第四届至第八届全国委员会委员。1978～1979年，主持恢复重建中国农业科学院北京农业机械化研究所，任中国农业科学院副院长兼北京农业机械化研究所所长。1979～1986年，创建中国农业工程研究设计院（1992年更名为农业部规划设计研究院），任院长，同时任国家科学技术委员会农业工程学科组副组长，中国农业工程学会副理事长，中国水利学会副理事长。1982～1987年，任农业部华北平原农业项目办公室主任。1986年退居二线，任中国农业工程学会常务副理事长和一级学术刊物《农业工程学报》主编，1998年退休，为中国农业工程学会名誉理事长。

陶鼎来访问过十多个国家，进行农业和农业工程的考察和学术交流。他曾获美国农业部土壤保持局的奖状，并先后应邀在美国夏威夷大学、明尼苏达大学、荷兰德尔福特工业大学作了有关土地整治的学术报告。1988年，联合国农业发展基金会在罗马召开的理事会期间，放映推广了他主持的“河北省农业发展项目”经验拍摄的影视片《土壤中的盐》，他应邀出席，并即席对现场提出的问题进行解答。他多次担任国际学术会议主席，是国内外知名的农业工程学家和社会活动家。

二、立志于农业机械化

陶鼎来在美留学期间，自己所学和实际看到的情况，使其深感美国农业生产力的发达。一个农民一年生产的农产品是中国农民的数百倍。而当时中国的绝大多数人不知道美国有着强大的农业机械和发达的农业机械化，以及大批的农业工程师们做出的巨大的贡献。作为留美的农业工程学者，他认为应当把这种情况告知国人，并以建设中国的现代化农业为己任，当时经常与同学们讨论这些问题。在这期间，他们偶遇正在访问哈佛大学的中国社会活动家陈衡哲教授，当陈教授得知他们留美感受和准备回国后愿意到农村苦干一番的志向后，给予了高度的赞扬和鼓励。后来由李克佐、高良润、陈绳祖、张德骏、水新元、王万钧、陶鼎来、徐佩琮八人署名撰写了《为中国的农业试探一条出路》一文，表达了要在国内试办机械化生产农场，探索中国农业出路的意愿和志向，发表于1948年9月13日出版的《观察》杂志上，引起强烈社会反响和支持。留美回国前，他们还仿照美国农业工程师学会的办法，由留学的27人组织成立了中国农业工程师学会。

1950年年初，华东农村水利部决定在江苏、山东、安徽建立大型国营机械化农场，陶鼎来觉得正好符合自己原想试办机械化农场的愿望，自愿到江苏，在灌云县一个地方小农场的基础上，创建了国营东辛机械化农场，担任技术场长。他率领当时在培训的棉垦训练班部分学员，利用仅有的一小批农业机械，抢在雨季前开垦出大片耕地。他利用自己所学知识，根据机械化农业和改良盐碱地的要求，对农场进行规划设计和整治，修建了规范化的田块、道路和排灌沟渠，采用机械化方法作业，是新中国在华东建设的第一批机械化农场。进入21世纪，国营东辛农场已成为拥有8个种植业分场、30个禽畜养殖场、20个农产品加工厂的大型现代化国营农场，几十年的愿望成为了现实，令他特别欣慰。

1956年，他参与了中国农业科学院北京农业机械化研究所的组建工作，先后担任研究室主任和副所长。为此他参加赴苏联农业技术考察团，考察了苏联的国营农场、拖拉机站、集体农庄和农业机械化科学研究机构。1962年，依照周恩来总理的指示，同在一个院内的农业部中国农业科学院北京农业机械化研究所与机械工业部农业机械研究所合并，组建为中国农业机械化科学研究院，他参与了合并组建，任副院长。当时周总理号召从事农业机械化工作的工程技术人员“要立志于此”，陶鼎来响应周总理的号召，立志毕生为中国农业机械化事业服务。

陶鼎来在从事中国农业机械化科学研究中，一个重要的学术思想，就是不要为了机械化而机械化，中国的农业机械化要结合中国的实际，因地制宜，并主张要在研究总结并继承中国传统农具经验的基础上发展自己的农业机械，解决中国农业的实际问题。为此，他在1956年参加制定国家十二年科学发展规划时，根据中国农业的实际情况，提出了应将农业机械的使用、维修、组织管理等方面的内容纳入规划内。1957年随王震将军率领的赴日农业技术考察团，重点考察了农业机械的制造和使用，当时中国农业机械化的主要倾向是学习苏联经验，从苏联引进成套大中型农业机械，他认为日本的小型农业机械更适应中国许多地区农业精耕细作的要求，向领导提出应予重视的建议，被农业部采纳，并吸收他参与引进日本小型农业机械的决策活动，对中国小型农业机械的发展，乃至大、中、小结合，协调发展的策略起了积极作用。他长期深入华北、东北、西北和南方等不同地区，进行实际调查研究，积累了经验和掌握大量的第一手资料。

1960年由农业出版社出版了他编著的《我国农具和农业机械的历史发展和现状》一书，该书系统地论述了中国传统农具的经验和发展历史及现状。1964年在《红旗》杂志上发表《试论我国农业机械化发展的途径和步骤》。文章集中体现了他关于中国农业机械化系统的学术思想和观点。他论述了农业机械化在中国农业发展中的地位和作用、中国的自然条件和生产条件及经济条件；论述了中国的工业基础和对农业的支持能力，并着重提出：中国农业机械化，必须继承精耕细作的传统经验，有利于提高产量；必须因地制宜，注意技术上和经济上的可行性；必须与整体生产水平相适应，只能逐步提高；中国农业机械的发展，必须大、中、小型相结合，要继承中国农具遗产，同时引进国外机具进行试验，走“选、改、创”的道路；还必须根据社会主义的经济规律，统一规划、合理布局。在此基础上，提出了中国农业机械化的步骤：从所有制上看，国营农场先于人民公社；从地区上看，大城市郊区、人多地少商品粮地区和重要的经济作物区先于一般地区；在一般地区和人民公社，只能首先着手解决一些关键作业的机械化。这些学术思想和观点对端正当时对中国农业机械化问题的认识，起到积极作用，还被译成日文在《アジア农业》上发表。

三、致力于农业工程学科的发展

新中国成立后由于学习苏联经验，在20世纪80年代之前，着重发展了农业机械化和农田水利化，对中国农业发展也起到重要作用。农业机械化和农田水利化是农业工程的重要组成部分，但学科方向单一，在施行中往往与农业生产脱节，带来一些问题，在农业发展的整体上忽视了作为为农业服务更为广义的农业工程。在农业高等院校教学的学科设置和农业科学研究以及农业生产上，都缺少农业工程这一综合概念。在长期实践中，陶鼎来和其他农业工程学者，认为发展农业机械化和农田水利化固然重要，却并不是农业工程的全部，中国农业和农村发展所需要的工程技术，并不单是机械化和水利化所能囊括的。长期以来缺乏农业工程学科设置，没有人从事这方面的科学研究和教学，无法建立各种农业工程事业和培养农业工程人才，将对农业现代化产生长期不利影响。中国共产党十一届三中全会提出了实现四个现代化的任务，上述问题就更加突出地摆在国人面前。

1978年全国科学大会前，部分参加筹备会议的学者，向国家领导人做了反映，并提出了积极建议。当时主持科技工作的国务院副总理方毅采纳了建议，在全国科学大会的报告中提出了“要加强农业工程学的研究和应用”，并指出农业工程学是国家应当重点发展的25门学科之一。时任中国农业科学院副院长兼北京农业机械化研究所所长的陶鼎来参加了大会，受到很大鼓舞。会后他积极呼吁和倡导，多次组织邀请相关专家对世界农业工程发展情况和趋势进行研讨，并结合中国的具体情况，主持起草了农业工程学科发展规划，向相关部门提出设立农业工程学科组、成立农业工程科学研究机构以及成立农业工程学术团体的建议，决定在自己领导的农业机械化研究所内设立了农业工程研究室，率先开展了农村能源和农业环境工程方面的科学研究。

在陶鼎来等一批农业工程学者的不懈努力下，1979 年年初，国家科委成立了农业工程学科组，陶鼎来任副组长；1979 年 6 月经国务院批准，农业部在北京成立了中国农业工程研究设计院，陶鼎来任院长；1979 年 11 月，陶鼎来参与发起组织成立了中国农业工程学会，他被选为副理事长。1985 年，国家为了加强农业工程高等教育和农业工程学科发展，将原来以农业机械化命名的院、系，扩展建设为以农业工程命名的院、系，并相继设立了数量众多的硕士点和博士点。与此同时，农业工程的科学研究也得到了加强和发展，学科领域不断拓展，农业机械化和农田水利化也不再独立于农业工程之外，农业工程学科的建设与发展，更趋于理性与科学。1989 年中国农业工程学会成为国际农业工程师学会的团体会员，与世界各国的农业工程师学会建立了联系，广泛开展国内外学术交流，对中国农业工程学科的发展，也起到了积极的促进作用。

陶鼎来创建中国农业工程研究设计院时，是当时中国唯一以“农业工程”命名的科技机构，具有重要的现实意义和深远的历史意义。为了避免与已有的业务部门和机构在工作任务上的重复，他明确提出了工作的重点是根据国家农业现代化进展的需要，补充当时缺门的工程技术。经过调查研究，并学习国外的经验，针对农业生产、农民生活以及农村经济发展的迫切需求，具体开展了农业规划、土地利用工程、农业环境工程、农村能源工程、农业建筑工程、农产品加工工程等方面的科学研究和工程设计，同时积极探索遥感技术、电子计算机技术和系统工程方法在农业上应用的科学研究，绝大多数在国内属开拓性工作，大大拓展了农业工程的科学研究。此后十年，在他“要结合实际，因地制宜，要解决中国农业的实际问题”总体学术思想的指导下，在国家相关部门的支持下，中国农业工程的科学研究和工程规划设计，从无到有，有了很大的进步与发展。中国农业工程研究设计院共承担了 250 多项研究课题，取得了 90 项研究成果，其中有 70 多项成果获得 80 多次奖励（包括国家科技进步奖）；还在全国各地规划设计了 100 多个大型禽畜饲养场等农业工程建设项目，其中包括万头以上的养猪场、200 万只以上的蛋鸡场、500 万只以上的肉鸡场、800 头以上的奶牛场等典型工程，对中国农业现代化建设起了很好的示范带头作用。

由于农业工程学是工程学与农业生物学结合的边缘学科，因此他主张并倡导广泛开展学术交流，并组织实施多学科、多部门的合作研究，还组织与农业院校和农业科研院所的合作研究，也组织了与中国科学院、清华大学、人民大学等其他部门的合作研究。他还经常深入全国各地进行实际调查研究，以更多地掌握第一手资料和不同地区农业发展的实际问题；还经常到全国各地进行学术交流，并积极鼓励、支持各地根据实际情况开展农业工程方面的科学研究。

在陶鼎来的学术著作和报告中，特别是2002年由中国农业出版社出版的《中国农业工程》一书中，全面系统地反映了他的学术思想和对中国农业现代化建设的观点。他提出农业工程有着强烈的自然属性和鲜明的社会属性；农业工程明显的区域性和阶段性；农业工程突出的综合性和系统性；农业工程切实的实用性和先进性。农业工程是一门应用技术科学，最重要最根本的是要服务于农业，解决中国农业的实际问题。因此，农业工程的学科领域和研究范围是非常广泛的。

陶鼎来所接受的工程学科基础训练和在中国农业建设的切身体验，使他深感中国的农业问题是个非常复杂的问题，只有将现代工程技术与农业结合，发展高度综合性的研究，才能得到较好的解决。根据农业工程的自然属性和社会属性，以及农业工程区域性、综合性等特点，他较早地提出了要进行农业区划的研究。1963年，他又一次参加编制国家长期科学发展规划，负责农业机械化部分，把农业机械化区划研究列入全国重点研究课题的第一项，后来他主持了这一课题研究，其研究成果成为中国农业区划的重要组成部分。1980～1984年，他又倡导开展了“农村能源区划方法的研究”，并与有关部门配合，指导各地编制单项农村能源区划，对农村能源建设起了重要的指导作用。

陶鼎来认为，农业区域的综合开发，实质上是一个资源的合理配置与开发利用的问题，只有应用系统工程的观念、意识和方法，才能得到科学合理的解决。早在1963年，为了寻求解决农业机械化中农业机械的选型配套问题，他倡导、组织、主持了与中国科学院数学研究所合作开展运筹学应用于农业机械配套方法的研究，为后来系统工程在中国农业上的应用研究，进行了开创性工作。1978年后，随着中国对外开放的实施，系统科学引入中国，他积极倡导开展学术交流和系统工程在农业上的应用研究。1980年前后，他利用中国农业工程学会学术团集的有利因素，多次组织全国性系统工程在农业上应用的培训班和学术交流会，是中国最早倡导系统工程在农业上应用的学者之一。他积极呼吁和争取，并于1981～1984年主持了由美国政府资助，中国农业工程研究设计院与美国夏威夷大学合作的农业部重点科研项目“系统工程方法应用于农业区域建设规划的研究”，课题研究以山东省禹城县为试点。研究指出：对产业结构的调整，应着眼于当地资源的合理利用；旱涝盐渍的综合治理，要进行大量的工程建设；农牧结合是禹城县农业发展中的突出问题，对发展肉牛生产的影响作了进一步分析，使畜牧业的比重由不足10%，提高到19.7%；能源是农业发展的一个主要制约因素；系统工程方法应用于农业结构布局是一个先进的手段。该研究成果1986年获农业部科技进步奖。

四、提出“进行农业建设的方法”

对农业进行区域综合治理开发建设，是陶鼎来一贯的重要学术思想和观点。早在美国留学期间他就考察了美国田纳西河流域的综合治理和开发建设工程，对所取得的良好效果赞叹不已。1980年前后，他利用中国农业工程学会，多次组织农业区域治理和开发建设的学术研讨会，并倡导和呼吁把农业区域治理开发建设作为系统工程问题给予整体考虑。1985年5月20日，向国家有关领导部门提出了《关于美国田纳西河流域的综合治理和开发》的报告，建议中国参考美国的经验。当时的国家领导人作了重要指示，建议在长江三峡、淮河的治理开发中参考。1980年，中国恢复了在世界银行的席位，他不顾一些部门的疑虑和反对，积极倡导和参与争取世界银行优惠农业贷款。他领导组织并参与深入调查研究，总结经验，与世界银行的专家合作，制定综合治理规划，从而建立了中国第一个利用世界银行优惠贷款的大型农业区域开发建设项目——华北平原农业项目。由他主持的这个项目，包括山东、河南、安徽三省的九个县范围，以20万公顷盐碱地治理开发为重点内容，包括农田规划，开挖排水系统，打井修渠灌溉，架设高、低压电网，平整土地，购置工程设备和农业机械，植树造林，增施磷肥，改良土壤等多方面相互配套的工程；同时他还兼管联合国农业发展基金会支持的“河北省农业发展项目”，包括两个县，4万公顷土地的综合治理开发。1982～1987年，经过五年的实施，两个项目综合治理开发建设任务均已完成，取得了卓越的经济、社会和生态效益，得到国内外的一致好评。项目的实施和完成，是他在农业工程和农业区域综合治理开发建设上的一次大规模实践，也是他主要学术思想的充分体现，为中国农业利用外资和农业项目建设、管理积累了经验。

陶鼎来在长期科学研究和切身实践中体会到，虽然在一个时期内国家非常重视农业机械化和农田水利化，但由于专业分工过细，再加上行政管理的条块分割，造成为农业服务的思想不明确，相互间很难协调发展，效果不佳。如农机与农业分属两个部门，互不协调；工业部门只重视主机，不重视配套的作业机械和维修配件，甚至当时全国平均每台拖拉机只有1.3台作业机具，效率低下；许多农机具只有样机，不能充分试验，性能不可靠；农民不能掌握农业机械；等等，当然难于实施机械化生产。农田水利化也同样存在与农业脱节的问题，大量工程不配套、重大轻小、重骨干工程轻田间配套工程，以致投资很大，受益不佳。最典型的如渭史杭灌区工程，5座大型水库早已完工，而30年后才修建田间配套工程使其发挥效益。造成这种状况的原因，是国家从上到下缺乏系统的观念，各部门主观行事，为农业服务的目的、任务不明确，缺乏科学的组织和行动。

陶鼎来以为，从技术的角度，只有普及系统工程的思想观念和系统工程的方法，进行农业工程建设，才能实现中国农业的现代化。任何一项农业建设都不是一个孤立的事件，针对某个区域的农业建设，它就是一个大的系统，在它之下必然有若干个子系统，比如农业机械化、农田水利化、产业结构配置、土地整治利用、农产品加工、能源、交通、商业等。农业机械化、农田水利化等与农业的关系，是子系统与大系统的关系，而他们之间则是子系统与子系统的关系，必须协调处理好各子系统与大系统、各子系统之间的关系，否则就得不到好的效果。

20世纪80年代中后期，陶鼎来对中国农业现代化建设，逐步形成系统的思想和观点。他认为农业建设以区域为对象的想法可以明确了；区域建设所需要的农业工程技术，如农业机械化、农田水利化、土地利用工程、农村能源工程、农业环境工程、农产品加工工程以及农业系统工程等工程类别基本具备，可以纳入规划了；运用系统工程方法进行规划，可以正确处理各项工程技术与农业发展的关系以及各项工程技术之间的关系，可以克服长期存在的目的不明确、效益不高等问题。他在提出制定农业工程规划方法的基础上，结合主持农业项目建设的经验，在2002年出版的《中国农业工程》一书中，明确提出“进行农业建设的方法”。陶鼎来认为，农业建设实际上就是农业工程的建设。他提出“进行农业建设的方法”的主要内容和步骤是：①农业建设以区域为对象。区域按国家行政管理界线（省、地、县）或河流流域划分。②区域经济发展委员会制定区域经济发展战略和根据持续发展的要求制定农业发展的近期目标和长远目标。③根据农业发展目标，由区域农业行政管理部门应用系统工程观念和方法，制定区域农业工程规划。④选择农业工程项目。⑤按照总效益最佳原则，安排项目，等待条件上马。⑥成立区域农业工程项目办公室，统一项目管理。⑦开始对有条件上马的项目进行可行性研究（重大项目可包括初步可行性研究及可行性研究）。⑧项目评估。⑨项目实施及管理。⑩项目工程竣工、验收、评价，提出后续项目建设。其中，步骤①～⑤为制定农业工程规划阶段，步骤⑥～⑩为农业工程项目建设阶段。农业工程项目建设是农业工程规划的落实，也就是区域经济发展战略的落实。农业工程建设可以反过来充实、修正农业工程规划，农业工程规划的充实和修正也可以反过来验证区域经济发展战略的制定是否正确和完善，这样便可以促进区域经济的健康、高效发展。

进入21世纪，中国实施改革开放和社会、经济的发展，到了一个关键时期，为了能使其快速、稳步、健康发展，中国共产党中央委员会提出了实施“科学发展观”的战略部署，陶鼎来“进行农业建设的方法”正是对实施“科学发展观”的具体体现，必将对中国农业现代化建设起到积极促进作用。

五、陶鼎来主要论著

陶鼎来. 1960. 我国农具和农业机械的历史发展和现状. 北京：农业出版社.

陶鼎来. 1964. 试论我国农业机械化发展的途径和步骤. 红旗，(7/8)：50-70.

陶鼎来，华国柱，屠颐规. 1964. 人民公社农田作业机器配备方法的研究. 北京：农业机械学报，7（3）：161-177.

陶鼎来. 1965-2-21. 农业机械化的科学问题. 文汇报.

陶鼎来. 1980. 农业现代化的机械化问题. 农业机械学报，11（1）：116-123.

陶鼎来，徐锡纯. 1985. 农业工程区划的理论与实践. 农业工程学报，(1)：19-28.

陶鼎来. 1986-10-9. 运用系统工程方法开发利用农业资源. 农民日报.

陶鼎来. 1987-3-2. 我国农业的技术改造问题. 农民日报.

陶鼎来. 1987. 农业的项目建设与区域建设——兼论我国农业机械化的方针. 农业机械化学报，(1)：5-10.

陶鼎来. 1988. 按照工程项目建设草原//《北方草原畜牧工程学术讨论会论文集》编委会. 北方草原畜牧工程学术讨论会论文集. 北京：中国科学技术出版社：1-5.

陶鼎来. 1989. 加强农业建设，开发农业资源. 求是，(9)：35-36.

陶鼎来. 1994. 推进农业机械化和工程化，建设高产优质高效农业//陈俊生. 建设高产优质高效农业. 北京：中国农业出版社：448-496.

陶鼎来. 1997. 论农业的工程建设. 北京：中国农业出版社.

陶鼎来. 2002. 中国农业工程. 北京：中国农业出版社.

主要参考文献

陶鼎来. 1960. 我国农具和农业机械的历史发展和现状. 北京：农业出版社.

陶鼎来. 1964. 试论我国农业机械化发展的途径和步骤. 红旗，(7/8)：50-70.

冯广和. 1996. 陶鼎来//中国科学技术协会. 中国科学技术专家传略·农学编·综合卷1. 北京：中国农业科技出版社：500-508.

陶鼎来. 1997. 论农业的工程建设. 北京：中国农业出版社.

陶鼎来. 2002. 中国农业工程. 北京：中国农业出版社.

撰写者

冯广和（1938～），中国农业工程研究设计院研究员。

余松烈

余松烈（1921～），浙江宁波人。作物栽培学家和教育家，中国小麦栽培科学奠基人之一。1997 年当选为中国工程院院士。1942 年毕业于福建协和大学农学院，获农学学士学位。1949 年到山东农学院工作，现为山东农业大学教授、博士研究生导师。长期从事冬小麦精播高产栽培理论和实践的研究与示范推广。首创“冬小麦精播高产栽培理论和技术”，改变了小麦“大肥大水大播量”传统栽培方法，为中国黄淮海和北方冬麦区小麦高产开创出一条新途径，获得重大经济效益和社会效益。主编《作物栽培学（北方本）》、《山东小麦》、《冬小麦的栽培》、《现代小麦栽培科学及其发展展望》、《中国小麦栽培理论与实践》等著作，发表论文百余篇。

一、生平概要

余松烈，1921 年 3 月 13 日出生于浙江省宁波市慈溪。在庄桥镇私立集成小学毕业，在宁波中学读完初中。1935 年随父亲到南京，在南京市第一中学读高中。1937 年夏，由于抗日战争爆发，到吴兴县住在叔父的商店里，借读于东吴大学吴兴附中高三。1938 年 5 月，余松烈与叔父等人由吴兴县辗转避难到上海，托庇于上海租界，到上海后就如饥似渴地找补习学校补课。1938 年 9 月，考入迁至上海的南通学院农科，在大学一年级上课，晚上继续在补习学校新开办的致用大学农学院上课。1940 年春离开上海，考入福建私立协和大学农学院。1946 年春返回上海，与朋友共同创办了新农企业公司和新农出版社。1949 年新中国成立前，到山东农学院工作。

1950 年秋，余松烈为山东农学院创建小麦育种和栽培试验田，从事小麦周期播种试验和分枝小麦的栽培技术研究，以及用种间杂交改良分枝小麦的育种等工作，主要育成两个小麦品种山农 1 号和山农 3 号，研究出小麦深耘断根增产等技术。1966 年在“文化大革命”中遭受冲击，余松烈被下放农村劳动改造。1972 年，余松烈为第一届工农兵学员讲授小麦栽培、生物统计和田间试验技术等课程。1973 年，带领第一届部分工农兵学员到掖县（今莱州）西由公社进行生产实习。1974 年春，带领第二届部分工农兵学员到滕县（今滕州）的龙阳公社进行生产实习，之后在滕县农村进行锻炼，一直到1978年。在滕县带领农村科技人员三年进行了20多项试验，形成科研成果15项，其中“小麦丰产理论及栽培技术的研究”，获1978年全国科学大会奖。1978年返校，担任山东农学院农学系主任、栽培生理研究所所长，继续进行在滕县开始的“小麦精播高产栽培技术理论和实践”课题，研究精播高产栽培生物学基础、生理基础、生态基础和栽培技术，并开展了“黄淮海中低产地区夏秋粮均衡增产综合栽培技术研究”，两项课题分别于1992年和1987年获得国家科技进步奖二等奖。

1979年12月，余松烈任山东省小麦技术顾问团团长；1980年加入中国共产党；1988年被评为山东省专业拔尖人才；曾任中国作物学会理事、栽培研究委员会委员、小麦学组组长，山东省第六、七、八届人大代表、人大常委，第七、八届全国人大代表。1992年获山东省委、省政府重奖，获山东省科教兴农先进工作者称号；享受国务院特殊津贴。1995～2000年，山东省科委、农业厅组成课题专家组，余松烈作为首席专家主持“山东省农业良种产业化开发小麦课题”研究。1996年获滕州农民颁发的金质勋章；1997年当选中国工程院院士；1999年获得何梁何利基金科学与技术进步奖农学奖。

二、学术生涯

余松烈出生在一个商人家庭，父亲、叔父分别以经商为生。青少年时期，余松烈生活在一个战乱动荡和漂泊不定的年代，民族苦难和农民艰辛，使他形成了独立思考、追求知识、崇尚科学、关注三农、科技报国的强烈愿望。

1937年冬，日本侵略军在金山卫登陆，吴兴县局势吃紧，余松烈同叔父等人一起到吴兴县乡下山区避难，这才与农村、农业、农民开始有所接触。1938年9月，考入迁至上海的南通学院农科时，他还是一个不满17岁的小青年，在补习学校新开办的致用大学农学院上课，认识了两位同学，一位是郑广华，一位是邵霖生，他们都比余松烈大8岁，当时都是已有坚定志向的人，他们对余松烈的成长影响颇深。

“上海不是学农的好地方，我们应当到有农业、农村、农民的内地去学农！”这是郑广华、邵霖生两个人的主张。1940年春，余松烈跟郑广华、邵霖生一起离开上海，冒险通过沦陷区，考入福建私立协和大学农学院。在协和大学农学院，余松烈学习成绩好，1941年代表协和大学农学院参加全国大学生学业竞试，获农艺系全国第一名，这增强了他学农的信心和决心。在协和大学毕业后，三人在福建永安不同的农业岗位上工作，但他们经常找机会在一起，谈论形势、志愿、前途和如何对待农业工作等。抗日战争胜利后，1946年春，他们三人先后返回上海，根据三人的共同意愿，在父、兄等人的协助下，共同筹措创办了专门从事农业的新农企业公司和新农出版社。1949年新中国成立前，余松烈与郑广华通过邵霖生等介绍到老解放区的山东农学院工作，郑广华在植物生理教研室，余松烈在农学系。后来，郑广华成为山东农学院副教授、栽培生理专家。郑广华善于思考，长于分析问题，余松烈经常与其讨论栽培业务，得益颇多。后来，邵霖生担任中国农业出版社编审，他生活阅历颇深，知识比较广博，常常在讨论中提出切合实际的新问题，启发大家，为大家所接受。余松烈说："我同他们几乎是同呼吸共命运，几十年如一日，对我影响很大。我坚持学农，深入农村，为农业、农村、农民服务，与他们的影响和鼓励是分不开的。"

在协和大学农学院学习期间，余松烈开始接触生物统计与田间试验技术课程，并对此颇感兴趣。大学毕业后最初六年，先后担任协和大学农学院助教和研究工作，在导师赵仁镕和汤文通的指导下，颇有收获，为后来开展教学和农业科研工作打下基础。1947年，余松烈与赵仁镕合作编写了一本《生物统计之理论与实际》，之后又合作编写了《田间试验方法》及《田间试验产量结果的直观分析法》。

1950年秋，余松烈为山东农学院创建小麦育种和栽培试验田，从事"小麦周期播种试验"和"分枝小麦的栽培技术研究"，以及用种间杂交以改良分枝小麦的育种等工作。一直到"文化大革命"开始，主要育成两个小麦品种山农1号和山农3号，研究出小麦深耘断根增产等技术。通过16年的田间试验实践和多次农村蹲点，以及向全国劳动模范裴继臣学习，跟班劳动，总结小麦丰产经验等，余松烈对山东小麦有所了解，对山东农业、农村、农民有所认识。

1966年，当余松烈在山东省小麦丰产区肥城县（今肥城市）汶阳公社蹲点时，"文化大革命"开始了。他被召回学校，校园里贴满了批判他的大字报，他的教学权利、研究权利被剥夺了。在这种情况下，他在农村劳动改造的同时，仍能自得其乐地积累小麦生产经验，充实小麦知识，思考小麦生产和试验问题，悄悄地写论文。

1972年，第一届工农兵学员入学了，应学生要求，学校恢复了余松烈的教学工作，由他讲授小麦栽培学、生物统计和田间试验技术。1973年，余松烈带领第一届部分工农兵学员去掖县西由公社进行生产实习。1974年春，他又带领第二届部分工农兵学员到滕县的龙阳公社进行生产实习，6月底生产实习结束，同学们回到学校，而余松烈却要求学校同意他继续留在滕县农村锻炼，一直到1978年。

滕县是山东省小麦生产大县，小麦面积有100多万亩，不仅在全省而且在全国都很有名气，广大农民在长期生产实践中积累了丰富经验。为了向生产实践学习，向农民学习，总结群众的生产经验，余松烈走遍滕县的丘陵、涝洼和平原，学习了高产单位的经验，也发现了生产当中存在的问题，掌握了全县第一手资料，对滕县自然条件和小麦生产有了比较全面的认识。这为余松烈把理论和实践更好地结合起来，探讨和研究小麦丰产栽培技术，解决小麦生产中的实际问题打下了坚实基础。1975 年夏收后，余松烈向滕县农业局提出办 22 个生产大队科技队长参加的小麦培训班，并主动承担了教学任务。由于教学结合生产，理论紧密联系实际，学习生动活泼，因此效果良好。一年制小麦班共办了三期，在小麦班上，他根据小麦生产上存在的问题、新发现的苗头和大家的疑问，在 22 个生产大队全面布置了田间试验，由同学回队进行试验共同解决，并进行总结。这是有指导、有目的、有一定水平的群众性农业科学试验。三年间培训班共进行了 20 多项试验，形成的科研成果有 15 个项目之多，其中若干项目综合成“小麦丰产理论及栽培技术的研究”，获 1978 年全国科学大会奖。

1978 年，余松烈返校工作，担任山东农业大学农学系主任、栽培生理研究所所长。他另辟了新的小麦育种和栽培试验田，重新组织课题组搞科研，并将主要精力用在栽培研究上，继续进行在滕县开始的有关“小麦精播高产栽培技术理论和实践”课题，研究精播高产栽培的生物学基础、生理基础、生态基础和先进栽培技术，并进行山东省“黄淮海中低产地区夏秋粮均衡增产综合栽培技术的研究”等。

余松烈说：“只有当人民掌握了科学知识，才能最终把科学知识转变为强大的物质力量和精神力量。”这是余松烈长期从事农业科研与示范推广的深刻体会，也是指导他一生科研工作的信念和动力。

1979～2003 年，余松烈担任山东省小麦技术顾问团团长，共五届历时 24 年。这是他一生中兼职时间最长、压力最大和最有意义的一段时光。20 世纪 70 年代后期，山东省小麦总面积 5500 多万亩，总产 80 亿千克左右，单产 145 千克左右。至 20 世纪 90 年代，山东省小麦总面积已发展到 6000 万亩左右，总产 200 亿千克以上，单产 350 千克左右。20 多年来，余松烈领导的山东省小麦技术顾问团充分利用小麦新品种、新技术、新成果，在推动小麦生产发展中发挥了重要作用。

在工作中，余松烈向群众学习，向生产学习，认真总结经验，撰写大量技术材料，注重把新的增产技术及时送到农民手中，把宣传科技、指导生产作为发展小麦的重要手段。据不完全统计，自小麦技术顾问团成立以来，印发各类技术资料 20 000多份，坚持常年技术培训，接受培训的农民达上亿人次。

1982～1991 年，结合山东省小麦技术顾问团的工作，余松烈以较大的精力投入小麦精播高产栽培技术的示范推广工作，几乎跑遍了山东省所有小麦丰产县，并且到河北、山西、河南、江苏、安徽等省进行示范推广。此间，余松烈共讲课和进行田间技术指导136次，听众包括各级有关领导人、技术人员和农民约36 000人次，示范推广效果良好。

1995～2000年，山东省科委、农业厅组成课题专家组，余松烈作为首席专家主持了“山东省农业良种产业化开发小麦课题”（“三〇工程”01课题）工作。该课题是一项综合性小麦研究项目，既要应用传统技术与高新技术相结合，选育出适合本省的小麦优质高产新品种，又要开展小麦良种种子繁育工作，建立小麦良种繁育工程技术体系，满足群众对于优质种子的需求，还要开展小麦优良品种的高产示范推广和小麦栽培技术及其理论的研究等，实行良种区域化、种植标准化，带动全省6000万亩小麦上一个新台阶。这一项目经过大家五年的努力，效果显著。

在小麦新品种选育方面，建立了山东省小麦新品种选育攻关协作组、协作网，组织全省优秀小麦育种单位和优秀选种科技力量，联合攻关。选育出被山东省品种审定委员会审定命名的小麦优质高产品种10个；育成并已通过省区域试验及生产试验待审定新品种6个；提供给省区域试验的小麦新品系362个；收集交换品种资源8200份；山东农业大学通过远缘杂交与染色体工程获得30个符合育种目标的新材料；山东大学利用体细胞杂交技术，进行小麦五种近源属禾草及远缘植物燕麦与小麦体细胞杂交的材料若干份。

在小麦良种繁育方面，在山东省建立健全了行之有效的“125”一圃三田小麦良种繁育体系（“1”是小麦播种面积万分之一的穗（株）行圃和原种田，“2”是小麦播种面积千分之二的一级种子田，“5”是小麦播种面积百分之五左右的二级种子田）。到1998年，山东省各地（市、县）建立了稳定的小麦穗（株）行圃1300亩，原种育种田4.5万亩，一、二级种子田200万亩，年产良种7亿多千克，基本上满足了农民对小麦优良品种的需求。同时，还开展了小麦良种种子精选、包衣和小麦良种更新工作。

在小麦良种良法配套、高产栽培技术研究和示范推广方面，印刷技术材料，到各地市县乡的重点村分期分批进行技术培训，依靠省政府和各地农业技术部门，在不同年份、不同地区组织农民开展良种良法配套高产示范。同时，山东省专门邀请十多位小麦栽培方面的教授、研究员和专家共同讨论并分别负责进行了10个课题的小麦高产更高产综合栽培技术及其理论基础研究。栽培技术理论研究与示范推广同时推进，取得显著成效：①小麦高产示范，带动全省小麦高产。1995～1996年，在桓台县推广良种良法配套高产栽培示范，使全县39万亩小麦，平均亩产504千克，成为山东省第一个小麦单产千斤县。1996～1997年，诸城市63万亩小麦，平均亩产 501 千克，成为山东省第一个小麦单产千斤市。该年度也是山东省小麦产量达到历史最高的年份，面积 6059.9 万亩，平均亩产 370 千克，总产 224.3 千克。小麦精播、半精播高产栽培技术在全省推广面积，由 1991 年的 1000 万亩增加到 1997 年的 3000 万亩。②小麦高产示范，推动小面积单产突破，创造全国小麦单产最高纪录。1997 年，龙口市北马镇前诸留村的 17.44 亩水浇地，平均亩产 707.30 千克。1998 年莱州市金海作物研究所 2.3 亩小麦，平均亩产 773.86 千克。此前，我国小麦主产区尚未出现亩产 650 千克以上的报道。③小麦高产示范，带动了优质专用小麦面积扩大。到 2007 年，山东优质专用小麦面积已经达到 4000 万亩，居全国各省前列。

1996 年，余松烈在滕县实施小麦良种产业化开发项目，多次来到级索镇的 20 多个村指导，使 50 亩小麦高产田平均亩产达到 612.7 千克，200 亩小麦丰产田平均亩产达到 567.1 千克，84 万亩小麦平均亩产达到 428 千克，比丰收的 1995 年每亩增产 19 千克。1996 年 6 月，获得丰收的滕县农民，派代表为余松烈颁发“科技兴农，功勋卓著”金质勋章，表达滕县 120 万农民对余松烈的感激之情，成为我国第一个受到农民奖励的农业科学家。

1997 年 12 月，余松烈当选为中国工程院院士。中共中央政治局委员、中共山东省委书记吴官正来信祝贺。1998 年年初，余松烈给吴官正写信，提出建设小麦千斤省和成立山东省小麦工程技术研究中心的建议，得到山东省委、省政府的重视。同年 6 月，山东省小麦工程技术研究中心在山东农业大学成立。

进入 21 世纪，已是耄耋老人的余松烈，仍然关注着我国的小麦生产和粮食安全，经常出席有关会议，到小麦生产基地县考察，指导小麦生产。2001 年 12 月，余松烈在聊城市东阿县小麦生产座谈会上作报告，分析当前小麦生产形势和市场变化，提出《全方位调整小麦种植结构，提高小麦栽培技术，实行小麦产业化，增加农民收入》建议，呼吁从筛选、示范、试点、组装小麦栽培管理配套技术，开展小麦规模化种植，实行机械化栽培，深入开展小麦产品深加工增加附加值，推进小麦产业化等五个方面着手，抓好小麦生产、加工和流通。2005 年 8 月，余松烈在全省小麦播种会上，应邀作学术报告，分析山东省连续五年小麦生产滑坡的原因，建议全省年粮食播种面积确保 1 亿亩，确保小麦播种面积 5000 万亩，逐步实现小麦平均亩产 400 千克的目标；建议全省开展“小麦生产规模化、多熟化、技术标准化、区域化、经营产业化的综合开发研究与示范推广”，通过开发研究与示范推广，为小麦增产、农民增收提供科技支撑。2008 年 6 月，余松烈致信山东省科技厅，汇报“宽幅小麦精量播种机”在滕县、鄄城、临邑三个县试验推广的情况（“宽幅小麦精量播种机”在三个县小面积试验田实产分别达到 738.65 千克、706.5 千克、694.5 千克），并决心继续加大“宽幅小麦精量播种机”的示范推广面积，继续开展小麦亩产800千克的配套栽培技术研究。2009年夏收，余松烈积极推广的宽幅小麦精播试验，在滕县、岱岳区、临邑县、鄄城县的试验田均大幅增产。其中，滕县级索镇千佛阁村3.46亩高产攻关田经实打验收，平均亩产高达789.9千克，创我国冬小麦高产最高纪录；岱岳区万亩小麦高产示范田经实打验收，平均亩产高达723.7千克，创万亩小麦单产历史新纪录。

余松烈在总结自己的科研和科技推广工作时，深有感触地说：“我既无高的学历，又未曾出过洋、留过学，是一个土生土长的中国知识分子。我搞的专业——小麦栽培是一门应用科学，不是高新技术的学科，也没有高深的理论。我的成长过程是向实践学习，向农民学习，刻苦、勤奋地学习和工作，不断进行试验研究，实事求是，理论联系实际，学以致用。”

余松烈一生与小麦结缘，理论联系实际，坚持走产学研相结合的道路，作风朴实，艰苦奋斗，治学严谨，深入农业生产第一线，致力于小麦精播高产栽培理论和技术的研究与示范推广，将科教兴国的理念落实在行动上。

三、科学教育成就

1. 创立了“冬小麦精播高产栽培理论和技术”

余松烈创立了“冬小麦精播高产栽培理论和技术”改变了“大肥大水大播量”常规栽培方法，为我国黄淮海和北方冬麦区小麦高产开创了新途径。“冬小麦精播高产栽培理论和技术”1992年获国家科技进步奖二等奖，被国家科委和农业部确定为“八五”、“九五”农业重点推广项目，已在山东、河南、河北、江苏、安徽、山西等地累计推广应用3亿多亩，增产小麦130多亿千克，节约种子15亿千克。山东省采用该技术的麦田已占全省小麦种植面积的60％以上。目前，仍然在黄淮海和北方冬麦区推广实用。

2. 创立了黄淮海地区夏秋粮均衡增产栽培理论和技术

他主持的国家课题山东省“黄淮海中低产地区夏秋粮均衡增产综合栽培技术的研究”，1986年获山东省科技进步奖一等奖，1987年获国家科技进步奖二等奖。该课题对土壤培肥、作物营养生理、光合作用与产量生理方面进行研究与实践，提出了在中低产条件下，迅速培肥地力及小麦、玉米增产的综合技术与理论，并在德州、惠民、聊城、菏泽四个地区的四个县进行大面积生产示范，带动四个县89万亩和四个地区 1000 万亩粮田增产，累计增产粮食 24.5 亿千克，被国家科技部定为“八五”、“九五”重点推广项目。

3. 主编《山东小麦》

余松烈主编，组织全省小麦专家和科技人员撰写了《山东小麦》科学专著，该书 1990 年出版，全书 60 万字，全面系统地总结了自新中国成立以来山东省小麦生产的基本情况、基本特点、基本经验和科学水平。

4. 教书育人，为人师表

作为山东农业大学教授、博士生导师，先后指导培养硕士生 19 人，博士生 28 人，博士后 6 人。培养出了中国工程院院士于振文和 10 余名年轻的博士研究生导师，为学科和跨世纪中青年骨干教师队伍建设做出了突出贡献。

四、余松烈主要论著

赵仁镕，余松烈. 1947. 生物统计之理论与实际. 上海：新农出版社.

余松烈，亓新华，金留福. 1965. 冬小麦返青期中耕对植株的抑制和促进作用的研究. 作物学报，(2)：127-134.

余松烈. 1975. 小麦高产途径的商榷——兼论穗、粒、重的矛盾. 科学通报，(4)：156-161.

余松烈，等. 1977. 高产小麦的施肥技术. 土壤肥料，(5)：22-24.

余松烈，等. 1978. 冬小麦高产栽培的理论分析. 中国农业科学，(2)：34-41.

赵仁镕，余松烈. 1979. 田间试验方法. 北京：农业出版社.

余松烈. 1980. 作物栽培学（北方本）. 北京：农业出版社.

余松烈. 1980. 高产麦田影响穗重的主要因素及增加穗重的措施，小麦生长发育规律与增产途径. 郑州：河南科学技术出版社.

余松烈，等. 1980. 冬小麦精播高产栽培. 山东农业大学学报，(2)：1-13.

余松烈，亓新华，刘希运. 1981. 高产小麦对三要素的吸收和麦田供应特点的研究. 土壤肥料，(1)：31-34.

余松烈，等. 1983. 小麦生育后期植株不同部位的光合同化量及其运转、贮存与群体大小关系的研究. 山东农业大学学报，(2).

余松烈，等. 1984. 冬小麦精播高产栽培的理论与实践. 山东农业科学，(1)：1-6.

余松烈，亓新华，刘希运，等. 1985. 冬小麦深耘断根增产作用的研究. 中国农业科学，(4)：30-35.

余松烈，等. 1987. 冬小麦精播高产栽培. 北京：农业出版社.

余松烈，于振文. 1989. 冬小麦的栽培. 北京：农业出版社.

余松烈. 1990. 山东小麦. 北京：农业出版社.

庄巧生，余松烈，于振文. 1990. 抓好小麦增产措施、促进粮食高产稳产. 中国粮食发展战略对策. 北京：农业出版社.

于振文，岳寿松，沈成国，等. 1995. 不同密度对冬小麦开花后叶片衰老和粒重的影响. 作物学报，(4)：412-418.
于振文，张炜，余松烈. 1996. 钾营养对冬小麦养分吸收分配、产量形成和品质的影响. 作物学报，(4)：442-447.
许振柱，于振文，董庆裕，等. 1997. 水分胁迫对冬小麦旗叶细胞质膜及叶肉细胞超微结构的影响. 作物学报，(3)：370-375，387-388.
余松烈. 2004. 现代小麦栽培科学及其发展展望. 济南：山东科学技术出版社.
余松烈. 2006. 中国小麦栽培理论与实践. 上海：上海科学技术出版社.

主要参考文献

刘观浦，等. 1999. 迈向新世纪. 北京：中国农业科技出版社.
于振文，刘观浦，杨宇. 1999. 余松烈//中国科学技术协会. 中国科学技术专家传略·农学编·作物卷2. 北京：中国农业出版社：115-127.
刘观浦，等. 2006. 创新纪实. 北京：新华出版社.
黄有惠. 2006. 余松烈院士在滕州. 北京：中国农业科技出版社.

撰写者

刘观浦（1953～），山东农大报社社长、编审，山东省高校校报研究会副理事长，长期跟踪报道余松烈科研与示范推广工作，在《人民日报》、《光明日报》、《大众日报》等报刊上发表了20多篇报道余松烈事迹的新闻。

王振林（1959～），博士，教授、博士生导师，山东农业大学作物学博士学科点导师组长，山东农业大学研究生处处长，山东省农业专家顾问团小麦分团副团长，小麦栽培专家。余松烈先生的研究生。

贺明荣（1963～），博士，教授、博士生导师，山东农业大学农学院副院长，小麦栽培专家。余松烈先生的研究生。

刘恬敬

刘恬敬（1922～2007），安徽来安人。海藻生态与养殖学家。1945年毕业于贵州大学农学系。1947年入中央水产实验所（黄海水产研究所前身）工作，1949年5月，随所由上海搬迁至青岛。历任技术员、助理研究员、副研究员、研究员；海水养殖研究室主任，黄海水产研究所第一副所长、所长、名誉所长；中国水产学会副理事长、国家科委发明评选委员会特约审查员，农业部水产高级职称评委会副主任委员，中国海洋湖沼学会常务理事，中国水产科学研究院学术委员会副主任委员，《中国农业百科全书·水产卷》编委会副主任、青岛市科学与管理学会理事长、青岛市水产学会理事长等职。几十年来，刘恬敬在海藻生态与海藻养殖领域进行了多方面重大课题的超前研究，取得了多项重大科技成果。为实现中国海藻养殖技术、养殖规模与产量均居世界领先，为开创中国海带与紫菜养殖产业的发展做出了重大贡献，是中国海藻养殖研究的先驱之一。

一、毕生科研　成就斐然

刘恬敬，安徽省来安县人，1922年4月出生。1945年毕业于贵州大学农学系，1947年2月入农林部中央水产实验所（黄海水产研究所前身）工作，1949年5月，随所由上海搬迁至青岛。

1950～1951年，在中央水产实验所第二任所长朱树屏的领导下，刘恬敬参加了海带移植青岛试验并首次把海带从山东的烟台移植到青岛富营养海区养殖获得成功，得出了营养盐含量，尤其是氮素的含量对海带生长的决定性影响的理论。

1953～1955年，在朱树屏所长的领导下，刘恬敬与刘绪言、陈立人、汪沁源等科技人员，经过艰苦努力，海带施肥养殖研究获得成功。突破的关键技术：一是筏式养殖施肥。将肥料罐吊挂在养殖海带筏架四周夹有海带苗的苗绳围成的水体当中，可逐渐增加肥料。为了补充海水中肥料的流失，采用定期半数轮换更换肥料。试验结果表明，在缺乏营养成分的北方海区采用施肥养殖海带途径可行，是扩大海带养殖面积的有效方法，从理论上解决了北方海带养殖的问题，养殖的海带可达到商品标准。二是海底施肥。在干潮水深小于 1 米的海底，围成一方形区域，放置肥料，每隔半月更换一次肥料。试验结果证明，海底施肥对海带生长有较明显的效果，并指出海底施肥流失量最小，肥效稳定，水中氮量理论值与实际含量相近。因此，海底施肥养殖海带是有发展前途的，对开展海带海底养殖，降低生产成本具有重要参考价值。该成果为中国北方广大贫瘠海域地区发展海带生产提供了经验，从而结束了中国海带完全依赖进口的历史。该成果于 1978 年先后获青岛市和山东省科学大会奖。

1956～1957 年，在黄海水产研究所朱树屏所长领导下，刘恬敬与中国科学院海洋研究所、浙江省水产研究所、浙江省水产养殖公司等单位的同志曾呈奎、吴超元、蒋本禹、张荣华等合作，开展了海带南移养殖试验并获成功。其间，探讨了浙江近海海况特点与培养商品海带的养殖技术与规律，在对舟山地区海况调查的基础上，进行了海带南移的试验。试验中对不同时期海带的生长情况、海带生长发育与培育水层的关系，以及海水透明度变化对海带生长的影响进行了观察并取得了比较系统的资料。这些资料为解决在这类地区海带养殖的方法奠定了科学基础，养殖的海带达到了商品标准。海带南移的成功，使海带养殖生产从北纬 36°，向南扩大到 30°30′的浙江、福建与广东东部沿海。长江以南海域营养盐丰富，弥补了这里水温偏高海带适温期短的缺陷。由此中国的海带养殖面积得以迅速扩大，海带养殖产业迅速发展。该成果先后获浙江省水产局科技成果一等奖和山东省科学大会奖。

1957～1958 年，在朱树屏所长领导下，刘恬敬与王素平、王东石等承担了海带自然光育苗法的研究并获成功。在海带南移浙江、福建成功以后，海带养殖面积迅速向南方水域扩大。为了提供一种设备比较简单而又能保证育出大量优质幼苗的育苗方法，根据水产部的指示进行了这项研究。实验中，确定了在育苗期间海带各生长发育阶段需要的环境条件，为自然育苗室的设计提供了科学依据，并首次在 16℃～18℃条件下培育幼苗获得成功，结果表明：这些幼苗在生长初期具有优良性状。

进行了自然光育苗室的设计、建造与生产并获得成功；为各省养殖海带提供了一种新的育苗方法，从而保证了海带养殖的苗种需要，并且降低了生产成本。

自然光育苗法改变了以灯光为光源的完全封闭式生产方式，采用以自然光为光源的开放性的生产方式。其特点是：①采用自然光源；②直接制冷海水；③采用水位差，自动循环用水系统；④育苗期内，在海带生长发育的不同阶段调控水温，提早了出苗时间并提高了出苗率；⑤可减少管理工人和降低劳动强度；⑥培养秋苗比培养夏苗大大降低成本。

海带自然光育苗法的研究并获成功，为海带苗种提供了全新的育苗方法。推广生产以后，成为培育海带夏苗的唯一生产形式。北起辽宁南至福建都建立了海带自然光育苗厂，保证了海带养殖生产苗种的需求。海带自然光育苗技术是中国海水养殖业上具重大意义的科研成果，不仅解决了中国海带养殖中的大量苗种问题，而且把海带养殖的研究提高到世界先进水平，为中国海带养殖产业的发展做出了重大贡献。该成果1964年由国家科委颁发创造发明记录登记，1978年先后获青岛市、山东省和全国科学大会奖。

1950～1964年，在朱树屏所长领导下，刘恬敬与胡敦清、杨以勋、史致基等，开展了海带人工养殖研究。1950年海带移养青岛获得成功，奠定了青岛海带养殖生产基础，1953～1955年进行了海区梯度与海带生长关系的比较研究，肯定了富营养对海带生长的决定性影响，基本解决了北方沿海广大贫区的海带生长问题。1956～1957年又成功地将海带从山东青岛移至浙江嵊泗，探讨了中国南部海况特点与培养商品海带的规律，为把中国的海带养殖范围扩大到南方海区提供了科学依据，初步形成了全国沿海普遍养殖海带的局面。1957～1958年开展的海带孢子体生长发育对温度的适应性和自然光育苗条件的试验，提出了全新的育苗方法，保证了海带养殖对苗种的需要。与此同时，还进行了海带生长发育与温度、光线、营养盐关系的研究，建立了一整套海带养殖科学技术体系，使海带的研究达到世界先进水平，使中国海带养殖跃居世界第一。几十年来，一直使中国的海带产量占世界的90%以上。“海带人工养殖研究”成果，1978年获全国科学大会奖。

1959～1965年，在朱树屏所长领导下，刘恬敬与胡敦清、杨以勋、史致基等，开展了海带新品种的培育研究，育出形态性状优良、抗高温特性的高产海带新品种59-1号，并在海带主要产区推广应用。该项研究以山东、大连自然种群海带移至广东、汕头连续三年自然高温培育，并在室内培育种菜进行采苗。1962年在汕头进行定向筛选，自交培育出形态性状优良的高产、抗烂海带新品种59-1号。它的主要特征是：叶片大、平直、叶带宽、叶缘波褶小、叶片厚。在低水温期性状表现不明显，而在高水温期叶片生长速度较快，并且制干率高、等级率也高，具有抗烂高产性状，在各地试验结果增产10%～25%。1963年开始在青岛、广东进行了大面积推广，1965～1968年扩大到山东、辽宁、江苏、浙江等省，面积达7000余亩。1978年，高产海带新品种59-1号，获山东省和青岛市科学大会奖。

我国的紫菜养殖起步较晚，1964～1968年，在原国家科委水产组和水产部的领导下，由朱树屏等主持并领导了福建省“紫菜歼灭战”（即紫菜科技大会战），参加会战的有14个单位，60余名科技人员，历时5年，取得了坛紫菜人工养殖战役的全面胜利。刘恬敬作为攻关小组负责人之一，参加并主持福建坛紫菜会战的工作，取得了坛紫菜半人工与全人工育苗、养殖的成功，并很快全面推广，为中国坛紫菜人工养殖开创了新局面并取得了重大的社会效益和经济效益。1978 年获全国科学大会奖。

1970～1978 年，刘恬敬主持了江苏省吕四低盐地区条斑紫菜养殖研究获得成功。参加的单位有：江苏省海洋渔业指挥部、江苏省启东县水产局、启东县海洋渔业指导站、启东县吕东公社渔业大队。课题组人员有：张佑基、杨以勋、王绍然、郭素英、姜红如、郑庆树、丁松清、王惠冲、王兴奎、顾善邦等。本项研究在 30 亩高产试验田所取得的亩产 166.3 千克的结果，是当时国内条斑紫菜养殖的最高纪录，并研究了与高产有关的因素，总结了壳孢子采苗密度、时间、养殖潮位、网目大小以及筏架沉没时间等一整套适合于条斑紫菜养殖生产的高产经验，研究了海区筏架的设置和紫菜群体的关系。在正常年景下，采用大面积高产养殖技术措施，可提高产量 20%左右。获得了条斑紫菜大面积高产试验、条斑紫菜病烂原因与防治等项成果，取得了重大的经济效益，使该地区的紫菜养殖从无到有，并成为中国条斑紫菜养殖的主要基地。1982 年获国家科委、国家农委科技推广奖。

1978 年，刘恬敬与索如瑛等赴墨西哥考察同时引进巨藻成功。从 1978 年 9 月到 1985 年 6 月，刘恬敬与索如瑛、刘绪言、胡敦清、史致基、刘光涌、周其芳、曹淑莉、张遂、王飞久、陈家鑫等，先后在青岛、俚岛、大连和长岛县南隍城等地与有关单位合作进行了巨藻幼体生态、人工育苗和增养殖技术的试验研究。经过几年的反复试验，终于完成了人工育苗、巨藻增养殖技术的研究成果，为中国增添了新的海藻养殖品种，受到了国内外藻类专家的高度赞扬，1985 年 7 月通过技术鉴定。巨藻的引进和养殖成功，为中国增加了一种新的藻类资源，巨藻养殖林区集鱼效果显著，对海胆、鲍鱼、海参等海珍品的诱集效果尤为明显，成果达到了国际先进水平。

1981～1985 年，为大力发展中国的对虾养殖事业，刘恬敬担任由原国家水产总局组织的全国对虾养殖科技攻关领导小组组长，组织领导全国对虾人工育苗养殖高产与人工配合饵料的科技攻关工作，成绩显著。尤其是组织赵法箴等科研团队对对虾工厂化育苗技术的研究成功，解决了亲虾培育技术，使育苗用亲虾来源得到保证；掌握了人工创造良好育苗水质条件的理论依据和控制方法，为对虾幼体的顺利发育变态提供了条件；筛选出适宜对虾幼体各发育阶段的动植物性饵料和人工饵料，为幼体正常发育提供了物质条件；提出了适合对虾工厂化育苗的应用设备，制定出对虾工厂化全人工育苗流程操作规程。1984 年全国单位水体（每立方米）平均出苗为 7.8 万尾。从而使中国对虾育苗量、养殖产量成倍增加，每年为中国创造了数十亿元的经济效益。该成果1982年获山东省科技成果奖一等奖；1983年获农牧渔业部科技改进奖一等奖；1985年获国家科技进步奖一等奖。为表彰刘恬敬对此项重大科技攻关项目所做出的贡献，1985年，刘恬敬获农牧渔业部荣誉奖。

二、笔耕不辍 勇于拼搏

刘恬敬从事科学研究40多年，笔耕不辍，勤于著书立说，硕果累累，桃李满天下。用心血铸就一篇篇具有时代意义的学术论著，他将自己所学、所得毫无保留地奉献给社会。他高尚的情操、循循善诱的大师风范、严谨公正的治学精神以及刻苦勤奋的工作作风时刻都在激励着年轻一代。

刘恬敬作为黄海水产研究所的第三任所长、学科带头人，时刻不忘帮助年轻一代的成长，在学术思想的形成、研究方法、技术路线等方面，毫无保留地给予年轻人建议和帮助。

笔者1976年8月毕业后进入黄海水产研究所从事渔捞技术研究工作，1980年从渔捞技术研究室调至科研处从事科研管理工作近20年。其间，有幸担任刘恬敬所长的秘书。当年虽然学习了一些水产专业知识，但对从事科研管理、秘书工作缺乏实践经验。为了尽快使本人胜任工作，刘恬敬经常亲自指导笔者查阅有关文献资料，并将自己多年积累的有关资料送给笔者阅读，并经常帮助笔者修改报告、推荐发表论文。他的言传身教，使笔者受益一生。

虽然他担任所长管理事务繁多，但他还继续主持课题，仍尽可能抽出时间指导安排具体试验，并帮助处理数据，撰写研究报告。几十年的科研生涯，他总是和其他科技人员在一起常年奋战在科研、生产一线，奔波于沿海各地。他常称："只有经过艰苦，才懂得幸福。"他经常给大家讲："现在你们赶上了好时候，当年我们搞海带、紫菜养殖时，一年蹲点七八个月是常事。"工作中，他自己不顾疲劳，忘我工作，却时时不忘嘱咐其他科技人员要好好休息，常回家看看。每一次试验他都会和大家一起认真准备，细致入微地进行研究分析，耐心地给年轻科技人员讲解，他的言传身教使年轻一代受益匪浅。

在刘恬敬所长的培养下，一些年轻人成为中国海藻养殖方面的专家，长期从事海藻养殖领域的专家队伍保持在15人左右，使黄海水产研究所当时海藻养殖研究水平能够处在中国先进地位，一批研究成果不断涌现。他本人先后发表各种论文、报告和著作40余篇（部）。1991年起，刘恬敬享受国务院政府特殊津贴。

三、亲贤爱才　甘为人梯

刘恬敬为人正直、坦诚、朴实、平易近人；他学术道德高尚，也正因于此，铸就了他科学的一生，磊落的一生。他既是一位在工作和学习上对同志、对学生严格要求、一丝不苟的师长，又是一位平易近人、诲人不倦，亲贤爱才、甘为人梯的慈祥长辈。

刘恬敬以人为本，诲人不倦，严谨治学，艰苦奋斗，无私奉献的博大胸怀和高尚情操。他在培养年轻科技人才上花费了大量的心血，把希望寄托在年轻人身上，培养下一代，关心和扶持年轻人成长，这在水产界有口皆碑。他常常当面施教，指导研究方向。他经常亲自审阅年轻人的论文，并认真修改。

“文化大革命”严重影响了黄海水产研究所海洋水产科研事业的发展。“文化大革命”一结束，刘恬敬就以只争朝夕的精神抓紧了所内研究机构调整和人才队伍的建设，提拔了一批年轻有为的技术骨干。为了使科技人员更好地把握国际海洋水产科学研究的发展趋势，使中国的海洋水产科学赶超世界先进水平，他积极联系、选送一批批包括海洋生物、渔业环境、海水养殖、营养饲料、水产加工等领域的中青年科学家出国进修和开展国际合作研究。如今这些人大部分已成为中国海洋水产科学研究的领军人物。

四、生活节俭　朴素一生

刘恬敬生活节俭，一生艰苦朴素，他还患有严重的哮喘病，特别是夏天阴雨潮湿天气，每年夏天他都会发病，但他总是带病坚持工作。中国水产科学研究院从永竹、潘荣和、蒋德恩等领导多次建议他在发病时到北京或外地疗养、医治，他都因为工作太忙和节俭经费为由而未能成行。几十年来，不管是在担任所领导期间，还是退休以后，从不向国家、向单位提出任何个人生活要求，并带头在本单位不安排自己的亲属、子女。这一优良传统在所内一直传承至今。

刘恬敬在外事接待、学术会议以及出访等方面，从来都提醒身边工作人员，严格遵守国家规定，不搞特殊，而且好多出国机会，都主动让给他人。特别难能可贵的是，1978年，刘恬敬和索如瑛等同志出国考察交流期间，他用国家发给他本人的有限生活费补贴，购买了一部当时非常先进的日本产柯达牌幻灯投影仪赠送给所里进行学术交流之用，而且多年来一直坚持凡是外宾赠送他的技术资料，都如数交给所里的资料室，供大家查阅、参考，实现资源共享。

刘恬敬平易近人、关爱他人、宽容他人、平等待人、生活节俭，一生艰苦朴素的作风，给后人留下了一笔宝贵的精神财富。

刘恬敬因病医治无效，于 2007 年 3 月 18 日在山东青岛逝世，享年 85 岁。

五、刘恬敬主要论著

刘恬敬，等. 1958. 海带施肥研究. 济南：山东人民出版社.

刘恬敬，等. 1960. 温度对海带配子体及孢子体生长发育的影响. 黄海水产研究丛刊，(1).

刘恬敬，杨以勋. 1960. 海带密植试验初报. 黄海水产研究丛刊，(3).

刘恬敬，杨以勋. 1961. 光线对海带生长的影响. 黄海水产研究丛刊，(10).

刘恬敬，杨以勋. 1962. 海带绿烂病产生的原因与防治方法. 海洋水产研究丛刊，(14).

刘恬敬. 1980. 关于发展海洋增养殖的途径与方法. 中国水产（选集).

刘恬敬，王素平，张德瑞，等. 1981. 中国坛紫菜人工增殖的研究. 海洋水产研究，(2)：1-67.

刘恬敬，索如瑛，刘绪炎，等. 1981. 巨藻引进与人工育苗. 海洋水产研究，(2)：68-79.

刘恬敬，索如瑛. 1982. 巨藻引进和人工增养殖研究的进展与展望. 全国海水养殖工作会议材料选编.

刘恬敬，等. 1982. 条斑紫菜病烂原因与防治. 海洋水产研究，(4).

刘恬敬，邓景耀. 1983. 渤海渔业资源增殖的途径. 中国水产，(10)：14-16.

Liu T J，et al. 1984. Studies on the artificial cultivation and propagation of Giant Kelp. Hydrobiologia：116-117.

刘恬敬，等. 1985. 海带自然光育苗. 国家科委发明记录.

刘恬敬. 1985. 我国增养殖的发展战略. 我国海洋开发战略研究论文集.

刘恬敬，刘卓. 1986. 我国浅海滩涂增养殖技术改造设想//水产业技术改造. 北京：海洋出版社.

刘恬敬，刘卓. 1986. 2000 年我国海水增养殖发展设想. 现代渔业信息，(11)：1-4，15.

刘恬敬，等. 1987. 海带淋水育苗研究. 海洋水产研究丛刊，(31).

刘恬敬，刘卓. 1989. 建国四十年海洋增养殖研究进展. 现代渔业信息，(2).

刘恬敬，等. 1989. 坛紫菜北移养殖试验. 海洋水产研究，(10)：73-78.

撰写者

刘世禄（1953～），中国水产科学研究院黄海水产研究所主任、研究员，中国水产学会海水养殖分会秘书长。

李振岐

李振岐（1922～2007），河北遵化人。植物病理学家、教育家。1997年当选为中国工程院院士。1949年毕业于西北农学院（现西北农林科技大学前身）植物保护系，后留校任教直至逝世。1957年在苏联莫斯科农学院进修两年，1982年在美国蒙大拿大学合作研究一年。历任西北农林科技大学植保学院教授、博士生导师、原西北农业大学研究生部主任等，兼任植物免疫研究室、植物病理研究所名誉所长和农作物病虫害综合治理与系统学农业部重点开放实验室学术委员会主任、西北大学生物学院教授等职。从事植物病理学和植物免疫学与小麦锈病研究50余年，先后培养硕士、博士研究生35名、博士后2名和进修教师11名，发表研究论文150多篇，主编出版中国第一本《植物免疫学》全国统编教材，主编出版专著8部，荣获全国科学大会奖1项、国家自然科学奖二等奖1项、省部级奖4项；1991年荣膺国务院政府特殊津贴并获陕西省有突出贡献专家称号；先后荣获中华农业科教奖、亚洲农业研究发展基金会“亚农杯”农业贡献奖、陕西省高教系统优秀教师和先进教育工作者、陕西省优秀博士研究生导师、全国百篇优秀博士论文指导教师等。2007年荣获国际植物保护研究杰出贡献奖。

一、坎坷人生写传奇

李振岐，字兴周，1922年9月4日出生于河北省遵化市团瓢庄乡下庄村一个普通农民家庭，父亲李松林，母亲雷氏。他有三个哥哥和一个姐姐，是家里最小的孩子。母亲生他时已46岁，正因为生他时年龄太大，加之农村医疗条件差，所以生下他不久，母亲就病了。当他9岁时，他母亲就因长期患病不愈而过早地去世了。

母亲很喜爱他，他也非常爱他的母亲。母亲虽然只是一个粗通文化的普通农村妇女，但有一套很好的治家方法。母亲对孩子们的人格非常尊重，从不训斥和打骂，也非常重视以身作则和引导，所以他一直感到生活在这样一个和睦、友爱且民主的家庭里非常幸福。母亲与邻居们相处得也很融洽，彼此互相关心，互相帮助，因而在邻居中威信很高，邻居之间有什么纠纷，经她去一说，就可得到满意的解决。母亲对他的学习非常支持也十分关心，常鼓励他要好好念书，将来做一个有文化的人。他觉得母亲的话很对，所以在学校里学习很努力。在母亲的帮助下，他每天清晨总是第一个到校，学习成绩年年在班上名列第一。童年时，他喜欢和同学们一起玩耍，游泳、滑冰、爬山、爬树，有时还一起比赛。比赛时，他常常获胜。母亲在很多方面都在他幼小的心灵里留下了极其深刻的印象，并一直激励他成长。

初小毕业后，因本村当时尚无高小，在哥哥和亲朋帮助下，李振岐通过考试转学至遵化县东关高小学习。这是他离家独立生活的开始。由于学校离家较远，平时不能回家，他只有等放寒暑假时才能回家。因而也使他在这一阶段能专心地学习，高小两年的学习成绩很好，一直是全班第一。这两年的生活对他也是一次很好的独立生活锻炼。他和同学们相处得很好，彼此关心帮助，犹如兄弟一般。

高小毕业后，他考取了河北遵化中学。不料第二年七七事变爆发，他的家乡沦陷了，日本侵略者占领了他的家乡。他和家乡人民备受日本侵略者的蹂躏与践踏。由于家乡一带是八路军的游击区，他从小学到中学，头脑中很自然地就播下了革命的种子。许许多多八路军游击队的英雄事迹无时无刻不在感染和教育着他。

1939 年，他初中毕业后，因家庭经济困难，无力供他立即考高中，于是他在一位老师的帮助下，就在遵化县中学教导处当了一名教务员，一面工作，一面复习功课准备参加考试。第二年他离开河北遵化中学，去北京参加考试。他当时报考了三个职业学校，一是北京高级工业学校，二是北京师范大学附设高级师范学校，三是华北农业技术学校。这三个学校他都考上了，但因限于经济力量，加之他觉得自己是农家子弟，很想学点农业方面的知识，将来好为农民服务，所以他最终选择了进农业技术学校。

1942 年夏，他从华北农业技术学校毕业，因不堪日本侵略者的压迫，也为了进一步得到深造，他和一位要好的同学相约，一起逃离了沦陷区，取道山西临汾，通过封锁线，到达陕北宜川县。当时他们两个本来是想直接报考西北农学院，但因到达陕西宜川后已是 10 月，西北农学院的考期已过，未能如愿。正当此时，山西大学正续招新生，于是他们就通过考试，进入该校文学院英语系学习，以便提高英语水平。

1946 年，他由山西大学转学至西北农学院植物病虫害系学习。因为他是转院和转专业学习，所以只能从二年级学起。1949 年 5 月，他正式加入中国共产党。

1949 年 5 月，他毕业留校任教。从此，他扎根祖国大西北深厚的黄土地，从一个农家子，一步步走向科学的圣殿并荣膺中国工程院院士。

二、白手起家谱壮歌

大学毕业留校任教的李振岐，一开始被安排讲授植物病理学实验课，并在附设高等职业学校兼课。1950年，以条锈病为主的小麦锈病在全国范围内大流行，危害十分严重。不久，在周恩来总理亲自过问下，一个专门研究和防治小麦条锈病的全国性协作委员会迅速组成，并制定了扎实的研究计划。因当时西北地区还没有植物保护方面的专门机构，国家将西北片的研究托付给西北农学院完成，院领导就将他调到教学试验农场，配合朱象三，负责组织成立植物病虫害研究室，专门承担西北地区小麦条锈病的发生发展规律和防治研究任务，并将毕业校友刘汉文调回学校与他一同工作。

经过近三年艰辛的系统研究，李振岐和同事们于1952年在全国范围的小麦条锈病防治研究中，率先从西北地区取得突破。研究结果表明，西北地区特殊的地形结构和气候特点，为小麦条锈病菌的越夏和越冬传播提供了天然条件。从这一特点入手，他们弄清了西北地区小麦条锈病菌的越夏越冬和流行传播规律，并提出了防治途径，为研究中国小麦条锈病的流行体系奠定了坚实的基础，被誉为“中国小麦条锈病防治研究的开拓者”。

在当时，这一研究不仅处于国内领先地位，而且比美国同类研究也早10年，于1978年获全国科学大会奖。

通过这一阶段的研究工作，李振岐受到一次很好的实际工作锻炼。

一波未平，一波又起。小麦条锈病菌的发生发展规律与防治方法刚刚探索出来，他们又发现一个新的问题摆在农业科技工作者面前，必须尽快予以解决：小麦品种抗锈性丧失！

1952～1953年开始在黄河中下游地区大面积推广种植小麦丰产抗锈品种碧蚂1号后，小麦产量成倍增长，深受农民欢迎。但是，好景不长，人们很快就发现这个品种的抗锈性在逐渐丧失，并且由西部麦区向东部麦区扩展，1956～1957年，这个优良品种在中国广大麦区已基本上丧失了抗锈性。

这一问题发生后，受到各方面领导和有关专家广泛关注。鉴于这一问题的重要性和迫切性，他就开始主持对碧蚂1号品种的抗锈性丧失原因进行系统研究。

通过系统调查和研究，他们发现，在这个优良品种的抗锈性丧失过程中有三个规律性现象：一是品种抗锈性丧失现象，由西部麦区向东部麦区逐步发展；二是苗期和个别植株首先发生变异；三是偏施氮肥的田块发病较重。他们还通过试验证明，碧蚂1号小麦品种抗锈性丧失的主要原因是病菌的毒性发生变异引起的。这一事件的发生又给李振岐等人提出了一系列新问题。首先，病菌是通过什么途径发生毒性变异的；其次，为什么品种抗锈性的丧失现象首先从西部麦区开始；第三，影响品种抗锈性变异的条件是什么。

1954年秋，西北农学院为了加强对植物病虫害系工作的领导，将他从学校教学试验农场调回植物病虫害系任讲师兼系秘书。在教学方面，他主要为该校农学系的学生讲授植物病理学。由于这门课有总论又有各论，使他通过教学对植物病理学的全面知识有了进一步掌握，也给他在工作上与农学系老师，特别是与赵洪璋在小麦育种方面结合创造了一个良好机遇。也就是从那时候开始，他与小麦育种学家赵洪璋一直坚持合作，开展小麦的抗病虫害育种研究。

从1957年开始，他和同事们开始研究小麦品种抗锈性丧失原因和解决途径。

为此，1957～1959年，国家又派他赴苏联莫斯科农学院进修植物病理学，师从杜宁教授主攻植物免疫学。他非常高兴自己能有这个出国学习的机会，决心利用这个机会系统了解和学习苏联及其他国家在植物病理学，特别是植物免疫学和小麦锈病方面的研究进展和先进技术。在进修期间，他对时间抓得很紧，除了着重学习植物免疫学、听有关课程、做试验和查阅有关文献外，还与其他同志一起访问了七个加盟共和国、几乎所有有关重要高级研究单位和27位各个研究方向的著名植物病理学家，取得了多方面的收获。经过两年学习，不但大大提高了他对社会主义的认识，也使他的专业知识和技术水平有了很大提高，而且也总结学习了苏联成功专家的经验，广泛了解了国内外小麦锈病防治研究的动态与进展，并以小麦锈病为对象，进行相关试验研究，为回国后的进一步研究打下了坚实的基础。

他对这次出国学习，总结归纳了四条。一要有为祖国、为人民献身科学事业的强烈思想；二要选准研究方向和学科前沿课题，坚持不懈，不断深入研究；三要有一套适合自己研究需要的先进设备、仪器和方法；四要善于与同行专家和同事友好相处，协作攻关，共同攀登科学高峰。以后的实践证明，这个归纳总结是正确的，对他的成长起了很大指导作用。

1959年8月，李振岐从苏联返回学校。回国后的李振岐一直醉心于教学与科研工作之中。

首先，他着手筹备开设植物免疫学课程，并于1961年正式开课，成为国内开设植物免疫学课程最早的教师。为了教好这门新课程，他和教研组的同志一起动手建立植物免疫学专用实验室，同时编写教学大纲、讲稿和实验指导书，为学生的学习创造了较好的条件。当时全国各地闻讯前来西北农学院进修他这门课程的教师先后有九人。这九人进修结束回到各自学校后，都成了教学骨干。

在这一阶段，他一面教授课程，一面兼任植物病理教研组主任，同时自1961年开始培养研究生。结合中国实际，他与研究生一起，根据过去田间调查找到的线索，着手研究中国小麦条锈病菌的毒性变异规律。

1965～1975年，由于受“文化大革命”的影响，他先是带领师生在学校的农作二站搞半农半读的教学改革；“文化大革命”开始后，他于1969年、1970年分别在陕西汉中和城固，结合水稻和柑橘产区实际，搞基点教学；1971～1975年，他又受命在陕西高陵教学基点办学，边教学，边搞农业科技宣传与推广，并创办了一个180人的大专班。这个大专班的学生目前均已成为当地农技部门的骨干。基点办学虽然耽误了他不少宝贵的光阴，但却使他进一步熟悉了陕西关中和陕南地区的农业生产和农村、农民的生活情况，也密切了他同农民群众的感情，好像又回到了家乡。在工作上，他总是和基点工作的同事们一起尽最大的努力，协助地方领导部门搞好农业生产和农业技术干部培养，受到地方领导和当地农民群众的欢迎和好评。

1976年大面积种植的洛类小麦品种开始丧失抗锈性，并导致了小麦条锈病在西北地区重新流行。为了查明其丧失原因并找到解决途径，李振岐毅然申请承担了农业部的重点研究课题——小麦条锈病变异规律的研究。研究中，他结合甘肃陇南地区的实际，进行新的扎实、全面、系统的研究。研究采取室内试验和陇南田间实际调查相结合的方式进行。通过1976～1981年的系统研究，他发现洛类小麦品种抗锈性的丧失主要也是由于病菌的毒性发生变异所致。陇南地区的半山区为变异的关键地带，山区的低温，使得小麦条锈病菌能够顺利越夏，冬天厚厚的积雪又使得锈菌能顺利越冬，病菌在当地就能完成周年循环，同时低温也降低了品种的抗病性，是变异的重要诱因；小麦品种本身植株群体的遗传分化也是加速品种抗锈性丧失的一个重要因素，据此，他们提出了控制途径。通过对洛类小麦品种抗锈性丧失问题的研究，使他们对陇南之所以成为小麦条锈菌越夏易变区的原因有了较为深入的认识，并进一步验证了以前所发现的碧蚂1号小麦品种抗锈性丧失过程中所呈现的规律性现象。

通过两年的细致研究，他终于发现了小麦条锈菌确实有规律性的毒性渐进变异现象。首先，供试单孢子菌系在亲缘较近的品种上，其致病能力会逐步提高，而在亲缘较远的品种上，其致病能力在逐步降低。第二，偏施氮肥，会降低品种的抗病性，加速病菌致病能力的提高，而偏施磷肥和钾肥，则可提高品种的抗病性，延缓病菌致病能力的变异。这一结果对合理布局利用品种抗病性很有参考价值，但遗憾的是，当时因限于研究手段，未能深入揭示其变异机制。

当时研究条件仍不具备，他们又是“土洋”结合，勤俭办事，一边利用地洞改做低温室，亲自主持改制安装梯度温度控制简易生长箱，研究沉降塔、微型接种器等。

他认为，要想超过别人，不仅要有自己的一套思想、方法、科学体系，还要有先进的仪器、条件和手段。为了克服手段的落后，他不得不在进行科学研究的同时，主持或参与一系列仪器设备的创造与改造。利用地洞做试验室，堪称“世界第一”；微型接种器与沉降塔，则是“全国首创”；苏木精染核方法的改进，也有很大的创造性，并为国家节约资金约50多万元，受到国内外有关专家的赞赏。

1982～1983年，李振岐应邀赴美国蒙大拿大学访问，与Sharp教授就小麦条锈菌的毒性变异问题进行合作研究。在美国蒙大拿大学合作研究的一年期间，他首先是结合自己数十年从事的研究工作攻关、登攀，比较系统地查阅了国际上有关小麦锈病文献，开展了条锈菌毒性变异的试验研究，明确小麦条锈菌主要通过突变和异核作用发生毒性变异，并且改进了染核技术，为进一步深入研究奠定了基础。其次是深入考察访问了美国中西部九所重点农业大学，系统了解各大学的有关实验室和专家的研究情况与动态，索取了许多资料，并与有关专家建立了工作联系。此外，还帮助爱达荷大学与西北农业大学建立了校际合作关系。

合作研究期满后，他毫不犹豫，毅然回国。刚刚回到北京还未及返回学校，他就申请承担了国家经委下达的国家“六五”攻关课题“小麦主要病虫害综合防治技术研究”和陕西省科委等下达的“关中灌区小麦病虫害综合防治技术研究”等多项研究任务，揭示了陕、甘、青小麦条锈病菌的越夏、越冬和流行传播规律，发现陇东、陇南等早播冬麦区为病菌秋季向东和春季向西传播的桥梁地带和菌源基地，提出了防治途径、方法和策略，为开展全国小麦条锈病流行体系研究和防治策略制定奠定了基础。

同时李振岐主持研究了中国小麦品种抗条锈性丧失规律，明确了病菌的毒性变异为引起品种抗锈性丧失的主要原因及其影响因素，深入揭示了陇南越夏易变区形成原因及该区小麦条锈病的特殊流行规律，提出了控制对策和建议。

结合国家攻关与陇南天水和陕西关中地区小麦生产实际，李振岐主持研究了以小麦条锈病为主的小麦主要病虫害的发生规律，研究制定了综合防治技术体系，推广后防效显著，对控制小麦条锈病1990～1991年在两地区流行，起了重要指导作用。

进入20世纪90年代以后，李振岐又瞄准世界前沿水平，在组织学、细胞学和分子水平主持开展了一系列应用基础研究，在小麦品种抗病机理、病菌毒性变异机制、小麦条锈菌DNA分子遗传标记体系建立、小麦条锈菌遗传转化体系的构建及致病相关基因的克隆、持久抗条锈品种抗条锈基因组成及其遗传特性、秦岭植物锈菌区系以及染核和人工接种技术等研究方面，取得了许多重要研究结果，目的在于为提高对小麦条锈病的综合治理技术水平和从根本上缓解小麦条锈病对北方广大麦区的威胁，进一步提供科学依据。此外，还开展了“大型真菌的研究”，“小麦抗旱转基因体系建立研究”。

从2002年起，他主持的从地蚕中提取的低聚糖可诱导小麦产生抗病性的研究也获得突破性进展。他和同事们通过长期精细研究，通过对低聚糖提取工艺技术、室内诱抗效果研究和田间小区试验发现，低聚糖可有效诱导植物产生防御反应，激活植物获得免疫反应，从而抵御病害。研究证明，从地蚕中提取的低聚糖可诱导小麦产生抗病性，诱抗效果达到80%左右，而一般的生物制剂诱抗效果约为60%。之后，他又对低聚糖的大田效果及与其他农药的混配技术进行进一步研究，目的是开发和研制出防治小麦条锈病的生物制剂农药，既防治条锈病，又减少化学农药对人畜和环境的危害，降低作物的抗药性，从而减少资源浪费，保证粮食、环境和人畜安全。

半个多世纪来，李振岐在自己痴爱的科学领域内奋斗、攀登、攻关、培育人才。他主持小麦条锈病防治研究，1978年获全国科学大会奖和陕西省科学大会奖；他作为主要主持人开展的中国小麦条锈病的流行体系研究，1988年获国家自然科学奖二等奖（第三名）；由他主持开展的小麦条锈病的流行规律和病菌毒性变异规律等研究，1986年获陕西省高教系统二等奖；他主持的陇南洛夫林10小麦品种抗条锈性丧失原因及其解决途径研究，1987年获陕西省科技进步奖三等奖；他参与主持的小麦吸浆虫、条锈病、雪霉叶枯病综合防治研究与推广，1991年获陕西省科技进步奖二等奖（第二名）；小麦主要病虫害综合防治技术研究，1991年获农业部科技进步奖二等奖（集体奖）；2002年获何梁何利奖；1986年被评为陕西省高教系统优秀教师、先进教育工作者；1991年获国务院政府特殊津贴并荣获陕西省有突出贡献专家称号；1997年获中华农业科教基金会中华农业科教奖；1998年被评为陕西省优秀博士研究生导师；1999年荣获亚洲农业研究发展基金会“亚农杯”农业贡献奖；2002年被评为全国百篇优秀博士论文指导教师。

多年来，李振岐还在主讲农业植物病理学、植物免疫学、高级植物免疫、高级植物病理学等课程的同时，主编了《小麦条锈病及其防治》、《植物免疫学》和《麦类病害》，合译出版了《植物病害的流行：数学分析与模型建立》等一系列专著、教材和150多篇论文。其中新中国第一部《植物免疫学》全国统编教材，就是他主编出版的，由此使他成为中国植物免疫学学科的开拓者和奠基人。他撰写的专著《小麦病虫草鼠害综合治理》，1992 年荣获首届“兴农杯”优秀农村科技图书奖一等奖；《中国小麦锈病》专著，获 2003 年全国科技图书奖一等奖和国家图书奖提名奖。

李振岐是植物病理学教授、博士研究生导师，曾担任系主任、原西北农业大学研究生部主任、西北农林科技大学植物病理研究所所长等，兼任国务院学位委员会学科评议组成员、中国植物病理学会副理事长兼西北分会理事长。

三、上下求索成大道

早在 20 世纪 50 年代李振岐留学苏联期间，他就曾认真研究过当时苏联 27 位植物病理学专家的成才之路。那时他就认识到，无论是人才个体成长或是人才群体发展，都有一定的规律性。探明这种规律并按此规律培养人才，组建合理、高效的人才梯队，无疑具有重要意义。

多少年来，他一直在努力探索和实践着这一思想。无论是他担当研究工作的“主帅”，还是兼任各种行政工作，他都把自己当做“人梯”来对待。他说，人皆为我师，我愿为人友。选人用人，绝不能有“利用”思想。凡是选用的人才，都要当做事业的接班人来看待。不仅不能压制人才，还应鼓励人才超越自己。这才是一个“人梯”应抱的起码态度。他认为自己是一名共产党员，为了祖国的建设事业，自己甘愿“以身作梯”，尽职尽责，至死不渝！

1976 年，他刚从陕西高陵教学基地返校不久，领导让他组配植物病理尤其是小麦锈病研究班子。有人建议他多选配能干的人才，有利于出成果。他说，选人当然要有标准。没有规矩，不成方圆。但是，每一个人的起始阶段，大体上都像一块顽石，其中都可能包裹着“和氏璧”，如果不把璞衣敲掉，顽石将永远是顽石，“和氏璧”就永远会在璞石里韬光养晦。

后来，他又对一些自信心不足的青年人说，我们每个人都有可能成为“核弹”，都蕴藏着巨大的潜能。第一流的人物可能是百万吨的人才，我们普通人也许是万吨级或十万吨级的。但有一条是共同的，就是大家都是“核弹”，都会在一定条件下释放出惊人的能量。金刚石光艳夺目，是自然界中最硬的矿物。石墨黑乎乎的，是自然界中最软的矿物，但化学家的研究结果告诉我们，它们的基本元素都是碳，只是金刚石的原子排列比石墨紧密得多。这就是说，只有元素与元素的“团结”紧密，才具有坚强的战斗力。化学家还告诉我们，在五六万个大气压和 1200℃～2000℃的高温下，利用人工方法，改变石墨的原子结构，石墨就可以变成金刚石。人的才能也是这样，虽然有高低之分，但结构要素是一样的。“和氏璧”、“核弹”、“碳元素”人人都有，就看你愿不愿“磨制”，会不会“裂变”，敢不敢承受“高温”和“高压”的锤炼。

为此，半个多世纪中，他尽一切力量使自己的学术团体形成合理的梯队，形成志同道合的聚力、合力。他说，自己是一名入党较早的党员，事事处处必须展现共产党人的境界、见识、气度，不能当“孤家寡人”。因为一个人的能力再大，也是有限的。而事业是无限的，必须像接力赛一样一代一代接替下去，才会有持久的生命力。一个研究集体，要有各方面的人组合搭配，“单枪匹马”能成什么事业?

因此，他总是与同志们一起运筹帷幄，周密地制定出长远的、近期的目标和计划，放手大胆地鼓励大家齐心协力去干，尽量发挥每个人的专长，鼓励大家“冒尖”。

为了开阔每位同志的眼界，他多方联系，让研究所的更多的同志到国外去开眼界、长见识、练功力，了解本专业国际上的研究动态，然后用于各自分担的研究工作。

为了使年轻人更好地成长，他常常现身说法，以自己的人生经验教育和告诫年轻人，必须加强人生观和世界观的改造，不断提高自己的政治觉悟和思想水平。要牢固树立为人民服务的思想，立党为公，淡泊名利；要有博大的胸怀，注意从全局观点、发展观点和一分为二观点认识问题和处理问题。他认为这是一个人能否实现自己宏伟志愿的前提条件。其次，要有强烈的事业心，要早立志，根据社会和学科发展需要，选准主攻方向，坚持到底，刻苦钻研，不断提高，并且能勇于接受新事物，善于总结，求实创新，不断前进。他认为这样做前进方向明确，工作动力足，进步快。第三，要注意发扬集体主义精神，积极主动地与周围同志搞好团结，互相学习，协作攻关，共同前进，攀登科学高峰；年龄长的人要甘为人梯，热情关心和支持青年人的成长。这样做可为国家、为人民做出更大贡献并且后继有人。第四，要学会科学的工作和生活。要培养良好的工作作风和方法，做工作要突出重点，持之以恒，不断进取，还要注意劳逸结合，保证自己经常有旺盛的精力；要养成良好的生活习惯，要有规律地生活，加强疾病预防，并且要有所爱好。生活是一门艺术，需要多多学习和体会，这样才能提高工作效率和生活情趣。第五，必须注意结合自己的身体情况，采取适当方法，加强身体锻炼，因为健康的身体是事业成功的保证。

他将“手下”人进行了全方位的“分工”，有的搞细胞水平研究，有的搞亚细胞水平的工作，有的在分子水平上开拓创新。他总是希望在自己的有生之年，尽自己的最大努力，为中国农业现代化，特别是为实现周总理根治中国小麦条锈病的遗愿，为培养年轻人，多做一些工作。

有了这样的想法，他就一心一意地、一以贯之地做“打基础”的工作。他一方面组织更大的力量将多年从事的研究领域的工作进行全面、系统、科学的总结与归纳，主编《中国小麦锈病研究》等大型专著和教材；另一方面着手建立植物病害研究资料最新数据库，并提供给研究集体中每个参与者，为的是使研究集体的所有人员的研究视野和水平，始终保持在国际、国内先进的前沿水平。

2002 年李振岐以其杰出的科研成果和贡献，获得了何梁何利奖。获奖后，李振岐捐出了全部奖金，设立了植物病理学创新研究奖，奖励在这一领域内取得创新性研究的应届硕士、博士研究生和博士后人员，鼓励研究人员大胆创新，以促进中国植物病理学科的发展。目前，该基金已奖励给西北农林科技大学的 3 名博士生和 1 名硕士生，以表彰他们在植物病理学领域取得的突出成绩。

2007 年 9 月 23 日，李振岐因病在西安逝世，享年 86 岁。

四、李振岐主要论著

李振岐，刘汉文. 1956. 陕、甘、青小麦条锈病发生发展规律之初步研究. 西北农学院学报，(4)：1-18；1957，(1)：33-46.

李振岐，刘汉文. 1957. 中国植物病理学会西安分会关于碧蚂一号小麦抗条锈性减退问题的讨论. 西北农学院学报，(2)：93-102.

李振岐，M C 杜宁. 1960. 小麦叶锈病菌致病力变异与品种抗病性和个体发育阶段关系的初步研究. 西北农学院学报，(3)：39-52.

李振岐. 1980. 关于小麦品种抗条锈性丧失问题的初步探讨. 西北农学院学报，(3)：83-92.

李振岐. 1980. 我国小麦品种抗条锈性丧失原因及其解决途径. 中国农业科学，3：72-76.

李振岐，E L 夏普，M 赖因赫尔德. 1983. 美国蒙大拿地区禾本科杂草对条锈病的感病性研究. 西北农学院学报，(3)：33-37.

李振岐，商鸿生，阴省林，等. 1984. 洛夫林小麦抗条锈病性变异问题研究. 中国农业科学，(1)：68-73.

李振岐，陆和平，马青，等. 1985. 小麦条锈菌夏孢子芽管核染色方法的改进研究. 西北农学院学报，(1)：1-13.

李振岐. 1985. 美国小麦锈病研究进展. 麦类作物，(2)：44-46；(3)：20-22.

李振岐，商鸿生. 1989. 小麦锈病及其防治. 上海：上海科学技术出版社.

Li Z Q. 1989. The cause of breakdown of resistance in wheat cultivars to stripe rust and its control strategy in China. 北京国际植物病理学术讨论会论文.

李光博，曾士迈，李振岐. 1990. 小麦病虫草鼠害综合治理. 北京：中国农业科技出版社.

李振岐，商鸿生，康振生. 1993. 密切注视绵阳系统小麦品种抗条锈性变异的新动向. 植保技术与推广，(3)：36-37.

李振岐，商鸿生. 1994. 小麦病害防治. 北京：金盾出版社.

李振岐. 1995. 植物免疫学. 北京：中国农业出版社.

李振岐，商鸿生，康振生. 1996. 加强陇南越夏易变区治理，加速根除小麦条锈病的危害. 病虫害防治绿皮书（中国科协）：65-70.

李振岐. 1997. 麦类病害. 北京：中国农业出版社.

李振岐，曾士迈. 2002. 中国小麦锈病. 北京：中国农业出版社.

李振岐，商鸿生. 2005. 中国农作物抗病性及其利用. 北京：中国农业出版社.

主要参考文献

牛宏泰. 1994. 神农之光. 北京：中国农业出版社：198-205.

牛宏泰，魏景刚. 1999. 大师 · 人梯——记中国工程院院士著名植物病理学家李振岐教授//中国人民政治协商会议陕西省咸阳市委员会杨凌区委员会文史资料委员会. 后稷传人（第 2 辑），中国杨凌农科城专家教授纪实丛书. 西安：陕西人民出版社：1-11.

李振岐. 2006. 我的自述（李振岐手稿）.

撰写者

牛宏泰（1956～），教授，西北农林科技大学高等教育研究所所长。李振岐先生的学生、李振岐科技教育思想研究者。

颜　济

颜济（1924～），四川成都人。作物遗传育种学家，植物学家。1948 年毕业于华西协和大学农艺系。曾任四川农业大学小麦研究所首任所长，四川农业大学作物遗传育种学科（国家级重点学科）首位博士研究生导师，国际小麦族协作组成员，四川省“六五”、“七五”、“八五”小麦育种攻关组组长。自 20 世纪 50 年代初开始从事发育形态和发育遗传基础研究，提出了植物器官发育不平衡理论和四川小麦育种与资源建设的“三级跳”目标。选育的“62 型”品种，打破当时意大利品种一统天下的局面，使四川小麦生产上了一个台阶；以“小麦高产抗锈的优良种质资源繁六及姊妹系”（主持人，获 1990 年国家技术发明奖一等奖）为代表的育种研究成果改变了四川麦区的耕作制，控制四川麦区条锈病 20 多年，对四川小麦产量连续上台阶做出了重大贡献；以“小麦族种质资源研究”（主持人，获 2000 年国家自然科学奖二等奖）为代表的基础研究成果，对农业可持续发展具有重要意义。出版《小麦族生物系统学（第一卷至第五卷）》，《小麦族生物系统学》是总结 1753 年以来全世界有关小麦族系统学研究的系列专著，也是当今全世界唯一的全面总结小麦族生物系统学研究成果的专著。他还发表了一系列与此相关的论文，订正了 Áskell Löve 创立的以染色体组为基础的小麦族系统。

一、家庭影响与求学生涯

颜济，1924 年 5 月出生于四川省成都市的一个书香门第。父亲颜楷（字雍耆），书法家，1904 年甲辰恩科殿试中进士，高居二甲第三名，次年派往日本东京大学学习法政，两年后回国，任翰林院侍讲，1909 年调任广西抚署总文案兼办法政、监狱两学堂。在北京受维新派领袖杨锐的影响，留学日本时又受孙中山等人的熏陶，思想激进。1911 年秋回成都，保路运动如火如荼，颜楷义愤填膺，在四川“保路同志会”运动中被推为干事长，成为四川辛亥革命的主要人物。由于他目睹革命后袁世凯窃国、军阀混战、民不聊生等与革命宗旨完全背离的种种现象，深感沮丧，他不愿做民国官吏，淡泊明志。1914 年，他全身心投入教书育人事业，在任四川法政学校校长时，他特别注重教学质量，尤其培养学生品质。他作为中国近代颇有成就的书法家之一，留下了不少珍贵的墨迹，今成都人民公园内“辛亥秋保路死事纪念碑”（南面）犹存其遗墨。颜济从父亲身上继承了刚直不阿、淡泊名利的性格。

颜济3岁时，父亲病逝。颜济的母亲担负起培养他的重任。颜济的母亲邹辛士，博通文史，工诗能文，擅长绘画。早年毕业于成都女子后期师范学校，毕业后从事教育事业。在教师的岗位上，她以渊博的学识、勤恳的工作、高洁的志趣、坦荡的襟怀，赢得学生的爱戴。对子女，她重在启发和引导，她很早就培养儿子栽花种树、绘画等多种兴趣，不断给他灌输学农的重要性：“人首先要吃饱肚子，解决饥饿问题，粮食生产无比重要。”母亲的启发和引导对颜济树立潜心搞农业与植物研究的志向产生了重要影响。

1941年，颜济于华西协和高中毕业后进入华西协和大学牙科学习。1942年，日本侵略军攻陷贵州独山，全国青年掀起“投笔从戎”、“保家卫国”的高潮。颜济毅然考入空军军官学校，成了一名飞行员，投身抗战行列。抗战胜利后，就读农艺系，1948年7月毕业。在读书期间，他利用课余时间在中学和小学讲授生物、植物、生理卫生等课程，以勤工俭学收入补贴学习费用。同时，他在华西协和大学生物系以学生的身份，做过植物学、普通生物学、比较解剖学、细胞遗传学、植物保护学、真菌学、园艺学、水稻育种学等许多课程的助教；在暑假期间给老师当采集员，如帮助刘承昭教授采集两栖动物等。这几年对颜济一生的科学研究有重大影响，他不但从指导老师那里得到教诲，更重要的是从实践中学到了更广泛、更深入、更丰富的知识，为后来的科学研究与育种设计奠定了重要基础。

二、四川小麦“三级跳”育种设计

20世纪50年代初，颜济认为，育种目标，也就是选什么样的品种，是非常重要的。品种必须适应不断发展的农业生产的需要，为大面积生产服务。由于用杂交的方法选育一个新品种，以目前技术水平看，一般也得四五代。运用一年多代繁育加速世代也得两三年，通常得有四五年，而用于生产也是六七年后的事，到八九年后在生产上才能真正“当家”起作用。因此选育的新品种要符合八九年后农业生产发展的需要。所以制定选种目标必须往前看，还应尽可能地看得准。这就需要选种工作者深入农业生产的实际，调查了解生产发展的需要，同时对其他方面，特别是国民经济的发展，也要有所了解，才能较为切合实际地制定选种目标 。

从产量目标性状上，颜济设计了“三级跳”育种目标：第一级跳，产量由原来的亩产 150～200 千克提高到 250～300 千克；第二级跳，亩产提高到 350～400 千克；第三级跳，选育超 500 千克的新品种。

1. “62 型品种”设计与选育

颜济毕业后，就着手对四川作物生产状况进行调查研究，积累了大量资料。新中国成立初期，一些新品种得到迅速推广，几乎更替了所有的地方品种，使小麦产量由新中国成立前的亩产几十斤提高到两三百斤，高产达到四五百斤。但是，他看到 20 世纪 50 年代四川小麦生产的现状是：推广的小麦品种川大 101、川福麦、五一麦等都有秆高不抗倒伏的问题；南大 2419 难于脱粒，不受农民欢迎；矮粒多不能抵抗新出现的“条中 1 号”条锈病，山农 205 严重感染白粉病而造成严重减产，甚至于颗粒无收。因此，当时急需用新的良种进行更换。

在此期间，与客观事例的对比，使他意识到优良品种必须具有综合多方面的优良性状，不抗病、不抗倒，单一高产性状在实际生产中是表现不出来的。同时，他反思了育种相关的一系列实际问题：育种不能只看田间试验统计分析的产量结果，看得见摸得着的形态学指标分析与设计重不重要？抗性如何才能在田间育种过程中作精确的鉴定？过去育种工作者流行“高产必须高秆（高生物产量）”、“高产必须长生育期”等看法是错的还是对的？

通过矮粒多与其他品种的形态学对比结果，他明确地提出以韧性好的矮秆形态结构与抗根腐病来克服高产与倒伏的矛盾，从而在四川进行了矮化育种。他把病菌孢子人工接种和严格鉴定抗性视为关系育种成败的重要手段，进行流行锈病与白粉病病菌孢子的人工接种以加强育种田间的发病概率，从而提高抗性选择的可靠性；以多花多实、不落粒、易脱粒、早熟、高产的综合性状设计为育种目标来进行严格选择；用田间多次观测评价取代了只看最后的产量统计，把产量估算在综合性状设计之中；从发育形态学的分析出发，估计了试验田与生产大田之间的生态差异。通过上述育种设计，他在 1962 年选育并推广了大头黄、雅安早、竹叶青三个被农民称为“62 型品种”的第一批早熟、抗病、抗倒的高产良种，使四川的小麦产量由南大 2419、矮粒多的 150～200 千克提高到 250～300 千克，高产田块达到 350～400 千克的新水平，上了一个新台阶，并与当时从国外引进的意大利良种“阿波”在四川“平分秋色”，播种面积各占 1500 万亩左右，打破了国外引进品种在四川一统天下的局面，也是四川本省自己育成的第一批大面积推广的品种。

从这一批品种的育成看来，起决定性作用的是育种目标设计的正确性，符合生产实际的需求。与南大 2419、矮粒多等品种相比，“62 型品种”具有更高的产量。

而且，经人工接种流行锈病孢子形成的严格抗锈性选择使之具有好的抗性；有秆矮、茎秆弹性好、根系抗根腐病等综合性状构成的强抗倒性；具有颖壳薄、易脱粒、早熟等优良综合性状。虽然它们亲本来源各异，大头黄来自地方品种天然变异的选系，雅安早与竹叶青来源于地方品种与引进改良品种间的人工杂交子代，但它们的综合农艺性状是相似的，因为它们是“一个模子（育种目标）铸出来的”，都具有“62型品种”的特色。实践证明正确育种目标的设计是育种成败的关键，目标确定以后，创造能严格鉴定的环境条件以完成按目标进行的严格选择，才能选育出符合育种目标、具有优良综合性状的好品种。颜济认为，地方品种系选也好，引进品种也好，品种间杂交也好，远缘杂交也好，只要它们具有你的育种目标所要求的目的基因组合，能满足育种目标的需求，育种材料的来源以及育种的方法都应当是不拘一格的。

2. “繁六”及姊妹系品种设计与选育

20世纪50年代后期，中国人多地少的矛盾已经显得十分突出。能不能缩短生育期以提高复种指数，同时提高单位面积产量？这个问题在农业生产中被提了出来。针对这一问题的提出，过去农业专家中流行的一种看法，即“高产必须长生育期”又突显出来，说这是“又要马儿跑得好，又要马儿不吃草”、“是违反科学规律办不到的事”！并且拿出许多统计资料来证明，颜济并不怀疑这些统计的真实性，但他认为统计只能描绘客观事物，反映客观事物的现状，它不是客观事物本身的规律，更不能代表客观事物未来的发展。客观事物变了，统计结果也必将随之而改变。

根据颜济的小麦发育遗传学与发育形态学研究资料，他认定小麦的一生具有几个不同的发育形态阶段。第一发育形态阶段的长短常决定分蘖芽的多少。分蘖芽能否成穗？单位面积成穗多少？更重要的是受播种密度的制约。库容的小穗数与小花数，也就是穗大粒多的问题，是由第二、第三形态发育阶段的持续时间长短与发育分化速度所决定。粒重是开花灌浆持续时间长短与灌浆速度所决定。缩短第一形态发育时间，适当延长第二与第三形态发育阶段时间与灌浆时间就可适当缩短总生育期而又得到穗大、粒多、粒重的早熟高产新品种。根据这一发育形态学的分析，他采用强春性的亲本来缩短第一发育形态阶段；采用分枝麦来提供第二、第三形态发育阶段长与分化速度快的遗传性；其他还有秆矮、抗病等诸多遗传亲本的要求。所需亲本组合不可能用简单的杂交方式来解决。为缩短目的基因杂交聚合的时间，颜济就大胆地采用了美国哈兰教授在理论分析中论证过的“聚敛杂交”法。但是，这种复杂的多亲本多次杂交，基因组合特别复杂，目的基因的重组概率非常小，子代需要很大的群体才不至于丢失。当时我国的试验土地条件与人力物力都很难满足这样的要求，就是在国外也没有人来实际应用。因此，他对哈兰的聚敛杂交加以改进，用选显性的方案来直接追踪目的基因（选用显性目的基因），因而目标组合不易丢失。原来估计选显性可能纯合期稍为长一些，但实际上用了八年时间，在聚敛后的杂种第五代就把期望的新小麦得到了。这是世界上第一次用标准“聚敛杂交法”，在短短的几年间就把七个亲本（系谱：IBO1828/ NP824/3/五一麦//成都光头分枝麦/中农 483 分枝麦/4/中农 28B 分枝麦/IBO1828//NP824/阿夫）的 10 个目标基因性状聚敛在“繁六”及其姊妹系之中。“繁六”及其姊妹系具有高产、抗病、早熟、矮秆等优良特性，满足了多熟制要求，改变了四川麦区的耕作制，尤其是它具有抗条中 17 到条中 29 的 13 个条锈菌生理小种、20 个生理型的抗性基因，使其 20 年保持抗性不衰。由于这些优良性状都是显性性状，适应能力特别强，“繁六”及其姊妹系几乎覆盖了整个四川小麦生态区（包括四川及其邻近省区），年种植面积超过 3500 万亩。

集七个亲本优良性状于一身的“繁六”及姊妹系不仅是四川 20 世纪 70 年代主要的换代品种，而且由于它的优良特性是显性，遗传力特别强，作为珍贵资源，在育种上被广泛应用，成为四川麦区小麦品种演变过程中具有极其重要意义的一个小麦育种亲本种质，由它衍生了绵阳、川麦、川育等多个系列一大批品种，其中包括获得国家技术发明奖一等奖的小麦品种绵阳 11。“繁六”及姊妹系衍生的 20 多个小麦优良品种成为以后 20 多年小麦生产的当家品种，占全省小麦栽种面积的 90%以上，把四川小麦产量由 250～300 千克提高到 350～400 千克，个别田块上 500 千克，使四川小麦生产上了一个台阶。据不完全统计，“繁六”及其衍生品种仅在 1978～1988 年的 10 年，四川省就累计种植 2.1 亿亩，增产小麦 65.5 亿千克。这些品种还广泛种植于陕、甘、黔、滇、湘等省，创造了巨大的经济效益和社会效益。“小麦高产抗锈的优良种质资源繁六及姊妹系”荣获 1990 年国家技术发明奖一等奖。

3. 育种资源发掘与研制

通过“62 型品种”和“繁六”及衍生系的推广应用，四川小麦生产，自新中国成立以来已连续跃上了两个台阶：第一个台阶，产量由原来的亩产 150～200 千克提高到 250～300 千克；第二个台阶，小麦亩产提高到 350～400 千克。颜济认为四川小麦要上第三个台阶，选育超 500 千克的新品种，从现有推广品种遗传潜力看，已是不可能。要实现小麦“三级跳”育种目标，必须有新型的优良种质资源的开发和利用。颜济为了实现第三级育种目标，选育出稳产千斤、优质、抗病、抗逆的新一代品种，他将育种研究的重心投身于育种资源的创制。

颜济认为在四川盆地生态条件下，增加穗粒数对小麦产量上新台阶很关键。虽然可以通过提高每小穗的小花数（多花多实品种）来增加穗粒数，但是由于同一小穗的不同小花之间的发育差异大，导致种子大小很不均一，或者低粒重，从而显著降低了商业价值。另一个方式是，通过提高小穗数的方式来增加穗粒数，从而达到更高产的目的。颜济从20世纪50年代开始，希望通过分枝麦的方式提高小穗数，但在此后的几十年育种实践，从未获得粒重较好的分枝小麦品系。遗传上也证明，分枝麦中的分枝基因有导致粒重降低的效应。分枝麦育种的方式是很难行通的，因此，他采用了独秆小麦产生大穗的方案。但是，多年实践表明：独秆小麦虽然可以产生大穗，但是其反常的高剂量的内源激素Auxin与Phyllocaline的作用使构成产量因素的小穗数并未增加，相反这类激素所造成的大叶严重减少了单位面积成穗数，同时光合作用所同化的有机物质不向麦粒转运，造成瘪粒，不但不能增产，反而造成减产；在发现分枝穗型小麦或独秆型小麦育种形式很难行通后，他着重开始进行有正常穗型、株型的多小穗材料的研制和研究工作。通过将黑麦的多小穗基因导入小麦育成多小穗种质材料10-A，其多小穗性状能够稳定表达，每穗小穗数多达30～37个，小穗数目多于普通小麦品种40%～100%。它既不分枝，也不是独秆，是一种新型的多小穗材料。他指导学生完成基因定位，结果表明：10-A的小穗数目受5A、7A、1B、2B、2D、3D和6D染色体上的基因控制。应用10-A育种实践表明，利用多小穗基因，可在四川盆地的生态条件下，选育出亩产上千斤的小麦。同时，由分枝小麦创制出多小穗材料分枝1号，并完成了它的基因定位工作，表明它可能是一个更好用的种质资源。

为了改良小麦品质，颜济把来源于克里木卡的高分子质量谷蛋白5+10亚基基因转育到70-5858种质源中，用70-5858与“繁六”杂交派生的绵阳11达到烘烤品质全国十佳的水平，打破了“四川不能生产优质小麦”的旧有认识。为了克服穗发芽降低小麦品质或导致品质年度间不稳定的问题，颜济发现采集来自河南新乡的节节麦具有特强的休眠性，在四川潮湿的田间，甚至在稻田中也能自然越夏，他指导助手用四川四倍体矮兰麦与节节麦杂交合成新的六倍体小麦，证实高抗穗发芽基因等在六倍体小麦背景表达，为四川选育抗穗发芽的优质小麦打下了坚实的基础。从1985年开始，他指导学生和助手系统地对小麦族（涉及18属93种）进行抗赤霉病鉴定和分析，明确了赤霉病抗性在小麦族属种间的基本概况和分布特点，小麦族遗传资源对赤霉病的抗性与其生态环境的关系，不但筛选出了抗性优异的遗传资源供将来的赤霉病抗性育种使用，而且为他们进一步寻找赤霉病抗源提供了指导依据，从而完成赤霉病育种的一项重要的基础工作。

早在20世纪50年代，颜济就开始远缘杂交转移外源优良基因的研究工作。从1956年开始进行小麦与黑麦杂交，在1973年就获得结实率达40%，抗三锈、对白粉病免疫的小麦新资源，但由于结实率问题，未能用于小麦生产。1969年（NP824x夫诺）F_5与四倍体波兰小麦杂交的一个组合，其后代出现了特异的、类型非常丰富的分离，并从中选出了一系列的超亲、矮秆（50厘米左右）、株型紧奏、叶片直立、根系强健、抗病、成熟期早（5月上旬）、籽粒优良，并将波兰小麦的籽粒透明琥珀色、抗病性等导入普通小麦，获得高度集约型的稳定远缘杂交材料NPFP系列。为了解决远缘杂交亲和性问题，指导学生筛选并创制了以J-11为代表（比中国春的杂交亲和性更优异）的一批远缘杂交高亲和新种质，并明确了高亲和新种质的遗传机理是它们具有*kr*1、*kr*2、*kr*3、*kr*4四对可杂交性基因，这对推动小麦外源基因转移有重要作用。

在资源评价和创新工作中，他还指导研究生发现、命名并定位了一批新基因，如普通小麦1A染色体上的*kr*4基因和*Nr*基因，西藏半野生小麦3D染色体短臂上的脆穗基因*Br*1，西藏半野生小麦2D染色体短臂上的包壳基因*Tg*，*Lophopyrum elongatum* $4E^e$染色体上抑制小麦高亲和基因表达的基因，四倍体小麦1A、6A、7A染色体上的可杂交性新基因，小麦1D、5B、1B、2B染色体上的抽穗新基因等。

三、小麦族生物系统学及形态发育研究

1983年，颜济参加了新疆野生近缘植物资源的考察工作，并在新疆伊犁地区发现普通小麦的D染色体供体物种——节节麦。1986年，颜济与联合国国际植物遗传资源委员会（IBPGR）合作，五年时间由颜济负责中国大区的小麦种质资源调查项目，参加研究的有瑞典、丹麦、加拿大、日本的科学家。自1983～1998年15年间，颜济及夫人杨俊良教授带领学生和助手们系统地对中国新疆、西藏、陕西、青海、甘肃、宁夏、内蒙古、四川、黑龙江、辽宁、吉林、山东、湖北、山西、江苏、浙江等16个省（自治区）和美国、加拿大、瑞典、丹麦、日本、澳大利亚等6个国家进行了野外实地调查，共收集和征集小麦族近缘属植物标本3000余份，种子6500余份，分属于小麦族21属190种35变种，建立了国内外完善的小麦族种质资源基因库和标本室。

1990年他在*Canadian Journal of Botany*上发表戈壁仲彬草*Kengyilia gobicola* Yen et Yang，并以该种为模式建立了新属：仲彬草属*Kengyilia* Yen et Yang。在第二届国际小麦族学术研讨会中正式收录了*Kengyilia*的基因符号*StYP*。发现新

种12个，新变种1个，新组合19个，新分布3个，首次报道了42个物种的染色体数，28个物种的核型，首次确立了16个物种的染色体组组成；应用细胞学、细胞遗传学、分子生物学等方法对资源进行整理、鉴定和分类，确立小麦族属间、种间系统亲缘关系，澄清了小麦族系统学上一些疑点，订正了分类学上的一些错误。1998年，由中国农业出版社出版了专著《小麦族生物系统学 第一卷 小麦-山羊草复合群》，该书全面系统地总结分析了小麦山羊草复合群近三百年来的研究成果。

颜济在小麦族属种间细胞遗传学的研究中发现，细胞间核物质不但可以通过胞间连丝以染色质的形式相互转移，还可以通过接合管或接合孔转移整个间期核，转移分裂前期的染色丝，中期的染色体。肯定了细胞融合（cytomixis）在系统演化中的作用，并提出花粉管可能是接合管演化形成的一种变式。这一受遗传控制的核物质行为，在高等植物中具有极其重要的生物学意义，阐明了一些高倍同源-异源多倍体以及非整倍体的形成机制。

颜济在植物发育形态学研究中，发现复小穗的器官形态建成过程与过去的茎叶节学说（phyton theory），以及当前流行的顶枝学说（telome theory）显然矛盾，由此建立了多级次生节轴学说（multiple secondary axes theory）统一了这些矛盾。阐明轴性上端适应光合作用而扩展，表面积增长大于体积增长造成中空，形成内腔，并开裂平展形成叶。在吲哚乙酸集中的内腔底部形成次生分生组织并发育成次生生长点成长为次生轴，按第一节轴的同一方式扩展成为第二叶。第二节轴两级生长的下端分生组织形成节间生长组织。按同一方式构成上位的各个叶片，多级极轴的联合构成茎，合理地解释了所谓的“根茎转换”。双裂节轴构成对生叶，由于对生叶相互间不平衡发育造成位移并形成互生，发育不平衡带来的面积差所造成的相互推移，构成了螺旋互生叶序。左旋、右旋是初始面积差的方位确定。脉序是促使输导组织特化的吲哚乙酸流迹所形成，合理地阐明了勾芒以及禾本科叶片缢痕的来源。指出原始的双裂节轴是石松，单裂节轴是真蕨，多裂是木贼。并指出泥盆纪的星木才是高等植物演化进程中的一个主干，尼莱蕨是旁枝，可能是一种叶退化了的腐生植物。

四、创新不已

1990年，颜济主持的“小麦高产抗锈的优良种质资源繁六及姊妹系”荣获国家技术发明奖一等奖。1997年，他获得香港何梁何利基金科学与技术进步奖。2000年，他主持的“小麦族种质资源研究”获得国家自然科学奖二等奖（当时连续多年的国家自然科学一等奖空缺）。尽管如此，但他并没有停止前进的步伐，80多岁高龄仍然潜心于科学研究，目前仍然往返于美国、加拿大、中国的图书馆、标本馆。他思维仍然非常活跃，不墨守成规，不断创新。

禾本科小麦族中，属种繁多，这些属种不但为麦类作物改良提供了丰富的基因源，而且一些属种是重要的牧草和生态物种，因此有非常重要的价值。但是，小麦族各属种间系统关系、分类地位处理复杂，为了让一般的研究者方便利用这些属种，颜济近年专心于小麦族物种生物系统学工具书的撰写工作。2004 年出版了《小麦族生物系统学 第二卷》，该卷包括黑麦属、小黑麦属、簇毛麦属、旱麦草属、亨氏草属、带芒草属、异型花属、类大麦属、大麦属；2006 年出版了《小麦族生物系统学 第三卷》，该卷包括仲彬草属、杜威草属、冰草属、南麦属、花鳞草属；2012 年出版了《小麦族生物系统学 第四卷》；《小麦族生物系统学 第五卷》将于 2013 年出版。它们是总结 1753 年以来全世界有关小麦族系统学研究的专著系列，也是当今全世界唯一的全面总结小麦族生物系统学研究成果的专著。

最近他还发表了一系列与这些专著紧密相关的论文，订正了 Áskell Löve 创立的以染色体组为基础的小麦族系统关系。2005 年颜济在 *Canadian Journal of Botany* 发表了新属 *Douglasdeweya* 和一些新组合，在 *Acta Phytotaxonomica Sinica* 发表文章综述了小麦族生物系统学工作进展；2008 年，在 *Novon* 发表了 3 篇关于小麦族分类的文章；2009 年在 *Journal of Systematics and Evolution* 发表了论文 *Synopsis* of Leymus *Hochst*（*Triticeae*：*Poaceae*）。

2009 年 5 月 31 日至 6 月 5 日，参加了在日本京都大学举行的第六届国际小麦族学术大会，85 岁的颜济教授做了题为“Historical review and prospect of taxonomy of tribe Triticeae (Poaceae)”的大会特邀报告。为争取下届大会举办权，颜济还代表四川农业大学做了题为 *An introduction to Chengdu*，*Sichuan and China*：*A best place for 7th International Triticeae Symposium* 的报告，对学校概况，成都及四川的历史、人文环境和自然生态环境，以及中国在小麦族研究方面所取得的成绩进行了介绍。通过投票表决，四川农业大学超过德国著名的植物遗传与作物研究所(IPK)，获得第七届（2013 年）国际小麦族学术大会的主办权。

颜济教书育人正如他做学问一样：有明确的目标和严格的标准。学生们认为颜老师是“严”老师。他强调学生的独立科研能力的培养，特别是思维逻辑培养。他经常告诫学生“不能人云亦云”，“人急马不快”。从 1988 年招收博士开始，他就要求自己的博士必须在国际学术刊物上至少发表两篇论文才能毕业，在他看来博士读五六年很正常。他认为，不能靠人情味，只有国际刊物的匿名评审才最有说服力。在他手中，甚至开了因某博士生不亲自做试验、取样而被退学的先例。如今，在美国、英国、加拿大工作的博士，已在国际同行有较高的声誉；在四川工作的6位博士全都是省学术与技术带头人。

在颜济1999年发表的《五十年四川小麦育种研究的回顾与前瞻》一文中，他写到："这五十年，是新中国建立、成长、壮大的五十年；是民生凋敝、贫穷落后、饥寒交迫的旧中国走向温饱小康、国富民强、科学文化蓬勃发展的五十年；这五十年的发展，是在几代仁人志士浴血奋斗、前赴后继打下的基础上建立起来的。四川的小麦科学研究也就是在这样一个历史洪流中逐步发展起来的。""文化大革命"蹲牛棚期间，颜济没有停止工作，仍然进行小麦研究；如今88岁高龄了，他没有停止工作，仍然在为小麦研究打基础。

五、颜济主要论著

颜济．1955．成都早熟菜用大豆"翻种"问题的研究．植物学报，4（4）：361-374.

颜济．1959．芸薹属心皮形态的新见解．植物学报，8（4）：271-280.

颜济．1963．小麦生长锥发育形态的观察．作物学报，2（4）：411-426.

颜济．1965．论小麦穗形结构的发育遗传．遗传学集刊，6：116-129.

颜济．1973．二十年小麦杂交育种工作总结．南方麦区小麦育种协会会议资料选编，35-40.

颜济．1977．四川盆地多熟制小麦高产品种选育的一些体会．中国农业科学，1：50-54.

颜济．1984．小麦属的分类．植物分类学报，21（3）：285-296.

Yen C，Yang J L．1990．*Kengyilia gobicola*，a new taxon of Triticeae from China．Can J Bot，68（9）：1894-1897.

Baum B R，Yen C，Yang J L．1991．*Kengyilia habahenenisis*（Poaceae：Triticeae），a new species from Altai Mt，China．Pl Syst Evol，174：103-108.

Yen C，Yang J L，Sun G L．1993．Intermeiocyte connections and cytomixis in intergeneric hybrid of *Roegneria ciliaris*（Trin.）Nevski with *Psathyrostachys huashanica* Keng．Cytologia，58：187-193.

Yen C，Yang J L，Baum B R．1995．*Kengyilia guidenensis*（Poaceae：Triticeae），a new species from Qinghai，China．Novon，5：395-397.

Yen C，Yang J L，Baum B R．1998．New taxa，new combinations and observations in *Kengyilia*（Poaceae：Triticeae）．Novon，8：94-100.

颜济，杨俊良．1998．小麦族生物系统学 第一卷 小麦-山羊草复合群．北京：中国农业出版社.

颜济，杨俊良．2004．小麦族生物系统学 第二卷 黑麦属 小黑麦属 簇毛麦属 旱麦草属 亨氏草属 带芒草属 异型花属 类大麦属 大麦属．北京：中国农业出版社.

Yen C，Yang J L，Baum B R．2005．*Douglasdeweya*，a new genus，with a new species and a new combination（Triticeae：Poaceae）．Can J Bot，83：413-419.

颜济，杨俊良，Baum B R．2006．小麦族生物系统学 第三卷 仲彬草属 杜威草属 冰草属 南麦属 花鳞草属．北京：中国农业出版社.

Yen C，Yang J L，Baum B R．2008．*Roegneria heterophylla*，a new combination for *Roegneria*（Poaceae，Triticeae) from Lebanon. Novon, 18: 405-407.

Yang J L, Baum B R, Yen C. 2008. A revision of the genus *Roegneria* K. Koch (Triticeae: Poaceae). J Sichuan Agric Univ, 26 (4): 311-381.

Yen C, Yang J L, Baum B R. 2009. Synopsis of *Leymus* Hochst (Triticeae: Poaceae). J Syst Evol, 47: 67-86.

颜济，杨俊良. 2012. 小麦族生物系统学 第四卷 窄穗草属 新麦草属 赖草属 拟鹅观草属 鹅观草属. 北京：中国农业出版社.

主要参考文献

颜济. 1973. 二十年小麦杂交育种工作总结. 南方麦区小麦育种协会会议资料选编，35-40.

周跃东. 1992. 小麦优良种质资源繁六及姊妹系的选育和应用分析. 四川农业大学学报，10：682-688.

张彦. 1993. 记百岁老画家邹辛士. 文史杂志，6：36-37.

张彦，妙首. 1994. 世纪贤伉俪. 红岩春秋，1：13-15.

颜济. 1999. 五十年四川小麦育种研究的回顾与前瞻. 四川农业大学学报，17：108-113.

撰写者

刘登才（1970～），四川农业大学小麦研究所研究员、博士研究生导师，硕士和博士学位在颜济的指导下完成，目前从事小麦遗传育种工作。

陈子元

陈子元（1924～），浙江鄞县人。核农学家，创建农业生物物理学科，是中国核农学开拓者之一。1991年当选为中国科学院学部委员（院士）。1944年毕业于上海大夏大学化学系。他自1958年起长期从事核农学的教学和科学研究工作，和同事们利用放射性同位素标记，先后合成了15种有机砷、有机磷和有机氮等同位素标记农药，并应用同位素示踪法对各类农药在土壤和水稻、棉花、桑、茶、中药材等植物上的吸附、残留、转移、消失和分解等的规律、机理进行了系统的研究，提出了安全使用农药，减少农业环境污染的有效措施。20世纪70年代，他主持了由国内43个单位协作的“农药安全使用标准”攻关项目，完成了29种农药在19种农作物上的69项农药安全使用标准研究，为国家制定“GB-4285-84”农药安全使用标准提供了科学依据。80年代，他主持并组织有关院、所协作，承担了农业部的“农药对农业生态环境影响的研究”重点项目，摸清了几种取代六六六的新农药在农业生态环境系统中的运动、变化规律，为开发高效低毒、低残留的新农药、新剂型和保护农业生态环境安全性评价提供了科学依据和有效措施。在对农业生态环境科学的基本理论研究中，他率先引进动力学概念，采用示踪动力学数学模型来研究农药及其他农用化学物质在生态环境中的运动规律，为开发农药新剂型与安全使用评价提供了理论根据。

一、成长经历

1924年10月5日，一个男孩在上海斜土路一间普通民居出生了，恰逢午夜子时，又是甲子年，父亲陈贤本就给他取名子元，这不仅是对一个新生命的祝愿，也是对自己未来的憧憬。陈贤本13岁时跟随同乡到上海的华实学校，半教半读完成初中学业，随后考入永安公司木器部当售货员，凭着做店员时发奋自学的英文基础，三年后陈贤本又考上了上海电话局的前身——上海德律风公司当收账员，并由此结识了一位瑞士籍的毛纺织工程师，开始了人生重要的转折。1926年，陈贤本与人合伙开设了国内第一家骆驼绒厂，由此开始了在上海实业界浮浮沉沉的曲折经历，直至1940年冬天，“中国统一呢绒厂”因战乱关闭停业。父亲的创业道路与创业经历给幼年的陈子元留下深刻的影响，父亲那种勤于学习、勇于抓住机遇、善于把握时机、不断开拓创新的精神，为陈子元的成长树立了典范。

童年时代的陈子元，可以说是父母省心的长子、弟妹们温和的长兄。他 6 岁进沪东公社（沪江大学附小）读初小，比起大上海当年的许多普通贫困人家，陈家的日子还算得上宽裕，父亲工作很忙，虽然厂子就在隔壁，但极少能顾家，此时的他便帮助母亲照顾弟妹。初小毕业后进入正中小学读到高小毕业，学习成绩虽不是名列前茅，但也一直顺利，从未让父母为他的学习操过心。1937 年 7 月，陈子元从正中小学毕业，抗日战争爆发了。

陈子元的中学生涯免不了动荡，为了适应各所学校，聪明好学的他对课业始终抱着一种展翅先飞的姿态，以至于每转一所学校，都会跳一级，在中国中学读完初一，转到肇和中学就直接读初三了，初中毕业考入上海中学理科一乙班，也是读了一年，因学生反对汪精卫亲日罢课，学校被解散，等到重新考入光厦中学，就已经读高三了。

1941 年，陈子元考入上海大夏大学化学系。大学时期的他不仅学习勤奋，也积极参加实践，热心社会活动。在努力学习之余，他和同学们集资建立了一个简易的化学实验室，并取名为“诚正工艺社”，制造肥皂、牙膏、墨水等一些化工日用品，自产自销，销售后的钱除一部分购买原材料外，多余下来的都留作搞活动之用。诚正工艺社的活动促使同学们更加关心社会时事和国家大事，也使同学们接受了共产主义进步思想的熏陶。1944 年，陈子元只用了三年的时间就修满了学分，提前一年取得了本科毕业的资格，成为大夏大学第 19 届毕业生，那一年，陈子元刚满 20 岁。

陈子元毕业后，经化学系李博达老师推荐去了四维化学农场（Safeway Chemical Farm）从事无土栽培技术研究，当时国内尚无人开展此类研究。陈子元很快就熟悉了无土栽培的应用流程，并成为匈牙利籍植物生理学家蔡古（George Czako）的得力助手。1945 年抗战胜利后，流亡的一部分大夏大学迁回上海，与留沪的一部分合并，并归中山北路原校址，师资告缺，化学系希望陈子元能回学校任教，陈子元自己也更愿意作教师，故而在 1946 年 2 月辞职，重回大夏大学。

此时的陈子元已有九个兄弟姐妹，父亲已不再经营生意，经济的拮据让他放弃了考取留学或是进修深造的想法，踏踏实实在大夏大学作了六年助教和讲师，其间的 1947 年，他与同学的妹妹、学医的李秀珍结为百年之好。

1951 年，大夏大学与光华大学等高校合并，成立了上海华东师范大学，陈子元在化学系任讲师。次年，因师资力量单薄，陈子元被调往苏州浒墅关的苏南蚕丝专科学校，以副教授的身份担任该校化学教研组的组长。学校分大专和中专两部分，他在大专教授有机化学，同时走入生产实践，帮助蚕农解决一些实际问题。为解决蚕房消毒问题，他在学校的实验室里反复配制漂白粉溶液，寻找测定有效氯的简易方法，并设计出一种简单易掌握的测定方法供蚕农学习操作，深受蚕农欢迎。

1953年院系调整，苏南蚕丝专科学校一分为二，丝科并入上海华东纺织工学院，蚕科则归属于浙江农学院。浙江农学院方面缺人，陈子元便与家人商量，放弃了回上海的机会，随蚕科师生去了浙江。其间，他任农学系副教授和化学教研组主任。1956年学校成立土壤农业化学系，化学教研组并入，陈子元兼任系副主任，同年他入了党。

1958年10月，浙江农学院的师生全部被安排下了乡，并且依照农村体例，编制成了若干个大队，分赴嘉兴、金华、宁波和绍兴等地区。陈子元是金华大队的大队长，然而11月他便被学校召回，成为学校选拔去上海参加苏联专家组主讲的全国原子能和平利用讲习班的青年教师之一，而且还是学校指定的领队。讲习班分设了10个专业组，陈子元担任同位素农业应用组的组长。这次为期2个月的讲习班学习成了他人生的转折点，从化学研究转向原子能农业应用研究，开始了全新的耕耘。自此，他一直工作在核技术在农业和环境科学中应用的第一线。

陈子元1978年晋升教授，1979～1989年任浙江农业大学副校长、校长，曾任国际原子能机构总干事科学顾问委员会委员、国家自然科学基金委农业科学评议组组长、农业部科技委员会委员、国务院学位委员会学科评议组成员及分组召集人、浙江省科协副主席，现任浙江大学农业与生物技术学院教授、农业部核农学重点开放实验室主任、中国原子能农学会和浙江省核学会荣誉理事长等。

二、主要研究领域和学术成就

（一）从事产业化无土栽培的科技人员

陈子元最早的研究领域就是我国现在全国各地在农作物和果蔬生产等方面广泛应用的无土栽培。他的大学毕业论文《植物的化学培植》（即无土栽培），这本篇幅近百页且珍藏了60多年用钢笔书写、字迹秀丽的论文原稿，现保存在浙江大学档案馆。

1944年7月，陈子元从上海大夏大学化学系毕业后，进入了中国第一个产业化无土栽培农场——上海市四维化学农场。该农场以无土栽培无籽番茄为主，产品以纸盒小包装供应西餐馆，深受大众欢迎。陈子元当时在匈牙利籍植物生理学家蔡古的指导下从事无土栽培的研究，至今在他的档案中还保留着一本厚厚的1944～1945

年从事产业化无土栽培研究的工作笔记，以及 1941 年中国化学工业社印行的一本厚 42 页的科普读本——《无土种植法浅说》。1993 年 7 月，上海市农业科学院园艺研究所王化研究员在杭州参加“国际无土栽培学术讨论会筹备会”时，陈子元还向王先生提供了中国早期无土栽培的一些历史史料。

（二）中国核农学的先驱

1. 创建同位素实验室和农业物理系

1953 年 9 月，全国高校院系调整，陈子元调入浙江农学院从事教学和科研工作。1958 年，他受组织委派，率领从浙江农学院各系选拔出来的八名优秀中青年骨干教师，赴上海中苏友谊馆参加当时由苏联原子能局局长泽维斯基为首的专家组主讲的全国“原子能和平利用讲习班”。结业后，陈子元受命组建了全国高等农业院校第一所放射性同位素实验室（核农所的前身），成为中国将核技术应用于农业和生态环境保护领域的先驱者之一。

创建同位素实验室初期，由于众所周知的中苏关系恶化和国际封锁，困难重重。当时既没有现成的经验，又没有充足的设备条件，实验室的运作非常困难。陈子元和他的同事们主要靠自力更生，想方设法自制简易设备，他认为这不仅能暂解燃眉之急，同时还能在设计、改进和动手过程中，不断加深对所要从事的研究项目的理解和思考，对于一些无法自行解决的设备，他想方设法、四处求援。除此之外，他还要在学校举办的培训班上讲授关于原子能和平利用这一全新的科研内容，建立一支专兼结合的原子能和平利用科研队伍。

1960 年 2 月，浙江农学院和浙江农业科学研究所合并，成立了浙江农业大学和浙江省农业科学研究院，并新建农业物理系、农业物理研究所，系和研究所的党委、行政一套班子，陈子元出任系副主任兼研究所副所长。他带领一批青年教师边教学，边进修培训，边进行试验研究，边编写教材，创办了农业物理系。到了 1964 年，学校开始贯彻国家制定的“调整、巩固、充实、提高”之八字方针，浙江农业大学和浙江农业科学研究院又不再合二为一，把教学和研究分离开来了，农业物理系改为生物物理教研室，原子能农业利用研究所则归属农科院。所幸，农业物理系正式撤销的时候，同位素实验室留在了浙江农业大学。农业物理系前后存在了四年的时间，虽然是仓促草创，在一些具体做法上因条件所限，不太符合常规，但是它在中国核农学萌芽时期所起的作用和取得的成绩是不容忽视的。

2. 追踪农药残留，开拓核农应用领域

经过一段时间的努力，虽然陈子元对放射性同位素技术在农业科学和生产上应用的知识和操作技能有了初步掌握，但是参与人员对新兴科技一窝蜂地趋之若鹜，研究项目的“百花齐放”，研究心态的“大跃进”，使得虽然进行过反复不懈的探索，试验效果仍然不大，许多人的热情就这样慢慢地冷却了，宁愿回到自己原先的专业。面对这段经历，陈子元这样写道：“原子能在农业中的应用是一个新的研究领域，大家缺乏经验，需要在实践中不断进行探索，另一方面又期望迅速取得科研成果，由此‘遍地开花’。经过两年多的工作，虽然得到一些研究结果，但在农业生产上实用意义不大。因而有的同志产生动摇，不想再搞下去，又回到原来的教学岗位。对此，我作了冷静思考，认识到必须充分考虑同位素科研工作的特点，找出一个对促进农业生产有价值的课题。”于是，陈子元反复思考后做出了“走出实验室，到生产实践中去找课题”的重要决定。

通过与同事们的大量调查研究，陈子元了解到中国农业生产中广泛使用化学农药后，虽然减轻了病虫害造成的损失，对农业的增产起到一定的作用，但是大量使用农药导致残留农药对农作物及其产品的污染，直接影响到人畜的安全。要解决这个问题，首先必须搞清农药在作物体及其周围环境中的动态、数量和质量的变化，这样才能确保安全，制定出合理使用农药的标准和有效的方法。但是，国内没有现成的标记农药可供采购，从国外进口价格昂贵，又不及时。于是从1963年起陈子元开始了放射性同位素标记农药的合成研究。他和同事们自力更生、艰苦创业、夜以继日，使用常规的仪器设备，先后利用碳-14、磷-32、硫-35和砷-76等放射性核素研制合成了15种同位素标记农药。随后他和同事们应用同位素示踪技术对各类常用农药在农作物如水稻、棉花，以及桑、茶、中药材等上的吸附、残留、转移、消失和分解等的规律进行了系统的研究，经过无数次试验，明确了农作物农药残留量的大小与施药的数量、次数、时期、方式等有关。这项研究成果不仅为开展放射性标记农药残留及环境保护科研上的应用提供了必要的物质条件，节省了外汇，填补了空白，而且在中国开拓了应用同位素示踪技术研究农用化学物质对环境污染及其防治的新领域，因此该项成果终于在1978年第一次全国科学大会上获得了优秀科技成果奖。

3. 坚持就是胜利

“凡事勤则易，凡事惰则难”，这是陈子元的座右铭。无论是在经济困难时期，

还是在“文化大革命”期间，几乎所有的实验室、研究所都停办了，他也不放弃。在“文化大革命”期间，虽然他并没有受到什么太大的冲击，但他也知道个人是无力扭转这种局面的，他所能做的只有悄悄地保护好实验室的器材设备，保存好放射性同位素研究的资料。正常的教学科研活动都停止了，他就买回了英文的毛泽东选集，德文和俄文的语录，每逢开会学习，他就看这些书，借以巩固和提高自己的外语水平，这对他后来成为国际原子能机构总干事科学顾问委员会委员，去维也纳参加国际原子能会议、与各国科学家交流时，起了很大的作用。在他看来，“人这一辈子不怕没有机会，只怕在机会面前却步”。

事实正是如此。1971 年，陈子元返回学校，重新走进了他为之魂牵梦绕的同位素实验室，重操旧业后，他最先着手的是杀菌剂甲基砷酸锌的合成、应用和毒性残留研究。也就是说，农药的安全使用问题，依然是他关注的重点。在“文化大革命”前，陈子元和他的助手们已经完成了某些放射性核素标记农药的研制与合成，到了 20 世纪 70 年代，他们对农药毒性残留问题的研究，从试验材料、试验方法、试验结果到分析讨论，直至得出结论，全然可以凭借自己的力量来完成了。所以到了 1972 年，陈子元便着重开始对当时使用最广泛的六六六农药毒性残留的研究，并且很有信心地构想起更大范围和规模的研究。

4. 科研合作结硕果，填补国内空白，制定农药安全使用标准

20 世纪 70 年代，中国出现了农药公害问题。

陈子元是中国最早把同位素应用于农药残留分析的专家之一。1972 年 6 月，鉴于国内农业生产上农药污染程度严重的现状，农牧渔业部有意制定一个农药安全使用方面的部颁标准。因为浙江农业大学已经有所研究，希望他们能再继续为此做些准备。陈子元根据农牧渔业部的意见，回校后立即组织协作组开展了工作，从制订研究方案到实验用器材和设备的完善，从进一步的调查到资料的收集，无一不亲自过问。

1974 年，浙江农业大学承担了农牧渔业部下达的“农药安全使用标准”研究任务，由陈子元任该项目的第一主持人，组织国内 43 个单位 200 多名科技人员共同参加了这一协作项目。陈子元除了负责大量的组织工作，协调各协作单位制定统一的规划、方法和标准，制订试验规范和方案，与合作单位间无数次的信件来往，往返各地的检查、研讨、总结，以及每年至少召开一次的协调部署例会外，他还全力以赴地投入放射性核素标记农药在粮食、蔬菜、水果、茶等作物上的施用方法，以及农药在土壤和作物上的残留规律和消失动态的试验研究。

经过六年的不懈努力，他们终于编制出了 29 种农药在 19 种农作物上的 69 项农药安全使用标准，填补了国内一项空白，并为国家制定和颁布的“GB-4285-84”《农药安全使用标准》提供了科学依据。从此我国农业生产中安全、合理使用农药有据可查，有准可依。这对促进我国农业生产和国际贸易，保护人畜安全和减少环境污染做出了重要贡献。因此在 1978 年全国第一次科学大会上陈子元被授予“先进科技工作者”称号，该项目成果也于 1981 年获农牧渔业部技术改进奖一等奖和 1985 年国家科学技术进步奖三等奖。

5. 加强国际交流，开拓核农学在农业生态环境研究新领域

进入 20 世纪 80 年代，作为中国核农学研究先驱的陈子元，已不再把目光停留在国内具体科研项目的完成上，国家开放政策的实施，使他有机会走出国门。

1980 年 4 月，国家农业部组织了一个“中国农业环境保护考察团”出访联邦德国，这次考察促使他的研究领域从以农药为中心深入和拓展到了农业生态环境保护。而其实早在 20 世纪 60 年代，他从事农药残留问题研究的时候，就曾经考虑过农业生态环境问题。如果说他 70 年代主持全国农药安全使用标准的研究，更多的是具有国内意义的话，那么，随之而来的利用原子能技术从事农业生态环境科学的研究，应是一个世界性的、具有重大意义的选择了。

20 世纪 80 年代初，农业生态环境污染的状况日益受到人们的关注，特别是有机氯杀虫剂六六六使用范围广、时间长，而其理化性能比较稳定，脂溶性强，不易分解，尤其是旱地土壤中滞留期较长，因而对环境和食品中的污染比较普遍，污染已达到严重的程度。

1980 年开始，在浙江农业大学的主持下，陈子元负责组织北京农业大学、农业部环保科研检测所、北京市农科院、南京农业大学等单位共同协作，采用放射性同位素示踪法和气相色谱等测量技术，在大田和室内模拟配合下，对六六六在环境中的动态、六六六对陆生生物和水生生物的影响及其在生物体的残留动态、六六六在模拟生态系中的行为和去向等进行了研究。经过五年系统试验，把过去有关六六六对生态环境影响的概念性、片段性、推测性的材料和知识转化为数量化、系统化和规律化的材料和知识，为六六六的环境安全性评价以及六六六在环境生态系中残留趋势预测提供了科学依据。在此基础上，他们又对几种取代六六六的新农药包括速灭菊酯、氰戊菊酯、久效磷、杀虫双等进行了试验，基本上摸清了它们在农业生态环境系统（包括作物、昆虫、水生生物、土壤和水系）中的运动、变化规律，这对于开发高效、低毒、低残留的新农药、新剂型，具有重要参考价值。这项科研成果

获得 1985 年浙江省科技进步奖二等奖和 1986 年农业部科技进步奖三等奖。

在农业生态环境科学的研究中，陈子元等引进了动力学过程的概念，运用同位素示踪技术与动力学结合的示踪动力学理论和方法，将众多的实验参数建立数学模型，用来研究农药及其他农用化学物质在生态环境中的去向与运动规律，使农药和农用化学物质与生态环境的单因子的、静态的关系变为复因子的、动态的关系，使定性关系变为定量关系。这样得到的研究结论能更准确地为我国农药生产和安全使用提供理论依据。

然而，20 世纪 80 年代的陈子元与 70 年代有所不同，他参与具体的实验操作少了，在理论和方法上的把握多了，他像是架设在这个新学科领域里的一座桥梁，除去德国考察和在美国作客座教授外，陈子元还去了日本、英国和奥地利等国家，出席一系列国际学术会议，汇报和介绍中国核科技发展的现状和成就、中国原子核技术在农业上应用的现状和展望。回到国内，他奔走各地，介绍原子核科学技术、同位素示踪技术在农业科学或环境科学中的研究现状和展望，以及国际上核农学研究的动态。

1985 年，时年 61 岁的陈子元被联合国国际原子能机构聘为由 16 个国家的核科学专家组成的科学顾问委员会委员，也就是机构总干事汉斯·布利克斯的科学顾问，成为中国第一个参加这个国际原子能机构最高学术决策组织的成员。

6. 学术研究的转折

陈子元是 1991 年当选为中国科学院生物学部委员（院士）的，20 世纪 90 年代起，陈子元打算把农药对生态环境影响的研究工作在分子水平上来探讨其对环境污染的机理，进而用微生物基因工程和分子生物学方法来解决生态环境保护中的问题。在这项研究中，利用同位素示踪技术有它独特的优越性。长时期以来较多的是利用生物活性污泥对农药污水进行生物净化，由于存在于活性污泥中的微生物是一个杂乱混存的群体，其中真正能使某种特定农药降解的仅是一部分微生物，因此对农药的降解速率较慢。而采用微生物基因工程的操作，通过这种特定的酶系信息，从微生物中筛选、鉴定和分离出能分解该种农药分子或者某种特异化学结构的目的基因（目标基因或 DNA 片段），在体外借助酶促反应将目的基因或异源 DNA 片段与适当载体进行重组，构建成杂种 DNA 分子，然后再将这种杂种 DNA 分子输入到受体细胞中，使其表达目的基因的特征，再经过复制、增殖获得大量新的特效微生物，用来净化农药污染物，这样可以极大地加速和提高净化的效果。以后只要了解某种有害环境污染物分子的化学结构，就可以选用相应的目的基因，通过 DNA 重组，获得新的微生物，用来降解残留，消除污染。

此外，陈子元一生中最重要的几部专著，都是在1994年，也就是他70岁以后整理或主持编撰出版的。1997年5月中国农业出版社出版的、由农业部委托编写的83.4万字的全国高等农业院校教材《核农学》；1998年10月浙江教育出版社出版的、收录了他116篇有关核农学文章的《陈子元核农学论文选集》；历时六年于1999年8月河南科学技术出版社出版的、由他担任编委会主任的130万字的国家"九五"规划重点图书《中国核农学》。

7. 求是创新，薪火相传

进入21世纪，陈子元决心将核农学研究和应用领域进一步拓展到包括农、林、牧、副、渔在内的大农业，并且覆盖到它们的全部生产过程，如前期的调查、勘探和预报，中期的栽培、养殖和管理，后期的产品加工、利用、保鲜、储藏和品质改良等。将核农学与电子计算机、生物技术等高新技术手段相结合，把核农学的研究水平、测试效果和结论的解析提升到一个新的高度，从而在促进科技进步、社会发展等方面发挥更大的作用。

陈子元一直保持饱满的工作热情，不断学习创新，对年轻后辈也不遗余力地提携，他期待新人的崛起，他说自己只是一个传递者，希望将科学的火炬一代代传下去。他一手创办的核农所现在早已是年轻的一代当家了，骨干力量更是一批青年英才。现核农所拥有生物物理学和核技术利用两个博士点，是农业部和浙江省核农学重点开放实验室的依托单位，研究方向有同位素示踪、诱变遗传与分子育种学、分子与环境生物物理学等。2005年10月14日，国际原子能机构（IAEA）在浙江大学核农所建立"国际原子能机构——浙江大学植物诱变种质创新与研发合作中心"，这也是IAEA在全球10个合作中心中最早设立的一个。之所以首选与浙江大学合作，陈子元说，因为中国较早开展"放射性植物诱变育种"研究，目前中国在IAEA登记的诱变育种成功品种达630多个，占世界总数1/4以上。"袁隆平院士通过生物学杂交培育杂交稻，我们通过物理学方法培育。利用核技术对植物进行辐射诱变，培育新品种，并创造突变体，这已经成为核技术和平应用、造福人类的一个重要方式。"如今仅在浙江大学核农所，就已利用这一技术成功培育出20多个突变植物品种，其中包括水稻、小麦等农作物，浙辐802水稻就是其中的一个。

2005年陈子元获得"浙江大学竺可桢奖"。

8. 硕果累累

50多年来，陈子元在核农学领域奋力开拓创新，成果斐然。自1978年以来，他先后主持和参加的获奖科研项目有20余项，其中国家、部委级8项（6项为项目第一主持人）。1981年后，他先后招收和培养了生物物理学科硕士研究生、博士研究生10多名。迄今，他发表的有关核技术在农药残留、农业环境污染及防治和农业生态环境保护方面的论文和研究报告100余篇，著作7部，其中《核技术及其在农业科学中的应用》一书，在20世纪80年代被认为是该领域中内容最为丰富的专著。

三、陈子元主要论著

陈子元，陈传群，孙锦荷，等. 1964 . 利用^{35}S研究E-1059在桑苗叶部渗入和残留的情况. 蚕业科学，(2)：144-145.

陈子元，陈传群，孙锦荷，等. 1966. 环境条件对乐果残留动态影响的初报. 昆虫学报，15 (2)：155-157.

陈子元，孙锦荷. 1974. 应用同位素示踪法研究六六六在水稻上的残留动态和土壤中的污染程度. 农药工业，(1)：27-30.

陈子元，孙锦荷，曾广义. 1976 . 放射性标记新农药的合成. 环境科学，(2)：29-32.

陈子元，孙锦荷. 1976 . 螟蛉畏的残留研究（摘要）. 浙江化工，(5/6)：53-55.

陈子元，陈传群，孙锦荷，等 1979. 农药残留和安全用药研究中同位素示踪法的应用. 浙江农业大学学报，5 (1)：119-126.

陈子元，温贤芳，胡国辉. 1983. 核技术及其在农业科学中的应用. 北京：科学出版社.

Chen Z Y, Sun J H, Zhang Y X. 1985. Studies on the Residues of ^{14}C-BHC in Rice Plant and Paddy Soil and its Relation. Seminar on Research and Development of Controlled-Release Technology for Agrochemicals using Isotopes. Vienna, Austria, 1-5 July.

陈子元，谢学民，张国权. 1988. 核农学手册. 北京：农业出版社.

黄建中，陈子元. 1996. ABA，IAA和CaM对发育菜豆子叶质膜H^+-ATPase活力的效应. 植物生理学报，22 (4)：337-343.

陈子元. 1997. 核农学（国家教委研究生统编教材）. 北京：中国农业出版社.

Sun J H, Guo J F, Chen Z Y. 1997. Study on mobility of Cr (VI) in soils and removal from wastewater and synthetic samples. Acta Agriculturae Nucleatae Sinica, 11 (2): 117-123.

杨培新，吴美文，陈子元. 1999. 雌性鸭胚胎和雏鸭的抑制素和促性腺激素的分泌. 浙江大学学报（农业与生命科学版），25 (4)：57-60.

Wu Z P, Xu B J, Chen Z Y. 2001. Separation and purification of *Bacillus thuringiensis* (Bt) toxic protein Cryl Ab from transgenic rice by ion-exchange chromatography. Chromatographia, 53: 571-573.

吴志平，徐步进，舒庆尧，等. 2002. 转基因水稻表达的Bt毒蛋白Cryl Ab溶液构象的研究. 高等学校化学学报，23 (6)：1081-1085.

Tang S R, Chen Z Y, Li H Y, et al. 2003. Uptake of Cs-134 in the shoots of *Amaranthus tricolor* and *Amaranthus cruentus*. Environmental Pollution, 125 (3): 305-312.

Zheng J M, Wang H Y, Li Z Q, et al. 2008. Using elevated carbon dioxide to enhance copper accumulation in *Pteridium revolutum*, a copper-tolerant plant, under experimental conditions. Int J Phytoremediat, 10 (2): 161-172.

郑洁敏，李红艳，牛天新，等. 2009. 盆栽条件下三种植物对污染土壤中放射性铯的吸收试验. 核农学报，23 (1)：123-127.

朱其松，黄建中，周烨，等. 2009. 除草剂对不同耐寒性水稻幼苗的氧化胁迫效应. 核农学报，23 (1)：145-149.

主要参考文献

马瑛瑛，胡海燕. 1994. 在核农科学的道路上——记中国科学院院士、核农学家陈子元. 文化交流，17：39-40.

谢学民. 1998 . 陈子元核农学论文选集. 杭州：浙江教育出版社.

辛永刚. 2002. 中国核农学先驱——陈子元. 科学中国人. 浙江特刊，14-17.

谢鲁渤. 2004 . 陈子元传. 宁波：宁波出版社.

杭州宁波经济促进会. 2007. 西子湖畔宁波人. 宁波：宁波出版社：245-259.

撰写者

宋文坚（1972～），博士，浙江大学农业与生物技术学院副教授。

卢良恕

卢良恕（1924～），浙江湖州人。作物育种与栽培学家，农业与科技发展专家。1994年当选为中国工程院院士。1947年毕业于金陵大学农艺系。曾任华东农业科学研究所小麦研究组组长、江苏省农业科学院副院长、院长；1982年调任中国农业科学院院长职务；历任中国农业科学院学术委员会主任、农业部科学技术委员会副主任、中国农学会会长、中国工程院副院长、国家科技评奖委员会成员、国家发明奖评审委员会副主任、中国农业与农村科学技术专家咨询委员会主任等职务；现任中国农业专家咨询团主任、国家食物与营养咨询委员会主任、农业部专家咨询委员会副主任、中国农学会名誉会长、中国农业科学院学术委员会名誉主任等职务。20世纪50～60年代，主持选育了早熟、抗锈、丰产的华东6号等系列小麦优良品种，在长江中下游大面积推广，增产显著；主持南方及江苏小麦高产稳产耕作栽培技术体系研究，提出分区、分类指导和良种良法配套等论点，推动了作物育种和耕作栽培科学的发展。80～90年代，主持完成了“中国粮食与经济作物发展综合研究”、“我国中长期食物发展战略研究”，参加制定国家《科技体制改革决定》、《中长期科技发展纲要》、《九十年代中国食物结构改革与发展纲要》、《中国食物与营养发展纲要（2001～2010年）》等工作。20世纪90年代和21世纪初又主持了“中国农业现代化的理论、道路、模式”、“中国农业持续发展”、“新时期中国食物安全发展战略”等国家重点项目，其中两项获国家科技进步奖。在农业宏观研究领域，开拓了中国现代食物研究的新领域，创造性地提出了“现代集约持续农业”、“现代食物安全”等重要战略观点。立足区域协调发展，先后到世界上20多个国家进行实地考察和讲学，重点关注沿海发达地区、云贵川资源“金三角”、黄土高原、黄河三角洲、西部贫困地区等区域农业综合开发，取得突出成效。发表学术论文200多篇，出版主编和专著10余部，对中国现代农业发展做出重要贡献。

一、一言定前程，终身献农业

1924年11月3日，在上海的一家院子里，一个男婴呱呱坠地，给这所沉闷的院落顿添几许欢乐的气氛。孩子的父亲叫卢泽之，早年留学美国，在大学执教多年，并颇具儒家伦理，“以仁爱之心待人者恕也”，故给孩子取名良恕。一年后第二个孩子出生，“以仁慈之心待人者慧也”，又给第二个孩子取名良惠。兄弟俩在上海弄堂里蹒跚学步，虽书香门第家庭，家底深厚，但又怎奈国难当头，兵荒马乱。尤为不幸的是，仁爱慈悲的父亲英年早逝。受过高等教育的母亲胡丽安坚韧刚强，她长期从事财会工作，精心哺育两个儿子，并举家迁往祖籍浙江湖州。

卢良恕在家乡读完小学后，又随母亲到杭州读初中。此时抗日战争爆发，全家随外祖父离乡背井，经长沙、桂林等地，颠沛流离到达贵阳，在贵阳清华中学完成高中的学业。当时，目睹祖国的大好河山满目疮痍，半壁江山落入日寇手中，壮志满怀的卢良恕心情十分沉重，要立志振兴中华。

母亲知道儿子的志向，就与外祖父商讨儿子未来的学业和前途。外祖父胡仁源早年留学英国学习造船专业，回国后，曾积极倡导发展民族工业，先后任上海江南造船厂总工程师、浙江大学和上海交通大学教授、北京大学校长等职。“国力衰弱，受人欺凌，国土沦陷，民众受难”，外祖父望着站在他面前的外孙卢良恕、卢良惠兄弟俩：“民以食为天，少不了农业，国要富庶，少不了工业。”他先指着哥哥：“你学农吧”，又对弟弟说：“你去学工”。于是兄弟俩人，一人攻读农学，一人攻读工学。卢良恕一生的道路由此而选定。

1943～1947 年，卢良恕在成都金陵大学农学院农艺系深造，不仅学习成绩优异，也是体育项目和社会活动中的活跃分子，当时的系主任、玉米专家吴绍骙非常赏识这位聪慧踏实、意志坚韧的小伙子。卢良恕一毕业，吴绍骙即大力推荐他到中央农业实验所麦作系从事小麦研究工作。从此，他的身心就全部倾注到了农业上面。卢良恕学的是农学，研究的是农作物，用得最多的词是农业、农业科技和农业现代化。他不仅曾在农村蹲点六七年，就是到目前为止，还年年到农村考察调研，他心里想的、惦的都是农业、农村和农民。卢良恕在农业工作岗位上已经工作了半个多世纪，但 60 年如一日，他对农业始终一往情深。

二、风餐露宿，育出小麦新品种

1949 年后，根据长江中下游的种植制度和生产条件，小麦无疑是重要的粮食作物，而由于当时小麦农家品种自身的低产、感病和易倒伏，严重阻碍了小麦产量的提高。1950 年全国小麦条锈病大发生，损失小麦约 60 亿千克，差不多是当时全中国人近一个月的口粮。迅速育出抗锈病且早熟的小麦新品种，提高小麦产量不只是育种工作的科技问题，更是对新中国的农业发展具有重大意义的现实问题。

华东农业科学研究所是在中央农业实验所的基础上改建的，凭着当时较为先进的条件和良好的基础，率先对小麦抗锈病育种开展了研究工作。

卢良恕时年二十六七岁，风华正茂，血气方刚，面对小麦条锈病如此流行，作为小麦品种研究组的组长，他整整几个月食不甘味、夜不成寐，他找到中国小麦育种专家梅籍芳，表达了一定要育出抗锈病小麦新品种的决心。梅教授深受感动，亲自出马挂帅。育种组抽调10人，把粮作系的几间旧房粉刷一新，开辟为考种室、挂藏室和实验室，全面开展小麦新品种选育。凭着深厚的理论功底，卢良恕带着问题刻苦钻研，使农业生物学的有关理论与实践结合的综合分析能力大为提高。他先后对小麦品种的选育工作提出了一系列新的观点：首先，在育种目标上，提出小麦的丰产性要同早熟性、抗逆性（抗锈、耐寒、抗干热风）相结合；丰产性的基础是增穗，也要兼顾穗大、粒重的性状；选用长方形或纺锤形穗型的亲本可能容易获得成效。其次，就当地情况，在南京地区的生态条件（1月平均气温2.1℃，绝对低温可达−14℃）下，具有半冬性、偏春性或春性而穗分化发育迟的小麦品种可以抗寒，否则会因幼穗冬前发育过早而遭受低温或春霜冻害；早熟性对于长江下游两熟和三熟制十分重要，形成早熟性的基础在于初春时幼穗能较快地开始分化，同时开花（期）要早，灌浆期要快；抗锈性选育应主攻抗条锈病、兼抗秆锈病。根据他的这些观点，研究小组选用了抗锈性强的美国Pullmen品系及早洋麦、胜利麦等为亲本，很快取得了抗锈性传递力强的效果。

为加快育种进度，他采取了杂交亲本复合杂交和温室加代等办法。到20世纪50年代中期，他与同事们已先后选育出了华东1号、3号、4号、6号、8号和10号等八个品种（品系），其中以华东6号最为突出，表现早熟、高抗锈病和丰产等优良性状，成为新中国成立后中国南方较早育成的丰产、抗锈病新品种之一，在江苏、安徽等地大面积推广。这方面的研究成果，不仅促进了南方小麦的增产，而且还丰富了小麦遗传育种理论，为加速新品种选育提供了科学依据。

搞育种的人都深知品种资源的重要性。品种资源数量掌握得越多，就意味着育种的前景越广阔；对品种资源性状了解得越深，驾驭育种进程的能力就越强。为了育成小麦新品种，他与同事们一起系统地进行了长江下游小麦地方品种资源的基础性研究，对江苏、安徽、浙江、福建四省300多个地方品种进行了收集、分类，并将这些品种按设计要求种在试验田里，观察、记载并比较这些高矮不等、有粗有细、表现不一的小麦植株。他通过对这些地方品种的生态类型、生物学特性、形态与经济性状的研究，发现这些地方品种大都属于弱冬性类型，一般要求零度左右的春化阶段和30～50天的春化期，加之光照阶段的发育在早春进行，其幼苗生长点一般在年前不分化，因而具有较强的抗寒力，可作为抗寒品种选育的好材料。他和同事一起进一步对品种资源进行了分类，把300多个地方品种划分为早熟与中熟两大类，分别属于6个变种，其中早熟类型的成熟期很早，有助于避开锈病盛发期，适于在早中稻及棉麦两熟地区应用。中熟类型又可分为两类：一类以纺锤形为主，具有穗粗大、产量稳定、较抗倒伏的特性，在育种上有利用价值；另一类以棍棒形穗型为主，小穗紧密、茎秆粗壮、抗倒伏，但粒小、品质差，经改良后可用于机械化、高产栽培，并及时发表了《长江下游小麦地方品种研究》的论文，引起了各方面的关注。这项应用阶段发育等生物学理论所取得的研究结果，为他们以及后人掌握杂交育种的亲本选配规律和地方品种资源的开发利用提供了理论和实践依据，有效地推进了小麦遗传育种工作的新进展。

三、现代农业建设，农业必由之路

20世纪50年代末60年代初，卢良恕以他卓越的组织才能和在小麦育种与栽培上的成就崭露头角。从1958年开始，他先后担任中国农业科学院江苏分院办公室副主任、主任、科技处处长等职务，他在钻研培育抗病、高产小麦良种等研究的同时，已开始涉足于农业科技的宏观管理和农业整体发展问题的研究。特别是1978年他担任江苏省农业科学院副院长、院长，1982年调任中国农业科学院院长之后，他有更多的机会，并从更广阔的视野上研究农业宏观发展战略问题，当时称为“中国农业现代化问题”。

1964年12月20日，全国人民代表大会第三届第一次会议在人民大会堂开幕，毛泽东、刘少奇、周恩来、邓小平等党和国家领导人出席了开幕式。卢良恕当时作为人民代表端坐台下，当周恩来总理在政府工作报告中宣布，要在不太长的时间内，把中国建设成为一个具有现代农业、现代工业、现代科学技术和现代国防的社会主义强国时，卢良恕与其他人大代表一样心潮激荡，报以长时间热烈的掌声。

从此以后，卢良恕的心中便从未停息过对如何结合中国实际，加快实现农业现代化和建设现代农业这一宏大课题的思考。20世纪70年代中期，他亲自组织领导了建设太湖现代化科学实验基地的工作，亲手种植现代化样板田，并在以后所进行的各方面工作中，始终把那些具体的、直接的问题归于农业现代化这一宏大目标之下，加以联系与思考，从而提出了许多不同寻常的判断和见解。

1978年党的十一届三中全会之后，中国的各行各业都开始发生着日新月异的变化，农村的经济体制发生了重大变化，发挥了改革的“排头兵”和“样板田”的作用。高度集中的计划经济体制被逐步打破，农业现代化面临新的内容与机遇。此时，他系统地总结了中国农业发展的历程，对中国农业现代化问题提出了独到的见解。他在《新技术革命与农业现代化》一文中提出：农业现代化是一个相对的概念，通常用来表示某些国家农业发展已经达到当时的世界先进水平。他希望人们首先清醒地认识农业现代化的作用与意义。他在多篇文章中都反复表达了这样一种认识，即“从传统农业转变为现代农业”，“实现社会主义农业现代化是必由之路”等。只有农业现代化，才能大幅度提高土地利用率、资源产出率、劳动生产率和农产品的商品率。中国要从根本上解决粮食问题和农业问题，使社会长治久安，也必须坚持社会主义方向，从中国的实际出发，走农业现代化道路。其核心内容就是用现代工业装备农业，将现代科学技术与现代经营管理相结合，建立现代化的农业体系。

1993年年初，积聚了几十年农业现代化研究经验的卢良恕，又牵头主持了一项事关国民经济基础、事关九亿农民、事关中国未来几十年农业问题的大课题，即“中国农业现代化理论、道路、模式研究”。这项研究，因为其内容的基础性和关键性被国家自然科学基金会列为重点项目。这一研究可以称为是理论与实践相结合、国际发展分析与国内经验总结相结合、农业现代化理论研究与道路探索和模式划分相结合，堪称中国农业现代化研究中最系统的应用基础性研究。对实现中国现代农业建设的途径，研究提出了五条重要建议：①以提高农业生产力为主线，加快农业现代化建设步伐；②以农民为主体，建设发达的现代农业基础产业，迎接跨世纪的历史机遇；③以乡镇企业为强大支柱，以小城镇为城乡经济联系的重要桥梁，走农村工业化、城市化带动现代农业发展的路子；④以保护农业自然资源和环境为基础，加强林业与生态建设，建立现代农业可持续发展的支撑体系；⑤以改进政府宏观管理为依托，为农业现代化建设和农业可持续发展创造有利的条件。该项研究集国内外经验之精华，提出“现代集约持续农业”是建设有中国特色的农业现代化的必由之路，这一观点现已得到广泛认同，并为国家制定农业可持续发展战略奠定了理论基础。该项成果汇成的85万字专著《中国农业现代化理论、道路与模式》，由山东科技出版社出版。鉴于其研究内容的创新性和出版质量，该书1997年荣获国家级图书奖。

20世纪的最后几年，卢良恕不辞辛苦地到各地考察，宣传和介绍其“现代农业”的学术思想，并凭借他的智慧和影响力，为地方农业和农村经济的发展，传送现代农业的发展理念和先进经验。卢良恕认为：现代农业是继原始农业、传统农业之后的一个农业发展新阶段。现代农业是以现代工业和科学技术为基础，重视加强农业基础设施建设，充分汲取传统农业之精华，根据国内外市场需要和世界贸易组织的规则，建立起采用现代科学技术、运用现代工业装备、推行现代管理理念和方法的农业综合体系，是把农业的产前、产中和产后紧密结合，贸工农一体化的综合性产业。

卢良恕在多种场合就“推进现代农业建设进程”、“改革当前我国的农业管理体制”等提出自己的见解。他不仅从自然科学的视角研究现代农业的形成和发展，而且从社会科学的角度阐述农业管理体制对于现代农业发展的重要意义。

卢良恕关于现代农业的理论越来越完善和丰富，他总结出：建设现代农业的主要任务，就是要加快传统农业向现代农业的转变，促进农业的生产方式和经营方式的变革，可以说，现代农业的核心是科学化，特征是商品化，方向是集约化，目标是产业化。

四、食物安全营养，关系国计民生

当前，中国面临着加强食物与营养工作的战略机遇。食物与营养既是全面小康社会的重要指标，也将对国民经济和社会的全面、协调、可持续发展起到基础性保障作用。

卢良恕经常这样说，“文盲已经基本解决、科盲正在引起重视，而营养盲问题仍然被忽视，必须尽快引起关注。”他很早就开始关注食物发展与营养工作。

1983 年，卢良恕和他的研究团队受国务院农村发展中心委托，在调查研究和分析大量数据的基础上，提出了“我国人均粮食 400 千克必不可少”的论断。并指出食物问题，将是中国经济发展中最重要的基础问题之一。党和政府接受了专家们的建议，制定并采取了一系列切实可行的政策与重大举措，使此后全国的粮食生产实现了比较稳定的恢复与增长。

中国人多地少，资源相对紧缺，如何使城乡人民吃饱、吃好、吃得科学、吃得健康，是关系到国计民生的大问题。卢良恕指出，我们要建议立项，研究如何优化中国的食物结构和改善营养的问题。食物资源和结构调整不好，不仅影响国民经济发展，而且还会引发社会不安定。这不仅是个学术问题，而且还是经济问题和政治问题。长期从事农业科研工作的敏锐洞察力，使他意识到中国人民正处在有限资源的合理利用和优化食物结构选择的十字路口。

1988 年元旦刚过，由卢良恕等主持的项目攻关组便着手起草《我国中长期食物发展战略研究》建议书。国家自然科学基金会对这项研究工作十分重视，及时地组织高层次的科学家进行了评审。与此同时，卢良恕等还联名在1988年3月3日《人民日报》头版发表了《我国食物发展的战略与途径》重要文章，阐述了基本战略观点与对策，引起社会上的广泛关注，基金会作为特别重大项目迅速立项并给予资助。在1988年1月到1991年1月三年的研究过程中，卢良恕提倡把食物发展研究和学术活动结合起来，把软科学研究与政府决策咨询结合起来，有力地促进了研究成果的应用和推广，同时还扩大了社会影响。从中国人口数量和资源总量情况出发，充分考虑人民的消费习惯与营养需求，最后提出了“调整、优化、配套的食物结构”的食物发展战略。

卢良恕精辟地分析了中国食物发展面临的主要问题，他认为随着国民经济发展和人民生活水平的提高，广大人民对食物数量和质量提出了新的要求：一是粮食的需求出现了新的增长趋势；二是人民购买能力的提高对动物性食物的供应产生了新的压力；三是人口增加与耕地递减的逆向变化，使粮食结构的供需矛盾日益加剧；四是人均占有谷物较少和肉类品种单一，给改善食物结构留有空间过小。他在分析世界主要类型食物结构和各国食物发展经验之后，明确提出，中国在基本实现温饱之后，城乡食物消费正处于由温饱型向小康型过渡的历史转折时期，这为食物调整和引导消费提供了一个极好的机遇。错过这个机遇，任凭食物自然消费或无引导地增长，其后果都是不堪设想的。

卢良恕在报告中提出的一系列新观点，诸如把“传统的粮食观念转变为现代的食物观念”、“在充分利用现有19亿多亩耕地的同时，面向整个国土，综合开发食物资源”、“种植业应当从二元结构（粮食、经济作物）向三元结构（粮食、经济作物和饲料作物）转变”、“把畜牧业作为一个重要产业来看待，必须要有一个大的发展”。这些新的构思，对把握食物结构研究方向，从根本上解决中国的食物结构问题起到了奠基作用。

卢良恕还与22位科学家一起，就筹组“国家食物与营养委员会”和制定“中国食物发展纲要”等问题向中共中央、国务院提出建议，中共中央、国务院主要领导同志对此高度重视，做出了重要批示并给予了有力的支持。在国务院主要负责同志的主持和领导下，课题组会同有关部门起草了《九十年代中国食物结构改革与发展纲要》，于1993年由国务院正式颁布实施。这部纲要对正处于食物结构模式选择的全体中国人民来说，无疑是一件大事，有利于全体人民正确选择食物发展道路，避免食物不良消费习惯的形成，指导中国于20世纪90年代实现由温饱向小康生活的食物结构过渡。

卢良恕关于“食物安全”的思想十分丰富。他多次强调，“食物安全”、“食品安全”和“粮食安全”、“农产品安全”等，要从本质上予以区别，并逐步统一到“食物安全”的概念中来。

从1995年开始，卢良恕已经着手协调相关部门并组织专家队伍，全面分析食物发展与营养改善的新的形势。1997年年底，在科技部项目的支持下，“新时期中国食物安全发展战略研究”项目正式启动，卢良恕作为《九十年代中国食物结构改革与发展纲要》的组织者、国家食物与营养咨询委员会主任，再次以他卓越的组织才能和影响力，组织了中国农业科学院、中国疾病预防控制中心、中国食品发酵研究院、中国农业大学、中国食品工业协会、中国绿色食品协会、中国营养协会等多家单位的几十位专家，经过三年多的反复调研、讨论、论证，终于在新旧世纪交替之际的2000年，在前期调研和充分论证的基础上，围绕21世纪前期的食物与营养发展，和许世卫研究员等科研团队的专家们一起，会同国家有关部门，为国家完成了《中国食物与营养发展纲要（2001～2010年）》的起草和制定工作。

2001年11月国务院正式颁布实施《中国食物与营养发展纲要（2001～2010年）》（以下简称《纲要》）。《纲要》客观总结了《九十年代中国食物结构改革与发展纲要》颁布以来中国食物与营养发展的成就，全面分析了存在的问题和面临的新形势。

2002年党的十六大提出了全面建设小康社会的奋斗目标，食物与营养是全面建设小康社会的重要指标之一。从2004年开始，卢良恕在国家有关部委的支持下，正在就“全面小康社会食物与营养发展战略”开展研究，为制定中国2011～2020年，即全面小康社会前期的食物与营养发展纲要，做好前期的科学调研和规划工作。

五、农业区域发展，发挥资源禀赋

卢良恕一直强调：农业是基础产业，也是弱质产业，它既受市场经济规律的影响，也受自然气候规律、生物学规律的影响。中国国土分别处于温带、亚热带、热带等不同区域，土壤、温度、降雨量、品种资源等自然条件千差万别，农业发展具有显著的区域特点。

卢良恕是一位出色的农学家，也是一位出色的区域布局管理专家。他善于分析问题、精于把握全局和熟悉全国生态自然条件，这与他博闻广见，深入各地调查研究，了解第一手材料并进行深入细致的思考和分析是分不开的。他走遍了中国包括台湾在内的34个省、直辖市、自治区和特别行政区。无论在国内调查，还是到国外考察，卢良恕从来都“不打无准备之仗”。每到一地考察，他都必先调来材料，了解所要考察地区的情况，做到“心中有数”，到现场一看一听、一查一问，便能了解新鲜东西，知道深层情况。这样使有限的考察时间不花费在了解基本情况上，而有更多的时间汲取最新的经验，了解更多情况，这是他考察工作事半功倍的方法之一。每到一处他不但能从中了解许多情况，丰富自己的经验宝库，还作过上百场学术报告，为这些地区发展农业生产、振兴农村经济、进行综合开发提出不少好的建议、新的观点，得到了国家有关部委和各级政府的重视和采纳。

1983 年他到甘肃缺水少雨的河西走廊地区考察，在谈到中国北方旱地农业战略和措施时提出，发展北方旱地农业的指导思想，应当是从单纯强调旱改水，转向灌溉农业与旱地农业并重，以旱地农业为主；从单纯依靠工程措施，转向工程措施和生物措施相结合，以生物措施为主；山、水、草、林、田综合治理，农、林、牧、副、渔全面发展，同时大力发展旱地农业和节水农业。

1984 年 8 月他率领中国农学会组织的山区农业发展综合专家考察组赴贵州考察，他提出：要重点建设开发型和开放型相结合的农业，对内实行全面开发，合理利用资源，对外实行层层开放，把引进技术、资金、人才结合起来；加快发展各种类型的农村工业；要加强农田基本建设，重视坡地改梯田，种草、植树，保护生态环境，实行种植业“粮—经—饲”三元结构，逐步建立优化的农村产业结构；尽快采取适用的先进配套技术，加速农村各产业部门的技术改造；要全面规划，分类指导。这些意见，得到了省领导的高度重视。

1987 年，他在考察海南岛农业后，提出应从海南岛农业资源情况出发，进行综合开发治理。在开发海南岛时，应把自然资源的开发、保护、引进和利用，经济效益和生态效益，当前利益和长远利益等很好地结合起来，使资源不断再生和更新，技术迅速提高，实施产业化经营，农村经济才能欣欣向荣。

1989 年 9 月和 1995 年 9 月，卢良恕二上甘肃河西走廊考察。他认为，河西作为“强东拓西”的重要纽带，在甘肃乃至西北部地区发展中有特殊地位，建议在该地区分期分批建立粮食作物、经济作物、名特优水果基地。

在全国各省各地区的考察中，卢良恕去得最多的地区是位于四川、云南、贵州三省交界的攀西—六盘水地区。20 世纪 80 年代以来，卢良恕已是多次来到攀西地区。他自己没有刻意去记录，其他人说已有 10 多次。问他为何对此地区如此关注，他说，攀西—六盘水是中国内陆地区，该区域既有三线时期建设成的最大的国家钢铁、有色金属、煤矿、水能、电力基地，还有风光旖旎的丰富旅游资源，以及气象万千的农作物资源与气候条件，地上地下各种资源全国罕见，及早对这一地区进行综合开发，特别是加强该地区的农业综合开发，对国家重点建设项目二滩水电站、攀钢二期工程等能源、矿山的大规模建设，以及安宁河流域的粮食基地的发展，做好农副产品的超前开发，对促进民族团结、改变少数民族地区贫困落后面貌，都具有重要的现实意义和战略意义。为此，在调研结束后，他建议“把四川省攀西地区列为国家农业重点开发地区”，并向四川省委、省政府作了汇报，建议四川省做出该区全面规划，加快这一地区发展，此举得到四川省委和省政府的高度重视。

1991年后，应甘肃省、四川省、云南省、贵州省和广西壮族自治区政府的邀请，卢良恕又率专家组多次考察云贵川交界的资源“金三角”、云桂黔交界的岩溶地区以及甘肃“河西走廊”等地区，为国家把这些地区作为重点农业开发地区提供了系统的科学依据。云贵川西南资源“金三角”及“河西走廊”地区均已被列为国家“九五”农业综合开发的重点区域。云贵川西南资源“金三角”在国家“十一五”期间，再次被列为国家农业综合开发的重点区域。

从1999年开始，卢良恕还关注新的一片热土——以山东省东营市为中心的黄河三角洲的高效生态农业建设。他以中国农业专家咨询团主任的身份，组织了一批国内一流专家，多次深入黄河三角洲实地考察，向中共中央、国务院提交了多份十分有价值的建议书，得到了领导的高度重视和重要批示，国家有关部门将黄河三角洲高效生态经济发展列入了国家“十五发展规划”，有力推动了这片热土的发展。

2003年7月，他在东营考察时指出：黄河三角洲东面与韩国、日本隔海相望，在世界经济一体化和世界经济重心不断向亚太地区转移的大趋势下，该区域具有得天独厚的招商引资和外贸出口优势，具有“东来西往、内外相接”的重要作用。面向东北亚，改造和提升东营港、东营机场的运输能力，把黄河三角洲建设成为临港工业基地、创汇农业基地和现代化物流中心，争取尽快在核心区东营市建立国家级经济技术开发区和出口加工区，从而推动黄河三角洲迅速成为东北亚地区的新的经济崛起区域。黄河三角洲地处中国环渤海经济圈的枢纽位置，北连京津冀、东接山东半岛、与辽东半岛隔海遥遥相对。改革开放20多年来的经济增长积淀，东部沿海已经崛起了长江三角洲和珠江三角洲，继此之后，具有独特综合优势的黄河三角洲，其经济的崛起，将会带动整个环渤海经济圈成为新的具有较大影响力的经济隆起带。黄河三角洲是以黄河河口地区为核心，黄河三角洲区域高效生态经济的发展，将会引领中国继沿（长）江经济崛起之后的沿黄（河）经济新亮点，对整个黄河流域的经济发展起到辐射拉动、样板示范的作用。

他提出了“坚持整体推进，分步发展的原则”：①整体推进，就是要尽快培育黄河三角洲经济带的品牌形象，形成集聚效应。要组织和协调黄河三角洲区域内各地经济的发展，使得整个黄河三角洲经济逐步成为一体化的有机整体，形成集聚效应，扩大黄河三角洲经济在中国国民经济发展中，乃至东北亚地区发展中的影响力。②分步发展，就是要确立东营市作为黄河三角洲区域高效生态经济的龙头或核心地位，在“十五”前期的工作基础上，东营市优先发展。东营市在“十五”期间率先发展高效生态经济，已经取得了显著成绩和许多成功经验。2002 年东营市实现国民生产总值 540.3 亿元，比上一年同比增长 11.5%，人均 GDP 突破 3 万元，已经接近中等发达国家水平，全市经济增长的各项指标均居山东省前列，在黄河三角洲区域的龙头地位已经形成。东营市要优先发展，就是要利用已经具有的经济基础和成功经验，使社会和经济发展再上一个新台阶，进而辐射带动整个黄河三角洲地区的建设和发展。

2004 年，卢良恕又一次带队来黄河三角洲考察时，针对制约黄河三角洲发展的多方面因素，他提出了三条发展建议：第一，以东营市为龙头，以高效生态经济为模式，推动黄河三角洲宏观布局和区域内各市县间的协调发展；第二，以加强基础设施的建设为重点，以构建国家支持平台为目标，调整和充实黄河三角洲的总体规划；第三，积极发展接续和替代产业，培育黄河三角洲以石油经济为主导的资源型经济的新增长点。

2005 年 7 月，他和中国农业专家咨询团的专家们一起，把黄河三角洲核心地区东营市在统筹城乡经济社会发展的经验总结报告，联名呈送给温家宝总理，温总理当日做出重要批示，要求国务院有关部门对东营市在统筹城乡经济社会发展的经验进行调研和总结、推介各地。东营市的一些经验和做法，在随后召开的党的十六届五中全会的有关文件中有所体现，尤其是明确把统筹城乡发展、建设社会主义新农村作为今后的一项重要任务。

六、农业科技创新，重在体制改革

卢良恕在农业科技战线奋斗了 60 多年，他亲眼目睹、切身感受和亲自参与了一次又一次的农业科技体制的改革。他给中共中央、国务院领导同志直接提出改革建议，他在《人民日报》、《光明日报》、《经济日报》、《科技日报》、《科学时报》和《农民日报》等多家新闻媒体发表科技体制改革的见解，他走访了全国大多数农业科研院所调研并作专题报告。因为他深切体会到：农业科技要发展，农业科技体制首先必须要理顺。

1982 年 7 月，经过全面的酝酿和研究，中央组织部和农业部联合向国务院推荐，决定让时任江苏省农业科学院院长的卢良恕同志，出任中国农业科学院院长。

应该说，对农业科研管理，他是驾轻就熟，但当一支万人科技大军真的交由他指挥时，他却变得特别谨慎和小心了。因为他知道，对具有区域性、研究周期长和以社会公益性效益为主的农业科研工作的体制改革，稍有疏忽，就会动摇科研根基，给农业科学技术事业带来难以挽回的损失。

他对农业科技工作倾注了全部心血，一段时间里，所思所想皆以农业科技为题，并提出了许多为大家后来逐步认同的观点。他认为，实现农业现代化首先是科学技术现代化。1983 年，他在《论我国农业现代化与农业科技进步》一文中提出，首先要建立起适应我国国情的专业化、社会化、商品化的高产、优质、高效、低耗的现代农业技术体系；改造传统技术与发展先进技术并重；在采用劳动密集型技术的基础上，发展先进适用型技术；发展农业资源多层次利用、综合加工和现代农业技术。1985 年，他在《论我国农业技术改造》一文中提出，中国农业技术改造必须坚持从本国实际出发，在战略上要坚持三个相结合，即精耕细作的传统经验同现代科学技术相结合，生物措施与工程措施相结合，技术效益、经济效益与生态效益相结合。

1989 年，他在主持起草《中国中长期农业科技发展纲要》和参加起草《国家中长期科技发展纲要》时，经与其他专家集体讨论研究，在制定中国农业科技的指导思想时强调：农业科学技术要认真贯彻执行“经济建设必须依靠科学技术，科学技术工作必须面向经济建设”的战略方针，紧密围绕 20 世纪末和 21 世纪 20 年代战略目标，做到三个坚持、四个结合。三个坚持是：坚持为生产服务的方向，搞好农业科学研究工作的纵深配置；坚持推广适用、配套的先进技术，积极运用新技术革命的成果；坚持经济效益、社会效益和生态效益的统一，实行分类指导、分区治理。四个结合是：实行传统农业技术和现代科学技术相结合，逐步向现代农业转化；劳动密集和技术密集相结合，逐步向知识技术密集和资金密集转化；手工劳动和半机械化、机械化相结合，逐步向全盘机械化转化；用地和养地相结合，逐步向高产、优质、高效、低耗集约化经营和科学务农转化。这些精辟的理论阐述，充分体现了他宏观思维与具体实际分析的综合能力，不仅促进了中国农业科技的持续发展，而且还受到各级政府高度的重视和国际农业科学界的密切关注。

改革开放越深入，传统农业科技研究体制的某些薄弱环节就越暴露和显现，显然，原有体制已不能适应新形势发展的需要，科技与经济某种程度上的脱节、经费短缺、观念陈旧、科研工作低水平重复等，似乎是农业科技工作固有的病症。卢良恕根据他多年从事农业科研工作的经验和进行大量国内外农业科研体制考察和调查研究的结果，提出农业科技体制改革是完全必要的，除了在体制和机构设置上要加以调整改革，打破部门分割、条块分离的弊端以外，同样在学科、专业建设上要加强调整改革，更新传统学科，加强新兴学科和发展综合学科。与此同时，应该本着“现代农业”的框架，实行有利于集中力量、分类指导、分层次建设的原则，提倡多种形式的联合，分工协作，抓住关键问题开展各种类型的专题和综合性的研究。

他与有关专家多次提出了中国农业科技体制改革和发展战略的建议：国家一级的农业科研机构，应以基础性研究、应用基础研究和应用研究为主，在全局性、战略性、关键性、基础性和方向性的研究方面发挥作用，侧重解决全国农业生产中具有重大经济效益的科学技术问题，也要重视科技开发工作，并努力做好面向全国的服务性工作。省级农业科研机构，应以应用研究和开发研究为主，适当安排应用基础研究，必须加强科技成果的转化和开发工作，并相应承担有关的国家研究任务。地区（市）级农业科研机构，要按农业经济区划和农业生态条件合理布局，主要搞开发研究和成果转化，也可安排一些地区性研究工作。高等农业院校要以应用基础研究为主，要与培养适应新时代农业科技人才的需要相结合。他还强调，这种分工的实现，要靠科技政策的指导、靠行政支持的帮助、靠经济杠杆的调节。

卢良恕以他近60年从事农业科技工作的智慧和经验以及他的广闻博见，和他的同事们一起，为中国的农业科技体制改革勾勒出了科学、可行和较为完善的方案。卢良恕和他的合作团队总结出了“五个坚持”的现阶段农业科技体制改革基本原则：农业科研机构以公益性为主的定位不动摇；农业科研机构作为科技创新的主体地位不动摇；农业科学包括基础性研究（基础研究、应用基础研究和基础性工作）、应用研究和开发研究的完整性不动摇；农业科研机构以政府为主的多元化投入机制不动摇；农业科研机构分工协作和层次分明的研究体系不动摇。这是国内外农业科技发展基本经验，值得重视。

与关注农业科技体制改革一样，卢良恕还十分关注农业科技推广体系的建设。2005年12月20日，在农业部专家咨询委员会成立大会暨第一次战略咨询会议上，他又一次把“应把国家农技推广体系建设作为一项基础工作来抓”的建议提交到会议上。

卢良恕恳切陈词：中国需要有一个国家公益性为主的农技推广体系。他提出了四条建议：一是农业部应当把农技推广体系建设作为一项基础工作来抓。基层农技推广机构是各级农业部门的“腿”，没有这些腿，农业部门的工作就很难落到实处。同时加强对农技推广人员的宣传教育，使他们充分认识到推进农技推广体系改革的必要性和紧迫性，正确理解和对待改革，积极参与改革。二是加大投入，使农技人员有钱干事。国家农技推广机构履行公益型职能所必需的经费，各级政府应当在财政预算内予以保障，并随财政收入的增长逐年增加对农技推广的投入；必需的基础设施，包括办公、培训等用房，添置必要的仪器设备和办公设施，应列入国家和各级改革和发展委员会的计划，保证农技推广设施不断完善，手段不断改进，能力不断增强。三是加强知识更新培训，不断优化队伍，提高人员素质。随着农业产业结构调整的不断深化，农业生产与农业新技术的渴求已不仅限于粮棉油等主要作物的栽培技术，农技推广人员现有的知识和技能不能满足其需要。加强基层农技人员的知识更新，提高综合素质迫在眉睫。四是加快出台政策法规，正确指导农技推广体系改革。这是当前抓农技推广体系的一个关键问题。与此同时，也要关注和支持农村合作经济组织的发展，专群结合，更好地为现代农业发展与社会主义新农村建设服务。

七、展现人格魅力，凝聚团队力量

卢良恕有着超乎常人的记忆力。他的许多报告和讲话不但观点鲜明，而且数据丰富，信息量大，旁征博引，融会贯通，有关农业发展的主要参数和许多报告内容，他能记得准确无误。作为一名农业科技专家和农业科技管理专家，非凡的记忆力，对他从事科研与管理工作大有裨益，但仅仅把他作报告时列举数据如数家珍、记人记事准确无误全归于他有很好的记忆天赋是不够的，还要归功于他的勤奋与专注。

卢良恕有着高屋建瓴的战略分析能力。他思维敏捷、思想活跃，善于总结概括，能够敏锐地捕捉到主要矛盾。无论是调查研究、座谈了解情况，还是在宏观战略研究中，他都力求把个别的、具体的、零星的事物联系起来，从中融会、提炼、提升到理论的、有条理的、整体的和有规律的高度上来分析。

卢良恕一直保持知识分子所特有的严谨作风，从不放过每一个细节。他身兼几十个职务，各种学术活动和外事活动甚多，但他忙而不乱。每个阶段、每周他都有工作日程安排，计划性很强，而且善于组织协调，发挥各类人员的特长。遇事善于和大家商量，广泛征求意见。他性格开朗，待人诚恳，平易近人，关心别人。他经常开导身边的年轻同志要认真学习，多读书，勤思考，办事要扎扎实实，事事有落实。许多重要报告或文章，他都要逐字逐句审阅，稍有瑕疵，他就要重新修改或查清认定后才能通过。无论他白天学术活动或其他社会活动多么繁忙，一般晚上都把当天材料看完和批阅好，当日事当日毕。在主持有关重要规划和纲要的起草时，他反复地、广泛地征求各方面的意见，使这些规划和纲要既符合中国科技发展的需要，又适应中国的实际情况。

卢良恕追求真理、敢说真话，勇于从国家利益、人民利益出发来阐述他的观点。

20 世纪 80 年代末，科技兴农在全国兴起，新华社记者采访他，他直爽地回答，依靠科技振兴农业成为全社会的共识，这是好事，但欣喜之余也不无一些担忧。科技兴农的一个基本目标是逐步建立中国具有社会主义特色的现代化的农业体系。因此，必须把握科技兴农的方向，使其沿着正确轨道健康发展。推广一些实用技术无疑很重要，但科技兴农绝不是仅仅推广一些实用新技术，因为农业是一个复杂而面广量大的产业。同时，科技兴农也不是包罗万象，而是要发挥科技兴农后劲作用——农业科学研究的作用。卢良恕的这些看法通过《瞭望》杂志发表后，引起了较大的反响，使大家对科技兴农又有了新的认识。2004 年，在一次由卢良恕本人主持的“农业管理体制国际研讨会”开幕式上，他掷地有声地说：“当前中国的农业管理体制，农业涉及多个部门，这是计划经济体制和传统农业观念的产物，市场经济体制下建设现代农业，必须要产前、产中、产后统一管理，贸工农紧密联系，内外贸相衔接。”

卢良恕不仅具有很强的科研能力，而且具有高超的领导艺术和组织协调能力，加上他一贯勤耕不辍、富于正气、努力工作的严谨科学态度和严以律己，宽以待人的团结合作精神，展现出一位科学大家的高尚、勤奋的人格魅力。也正因为如此，他才能够几十年来和同事们一道，团结奋进、不断创新、硕果累累。

面对一生的追求和成就，卢良恕除了感谢党的培养教育和同事们的支持帮助外，还对自己的家庭充满着深情。他经常说，“如果说几十年的工作取得了一点成绩的话，这些成绩离不开党的长期培养和教育，离不开一个团结有力的合作团队的支持和配合，更离不开一个幸福的家庭作后盾。”由于工作需要，1982 年他来到北京担任中国农业科学院院长。在他的人格魅力的影响下，得到了刘志澄、信乃诠、梅方权、黄佩民及蒋建平等专家的支持和合作，以及他的多年同事们的协助和配合，这些成绩应该说是共同合作的成果。卢良恕之所以能取得如此的成就，更与他有一个幸福美满的家庭和一个贤内助密不可分。他的夫人尹雪莉是一位财会工作者，几十年来，她不仅自己工作出色，胜任本职工作，而且把家庭料理得井井有条，全力以赴地支持卢良恕的工作和事业，使他无后顾之忧。如今，三个孩子都已成家立业，并在各自的工作岗位上发挥着骨干作用。他们相互关心、相互支持，整个大家庭都是卢良恕一生辛勤奋进的坚强后盾。

八、这里没有尾声，耕耘永远继续

在半个多世纪的时间里，卢良恕勤奋刻苦，足迹遍及中华大地和国外许多重要农业产区，在国内外享有很高的声誉。现在他虽然年逾古稀，但仍在祖国的大江南北奔波忙碌，执著地追求，辛勤地耕耘，无私地奉献。他说，要继续为发展中国现代农业和农业科技事业贡献自己的全部力量。

2005年12月20日，农业部成立由32名国内农业界知名专家组成的“农业部专家咨询委员会”，对中国现代农业建设过程中的重大部署、计划进行战略咨询，已是年过80的卢良恕，又一次从农业部领导手中接过聘书，出任农业部专家咨询委员会副主任，继续为中国“三农”工作奉献自己的聪明和智慧。

卢良恕是一位引领现代农业发展和农业科技体制改革的智者，对中国的现代农业建设做出了历史性的重要贡献。

九、卢良恕主要论著

卢良恕. 1992. 中国农业发展与科技进步——卢良恕文选. 济南：山东科学技术出版社.

中国农业现代化建设理论道路与模式研究组. 1996. 中国农业现代化建设理论道路与模式. 济南：山东科学技术出版社.

中国中长期食物发展研究组. 1993. 中国中长期食物发展战略. 北京：农业出版社.

卢良恕. 1993. 21世纪中国农业科技展望. 济南：山东科学技术出版社.

中国农业持续发展和综合生产力研究组. 1995. 中国农业持续发展和综合生产力研究. 济南：山东科学技术出版社.

卢良恕. 1996. 中国大麦学. 北京：中国农业出版社.

卢良恕，洪绂曾，孙翔. 1997. 中国农业可持续发展研究. 北京：中国农业科技出版社.

卢良恕，等. 1998. 农学基础科学现状与对策. 北京：中国农业科技出版社.

《卢良恕文选》编委会. 1999. 卢良恕文选. 北京：中国农业出版社.

卢良恕. 1999. 中国立体农业概论. 成都：四川科学技术出版社.

卢良恕. 2000. 抓住西部大开发机遇，加快新疆农业产业结构调整与现代农业建设. 中国食物与营养，(4)：5-6.

卢良恕. 2003. 农业科技与发展. 石家庄：河北教育出版社.

卢良恕. 2006. 中国庭院经济概论. 成都：四川科学技术出版社.

卢良恕. 2006. 中国农业发展理论与实践. 南京：江苏科学技术出版社.

卢良恕. 2007-9-13. 建设现代农业，推进农业科技创新与体制改革. 科学时报.

卢良恕. 2008. 积极发展现代农业，确保粮食与食物安全. 中国食物与营养，(1)：4-7.

主要参考文献

卢良恕. 1999. 卢良恕文选. 北京：中国农业出版社.

卢良恕. 2006. 中国农业发展理论与实践. 南京：江苏科学技术出版社.

撰写者

卢良恕（1924～），传主本人。

张子仪

张子仪（1925～），祖籍山西省临猗县。中国动物饲料营养学科领域的第三代奠基人之一。1997 年当选为中国工程院院士。1948 年毕业于日本京都大学，之后在该大学研究生院攻读动物营养学，并被聘为外国人特别研究员，1952 年回国。曾任原华北农业科学研究所畜牧系饲料组长。1957～2000 年先后任中国农业科学院畜牧研究所助理研究员、副研究员、研究员、博士研究生导师、学委会主任。“文化大革命”后期下放到青海省基层，1979 年随所返京。曾被选为全国政协第七、八届委员会委员、经济委员会委员，国务院学位委员会委员，中国工程院第二、三届科学道德建设委员会委员。曾兼任中国饲料工业协会副会长、全国饲料工业标准化技术委员会第一届副主任，历届农业部科学技术委员会委员。在饲料营养价值评定、优化饲料配方，近红外光谱分析技术软件的开发，中国饲料数据库的创建，饲料工业标准的制定，饲养环境与畜禽应激的研究及动物营养学国家重点实验室的创建等方面做出了重要贡献。曾获国家、省、部级科学技术进步奖或优秀著作奖共 19 项（主持 14 项）。代表作有《中国饲料成分及营养价值表》、《近红外光谱分析技术》、《中国饲料学》等，试验研究及专题论述约 270 篇。1998 年曾获中华农业科教基金杰出贡献奖。

日月如梭，风云开阖，凄惶间已近耄耋。烟云往事，多的是蹉跎、毁败。屡逢媒体约撰故事，辄托词谢过。顷闻学子中好事者拟代撰生平，方知大限将至，想来还是自了的好。乃允科学出版社之约，趁头脑尚清醒时写些走麦城故事。拟不存“贾雨”，不隐“甄士”，以供来者评说。

一、“按图索骥”　负笈东瀛

作者[①] 18 岁考入前日本北海道帝国大学（简称为北大，下同）预科农类[②]。“北

① 张子仪，1925 年 3 月 4 日出生，祖籍山西省临猗县。

② 日本学制系小学 5 年，中学 5 年，高等学校（high school）3 年；大学预科与高等学校同级，约相当于中国的高三与大二。

大”位于札幌市北，乃日本莘莘学子向往之名校。入学后住惠迪寮①凡3年。建校初期，曾聘美籍学者W. S. Clark教授任教头执导，留有“Boys be ambitious”（学子须怀大志）之校训，传颂至今。20世纪40年代正值日本军国主义当道，但在该校学子中的反战情绪已隐现于无声处。图书馆资料相当齐全，甚至有《四书》、《五经》、《国译汉文大成》、《鲁迅全集》（日译），乃至《资本论》、《欧美史》均可自由借阅。倡尼采“超人”说②、拜天照大神③、崇福泽谕吉、夏目漱石，崇儒学，但悉王阳明者多，悉二程、朱熹者少。

当时校生崇尚披发、油帽、斗篷、高屐。入肆宛若“浪人”，每以“窃”得餐馆牌匾、食具为荣；失者定期径自收回，并频频致谢，并不视为偷窃行为。另有称为“风暴”与“狮吼”之恶作剧寮风；前者一般于午夜发起，全寮出动，在寮内赤身狂舞，通宵达旦，翌日罢课；而后者则系即兴发泄，处处时时可闻，并不为同寮人谴责，校方亦听之任之。世代相传竟成一种“文化”。

寮规高度自治，干事会当权，经费自负盈亏，前辈、后辈等级森严。新生必须通过“宣誓式”、“钝（蠢）才会”两关；而毕业生则又须通过“秀才会”，任凭后辈百般“戏谑”，始鸣金过关。此类校风在日本其他高校中也相传甚广，虽形式各异，但实质异曲同工。无政治、宗教色彩，亦未见泄私愤或借机中伤个人者。溯其源不详，论其旨费解，一说是欲擒故纵，令学子发泄但不越底线；一说通过放肆，诱发学子敢想、敢干学风。此二关作者均领教过，确与中国传统情操教育方式大相径庭。年事稍长，每溯及札幌往事，深感作者在青壮年时期的盲动与狂躁莫不与此段人生阅历有关。其益在自信、敢拼；其损在主观、瞽躁。年逾八旬改也难矣！

1945年春由“北大”转校日本京都大学。1948年毕业后进入该校农学部研究生院攻读动物营养学。昔日日本滋贺县武奈岳东南麓至琵琶湖西北，风光秀丽，有东方迈阿密（Miami）之誉称，农舍毗连，处处皆鱼米之乡。惜该地区耕牛每至冬季则出现一种水土病（Kuwazu disease），通常症状出现后，牛毛呈波纹状，异嗜，草料不进，易地则愈。因当地幼儿有患氟斑牙者，于是对此怪症乃有“氟中毒”之说。适正攻读学位，承师命，经文献查证并遍察病区方圆百余里之水、土、母岩，设点定期取水、土、草、料试样分析后，初步认定该病可能还与缺乏某种微量元素有关。病区小松村有老农小林者，甚好客，每取水、土、草样则悉数妥为保管，并协助搬

① 寮：日语，学生宿舍。该寮始建于日本明治9年（1876年），系该校前身札幌农校旧寮址。

② 尼采（Friedrich Wilhelm Nietzsche，1844～1900），德国人，反传统主义者。称苏格拉底和柏拉图是懦弱、盲从、“衰落的征兆”；批卢梭是“理想主义者兼贱氓的双料货”，批康德是“畸形的概念残废人”，倡“利己主义”。黑格尔死后13年尼采生，据史载尼采所倡“超人”（übermensch）说，即源于黑格尔的“世界历史人物”（如拿破仑、亚历山大大帝）。此说为希特勒所宣扬，并拨专款筹建尼采博物馆，成为纳粹意识形态中心。

③ 天照大神：日本历史中最早的天皇。

运。历时载余，竟成忘年交。后经土壤、饲料、水质之微量元素化验及与钴对瘤胃微生物中的放线菌（Actinomyces，简称 Act）消长规律检验结果分析，极可能是由于缺钴而引起的恶性贫血症。据此推断，经与小林翁约定，一旦发现病牛即请通报。适元旦后新雪，接电，谓："有大批耕牛相继发病"，实天赐良机，乃配制钴剂急赴现场诊救，皮下注射无效，但经口投药，果然神效。经上报，得到导师嘉奖，媒体报道后，顿时名噪"关西"[①]，村民纷纷为之请功。后经系统研究，此病确系因病牛瘤胃中能合成维生素 B_{12}之 Act 菌由于缺钴而不能正常繁衍，进而导致 B_{12}在瘤胃中之合成机制受阻，遂呈恶性贫血所致。至此，作者回国。

1980 年作者应日本畜产学会之邀请，在京都大学做关于《中国畜牧科研与生产现状》之报告。会后，导师上坂章次教授尚健在，曾邀当年校友聚京都三岛亭，飨以"神户牛肉"。席间获悉 Kuwazu 病由当年助教福岛丰一先生继续研究，并获博士学位。嗣后从福岛先生赠作者有关论文中得知，此病除在滋贺县发生外，在日本国的岛根、广岛、山口、香川、爱知等县均有发生。对病理的研究亦有新进展，不赘。

60 年过去，每念及此，辄反思动物营养学，是一门探讨至少 40 多种营养要素与机体内外环境的多因子互作而引起的动态平衡机制的科学，特别是瘤胃微生态更是一个极其复杂的黑箱。从个人得失出发，即使继续"按图索骥"不过平添个"博士"头衔，不可能有更大作为。幸得响应祖国之号召，重新自我设计以慰千万同龄人或冤死敌狱或捐躯疆场者在天之灵。此乃人生无悔之起步。

二、五里雾中　上下求索

1952 年夏，作者经中国香港回内地。10 月，被前华北农业科学研究所聘用。是年初冬，踌躇满志，只身西装革履，径赴张北，考察草情。始至坝上，突遇寒流，敞篷车中挨冻半日，卧病旬余，无奈抱病徒手而归，此实书生初出校门后首战败阵之一大憾事。

1953 年秋，主持在晋、鲁、豫推广收获后玉米秸秆青贮技术[②]，以解决耕牛青黄不接时的饲草问题。始，得各级地方对口部门的支持，继而在各地遍地开花，形势大好。1954 年春，青黄不接时启窖检查无一失败，群众连连称好。但 1954～1955 年再度奔赴各地现场检查时，每况愈下。论措施无不当，论技术全过关，然则不能坚持者何也？实情是霜冻前小麦需顶凌播种，玉米不干不收，两者皆系当年"以粮

① 在日本，京都、滋贺、名古屋、大阪一带，统称"关西"；东京、横滨、横须贺，称之为"关东"。

② 青贮技术系将收获玉米籽实后的半干新鲜秸秆切碎后经掩埋厌氧发酵的保鲜技术。在欧、美有数百年历史，为饲养奶牛的常规技术措施。处理得当，可多年不变质。随时启窖后，可供牛羊多汁饲草，有"草罐头"之誉称。

为纲”之择重，青贮技术须为“粮”让路之必然。反思当年曾推广诸多“先进技术”之所以虎头蛇尾，盖皆源于不谙国情国是，亦索图未必能获良骥之范例。

1954～1955 年作者接受农业部、粮食部“砻糠喂猪饲料营养价值评定”任务。砻糠名为糠，实为粉碎后的稻壳，对家畜无实际营养价值，尤不宜做猪饲料，在群众中有“刮油糠”之贬称。接此任务实为扫盲之举。时，章乃器任粮食部部长，多次约见作者，询问推广稻壳喂猪之可行性，乃晓之以饲料营养科学基本知识，并陈稻壳加工成粉耗电量大，损耗机械成本高，得不偿失等建议。始，章亦首肯，欲阻谎情。奈当时农、粮两部主要决策者意见分歧，加之媒体炒作，部分地方领导大力支持，章老亦出于对人民负责之精神，仍会同农、粮两部拨专款委托作者主持做生产调研及系统试验。历时两载，结果如始所料[①]。1957 年章老蒙冤，划右。“砻糠”继续出笼，劳民伤财，凡十余载。直至“六五”初期，有些粮食加工厂仍以“二八糠”、“三七糠”甚至某部颁发“混合饲料部颁标准”为“坑农饲料”开绿灯。“六五”后期，国家经委饲料工业办公室与全国饲料工业标准化技术委员会相继成立，政府才明文规定“禁止‘砻糠’作为饲料出售”。劳民伤财历时约半个世纪。某年在专业会上与老战友邂逅，溯及当年旧事，犹感扫盲工作之艰辛与无奈。苏轼云“人无所不至，唯天不容伪”。善哉斯言也。

三、蹉跎岁月　翻身道情

1966 年“文化大革命”初期，按“文革十六条”规定，运动重点是党内走资派。作者被列入运动后期处理对象。及至“清理阶级队伍”时，作者仍以特嫌、漏网右派为由被圈入“牛棚”凡半载。后以“事出有因，查无实据”获释。

1969 年国庆节过后突接研究所军代表传达“林彪第一号令”，限作者全家 3 日内离京。指令夫妻分别下放所属部门干校，违者如何如何。彻夜“备战”，桌椅床柜，不在话下，变卖书籍，心如刀割。及抵“干校”，独携幼子下宿仓库草堆之一角，环视同仓人皆系“另册”中“人物”。“开学”伊始，校领导训令：“尔等如胆敢乱说乱动，一定奉陪到底”云云。干校劳动“日出而作，日落而息”，看过了不少韬晦高手，也赞叹其随遇而安之达观心态，人称“鹅卵石”外圆而内坚，此之谓乎。

1969 年冬接纪登奎副总理指示，以“见鬼论”[②] 为由，畜牧所继续下放青海。

---

① 时作者主持农粮两部砻糠喂猪可行性研究工作，协调两部两厅（粮食部、农业部、浙江省农业厅、粮食厅）、两所（华北、浙江农科所）科技组工作。1954～1955 年在浙江宁波、余姚、绍兴等地调查并在嵊县农场（最早提供谎情的试验农场）进行多次试验结论一致。认为不仅无效而且被农民贬为“刮油糠”。

② 毛泽东语录：“农业大学办在城里，不是见鬼吗。”

作者属“前科”、“黑五类”，再次下放柴达木盆地，定居德令哈镇。至此，前后搬迁11次，在柴基层工作凡9年。幸在当地与群众相处甚笃，尤与少数民族接触过程中，均能以人的尊严平等相处，悠然建立起对衣食父母感激之情。工作是轻松而简单的，一言以蔽之，曰：“杂。”免去了“早请示”，“晚汇报”。业余自由度很大，读书、学习比在北京时多了许多自由，也趁机了结了往日夙愿，容后节细表。

令人难以释怀者，应从“藏毯”说起。藏毯闻名世界，有些精品价值可以与明瓷媲美。藏毯原料是“西宁毛”，西宁毛产自青海藏系绵羊，在国际上素享盛誉，经在天津加工成毛条后，出口甚俏。

20世纪70年代，中国毛纺工业半细毛奇缺，停工待料。有人提出将青海省藏系羊改为半细毛羊①。对此方案，业内人士均持异议。但当时决策者听从一面之词，引进“洋种”，盲目上马。最早是从苏联引进茨盖种羊，动员牧民杂交改良，效果不佳；继而在“文化大革命”期间又从澳大利亚重金购入罗姆尼玛什种羊②进行杂交。作者曾专门请教知情专家后向科委领导多次说明原委，建议能重新论证。碍当时人微言轻，未予采纳，并被批曰：“你对青海羊毛无阶级感情。”日后由于青海改良毛质量参差不齐，影响津、沪纺织业产品质量，在牧、商、工流通环节间经常发生争执。原纺织工业部乃下达了“制定青海省工业用半细羊毛的质量标准”之任务。作者曾受命主持该项目中的技术工作及羊毛收购任务。

1972年夏，在牧区现场历时数月完成200吨“半细羊毛”之收购任务，分别运往津、沪两市毛纺行业，个中地方基层条块关系之协调，盆地蚊虫之疯狂，人畜共患病缺医少药等细节姑且不表。日后了解，历时两载完成的原纺织工业部颁布的《青海省工业用半细羊毛质量标准》，除作者在津、沪两市毛条厂及毛纺厂“跟班劳动”试纺试行外，形同虚设，基本上未能贯彻执行。

1973年作者“调防”，至此便再未与该行业接触。15年后以全国政协委员身份重返柴达木视察时，草情更不如往昔。秋肥、冬瘦、春死现象比往日尤甚，劣质“半细毛”无市场，当年“半细毛羊”羊改工作每况愈下，“毛用羊”多回归为“肉用羊”。昔日羊改工作基本上付诸东流，当与昔日战友座谈时，均感伤无奈以对。

盆地牧民不谙养猪，随着内地居民西迁，猪肉需求量增长。1976年奉命往乌兰

---

① 半细毛是一种毛的细度在48～56支纱间的高档均质羊毛，术语为“同质毛”，比细羊毛（60～66支纱）昂贵，主要用于纺织毛衣毛线、大衣呢及造纸工业专用毛毯，中国无半细毛羊品种。生产半细毛比生产细毛的要求还要高，特别是纺织工业在细度、强度、弯曲数、干死毛等指标方面对羊毛质量要求更严。从柴达木盆地的草地资源及高寒气候条件分析，中国不适合发展半细毛羊。

② 罗姆尼玛什绵羊是在澳大利亚优质牧草基地与舍饲结合条件下育成的半细毛专用品种。其毛长14厘米，强度强。罗姆尼羊腿短，不善爬坡，尾随藏系羊采食剩草，下坡后又尾随饮浑水，最后导致种种营养疾患。出现种种饥饿型半细毛，在纺织时易断，纱线强度弱，因此改良毛滞销。

县宗务隆公社，协助生产队筹建猪场。“四同”两载，初具规模，猪肉上市，供不应求，颇得各界赏识。1974年，谭启龙时任兰州军区政委兼主持青海省政。某日作者正在猪场劳动，被告知：“谭政委来点视察。”未久，各级领导、新闻记者簇拥而至。谭问及农情农事，具详汇报，相谈甚笃。翌日青海广播电台播出录音，继而有记者不断来访，工作条件大为改观，并配备助手。不久被选入海西蒙古族藏族自治州政协委员，同年冬又入选青海省人大代表，会后由州领导陪同，赴州属县、镇，传达人大精神，大有昔日阶下囚，今日座上客之感。不久落实政策，重返中国农业科学院畜牧研究所。“残墙断壁”，犹若魇梦一场。

四、早春二月　乍暖还寒

“文化大革命”期间，作者或下放劳动或基层改造。在此期间，叶洪海氏糖化饲料[①]、人工瘤胃[②]、“920”[③] 等泡沫成果此起彼伏，旷日持久达10年之久。

回顾当时经济发达国家，正集动物营养、饲料生产、医药卫生、食品加工等学科领域的科技储备为一体，综合应用于现代化养殖业及饲料工业的启动阶段；特别是在进入20世纪70年代以后，由于配合饲料生产技术的不断完善，饲料添加剂在配合饲料中的科学应用，计算机优化饲料配方软件的不断升级，畜禽新品种的更新换代以及疫病防治技术等方面的科技进步与普及，使得养殖业的生产效率比20世纪初期提高了将近一倍。而中国当时正沉溺于“阶级斗争为纲”的“文化大革命”时期；“左”倾盲动，坐失良机，迫使全国人民生活所需肉、蛋、奶供应持续采取凭票供给制，长达30年之久。从养殖业总体生产水平与世界水平同比，是将本来就落后于先进国家的距离又进一步拉大。

1978年全国科技大会召开，同年12月5日由原农林部科教局委托原中国农业科学院在京召开了“万寿路会议”[④]，全国知名动物营养学专家、教授基本全部与会。这次会议才正式澄清了将现代动物营养科学等同为“资产阶级科学”的认识误区。相继经民政部批准，酝酿已久的全国畜禽营养研究会成立，于1980年在武汉召开[⑤]第一届全国代表大会。中国动物营养科学奠基人已故许振英教授被选为会长，

① 叶洪海：“文化大革命”期间被林彪吹捧起来的解放军战士，其“糖化饲料”曾在国内外推广，后经科学试验系作伪，但非叶本人之过。

② 人工瘤胃：从牛瘤胃中抽出胃液与秸秆一起发酵即可节约粮食，经科学试验系作伪。

③ 920：赤霉素（Gibberellin）的商品名，一种植物生长激素。“文化大革命”中曾推广用于猪催肥药，以无效而终。

④ 万寿路会议：1978年12月5日原农林部科教局委托原中国农业科学院养猪研究所在京召开了“机械化、半机械化养猪、养鸡及饲料营养价值评定会议”。

⑤ 武汉会议：中国畜牧兽医学会动物营养学分会前身“畜禽营养学会”成立大会。作者前后被选为秘书长、常务副会长、会长、名誉会长。

作者被选为秘书长。学界称“万寿路会议”是“梦寐以求的翻身会”，而“武汉会议”则是“众志成城的动员会”。至此，中国动物营养科学才在农业系统大专院校正式设专业课。鉴于当时师资缺乏的现状，受原农林部科教局的委托，在原东北农学院连续5年由许振英主持、举办了全国畜禽营养师资讲座，前后培养讲师级教师或研究人员约500人。为解决当年教师人才断层问题创造了条件，目前学员中大多数已成为当前饲料工业及养殖业界的技术骨干或大款、大腕。作者曾承担过有关饲料营养价值评定方面的教学及教材编写任务。当年所有授课教师均无报酬，学员的交通、食宿经费自理，教材则由教师自编、自印、自带，无偿发放。回顾当年工作，心情是舒畅的，人际关系是融洽的，师生共餐，气氛和谐，令人怀念。

五、“亡羊补牢” 重操旧业

“六五”初期返京，重操旧业。时作者已年逾花甲，作为项目主持人，事实上已超科研最佳年龄。何去何从，有过恨晨光熹微，但亦有迷途未远之感。在柴达木9年，虽利用业余时间“整理国故”[①]未尝懈怠，但仅可称之为“亡羊补牢”。其功在“补牢”，其过是“亡羊”。功过几几开，姑且留与后人评说。“大跃进”至“文化大革命”年代的“过”不应全归罪于某一领导者。过来人都该反省，应各自检讨各自的错。作者在清理杂如乱麻的“文化大革命”前的原始科研资料时才发现，其中“信息垃圾”竟达87%。其中，饲料样品的采集方法不标准，命名不规范，描述不全是“通病”。同名异物者有之、同物异名者有之、张冠李戴者亦有之；明显差错也大量存在。作者是当年该项目的主要组织者之一。作者当时的素质差，可推诸种种客观，但主观责任却是不能推卸的。每逢遇到原始资料中的成批“鸡肋”时，不仅为愧对当年协作者们的心血而内疚，也为保守、盲从与“瞎指挥”而汗颜。尤其是在柴达木基层孤立无援，亲自用计算尺、算盘、巴罗表整理核实资料时，才真正体会到当年协作者们“汗滴禾下土”之艰辛与作者“慷他人之慨”之浮躁。面对百废待兴之残局，唯一的选择是悟已往之不谏，从头收拾“旧山河”。

数据库是科技信息管理的重要现代化手段之一。1983年国务院电子办向中国农科院下达了“饲料数据库与饲料配方软件开发技术”之任务。若将该项目启动之日

---

① “文化大革命”期间，作者从“垃圾”中抢救出了全国多年积累的科研资料。抵柴达木后得到了基层领导已故杨占海同志的理解与支持，筹措经费，始得以《海西科技》杂志1977年2期的专刊名义出版了《国产饲料营养成分价值表》。为“六五”期间中国饲料工业配制饲料配方及时地提供了急需的一手材料。拨乱反正后经过多次增订、修改，以畜牧研究所、中国畜牧兽医学会动物营养学分会名义由农业出版社再版。获国家奖。

与国际饲料数据（INFIC）[①] 同比，滞后约12年；若与日本饲料数据库（JFIC）[②] 同比则约滞后5年。为此赶超日、美，把握时机，有所为有所不为具有历史意义。作者接该项目任务时，正值计算机硬件、软件更新换代最频繁的年代。INFIC的信息管理系统大而全，而JFIC则从本国生产实际出发，少而精。中国自然条件复杂，饲料品种繁多，机械套用两者均不足法，必须另辟蹊径。当时国内的硬件滞后、昂贵，软件人才奇缺，隔行。更困难的是工作枯燥乏味，团队不稳，专项经费朝不保夕。CFIC在畜牧业领域是公益性基础研究项目。时运不佳的是“六五”期间当权派对“数据库、农业专家系统”的过分期许与青睐，与有些同行在争取项目时轻敌与急于求成，导致了“六五”后期泡沫成果的连锁曝光，大批同类项目又被滚动下马。城门失火，殃及池鱼。也导致了CFIC在“七五”期间的“失宠”。经过“三难关”[③]，幸被保留，但经费骤减。协作单位嗷嗷待哺，主持单位爱莫能助。为保全实力只得压缩战线，割舍旧情，苦撑待变。众所周知，任何领域的数据库都应属于“万年青”项目，但如不能全国协作一盘棋，形成网络，不能及时吐故纳新，最终将成为废品库、“垃圾箱”而被淘汰。

从国民经济看，当时中国饲料工业与现代化养殖业正方兴未艾，蓄势待发。另一方面也面临着“内忧”[④]、“外患”[⑤] 并存的挑战。而年轻的中国饲料营养科学正处于从“一边倒”向另一个“洋拐棍”的转型期的困惑年代[⑥]。在许多领域因循守旧，盲目跟随，不敢越雷池一步。如何吸取历史的教训，如何洋为中用，但不唯洋；如何借鉴国际饲料分类原则与本国传统饲料分类惯例相结合，设计出能反映中国饲料实体与饲料样本实体的信息管理体系十分关键。作者[⑦]有幸通过冀一伦先生[⑧]邀请INFIC创始人哈里斯（L. E. Harris）教授来华亲授机宜。哈老来华时，已年近古稀，随身带来了大量一手资料，为CFIC的少走弯路提供了无价之宝。哈老的国际主义精神与科学态度是令人折服的。哈老在京时，下榻香山饭店，作者朝夕相陪，

① 国际饲料数据库情报网中心（International Network of Feed Information Center，INFIC）：1971年，由美国哈里斯（L. E. Harris）教授发起，最早秘书单位设在美国犹他州的国际饲料研究所，以后“轮流坐庄”，分别设在荷兰、澳大利亚等国，当时全球有31个国家参加或赞许该组织。

② 1980年作者赴日考察，与日本农林水产省畜产试验场饲料数据库负责人堀井聪博士进行了交流。1983年又邀请堀井聪来华学术讲学。

③ 三难关：时人描绘当时向有关部委处级干部申报项目时的尴尬局面为“门难进、脸难看、话难听”之贬称。

④ 内忧：标准化工作滞后，假冒伪劣饲料产品泛滥。

⑤ 外患：入世后的绿色贸易壁垒，出口产品被频繁揭露退赔。

⑥ 一边倒：指20世纪50年代向苏联一边倒；洋拐棍：指照搬美国“NRC”（美国国家科学研究委员会）不定期发布的“畜禽水产营养需要量”。

⑦ 作者当时曾受国家技术监督局及中国饲料工业协会聘任，兼全国饲料工业标准技术委员会副主任分工技术工作。

⑧ 冀一伦：（1919～）山西农业大学教授，反刍动物营养专家，是我国最早提出用迭代法优化饲料配方的先驱。著有《实用养牛学》、《人生无悔》等，新中国成立前赴美留学，获硕士学位，师承国际饲料数据库创始人，美国Utah大学L. E. Harris教授。

无话不谈。当作者曾冒昧地提出中国饲料分类编码系统[①]的构想与 INFIC 编码系统异同点时，竟然意外地得到他的首肯。哈老反以从中国实际出发的思想，告诫作者不一定循规蹈矩。闻志广博而色不伐，具有创新思维的学风使作者终生受益。经过 20 年来的实践，所幸现行 CFIC 饲料分类方案尚未出现烦琐、虚设“超限”或不兼容的个案。哈老已作古，冀老现年也逾 90。饮水思源，CFIC 应给哈老与冀老补发“介子推”[②] 奖。

当前，计算机技术的软件、硬件日新月异。在饲料营养信息内容方面也从常量到微量，从组成成分到不同内涵的生物学效价、不同数学模型为支撑的方向发展，并从饲料实体信息向饲料样本主成分配套的方向不断补充、更新或延伸。因此，对 CFIC 的框架设计及信息管理系统的整体设计也不断提出新的要求。尽管 CFIC 从 1989 年农业部批准之日起已连续 20 年向国内外发布最新版的《中国饲料成分及营养价值表》，在经费拮据的条件下，在为社会服务、人才培养方面进行了不懈的努力，也曾前后获各种奖励[③]，但正如媒体对中国农业信息技术应用的评价，仍然是“硕果累累，典型多多，困难重重”，可能言重了些。但应该承认，苦练内功、与时俱进的任务是艰巨的，任重而道远的。

六、几度兴衰　创新维艰

中国农业科学院畜牧所动物营养代谢实验室始建于 1962 年。是在中共中央颁发《科学十四条》[④]，聂荣臻主持“广州会议”[⑤] 的历史背景下，由农业部特批兴建。作者接此任务后，从经费到位、设计、选材到建成仅用了半年时间。在给知识分子“脱帽加冕”的政策下，工作是务实的，也是高效的。该实验室在“文化大革命”前除了完成本所任务外，每年都为兄弟大专院校提供科研教学服务，基本上是开放的。在以当年青贮饲料为主的低精料养殖业条件下，如何因地制宜、科学利用国产饲料资源提高生产水平方面起到了应有的科普作用。惜好景不长，1964 年“四清工作

① 中国饲料数据库编码系统是以国际饲料分类 8 大类为主类，参考与中、日、韩、法、加、德等国传统分类法为辅的 16 亚类相结合的饲料分类体系。在此基础上，考虑到今后几十年内我国新饲料资源还会不断涌现的可能，将 INFIC 第三级顺序位数从“000”改为“0000”，最后形成了以“0-00-0000”为基本形式的中国饲料数据库编码系统。

② 借用晋文公重耳与功臣介子推的故事。

③ 中国饲料数据库（1990 农业部 900590）、袖珍配方电脑应用技术（农业部 83-768）、“CMIX 饲料配方系统”（浙江省 1994-007101）、“三新饲料配方系统”（1998）、“畜禽饲料营养知识咨询及配方网络远程优化系统”（2004）。

④ 见中共中央 1961 年 7 月 19 日中发（61）505 号文件转发聂荣臻《关于自然科学中若干政策问题的请示报告》中的《科学工作十四条》。

⑤ 1961 年 2 月 26 日由聂荣臻主持的“科技工作者会议”在广州市召开，到会专家约 300 余人（史称“广州会议”或“神仙会”）。在该会议上，陈毅根据与周恩来总理电话指示精神，在大会上做了给中国知识分子“脱帽加冕”的长篇报告，并明确指出：“将资产阶级知识分子”改称为“人民的知识分子”。

组”进驻畜牧所，作者被列入重点批判对象，所有作者主持项目被迫下马。“文化大革命”后期，动物营养实验室被改为铁木瓦电车间。拨乱反正后，作者由青海重访原研究所址时，周围杂草丛生，面貌皆非，大有“国破山河在，城春草木深”之感。

1979年畜牧所恢复原建制。时，作者被委任为动物营养室副主任，此乃有生以来最高“官”衔[①]。实则有职无权，仅为“收复失地”竟耗时5年。连加“文化大革命”期间的破坏，前后达15年之久。当时最大的困难是国家外汇奇缺，幸免于难的仪器设备残缺老化，国产仪器性能不过关。“工欲善其事，必先利其器”。动物营养科学是以解决饲料工业的核心技术——“饲料配方”与指导现代化养殖业的“饲养标准”为主攻方向的基础应用科学。基于振兴民族饲料工业的需要，1990年农业部非常及时地首批批准了在中国农业科学院畜牧研究所成立“动物营养农业部重点开放实验室”，由作者负责。每年拨专款资助维持运转费。从“七五”至“八五”列入国家重点攻关项目。至此，昔日“黑项目”始得以“转正”。

从20世纪80年代中期到21世纪初是中国畜牧业发展的盛世。2008年全国人均年占有肉、蛋、奶量分别达到55.1千克、19.9千克、29.8千克，比改革开放前增长了约6～10倍。多年来，价格平稳，供销两旺，结束了畜产品凭票供应的历史。据此，2001年“畜禽水产养殖技术”被中国工程院评为20世纪最伟大的工程技术之一，与“两弹一星”、“种植业增产技术”等25项成就相提并论。这是数以十万计的同行们多年辛勤劳动的成果。但是，若从当前科学发展观及生态文明观的角度，以及从科研与生产的衔接性、针对性、前瞻性等广角分析，当前又凸显出一系列矛盾。

经过13年的争议，中国于2001年正式加入世界贸易组织。“入世”以来以绿色贸易壁垒为标志的突发事件屡见不鲜。其中在畜产品中除了外源性污染、次生性有毒有害物质从不同渠道进入食物链外，由于规模化养殖业的盲目扩大以及科技储备不足而普遍发生的环境“应激综合征”[②] 也被越来越多的人所注意。

“应激”是长期以来在规模养殖业中被人们疏忽的隐患。“应激”（stress）或称“胁迫”是介于健康与疾病中间的一种“违和”状态。它是诸多传染病的温床。“环境应激综合征”可以理解为是由于不良环境而引起的亚临床状态的种种过渡性症候群。其应激源（stressor）大都是来源于封闭的、高密度的饲养逆境。这类问题在许多经济发达国家，特别是在人均耕地面积较少的欧洲国家早在20年前就意识到如何使粪肥良性循环，发展生态农业良性循环乃至保护动物福利，从根本上改善畜产品

① 1980年请辞。

② 应激综合征（general adaptation syndrome，GAS）：如鸡的脂肪肝综合征（fatty liver syndrome，FLS），猪的灰白肉（pale soft exudative pork，PSE）及恶性高温应激综合征（malignant hyperthermia syndrome，MHS）等。

品质等方面另辟蹊径。这是在发展“规模化”养殖业中不可规避的新问题。

20 世纪末期是中国畜牧业的迅猛增长期，但是基于人口增长等社会因素的制约，全国人均占有量粮食、肉、蛋、奶量却面临着 10 年徘徊或缓慢下滑的趋势。当前我国经济建设正面临着内忧与外患的困扰，在与动物营养科学息息相关的“2116”[①] 食物安全工程中也存在着一系列老大难问题，有待从长计议。

一切事物在发展过程中总是会发生一个倾向掩盖另一个倾向的现象。近 20 年来，表现在中国养殖业生产模式方面突出的问题是脱离国情的规模化养殖业的盲目发展。一个认识上的误区是：有些人认为养殖业只要规模化，一切都好解决。作者认为：不能将规模化等同为现代化。规模化是手段，而现代化是目的。现代化除了 GDP 指标外，还应包括人文指标、资源指标、环境指标，特别是要以科技储备为先决条件。因此，在一切重大宏观决策方面一定要树立“为之于未有，治之于未乱”[②] 的观念，不仅要全面解决在科研体制中存在的“经济科技两张皮”[③④] 问题；还应力争在最短时期内，扭转以牺牲环境资源为代价的线性经济向以可持续发展为前提的循环经济方向转变；要在以道德为准则的生态文明观、以价值为取向的生态经济观的理念指导下，在思想上要勇于挑战传统的非科学思维方式。要夯实基础性、前瞻性攻坚实力，要苦干、实干加巧干，坚持不懈地把中国的事情办好。这是为给子孙后代少留些麻烦的需要，也是人类与自然和谐共存共荣的需要。

七、后　　记

少年十五二十时，曾怀“步行夺得胡马骑”[⑤] 之志；欲“按图索骥”，谋科学报国之策。惜无头蝇五里雾中，盲人摸象，井蛙观天，效蝜蝂[⑥]一生，零星成果分散[⑦]，集成也难。方南柯一梦醒来时，已入耄耋行列。花甲后，政协八年、院士凡

---

① “2116”：21 世纪 16 亿人食物安全工程，1993 年由科技部农村工作司提出。

② 老子，《道德经》。

③ 吴昊，“两张皮”危机溯源，科学新闻，2012 年 8 月 10 日出版，第 34～36 页。

④ 温家宝，关于科技工作的几个问题，求是，2011 年第 14 期。

⑤ 王维，唐・《老将行》：“少年十五二十时，步行夺得胡马骑。射杀山中白额虎，肯数邺下黄须儿。”

⑥ 柳宗元，唐・《蝜蝂传》：“蝜蝂者，善负小虫也。……物积因不散……又好上高，极其力不已，至坠地死。”

⑦ 主持或参加获奖项目共 17 项，其中主持 9 项。主要有：“猪鸡饲料成分及营养价值表”，1978 年获农林部技术改进奖二等奖；“袖珍饲料配方电脑应用技术”，1982 年获农牧渔业部技术改进奖二等奖；“鸡饲料代谢能测定方法标准方案”，1983 年获农牧渔业部技术改进奖二等奖；“国产饲料中的化学成分、氨基酸含量测定及对猪、鸡、牛、羊的营养价值评定”，1984 年获农牧渔业部技术改进奖二等奖；“中国饲料成分及营养价值表”，1985 年获农牧渔业部科学技术进步奖二等奖及国家科学技术进步奖二等奖；“饲料消化能值的离体测定及 PIF 冻干粉的加工工艺技术”，1985 年获农牧渔业部科学技术进步奖三等奖；“中国饲料数据库”，1990 年获农业部部级科学技术进步奖三等奖；“饲料原料标准 29 项 GB10363～10385、10387～10392-89”，1992 年获国家技术监督局科学技术进步奖二等奖；1993 年获商业部科学技术进步奖二等奖，1998 年中华农业科教基金会中华农业科教杰出贡献奖。1997 年《中国农业大百科・畜牧卷》（副主编）获中国新闻出版总署优秀科技著作奖一等奖。2001 年《中国饲料学》（主编）获中国新闻出版总署优秀科技著作奖二等奖。

十五年，是不断自我否定与否定之否定的晚年。其间曾多次应邀与有关院校师生隔着代沟进行交流。事后反思多系“赶集”[①]，每于掌声过后辄有沉舟侧畔，囊中羞涩之感，唯冀蜡炬成灰，犹可护花。愿后来人以此叟为戒。

所幸，作者所在单位中国农业科学院与中国农业大学合作共建的动物营养学农业部重点实验室已于2005年3月进入国家级（SKLAN[②]）。第三代人工气候舱[③]也在中国农业科学院昌平基地建成。但在动物营养科学与遗传育种、环境卫生、疾病免疫等相邻学科交融与互作方面，尚需经过几代人的努力，不断用新思维、新理念、新技术解决全局性、关键性科学技术问题。可告慰者，所在团队在SKLAN与科技部的支撑下，历时八年完成了有关创新方法专项[④]——全程仿生自控酶水解总能系统（SDS-2）的研发任务，并已进入中试。这一技术的普及将为改革现行畜禽饲养标准体系提供现代化科研手段。但革命尚未成功，同志仍须努力。作者愿在有生之年，能竭尽余力，共襄大业。

八、张子仪主要论著

Zhang Z Y. 1953. Studies on importance of trace elements in farm animal feeding. I. On the trace elements in the soil, river-water and roughage in the district of Komatsu, Shiga perfectrue, which is noted for the appearance of the ‘Kuwazu-disease’. Bulletin of the Research Institute for Food Science, Kyoto University. NO. 11.

Zhang Z Y. 1953. Studies on importance of trace elements in farm animal feeding. II. About the effect of the addition of iron, cobalt and fluorine to the agar On the propagation of the Actiomyces. Bulletin of the Research Institute for Food Science, Kyoto University. No. 12.

张子仪. 1961. 关于猪饲料营养价值评定方法的讨论. 中国农业科学，(9)：47-51.

张子仪. 1979. 对猪鸡饲料营养价值评定方法中若干问题的商榷. 中国畜牧杂志，(2)：27-32.

张子仪. 1981. 应用回归分析评定鸡饲料表观代谢能的研究. 畜牧兽医学报，12 (9)：223-229.

张子仪. 1985. 对鸡饲料的代谢能值测定方法中若干问题的建议. 中国畜牧杂志，(5) 3-7.

张子仪. 1985. 中国饲料成分及营养价值表. 北京：农业出版社（国家科技进步奖二等奖).

张子仪. 1986. 猪饲料消化能值的离体测定方法及其生物学试验根据. 中国畜牧杂志，(1)：5-9.

张子仪. 1990. 试论我国饲料工业标准化及存在的问题. 中国饲料，(1)：39-43.

Zhang Z Y. 1992. Concept model of function of the Chinese feed database management system, Proceeding of IFAC

---

① “赶集”：借用老舍1934年短篇集书名。20多年来约进行200多次专题报告。

② SKLAN：动物营养学国家重点实验室的规范缩略语（State Key Laboratory of Animal Nutrition）。

③ 动物人工气候舱（Zootron）专门用于模拟不同温、湿、光照、辐射条件的小气候环境舱。用于研究畜禽舒适环境指标及探讨动物应激源的实验装置。在国内首先由作者所在单位与解放军507所等共同研发建成（科技日报，1995年9月16日，人工气候代谢舱问世）。

④ 科技部创新方法专项《猪禽饲料能量生物学效价评定方法的创新研究》编号：2009IM033100，由作者指导的赵峰博士主持，2012年7月通过科技部验收。评价是：比传统方法精度高、效率快、成本低，属原创性，国际领先。获专利多项。已在全国重点大学、美国Minesota大学及温氏、海大集团等龙头企业作为科研、教学或生产质检采用。

work shop on expert systems in agriculture. International Federation of Automatic Control 2nd Announcement.
张子仪. 1993. 规模化畜牧业排污问题应及早治理. 中国家畜环境研究会第四届家畜环境科学讨论会论文集，北京：中国农业科技出版社：119-123.
张子仪. 1993. 近红外光谱分析技术（饲料质量检验）. 北京：中国农业大学出版社.
张子仪. 1997. 从生态文明看我国畜牧业可持续发展之路. 国外畜牧科技，(1)：2.
张子仪. 1999. 试论我国饲料工业入关前后面临的挑战. 中国工程科学，1 (1)：88-93.
张子仪. 1999. 再论我国21世纪饲料资源短缺问题的对策. 中国农业科技导报，(2)：26-30.
张子仪. 2000. 从我国人民膳食结构演变谈三元结构农业的内涵性改造. 中国工程科学，2 (2)：18-22.
张子仪. 2001. 从“2116”食物安全工程展望我国畜牧业的可持续发展模式. 动物科学与动物医学，18 (7) 1-6.
张子仪. 2001. 试论我国饲料工业的标准化工作及其产品的安全性管理问题. 中国工程科学，3 (7) 30-35.
张子仪. 2006. 对家禽饲料代谢能值评定方法中若干误区的探讨. 动物营养学报，18 (1)：1-5.
张子仪. 2012. 我国动物营养研究的内涵性革新与外延性拓展//刘建新. 动物营养研究进展. 北京：中国农业科学技术出版社.

主要参考文献

Moberg G P, Mench J A. 2000. The Biology of Animal Stress. Oxford University Press.
Brown L R. 2001. Eco-Economy: Building an Economy for the Earth. London: Earthscan Publications Ltd.
张子仪. 2001. 中国饲料学. 北京：中国农业出版社.
任继周. 2004. 草地农业生态系统通论. 合肥：安徽教育出版社.
冯仰廉. 2004. 反刍动物营养学. 北京：科学出版社.

撰写者

张子仪（1925～），传主本人。

曾士迈

曾士迈（1926～），湖南湘潭人，生于北京。植物病理学家，农业教育家。1995 年当选为中国工程院院士。1948 年毕业于北京大学农学院，长期从事农业教育和农业病虫害防治理论和技术的研究工作。中国植物病害流行学创始人之一，倡导和开拓了植保系统工程学和宏观植物病理学，在植物抗病性利用、病虫害防治策略等方面也有突出的研究成绩。曾任国务院学位委员会学科评议组成员、农业部科学技术委员会常务委员、中国植物保护学会副理事长、中国植物病理学会理事长、北京农业大学植物保护系主任、有害生物综合防治研究所所长等职。他执教 60 多年，著书立说，桃李芬芳，为国家培养研究生和优秀的农业技术骨干，1989 年被授予国家级优秀教师称号。在小麦条锈病定量流行学、大区流行规律及计算机模拟、植物水平抗病性、抗病性持久化策略等方面以及免疫学与流行学交叉领域，成果累累。他将系统科学思想、系统分析方法运用到植物病害乃至诸多有害生物的研究之中，提出了减少“人造流行”、注重植物保护软科学、重视微观宏观对应研究等独特的指导意见，对学科发展起了重要作用，2012 年获中国植物保护学会终身成就奖。

一、个人简介

曾士迈，原籍湖南湘潭，1926 年 4 月 8 日出生于北京市。父曾权，从事土木建筑技术工作，曾任职于北京市文化古迹建筑物整理委员会。母肖斐青，勤俭持家，注意教育子女。曾士迈有一兄四姊，皆勤奋好学，成绩优秀。曾士迈幼年随父母谋生迁居沈阳，正值国家处于内忧外患的悲惨年代。1931 年九一八事变，日寇侵略东北。曾亲眼看见城门口悬挂着抗日烈士的头颅，激发了爱国主义情怀。1935 年回北平，就读于铭贤小学，后转入北平师范大学附属第二小学。1938 年被保送进入北平师范大学男附中。这两个学校不仅教学条件好，校风更朴实求真，使他好学上进，敬业乐群，并打下了德、智、体、群、美全面发展的基础。

曾士迈儿时常随父亲到农村，信步垅亩阡陌，穿行豆架瓜棚，浮想“种豆南山下”，产生了对大自然的热爱。他渴望知道许多自然奥秘，也就喜欢上学、读书。当时男附中有一项叫做“化学工艺”的课外活动，就是做黑蓝墨水、晒蓝图、照相洗相、做雪花膏（护肤用品）、黑色火药等，他十分喜欢，既学到新知识又唤起他越来越强烈的求知欲望。另一方面，面对当时国家落后、山河破碎、民不聊生的社会现实，萌生了农业救国的志向。遂于1944年报考北京大学农学院，开始学习农艺学。抗日战争胜利后，许多著名的植物病理学家，如俞大绂先生、林传光先生等，来到北京大学农学院植物病理系授课，该系有较好的教学和试验条件却没有几个学生，于是他就在三年级转入植物病理系学习。由于该届学生仅他一人，因此受到多位名师的传授和指点，加上他自己勤奋努力，提高很快。

1948年毕业留校任教，这一教就是60多年，始终没有离开植物病理学讲台，也没有停止研究工作。他先后承担过植物学、植物生理学、真菌学等课的实验，以及农耕实习、生产实习；讲授病害防治各论、普通植物病理学、农业植物病理学、植物病害流行学、植物免疫学。当时的教学十分重视与生产实际相结合，他不辞辛苦、不避寒暑，深入华北、西北农村调查研究或驻点进行田间试验；先后进行过草莓、烟草、水稻、小麦、蔬菜病害研究，均取得了很好的成绩。1958年，他与其他专业教师一起下放北京郊区东北旺人民公社，投身于当地的病虫害防治工作。1964～1966年，他参加援越工作，在越南北方进行热带作物病害研究和师资培训工作，曾获得胡志明勋章。在北京农业大学搬迁陕北的困难时期，他仍抽空进行“糜疯麦”的研究，至1987年学校搬迁河北涿县，再迁回北京的过程中，他克服种种困难，率先招收研究生，开展小麦条锈病流行计算机模拟和水平抗病性的研究。

曾士迈在第四、五届国际植物病理学大会（1983，墨尔本；1988，京都）上任国际植物病理学会（ISPP）流行学委员会委员，多次出国讲学、考察，增进了国际交流，使中国在这些领域的研究很快逼近世界先进水平。曾任北京农业大学植物保护系主任、有害生物综合防治研究所所长、国务院学位委员会学科评议组成员（1986～1991）、农业部科学技术委员会常务委员（1982～1991）、中国植物保护学会副理事长（1985至今）、中国植物病理学会理事长、亚洲植物病理学协会主席。1995年当选为中国工程院院士。曾士迈对发展中国植物保护学科和植保工作做出不懈的努力。为了表彰他的功绩，中国植物保护学会于2012年授予他终身成就奖。

二、学术思想、理论和科学成果

曾士迈从业几十年，始终全力以赴地做好每一项工作，在创设植物病害流行课程、深化小麦条锈病大区流行的认识、摸索植物病害流行的定量研究方法、开拓植物病害流行学和植物免疫学的交叉领域研究，以及倡导植保系统工程和宏观植物病理学研究等方面做出了显著成绩。

1. 小麦条锈病大区流行

小麦条锈病是一种重要的植物病害，广泛发生在中国小麦种植区，特别是在西北、华北，曾经造成1950年全国小麦减产60亿千克的严重损失，是关系到国计民生的重要生产问题。早年，对该病的研究主要针对单块麦田内病害数量的增长规律和防治药剂。其实，小麦条锈病是一种大区流行病害，病原菌孢子能随气流远距离传播，条件适合时能引致几百上千公里以外的地区发病。不同麦区之间有种种形式的菌源关系，可结成流行区系（病害流行的地区系统）。区系中病害的越冬越夏、发生发展、近程和远程传播等规律可称为大区流行规律。1960年他提出小麦条锈病大区流行和流行区系的看法，指出区系才是研究的整体，并参与全国性协作研究，1987年全国有关协作研究单位联合申报“中国小麦条锈病流行体系”研究成果并获得国家自然科学奖二等奖。该项研究成果使中国小麦条锈病的研究达到国际先进水平。

2. 定量流行学研究

曾士迈1962年发表的《小麦条锈病春季流行规律的数理分析》一文是国内最早应用数理统计方法研究病害流行规律的论文。20世纪70年代又在国内率先将系统分析和计算机模拟方法引入植物病害流行学研究，研制出国内第一个植物病害流行计算机模拟模型（TXLX，小麦条锈病春季流行模拟模型，1981）。其后又研制出小麦条锈病大区流行和品种-小种相互作用计算机模拟模型PANCRIN，可用于大区流行研究，该研究曾在第五届国际植物病理学会上报告并引起重视。同时他和他的学生还陆续研制出稻、麦、蔬菜上多种病害的模拟模型，并逐步从单一病害发展为多种病害乃至病虫害的综合模型，从时间动态到空间动态；再到损失估计、品种药剂防治效果和防治决策模型。与国外同类模型相比，在精简结构和实用性上都有独到之处。1980年，他在国内率先开设研究生和本科生植物病害流行学课。1986年，他与杨演合作编著国内第一本《植物病害流行学》专著，1992年，该专著被评为农业部首届优秀教材。他促成植物病理学会成立流行学专业委员会，多次参与组织了全国重要的病虫害预测、综合防治学术研讨会、病虫害超长期动态与预测学术讨论会以及师资培训活动，对提高中国病害预测理论与技术水平起了重要的作用。2005年主编《宏观植物病理学》更是将植物病理学研究提升到农业生态和农业发展历史的层面，为持续控制病虫害提供了许多启示。

3. 植物抗病性研究

20世纪50年代，曾士迈即对烟草黑胫病抗病育种进行了较系统的研究。1961年，针对小麦品种对条锈病的抗性“丧失”现象，他提出“大区品种配置”，使品种抗病性持久化的设想，和国外提出的基因布局（gene deployment）设想不谋而合。70年代，他率先在国内介绍植物水平抗病性的概念（J. E. Van der Plank，1963），提出小麦条锈病水平抗病性鉴定的一系列方法，引起国内植病界和育种工作者的重视，带动了对其他病害的水平抗病性研究。在不断研究抗病性遗传规律和不同类型抗病性的应用效果的同时，以寄主品种-病原物小种相互作用的群体遗传学为核心，开始从协同进化的高度探索抗病育种方向、抗病性遗传管理和品种抗病性持久化问题。他在抗病性持久化研究中采用的系统模拟方法受到国内外广泛的重视。1998年他与夫人张树榛教授合著《植物抗病育种的流行学研究》一书，对促进植物免疫学与流行学交叉研究起到了推动作用。

4. 从有害生物综合治理到植保系统工程

20世纪70年代，曾士迈积极宣传和贯彻有害生物综合防治（IPM）方针和“持续植保”的概念。在长期从事植保实践和广泛吸收相关学科知识的基础上，他于1987年提出“植保系统工程”这一新的学术观点，即应用系统论的原理和方法解决植物保护的认识和管理问题，从而开辟了植保研究和科学管理的新局面。他认为品种、药械等防治硬技术固然重要，但要想提高植保工作效益不能仅仅依靠硬技术的改进。要以植保的问题分析、目标建立、监测、预测、防治决策、效益评估等软技术为纵轴，横向综合各类有害生物发生规律和协调各类防治硬技术，组成一个软硬结合、纵横一体的植保软科学体系，以利于提高经济、生态和社会效益。他不仅有创新的思想，还勇于实践。他和他的同事所进行的植保效益分析和评估方法尚属国内首创，所完成的多方面研究工作，如损失估计、系统灾变预测、病害预测和防治决策专家系统等为许多同行借鉴。1990年，他和庞雄飞合编了《系统科学在植物保护研究上的应用》，1994年编著的高等农业院校统编教材《植保系统工程导论》曾获得农业部科技进步奖。

5. 教书育人

多年来，曾士迈倾心农业教育事业，除为本科生讲授普通植物病理学、农业植物病理学、植物免疫学、植物病害流行学以外，还培养了一大批研究生、进修教师和青年工作者。他热心培养年轻人，无论是在大学课堂、培训班、学术讨论会上，还是在田头现场或书信交流中，也无论对方生熟远近，他都无保留地传道、授业、解惑，鼓励更多的人，特别是青年人参与他所热爱的事业。由于他喜好读书、长于思考，又能理实结合、不断实践，日积月累，学术功底深厚，所以他讲课如行云流水，深入浅出，深受学生欢迎，同行敬重。他教书育人，注意启发和言传身教。从爱护实验材料、仪器，到撰写论文、遣词造句都严格要求。1980 年在《科学通报》上发表文章纠正了多年传抄 Shrödter 真菌生长温度当量公式的错误，并得到国外权威 J. Kranz 教授的信服。他待人谦和、平易近人。听过他的报告或与他交谈过的人，都感到受益匪浅，终生难忘。由于他对中国农业教育事业所做的突出贡献，1989 年被授予国家级优秀教师称号。

三、成才经验（传主访谈记录）

我是凡人。严格些要求，不足以入传。一定要写，就只能“野人献曝”，把我过去、特别是年轻时一些记忆较深的片段提供出来，再加回味，供与青年朋友交流。

1. 书山有路勤为径

我的天赋自觉一般，人家说我脑子较好，我认为是指思路清楚、注意逻辑罢了。其实悟性不够，比起夫人来（在我亲友中她是公认悟性较强的人）现场领悟经常要慢半拍。说到“机遇”二字，我是年事渐长以后才逐渐理解的，常常要到事后才觉出那是个机遇，悔不该当时等闲视之了。即便当时有所觉察，也常常不够果断或抓之不牢，这其中也有悟性不强的原因。总之，自觉没这方面天才，不善于抓机遇。况且，人一生中能碰上几次特别好的运气呢？真有“天上掉馅饼”那样的好事，也是可遇不可求的。想来想去，自己能掌握的只有一个“勤”字。我这辈子主要占了“勤”字的便宜。

我小时候就比较喜欢课外读书，把读课外书也看成是玩，寒暑假更是看书的大好时光。最先对武侠小说感兴趣，后转向言情小说、文学名著、科普读物。内容多而杂，不管懂不懂，生吞活剥、囫囵吞枣。现在看来，这样乱读一气，不大经济，但无论如何，增长了不少知识。掌握新知识让我愉悦并引起更强的求知欲。读书成了一大嗜好，我爱读书，爱去图书馆。

要说真正勤学还要从大学说起。那时老师在课堂上讲得不多，也没什么指定教材，课余干什么就看自己了。我大学一二年级自学的几本书主要是日文的，记得有：纐缬理一郎的《生理植物学》（1939）、田中义麿的《遗传学》（1934）、野口弥吉的《非孟德尔式作物育种法》以及住木谕介的《植物ホルモン》（1943）。由于当时还没上专业课，日文也不好，所以只能知其大意，不但没有看小说好玩，简直苦得很。可是，从章节目录看，其内容又实在吸引人。于是我下决心先翻译章节目录，再精读特别有趣的内容并作成笔记。坚持每周用三四个半天完成这些作业。过不久也能大体读懂。后来读到植物生理学时又读不下去了，卡在细胞液的 pH 上。该书正文中只简述其定义，其他则语焉不详。好在该章有十好几页的附录，讲解 pH 的原理和测定方法，很详细。其中牵涉物理化学等基础知识，我又看不懂，只有硬啃了。还好，花了两三个下午，终于弄懂了，十分高兴。读其他几本书卡壳的事也不少，后来大都硬着头皮查书、问人，一点点解决了。一再卡壳时当然很“苦”，而一旦突破就变成甜了。生字一天天少了，笔记一页页厚了，看那一行行字迹，颇感欣慰。

大学三年级以后主要读的是英文专业书，最先读的是 Miller 编的 *Plant Physiology* 以及 Butler 和 Jones 编的 *Plant Pathology*。那时我的英文还很差，硬啃下这两本书才真正称得上苦。我把每晚 10～12 点定为读英文时间，同屋同学也大体如此，安安静静，互不相扰。开始一晚上念不了几行，几乎句句有生字，一句好几个生字。我访购到一本旧书，为的就是可以往上注字。书的头几页的页眉、页脚、两边都注得密密麻麻，地方还嫌不够。有时，查过、注过的单词在下文中再遇见它，又忘了，只好再查再注，一再重复，心情很烦，但也只能如此。好在“只要工夫深，铁杵磨成针”，坚持了一年，阅读能力大有提高，书也变干净了。看着这几本翻旧了的书，享受到苦尽甘来的喜悦。后来阅读任务越来越重了，包括新课选读、毕业论文文献综述等也都是这样“啃”下来的。毕业论文题目是导师林传光给的，草莓缺铁白化症。他借给我一本书，书名大概是 *Minor Elements Deficiency Abstracts*，从中可以查出很多有关植物缺铁白化的参考资料。以后又发现可以查 *Review of Applied Mycology*、*Biological Review*、*Chemical Review* 等文摘索引工具书，更感到在知识海洋中乘风破浪的愉悦。

我体会，仅仅多读书还不够，还要勤思考。小时候较简单，知识装进脑子，来者不拒。年纪大了，知识也越来越多了，对知识就要多做些处理加工。比如：做些比较分析以辨其真伪精粗，纵横延伸以深化其含义，锤炼融汇以塑造新的思想等。我想人人都是这样做的，不过用心程度各有不同。我对于直觉而得的感性认识常常不放心，非得再通过逻辑推理论证一番。对于第一次接触的事物、概念、理论和设想，经常提出一些反问、追问或质疑。因而我接受新鲜事物常常略慢一些，也可说是审慎些。这些习惯，在处理日常工作、生活和人际交往中，常使我现场悟性较差较慢，可是在学术研究中却也有其补益。开会发言和讨论时，我一般都不抢先发言，而是首先仔细听取别人的意见。在这方面，我从林传光先生的无言教导中得益匪浅。林先生静默寡言，喜欢沉思。会议上发言一般不多，但常有“斯人不言，言必有中”之概。他讲课逻辑性很强，论述严谨，深刻而具启发性。他除了客观、忠实而充分归纳别人的意见外，还严谨而诚恳地谈出自己的不同看法并且显然是经过深思熟虑的话语。他口才并不算好，甚至有些口吃，但一句句慢慢地道来，却能使思维从容、准确地“下载”为语言。对比之下，我和一些同事虽然口齿颇为流利，但时常陷于“脑子落后于嘴巴”和“思想贫弱于辞藻”。身为教师，更需要多思、深思，要不断消化吸收书中知识并形成自己的思想和认识。讲课水平不决定于口齿，而决定于学术水平和思想水平。记得中学老师就给我们讲过孔夫子的一句话，“学而不思则罔，思而不学则殆”。当时体会不深，工作多年之后才深信无疑。

勤的另一面是抓时间。人生苦短，读书时间要靠自己去抓。学生时期课余时间较多，毕业后留校做助教，时间就紧了。除去每周4～5次讲课和带试验外，备课（包括写教案）、准备实验材料和科研往往需要占用许多连贯的时间，还要参加一系列的例会。此外，还有些其他业余学习活动，比如20世纪50年代初工会办的德文班和俄文班，每早7：00～7：50上课；又如1952年我参加了俄文自学小组，每周三个晚上，等等，留给读书的时间就没多少了，而且很零碎。然而，读书一旦成了习惯，好比吸烟上了瘾，只要想读，时间还是有的。那时，晚饭十分简单，饭后8～12点这段时间很实惠，姑且称之挑灯夜读吧。我是比较容易坚持的，我的夫人那时是年轻妈妈（几年后多到三个娃娃）就累得多。不过，待娃娃睡稳、10点以后夜深人静，读书效率很高。我们夫妇是大同行（她学农艺，我学植病），正好交流切磋，提高兴致。在那些年月里我们常常同灯夜读，颇感幸福。另外，我给自己规定：每周都要到图书馆翻翻新到的书刊。在作周工作计划时，我把上课、带试验、各种会和固定活动一一划去时，就出现不少1小时、2小时的碎块。这些时间很容易被浪费，所以也得抓住。虽不能分秒必争，但也一定把半小时当30分钟使用。比如，两小时及以上的时间就可以去校图书馆。骑车去回用20分钟，剩下100分钟足以从从容容看点书或翻阅点新到期刊了。如果有一个小时，我就就近去系图书室。时间再少，也能看几条摘要，写几张卡片。那时我每学期总会作出好几套读书卡片，大都是利用零碎时间作的。

当老师的都知道，要给学生一杯水，你就得有一桶水。教师之辛苦不在课堂上而在备课时。你想作一辈子教师，那你就得一辈子读书，做一辈子读书人。我的许多知识，都曾经是为教而学甚至是被教学逼出来的。比如我曾给植物生理生化专业的学生讲植物病理学。我没什么生理生化基础，更不懂植物生理病理学这个新生分支学科。我只好找一些新资料，一页页地抠，像当学生时抠英文一样。这样现趸现卖，学生反映还挺好，我非常高兴，一举数得。此后，凡遇到新内容，我都不回避，努力去补。后来逐渐觉悟，这是科学发展形势逼人，专业课教师尤其要面对日新月异的新问题和新挑战。

读书也需要反刍，有时遇到难以解悟的“硬块”，需要反复思考、换位理解。遇到硬块，我都会存在脑海里，在开大会、看电视或做其他什么事时仍不断琢磨它们，也还真捕捉到不少思想火花和灵感。那时会议很多，我在遇到空洞无物，套话连篇的报告时，就“一心两用”。翻到笔记本后面，那里记着当时思索的一些重要题目，或写我的读书反刍纪要，乃至各种工作备忘、报告提纲、文稿等，或者索性看起我正在读的书籍（小本的或抽印本）。看电视本是自由消闲之事，有些内容拖沓无趣，我也常常“视而不见”，心里想起我的有趣的“硬块”来。这些年，时常有家人问我电视里的情节，我无以对答，但真有一些问题是在看电视时忽然理顺的。

1972～1978 年，学校没正式招生上课，我们获得了从来没有的大空闲。当时学校图书馆还没恢复，然而能够帮我办北京图书馆的借书证。在那里，我系统地翻阅了几种期刊，多少填补了“文化大革命”所造成的科技信息空白。我还读了一些新书，涉及有害生物综合治理、系统科学、电子计算机科学、数理生态学、基因工程等方面。我如饥似渴，从扫盲到“恶补”，虽然消化率不高，但也收获颇丰，为我以后研究植保系统工程和抗病性持久化等打下一些基础。这段时光太宝贵了，很多老师抓紧这几年“补课”，也就赶上了潮流。

2. 实践之中大有乐趣

我这里的实践指专业实践，即科研和调查研究。教学当然是我最重要的专业实践，占我毕生 2/3 的时间和精力，其中颇有一些可忆可说之事，但如今回忆不免有芜杂之感，一时不知从何说起。倒是和科研生产相结合的几段教学记忆犹新，下面简述几件事。

（1）烟草病害研究　1950 年，俞大绂先生带我去河南许昌进行烟草黑胫病调查，这是农业部给的任务。俞先生带我实地考察了几天，就病害鉴定和防治拟了个初步方案。我带了三位四年级毕业班学生到许昌烟草试验场，既是毕业实习，又是合作研究。以场为家，开实验地，建临时实验室。实验室、田间试验和定期下乡调查相结合，工作学习内容十分丰富。自此，每年春夏（4～6 月）我带学生实习，直到 1957 年。

我和同学们都没啥架子，很容易和当地干部打成一片，甚至后来成了好朋友。我们和烟草试验场虽然是合作关系，但技术上我要负责任，甚至对当地烟农、当地生产负责任。对实习学生我要负教书育人的责任，实习结束时，师生业务上思想上都颇有收获和提高。这一工作锻炼了我的独立从事包括科研、教学和技术推广的能力，也使我对农业生产有了责任心。

由于接触生产实际，又增强了责任心，我对烟草病害研究越来越感兴趣，除黑胫病外，根据烟区病害防治需要，还作了一些烟苗炭疽病的研究，并于 1956 起开始探索烟草花叶病问题。在黑胫病和炭疽病研究上，我得到了一些成功，但也闹过一些笑话，只是由于干部、老乡和学生都信任我，所以他们都能谅解、支持。我体会，这比成功时得到赞扬还重要。

正当我打算长期从事烟草病害研究时，我被下放到东北旺农场，那是 1958 年 8 月的事。下放我倒不怕，这些年在烟区下乡，"三同"经验也不少了，只是不知道下放能做些什么？是否有趣？想不到这又是另一番天地。

（2）下放农场　1958～1959 年，我下放到北京东北旺农场，开始在蔬菜生产队劳动。没过多少日子农场就把我和一同下放的管致和、韩熹莱（管、韩两位教授均已去世）三个人"调到"场部当"准"技术员了，边劳动边作植保技术工作，大体时间一半一半。公社很大，植保怎么搞，我们也没经验。正好系里分配给我们十几个植保系四年级学生，我们把学生分到大队，既作毕业实习又当大队植保员。师生每周定时到场部交流情况，研究防治对策。遇重要或新发情况，师生随时集中到事发地点，开现场会。遇到个别我们都较生疏的病虫，就拿回学校实验室鉴定。以上这些工作环节，同时也就是我们的教学过程。当时在我们三人中，我学的是植物病理学，管致和学昆虫学，韩熹莱学农药学，都还是讲师，就植保而言，我们三人虽各有专长，也都不全面，更没多少实践经验。于是我们就结成"三人小组，一体行动"，在实践中互教互学。老乡和干部远远一看见我们三辆自行车来了，就笑着喊"三位一体来啦，欢迎欢迎"。经过一年半的共同努力，农民高兴治了虫、学生满意学了本事。我们感谢农场领导的政策水平高，没有让我们走进"下放—单纯劳动—空谈思想改造—积极性减退……"的下坡路。我至今觉得这一年让我在理论联系实际方面跨出了一大步。

（3）小麦条锈病研究　1958 年"大跃进"以后，"以粮为纲"又把我"冲击"到小麦条锈病研究行列中来。小麦条锈病在 20 世纪 50 年代经常流行，损失很重，所以国家很重视，农业部也要求我校植物病理系派人进行研究，系里动员我来搞。

我在“服从组织分配”方面还是不错的，就依依不舍地离开盘旋了 7 年的三大烟区，两手空空地跨入更为辽阔的麦海。那时一些单位已经开展了研究工作，像西北农业大学重点研究越夏，中国农业科学院植物保护研究所研究流行规律和小种，中国科学院微生物研究所研究药剂，河北省农业科学院植物保护研究所研究测报和防治等。我是个新兵，一时不知从何下手。想来想去，有两个想法逐渐清晰：第一，这个病害气流传播很远，地区间有关系，必须把跨省市的麦区作为整体对象进行研究，暂称之为大区流行规律研究吧。第二，我们的研究内容和方法不要与兄弟单位雷同，避免重复和浪费，要能发挥学校师生结合的作用，而大区流行研究需要以大规模多点同步的病情调查为基础，这一点学校师生可以胜任。以上两点想法就成为我们的指导思想。原则如此，如何实现？能得到什么样结果？只有摸索着干。我们 1960 年春踏出第一步，师生 26 人分别在北京、河北、河南、山西共 9 个县社驻点，以点带面，按统一方法定期调查点面病情。我们老师二人，或坐火车，或骑自行车，起早贪黑，奔波于各点和有关省县之间。虽然十分劳累，但仿佛真的侦察到“锈神”的踪迹，颇觉兴奋。当年锈病发生比较严重，调查也就颇有收获。这项研究一直持续到 1964 年，终于对条锈病大区流行规律有了比较真实的认识。

我在这项工作中，投入了大量的时间和精力，收获也是多方面的。从学术角度看，大区流行和流行区系划分是该病研究观念的提高和方法上的深化；菌量的数理分析又是植物病害定量流行学的一个探索；区域流行速率的定量分析则可能成为检测病菌来源是本地为主还是外来为主的有效方法。同样令人难忘的是眼界胸怀的扩大和思维的延伸。我认识中的小麦条锈病已经不再只是温室、试验田中的几个病斑、几行病株，而是作为辽阔的麦田生态系的成员，是在一定的历史环境条件和人类活动下与小麦长期共处、共进退的。它如何进化而来？又将如何继续？以及人类在这中间到底起了什么作用？这些问题很让我着迷。

（4）文教援越　1964 夏，突然给我一个文教援越，培训植物病理学教师的任务。我从未去过热带，连中国南方也没去过，现在却要到越南去教植物病理学，难度可想而知。我想只能在实践中边学边教了。因此，一到越南就要求下去调查，时值美国开始轰炸越南北方。我们采取了周游农场、调查研究、现场教学为主的培训方式。这既便于联系实际，又能躲避美军的空袭。只有少量必须在室内进行的教学内容，在河内农业大学挤时间完成。我和三位学员（越南教师）、一位翻译，还有司机和炊事员，夜间乘吉普车赶路，清晨到达某个农场开展教学工作。我们在农场技术人员的帮助下，针对当地主要病害，进行调查研究。在有条件的场，还设一些小题目，或调查发病规律、或进行接种试验或防治试验等，学员选题，分工合作，由我指导和适时进行讲课。一个场一次住十天半个月，再转到下一个场，小试验或观察项目请场技术员照管。到需要记载结果时，我们及时前往。一年半中，共去了 9 个场，有的场去了两次或三次。

我们研究（学习）的内容十分丰富。当地热带作物有橡胶、咖啡、菠萝、胡椒、香茅、柑橘、茶等，见到病害上百种。其中大部和我在温带见过的同类病害有很多共同之点，如橡胶白粉病、茶饼病、柑橘溃疡病等。由于联系实际、现场教学，所以教学效果很好。我边学边教也觉得颇有收获。事隔多年，时间越长、距离越远，我这才觉出我在越南所得主要不在于认识几种热带作物病害，而在于脑中有了一幅植物病害全景，它和我过去的印象比，复杂多了，开阔多了。以前接触的多是一种作物上的几种病虫害。寄主是一年生的，过冬后，上年寄主体上繁殖出来的病原物后代未必能够全部落到新一代寄主体上或同一品种上，要看种种机遇。而越南那里，是多寄主和多病原物之间的多种组合关系，还有热带雨林的大环境。多种病原物对环境条件要求各异，随着季节更迭气候变迁，病害此起彼伏，消长兴衰，变化多端。不少寄主多年生，而且面积较大，寄主群体上繁殖出的病原物后代成为次年寄主的病源的机会很多。于是，寄主病原物相互作用，更重要的是，品种小种相互作用较易连贯发生，因而协同进化现象会更为明显。总之这里是病害易于起伏变化的地方，因而也是研究病害流行的一个好地方。现在想来，越南热带作物病害考察，也和小麦条锈病研究一样，为我后来研究病害流行学又进一步打下了实践基础，虽然这在当时只是一种朦朦胧胧的想法。

（5）墨西哥水稻调查　1974～1975 年，由于某些原因突然决定让我去墨西哥，做稻作调查。这是中墨技术合作的一个小题目，同去的两位专家一位搞水稻栽培、一位搞水稻育种，加上翻译共四人，我当组长。短短的 100 天里，我们调查了 13 个州、几十个点、上百处稻田，由此可得到墨西哥稻病当年发病的全面印象以及一些历史情况。有趣的是，所到之处的耕作栽培方式多种多样，从刀耕火种到高度机械化的现代化农业，从中既可看出自然条件对病害发生的影响，也可看出各种农业措施对病害生态系进化的人为干预作用。这样的考察机会实在难得。我觉得，它能提醒人们多做些历史的回顾和未来的展望。

3. 读书与实践相结合

古人云：读万卷书，行万里路。这话极富启发性，这话既是给一般人说的，更是给做学问的人说的，要想学问大，博学多才，就得“多多”。最简单的理解是多读书多实践。

多读书多实践，当然很好，可是人生有限，客观上“多而且多”也总是有限的。两者之总和便是人的一生。两者都多多益善，是不可能的，一方偏多，另一方就少了。两者间是否要有个均衡?

不说古人时间条件都有限，就说如今，交通方便、信息灵通，也还有信息爆炸、信息污染的问题，现在技术发展又太快，几年或几个月不亲自动手，可能就成外行了。所以不能简单地从数量上求多，还要得法。其中第一是读书实践结合。

读书与实践结合，对此我有个认识过程：读书指导实践—实践促进读书—读书与实践结合—读书实践浑然一体。

我读的书中，最早对我科研很有作用的是一本英文书 *Tobacco Diseases and Decays*（Wolf，1935)。1951 年我开始研究黑胫病，当时只找到这一本烟草病害专著。书中对该病种种记述和我面对的发病实况完全相符，我根据它设计的多种试验全都成功。我自然而然地信任书本，甚至以为可以照搬书本。就在这“读书指导实践”，科研比较顺利而沾沾自喜的时候，我开始出洋相，错把烟草上发生的六六六药害当做烟草花叶病而且动员老乡拔除“病株”。接着又犯错误，我把黄瓜花叶病毒（CMV）为主的烟田误认为是烟草普通花叶病毒（TMV）引致的，我的防治试验（针对 TMV）当然以失败告终。我这些失误表明我读书、实践均有不足。任何一本书，或限于时代，或限于作者，都不可能包罗万象。在《烟草病害》以及我后来查阅过的其他书刊成书前六六六还没有推广，人们还没有在烟草上发生六六六药害的经验。后来事实证明，如果当时我不急于下结论（那就是 TMV)，而是耐心地多向烟农调查访问，可能就不会出现误诊的笑话了。至于 TMV 防治试验的失败，也不能责怪书本，这是我自己试验设计不周。我虽知道 TMV 和 CMV 症状相似而易混淆，但思想上未曾重视，也没考虑要不要事先定量估测一下田间 TMV 数量，或者说，我的准备工作还很不够，读书、查文献、深入思考反复质疑做得不够，田间调查估计、试验室检测的功夫也很欠火候。

从那以后，教学科研中我遇到的问题和困难越多，就越感到读书不够，就去钻图书馆。但书中只是已有的知识、理论，顶多再做些推理和猜想，要想取得可靠的新认识，还必须通过实践来产生、来检验。越读书，越使我感到实践不足，越实践，越使我感到读书不足。可笑我以前曾以为只要有几本好书，并照着它说的干就行了，吃一堑长一智，连吃两堑这才知道，读书和实践互为促进，互不可缺，就像鸟之双翼，同步而飞。

我读范德尔普朗克（J. E. Van der Plank）1963 年著的 *Plant Diseases, Epidemics and Control* 一书，这事很有趣。那本书是我 1966 年“文化大革命”前最后

一次进城买到的。回家就不晓得撂到哪儿去了，因为接着“文化大革命”，业务书都不看了。到 1972 年，我在陕北洛川准备回北京，拾掇行李家具，意外地发现了这本书（简称范书），正好没书看，就看它。一看就手不释卷了，很感兴趣，很受启发。特别是看到水平抗病性一节，忽然顿悟：原来如此！读此书使我很快就联想到 1960 年小麦条锈病大流行，品种碧蚂 1 号（20 世纪 50 年代优良抗病品种）抗病性丧失，发病很重，田间一片黄袍，但相邻种植的另一品种平原 50 却只是中度发病，显然比碧蚂 1 号抗病。那时我的锈病朋友 H 告诉我，平原 50 是 1950 年小麦条锈病大流行时在平原省大田生产中发现的中抗品种，经片选而得，故名。那么，到 1960 年，何以碧蚂 1 号抗病性丧失而平原 50 仍保持其中度抗病性不变？范书提出的水平抗病性概念，使我顿开茅塞。客观上抗病性并不只是小种专化性抗病性，还包括有非小种专化性抗病性，我们过去是作茧自缚了。

其后我又看了几本 Van der Plank 的书，他的书不在意资料多少、记述详略，而以观点新颖、论证精辟见长。后来我在水平抗病性和抗病性持久化方面作了些介绍和倡导，自己也作了些研究，从 Van der Plank 的书中得益不小。没有在条锈病大流行和品种抗病性调查的实践，我读这本书就不会有这么强的反应；没有这书的启发，我也不会展开这么多科研实践。这就是读书和实践的相互促进吧。

四、曾士迈主要论著

曾士迈. 1961. 烟草抗黑胫病选种方法的探讨//中国农业科学院植物保护研究所. 中国植保科学. 北京：科学出版社：1001-1022.

林传光，曾士迈. 1961. 植物免疫学. 北京：农业出版社.

曾士迈. 1962. 小麦条锈病春季流行规律的数理分析（1）流行速率的研究. 植物保护学报，(1)：35-48.

曾士迈. 1963. 小麦条锈病的大区流行规律和流行区系. 植物保护，(1)：10-13.

曾士迈. 1964. 小麦条锈病的抗病性变异问题. 植物保护，(2)：135.

曾士迈. 1977. 植物的水平抗病性. 天津农业科学，(1)：55-64.

曾士迈. 1979. 小麦对条锈病的水平抗病性研究初报. 植物保护学报，(6)：1-10.

曾士迈，等. 1981. 小麦条锈电算模拟研究初报——春季流行的一个简要模型. 北京农业大学学报，(7)：1-12.

曾士迈，杨演. 1986. 植物病害流行学. 北京：农业出版社.

曾士迈. 1987. 从综合防治到植保系统工程. 植物保护，13 (1)：36-39.

曾士迈，庞雄飞. 1990. 系统科学在植物保护研究中的应用. 北京：农业出版社.

Zeng S M. 1991. PANCRIN, a prototype model of the pandemic cultivar-race interaction of yellow rust of wheat in China. Plant Pathol, 40：287-295.

Zeng S M. 1993. Sustainable agriculture and integrated pest management in China//Chadwick D J, Marsh J, John W, et al. Crop Protection and Sustainable Agriculture, Ciba Foundation Symposium 177：228-232.

曾士迈，赵美琦，肖长林. 1994. 植保系统工程导论. 北京：北京农业大学出版社.

曾士迈，张树榛. 1998. 植物抗病育种的流行学研究 . 北京：科学出版社.

曾士迈. 2003. 小麦对条锈病越夏过程的模拟研究. 植物病理学报，33（3）：267-278.

曾士迈. 2004. 小麦对条锈病品种布局防病效果的模拟研究. 植物病理学报，34（3）：261-271.

曾士迈. 2005. 宏观植物病理学. 北京：中国农业出版社.

Zeng S M，Luo Y. 2006. Long distance spread and interregional epidemics of wheat stripe rust in China. Plant Disease，90（8）：980-988.

Zeng S M，Luo Y. 2008. System analysis of wheat stripe rust in China. European Plant Pathol，121（4）：425-438.

主要参考文献

肖悦岩，赵美琦. 1998. 曾士迈//中国科学技术协会. 中国科学技术专家传略·农学编·植物保护卷 2. 北京：中国农业出版社：531-538.

李振歧. 2006. 曾士迈文集序. 北京：中国农业出版社.

曾士迈. 2006. 曾士迈文集自序. 北京：中国农业出版社.

撰写者

肖悦岩（1943～），中国农业大学植物病理系教授，1978 年就读曾士迈的硕士研究生，毕业后和曾先生同事多年，2003 年退休。

曾士迈（1926～），传主本人。

董玉琛

董玉琛（1926～2011），河北高阳人。作物种质资源学家，中国作物种质资源学科奠基人之一。1999年当选为中国工程院院士。1950年毕业于河北省立农学院，1959年在苏联哈尔科夫农学院获副博士学位。曾任中国农业科学院作物品种资源所副所长、所长，中国农学会遗传资源分会主任委员和名誉理事长，中国作物学会常务理事和荣誉理事长，《植物遗传资源学报》主编等职。她一生致力于中国作物种质资源研究，为中国作物种质资源学科的形成和发展做出了突出贡献。多次率队赴中国边远地区考察收集作物种质资源；参与主持建立中国国家作物种质库，并将各类作物种质妥善入库长期保存。研究小麦野生近缘植物，开展远缘杂交，发现两个能使属间杂种双二倍体化的小麦种质，进而合成20余个小麦-山羊草双二倍体，并且带领研究生率先用冰草、新麦草和旱麦草与小麦杂交成功，将外源有益基因导入小麦，拓宽其遗传基础。她主编的《中国作物及其野生近缘植物》（共七卷）、“农作物种质资源技术规范”丛书（共110分册）均为国内外同类著作中的巨著，阐述的理论及制定的描述规范和数据标准，正引导本学科的研究向规范化和深入化发展。主持和主要完成的“小麦杂种染色体自然加倍种质的发现和利用”1992年获国家科技进步奖二等奖、“作物种质资源的收集保存与评价利用”2003年获国家科技进步奖一等奖（集体奖）。获得农业部科技改进奖或科技进步奖一等奖2项、二等奖2项、三等奖1项。

一、童年和青年时期

董玉琛，1926年6月11日出生在河北省高阳县的一个农民家里。当时她的父亲在北京求学，后因患肺结核在北京养病。高阳县是附近有名的纺织之乡。她的外祖父住在县城，经营布线批发商业。她自幼生活在外祖母家。在20世纪初期，中国正处在半封建半殖民地社会，重男轻女的思想非常严重。董玉琛是独生女，她的母亲深感女孩子只有读书才能有用，遂在她6岁半时便送她进了县里唯一的县立女子小学读书。1937年七七事变爆发，日本占领了中国的大城市，经常到农村扫荡，烧杀抢掠。董玉琛的家乡也无幸免，1938年夏日本飞机轰炸了高阳县，无辜百姓死伤很多，这给即将小学毕业的董玉琛留下终生难忘的记忆。此后，为了躲避日军的扫荡，她随着外祖母辗转逃难，一次次逃到更加偏僻的农村。1938 年冬，她被母亲接到北京（当时称北平），进入志成女中学习。1941 年初中毕业后，考入北京师范大学附属女子中学读高中。在志成女中时的董玉琛刚刚由农村来到城市，只知埋头读书，到北京师范大学附属女子中学后，班上的气氛非常活跃。当时是在日伪统治下，学校管理很严，但是她所在年级的同学们大都好学习，很团结，还组织了排球队、篮球队，并经常进行班级间比赛；在班上秘密传阅《大众哲学》等进步书籍；在校内演出了话剧《雷雨》，等等。这些对她的思想产生了影响。

1944 年，她高中毕业后考入北京大学医学院药学系。那年北京师范大学附属女子中学学生考入北京大学医学院的有六人，其中大多数已是中国共产党党员，或是与共产党的重要干部有亲属关系。董玉琛于 1945 年 12 月在北京大学农学院加入了中国共产党。1946 年夏，期末考试前夕，她根据党组织决定，离开北京去了解放区张家口。不久之后，由于战争形势的发展，解放军准备撤出张家口，她听从组织决定，当年秋季回到了北京。随后根据组织安排，考入河北省立农学院，直到 1950 年毕业。她前后念了六年大学，当时正值国内战争和新中国成立前后，作为共产党员的她，树立了一心一意为党、为人民的思想。

二、留学苏联，与作物种质资源科学结缘

1950 年，董玉琛大学毕业后来到华北农业科学研究所任技术员。新中国刚刚成立，她决心在科研岗位上报效祖国。由于她工作优秀，1954 年被选派赴苏联攻读研究生。她进入哈尔科夫农学院，导师是小麦育种家尤利耶夫（В. И. Юрьев），论文题目是《冬小麦正反交杂种越冬性的形成》。她抓住这个难得的学习机会，努力学习，1959 年 1 月取得副博士学位。

中国是农业古国，作物种质资源非常丰富。1958 年在北京召开了全国大田作物工作会议，会上统计，在农业合作化高潮中，全国各地收集的农家品种（地方品种）竟达 50 多种作物 20 万份材料（20 万个品种），这个数目是世界上其他国家少有的。会上落实了保存单位和整理方案。董玉琛的派遣单位中国农业科学院作物育种栽培研究所要求她毕业后就近学习苏联对作物种质资源管理和利用的经验。她答辩完毕即来到位于列宁格勒（今圣彼得堡）的全苏作物栽培研究所。该所是由植物学家、农学家、作物种质资源学科奠基人瓦维洛夫（Н. И. Вавилов）创建的，专门从事作物种质资源收集、保存、评价、研究的世界知名单位。董玉琛用自己上学时节余的

生活费，在该所进修三个月，着重了解小麦种质资源，并到每个系室访谈，了解他们的工作经验，研究目标和设备，以及主要成果。该所的成就深深的感召了她，特别是看到该所保存 30 余万份材料的种质库管理有序和丰富多彩的标本室时，更使她热爱上了作物种质资源这门学科。

三、回国后的前二十年

1959 年 5 月初，董玉琛回到祖国，满怀信心地回到中国农业科学院作物育种栽培研究所，任原始材料室副主任。1960 年改称品种资源室，她任室主任，并主持小麦品种资源研究。当时所里保存小麦种质资源 1 万余份。为了保持种子的发芽力，每年至少要种植 2000 多份，用新收获的种子换掉发芽率降低的旧种子。她首先和研究组同志们一起抓紧小麦种质资源的建档和种子繁殖更新工作，同时组织全国会议，推动全国种质资源工作开展。正当她踌躇满志地投入工作时，环境未能允许她专心于种质资源工作。1965 年年初，她被派遣带队到河西走廊蹲点，并建立中国农业科学院西北工作站，直至“文化大革命”才回所。1971 年，她随中国农业科学院作物育种栽培研究所下放北京市农林科学院，主要工作是联系全所在京郊农村的基点，最后到延庆县蹲点，直到改革开放。在这些年中，她基本上坚持了小麦种质资源的种子更新工作。

1978 年，中国改革开放，迎来了科学的春天，这时她已年逾五旬。就在那年，中国农业科学院成立了作物品种资源研究所，她任副所长，后来任所长。她只争朝夕地工作，为中国小麦品种资源研究工作奠定了坚实的基础，并引领同行协作攻关，取得了令人瞩目的成就。

四、参建中国作物种质资源工作体系

董玉琛自苏联回国不久，在 1959 年冬召开的第一次全国育种工作大会上，提出中国作物种质资源工作的目前任务和国内收集、国外引种（检疫）、保存、登记编号、建立档案、特性鉴定、深入研究、编写品种资源目录、编写品种志、提供利用等种质资源研究的工作环节。1979 年，中国农业科学院作物品种资源研究所成立半年后，董玉琛作为副所长，协助所长筹备和召开了第一次全国农作物品种资源科研工作会议。会议提出“广泛收集、妥善保存、深入研究、积极创新、充分利用”的种质资源工作方针，制定全国作物种质资源科研规划，明确各级相关机构职责与分工。随后，中国农业科学院各有关专业研究所和大多数省（市、自治区）农业科学院相继成立了品种资源研究室（所）。初步建成了中国作物种质资源工作体系。1984年，董玉琛作为所长，主持召开了第二次全国农作物品种资源科研工作会议。会议着重制定了全国科研工作协调方案、对外交换管理办法、种子入库暂行管理办法以及“七五”重点研究课题设想。这次会议有力地推动了中国作物种质资源的收集、保存和研究的蓬勃发展。

五、主持建成国家作物种质资源库

20世纪80年代以前，全国收集的20万份作物种质资源分散保存在各省农业科学院和中国农业科学院有关研究所的一般种子库里。为了保持种子的发芽力，北方每隔4～5年，南方每隔1～2年就要种植更新一次，这不仅浪费了大量的人力、物力、财力，而且还增加了种质混杂和遗传漂变的几率。董玉琛自从参观了全苏作物栽培研究所的种质库后，就梦想建设祖国自己的现代化种质库。机会终于来了，国家批准了由洛克菲勒基金会部分资助兴建中国国家作物种质库。1980年调查设计，1984年动工兴建，1986年中国国家作物种质库以优质工程在北京落成。董玉琛在这座种质库建设上倾注了大量心血，从提出设计要求到检查工程质量，以至指导仪器设备的选购和安装，她都亲临现场与工程具体负责人共同商定。中国建成的现代化种质库是世界一流的，其容量为40万份的种子冷藏室常年保持温度为－18℃±2℃，相对湿度50％±7％。种子经干燥后密封置于此库中，生活力可保持50年以上。此库日处理种子（检验纯净度、发芽率，并低温干燥达一定含水量）的能力为200份。

有了这样的种质库，董玉琛立即主持申请国家科研项目，组织协调全国作物种质资源科研人员，将全国的作物种质资源入库保存。她先提出入库的技术方案，并与种质库共同制定入库种质的数量和质量标准及入库程序。首先按作物组成全国协作组，每个协作组编写该作物全国种质资源目录，这样既剔除了重复，又给予了每个品种（品系）国家统一编号。协作组成员，根据种质入库的要求，分工繁殖种子交予种质库。种质库按严格的程序处理种子后，送冷藏室长期保存。“七五”期间共入库各种作物的种质资源20万份，在此基础上，国家作物种质库逐年接纳新的种质资源，迄今入库种质已达34万份，包括粮食作物、经济作物、蔬菜、牧草等，它们隶属35科192属712种，这为中国乃至世界农业的持续发展做好了种质（基因载体）的储备。

六、小麦种质资源考察收集

1978年中国农业科学院作物品种资源所成立后，董玉琛立刻想到的是中国边远地区的作物种质资源应该抓紧进一步收集，提出要首先在交通不便，且被誉为“植物王国”的云南进行综合性作物种质资源考察。1979年国家科委批准了他们的项目，由董玉琛负责组织云南作物种质资源考察。考察的作物有粮食作物、蔬菜、麻类、茶、桑等。她亲自参加麦类作物考察收集。1979～1980年，她先后三次带队到滇西南、滇西北18个县进行考察。考察区地处横断山脉中心地带，碧罗雪山、梅里雪山陡峭入云，怒江、澜沧江湍流急险，考察队经常艰辛地在崎岖危险的山崖小道上行走，并且还要提防毒蛇的袭击。在贡山县，只能骑马才能到达种植小麦的地方。当时已年过半百的董玉琛，从未骑过马，但她却毅然骑上马去，走了两天才看到他们要找的小麦田。她和年轻人一起，跋山涉水，风餐露宿，日夜兼程，时而在麦田寻觅，时而向农民讨教，时而在麦场上看麦穗，时而在农户家看麦种。功夫不负有心人，他们收集到麦类作物种质资源数百份。同时，查明了四个小麦种：普通小麦、密穗小麦、圆锥小麦和硬粒小麦在云南分布的海拔高限；查明了普通小麦中国特有的亚种——云南小麦亚种（铁壳麦）分布的县、海拔和生境；命名铁壳麦10个新变种。此次考察首次在国内发现33个小麦变种，其中23个国外未见报道，这进一步证明中国是六倍体小麦的多样性中心之一。发表论文《云南小麦（*Triticum aestivum* ssp. *yunnanense* King）的考察与研究》、《滇西的小麦品种资源》。此项工作获农牧渔业部技术改进奖一等奖。

1982～1983年，董玉琛又带队奔赴新疆参加八一农学院组织的农作物野生近缘植物考察收集。她的重点是收集小麦野生近缘植物。从阿尔泰山到昆仑山，天山南北，准噶尔盆地和塔里木盆地四周都留下了他们的足迹。新疆地域辽阔，20世纪80年代初交通不发达，212吉普车就是他们最好的交通工具。他们经常是早晨开着车灯在荒滩上走一个小时才天亮，晚上到达宿营地已是掌灯时分。在北疆的布尔津县夏牧场，8月中旬清晨他们都穿上了棉衣，而不久前在吐鲁番，夜晚通宵扇扇子还热得不能入睡。新疆的生态环境十分复杂多样，大部分地区的特点是干旱、盐碱、寒冷和风沙严重。他们认为，在这种环境下，新疆的植物种类一定较多，且抗逆能力较强。因此，他们忘我地寻找小麦野生近缘植物，终于在天山北坡找到了旱麦草属植物四个种，新麦草属植物（华山新麦草除外）四个种，在伊犁河谷自然植被中找到了小麦的祖先种之一粗山羊草（节节麦），在阿勒泰流动沙丘上找到了穗子有30厘米多长的大赖草（*Leymus racemoces*）。这些植物属和种在中国只有新疆才生长。此次考察共收集到小麦族植物10个属37个种的110份材料。由此证实，新疆是世界小麦野生近缘植物的主要分布地区之一。同时，她还发现国内尚无报道的小麦属11个变种，其中黑长芒、穗分枝的波兰小麦和“新疆小麦”亚种（稻穗麦）的3个变种是国际上未报道的。此次考察后发表了《新疆伊犁地区节节麦（*Aegilops tauschii* Cosson）的考察研究》（与同去考察的四川农学院颜济、杨俊良，八一农学院崔乃然、钟骏平及本所孙雨珍、仲干远共同发表）、《新疆阿勒泰地区大赖草的考察研究》、《新疆小麦的稀有种和近缘植物》等论文。

1986～1990年，董玉琛再一次带领课题组成员与国际遗传资源委员会合作进行中国北方小麦野生近缘植物考察。先后途经12省（市、自治区），由荒凉戈壁到茂密森林，从青海湖畔到渤海之滨，从祁连山巅到小兴安岭、吕梁山、太行山、燕山、六盘山、贺兰山、长白山，甘南草原、锡林郭勒草原、华北平原、松嫩平原，无不留下她的足迹。一分耕耘，一分收获，此行共收集到小麦族植物547份，包括10个属的53个种和7个变种。同时查明了这些属、种植物的主要分布区域和生境。从而发现一批优异种质材料，例如，内蒙古灰腾梁的冰草和羊草抗寒力特强，可在极端最低气温－40℃且无雪覆盖的地方正常越冬和生长；新疆的新麦草和旱麦草分蘖很多，抗旱力强，有的生长在年降水仅十几毫米且不能灌溉的地方；内蒙古阿巴嘎旗和吉林西部的短芒大麦草耐盐性强，有的竟生长在盐碱坑中；赖草对土壤的适应性很强，有的能在石灰窑旁堆满石灰的地方生长。

考察收集后，对全部材料进行形态特征和细胞学鉴定，明确了各个材料的染色体数目和15个物种的核型。对部分材料进行了抗黄矮病和白粉病鉴定，筛选出一批抗病种质。这些工作为小麦野生近缘植物的分类、多样性研究和利用提供了物质储备和宝贵信息。此项工作获农业部科技进步奖二等奖。

七、发现能使属间杂种染色体自然加倍的小麦种质

小麦的科学育种已有一百多年历史。品种间杂交的方法已较难取得重大突破，需要采取属间杂交的方法将野生近缘植物中的有益基因导入小麦，以扩大小麦的遗传基础。属间杂交的障碍之一是杂种不结实，必须用秋水仙碱等处理使染色体加倍，形成异源双二倍体才能结实。董玉琛带领课题组成员，在国内收集和国外引进大量小麦野生近缘植物的基础上，开展了大量小麦属间杂交研究。在广泛的远缘杂交研究中，惊喜地发现两个种质能使小麦与一些近缘属的杂种染色体自然加倍。它们是波斯小麦品种（染色体组AABB）编号PS5和硬粒小麦品种（AABB）编号DR147。这两个小麦种质与山羊草、黑麦等属植物杂交后，杂种第一代不经任何处理，可自然形成异源双二倍体。同时，他们还揭示了这些属间杂种染色体自然加倍的机理是由花粉母细胞减数分裂时两种异常行为造成的。一种是全部染色体集中到赤道板时

不发生配对，而是每条染色体的姊妹染色单体相互分开，分别移向细胞的两极，经细胞分裂形成体积均等的二分体，然后直接发育成未减数的配子；另一种是细胞质提前分裂，形成两个大小不等的子细胞，其中大子细胞含全套或大部分染色体，再经正常的第二次分裂，发育成未减数的配子。他们利用PS5和DR147两个小麦种质，与粗山羊草（DD）、尾状山羊草（CC）、小伞山羊草（UU）、拟斯卑尔脱山羊草（SS）、顶芒山羊草（UUM^oM^o）、柱穗山羊草（CCDD）、偏凸山羊草（DDMVMV）、肥山羊草（$DDM^{cr}M^{cr}$）等10个种杂交，在3年内合成了22个小麦-山羊草双二倍体，即Am1至Am22。这些双二倍体大多数抗白粉病，其中Am3和Am6的抗白粉病基因分别位于5B和1A染色体上。一些小麦遗传育种单位早已利用这些双二倍体作亲本，培育出优良品系，如用Am3与莱州953杂交和回交，育成抗白粉病、大穗、大粒的多个导入系，已用于选育新品种。“小麦属间杂种染色体自然加倍种质的发现和利用”获国家科技进步奖二等奖。

董玉琛带领研究生广泛开展了小麦远缘杂交工作。他们将远缘杂交与组织培养相结合。通过杂种幼胚培养获得杂种植株。通过杂种幼穗培养扩大杂种群体，以便进行大量回交；通过花药培养以便较快得到稳定的杂种株系。通过杂种组织培养与回交，他们成功地将小麦与冰草属的冰草、沙生冰草、根茎冰草（均为PPPP），新麦草属的新麦草（NN）、旱麦草属的东方旱麦草（$F^dF^dF^tF^t$），以及赖草属的多枝赖草（$N^sN^sX^mX^m$）等4个属的6个种杂交，并得到杂种后代，其中前3个属为世界首例。实践使他们深信，采用他们这一套远缘杂交技术，小麦族内的任何一个种都能与小麦杂交成功，并能实现多种外缘有益基因的转移。她的课题组已经在这些远缘杂种后代中鉴定出一批有用的遗传育种材料，如冰草、多枝赖草等种的后代分别具有抗病、抗旱、耐盐、优质等特点，并已作为优异种质资源供育种家利用。

八、中国小麦遗传多样性研究

进入21世纪，董玉琛和课题组人员一起，利用分子生物学方法，研究中国小麦品种的遗传多样性，明确了中国小麦品种遗传多样性中心有两个，一个是河南西部，另一个是四川盆地。在中国的十大麦区中，从地方品种看，遗传丰富度最高的是黄淮麦区，其次为西南麦区，而华南冬麦区与东北春麦区的品种最低；从育成品种看，同样是黄淮冬麦区最高，其次是北方冬麦区，而青藏春冬麦区最弱，新疆冬春麦区和华南麦区较弱。明确了小麦三个基因组的遗传多样性，地方品种是B>D>A，育成品种是B>A>D。分析23 000余个中国小麦品种和重要品系的遗传距离，构建了它们的核心种质，以5%的材料代表全部种质资源多样性的90.1%；微核心种质以1%的材料代表全部种质遗传多样性的74.8%。这批微核心种质（231个品种）已交小麦遗传育种家深入研究利用，并从中发掘出一些有用的基因。

九、组织编撰《中国作物及其野生近缘植物》系列丛书

董玉琛作为总主编，和刘旭共同组织中国农业科学院作物科学研究所、蔬菜花卉研究所、果树研究所、草原研究所，中国科学院植物研究所，中国农业大学园艺与园林系等61个单位的217名专家、教授，编撰出版了《中国作物及其野生近缘植物》系列丛书。全书约700万字，论述内容全面、探讨理论深入，是一套系统、权威性的作物种质资源科学著作。

该著作首次查清了中国与粮食和农业密切相关的植物（包括粮作、经作、果树、蔬菜、饲草、绿肥、蜜源、杂草、有毒植物等）物种共9631个，它们隶属293个科2155个属。同时查明了中国共有农作物528类，涉及栽培种1339个，野生近缘植物种1930个，这些物种分属138个科557个属。按作物类别统计，粮食作物43类，经济作物68类，蔬菜182类，果树57类，饲用及绿肥98类，花卉126类。

中国农业植物特别是农作物物种多样性论述的理论、总结的数据和介绍的信息，已为中国作物种质资源、作物育种、农业区划、作物区划、作物分类、生物多样性保护、国家履行《生物多样性公约》，以及制定相关的法律法规提供了科学依据，起到了非常重要的作用。

十、制定《农作物种质资源技术规范》

《农作物种质资源技术规范》是国内首次出版的农作物种质资源基础工具书，是农作物种质资源考察收集、整理鉴定、保存利用的技术手册。此书的编撰出版是国家自然科技资源共享平台建设的重要组成部分。董玉琛任该项研究的主任，她组织全国40多个科研单位，500多名科技人员进行研制和编纂。《农作物种质资源技术规范》是在中国农作物种质资源50多年科研工作的基础上，综合运用国内外有关标准规范和技术方法，经五年研制和反复修改而形成的。规定了粮食作物、经济作物、蔬菜、果树、牧草和绿肥等110种作物的种质资源描述规范、数据标准和数据质量控制规范，以及收集、整理、保存三个专项技术规程。为了便于查阅使用，按不同作物分册出版，共计110分册。

《农作物种质资源技术规范》提出了110种作物的种质资源技术规范336个，规范了技术指标9436个，以及数据质量控制规范；创建了农作物种质资源科学分类、统一编目、统一描述的技术规范体系。从而使中国农作物种质资源收集、整理、保存、评价和利用全过程的描述规范化、数据标准化，并实现信息化和现代化管理，提高农作物种质资源的整合、共享和利用效率。

迄今，《农作物种质资源技术规范》已应用于中国作物种质资源的标准化整理和数字表达中。同时，国际生物多样性中心和俄罗斯亦采用了该《技术规范》。因此，我们相信《农作物种质资源技术规范》的成功研制，会促使中国农作物种质资源学科的跨越式发展，为中国实现粮食安全、生态安全和农业可持续发展提供重要保障。

十一、襟怀坦荡淡泊名利，崇尚师德潜心育人

董玉琛将全部精力倾注在作物种质资源特别是小麦种质资源事业上，养成了认真负责、严格敬业的性格。她做事一向严格认真，勤勤恳恳，任劳任怨，襟怀坦荡，淡泊名利。她在成绩和荣誉面前，总是想着周围的同志们，想办法将他们推向前头。"小麦杂种染色体自然加倍种质的发现和利用"研究获得国家科技进步奖二等奖，这项成果的研究课题是董玉琛主持实施的。她提出计划，选定试验材料，并具体指导实验。然而，在申报国家奖时，她毫不犹豫地把一名年轻的硕士研究生放在第一完成人的位置。其他科研成果申报奖时她也总是让给周围的同事。她的同事和学生们都看在眼里，记在心上，大家心悦诚服地称道"董老师不仅传授我们科学知识，还教育我们如何做人"。

董玉琛不仅在小麦种质资源事业上的成就斐然，而且崇尚师德，潜心育人。改革开放后，当中国农业科学院招收首批研究生时，她便招收了学生。她指导研究生认真负责，不仅对每篇论文的试验设计严格审定，而且在执行中注意发挥每个研究生的主动性、创造性，特别是注意学位论文的修改。她认为论文修改的过程是学生学术水平提高的重要过程，因此详细与学生讨论每一个结论，最后做文字修改。她有两名博士生的论文被评选入国家百篇优秀博士论文。她的硕士生和博士生大都事业有成，成为所在单位的骨干，有的被授予有突出贡献的中青年科学家称号，有的被批准为跨世纪青年学科带头人，有的被评为全国五一劳动模范，有的被任命为国家研究项目的首席科学家。董玉琛已带出一支老中青结构合理、学风正派、基础扎实、业务素质良好、团结奋进的学术团队。

十二、董玉琛主要论著

董玉琛，郑殿升，乔丹阳，等. 1981. 云南小麦（*Triticum aestivum* ssp. *yunnanense* King）的考察与研究. 作物学报，7（3）：145-151.

Dong Y S. 1987. Recent development of research on crop germplasm resources in China //Suzuki S. Crop Genetic Resources of East Asia. IBPGR，Tsukuba，Japan：15-19.

陈勤，周荣华，李立会，等. 1988. 第一个小麦与新麦草属间杂种. 科学通报，(1)：64-67.

Li L H，Dong Y S. 1991. Hybribization between *Triticum aestivum* L. and *Agropyron michnoi* Roshev. Theor Appl Genet，(81)：312-316.

Dong Y S，Zhou R H，Xu S J，et al. 1992. Desirable characteristics in perennial Triticeae collected in China for wheat improvement. Hereditas，(116)：175-178.

Xu S J，Dong Y S. 1992. Fertility and mechanisms of chromosome autoduplication of hybrids between tetraploid wheats and *Aegilops* species. Genome，35：379-384.

李立会，董玉琛，周荣华，等. 1995. 普通小麦与冰草间杂种的细胞遗传学及其自交可育性. 遗传学报，22（2）：109-114.

刘建文，董玉琛. 1995. 普通小麦×东方旱麦草属间杂种的产生及无性系的建立. 遗传学报，22（2）：116-121.

Zhang X Y，Dong Y S，Wang R C. 1996. Characterization of genomes and chromosomes in partial amphiploids of the hybrid *Triticum aestivum* × *Thinopyrum ponticum* by in situ hybridization isozyme analysis and RAPD. Genome，39：1062-1071.

孔令让，董玉琛. 1997. 粗山羊草抗小麦白粉病基因遗传多样性的研究. 作物学报，23（2）：176-180.

李立会，扬欣明，李秀全，等. 1998. 通过属间杂交向小麦转移冰草优异基因的研究. 中国农业科学，31（6）：1-5.

Weng Y J，Jia J Z，Dong Y C. 1998. Identification of *Aegilops comosa* substition line in wheat using RFLP markers. Chinese J Genet，25（2）：107-112.

马渐新，周荣华，董玉琛，等. 1999. 来自长穗偃麦草（*Lophopyrum elongatum*）的抗小麦条锈病基因的定位. 科学通报，44（1）：65-69.

孔秀英，周荣华，董玉琛，等. 1999. 尾状山羊草与硬粒小麦、普通小麦的杂交及外源染色体检测. 植物学报，41（11）：1164-1168.

张继益，董玉琛，蒋观敏. 2000. 普通小麦×东方旱麦草属间杂种长期保存技术及稳定性研究. 作物学报，26（1）：14-19.

董玉琛. 2001. 作物种质资源学科的发展和展望. 中国工程科学，3（1）：1-5.

Zhang X Y，Li C G，Wang L F，et al. 2002. An estimation of the minimum number of SSR alleles needed to reveal genetic relationship in wheat varieties. I. Information from large-scale planted varieties and corner-stone breeding parents in Chinese wheat improvement and production. Theor Appl Genet，106：112-117.

董玉琛，曹永生，张学勇，等. 2003. 中国普通小麦初选核心种质的产生. 植物遗传资源学报，4（1）：1-8.

Liu S B，Zhou R H，Dong Y S，et al. 2006. Development，utilization of introgression lines using a synthetic

wheat as donor. Theor Appl Genet，112：1360-1373.
郝晨阳，董玉琛，王兰芬，等. 2008. 我国普通小麦核心种质的构建及遗传多样性分析. 科学通报，53（8）：908-915.

撰写者

郑殿升（1937～），中国农业科学院作物科学研究所。

殷　震

殷震（1926～2000），江苏吴县人。动物病毒学家。1995年当选为中国工程院院士。1949年毕业于南通学院畜牧兽医系，1949年参加工作，1956年入伍，1965年加入中国共产党。曾任解放军农牧大学教授，专家组组长等职。20世纪80年代初，主持并建立分子病毒学实验室，开展痘病毒活体载体疫苗、核酸疫苗和重要动物病毒分子流行病学分析等生物高技术研究；开拓并奠基了中国动物病毒学研究，他率先在国内外同类院校中开展了基因工程和细胞工程等高技术研究；他在国际上首次于实验室内实现了不同属病毒基因的细胞重组，并在国际上首创转基因家兔的自体植入手术；他主持建立的基因工程实验室，在转基因动物研究领域形成了特色和优势；他领导的预防兽医学学科始终保持国内领先水平，在国际上也处于有优势地位；是中国重点学科传染病与预防兽医学学科杰出的带头人；他创立了“培养高科技人才群体立体式教学法”，为培养高水平的梯队和结构合理的跨世纪人才群体做出杰出贡献。培养了硕士研究生、博士研究生和博士后人才60多名。主编《动物病毒学》、《动物传染病诊断学》等专著4部，参编和译著10余部，500多万字；在国内外发表论文120多篇；取得科研成果20多项，其中8项获国家或军队科技进步和教学成果一、二等奖。

一、生平概要

殷震，原名殷之士，1926年6月28日出生于江苏省吴县，1949年毕业于南通学院畜牧兽医系，1949年参加工作，1956年入伍，1965年加入中国共产党。历任华东军区兽医学校教员，解放军兽医大学、农牧大学、军需大学助教、讲师、副教授、教授、博士生导师、校专家组组长、解放军基因工程实验室主任等职。曾兼任国务院学位委员会学科评议组成员，国家攀登计划项目专家委员会顾问、国家自然科学基金委员会学科评审组成员、国家自然科学奖复审组成员、解放军医学科学技术委员会常委等职、军队医药生物技术领导小组成员、总后勤部第五届医学科学技术委员会常委、总后卫生部医药生物技术专家顾问组成员、总后卫生部医学科技成果评审委员会、中国免疫学会兽医免疫分会名誉主任委员、中国微生物学会病毒专业委员会副主任委员、中国畜牧兽医学传染病分会理事长、国家兽医生物技术重点实验室学术委员、《病毒学报》副总编和《人兽共患病》等多种杂志的编委以及一些大学和研究所的顾问等40多个职务。与美国、加拿大、德国、日本等13个国外学术单位建立和保持学术联系，有的已经开展合作研究，1995年被美国华盛顿州立大学聘为合作科学家。他把科技报国作为自己毕生的追求，曾多次立功受奖，两次被评为全军优秀党员。先后被原国家科委授予“全国优秀科技工作者”称号，被总后勤部评为“一代名师”，并荣获军队“专业技术重大贡献奖”。1995年当选为中国工程院院士。

二、求学生涯

殷震，出生于江南书画世家，殷家是一个极具中国传统特点的大家庭，由祖父辈、父辈、子辈共30多人组成。祖父殷伯虔是当时苏州一位颇有名气的国画家；父亲殷云林，早年毕业于复旦公学，写得一手好字，是吴县比较著名的文人学士。诞生和成长在这样的社会和家庭环境中，殷震从小受到尊师重教的教育，不仅文化科学的底蕴厚实，而且养成和树立了矢志苦学、奋进攀登的追求和志向。苏州历来是个十分重视教育的地方，其传统的教育制度一向非常严格。一个人从初小升入高小，从高小升入初中，再从初中升入高中，从高中升入大学，都要经过十分严格的考试。殷震高中毕业后，从小就聪明好学的他，有一种能够让思维穿越复杂公理、定理、方程而迅捷得出结论的天赋，各科学习成绩都甚好，祖辈们都一心想让他继承祖业，成为一名擅长丹青的书画家，然而他却没有报考当时十分“热门”的数理化专业，而是选择了兽医专业。兽医，没有什么耀眼的光环与显赫的地位，有的只是艰苦的环境和辛勤的劳作。在旧社会，它一直被认为是“下九流”的行当。许多人对殷震选择学兽医很不理解，甚至不无遗憾地说：“老五（殷震有四个兄姐，他排行第五）顶聪明的，怎么会去学兽医呢?”受过高等教育的父亲殷云林，对儿女从小就没有做过多的束缚与限制，至于儿女的职业选择，他更是持民主、宽松的态度，默许他们让思维插上翅膀，按照自己的兴趣与理想设计自己的未来。长子殷之文（中国科学院院士）报考一般人认为太“艰苦”的矿岩系，他没有反对；次子殷之士（殷震）报考一般人更“耻于问津”的兽医，他也没有阻拦。父亲的认可与支持，使殷震至少在家庭压力方面得到了某种解脱。在这一点上，他始终十分感谢父亲。1945年中学毕业后，殷震考入南通学院畜牧兽医系，1949年6月毕业后报名参军，从此开始军旅生涯。1949年11月至1953年

1月在中国人民解放军华东军区兽医学校任教员；1953年随学校并入长春中国人民解放军兽医大学，1953～1981年在中国人民解放军兽医大学历任助教、讲师、副教授；1981年任中国人民解放军兽医大学教授，中国首批博士和硕士研究生导师，全国兽医博士后流动站合作导师，1992年任中国人民解放军农牧大学专家组组长，1993年任中国人民解放军基因工程实验室主任。

三、科学成就

1. 在动物病毒病的基础和防制研究中形成了自己独特的体系

执著追求，开拓创业。“文化大革命”后的中国，文化科学大滑坡，处于奄奄一息的状态之中。殷震在1984年一次国际动物病毒病学术会议上看到，外国科学家的报告大多达到了分子高度，而我国提交的论文却还徘徊在临床病毒学水平。这是明显的落后，在巨大差距面前，怎么办？是甘愿长期落后下去，还是奋起直追，缩短差距，紧紧跟上？凭着一股不服气的劲儿，殷震毅然选择了后者。殷震心急如焚，在学校教学科研会上，他发言：“我们不能跟在人家屁股后面迈台阶，得像孙悟空那样翻筋斗，来个后来者居上。”一定要先创造条件，没有一批高级精密的仪器、设备，怎么能够开展高深技术的实验研究？当时病毒研究室尚不具备这方面的基本设施，殷震以他一片赤诚之心和不怕碰壁的精神，奔走呼吁，争取到了上级领导部门的支持，同时申请国家和部门课题，终于搞到几十万元启动基金和几个大件仪器的专项拨款。在广泛深入调查研究、慎重选定研究方向和研究课题的基础上，先后引进了超速离心机、高效液相层析仪、显微注射仪和荧光显微镜以及一些检测设备，在国内建立起了第一个动物学分子病毒实验室。分子病毒实验室的建立，为开展重组外源基因在原核细胞、真核细胞和动物体等不同水平的导入和表达研究以及人才培养提供了良好的物质保证。为此，殷震制定了以科研课题为龙头，科学研究、人才培养和实验室建设三结合的学科建设方针，决心在完成科研任务，取得科研和人才培养成果的同时，也使实验条件和技术设备得到进一步的充实和完善。为能迅速跟踪和接近世界生物工程的前沿领域，他给第一个博士生熊光明选定了“不同属小RNA病毒基因的细胞内重组研究”，这是国际上竞相探索但尚未突破的课题，风险较大，他们硬是迎难而上，在进行深入调查研究和掌握文献资料的基础上，经过反复论证，殷震与熊光明一起拟定了切实的课题计划和实验设计，经过两年苦战，顺利地拿下了这块高地。论文在国内、外学术刊物和国际学术会议上发表后，引起广泛重视，联邦德国科隆大学遗传研究室主任杜奥雷教授高度赞赏这篇论文，并主动帮助熊光明申请获得联邦德国的洪堡基金。转基因动物和以病毒为载体的重组活疫苗研究，也是当时国际上的热门研究课题，从跟踪国际先进技术考虑，殷震开展“干扰素转基因小鼠构建”和“无病原性腺病毒载体构建”等两个应用基础研究项目，分别作为另外两名博士研究生的学位课题。由于选题恰当，设计合理，也都取得可喜成果，并以此为主要学术内容分别申请到了美国两所大学的博士后。还给其他博士生选定了病毒反义核酸、病毒基因组结构分析、转基因昆虫和基因转移效应研究等具有世界先进水平的课题，并开展当前国际最前沿的科学研究——哺乳动物生物反应器、转基因昆虫和基因工程抗感染等研究。首次测定出了貂细小病毒的全基因序列和基因组结构，并利用所克隆的基因片断开展了肉食兽细小病毒通用核酸探针研制和基因工程痘苗研究等高科技工作。这些课题的开展极其成功，极大地推动和提高了学科和实验室技术水平，使农牧大学分子病毒实验室不仅在国内农业院校中具有的领先地位，而且在国内、外都有一定知名度。1993 年，病毒研究室与细菌研究室一起被任命为全军基因工程实验室。

殷震从事兽医微生物专业教学和病毒学研究 50 余年，在临床病毒学研究领域，动物病毒的分离与鉴定方面成绩卓著。1978～1983 年，他和他的团队先后分离鉴定新的哺乳动物病毒 13 种，所分离鉴定的动物病毒为国内同期分离到的新的哺乳动物病毒数的一半以上，对中国动物病毒病的防制研究起到了极大的推动作用，该成果获国家科技进步奖二等奖。在“梅花鹿流行性狂犬病的防制研究”中，分离到国际上新的狂犬病毒株，为梅花鹿流行性狂犬病的防制提供了重要依据，同时建立了特异诊断方法，并研制成功有效疫苗，该成果获军队科技进步奖一等奖。殷震主持和指导完成了犬五种主要病毒病的实验免疫研究、猪瘟病毒重要核酸片段的序列测定和反义表达质粒的构建及抑制效应研究、猪 O 型口蹄疫牛皮肤细胞弱毒疫苗、河南省黄牛狂犬病的病原流行病学诊断和防制、鸡新城疫病毒 CHR 株疫苗等十余项重大课题的研究，分别获军队和省级科技进步奖二等奖。在出版专著《动物病毒学基础》之后，殷震又主编了《动物病毒学》，这本专著凝聚了他的心血和汗水，也反映出他追踪世界高科技的决心和愿望。该书已成为农业院校兽医传染病学、微生物学、动物病毒学等专业本科生和研究生的教材和主要参考书，是我国自己编著的第一部系统全面的大型动物病毒学专著，受到我国兽医学界的好评，是对我国病毒学发展的一大贡献。他主编的《动物传染病诊断学》和《新发现的畜禽传染病》等专著对我国畜禽传染病的防制研究亦起到了积极的指导作用。

2. 率先开展基因工程、细胞工程等生物高技术研究

在国内同类院校中，殷震率先开展了基因工程、细胞工程等高技术研究，并取

得了多项成果。1984 年开展了“不同属小 RNA 病毒基因的细胞内重组研究”，在国内外首次实现了不同属病毒的细胞内基因重组，为阐述自然界中病毒的遗传变异及新病毒的发生乃至构建弱毒疫苗株提供了理论依据和实验手段。运用转基因动物构建技术，在国内率先开展了应用干扰素基因、病毒囊膜糖蛋白基因和病毒反义基因等进行动物基因工程抗病育种研究。建立的转基因受精卵自体植入技术，使受胎率和成胎率明显提高，被国内同行普遍认可并采用。构建了转基因动物疾病模型，并开展了转基因动物生物反应器的研究。利用家蝇快速繁殖的特点，通过构建转基因家蝇来表达和大量制备具有重要生物学活性的蛋白因子，构建了家蝇外源基因表达系统、转基因家兔的自体植入技术。近十年的工作中，指导和开展了重组外源基因在原核细胞、真核细胞以及动物体等不同水平的导入和表达，并取得多项成果，包括“不同属小 RNA 病毒基因的细胞重组”研究，国内外首次在实验室内实现不同属病毒基因的细胞内重组，得到了可以作为口蹄疫疫苗候选株的重组病毒弱毒株，这为阐述自然界中病毒的遗传变异及新病毒的发生乃至构建病毒疫苗株提供了理论依据和实验手段；“肉食兽细小病毒通用核酸探针的制备及应用研究”，采用分子生物学技术对这类病毒病进行检测，不仅成功地应用于军犬和经济动物的疫病诊断，而且可以有效地为海关动物检疫提供特异、准确、快速的检测方法；“β-干扰素转基因小鼠和家兔的建立和特性研究”，具有很高的学术价值，在国内居领先水平。其中转基因家兔的自体植入技术，使受胎率和成胎率明显提高，属国内外首创。

利用复合型痘苗病毒启动子进一步解决了痘苗病毒载体不能高效表达的问题，利用所构建的痘苗病毒高效表达载体表达的艾滋病病毒囊膜糖蛋白，其表达水平高于已报道的任何一种痘苗病毒载体，并且获一项专利。同时构建了鸡痘病毒和腺病毒载体，为外源基因的高效表达提供了重要的手段。

运用转基因动物技术，在国内率先开展了应用干扰素基因、病毒囊膜糖蛋基因和病毒反义基因等进行动物基因工程抗病育种的研究，已获得了干扰素和狂犬病病毒囊膜糖蛋白转基因小鼠和家兔，狂犬病病毒囊膜糖蛋白转基因鼠已被美国国家实验动物资源研究所转基因动物命名委员会输入转基因动物数据库，并被命名，成为实验动物资源，供全世界科学家查询。

3. 创立“培养高科技人才群体立体式教学法”

呕心沥血，志在育人。人才，只有超前培养，才能在 21 世纪的国际竞争中取得主动权。能不能跳过我国学术发展的某些阶段，直接从世界水平起步，跨越地快速培养高科技人才？殷震提出了“踩在巨人的肩膀上攀登”的口号，也就是利用和吸收世界上最新的技术成果，选定我们自己的人才培养方法与途径。经过多年的探索和总结，殷震创立了“培养高科技人才群体立体式教学法”：研究课题的立体论证；专业能力的立体训练；人才群体的立体构建；学生素质的立体塑造；教学过程的立体管理。该教学法1989年获全国教学成果军队级一等奖，《光明日报》等曾作专文报道。

殷震治学严谨，具有高度的责任感和科学洞察力，具有甘为人梯的奉献精神。在动物病毒学研究方面勇于创新，不断开拓，使其领导的传染病与预防兽医学始终保持国内领先、国际上占有一席之地的优势。殷震是中国首批博士和硕士研究生导师，是全国兽医博士后流动站的合作导师，先后培养博士研究生、硕士研究生60多名，其中包括我国第一个兽医学博士和全军第一个女博士。在已毕业的博士研究生中，有一人获得联邦德国洪堡科学基金，七人应邀赴国外进行合作研究，其中有的已成为国外著名实验室的教授。

在科研问题上，殷震始终坚持这样三个基本点：一是着眼于国内和国际学科发展的前沿研究进行选题；二是和世界发达国家同类研究课题相比有没有独到之处？有没有竞争力？三是课题完成后，其学术意义、经济效益潜力有多大？翘尾巴自傲与夹尾巴委琐，都不是正确的人生态度。对科学家来说，既要尊重别人，又要正视自己。看不到别人的长处，是你无知；看不起自己，则是你无能。虽然目前我国和发达国家相比，在科研事业上，我国有短处，但也有自己的长处，绝不能妄自菲薄。虽然从仪器设备等硬件来说，我国的条件还暂时比不上发达国家，而炎黄子孙的聪明才智一点都不比洋人差。为了赶超世界先进水平，培养跨世纪人才，几年中殷震已经向国外一些大学、研究所推荐了十余名研究生。他们的足迹已经遍及美国、英国、日本、澳大利亚、新加坡等国家。殷震有个诙谐的说法，叫“高级劳务出口”。他认为西方发达国家之所以能在科学技术方面走在世界前列，关键是他们在长期的市场经济环境中，形成与规范了优秀人才吸引、使用的机制，中国可以借用这些东西。

在人才培养上，殷震始终坚持待之以诚，求之以严，这也是他培养学生的准则。他认为作为中国的高科技人才，不仅要技术精湛，而且必须具备爱国主义和善于团结同志的基本素质。他刚正严峻，容不得半点弄虚作假，对于极端个人主义的表现，更是痛心疾首。言传身教，以自己的实际行动，培养和造就了一大批德才兼备的青年高科技人才。为了让学生们开阔视野，掌握信息，结交国内、外的专家学者，许多学术会议，包括国际学术会议和出国考察，殷震或是带他们同去，或者干脆让他们代表自己前去，他宁肯室内人员紧张，也积极支持和帮助他们出国深造。为了提高学生们的口头表达能力，养成学习和钻研书本的习惯，他组织开办分子遗传学讲习班，由学生们分别承担各章内容的讲授，自己坐在下面听，课后评议，肯定成绩，指出不足。为了提高学生们的写作能力，他鼓励他们多写学术论文和综述，争取多在国内外有名杂志上发表，几乎每篇文章都由他修改定稿。几个博士研究生合写一本《基因工程学入门》专著，题是他选的，章节也是他定的，但要大家写，由他改，学生们用蓝笔写，他用红笔改，有时改得稿纸一片红，然后拿回去抄，抄后再改。其实还不如他自己写省劲，但他硬要学生们写，为的是培养和锻炼他们的写作能力。科研论文发表了，研究结果报奖了，他总不愿挂名或者只把自己的名字排在最后。180 万字大型专著《动物病毒学》的增订再版工作也吸收了许多弟子参加，目的也是提高他们的著书立说能力和他们的科学理论知识水平，并且从中遴选和培养主编接班人。在他的帮助和支持下，学生们主编或参编了《转基因动物原理、技术与应用》、《动物生物制品手册》、《人兽共患病学》和《兽医微生物学》等 10 多部专著。

殷震以父辈的真诚，像对待自己的孩子那样对待和照顾学生们。无论在学习上、工作上和生活上都尽力给予他们无微不至的关怀，深深赢得了学生们的尊敬和爱戴。不少学生被他训过，但都心悦诚服，因为他们知道老师是真正的为了他们好，师生关系中存在着诚挚的信任和关怀。即使是出国多年的学生，也都书信频传，充满深厚的情谊。一个已在国外四年的学生在来信中有这么一段："只要我还记得我的父母，我的家，我就绝不会忘记在老师身边学习的日日夜夜，不会忘记您对我的每一点关怀、帮助和师生之间最宝贵的情意。"

平时，不管谁寄来材料求他指导，他都认真帮助修改，有的根本就不认识。1998 年 10 月，广东罗县某部队一名在基层做兽医工作的战士蓝俊伟，因地处偏远，买资料困难，便慕名来信，向殷震索要有关兽医方面的书籍、材料，并咨询许多实用知识。接到信后，他马上按照这个小战士的要求，及时为他寄去了所要的书籍材料，详细解答了相关问题。小战士感动了，流着热泪给殷震写回信表达感激之情。

识才、爱才、荐才、用才，是殷震的一贯思想。金宁一是殷震推荐以共同研究者的身份到日本京都大学进行共同研究的。在留日期间，金宁一勤奋学习，刻苦钻研，很快就以独到的见解与课题进展的快速受到日本方面的好评，有些研究成果，还在日本申报了专利。他的论文《艾滋病病毒 *VPU* 基因与 *ENV* 基因的关系》、《高效表达的痘苗病毒载体构建研究》、《艾滋病病毒 *ENV* 基因的高效表达研究》等，一经发表，便在日本引起了震动。为了使金宁一在日本安心、集中精力做研究，殷震出面，使金宁一的妻子也到了日本"陪读"、工作。突出的成果与卓越的研究才华，使金宁一到日本的第二年便被京都大学聘请为在留资格教授，并成为博士研究生和硕士研究生的指导老师。金宁一在日本的工作期限很快就满了，京都大学病毒学研究所希望他能继续留在日本工作，西岛安校长亲自出面盛情挽留并给出优厚的待遇；其他几家日本大公司也纷纷聘请金宁一到他们公司进行艾滋病疫苗的研究开发。有名的太阳化学公司甚至以每月50万日元的高薪聘请。金宁一想到导师殷切地召唤，想到导师对自己的关怀，想到祖国对自己的培养，毅然决定到期回国，并且带回一大批靠省吃俭用节余经费买下的科研资料和仪器。为了使金宁一更快成长，殷震主动推荐金宁一担任病毒研究室主任，同时还推荐金宁一兼任全军基因工程实验室的副主任。殷震认为用好一个人，就是树立一面旗帜，就能成就一番事业。虽然从行政关系上，自己的学生成了领导，然而殷震仍然时时关心、扶助金宁一的工作。支持金宁一通过在职申请，获得了博士学位，提前晋升为研究员。殷震与金宁一两人配合得十分默契，不少人形容他俩简直是珠联璧合的“黄金搭档”。金宁一成为殷震的得力助手。

经过多年来的辛勤耕耘，一个颇具规模并有较高水平的分子病毒实验室建立起来了，科研工作取得了几十项研究成果，殷震领导的病毒病研究室和中国人民解放军基因工程实验室，是国内同行进修学习和合作研究的首选单位，已先后为国内有关单位培养动物病毒学专门人才百余名。已经毕业的博士、硕士研究生几乎个个成才，有的成了校内和国内其他单位教学和科研的骨干，承担着国家和军队的重大研究课题，有的去了国外，成了客座教授。

4. 老骥扬蹄，奋进不止

殷震领导的病毒病研究室既是“863”国家高技术课题的承担单位，又是全军医学重点实验室和国家重点学科的主要组成部分，在国内外也有了一定知名度。殷震个人也获得了较高的荣誉和奖励。他年近古稀，身体不好，胃被切去了五分之三，加之患有慢性结肠炎，三天两头闹肚子，靠黄连素、氟哌酸和易蒙仃顶着。平时吃些易消化的饭、面条、豆腐和蔬菜，每逢宴会别人好吃好喝享受一番，对他来讲却是负担。成绩有了，又是这样的身子骨，不少人劝他适当放松一下，也该歇歇脚了。他却不以为然，认为不仅不能停脚，而且必须加快步伐。他说：“盛名之下，其实难副，所谓成绩，如果与自己的过去比，可能确有一些进步，但是与先进的兄弟单位相比，差距极大，要赶上世界水平，更有崎岖艰险的道路亟须攀登”。他常说：“生活上可以落后，但是学习上、技术上和工作上必须先进。”他制定了实验室和学科发展规划，立志将农牧大学病毒研究室建设成为能出高级别成果、能出高科技人才的基地，成为国内外知名度较高的开放性实验室。

殷震身体多病，医生多次建议他到大医院彻底检查根治，可他一直拖着，直到眼睛患了白内障，右眼视力下降到 0.1，家里人和外人都劝他快去医院做手术，可他总说："工作忙，再等等。"有时迫不得已住进医院，可他住上了院，工作比不住院时还忙。《动物传染病诊断学》几十万字，就是住院时开始写的。在他患大叶型肺炎住院期间，医生给他打吊瓶，他让把针扎在左臂上，腾出右手看书、改稿子。一个吊瓶打完了，一篇论文也改得差不多了。老伴胡美贞心疼地说："他满脑子想的就是工作，他那个拼劲，真让人担心。"

除本职工作外，殷震还兼任国家、军队等多种学术的评委，多家杂志的主编及十多所大学和科研单位的客座教授和顾问等 40 多项重要学术职务，并与多个国外学术单位建立和保持学术联系，开展合作研究。

殷震性格刚毅坚决，办事爽快认真，讲话声音洪亮。农牧大学校长景在新少将说："殷震是老骥扬蹄，奋进不止。"他的学生称殷震为"恩师"，他的老伴则说，"他呀，是个干工作不要命的人。"后鸟必须振翅长飞，坚持拼搏，才能超越前鸟，并且有所成就。不付出心血与汗水，哪里会有人生美妙辉煌的乐章？人生这支火炬，只有勤奋、拼搏，才能燃烧得更加灿烂夺目，这就是殷震的誓言和决心。

2000 年 7 月 18 日，殷震乘车到哈尔滨参加一项学术交流活动，在途中不幸遇车祸以身殉职。

四、殷震主要论著

殷震，侯世宽，江曙光. 1980. 固相反向补结试验及其对脑炎类病毒的快速检测试验. 家畜传染病，2：1-6.

侯世宽，殷震. 1981. 应用酶标记抗体法快速检测乙脑病毒抗原. 兽医大学学报，1（2）：32-36.

殷震，刘景华. 1985. 动物病毒学. 北京：科学出版社.

金宁一，武德丽，殷震. 1987. 中国天坛株痘苗病毒在猪体上的驯化. 兽医大学学报，7（3）：345-346.

史元元，胡裕文，陆德裕，等. 1989. β-干扰素转基因小鼠的建立和特异性研究. 兽医大学学报，9（3）：213-219.

房德兴，刘作臣，殷震，等. 1989. 马立克氏病病毒单抗杂交瘤细胞株的建立与鉴定. 兽医大学学报，9（3）：247-253.

赵新泰，吴祥甫，李载平，等. 1991. 貂肠炎病毒的分子克隆和结构研究. 病毒学报，7（3）：235-240.

赵永军，童光志，赵奕，等. 1992. 肉食兽细小病毒核酸探针的制备及其初步应用研究. 兽医大学学报，12（2）：119-122.

涂长春，章金钢，熊光明，等. 1992. 猪瘟病毒反义 cDNA 片段的化学合成及克隆. 病毒学报，8：383-385.

蔡宝祥，殷震，谢三星，等. 1993. 动物传染病诊断学. 南京：江苏科学技术出版社.

王新平，涂长春，李红卫，等. 1996. 从疑似猪瘟病料中检出牛病毒性腹泻病毒. 中国兽医学报，16（4）：341-345.

毛春生，金宁一，殷震．1996．*HIV*-1 *gag* 基因重组痘苗病毒的构建和高效表达．中国兽医学报，16（6）：561-569.

岳军明，焦保权，贾补年，等．1998．人红细胞生成素在小鼠体内的转移与表达．生物化学与生物物理进展，25（1）：68-71.

刘毅，金宁一，郭志儒，等．1999．传染性法氏囊病病毒 *VP*2/*VP*0 基因在重组鸡痘病毒中的表达．中国兽医学报，19（2）：126-128.

Jin N Y，Guo Z R，Luo K，et al．1999．Sequence analysis of a 7.3 kb *Bam*H I genomic fragment of fowlpox virus strain 282E_4．Chin Sci Bull，44（22）：2068-2072.

丁壮，金宁一，王兴龙，等．2000．新城疫病毒昌黎株与国外毒株 HN 蛋白基因核苷酸及氨基酸差异性分析．中国兽医学报，20（4）：328-331.

Yu X L，Tu C C，Li H W，et al．2000．DNA-Mediated Protection Against Hog Cholera Virus，Pro Third Ann Conf Vaccine Res Washington D C，USA.

王莉馨，金宁一，罗坤，等．2001．HIV-1 中国流行株 *gp*120 基因在痘苗病毒中的表达及其与核酸疫苗的实验免疫研究．高技术通讯，11（122）：8-11.

Yu X L，Tu C C，Li H W，et al．2001．DNA-mediated Protection against Classical Swine Fever Virus．Vaccine，19（11/12）：1520-1525.

Tu C C，Lu Z L，Li H W，et al．2001．Phylogenetic Comparison of Classical Swine Fever Virus in China．Virus Res，81：29-37.

主要参考文献

咏慷．2001．一个院士的成功之路．北京：解放军文艺出版社.

撰写者

金扩世（1956～），军事医学科学院十一所研究员，殷震先生的学生。

陈文新

陈文新（1926～），湖南浏阳人。土壤微生物及细菌分类学家。2001 年当选为中国科学院院士。1952 年毕业于武汉大学农学院土化系。1958 年在苏联季米里亚捷夫农学院获副博士学位。现为中国农业大学生物学院教授。参加并组织完成对全国 32 个省（市）700 个县的豆科植物结瘤情况调查，采集根瘤标本 12 000 多份；新发现可以结瘤的豆科植物 300 多种；分离并保藏根瘤 12 000 多株；发现了一批耐酸、碱、盐，或可在高温、低温下生长的珍贵根瘤菌种质资源，并对 7000 多株具代表性的根瘤菌进行分类和系统发育研究，描述并发表根瘤菌的 2 个新属 40 多个新种。已建成目前国际上菌株数量最大、性状信息最丰富的根瘤菌数据库。1996 年起任国际根瘤菌（土壤杆菌）分类分委会委员；1998 年受邀撰写有“细菌学圣经”之称的《伯杰系统细菌学手册》第二版的根瘤菌部分属种；2004 年应邀在国际固氮大会上作大会报告，在学界引起很大反响。根瘤菌的固氮作用可以减少化肥大量使用造成的环境污染，提高土壤肥力，改善生态环境，陈文新团队采集的根瘤菌已开始用于西部地区退耕还林还草，效果显著。近年她正为推广中国根瘤菌应用而努力。多年来，她先后主持国家科委、国家自然基金委一系列课题及国际合作项目，其成果获省部级一、二等奖 6 项，并获 2001 年度国家自然科学奖二等奖。2009 年农业部授予她新中国成立 60 周年“三农”模范人物。

一、立志献身中国农业

陈文新，1926 年 9 月 23 日出生于湖南浏阳。她是革命烈士的女儿，父亲陈昌（字章甫）是毛泽东同志当年在湖南第一师范求学时的同窗挚友，也是中国共产党早期湖南学运和工运的领导者之一。大革命时期，陈章甫随毛泽东参加革命，一起在长沙从事革命活动，不久便加入中国共产党，1926 年由周恩来指派担任第 35 军第二所政治部主任，参加北伐战争。1927 年随周恩来参加南昌起义。1929 年，陈章甫由周恩来派遣赴湘鄂西扩大革命武装，发展革命根据地，途中被反动派逮捕入狱。1930 年年初，陈章甫同杨开慧先后惨遭国民党反动派杀害。当时，毛泽东已上了井冈山，从此两家失去了联系。

父亲牺牲时，陈文新只有3岁，其大姐12岁，二姐8岁，母亲毛秉琴一人带着三个女儿艰苦求生。按照当时湖南的习俗，女人不能下水田干活，母亲靠替别人缝补衣服换得男劳力为家里耕种几亩水田。为求生存，母亲把陈文新打扮成男孩，剃了光头，打着赤脚，从事一些田里的辅助劳动。少年时，陈文新上山拾柴火，下水捞鱼虾，和母亲一起种菜、养猪，抬土、水、粪尿，样样农活都干过。陈文新八岁那年，山里发大水，家里唯一的一块水田被冲了，为了抢救这全家的活命粮，她将禾苗一株株从泥沙中扶起来，洗干净重新栽好，从清早干到天黑，整整干了四天。禾苗救活了，一家四口的生活才有了希望。

父亲牺牲前对母亲的唯一嘱托是："好好抚育三个女儿，让她们继承父志。"母亲含辛茹苦，全力背负起这个沉重的嘱托。母亲自己的文化程度不高，却千方百计地让三个女儿多读点书，因为她知道，有了知识、有了本领才能自立于社会。但是，家境贫寒，连饭都吃不上，她根本没有钱供三个女儿上学。父亲牺牲时，陈文新的大姐刚读完小学五年级，她刻苦自学，在15岁时冒充17岁考取了小学教师资格，从此担负起养家的任务。姐姐开始教小学，陈文新就跟着她踏上了断断续续的求学路。

陈文新白天跟着大姐上学，晚上伴着妈妈的纺车借着微弱的灯光学习，就这样，读完了小学四年级。大姐带的只有四年级，没有高小。为了能继续读下去，大姐带着她跑遍了周围的长沙、浏阳地区，寻找可以免费入读的学校。从高小到初中五年的课程，陈文新读一学期停一学期，一学期换一个学校，断断续续读了三年就初中毕业了。这时，日军侵犯湖南，长沙城的高级中学大举外迁，上高中就更困难了。

1942年，陈文新在父亲生前好友章寿衡的帮助下，远赴武冈县战时招收流亡学生的中学——第十一中学求学。她深知学习机会来之不易，所以学习非常努力，经常得到学校的嘉奖。第十一中学名师荟萃，德高望重的老师们在极其艰苦的条件下默默地奉献着。他们诲人不倦的精神给陈文新留下了深刻印象，成为她终身学习的榜样，使她立志要做一名人民的好教师。

1945年抗战胜利，陈文新高中毕业回到故乡，母亲为无力助她上大学而忧愁。陈文新理解母亲的苦衷，为了实现上大学的愿望，她在家乡教了两年小学，把工资积攒起来，于1948年考入武汉大学，靠勤工俭学维持学习。

1949年5月武汉解放，陈文新如重见天日，从此获得了新生。1951年4月，陈文新利用学校四天春假，新中国成立后第一次回家探望母亲，返校时母亲嘱咐代她给毛主席写封信，文新自己也附上一页，告诉毛主席自己在武大上学的情况。没想到 4 月底即收到毛主席的回信，鼓励她们姊妹努力学习或工作，继承父亲遗志，为人民国家的建设服务。

1951 年“七一”前夕，陈文新到北京华北农业科学研究所毕业实习。毛主席得知陈文新到了北京，派秘书接她去做客。毛主席对陈文新说：“你父亲是个好同志，他为人民牺牲了自己的生命，要学习你父亲的精神。”毛主席知道陈文新在武汉大学学农，很高兴，鼓励她好好学习，并在她的笔记本上写下了“努力学习”四个字。

1954 年，陈文新第二次见到毛主席。当时陈文新正在北京留苏预备班学习。在学习即将结业的一个周六下午，毛主席邀请陈文新前去做客。这次见面，毛主席与陈文新进行了深入的谈话，主题是农业科学。毛主席问了很多问题，从土壤结构、培肥地力、土壤的矿物质成分，到植物营养吸收和中南地区的土壤改良等，还询问全国学土壤学的人数。毛主席语重心长地说：“要增产，不研究土壤怎么行呢？应该有更多的人学农。”当谈到土壤改良时，陈文新谈了从书本上学到的有关苏联草田轮作制的原理和做法。毛主席说：“我们农民才几亩地，都拿去种草，吃什么呀？我们又没有什么畜牧业，种的草拿去干什么？”毛主席的这反问式责问，使陈文新非常尴尬，但也让她顿然领悟：原来以为在新中国成立后，班上同学们积极学习苏联，就自认为很得意。毛主席的批评，让她懂得了脱离中国国情照搬苏联是不行的，理论必须联系实际。毛主席这次实际的教诲成了她一生工作的指导思想。

毛主席对农业、对土壤改良等问题很关心，也很了解，他还谈到了苜蓿、根瘤菌、固定空气中的氮等问题。他讲到空气，并说工业和农业都应该多利用空气。从和毛主席长谈中，陈文新体会到主席是何等重视中国农业的发展！他希望有更多的青年人积极学习农业科学，充分利用自然资源，提高中国农业水平。毛主席对她学农的鼓励和对农业工作者的期望，成了她一生学习和工作的动力。临别前，陈文新向毛主席保证“继承革命先辈遗志”，“将自己的一生献给农业科技事业”。这次谈话之后不久，陈文新便前往苏联进入季米里亚捷夫农学院学习土壤微生物学。在留苏的第三年，正在访问苏联的毛主席在莫斯科大学接见了中国留学生。就这样陈文新第三次见到了毛主席。

“世界是你们的，也是我们的，但是归根结底是你们的。你们青年人朝气蓬勃，正在兴旺时期，好像早上八九点钟的太阳，希望寄托在你们身上。”1957 年 11 月 17 日，毛主席面对留苏学生发表了这个激励新中国的年轻人为祖国建设奉献青春和热血的演讲。当时，陈文新站在众多的留学生人群中，热血沸腾，那一刻，她又想起了留苏前曾对毛主席做过的保证：“将自己的一生献给祖国的农业科学事业。”

二、专业选择根瘤菌　“冷板凳”一坐 40 年

1959 年，陈文新学成回国后，进入北京农业大学从事教学和农业科研工作。然而，原本打算有所作为，却被一次次卷入到政治运动中。直到 1973 年，恢复工作后，陈文新选择了既艰辛耗时又偏僻生冷的研究——曾受毛主席关注的肉眼不可见的神奇生物——根瘤菌。

根瘤菌是一类土壤中常见的细菌，这类细菌能在许多豆科植物的根或茎上形成根瘤并固定空气中的氮气供植物营养，这种高效、节能、环保的微生物能够为自然生态系统提供其所需的氮素，在氮素循环中起着重要作用。自从 19 世纪发现根瘤菌的固氮作用以来，人类对它已进行了一百多年的研究，至今仍在研究。然而，人们对这类资源还远没有完全认识和了解。

在选择根瘤菌为研究方向的过程中，陈文新遇到不少思想障碍。刚开始，有的领导部门不支持根瘤菌的研究，说“根瘤菌是老掉牙的问题，有什么好做的?”受传统细菌分类工作的影响，认为分类工作枯燥无味，大家对此不感兴趣。另外，当时的遗传学、基因工程等都是科学研究的热门，对人们很有诱惑力，有人也建议她转行做遗传学研究。但陈文新认定土壤微生物中最有用的菌群要数根瘤菌，而要作资源就必须作分类；否则，搜集的资源再多，不认识它，也无法应用，所以她决定做根瘤菌资源和分类。在陈文新开始这项工作之初，她的老师陈华癸院士对她说，“做分类要‘安贫乐道’”。这句富有哲理的话语使她坚定了作分类研究的决心。她坚守这个信念，不辞辛劳，耐住寂寞，坚定不移地做了下去。

20 世纪 70 年代，国际上正对细菌分类“改朝换代”，科学家们将分子生物学技术引入分类研究领域，能从基因水平上去了解细菌之间的亲缘关系，能获得自然分类的结果。陈文新懂得“工欲善其事，必先利其器”的道理，所以从一开始，就采用国际上最先进的细菌分类技术，与国际同行齐头并进；加之中国幅员辽阔，孕育着生物资源的极大多样性，几乎每做一批菌，都能获得新的分类单元。

从此，陈文新带领学生并组织同行近 200 人，在中国的土地上进行豆科植物结瘤情况调查和采集工作。陈文新手中有一份中华人民共和国地图，上面布满了红点，每一个红点标志着他们调查采集根瘤菌资源的一个县。30 多年来，他们对 32 个省，700 个县市，不同生态条件下的各种豆科植物结瘤情况进行挖掘调查，采集植物根瘤标本 10 000 多份，其中 300 多种植物结瘤情况过去未见记载；分离、纯化并回接原宿主结瘤确认后，入库保藏根瘤菌 10 000 多株，菌株数量和所属宿主植物种类之

多居世界首位；通过对 6000 多株菌的 100 多项表型和遗传型性状分析，发现了一批耐酸、耐碱、耐盐，可在高温或低温下生长的抗逆性强的珍贵根瘤菌种质资源，建立起目前世界上菌株最多、其性状信息最丰富的根瘤菌资源数据库。

每年豆科植物开花的季节，是根瘤菌的旺盛生长期，也是陈文新和她的团队工作人员的旷野漫游期，天涯海角，均是他们挖“金”的乐土。野外采集选点大多在人迹罕至的荒山僻岭或自然保护区，天山南北、五指山麓，都留有陈文新的足迹。长时间的汽车颠簸，爬山的劳累，面对汽车抛锚、迷路的危险，蚊虫、山蚂蟥的叮咬，她从不以为苦。年过半百的陈文新，让人刮目相看。

陈文新率先在中国建立具世界先进水平的细菌分子分类和数据处理程序实验室，确立了一套行之有效的根瘤菌分类、鉴定技术方法，描述并发表根瘤菌新属 2 个、新种 30 多个。在实验室，对采回的每个根瘤都要先进行外部消毒，然后压碎、稀释、平板培养、长出菌落，并回接在原豆科植物上结瘤，以确定是不是该豆科植物的根瘤菌。大量枯燥、繁琐的重复性实验，陈文新一做就是八年，终于发现了第一个新属——当时世界已知的第四个根瘤菌属。该菌除了越南，只有在中国广泛分布，因此，被命名为“中华根瘤菌”，这也是第一个由中国学者发现并命名的根瘤菌属。陈文新率领课题组在对 7000 多株根瘤菌进行多相分类研究后，又描述并发表了另一个新属——中慢生根瘤菌，以及 40 多个新种，占 1984 年以来国际上新发表根瘤菌属的 1/2。

目前，陈文新已经发表的根瘤菌新属有：

（1）中华根瘤菌新属（*Sinorhizobium* gen. nov. 1988），过去一直认为大豆只与慢生大豆根瘤菌（*Bradyrhizobium japonicum*）结瘤固氮，1982 年 Keyser 与中国学者胡济生等在 *Science* 上发表了从中国分离的快生大豆根瘤菌，经陈文新分类研究确定为一新属，定名中华根瘤菌属，后经国际同行反复验证，确认无疑。该属的发表被国际同行评论为发现根瘤菌新属的首创性工作。现该属中已有十多个新种，其中包括他们新定的费氏中华根瘤菌（*S. fredii*. comb. nov. 1988）、新疆中华根瘤菌（*S. xinjiangensis* sp nov. 1988）、鸡眼草中华根瘤菌（*S. kummerowiae* sp. nov. 2002）、莫雷兰中华根瘤菌（*S. morelense* sp. nov. 2002）和大豆中华根瘤菌（*S. sojae* sp. nov. 2011）5 个新种。

（2）中慢生根瘤菌新属（*Mesorhizobium* gen. nov. 1997）是从中国新疆的大豆、甘草、苦豆子等 7 种植物中分离的一群特殊根瘤菌研究确定的，后经国际同行验证，一道著文发表。现在该属已包括 21 个种，其中有他们新定的华癸中慢生根瘤菌（*M. huakuii* sp. nov. 1991）、天山中慢生根瘤菌（*M. tianshanese* sp. nov. 1995）、紫穗槐中慢生根瘤菌（*M. amorphae* sp. nov. 1999）、温带中慢生根瘤菌（*M. temperatum* sp. nov. 2004）和北方中慢生根瘤菌（*M. septentrionale* sp. nov. 2004）等13个新种。

（3）在原定的根瘤菌属（*Rhizobium*）中他们增定了18个新种，如海南根瘤菌（*R. hainanense* sp. nov. 1997）、胡特根瘤菌（*R. huantlense* sp. nov. 1998）、杨凌根瘤菌（*R. yanglingense* sp. nov. 2001）、木兰根瘤菌（*R. indigoferae* sp. nov. 2002）和黄土根瘤菌（*R. loessense* sp. nov. 2003）。

（4）在原定的慢生根瘤菌属（*Bradyrhizobium*）中增定了圆明慢生根瘤菌（*B. yuanmingense* sp. nov. 2002）等5个新种。

陈文新在祖国丰富的自然资源中挖宝探秘，20世纪80～90年代，她们的工作引领了国际根瘤菌分类的潮流。她经常接受国内外学者的咨询，他们的菌种与国内外交换1000多株（次）。

在理论上，陈文新获得了“根瘤菌和宿主共生多样性”的新观念。一百年来，科学家一直强调根瘤菌宿主专一性，即一种根瘤菌只与一种或几种植物共生。基于对大量根瘤菌分类研究结果与宿主植物物种和生态条件综合分析，陈文新证明了同一种植物在不同生态环境中可与不同的根瘤菌结瘤固氮，得出“根瘤菌与豆科植物的共生关系因生态环境的差异而具有多样性”的新观念。与此同时，他们发现中国大豆、蚕豆、锦鸡儿等植物的共生根瘤菌有明显的生物地理学分布特征，譬如与大豆共生的日本慢生根瘤菌（*B. japoncum*）在中国分布广泛，但在中国东北、南方中性、偏酸的土壤为优势菌群，而费氏中华根瘤菌（*S. fredii*）却在黄淮海及新疆地区，偏碱性土壤中为优势菌。近年他们用比较基因组学方法研究，揭示了日本慢生根瘤菌具有更多代谢功能的基因，所以能广泛适应环境，而费氏中华根瘤菌具有耐碱的基因，所以在盐碱土壤中占优势。他们还发现根瘤菌共生有效性在不同植物品种间有很大差异，从而提出进行根瘤菌接种选种时，必须针对生态环境及宿主植物品种选择最佳匹配的根瘤菌，才能获得更好的共生固氮效果。更让她振奋的是，在实践中她发现豆科植物接种根瘤菌与禾本科植物进行间套种植时，禾本科可以从豆科土壤中吸走化合氮，为豆科—根瘤菌排除“氮阻遏”的障碍，使其正常结瘤固氮，两种作物可以互惠共高产，她们在内蒙古及北京进行的紫花苜蓿接种高效根瘤菌与无芒雀麦间作以及在河北进行的大豆接种高效根瘤菌与玉米间作均收到显著的共高产效果。近年，她的课题组为更深入地探讨所发现的这些表象的机理，正活跃开展着根瘤菌基因组学、蛋白组学、转录组学及分子生物学研究，已获得一些创新性成果。

近30年来，陈文新发表的论文有80多篇被权威的国际科技文献检索系统SCI收录，被引用达1700多次，h指数为23。1996年，她被遴选为国际根瘤菌/土壤杆菌分类分委会委员；1998年，她受邀撰写有“细菌学圣经”之称的《伯杰系统细菌学手册》第二版的根瘤菌两个属的种群；2004年，她应邀在国际固氮大会上作大会报告，在学界引起很大反响。

她课题组的科研成果已获省部级一、二等奖6项，并获2001年度国家自然科学奖二等奖。

三、踏遍青山为中华 感悟人生意弥坚

数十年的执著探索，陈文新自己总结了四点做科学之道：踏实、认真、勤奋、求新。她自认一点都不比别人聪明，学习、工作也没什么特点。一定要说特点，那就是认真负责、踏踏实实、勤勤恳恳地干。她对新事物饶有兴趣，在兴趣与责任的驱使下开展工作，总觉得有使不完的力气，也感到工作是一种乐趣。

陈文新的科学之道还体现在她的坚守和毅力。陈文新常说，认定有意义的事情就要坚持做下去，不怕困难，不怕麻烦；搞科学研究要耐得住寂寞，不赶时髦，不受干扰；以平和心态对待“得失”，受得起赞誉，更要经得起失败，坚持不懈。当年在排除偏见选择根瘤菌作为科研方向时，陈文新就选择了“板凳坐得十年冷”。她吃得了辛苦，守得住清贫，耐得住寂寞。而一项科学新发现，往往是在肯定、否定、肯定，反反复复之中确立起来的。当陈文新1988年发表了中华根瘤菌新属时，国际上对中国大陆并不是那么瞧得起，不相信能做出这种发现，IJSB杂志出版社甚至将她购买的抽印件寄往了台北；国际同行也不免要反复推敲，1992年有同行还发表文章反对这一新属。有些同事感到泄气，陈文新的情绪却没有受到影响，她相信科学的先进技术能最终证明事物的真实性。果然，1994年一个法国学者通过使用更先进的方法进行检验，又重新认定了这个属。

80多年的人间沧桑，陈文新对人生有着科学家独到的感悟。她曲折的人生经历使她深深体会到，一个人要想为社会做些事情并能坚持到底，最主要的驱动力是爱国热忱。陈文新总忘不了旧中国公园门口挂着“中国人与狗不准入内”的那个牌子，忘不了帝国主义欺压中国人民群众那种屈辱，忘不了和母亲一样受尽苦难的中国农民蹒跚在农田艰苦劳作的身影。更鼓舞陈文新不断前进的是了解毛主席对农民的关注，对农业发展的高度重视，对青年一代的殷切期盼，这是她对新中国强烈的爱和矢志为建设好祖国出力的责任心以及战胜任何困难的动力源泉，是她宽厚大度、不计较个人名利得失，做到“安贫乐道”的思想基础。

正是在这种思想境界和远大抱负的驱动下，年岁益高的陈文新一刻也没有停下

自己前进的脚步。1999年，70多岁的陈文新听到国家发出的西部大开发的号令后，精神振奋。她想，西部土壤贫瘠，在退耕还林还草中，豆科植物根瘤菌共生体系可以大有作为。于是，她邀请几位科学家共同上书国家有关领导和部委，建议将“根瘤菌-豆科植物共生体系”纳入西部种植计划，把多年的科研用于实际，让小豆科发挥大作用，实现她多年的夙愿。

近年来，陈文新对中国农业生产中过量施用化肥农药，已造成严重的环境面源污染和土壤肥力水平下降而忧心忡忡。根据很多国家的经验，发挥豆科植物根瘤菌共生固氮作用，可大幅减少化肥用量。所以，在持续基础研究的同时，她已将大部分精力转移至根瘤菌的应用方面，特别是当她肯定豆、禾间作能克服“氮阻遏”的障碍后她再次向中共中央、国务院建议：充分利用豆科植物根瘤菌共生固氮作用，优化中国农牧业种植系统，以减少化肥用量。

现在，已经年过八旬的陈文新依旧身体健康、精神矍铄、思维敏捷。她还以极大的热情工作着、呼吁着，为开拓一条将根瘤菌资源优势、认知优势转化为生产优势的成功之路而努力着，她们正多方联系，与各处进行豆科品种的高效根瘤菌筛选和田间小区实验，以展示接种效果，达到根瘤菌制剂推广应用的目的。

根瘤菌的固氮可以取代部分化学氮肥，减少化肥大量使用造成的环境污染，提高土壤肥力，改善作物品质，改善生态环境，保障国家农、牧业持续发展。

四、陈文新主要论著

陈华癸，李阜棣，陈文新，等. 1979. 土壤微生物学. 上海：上海科学技术出版社.

Chen W X, Yan G H, Li J L. 1988. Numerical taxonomic stady of fast-growing soybean rhizobia and a proposal that *Rhizobium fredii* be assigned to *Sinorhizobium* gen. nov. Int J Syst Bacteriol, 38 (4): 392-397.

陈文新，胡正嘉. 1990. 土壤与环境微生物学. 北京：中国农业大学出版社.

Jarvis B D W, van Berkum P, Chen W X, et al. 1997. Transfer of *Rhizobium loti*, *R. huakuii*, *R. mediterraneum*, and *R. tianshanese* to *Mesorhizobium* gen. nov.. Int J Syst Bacteriol, 47 (3): 895-898.

Zhou X H, Feng X L, Chen W X, et al. 1998. Biological behavior of plasmid in *Rhiaobium* sp. Strain S25 from *Tephrosia candida*. Plasmid, 40: 158-163.

陈文新，李季伦，李阜棣，等. 2000-4-7. 小豆科期待大贡献——将豆科植物-根瘤菌共生固氮体系的应用纳入西部大开发规划的建议. 科学时报.

Wang E T, Sui X H, Chen W F, et al. 2002. Mesorhizobium amorphae, a rhizobial species that nodulates Amorpha fruticosa, is native to American soils. Arch Microbiol, 178: 301-305.

Chen W X, Wang E T, Chen W F, et al. 2004. Diversity and phylogeny of rhizobia in China and their biogeographical character. Presantated in 14 Interational nitrogen fixation congress.

Liu J, Wang E T, Chen W X. 2005. Diverse rhizobia associated with woody legumes *Wisteria sinensis Cercis race-*

mosa and *Amorpha fruticosa* grown in the temperate zone of China. Syst Appl Microbiol, 28: 465-477.

Chen W X, Wang E T, Kuykendall L D. 2005. Genus VI *Mesorhizobinm* Jarvis, van Berkum, Chen, Nour, Fernandez, Cleyet-Marel and Gillis 1997, 897[VP]// Brenner D J, Krieg N R, Staley J T, et al. Bergey's Manual of Systematic Bacteriology. 2nd edn. New York: Springer: Vol. 2, Part C, pp. 403 - 408.

陈文新，李季纶，朱兆良，等. 2006-10-9. 从源头控制化学氮肥污染环境——发挥豆科植物-根瘤菌共生固氮作用减少氮肥用量. 科学时报.

《陈文新论文集》编委会. 2006. 陈文新论文集——根瘤菌及其他土壤微生物研究. 北京：中国农业大学出版社.

Hou B C, Wang E T, Li Y, et al. 2009. Rhizobial Resource Associated with Epidemic Legumes in Tibet. Microbial Ecology, 57: 69-81.

Lin D X, Tang H, Wang E T, Chen W X. 2009. An ABC transporter is required for alkaline stress and potassium transport regulation in *Sinorhizobium meliloti*. FEMS Microbiol Lett, 293: 35-41.

Han T X, Tian C F, Wang E T, et al. 2010. Associations Among Rhizobial Chromosomal Background, nod Genes, and Host Plants Based on the Analysis of Symbiosis of Indigenous Rhizobia and Wild Legumes Native to Xinjiang. Microbiol Ecol, 59: 311-323.

Tian C F, Young J P W, Wang E T, et al. 2010. Population mixing of *Rhizobium leguminosarum* bv. *viciae* nodulating *Vicia faba*: the role of recombination and lateral gene transfer. FEMS Microbiol Ecol, 73: 563-576.

Zhang Y Z, Wang E T, Li M, et al. 2011. Effects of rhizobial inoculation, cropping systems and growth stages on endophytic bacterial community of soybean roots. Plant and Soil, 347: 147-161.

陈文新，汪恩涛. 2011. 中国根瘤菌. 北京：科学出版社.

Tian C F, Zhou Y J, Zhang Y M, et al. 2012. Comparative genomics of rhizobia nodulating soybean suggests extensive recruitment of lineage-specific genes in adaptations. Proc Natl Acad Sci USA doi: 10. 1073/pnas. 1120436109.

Zhang Y M, Tian C F, Sui X H, et al. 2012. Robust Markers Reflecting Phylogeny and Taxonomy of Rhizobia. PLos ONE, 7 (9): e44936.

主要参考文献

何志勇. 2009. 踏遍青山为中华. 科学人生. 北京：中国农业大学出版社.

撰写者

何志勇（1975～），中国农业大学党委宣传部编辑。

张福绥

张福绥（1927～），山东昌邑人。海洋生物学家，贝类养殖专家。1999年当选为中国工程院院士。1962年于中国科学院海洋研究所海洋生物专业副博士研究生毕业。现任中科院海洋研究所研究员、中国动物学会理事、中国海洋湖沼学会贝类学分会名誉理事长、国家科技兴海专家咨询委员会专家。主要从事海洋贝类增养殖生物学、实验生态学和养殖产业化的研究。20世纪60年代研究海洋贝类分类区系；70年代从事贻贝增养殖生物学和幼体生态学研究，解决了建立自然苗场的关键技术，并率先将贻贝育苗工程化，推动中国贻贝养殖业的发展，为中国其他贝类人工繁育和增养殖奠定了基础；80年代，引进美国海湾扇贝，创建了一套工程化育苗与养成技术，并致力于向社会推广，在中国形成世界上第一个海湾扇贝养殖产业；90年代引进墨西哥湾扇贝，在南海现已形成产业；近几年他密切关注中国海水养殖业存在的种质、病害和环境三大问题，提出了海水养殖业的发展目标及实施“离岸养殖”等重要措施，指导创新团队培育成功我国海湾扇贝两个新品种，基本厘清了我国巨蛎属牡蛎的种类和分布，推动了我国贝类适应进化研究进入国际先进行列，为推进中国科技兴海战略做出不懈努力。先后获国家科技进步奖一等奖、陈嘉庚农业科学奖、第三世界科学院农业科学奖及美国贝类协会杰出贡献奖等省部级以上奖和国际荣誉奖10余项；发表论著百余篇（部）。

一、求学历程

昌邑，古称鄑邑、北海、都昌；秦时设县，宋朝定名。拥有2200多年的建县历史。古城昌邑，物华天宝，人杰地灵。1927年12月27日，张福绥就出生在这里。

大凡出身贫寒者，都把读书作为人生的第一选择。张福绥也不例外。由于战乱，张福绥的小学中断了数次才读完，为了躲避战火，他上了附近的教会学校。后来，他考入当时的胶县上中学。他清楚记得，母亲会让哥哥每月给他送一袋玉米面维持生活。那时，日本军人经常骚扰当地的学校，张福绥在校很少外出，学习知识是他唯一的乐趣。因此，在小学、初中和高中期间，他的学习成绩一直名列前茅。

1949 年，仅仅上了两年高中的张福绥考入了设在青岛的山东大学，他首先选择了医学。但是，较长的学习时间和高昂的学费让他望而却步。有人告诉他，水产专业是刚刚设立的专业，以后肯定有前途。张福绥并不知道这一行是干什么的，他只是感觉很新鲜，入学后才明白，那是专门跟海洋生物打交道的专业。

阴差阳错，大学毕业后，本来希望留在青岛进一步从事科研和教学工作的张福绥被分配到了广东水产学校当老师，讲授贝类养殖学和浮游生物学。当时中国海水养殖业刚刚起步，缺乏理论，没有技术，没有设备，养殖规模很小，但国家急需。张福绥深感自己的知识不足，一方面钻图书馆，查阅仅有的资料；一方面带着学生深入第一线，到海边向农民“取经”，想方设法学习养殖知识。因为这种原因，他从此与海洋生物与贝类养殖结下了不解之缘。

1956 年，29 岁的张福绥考上了中国科学院海洋研究所的副博士研究生，从此回到了山东，师承留法归国的我国现生贝类鼻祖张玺，张福绥系统研究了中国海浮游软体动物的分类区系，而后转入生态学及动物地理学研究。

二、贝类分类学研究

20 世纪 60 年代初，张福绥首次系统地研究了中国海域的浮游软体动物，在分类学方面，鉴定报告了 61 种，其中含 1 新属、4 新种及 1 新亚种；修订了海若螺科（Clionidae）的分类系统，其中组建一新亚科 Prionoglossinae，另外，在骨螺科软体动物的分类学研究中，首次将中国海的红螺分为两个地理种群，即南海模式种群及东海变异种群，又将脉红螺区分为两个生态型，即外海生态型（模式型）及近岸生态型（变异型）。在生态学方面，首次发现黄东海区浮游软体动物群体的纵向移动现象、移动矢量、年周期，并给予动力学分析；据此选定出暖流指标种，为黄海暖流冬强夏弱的性质提供了生物学依据。另外协助张玺进行海洋动物地理学研究，根据底栖软体动物等研究结果，将中国海洋动物区系进行了“亚区级”区划，在印度-西太平洋（动物地理）区内，首次提出亚热带性质的“中国-日本亚区”，将它与南邻的“印度-马来西亚亚区（热带性质）”的界限划定在海南南端、台湾西南端与东北角、日本奄美大岛以北及八丈岛以北、日本的能登半岛（日本海沿岸）与铫子（太平洋沿岸），将黄海与渤海（暖温带性质）划入它北邻的北太平洋温带区的“远东亚区”。由此将中国海洋动物地理学研究由记录、比较推向区划动物地理学水平，为后来中国的海湾扇贝、虾夷扇贝和墨西哥湾扇贝等成功引种奠定坚实的理论基础。

三、贻贝增养殖技术体系

20世纪70年代初，在西方一些有远见的科学家尚在“观望是否将有足够的经济和营养刺激而促成计划研究贻贝人工育苗”以发展贻贝养殖时，张福绥与其他同仁已着手开展贻贝增养殖理论和人工繁育技术等研究。在系统研究贻贝生物学特征等基础上，创建了贻贝繁殖生物学理论，建立了完整的人工育苗理论和技术体系，育苗单产创世界最高水平，为国内外其他贝类育苗提供了范例。引起国际学术界同仁的瞩目。同时，在贻贝增殖理论与技术方面也取得巨大的突破，在查明了贻贝自然苗源发展制约因素的基础上，试验成功了“废旧草绠采苗法”，创建了“建立贻贝自然采苗场”技术，有力地推动了中国北方贻贝增养殖迅速发展，使贻贝成为当时全国海水养殖业中的支柱产业，80年代末产量跃居世界第一位。至今，中国贻贝养殖产量在世界上遥遥领先（占世界总产量的71.5%，其中山东产量占全国40.9%，2002年）。该技术为后来中国其他贝类人工繁育和增养殖奠定了坚实的基础。随着贻贝增养殖业的发展，中国的贻贝除食用和出口外，亦供做对虾的鲜活饵料，促进了中国北方对虾养殖业的发展。

四、海湾扇贝引种工程

1. 海湾扇贝的成功引种

20世纪70年代末，中国黄渤海海域的浅海养殖出现了一系列的问题，如海带 *Laminaria japonica* 价格大幅度下降，在山东南岸沿海甚至全部停产；70年代兴起的紫贻贝 *Mytilus galloprovincialis* 养殖业，因产品销路不畅也难以发展；栉孔扇贝 *Chlamys farreri* 尚处于试养阶段。因此，沿海许多养殖单位无所适从，海水养殖业面临严重滑坡的态势。正是在这种情况下，张福绥选定并引进了美国的海湾扇贝。

海湾扇贝是产于美国大西洋沿岸的一种野生贝类，以生长快速著称。在系统研究软体动物地理学和生态学理论的基础上，通过对社会、经济、海洋环境与生物学等多方面比较分析，选定引进海湾扇贝。在美国友人赵晋德教授和中国科学院海洋研究所曾呈奎院士、刘瑞玉院士及吴超元教授等支持帮助下，于1981～1982年先后三次引进海湾扇贝亲贝。

研究结果表明，海湾扇贝与紫贻贝相似，在黄渤海一年也有两个繁殖期，不同之处在于它适应的温度略高，生长期较短。据此，张福绥及其同事通过升温促进性腺成熟及控温育苗，突破了当年育苗当年养成的技术关键，实现了海湾扇贝人工繁育技术系列化，从而使海湾扇贝养殖走向全人工化。生长快、效益高的海湾扇贝很快得到有关部门和广大渔民的重视，养殖生产发展迅速，形成世界上第一个海湾扇贝养殖业，从此成为中国浅海养殖的支柱产业之一。由他引进的海湾扇贝是中国引种最早、也是最成功的例子，从而掀起了中国海水养殖业的第三次浪潮，至 2000 年全国累计产量为 330 万吨，产值达约 160 亿元，其中 2000 年海湾扇贝为 64 万吨，约占中国扇贝总产量的 3/4，产品多销往美国及西欧等。

海湾扇贝成功的引种还为中国海水养殖业增添了新的养殖模式。其一，海湾扇贝与海带轮养，可降低成本，增加收入，改善生态环境。近年来，越来越多的海带养殖区与海湾扇贝实行了轮养。其二，海湾扇贝与对虾混养，养虾池混养海湾扇贝后，明显改善虾池水质，有利于对虾生长，可额外增收扇贝。该模式已拓展到辽宁、河北、天津、江苏、浙江等省市，并为以后中国虾贝混养模式的进一步发展奠定了理论与实践基础。有效实用的海湾扇贝控温育苗技术作为常规生产工艺，也促进了栉孔扇贝等贝类育苗技术的进步。

2. 海湾扇贝的引种复壮

随着海湾扇贝全人工育苗养殖年代的增加，在生产中逐渐暴露出一些问题，如生长速度减缓、寿命缩短、个体小形化、病害时有发生，如幼虫面盘解体病和成贝外套膜收缩病等。尽管产生上述诸问题的原因涉及多方面，如养殖密度过大、病原体侵入等，但尤为重要的是与连续多代近亲交配，导致遗传漂变、抗逆能力减弱不无关系。为解决上述问题，有必要重新引进海湾扇贝亲贝，以便更新原已衰退的养殖群体。通过育苗与养成对比试验，证实新引进的扇贝群体生物学性状明显优越。1994 年利用新引进的亲贝后代在全国范围内完成了原有养殖群体的种质更新，在遗传育种研究尚无条件启动的情况下，较好地减缓了海湾扇贝长期人工育苗所导致的遗传漂变，有助于该养殖业持续健康发展奠定了“种质”基础，也为今后中国水产界引种工作提供了借鉴。

3. 海湾扇贝引种工程向南海与东海扩展

为了开发利用中国辽阔的海洋国土资源，针对南海和东海海区的不同环境特征，作为海湾扇贝引种工程的后续工作，张福绥及其同事于 1991 年 12 月又引进海湾扇贝的南方亚种——墨西哥湾扇贝（*A. irradians concentricus*）稚贝 222 粒（佛罗里达坦帕湾产）；翌年 6～7 月稚贝养成至性腺成熟，采卵培育出一批引进中国后的子一代稚贝，并先后在广西、海南、广东等地进行养成驯化和育苗等实验。鉴于华南沿海地区春夏雨水多，近岸水域盐度低，浊度较高，而最低水温一般都在 15℃以上等因素，制定并实施了秋季育苗、冬春夏养成、台风来临前收获的技术方案。选择岛屿及离岸数海里、盐度较稳定的海区养殖驯化。育苗与养成均取得较好的结果。现在，南方种群的墨西哥湾扇贝在南海北部湾及海南岛进入产业化养殖阶段，养殖产业稳步发展。

为在东海与北方海域开展墨西哥湾扇贝养殖，引进了北方种群的墨西哥湾扇贝，在黄渤海与东海南麂岛海域已经正常生活，繁殖后代，且后代生长良好。至此，海湾扇贝引种工程，已经拓展到中国渤、黄、东、南海各大海区。近几年，海湾扇贝养殖已开始向越南海域发展。

4. 引种工程对本地种资源和种质的影响

海湾扇贝引进中国以来，至今尚未发现其自然种群，包括一些滋生大叶藻（海湾扇贝幼苗自然附着基）的海区。从表观上分析，海湾扇贝养殖群体或养殖到翌年 3～4 月用于人工繁殖的亲贝，分别在年底收获时或人工繁殖前离开养殖海区，从而使其失掉春季在自然海区中繁殖的机会；当年育苗养殖扇贝中个体较大者在秋季繁殖期（8～9 月）也能繁殖后代，并有少量稚贝（称之为秋苗）附着在网笼上，收获时这批秋苗也随网笼一起上岸。但是，在大规模养殖作业过程中，总会有一定数量的海湾扇贝（或随网笼一起）落至海底，实现春季繁殖，也会有一定数量的秋苗附着于网笼以外的其他附着基上。进一步研究结果表明，海湾扇贝原产地美国大西洋沿岸的水文环境虽与中国黄渤海沿岸大致相似，但两海域生物环境差异甚远，特别是在底栖动物区系中，基本上找不到共有种。因此，引进的海湾扇贝必然遭受中国海域生物环境的严重胁迫，极易被许多肉食性大型动物捕食，最常见者有脉红螺（*Rapana venosa*）、海星（*Asterias amurensis*）、三疣梭子蟹（*Portunus trituberculatus*）、日本蟳（*Charybdis japonica*）等，而这些动物在黄渤海，特别在扇贝养殖区的海底甚为习见。

海湾扇贝之所以能够在中国海持续养殖，首先得益于人工大批量繁殖的后代，全国育苗场每年要培育出近 10×10^{10} 粒稚贝；其次是养殖网笼给扇贝提供了一个较为安全的生境，大幅度缓解敌害的捕食；其三是尚未发现具有明显致病的寄生生物，1993 年在山东和辽宁采集的海湾扇贝标本中仅发现单孢子虫类（*Haplosporidia*）的原生动物。

综上所述，引进的海湾扇贝对所在海区动物群体的影响只能是分享饵料、氧气、空间等环境条件，不会像红螺进入黑海、绒螯蟹（*Eriocheir* sp.）进入欧洲、大瓶螺（*Ampullaria gigas*）进入华南农田等那样，对当地的生物群落及生态环境构成极大的危害。或许有人会以海湾扇贝在引进的海域没有形成自然种群为由，认为引种不算最终成功，但从养殖功能和生态环境管理考虑，海湾扇贝引种一方面在中国海能够有效地形成养殖群体，产生巨大的经济和社会效益；另一方面又能够有效地控制其数量，不致造成因“生物入侵”而使所在海域原有生物资源遗传基因“污染”和生态系统的破坏。因此，这样的引种工程应视为更理想、更成功的。

5. 引种工程的生态与环境效应

业已形成中国海水养殖支柱产业的海湾扇贝，与本国的栉孔扇贝、紫贻贝、长牡蛎以及海带等，构成了黄渤海浅海筏式养殖的主要对象，在整个养殖系统中，各自占有一定的区域、生物量份额和生态位，它们彼此间相互作用并共同影响其赖以生存的环境。其中，海湾扇贝主要养殖于内湾及流速较小的近岸浅海，而栉孔扇贝多养于水深流急的远岸海域。

从营养收支角度来看，扇贝等滤食性贝类摄食浮游生物、有机碎屑等，无须人为投入营养，收获产品等于从大海支取营养。因此，在合理的养殖模式和养殖密度条件下，不但不会对环境造成污染，而且还能成为一种“生物屏障”。然而，在我国海水养殖发展进程中，不少养殖产业是在缺乏系统理论和技术研究的情况下大规模启动的。在海湾扇贝引种工程规模化的同时，对局部环境产生的负面效应也日显突出。扇贝等滤食性贝类对环境的影响主要包括：对养殖海区水流的影响，生物过滤作用而导致的生物性沉积以及对养殖海区生物多样性的影响等，其中生物性沉积物的大量产生和再悬浮作用最为重要。

1997～1998 年，全国仅因栉孔扇贝大规模死亡而导致的直接经济损失高达 40 亿元以上，不少海区的贻贝也发生大批死亡，而养殖在同海区的海湾扇贝生长良好。栉孔扇贝大规模死亡仅仅是中国浅海养殖业发展中出现的一系列重大生态问题中的现象，而养殖海区环境恶化才是其中的根本。环境恶化起源于陆源污染和自身污染。对于后者决不可等闲视之，早在 20 世纪 70 年代，日本学者对虾夷扇贝（*Patinopecten yessoensis*）的养殖容量研究取得了一系列的成果，为解决大量死亡等问题提出了可靠的理论依据。欧美各国学者相继进行了贝类养殖海区养殖容量的研究。因此，海湾扇贝引种工程也在一定程度上推动了中国贝类养殖容量等理论的研究。

综上所述，海湾扇贝引种工程瞄准了国家需求，拓展到全国各大海区，产生了巨大经济和社会效益。同时，海湾扇贝引种工程充分提高了中国贝类研究在国际上的地位，正如世界水产养殖学术权威人士所说：海湾扇贝引进到中国是一项最令人兴奋、最成功而具历史意义的引种工程。因此，海湾扇贝引种工程意义重大，前景广阔，其综合效应是持续的、深远的。

鉴于他引种成功海湾扇贝并构建了具有国际影响力的海湾扇贝养殖产业体系，张福绥获得包括国家科技进步奖一等奖、陈嘉庚农业科学奖、第三世界科学院农业科学奖及美国贝类协会杰出贡献奖等省部级以上奖和国际荣誉奖励10余项。现任中国科学院海洋研究所研究员、中国动物学会理事、中国海洋湖沼学会贝类学分会名誉理事长、国家科技兴海专家咨询委员会专家。

五、注重创新团队建设，推进学科和技术全面发展

张福绥多年来致力于海水贝类学研究人才的培养，除已培养多名硕士、博士和博士后外，通过合理的学科布局和人才培养，在贝类增养殖学的基础上，建立了贝类遗传育种学、贝类养殖生态学和贝类养殖工程学的研究队伍，研究梯队结构合理，各研究岗位均由中青年博士担当。通过不断发掘新生长点，新的理论和技术研究成果不断涌现。

近年来，他与其指导的创新团队密切关注海水养殖业存在的种质、病害、环境和产品质量四大问题，应用现代分子生物学技术，基本摸清了我国海湾扇贝养殖群体的种质状况；突破海湾扇贝异体杂交、自交建系等技术瓶颈，育成“中科红”和“中科2号”海湾扇贝两个新品种；基本厘清了我国巨蛎属牡蛎的种类和分布；利用现代多组学和实验生物学技术，解析了在潮间带主要环境因子高温、低氧等胁迫下的牡蛎基因应激调控网络；揭示了养殖活动对浅海养殖环境的影响，首次采用模拟生态系测定了实验海区扇贝、海带和刺参的承载力，优化了养殖模式和技术，丰富了我国海水养殖生态学理论和实践；提出的海水养殖业的发展目标及实施“离岸养殖”等重要措施得到社会各界的高度赞誉。建立了基于养殖容量的蛤仔底播养殖新模式，带动了蛤仔养殖由粗养低产低效向精养高产高效模式转变。为了科学合理地开发利用我国的海洋生物资源，推动我国海水养殖业实现全面协调可持续发展做出了重要贡献。

六、张福绥主要论著

张福绥．1963．紫贻贝幼虫、幼苗生活习性的观察．动物学杂志，(3)：129-132.

张福绥．1964．中国近海浮游软体动物的研究．Ⅰ．翼足类、异足类及海蜗牛类的分类研究．海洋科学集刊，（5）：125-226．

张福绥．1965．中国近海骨螺科的研究．Ⅰ．骨螺属、翼螺属及棘螺属．海洋科学集刊，（8）：11-24．

张福绥．1966．中国近海的浮游软体动物Ⅱ．黄海和东海浮游软体动物生态的研究．海洋与湖沼，8（1）：13-28．

张福绥．1976．中国近海骨螺科的研究Ⅱ．核果螺属．海洋科学集刊，（11）：333-351．

张福绥．1980．中国近海骨螺科的研究．Ⅲ．红螺属．海洋科学集刊，（16）：113-123．

张福绥，何义朝，刘祥生，等．1980．胶州湾贻贝的繁殖期．海洋与湖沼，11（4）：341-350．

张福绥，何义朝，李淑英，等．1981．胶州湾贻贝的生长．水产学报，5（2）：133-146．

张福绥，楼子康，刘祥生，等．1981．贻贝人工育苗高产问题的探讨．海洋与湖沼，12（3）：279-285．

张福绥，何义朝，马江虎，等．1984．虾夷扇贝的引种、育苗及试养．海洋科学，（5）：38-45．

Zhang F S．1984．Mussel Culture in China．Aquaculture，39：1-10．

张福绥，何义朝，刘祥生，等．1986．海湾扇贝引种、育苗及试养．海洋与湖沼，17（5）：367-374．

张福绥，何义朝，刘祥生，等．1991．胶州湾不同水层中养殖海湾扇贝生长与死亡的比较．水产学报，15（1）：42-47．

Zhang F S，He Y C，Liu X S，et al．1991．Introduction，Spat-rearing and experimental culture of bay scallop，argopecten irradians lamarck．Chin J Oceanol Limnol，9（2）：123-131．

张福绥，何义朝，亓玲欣，等．1994．墨西哥湾扇贝引种和子一代苗种培育．海洋与湖沼，25（4）：372-377．

张国范，张福绥．1995．海洋生物基因库的研究与利用．海洋科学，（2）：24-26．

张福绥，何义朝，亓玲欣，等．1997．海湾扇贝引种复壮研究．海洋与湖沼，28（2）：146-152．

杨红生，张福绥．1999．浅海筏式养殖系统贝类养殖容量研究进展．水产学报，23（1）：84-90．

Guo X M，Ford E S，Zhang F S．1999．Molluscan Aquaculture in China．J Shell Res，18（1）：19-31．

张福绥．2000．21世纪我国的蓝色农业．中国工程科学，2（12）：21-28．

撰写者

张国范（1954～），理学博士，研究员，博士生导师。现任中国科学院海洋研究所学术委员会主任，国家贝类产业技术体系首席科学家，中国动物学会贝类学分会理事长。攻读博士学位的导师之一是张福绥。

杨红生（1964～），农学博士，研究员，博士生导师。现任中国科学院海洋研究所副所长，中国海洋湖沼学会副理事长兼秘书长。博士后工作的指导老师是张福绥。

侯　锋

侯锋（1928～），山东平度人。蔬菜育种专家。1999 年当选为中国工程院院士。1954 年毕业于北京农业大学园艺系。曾任天津市农业科学院副院长、天津市黄瓜研究所所长，现任天津市农业科学院名誉院长、黄瓜研究所名誉所长。侯锋于 20 世纪 60 年代率先在国内进行黄瓜抗病育种研究，他研究培育的黄瓜杂种一代的丰产性有一定优势，早熟性有明显优势，而对霜霉病、白粉病、枯萎病的抗性则属于多基因控制的研究成果，得到国内同行专家的认同。他成功地将抗病性、丰产性和早熟性结合在一起，攻克了黄瓜多病、不稳产的难题，主持育成“津研”、“津杂”、“津春”3 代黄瓜新品种 12 个，分别成为中国 20 世纪 70 年代、80 年代和 90 年代的主栽品种，覆盖全国露地栽培黄瓜面积 80%。侯锋的育种研究成果在国内居领先地位，育成品种的抗病性和丰产性居国际领先水平。先后获全国科学大会奖、国家发明奖二等奖、国家科技进步奖二等奖、天津市科技进步奖一等奖、杜邦科技创新奖等科技奖励。1998 年获中国工程科学技术奖，获 2000 年度天津市科技重大成就奖，2005 年获中华农业英才奖。他创建的天津市黄瓜研究所坚持科技创新，以育种为龙头，建立了先进、完善的成果产业化和技术推广体系，成为全国农业科技战线“科研攻关与体制改革的典范”。

一、一生为黄瓜事业奋斗

侯锋，1928 年 2 月 3 日出生于山东省平度县蓼兰镇大吴庄村一个知识分子家庭，10 岁时入烟台彭城小学学习。1937 年，日本侵略军发动了侵华战争，侯锋的家乡也遭到蹂躏。1943 年，为躲避日本侵略者的奴化教育，侯锋随父亲奔往后方，入洛阳进修班初中学习。1944 年春，日军攻占洛阳，侯锋随学校迁往陕西，在奔往洋县时，经过贫困山区，看到农民因缺菜缺碘，不少人得了“银瓜病”（甲状腺肿大）；从而促使侯锋立志学农。1944 年秋转入国立七中和国立二十二中，在近 10 年的颠沛流离的生活中，他深深地体察到了国家的危难和劳苦大众的艰辛，从那时起，他就决心发奋读书，将来做一个有作为的人，为国家的富强和人民的幸福做出贡献。

新中国成立后，1950 年 8 月，侯锋考入北京农业大学园艺系。带着如愿以偿的喜悦和执著的追求，他主动深入实践，是班里在试验田劳作最辛苦的学生，与农工在汗水中结下至深情感，学得农活样样精。1954 年，侯锋大学毕业后，分配到天津市农林水利局农业科任技术员。作为天津市蔬菜试验站的筹建人，他跑遍了天津各郊县，调查生产，指导技术。当时在生产上，经常看到面对大片大片的黄瓜被霜霉病、白粉病毁掉的菜农，却束手无策，侯锋心急如焚，一种农业科技人员的责任心驱使他立志培育出黄瓜抗病品种，解决黄瓜种植中的难题，为广大农民排忧解难。从那时起，他就把自己的生命同黄瓜事业紧紧地联系在一起了。他通过大量引种观察，确定从抗病入手，培育黄瓜抗病品种。1957 年，他主持黄瓜地方品种整理研究，1958 年主持日光温室黄瓜栽培试验研究。1964 年，侯锋主持秋黄瓜品种选育课题，正式立题选育抗病黄瓜新品种。

侯锋在探索中深切体会到："我们不能等待自然的恩赐，要积极地向大自然夺取"。他同爱人，当时的技术员吕淑珍，首先搜集黄瓜品种资源，特别着重搜集那些抗病性能强、产量高而且又适合在天津盐碱水土条件下生长的黄瓜品种。他们共搜集到 116 个黄瓜品种，对这些品种进行整理鉴定，从中筛选出 30 个优良品种进行栽培，特别是对具有抗霜霉病、抗白粉病的黄瓜品种进行试验观察。他们起早贪黑，长年操作在试验地里，精心观察黄瓜抽芽、爬蔓、长叶、开花、结瓜。刮风落雨下冰雹，别人往家里奔，他往地里跑，人们称他是"黄瓜迷"。

1966 年，当侯锋的科研工作即将获得成果时，"文化大革命"开始了，侯锋被打成"牛鬼蛇神"，科研工作陷入了异常艰难的困境。尽管如此，他也没有动摇自己的信念。他认为自己从事的黄瓜抗病育种工作是农民最需要的。侯锋一边接受改造，一边和爱人一起搞试验。1969 年，他们终于选育出津研 1 号黄瓜，1970 年选育出津研 2 号黄瓜，1973 年选育出津研 3 号和津研 4 号黄瓜。

侯锋从 1964 年开始进行黄瓜多抗育种试验研究，到 1981 年培育成功津研 5 号、6 号、7 号兼抗三大病害（霜霉病、白粉病、枯萎病）黄瓜新品种。1978 年，侯锋光荣地出席了全国科学大会，捧回了津研 1 号、2 号、3 号黄瓜新品种的奖状。1984 年，津研 1～7 号黄瓜抗病配套新品种荣获国家发明奖二等奖。1983～1989 年，他们先后培育出早熟、抗病、高产的津杂 1～4 号黄瓜新品种。进入 20 世纪 90 年代又培育出露地专用的津春 4 号黄瓜新品种和日光温室专用的津春 3 号黄瓜新品种。

改革开放为侯锋开拓了思路，激发了他那善于捕捉机遇的灵感。1980 年秋，他带领科技人员深入农村，历经十多个春秋建立起稳定的黄瓜制种基地，同时形成了遍及全国的黄瓜良种推广网络，为农业科技成果产业化积累了经验。1985 年 3 月中央发布了关于科技体制改革的决定，侯锋犹如得到上方宝剑，5 月份就申请建立全国第一个经济自立的天津市黄瓜研究所并担任所长。实现经济上的自收自支，率先以科技成果转化进行科学研究的运转，用科技成果转化的创收担负科研和行政的一切开支，是全国唯一的以黄瓜为研究对象的科研开发机构。1995年成为国家黄瓜新品种技术研究推广中心。

侯锋曾任农业部科技委员会委员及蔬菜专家顾问组成员、中国农业科学院第二届学术委员会委员、中国园艺学会黄瓜研究会主任、天津市园艺学会理事长、天津市自然科学技术领域中青年授衔评议委员会委员和农业专业组组长等职。他还是全国政协第六、七、八届委员。他先后赴美国、荷兰、匈牙利、日本等国考察和学术交流。他从1979年主持全国黄瓜抗病育种协作组工作近20年，为中国黄瓜育种研究做出了突出贡献。

二、黄瓜抗病育种研究

1. 黄瓜抗病育种研究在国内居领先地位，实现品种在生产上的三次更新换代

侯锋作为中华人民共和国培养的第一代大学生，几十年来始终工作在蔬菜育种研究的第一线。1964年，侯锋在我国率先开展“黄瓜抗病品种选育”课题研究。他采用杂交与回交相结合的育种方法，成功地将黄瓜的抗病性、丰产性及早熟性结合在一起，从解决叶部病害入手，选择优良亲本进行杂交，以增强其抗病性。经过十几个寒暑的反复试验，终于使中国黄瓜抗病育种工作实现了突破。1969～1981年，他先后培育成功津研1～4号四个抗霜霉病和白粉病品种和津研5～7号三个抗枯萎、霜霉、白粉病三种病害的品种。这些品种适合中国各地栽培，由于其抗病、丰产的突出特点，在黄瓜生长期可以少施农药或不施农药，亩产量从原来的2000千克左右，提高到4000千克以上，很快被大面积推广，至1983年已扩大到全国30个省、市、自治区，栽培面积占露地黄瓜总面积的80%，年增社会效益4亿元，实现了中国黄瓜生产上第一次品种更新换代。津研1～7号品种荣获1984年国家发明奖二等奖，是中国的蔬菜项目首次获得此级别奖励。这些品种在东南亚、非洲、美洲都有种植。津研4号黄瓜还被日本指定为盐渍黄瓜专用品种，取代了原日本“长盘”品种，在大连、青岛、上海、天津等地，曾经年出口10万吨以上，换取了大量外汇。

“津研号黄瓜”的培育成功，改变了20世纪60年代前黄瓜生产面积不大的状况。由于全国各地黄瓜品种得以更新换代，70～80年代生产面积日益扩大，成为菜篮子工程中的主要蔬菜产品。同时在学术上，也为黄瓜抗病育种工作奠定了良好

基础。

在利用系统选育进行黄瓜抗病育种的同时，1973 年起侯锋系统地开展了黄瓜杂种优势利用的研究，建立黄瓜自交系选育方法和程序；育成一批经济性状优良、配合力强的自交系。1983 年以来先后育成高产、优质并兼抗三种病害的黄瓜一代杂种津杂 1 号、2 号，兼抗四种病害适合春、秋露地及保护地栽培品种津杂 3 号、4 号，并在生产上广泛应用。其中津杂 2 号一直占据着 20 世纪 90 年代初的主要市场，被列为新中国成立以来国家重大科技成果之一。至 1992 年累计推广面积 140 余万亩，新增总产值达 6.5 亿元。津杂号黄瓜实现了我国黄瓜品种的第二次更新换代。津杂 1～4 号获 1994 年天津市“科技兴市”突出贡献奖。

20 世纪 90 年代初，为满足市场对黄瓜质量越来越高的需求，他带领课题组跳出了长期坚持的高产育种目标，针对市场变化，开展了优质专用型育种，开拓了优质、高产、专用的新途径。在调查和鉴定各地霜霉病、枯萎病、疫病等生理小种的基础上，试验室鉴定和田间筛选相结合，借助人工气候设施，加速抗病性鉴定进程，缩短新品种培育周期，先后育成优质、抗病、丰产、高效并适合大棚、露地、温室栽培和加工的津春系列专用品种，实现中国黄瓜品种的第三次更新换代。其中津春 4 号黄瓜具有品质优、抗性强、产量高、效益好等突出特点，一经育成即在全国范围内大面积推广，1993～1998 年累计推广 260 万亩，新增总产值 15 亿元。津春系列黄瓜品种 1998 年获国家科技进步奖二等奖（推广类），累计推广面积 1100 万亩，新增社会经济效益 60 亿元，1999 年又获得天津市第三届科技兴市突出贡献奖；并获国家发明专利。“津春系列黄瓜新品种选育及其推广”项目，2000 年获得“杜邦科技创新奖”。日本黄瓜育种专家九州大学藤枝国光教授对津春 4 号黄瓜评价：“生长势强，显示良好的综合抗性，是理想的高效栽培新品种”。

2. 系统研究黄瓜性状遗传规律及部分抗病性机制

20 世纪 70 年代中期，侯锋经长期研究，查明了黄瓜 F_1 代性状的遗传规律，即丰产性有一定优势，早熟性有明显优势，而对霜霉病、白粉病、枯萎病的抗性则属于多基因控制。此项研究对中国黄瓜抗病育种具有重要理论指导作用，丰富了黄瓜育种理论。同期又率先系统地研究了黄瓜早熟、丰产、抗病、叶面积、果实颜色、大小等数量性状的遗传规律；耐低温、耐弱光的机理及其鉴定方法，提出冷害指数的概念；系统研究了抗霜霉病的生理生化机制。原苏联科学院院士达拉卡诺夫来访后评价：“这些工作为黄瓜所荣获世界上具有领先地位育种机构的声誉奠定了良好的基础。”

三、探索和实施良种育、繁、推一体化的新模式

侯锋创立的蔬菜良种育、繁、推产业化工程体系，为农业科研单位成果转化积累了经验。侯锋总结并实施的新品种推广模式表述为：蔬菜新品种育成后立即转入全国区域性试验。在此基础上，同步建立长期稳定、可靠的良种繁育基地；建立遍及全国此类蔬菜主要栽培地区的行之有效的推广体系；不断总结，推广适宜该品种生理特性的采种技术和适宜不同地区的种植栽培技术。以达到逐年扩大优良品种的繁殖，逐年扩大推广面积，获取大面积丰产、丰收，大幅度地增加社会经济效益。

1980 年，为使科技成果迅速转化为生产力，他带领科技人员冲开旧体制的束缚，首先在山东省宁阳县开始良种繁育，在山东、河北、内蒙古、天津等 4 省 6 市 8 县 118 个村建成繁种基地，培养了数千人的良种繁育队伍。将分散的制种专业户以联产承包形式组织成集约型的良种生产体系，高产年份采种量达 30 万千克，供应全国杂交黄瓜年生产用种量的 1/3 以上。

侯锋在 20 多年与基地各级领导及农户的相互合作中，将繁种基地逐渐形成种子生产集团，使分散的小农经济形成集约型的大规模生产模式。具体做法是：①由当地乡镇领导及村支部书记组成基地管理委员会，组织农民进行杂交种生产。②派技术人员长期驻基地指导生产，聘请当地有责任心的农民技术员 5～8 人为基地技术联络员，并经过技术培训达到村村有技术骨干 3～5 人。③由各村技术骨干在驻地技术人员的领导下成立基地生产技术委员会，负责制种技术的指导和经验的总结。④实行三级繁种制，确保种子纯度。⑤设立繁种技术科研课题，实施《网室隔离黄瓜杂交制种操作规程》，规范制种技术，确保质量，增加产量。

侯锋还逐步建立遍及全国强有力的良种经销网络和技术推广网络。在长期探索中坚持推广工作的创新，以周到的科技服务，促进科技成果产业化。在 23 个省（市、自治区）先后建立推广、销售网点 65 个，长期经销户达 1.2 万个。1997 年 7 月正式成立黄瓜研究所销售协作网，首批成员单位有全国各地区具有影响的种子经销单位 39 家，成为黄瓜研究所在黄瓜的主要生产地的连锁经销链条。

侯锋主持的“津春 4 号黄瓜新品种推广”项目，被评为国家级重点科技成果推广计划优秀项目，“津春系列黄瓜新品种推广”项目累计推广面积 520 万亩，新增总产值 22.5 亿元。获 1998 年国家科技进步奖二等奖（推广类）。他探索并总结实施的一整套适合中国的良种推广模式，被农业部专家顾问组称为“天津模式”，成功地解决了种子技术商品化和产业化问题，为各地农业科技单位提供了可借鉴的经验。

四、研究和利用网室隔离制种法效益显著

侯锋研究和利用的网室隔离杂交制种法，简便易行，杂交率高，大面积平均采种量比常规制种方法提高一倍，已被全国各地广泛采用。

黄瓜是中国重要的蔬菜作物之一，通过运用不同的栽培方式和选用合适品种，以达到周年生产，周年供应。在20世纪70年代以前生产上主要应用常规品种，到80年代以后则主要应用杂交一代品种，但随之而来的黄瓜杂交制种技术问题则显得越来越突出，极大地限制了黄瓜杂交种的推广和杂种优势的利用。当时在国外一般采用雌性系制种，而国内则一般采用人工去雄、扎花隔离的方法。这两种方法均存在着生产的种子纯度低和生产成本高的问题，因而解决黄瓜杂种生产的技术问题则显得十分迫切。

为此，侯锋带领科技人员自20世纪80年代初期便开始了这方面的研究工作，经过十几年的探索和实践，成功地发明了一套利用纱网隔离的方法来进行黄瓜杂交制种的技术。同时，又对黄瓜采种植株的定植密度、施钾肥量、授粉时温度和授粉方法等因素与黄瓜杂交制种产量及产量构成因素间的关系进行了系统研究。总结出一套较完善的黄瓜杂交制种技术措施，从根本上解决杂交种生产过程中存在的种子纯度低和成本高的技术难题，为黄瓜杂交种的推广和杂种优势的利用创造条件。提高了黄瓜制种产量和质量，并形成结构优化、布局合理的种子生产体系和富有活力科学管理制度，促进种子生产，由传统的粗放生产向集约化大生产转化，由自给性生产经营向社会化、国际化市场竞争转化，由分散的小规模生产经营向专业化的大型集团转化，由科研、生产、经营相互脱节向育、繁、推、销一体化转变。因此，对黄瓜制种地区的调整农村产业结构具有促进作用。

侯锋经过反复试验和长期实践，完善了网室杂交制种法。该项技术不仅提高了杂交一代种子的纯度，还改善了黄瓜植株的生长条件，使网室内小气候条件，更有利于黄瓜植株的生长。即在早春时可提高气温和地温，进而增加了网室内空气的湿度，利于黄瓜的授粉，提高种瓜的结籽率。同时纱网覆盖还可以防风，防止霜害、冰雹等自然灾害，利于种瓜的成熟，提高种子的千粒重。侯锋领衔并指导的“黄瓜杂交制种技术及其繁育体系研究”项目获2001年度天津市科技进步奖一等奖。

五、创建黄瓜研究所成为全国农业科技体制改革的典型

1985年3月中央发布科技体制改革的决定后，5月份黄瓜课题组便从天津市蔬

菜研究所分流并作为天津市科技体制改革的试点，建立了黄瓜研究所，侯锋担任所长。在全国科研单位率先实行经济自立，以科技成果转化创收支付科研和行政开支，从8人的课题组，逐步发展到具有育种、栽培、加工、生物技术等50人的研究机构，科研成果（新品种）转化率达100%，不断以新的科研成果主导全国黄瓜种子市场，通过黄瓜品种的自主创新，实现科技产业化。23年来累计生产黄瓜良种420万公斤，推广到全国30个省（市、自治区），为农民提供2750万亩地的生产用种，创社会经济效益200余亿元，为黄瓜所创技术性收入2.2亿元。1994年被天津市科委命名为首批“骨干研究所”，1995年经国家科委批准成立“黄瓜新品种技术研究推广中心”，1996年农业部“八五”评估列为“全国农业科技开发十强研究所”第三位。1999年被评为天津市十个重大典型先进单位之一，是天津市2000年度特等劳动模范集体，2002年获全国五一劳动奖状。在科研、生产、经营一体化的科技改革中起到了示范作用。原全国政协副主席、中国工程院院长朱光亚于1995年视察黄瓜研究所后，题词称其为“科研攻关与体制改革的典范”。

六、心系农民，与黄瓜事业共命运

侯锋心系百姓，与农民心连心。从青年时代就深深体会到农民的艰辛，立志为农业贡献一生。为了将科研成果尽快送到农民手中，20世纪80年代初，当他得知山东省宁阳县的黄瓜种子每亩地的产量能达到40千克，比天津高1倍，就喜出望外。他顶雨踩着泥泞的小路，来到当地的胡中村，看到这里有砂质土壤、丰富的水源，几公里相隔一个村庄，极适宜黄瓜生长和隔离繁种。在以后长达20年的艰苦创业历程中，侯锋跑遍了良种繁育基地每个村。从浸种、播种、定植，到插架、授粉、采种，各个环节他都身体力行。

侯锋院士经20余年的努力，逐步完成黄瓜研究所科技队伍的创新，精心构建了以一批朝气蓬勃、现代科技知识充实的青年科技人员为主，老中青相结合的科研梯队。

鉴于其对黄瓜科研和开发事业做出的成就和贡献，1998年侯锋获中国工程科学技术奖，并获2000年度天津市科技重大成就奖，2005年12月获中华农业英才奖。

七、侯锋主要论著

天津市农业科学研究所. 1975. 黄瓜抗病育种的体会. 遗传与育种，(4)：27-28.

侯锋，吕淑珍. 1978. 黄瓜良种津研1号、2号、3号. 全国科学大会农业科技授奖成果汇编.

侯锋，吕淑珍．1981．对黄瓜杂种一代几个遗传性状的初步探讨．中国农业科学，(1)：33-37.
侯锋，吕淑珍．1984．黄瓜抗病丰产配套品种津研1～7号．农牧渔业重要科技成果年报.
侯锋，吕淑珍．1985．津研系统黄瓜品种育成及栽培技术．天津：天津科学技术出版社.
侯锋，吕淑珍，马德华．1993．中国黄瓜品种选育进展概况．天津农业科技，(3)：30-34.
侯锋等．1993．中国农业科技成果大辞典．重庆：西南交通大学出版社.
侯锋．1993．黄瓜育种和栽培技术研究//卢良恕．21世纪中国农业科技展望．济南：山东科学技术出版社：523-531.
侯锋，沈文云．1995．适于日光温室栽培的黄瓜新品种津春3号．中国蔬菜，(2)：6-8.
吕淑珍，侯锋，马德华．1996．黄瓜优质高产栽培技术．北京：中国农业出版社.
侯锋，吕淑珍，马德华．1997．天津市黄瓜研究所三代育种概况与第四代黄瓜新品种的选育．天津农业科学，(3)：1-4.
侯锋．1997．黄瓜．天津：天津科学技术出版社.

主要参考文献

高象昶．1999．侯锋//中国科学技术协会．中国科学技术专家传略·农学编·园艺卷2．北京：中国农业出版社：344-353.
高象昶．2004．在创新中实现良种产业化．中国农业科技导报．6(1)：22-24.

撰写者

高象昶（1942～），推广研究员，侯锋院士的同事。

吴 瑞

吴瑞（1928～2008），美籍华人，出生于北京。基因工程学的先驱。1982年当选为“中央研究院”院士，2001年当选为中国工程院外籍院士，2003年当选为美国科学促进会会士。吴瑞先就读于辅仁和燕京大学，随后赴美深造，分别在亚拉巴马州大学和宾夕法尼亚大学获得学士（1950）和博士学位（1955）。1961年加入美国国籍。他曾先后在斯坦福大学和剑桥从事研究，又任职纽约公共卫生学院。1966年起任教美国康奈尔大学，直到辞世。在康奈尔大学，他是分子生物学和遗传学贝利讲座教授，并曾任生物化学、分子和细胞生物学系主任（1976～1978）。他首创DNA测序方法和DNA克隆的基本工具，在1970年确定了利用聚合酶在DNA序列的特定位置引物延伸的方法，此一基本手段仍然是今日新基因组时代生命科学的主流，解读了整个水稻、人类以及其他生物基因组的遗传特征，改善了农业，促进了人类健康。他晚年的研究重点在通过水稻细胞再生来转化耐干旱和高盐度的基因。吴瑞是一位多产的学者，除了科学论文，他担任主编或共同主编了9卷以重组DNA为题的方法酶学（1979～1993），这一系列著作是分子生物学的经典。吴瑞无疑是20世纪对教育和促进国际科学合作最有影响的人物之一。他创办了中美生物化学联合招生项目（CUSBEA，1982～1989）和中美生物学招生计划（CUSBA，1995～），造就了无数优秀人才。吴瑞协会（现华人生物学家协会）的成立，即是他促进生命科学前沿发展的肯定。吴瑞协助建立了“中央研究院”在南港的分子生物学研究所和生物农学中心，以及在北京的国家生命科学研究所。他是中国北京大学等十多个大学和研究机构的名誉教授或兼任教授。

一、成长经历

1928年8月14日，吴瑞出生于北京一个有名的书香门第之家。其父母均在美国受到高等教育并在早期致力于中国的科教事业。父亲吴宪，在通过竞争激烈的考试后，得到了政府的庚子赔款留学奖金并参加了留美预科班（清华大学的前身），于1911年进入麻省理工学院学习海军造船工程专业。吴宪受到赫胥黎《生命的物质基础》一文的影响后，很快便改专业为主修化学，辅修生物学。大学毕业后，吴宪在麻省理工学院继续进修有机化学。一年后进入哈佛大学攻读生物化学的博士学位。在奥托·福林的指导下，吴宪在两年内便完成了其后来成为经典的博士论文《一种血液分析系统》。该项研究奠定了一种对血糖的新式分析法——后来被称为福林-吴宪法，此方法促进了 Banting（诺贝尔生理学或医学奖获得者）和 Best 对胰岛素的发现。

博士毕业后，吴宪在哈佛从事了为期一年的博士后研究。1920 年，吴宪应聘回国，在洛克菲勒基金资助的北京协和医学院任教。1924 年，年仅 30 岁的吴宪便被提升为副教授及生物化学系主任，从而成为担任这一职务的最年轻的学者。在这一时期，严彩韵——一位金陵大学的校友和哥伦比亚大学刚毕业的才女加入了吴宪的研究团队。随后两人结婚，并一直在北京协和医学院共事到 1942 年日军占领北京并接管该校。

吴瑞和他的四个兄弟姐妹在 1920～1942 年相继出生。他是家中的长子和第三个孩子。他还有一个弟弟吴应和三个姐妹（吴婉先、吴婉莲及吴婉明）。吴宪夫妇对这五个孩子进行了卓越的培养，使他们在智力上、美学修养上和精神上，尤其是学识和性格上得到了良好的发展。这些孩子所受的教育全面而丰富，包括从英国古典文学到中国古典文学，从太极到交谊舞，以及钢琴与声乐等众多主题。他们当时住在一座与老胡同毗邻的现代住宅里，不仅拥有网球场、花园、菜地和果园，而且更重要的是，这里充满了美妙的古典音乐和吴家的欢声笑语，其乐融融。

吴瑞早先曾就读于著名的辅仁大学（1945～1946）和燕京大学（1946～1948），其后便与其兄弟姐妹一起奔赴美国塔斯卡卢萨城的亚拉巴马大学进行学习。在这里，吴瑞主修化学并于 1950 年获得学士学位。随后，吴瑞进入宾夕法尼亚大学在 D. W. Wilson 的指导下主修生物化学，于 1955 年获得博士学位。毕业后，他就职于纽约公共卫生学院，跟随 Efraim Racker 做博士后研究。

1965～1966 年，吴瑞利用学术休假的时间在斯坦福大学生化系以高级研究员身份进行了访问，在那里他对噬菌体产生了兴趣。在 Dale Kaiser 的指导下，他解出了 λ 噬菌体基因组尾两尾端的凝聚 DNA 序列。他的这项研究对 DNA 测序方法做出了卓越的贡献。

1966 年，吴瑞受聘于康奈尔大学，担任生物化学和分子生物学副教授。1971 年下半年，他作为国家科学基金会资深研究员在英国剑桥的医学研究理事会（MRC）实验室进行研究，共事于 1958 年和 1980 年两届的诺贝尔奖获得者 Fredrick Sanger。随后，他又利用另一个学术年假，以访问副教授的名义在麻省理工学院生物化学系的1968年诺贝尔奖得主 Har Gorbind Khorana 的实验室进行研究。在康奈尔大学，他于1972年被提升为教授，并于1976～1978年担任生物化学、分子和细胞生物学系主任。2003年，他当选为康奈尔大学教师评议会成员之一。2004年，他荣获分子生物学和遗传学贝利讲座教授和分子生物学和遗传学国际教授名誉称号。他曾于1989年短暂离开康奈尔大学担任位于台北南港“中央研究院”分子生物学实验室的轮值主任，并帮助创建了“中央研究院”的生物农业研究中心。

二、主要研究领域和学术成就

吴瑞在三个重要研究领域做出了卓越的贡献：DNA测序，基因重组，水稻生物工程。

吴瑞首创了DNA测序方法和DNA克隆的基本工具。他在1970年发明了利用聚合酶在DNA序列的特定位置引物延伸的方法，在经过其他科学家的改进之后，此方法仍然是当今新基因组时代生命科学的主流。基因定序帮助人们认识了人类、水稻以及其他生物基因组的遗传特征，改善了农业，促进了人类健康。

吴瑞也是一位元基因工程的先驱。他创建了一种新方法用于合成寡核苷酸连接器和适配器，以便加入钝端DNA的重组，此方法对基因工程和医学蛋白生产起到了重要作用（美国专利：US 4321365 1982，US 4617384 1986，US 4792602 1988）。

除了上述的重大贡献，吴瑞十分关心世界粮食生产和饥饿等重要问题，晚年致力于植物遗传的研究。他认识到水稻在粮食安全、扶贫帮困和改善生活水平中的重要地位，特别是在亚洲，大约有20亿人通过水稻来获取他们60%的食物能量。自从20世纪80年代，他参与过多项水稻生物技术的研究项目。他首先开发出高效的水稻转化系统。20世纪90年代中期，吴瑞和他的团队用基因工程的技术成功培育出了能够抵抗虫害的水稻作物，这标志着人们第一次可以将有益的基因从双子叶植物（如马铃薯）转移到单子叶植物（如水稻）上去。他的小组开发出抗虫、抗旱和耐盐的转基因水稻品种。他们从马铃薯中分离出一种蛋白酶抑制因子Ⅱ（PIN－Ⅱ），该基因能够诱导水稻产生一种干扰粉茎螟消化过程的蛋白，进而抑制该昆虫的食欲，降低虫害损失。在另一项研究中，他们将一种具有抵抗盐碱和干旱能力的大麦基因转入水稻，使得水稻可以在盐碱地条件下生长，并能够迅速消除干旱带来的损伤。

2002年，吴瑞和他的同事们展示了又一种运用基因改造水稻和其他农作物的新方法。该方法不仅可以增强农作物对干旱、盐度和高温的适应力，同时又能增高作物产量。这项研究表明，将细菌合成海藻糖的基因植入到广泛种植的籼稻中去，可以大大促进水稻对环境的抵抗力。此方法预计能够极大地帮助印度、孟加拉国、巴基斯坦以及其他东南亚地区的稻农。这一新方法也可应用在粳稻和其他农作物（包括玉米、小麦、小米、大豆和甘蔗）。估计到2025年，种植这些抗旱抗盐植物将会使主要谷类植物的产量增加30%。吴瑞在转基因水稻上的研究使他和他的同事们再次获得了两项美国专利：US 5641876 1997 和 US 5684239 1997。

吴瑞在基因工程、医药、植物生物学和植物生物技术等方面都有重要的研究发现、发明，发表了300多篇原创性论文、许多专著的章节和1部专著，拥有10项专利。

他的研究成果得到了人们的认可和赞赏。2002年，为了表彰吴瑞在基因工程上的成果，尤其是对其发明了DNA测序的方法和生产新型谷类作物的方法进行奖励，Christopher Columbus 奖学金基金会给吴瑞颁发了著名的 Frank Annunzio 奖，奖金为5万美元。

吴瑞不仅是一位卓越的学者，更是一位伟大的人道主义者，深受同事们的喜爱和尊敬。植物分子生物学家 Susan McCouch 觉得吴瑞十分平易近人，并总也忘不了他“笔直的身躯，睿智的眼神和友善的笑容”。吴瑞在康奈尔大学亲密的同事，Ajay Garg 十分钦佩他“孜孜不倦和慷慨大方”的风范，认为他的远见和奉献十分“激励人心”。

吴瑞在康奈尔大学一共培养了30多位博士生、访问学者和博士后研究员，这些学生中的很多人在继续进行着研究并成为著名的学者或管理人员。他的一位博士后研究员 R. Pad Padmanabha，现为乔治敦大学医学中心的教授；一位博士生 Robert Bambara，现为罗切斯特大学医学中心的教授和主任；另一位博士生 Jack Szostak，现为哈佛大学教授，并因在刚离开吴瑞实验室后做的端粒酶的研究获得了2009年诺贝尔医学奖；另一个学生涂振北，现为宾夕法尼亚州立大学的生物化学教授；其他优秀的学生还包括爱荷华大学的生物化学教授 John Donelson 和西北大学细胞与分子生物学教授 Richard Skarpulla。

吴瑞十分积极参加校内外的学术活动。在康奈尔大学，他担任康奈尔-中国奖学金计划科学指导委员会的主席（1993～2008）。他曾是康奈尔大学农业与生命学院教评会的成员（2003～2006）。他是多种专业组织和学会的重要成员，包括：美国生物化学家协会、美国科学促进会、美国化学学会、国际植物分子生物学学会、组织培养协会、水稻基因合作会和美国华裔生物学家协会。1999年，吴瑞当选为百人协会的成员，该组织是由有影响力的美国华裔所组成的精英组织。1982年，吴瑞当选为

“中央研究院”院士；2001年当选为中国工程院外籍院士；2003年当选为美国科学促进会会士。他曾担任多家刊物的编委成员，包括：*Methods of Enzymology*（1990～2008）、*Gene*（1987～1993）、*Acta Agronomica Sinica*、*China*（2004～2008），并曾担任《中国农业生物技术学报》的顾问委员会成员。

吴瑞曾担任美国国家卫生研究所生物化学部门的评审委员（1982），美国国家癌症研究所评审委员（1979～1982），美国国家癌症研究所癌症生物与诊断部的科学顾问（1984～1987），以及马里兰大学农业生物科技中心监督委员会的成员（1988～1992）。吴瑞也曾担过多种国际团体和机构的顾问与委员，包括：国际生物技术和基因工程中心和生物技术（农业发展）顾问委员会成员（1983～1985）、中国国家生物技术发展中心的科学顾问（1984～1990）、上海生物化学研究所分子生物实验室的顾问委员（1988～2008）、“台湾国立科学委员会”转基因植物项目顾问委员会主席（1989～2008）、由洛克菲勒基金会所资助的中国水稻生物技术项目的科学评审委员（1991～1992）、台湾水稻基因组计划顾问委员会主席（1993～1998）、台湾“中央研究院”生物农业科学研究所科学咨询委员会主席（1994～2008）、北京中美农业科技与发展会议制定研发计划联合主席（1996年10月）、台北生物技术战略审查委员（1997～1999）、中国教育部长江计划候选人审查奖项顾问（1999～2008）、中国国家生物技术发展中心科学顾问（2002～2008）、天津市农业生物技术中心顾问、天津水稻研究所学术委员会顾问（2003～2008）和中国农业科学院科研顾问（2005～2008）。凭借其专业知识，吴瑞也得以成为许多高校的荣誉教授，包括：复旦大学（1983）、北京医科大学（1993）、北京农业大学（1986）、河北农业大学（1991）、北京协和医学院（1993）、山东农业大学（1994）、北京大学（1995）、武汉大学（1995）、中山大学（1996）、福建农业大学（1999）、海南大学（1999）、北京林业大学（2002）。他也曾担任许多研究机构的荣誉研究员，包括：中国农业科学院（1986）、云南农业科学院（1999）、北京农业与林业科学院和福建农业科学院。他还担任着北京大学（1992）和河北大学（1991）的兼职教授，以及厦门大学的访问教授（1999）。作为生物技术的开拓者，吴瑞在早期也曾担任过Cetus公司（1979～1985）和加拿大的Connaught公司（1981～1984）的科学顾问。

三、中美生物化学联合招生项目（CUSBEA）

自从19世纪末，许多中国学生开始寻求在国外（特别是美国）接受教育，并获得了令人瞩目的成就。正如前所述，吴瑞的父母亲都属于第一批从中获益的留学生。

可是，连续的战乱使这一留学浪潮在中国大陆难以维系。尤其是1948年以后，留学的大门甚至被迫关闭。到了1979年，虽然中美关系的正常化使这扇大门得以开启，但是，由于当时GRE和TOFFL考试尚未在中国展开，美国大学仍然无法评估和挑选合格的中国学生。

1981年，吴瑞得知诺贝尔物理学奖得主哥伦比亚大学的李政道开启了一个物理研究生专案，受此启发，并在时任康奈尔大学分子生物学助理教授的戴碧瓘的支持下，吴瑞提出启动中美生物化学联合招生项目（CUSBEA）。这一项目旨在帮助优秀的中国学生赴美学习生物科学，并得到了中国教育部和时任部长蒋南翔、副部长黄辛的支持。1984年，这个项目实施初期，总名额仅有15名，每人只能在第一年拿到5000美元的奖学金，但到1985年，项目的名额便被扩大为30名。当时，该项目由北京大学生物系，特别是顾孝诚教授和北京大学校长张龙翔进行协调，并面向中国所有学生进行招生。申请者最终来自于中国的34所高校，包括教育部直属的院校如北京大学、北京师范大学、复旦大学、武汉大学、南开大学、厦门大学、吉林大学、中山大学、山东大学、四川大学等；农业部直属的院校如北京农业大学、华中农学院、山东农学院、中国农业科学院等；卫生部直属的院校如北京医学院、上海医学院、上海第二医科大学、广州中山医学院、中国医学科学院基础所等；中国科学院所属的遗传研究所、微生物研究所、动物研究所、植物研究所、生物物理研究所、发育生物学所、上海生物化学所、上海植物生理所、上海脑研究所、上海昆虫所、上海药物研究所、武汉水生生物所等；加上少数民族地区的内蒙古大学、新疆大学、广西医学院等。初期，大约有50所美国大学参与了这个项目，在随后的7年里，这一数字不断增长，最后增至90所左右。申请的学生，需经过由美国大学所设计的严格笔试，并由美国大学教授所组成的五人面试小组进行单独面试，才能最终得以录取。CUSBEA项目在许多方面都有重要的影响。它填补了当时中国高级知识分子的严重断层。它为中国和世界培养了一批才华横溢的科学家。它也为中国本科学生树立了录取标准和良好的信誉。

十年的“文化大革命”使中国很多适龄大学生无法得到高等教育。因此，许多当时18～30岁的有才华的学生都只能等待进入大学的机会。1977年，当高考在中国恢复的时候，只有最顶尖的学生才能被选择进入高校。这些学生恰恰在1981年毕业，他们中大部分人十分聪明和积极向上，且十分期望能够赴美得到深造。从美国方面来看，中美之间接触已经中断了有30多年（1949～1981）；因此，如果只根据成绩单和推荐信这些难以解读的材料，美国的大学根本无法评估中国申请者的真实水平。

20世纪80年代，中国大量出色的生物学学生都希望能够赴美深造，他们的数目远远超过了 CUSBEA 项目由教育部所限定的名额。虽然如此，由于 1982～1983 年赴美留学的中国学生表现十分出色，美国的大学也开始认识到中国学生良好的素质，因此，从 1984 年开始，许多独立申请的中国学生也能够得以录取。在那些已经录取过 CUSBEA 学生的大学，这种现象尤为突出。换句话说，正是 CUSBEA 鼓励了美国的大学更多地录取中国学生。1984～1989 年，大约有 1000 名非 CUSBEA 中国学生能够来到美国深造。最终结果是大约有超过 1000 名受过良好训练的有才华的中国学者得以进入生物化学、分子生物学和生物技术等领域，这甚至构成了美国的该领域的人才库。

到 1989 年，CUSBEA 项目实施的最后一年，共有 425 名学生在该项目的支持下来到美国接受高等教育，他们中的许多都成为了在生物医药和生命科学领域卓有成就的研究者。有超过 100 名已经成为了相关领域的重要人物或已经在著名的研究机构担任教职，这在 20 年前简直是不可思议的。他们在植物生物学、人类疾病、基础科学、转化科学等多种领域进行着研究。其中许多人已经成为生命和医药科学中一些新领域的领军人物。CUSBEA 学员中有十位现在成为了霍华德休斯医学研究所（HHMI）的研究员，这个出名的研究机构所给予他们的优厚的薪水和研究资助充分表明了对他们学术成果和潜力的认可。前 CUSBEA 学员王晓东在 2006 年当选为美国国家科学院院士，成为美国国家科学院极少的华裔院士之一。另一位复旦大学毕业的 CUSBEA 学员袁钧瑛，也当选为美国艺术与科学学院院士。

CUSBEA 项目在很多方面都起了很大的作用。虽然 CUSBEA 项目在 15 年以前就停止了运行，但来自中国的申请持续增长。在生物和生物医药领域，许多美国高校每年都会收到大大超过他们录取能力的申请，这造成了高校处理申请材料时极大的后勤负担。如此说来，如果没有 CUSBEA 项目，难以想象评估如此众多的中国申请者该会有多么困难。

虽然多数上述的学者留在美国，但他们在帮助中国发展其生命科学方面不遗余力。那些回到中国的学者更是对中国的科学、工程、教育和公共服务方面有着卓越的贡献，正是他们推动着中国的现代化事业。随着科学的全球化，我们必然能够见证更多的中国与其他国家的交流与融合。由此看来，CUSBEA 项目在 25 年前承担了多么大的一个历史任务！我们可以展望，在今后的 25 年里，中国的学者必将更加出色并逐渐成为全世界生命科学的主力军。诺贝尔奖得主 David Baltimore 在 1993 年曾这样说过："CUSBEA 学者不仅促进了中国科学的进步，也使美国的科学事业得到了发展。"

四、中美生物学招生计划（CUSBA）

CUSBA（中美生物学招生计划）是另外一个由吴瑞发起，并在于宽仁的帮助下成立的一个类似的项目。当时，于宽仁是弗吉尼亚医学院生物化学系的主任（他后来转到了 Augusta，Georgia 作为佐治亚医学院分子医学与遗传学部的主任）。CUSBA 和 CUSBEA 这两个项目的目标是一致的，它们都是为了帮助中国学生能够顺利进入美国大学的生物化学、分子生物学、生物物理学等相关专业进行深造。两者之间的不同在于 CUSBA 项目的候选者是由各个美国大学的研究生项目所挑选和资助的，CUSBA 只是协助提供相应的面试。每年的春天，一个由 4～5 位教授所组成的面试小组都会对申请者进行个人面试。每个面试小组都会根据面试所得出的结果做出正式的推荐，而绝大多数推荐都对录取起着十分重要的作用。自从 1995 年 CUSBA 成立以来，已经有超过 50 个美国或加拿大的研究生项目参与了该项目，到 2010 年为止，已经有近 2000 位申请者经历了由该项目组织的面试。这一成功主要来自于医学和生物化学研究生项目联合会（AMGDB）的成员学校的积极参与。另外，北京大学多个教授的积极联络也为这一项目的成功做出了贡献，其中包括北京大学教授顾孝诚，她曾参与创立了 CUSBEA 和 CUSBA 项目，并在这些项目发展的过程中继续充当顾问。现在，她的这一职务由生物化学和分子生物学教授昌增益充当。

五、分子生物学研究所（IMB）

20 世纪 80 年代初期，一批华侨学者一起决定帮助发展台湾的分子生物学。这些人主要包括：约翰·霍普金斯大学的曹安邦、黄周汝吉和黄秉乾、哈佛大学的王倬、康奈尔大学的吴瑞、卡内基德梅洛的何潜、匹兹堡大学的何曼德和石溪纽约州立大学的吴成文。他们于 1983 年 8 月 15 日定出总体规划，计划建设一个中心实验室从而吸引旅外学者的回归，进而可以进行国际水平的重要试验，最终能够使之成为一个国家级的培训中心。他们将该实验室命名为分子生物学中心实验室（CLMB）。黄秉乾和吴瑞被委托对实验室进行设计，建造和装备。预定该实验室投入使用的日期为 1986 年 7 月 1 日。据设想，该实验室将能容纳各类学者 70～80 名和 20 名助理工作人员，全部预算不超过 4000 万新台币（约 100 万美元）。

负责设计这个实验室的是建筑师王大闳，他是吴瑞妻子陈智龙的一位家庭好友，更重要的是，他也是一位学者和绅士。在他的帮助下，这项工程很快就开始了，而且许多创新性建议被采纳。最终完成的实验室体现了许多前所未有的想法，如实验室本身没有围墙，体现了它简洁、通透和有效的风格；为了采购和获取的方便有效，实验室有着可以自由进入的仓库（这点仿照了加州理工学院、剑桥大学和斯坦福大学）；因为美学的原因，实验室的每一层都有不同的颜色和图案；实验室里狭长的门让人仿佛进入了华贵的宫殿；而那些外墙上珍珠般的材质正象征着这座实验室正要成为学术上的明珠。在这里，为了实现实验室原有的用途和解决在有限的预算中实现最大价值的问题，许多具有创新性的意见被提出和采纳。正如冷泉港实验室的Thomas Brokow所说，结果是“为其他国家提供了一个新兴的和具有创造力的榜样。”确实，这座实验室超额完成了它的任务。

按照原定计划，分子生物学中心实验室于1986年7月1日被正式创建并投入使用。1990年1月，根据台湾“中央研究院”章程，其名称被更改为分子生物学研究所（IMB）。1995年，第二座与前一座差不多的大楼被建造起来，并很快被投入使用。现在，“中央研究院”分子生物学研究所已经被认为是国际上领先的分子生物学研究单位。

“中央研究院”分子生物学研究所采取了轮值主任的模式，每个建立者都轮流担任一年的主任。在哈佛大学的王倬和约翰·霍普金斯大学的黄周汝吉之后，吴瑞于1989年当选为第三任轮值主任。轮值主任的职责主要在于规划预算、招募研究者以及领导整个研究。怀着对植物的兴趣，吴瑞和其他几位高级访问植物学家在分子生物学研究所度过了好几个月，这几位访问学者是：圣路易斯华盛顿大学的贺端华（2002年成为“中央研究院”植物研究所的主任），威斯康星Agracetus的植物转化技术专家杨宁荪，马里兰大学的孔宪铎、吴仲容和汪黔生，以及香港中文大学的马凯权（音译），另外还有两名来自美国的博士后研究员。一门“高级植物分子生物学和遗传学”的研究生课程也在此开设，这门课每星期一次，共设54个学时。在吴瑞作为轮值主任的这段时期，他仅仅返回康奈尔大学四次，用来指导其实验室的研究工作并与家人团聚。因为他的这种领导、奉献和学识，吴瑞在分子生物学研究所获得了不少人的称赞和喜爱。

伴随着分子生物学研究所的成功，吴瑞又开始着手促进植物和农业科学的发展。在他担任植物研究所（现为植物和微生物学研究所）顾问期间，他设想将该研究所建成“一个为了发展各种综合性及原创性研究活动的研究所”，并且其农业生物技术项目应该整合以下众多领域，如植物科学、花卉学、水产养殖学、动物科学以及环境科学和微生物学等。吴瑞很快就被任命为农业生物技术项目的执行委员会主席，他开始致力于在“中央研究院”建立一个生物资源中心，该所将“着重利用并改变各种基因资源”，由一位在 1989 年参与吴瑞分子生物学研究所的研究员杨宁荪领导这一计划。终于，在 2007 年，生物农业研究中心的建立使吴瑞实现了他的这一梦想。

吴瑞在大陆的生命科学方面也有着极大的影响，他曾担任多个组织的顾问和多个学校的荣誉教授，并帮助建立了多个重点实验室。

六、个人品质和人生哲学

2008 年 2 月 10 日，吴瑞在纽约州伊萨卡的 Cayuga 医学中心因心脏病而逝世。在逝世的前几个星期，他还刚刚做过冠状动脉绕道手术。吴瑞去世后，留下了孀妻陈智龙（Christina）和他们的孩子吴树本（Albert）和吴树娴（Alice）。吴树本（康奈尔大学学士，1980；医学博士，1984），现为约翰霍普金斯大学公共卫生和医学教授，并担任世界卫生组织的高级顾问。吴树本的妻子 Diana 曾是《巴尔的摩太阳报》的一名记者并曾获得普利策奖，这对夫妇共有两个儿子，雅雄（Samuel）和雅英（Oliver Ray）。吴树娴（康奈尔大学学士，1982；硕士，1986），现为一名跨文化咨询师和康奈尔大学的兼职讲师。她嫁给了 Lewis Clark（康奈尔大学学士，1980），一名市场分析师，他们共有一儿一女，雅烈（Alexander）和雅宁（Adriana）。

吴瑞的悼念仪式于 2008 年 6 月 15 日在纽约州伊萨卡的 Kendal 举行。随后，一连串的纪念讨论会也在各地召开。在康奈尔大学，CUSBEA 的学生们和康奈尔大学的同事们于 2008 年 10 月 3 日到 4 日组织了纪念讨论会；2008 年 6 月 10 日，在北京大学举行了主题为植物分子生物学和农业生物技术的纪念讨论会，并随后举办了 5 天有关植物发展和分子生物学的讨论班；2008 年 10 月 29 日，在台湾的“中央研究院”也举办了类似的研讨会。康奈尔大学、美国华裔生物学家协会、北京大学、“中央研究院”和其他地方举办了各种仪式。各大新闻媒体（《华尔街时报》、《纽约时报》、《洛杉矶时报》、《巴尔的摩太阳报》和《国际先驱导报》），以及各大学术期刊（*FESAB* 和 *the Scientist*）都发布了讣告或特别悼词。美国华裔生物学家协会、美国心脏协会和华人生物学家协会分别成立了以吴瑞的名义而成立的基金，而且一些专门的网站也被建立用来接收人们对这些基金所进行的捐赠。在康奈尔大学设立以吴瑞名字命名的分子生物学和遗传学的奖学金，用于资助一年级的研究生。吴瑞纪念基金会也已设立，用来奖励来自中国（含大陆、香港、台湾）和新加坡的杰出研究生。

与吴瑞的职业生涯相比，吴瑞的个人生活鲜有人知。在其成年之后，吴瑞一直追求活得充实、快乐。他相信：只要人们肯去做，任何事情都能做到。这些事情不仅包括那些有形的事情，如组织实施一次实验；更包括那些无形的事情，如追求快乐。吴瑞在实际生活中正是如此，他把自己那些优良的品质，如自律、乐观等，发挥在日常生活的每一个小事上。正像他在实验室仔细地保持实验记录，吴瑞在个人生活中也详细地记录了他的那些生活感悟、人生目标和用来实现这些目标所制定的规划。吴瑞在日常生活中实施着这些计划并取得了令人羡慕的成功，其个人生活和职业生活达到了完美的平衡。

吴瑞的父亲吴宪在生前一直致力于写一本名为《科学生活指南》的书。该书在吴宪逝世后于 1963 年由吴瑞和其母严彩韵出版。这本书谈到了如何才能过上幸福的生活，包括了诸多方面，如：健康、学习、心平气和、艺术、工作、爱以及和谐的人际关系。可能正是这本书帮助影响了吴瑞的生活方式和人生哲学。不过早在这本书出版之前，甚至在吴瑞 20 多岁的时候，他已经开始在活页书夹里收集那些有关如何促进个人发展的观点和想法了。他认为人们应该努力使自己拥有勇于自律、懂得规划和时间统筹，以及无私和谦虚等品质。他还认识到了自我修养、平衡和乐观等也是十分重要的。

吴瑞的个人行为和习惯极大体现了自律的原则。他坚信生活习惯的重要性，甚至把每天的时间按分钟为单位来划分，用科学的方法严密地规划。他总是确保自己能够得到良好的饮食、适当的运动和冥想以及足够的睡眠。因为认识到睡眠的重要性以及自己也不太适应早起，吴瑞在生活中并没有很早起床。实际上，他也选择了一个能够适应他这一习惯的职业。他总是每天九点钟左右到达实验室，五点钟左右回家吃饭。饭后，他总是会小憩十五分钟，然后花两个小时用来学习（主要是读报）。每星期吴瑞都会抽出三次半个小时左右的时间运动。晚年，吴瑞甚至在其书房里离书桌不远的地方放置了一台固定自行车用于锻炼。吴瑞也相信放松的重要性，每天晚上读完书后，他都会花至少半个小时的时间用来看电视或听音乐，然后才去睡觉。吴瑞 52 岁时患上了轻度的心脏病。于是，他迅速为自己制定了一份低脂食谱。他严格地执行着这份食谱，从而使自己的胆固醇从 200s 的高位顺利降到 150s。到后来连医生都认为他应该适当在其食谱中增加一些脂肪。他十分注重健康饮食，甚至在旅行途中，他也会自己用塑料袋带上足够的干谷物来保持健康的饮食。

在生活中，吴瑞是一个细心的规划家。他对自己生活中的绝大部分都定下了具体的目标。他每天都问身边的每一个人：“你的计划是什么?”他的书柜上贴着一张纸条，上面写着：“日日有计划，周周有计划，月月有计划，年年有计划”。他为自己定下了未来一年的目标、五年的目标，甚至十年的目标。他会在数月之前就开始写申请计划，在最后期限前好几星期就能结束这件工作。他对于自己职业上的一些目标都十分具体并会经常审视这些目标。

在日常生活中，吴瑞对于私人生活和人际关系，特别是对家人和同事，考虑得同样详细、具体。他对自己的个人要求包括：每天都要花至少30分钟与自己疼爱的人一起来谈论或经历一些愉快的事情；每周都要花两个小时用来审视自己与家人和重要同事之间的人际关系；保持至少五个亲密朋友，以及经常用积极的画面激励自己。我们可以看到，在吴瑞的家中和办公室中，到处都有激励人心的标语、艺术品和照片。只要可能，吴瑞就会合理安排自己的生活，从而减少压力和不安。他十分相信统筹时间的重要性。他甚至认为好事太多也会具有不好的效果。他经常推荐人们“重要的事情要先办”，并认为应该先忽略那些没有足够效果的事情。

也许是因为吴瑞能够合理统筹、简化生活，进而把时间都留给最重要的事情，吴瑞在一生中有很多自己的个人兴趣。他是一个优秀的钢琴家；他青年时期曾参与一个合唱团；在他60岁时还在伊萨卡与一些中国朋友唱卡拉OK。他对经典唱片和流行音乐同样感兴趣。他最少隔天锻炼一次身体。他也十分热爱摄影，在数码摄影技术兴起时他又同样很快适应这一技术，并特别运用这一技术对花卉进行摄影。

吴瑞也相信毕生学习和自我修养。他觉得他永远都能从他人身上学到东西。他仔细审视他人并十分注重警醒自己。他也注意抓住自己的各种想法，他曾在笔记中这样写道：“当读到、听到或是感觉到一些出乎意料或不同寻常的事情时，应该及时地跟上去问问题，思考并决定如何应付。”不论是在其个人生活还是在其职业生涯，吴瑞都表现了他的无私。他具有使他人感觉良好的能力，因此，很多人都把他当做人生导师、顾问、同事或可以信赖的长辈。他十分愿意花时间给予他人建议或指导。他也肯花时间认真给家人、朋友和同事写信，详细地在具体事项上给予他们有益的建议，鼓励他们采取行动。推荐别人时，他经常会在信中附上一份文章（或一段话）的附件，或是一句精炼的引言用来证明他的推荐。他还为他家庭中年轻的非直系成员承担学费和其他费用。

吴瑞对很多科研、教育或其他机构都进行过财产上的捐赠，但他自己非常节俭，尤其是在穿着方面。他几乎常年都穿着同样的装束（他有两套这样的衣服）：一件浅蓝色西装、白色衬衫、红色领带。他住的地方也十分简单，是一个有四间房间的小屋，里面用来装饰的衣柜和书架要不就是他结婚时购置的，要不就是他自己制作的。他信奉在某些方面的勤俭节约，可以把钱花在更重要的地方。

吴瑞对他人十分尊重，无论是对实验大楼的看门的工人，还是对他的学生。在听取学生的报告时，经常认真地做笔记。或许正是因为这个原因，成百的朋友和他的敬仰者参加了他在伊萨卡的纪念仪式。他每天都提醒自己生活的美好。他相信保持快乐的重要性，并努力使自己能够达到这一目标。在他的书房、小屋和实验室周围，他都用磁带录下了激励自己的话，如“积极点!”“乐观点!”或者仅仅是“微笑”。他也通过写备忘录的方式提醒自己称赞那些曾和自己一同做出成就的人们。他感激他所能得到的美好的事物，他甚至把这些事情记下来并做成清单，每星期都要回顾三次。这份清单中最上面的是：他的健康，他的家人，他的工作，以及他能够对他人实施帮助的机会。

他相信只要努力使自己变得乐观、健康，几乎每个人都能做得更好、变得更快乐。他确实达到了这个境界，因为吴瑞的脸上经常都闪烁着温暖、友善的笑容，而他无论是在工作上还是在生活上也确实获得了巨大的成功。在他的书桌的录音机上录有一句著名的格言：“不需永远追寻，幸福其实就在你的身边。”

七、吴瑞主要论著

Wu R，Kaiser A D. 1967. Mapping the 5′-terminal nucleotides of the DNA of bacteriophage l and related phages. Proc Natl Acad Sci USA，57：170-177.

Wu R. 1972. Nucleotide sequence analysis of DNA. Ⅲ. The binding of oligonucleotides to the cohesive ends of lambda DNA and a proposed general procedure for DNA sequence determination. Nature，236：198-200.

Donelson J，Wu R. 1972. Nucleotide sequence analysis of DNA. Ⅵ. Determination of 3′- terminal dinucleotide sequences of several species of duplex DNA using Escherichia coli DNA polymerase Ⅰ. J Biol Chem，247：4654-4660.

Bambara R，Padmanabhan R，Wu R. 1973. Nucleotide sequence analysis of DNA. Ⅹ. Complete nucleotide sequence of the cohesive ends of bacteriophage phi80 DNA. J Mol Biol，75 (4)：741-744.

Padmanabhan R，Jay E，Wu R. 1974. Chemical synthesis of a primer and its use in the sequence analysis of the lysozyme gene of bacteriophage T4. Proc Natl Acad Sci USA，71：2510-2514.

Wu R，Ruben G，Siegel B，et al. 1976. Synchronous digestion of SV40 DNA by exonuclease Ⅲ. Biochemistry，15 (4)：734-740

Szostak J W，Stiles J I，Bahl C P，Wu R. 1977. Specific binding of a synthetic oligodeoxyribonucleotide to yeast cytochrome c mRNA. Nature，265 (5589)：61-63.

Yang R C A，Wu R. 1979. BK virus DNA：Complete nucleotide sequence of a human tumor virus. Science，206 (4417)：456-462.

Szostak J W，Wu R. 1980. Unequal crossing over in the ribosomal DNA of Saccharomyces cerevisiae. Nature，284 (5755)：426-430

Ou-Lee T M，Turgeon R，Wu R. 1986. Expression of a foreign gene linked to either a plant-virus or a Drosophila promoter，after electroporation of protoplasts of rice，wheat，and sorghum. Proceedings of the National Academy of Sciences，USA，83 (18)：6815-6819.

Zhang W，Wu R. 1988. Efficient regeneration of transgenic plants from rice protoplasts and correctly regulated expression of the foreign gene in the plants. Theor Appl Genet, 76 (6): 835-840.

Wang Y C, Klein T M, Fromm M, et al. 1988. Transient expression of foreign genes in rice, wheat and soybean cells following particle bombardment. Plant Mol Biol, 11: 433-439.

McElroy D, Zhang W, Cao J, et al. 1990. Isolation of an efficient actin promoter for use in rice transformation. Plant Cell, 2: 163-171.

Wu R. 1994. Development of the primer-extension approach: A key role in DNA sequencing. Trends in Biochem Sci, 19 (10): 429-433.

Duan X, Li X, Xue Q, et al. 1996. Transgenic rice plants harboring an introduced potato proteinase inhibitor Ⅱ gene are insect resistant. Nat Biotechnol, 14 (4): 494-498.

Roy M, Wu R. 2002. Overexpression of S-adenosylmethionine decarboxylase gene in rice increases polyamine level and enhances sodium chloride-stress tolerance. Plant Sci, 163 (5): 987-992.

Garg A K, Kim J K, Owens T G, et al. 2002. Trehalose accumulation in rice plants confers high tolerance levels to different abiotic stresses. Proceedings of National Academy of Sciences, USA, 99 (25): 15898-15903.

Su J, Wu R. 2004. Stress-inducible synthesis of proline in transgenic rice confers faster growth under stress conditions than that with constitutive synthesis. Plant Sci, 166 (4): 941-948, 14.

He C K, Dey M, Lin Z, et al. 2007. An efficient method for producing an indexed, insertional-mutant library in rice. Genomics, 89: 532-540.

Zhu Z, Wu R. 2008. Regeneration of transgenic rice plants using high salt for selection without the need for antibiotics or herbicides. Plant Sci, 174 (5): 519-523.

主要参考文献

Bishop C. 1982. Hsien Wu (1893～1959): A Biographical Sketch. Clinical Chemistry, 28 (2): 378-380.

Cao Yu. 1998. Notable American Chinese Molecular Biologist—Ray Wu. China Historical Materials of Science and Technology, 19 (4): 51-69. (in Chinese)

陈小科，张大庆. 2006. CUSBEA 项目及其对中国生命科学发展的影响. 自然辩证法通讯，28：53-61.

撰写者

黄秉乾，美国约翰·霍普金斯大学公卫学院生物化学及分子生物学系与文理学院生物物理物学系教授、新竹清大荣誉讲座及生科院创院院长、辅仁大学医学院荣誉院士、交通大学（新竹）及云南大学荣誉教授、北京大学荣誉客座教授。与吴瑞教授同为“中央研究院”院士，共创“中央研究院”分子生物研究所，为 CUSBA 成员。负责执笔撰写本文的英文版并提供中文摘要。

吴树本，美国约翰·霍普金斯大学医学院和公卫学院卫生政策与管理、流行病与国际卫生教授，研究方向：医疗条件、医疗方法的安全性和有效性。吴瑞教授之长子，负责本文英文版的内容校对和补充。

刘军，美国康奈尔大学分子生物及遗传学系副教授，为第八届 CUSBEA 学员及吴瑞教授生前所在系的同事。负责本文英文版的中文翻译和吴瑞文献目录。

雷新根，美国康奈尔大学动物科学系分子营养学教授，教育部长江学者讲座教授，国家“千人计划”教授。曾与吴瑞教授一起参与多项中美及康奈尔大学国际合作交流活动。负责本文撰写的组织和中文翻译的校对。

蒋亦元

蒋亦元（1928～），江苏常州人。农业工程学家，农业教育家。中国工程院院士。1950年毕业于南京金陵大学农业工程系。1957～1983年，分别在苏联列宁格勒农学院与美国密执安州立大学访学。历任国务院学位委员会学科评议组成员、中国农业机械学会及中国农业工程学会副理事长、《农业机械学报》与《农业工程学报》副主编、国家级农业机械化重点学科带头人。他一生致力于农业机械研究，20世纪80年代突破国际公认难题，创造出水稻割前脱粒收获机器系统，解决了落粒损失大和不能收获严重倒伏水稻的问题，被国内外同行专家称为是为水稻种植者造福的一项重大发展，获得国家技术发明奖二等奖。此外，在相似理论的研究中，蒋亦元指出了学术权威墨菲（G. Murphy）的 π 关系式合成理论中"组分方程必须具有相同形式"这一论断的重大缺陷，首次提出并证明"组分方程可以具有不同形式"的结论，显著提高其预测精度。近年来，蒋亦元带领他的科研团队，又研发出优势突出、工艺新颖的"割前摘脱水稻联合收获机"，它是世界唯一能在摘脱同时切割搂集稻草成条铺的较宽幅的联收机，适合早期收获，青绿稻草可作青贮饲料，深受欢迎。蒋亦元在农业机械研究领域的卓越成就，为中国农机科技的发展起到了重要的推动作用。

一、两遇名师　小荷露角

1928年，正是戊辰龙年，蒋亦元就出生在是年11月17日。素有"鱼米之乡"之称的"龙城"常州是蒋亦元世代先祖繁衍生息的故土。受当地源远流长的地方文脉影响，加之良好家教的熏陶，蒋亦元身上从小就显现出知趣广泛、敏思好学、追求上进的特质。

在当地最好的中学正衡中学读初中时，蒋亦元因年幼贪玩被指令留级，受到极大刺激，不甘人后的他从此勤奋好学不再贪玩，并以优异成绩考入正衡中学高中部。蒋亦元从这次升学中接受了教训，更历练了自己不怕挫折的精神和经常自省律己的习惯。蒋亦元于1946年考入南京金陵大学理学院电机系。就读一年后，对来华执教的美国教授充满了期待，并对学校从美国引进的先进的农业机械萌生了浓厚的兴趣，于是他冒着失败就会丢掉学籍的风险，再次参加入学考试，由电机系转入农业工程专业，成为该系的首届学生。

在学期间，蒋亦元深深得益于美国教授林查理（Charles Riggs）。查理在中国从教 30 余年，具有渊博的工程知识、丰富的实践经验，尤其是其创新精神和白手起家的创业精神，激起了蒋亦元无限的崇敬之情。也正是恩师倡导的“边学边做边研究”的学习方式，对蒋亦元日后逐步养成的理论密切结合实际、拒绝空谈、坚持在科研第一线的学风起了决定性作用。蒋亦元在学期间成绩优良，多次获得美国一些基金会的奖学金，还曾作为学生助教（Student Assistant，教会学校有此传统）为低年级开设农业工程概论课，毕业时被系主任内定留校任教。1949 年南京解放后，东北人民政府农业部到江南招聘建设人才，蒋亦元听了副部长张克威的讲话，感到广袤富饶、地广人稀的东北黑土地是发展农业机械化和施展才华、实现志向的广阔天地，于是毅然奔赴东北。

到东北农学院初期担任苏联专家的助教，协助培养研究生。1957 年，蒋亦元有幸作为访问学者赴苏联。其间，他师从苏联农业机械理论权威、荣誉院士列多希涅夫（M. H. Летошнев）教授，从事收获机械的研究，在理论研究的逻辑思维、分析与综合的技巧等方面得到严格的训练和培养。而后，蒋亦元综合运用了导师的和瓦希连科院士的关于键式逐秸器的理论，创建了平台式逐秸器的理论和两种逐秸器的结构参数的设计方法。其中，前一成果被浙江农业大学许乃章的实验结果验证，并被全国统编教材所采用；而后一成果则被沈阳农具厂在改进“东风”康拜因的设计中所应用。

蒋亦元在苏联期间，还先后来到苏联最高科研机构——全苏农业机械制造研究所和全苏农业机械化研究所进行长期而深入的考察，学习农业机械的研究方法；到全苏领先的罗斯多夫联合收获机厂及其专业设计局学习联合收获机的设计方法和到北高加索农机试验站考察农机的国家级试验的规范和设备。

在长期的学术研究的磨炼中，蒋亦元总是敢于闯难关，富于创造性。他在科研第一线，既研究开发机器又探索其机理，并善于与农业科学技术相结合。

二、理论实践　珠联璧合

1. 向世界难题进军——“割前脱粒”联收机的探索

水稻是中国最主要的粮食作物之一，几千年来，它基本都是由农民弯腰曲背、手持镰刀作业，之后再通过机器来进行脱粒的。此种生产方式生产效率极低，而劳动强度又相当大。传统的“先割后脱”的联合收割机，即使是国外最先进的型号，也有些问题一直不能解决，如落粒损失严重、无法高效作业、不能收倒伏作物等。欧洲人对它早就有过探索，特别是从19世纪中叶以来许多国家如澳、日、苏联、意、英、法、菲和中国十余个单位也都进行过研究，然而始终未果，其难度可见一斑。

蒋亦元持续探索了33年。研制了四代样机。它们都是经过构思、理论分析、计算设计、室内部件试验、反复修改可行后再进入样机的设计、试制，在生产条件下的试验、再修改的全过程。随着竞争对手的技术进步，这四代样机的原理与结构亦是“与时俱进”地随之不断提高的。

第一代能以穗头朝前方式喂入，采用仿形拨禾轮与带式脱离器，在站秆脱粒的同时能切割搂集成条铺的“水稻割前脱粒收割机”，仅耗时四年就研制成功。四年间，为了能够更加仔细地了解到样机的作业情况，蒋亦元总要亲自下到田间实地观测。他时而趴在湿漉漉的稻田中看机器的运作，时而又一路小跑与机器同步而行，有时还要爬到两米多高的机器上，因此他常是一身泥土、两手油污。苦心人天不负，这一成果在国内外引起强烈反响，美国著名农机教授亨特博士在来信中说：“我觉得您的发明在技术上具有令人赞佩的特点，您所研究的‘割前脱粒’又搂集稻草成条铺的机器是一个独特的设计，我确信它将是为水稻种植者造福的一项重大发展”。

在一片赞扬声中，蒋亦元没有止步，他冷静地思索着，继续奋斗着。毕竟第一代样机还存在作业速度过低，不能收倒伏水稻的缺憾。于是第二代能收倒伏水稻的样机在六年后诞生，但却因落粒损失过大而以失败告终。蒋亦元并没有被这次失败击垮，他反而变得更干练、更成熟了。此时，已经是他开始“割前脱粒”研究的第11个年头了，尽管还要推倒重来，他却依旧满怀信心：这正是黎明前的黑暗。

“古之成大事者，不唯有超世之才，亦有坚忍不拔之志。”成功也好，失败也罢，它们已然成为过去。此时的蒋亦元立即重新考虑方案，并于当年冬天开始了第三轮样机的设计。蒋亦元从第二代的带式脱粒装置的失败认识到解决“逸籽顽穗”这一难题是此轮改进的关键所在。要解决“落粒损失大”这一实际问题，蒋亦元经过反复思量和权衡利弊，终于下定决心采用一种能够实现防止堵塞的、气流吸运和滚筒式脱粒装置作根本性改动的方案。收获属于勤奋的耕耘者，当蒋亦元把这一改动制成实验装置在实验台上进行测试的时候，一下子就取得了满意的效果。

这第三代耗时四年，采用气流吸运，并创制出一系列与之配套的新工作部件，构成了“割前脱粒”水稻收获机器系统。它谷粒损失少、能收倒伏水稻、稻草放铺整齐，又能将粮袋运出田间。

在1990年样机科研鉴定会上，水稻割前脱粒机引起了农机界的关注。

这一成功为农业机械这个领域提供了新的收获工艺、工作原理、工作部件，更赢得了国内外同行专家的一致好评，被鉴定为“国内首创、国际一流”。当国内外的同行们纷纷向蒋亦元表示由衷的祝贺与钦佩之时，他也情不自禁提笔抒怀，写下《排律》以明志。

排　　律

庚午秋专家评论后志

群雄息鼓我力单，十载苦斗终偿愿。
周旋未知贵奇正，万阻千险只等闲。
带走凹弧破流畅，盘指卸草简又欢。
金秸玉粒齐完好，粒不再飞穗不顽。
幅宽行速赛东洋，立倒稻麦前后霜。[①]
草粮一车败笔少，收耕还田呈一环。
背水之势激我智，名声中外逼上山。
穿梭颠簸风尘扑，苦我心志劳筋骨。
带筒四易赤水渡，勤思群力越雄关。
侬若真是个风流，不凭天赋登“北坡”。[②]

注：①此三句为专家评论蒋亦元突出成果“割前脱粒水稻收获机”。

②蒋亦元解释说必须全面发展才能从比南坡更陡峭的北坡登上珠穆朗玛峰。

而后，蒋亦元的这一研究成果可喜地获得了国家发明专利并成功实施技术转让。与此同时，他还先后荣获国家技术发明奖二等奖及黑龙江省科技进步奖一等奖，这也是新中国成立以来农机战线的最高奖项。在盛誉面前，蒋亦元并没有因此而沾沾自喜、裹步不前，反而把成功当做发现问题、探索创新的起点，开始了新一轮的征战。

蒋亦元清醒地认识到第三代样机尚有缺点，虽得了大奖，也得到国际上认可，但是1米/秒的作业速度还不能满足大面积作业的需要，不能在收粮的同时收草，这是一个亟待克服的重要缺憾。经过冷静的分析，蒋亦元与他的研究集体针对此难题，耗时11年创制成功在摘脱同时切割搂集秸秆成条铺的“4ZTL-1800型割前摘脱稻（麦）联收机”（已经收获水稻及部分小麦近千亩）。它作业速度快（0.7—1.6—2.2米/秒），在收获正常生长状态下的水稻，谷粒损失少，清洁率高。其鉴定结果为“国内首创、国际先进水平”，并取得三项发明专利，受到专家与用户的高度评价。

当成功扑面而来，当赞誉接踵而至，蒋亦元并未被庆功酒灌醉。特别是当

“4ZTL”以800万元的重金进行专利转让后，蒋亦元的压力更大了。

发明专利以高价转让实施。在科研成果向产品转化的过程中，一方面暴露出机器本身对作物状态的适应能力尚有局限性，需要改进；另一方面受技术力量不足，加工技术、资金等条件的限制，使得这一转化过程步履蹒跚地前进着。正如蒋亦元的词中所言，“这次第，垒卵履冰，岂一个慎字可结?”

专利转让后，佳木斯联合收割机厂于1999～2000年按图制作了两台样机并作了两年收获试验，结果发现三处堵塞问题，即长期工作时脱粒室的堵塞、收霜后水稻沉积箱的堵塞和霜前收获时稻草搂集的堵塞，急需蒋亦元等协助解决。因为不解决这“三堵”问题，机器便不能大面积连续作业，其可靠性也将有所削减。

为攻克这三个堵塞问题，蒋亦元带领他的科研团队在已达十年之久的转化过程中，历尽了各种艰难，正如王选院士所言“创新性成果转化为生产力要冒九死一生的风险”。他们之所以能如此执著，就在于这一新收获工艺展现出下述一些特异的前景。

一是此机可只收谷粒不收割秸秆，任其站立田间。这一特点是任何收获机所没有的。由铧式犁耕翻不经粉碎的整株秸秆直接还田作为肥料。在多个农场与农村的试用表明：站立的秸秆在犁耕时由于对地面不会产生相对运动，因而不会产生像传统联收机粉碎秸秆，因其长短不一、长者被犁柱拖带、积成堆而堵犁的、令人讨厌的故障，也不会因留茬过高使扣翻不严，而影响插秧。在还田后的第一年秸秆腐解的程度与粉碎还田的无明显差别。此外，节省了粉碎秸秆的能耗，省去了粉碎秸秆的设备与作业环节。以上各点正是当前阻碍茎秆还田技术推广的主要原因。而茎秆还田是增加土壤有机质含量、改善土壤结构、促进土壤肥力、恢复土壤耕层深度的有效途径。也是农业可持续发展的必备条件。保留站立的秸秆在田间作为保护性耕作的覆盖物。保护性耕作具有的改善土壤结构、提高土壤有机质、恢复土壤肥力与防止水土流失等优点，使得它成为（半）干旱地区普遍有效的耕作措施。作物残株作为覆盖物是该耕作法的必要条件，而站立的秸秆由于其根扎系于土壤就不会在免耕播种时发生残株缠绕开沟器而形成堵塞。割前脱粒而不收秸秆的收获方法为解决保护性耕作这一主要难题提供了一种途径。

二是此机在收谷粒的同时能收获秸秆，这既为秸秆作为肥料、饲料与燃料的合理利用又为防止秸秆焚烧提供了条件。提前收获时，青绿秸秆可作青贮饲料。因秸秆不进入滚筒，而可提前收获高湿度秸秆的水稻，该稻秸是青绿的，经捡拾打捆并同时喷洒乳酸菌，密封发酵，可成为牛、羊的青贮饲料，并能部分甚至全部替代青贮玉米。以秸秆替代青贮饲料是农业废弃物的利用，节省生产成本。更主要的是节省了种植青贮玉米的土地，若转种粮食作物则其社会意义更为巨大。而全喂入式联收机收获青绿高湿度秸秆的水稻时只能高茬收割，这既损失了秸秆，又因所收的只是秸秆的梢部及叶片。实践表明它们很快丧失水分（即意味着丧失了糖分），这点就明显逊色于割前脱粒联收机，因为后者所收获的秸秆站立、根系扎立于土壤中，水分不易丧失。干黄了的秸秆是不宜作为青贮饲料的。

所收秸秆可作为生物燃料。由于割前脱粒收获方式的特点是作业速度快、效率高、机构又较简单，很受西方的青睐，但唯一为憾的是不能同时收获秸秆。若稻秸作为燃料的技术得以解决，这种收获工艺将会蓬勃发展。由于关键技术——催化酶能将植物中的纤维素分解成可发酵糖，进而转化为乙醇。而蒋亦元的在摘脱同时能收获稻秸装置的发明，无疑为该新型收获工艺推广与生物燃料的开发提供了条件。

2. 对墨非（G. Murphy）的 π 关系式合成理论的重要修正

“怀疑精神是科学创造活动的真正出发点。科学的怀疑精神与传统的观念、社会的主流观点往往是相悖的。对一个大胆怀疑的人来说，成功了，有时会鲜花簇拥；失败了，可能会带来嘲笑和侮辱，甚至会万劫不复。”

这一次，令蒋亦元产生怀疑的是学术权威墨菲（G. Murphy）的 π 关系式合成理论中“组成方程必须具有相同形式”的论断。自 1950 年 Murphy 在 *Similitude in Engineering* 一书中提出组分方程后，它已在国际上运用数十年而始终无人置疑。曾有人在犁铧的相似研究中发现误差大，也只是怀疑土壤参数。

蒋亦元在仔细研读相关教材的时候，发现其中名为“以实验球体沉降规律求得 π 关系式”的实验，预测的误差很大。到底该实验的预测误差是来自于试验不严格还是定理本身有误？此时的蒋亦元陷入了深深的质疑当中。

为了找出产生误差的根源，蒋亦元先从严格试验环节入手。当他将试验数据回归建立模型时发现：组分方程若用相同形式则误差很大，当“以获得最高相关系数为原则”选择方程的形式时，预测精度显著提高。经反复检查自己的试验，当他确定自己所进行的试验本身没有疏漏之时，便大胆地指出了 G. Murphy 的 π 关系式合成理论中的重大缺点——“组分方程必须具有相同形式”的论断缺乏理论依据，也不切合实际，并对 G. Murphy 的理论作了“组分方程可以具有不同形式”的修正的结论，这使预测精度成十倍地提高。1996 年，蒋亦元在《农业工程学报》第 3 期发表了《以球体沉降实验检验 π 关系式预测的可行性》、《相似准则方程的正确建立及其与回归正交旋转设计的比较》和《以 π 试验设计的实验验证适用于不同阻力区段的球体沉降公式》等论文。由此，蒋亦元还进而提出建立在此经改进了的相似准则函数理论基础上的、作为多因素的试验设计方法，它与二次回归正交旋转组合设计相比，具有试验次数少、精确度高、对自然规律具有广泛得多的描述能力等优点。

这些开创性的研究成果，得到了该领域专家及院士们的高度评价。

农业机械设计制造专家陈秉聪院士说："蒋教授提出了大胆修正，实是难能可贵。这一修正无疑使相似准则即 π 试验的推广具有重要意义。"

热力设备与"相似与模化"专家李之光教授说："蒋教授不受前人约束，根据自己大量实验结果所总结出的准则关系式建立方程使预测误差大为减小，是对相似原理精确实用的有力推动。"

中国农业大学的汪裕安教授的评语是："蒋亦元教授对 Murphy 氏组合方程计算上的重大修正，是对相似模型实验研究的重要发展……为推动科研，特别是各种规律不明、难度较大的科学研究做出了新贡献，同时也为相似模型实验拓宽了应用范围，是理论水平和学术价值均高的学术成果。"

运用相似理论于土壤力学的专家、中国农业大学余群教授也曾评价说："蒋亦元教授提出可以用不同形式的方程进行组合，扩大组合方程 π 关系式。经分析验证所提出的方法是可行的和正确的，它扩大了相似理论在各种工程问题的应用范围。他在相似理论方面进行了有意义的理论分析工作，对推动和扩大相似理论在许多工程领域的应用起了很好的作用。"

3. 在其他农机研究方面的建树

蒋亦元的科研成就丰厚，除上述成果外，还有诸多方面的建树。他曾建立了收获机械的平台式逐稭器理论，研究结果被其他学者的实验研究所证实，并被编入全国统编教材；亚麻种子成套机械的研究成果在生产中被多年应用，清选质量与效率达到国际先进水平；悬挂式水田筑埂机的研究采用单面取土方式是当时国际通行的双面取土的一次革命，有助于减少平地作业用功量，并使作业功能扩大，首创聚四氟乙烯复面，解决了严重粘土和显著减轻了阻力；在乳牛饲养机械化的研究中首次采用先进的散放饲养方式、串联式挤奶车间及配套的饲料车间以显著降低劳力消耗。初步结果显示是可行的，遗憾的是后因三年困难时期牛群宰杀，未能继续完善。

蒋亦元在科学研究上的最鲜明的特点就是创新，他从不愿意去搞追赶潮流而自己又无新解的课题。同时，他不仅重视机理研究，还很关切机械作业对农艺、资源利用、环境保护等的影响。

三、杏坛名师　桃李盈枝

半个多世纪以来，蒋亦元一直在东北农业大学辛勤耕耘，可谓桃李满天下。由于蒋亦元在创新能力、指导思想和科研方法论、公关策略、团队精神以及横向合作等诸多方面都有自己独特的见解和超人的能力，诸多学子因为仰慕蒋亦元才走进农业工程的学术领域，他们认为能够成为蒋亦元的弟子，本身就是一件自豪荣幸而又充满挑战的事情。这种荣幸与挑战会使任何一位门生不敢怠慢，渐渐地就转变成一种“必须努力像老师那样优秀”的理念，长此以往，形成了被人们称道的“蒋亦元效应”。

在“蒋亦元效应”的强大感召力下，全国各地学子都慕名报考东北农业大学攻读农业工程专业。蒋亦元更是践行孔子“有教无类”的教育思想，不管是不是自己的学生，只要发现有培养价值且肯学的孩子，就会对其倾心培养。如今他们中的多人都已成为国内外知名的学者，可谓群星璀璨。

赵匀教授以其发明了新型高速前插旋转式与国际首创了后插旋转式插秧机，应义斌教授以其水果品质在线同步检测与智能化分级技术装备的研究，分别于2007年与2008年获得国家技术发明奖二等奖；蒋恩臣博士在导师的指导下获得全国首届百篇优秀博士论文奖；董成茂是进入首都钢铁公司的首位博士，由于其基础扎实，在设计院从事方坯和板坯连铸机总体设计、工程设计和工厂设计，工作出色、游刃有余；在国外的张瑞红以其发现加速发酵的细菌，创造出厌氧分级干式发酵系统，利用多种废物产生沼气用于发电，而获美国国家环境保护奖；潘忠礼以其在食品健康安全及食品保鲜技术研究方面取得杰出成就，先后获得美国总统青年科学家奖、“2008影响世界华人”大奖；孙秀芝以其在基于生物质的聚合物与合成物领域的卓越成就，出版了专著，并被美国农业部委任生物质产品与生物质能源创新性研究项目制定组组长；汪春教授，全国劳模，善于以奇制胜，在钵苗摆栽机的研制中竟能彻底摆脱日本机构极为复杂的模式，而以插秧机为基础，重点转为秧盘研究，他的这种“以正合、以奇胜”的创新思维是早在读博士阶段就得到蒋亦元亲授的。

在蒋亦元的家里和他的院士办公室中都挂着与学生们合影的大照片，并冠以“母以子贵，师以生荣”的标题。他还将体现学生工作成绩的文章、杂志放在最显眼的地方，引为骄傲，令人感动。把发现和培养的人才看作自己毕生科学工作中最大的成就，这正是蒋亦元值得尊敬和歌颂的“师道”和“师德”。

四、德才兼具　韵味人生

一流的科技成果诚然可贵，高尚的道德价值更高。蒋亦元常常强调一个好的科学工作者必须具备“德、识、才、学”这四方面的素养，并形象地做了比喻：“才”如战斗队，“学”如后勤部，“识”如指挥员，但倘若没有“德”，拥有的其他一切都将是空谈。蒋亦元始终将“德”放在首位，因为它是一个人在科学研究中最终取得成功的一个最重要的条件。透过蒋亦元的言教和身教，他的众多弟子都已深深体会到“德”的重要，努力践行着导师对科技工作者的道德要求和原则：一是要尊重别人的劳动成果，痛斥剽窃他人成果的行为；二是在试验研究中不要为证明自己的理论分析结论是正确的，对试验结果作虚假报告；三是在总结和汇报自己成果时，一定要杜绝弄虚作假，一旦被他人披露，将严加查处。

作为科学家，蒋亦元对待体育锻炼也像对待科研那样严肃认真，从不凑合。他常说，“一个人要保持身体健康，应该有正确的目的和长远的目标，即为了多给国家的建设出力，为了多做有益于时代进步的事情。尤其一个学者，忽视健康，就等于缩短自己的职业生命!”基于这一认识，蒋亦元常年不懈地坚持体育锻炼。

蒋亦元从大学毕业来到东北，至今已有近60个年头，在这漫长的岁月中，他始终坚持晨练。此外，蒋亦元还会不失时机、“见缝插针”地进行锻炼。他常说，只要想健身，随时随地都是可以的，上下班能走步就不骑车，能骑车就不坐车；上下楼，只要时间允许就不要乘电梯；坐着工作时间久了，可站起来伸伸腰、扩扩胸，两足轮流踏地或坐着伸直腿、身体前后俯仰、做几次深呼吸；家务劳动中不用拖布，改为蹲地用抹布擦洗，等等。他常说，坚持体育锻炼是自己在耄耋之年尚能做点工作的重要缘由之一。

在很多人的印象里，农机工作者全身心地投身于事业，常与冰冷的机械打交道，因而会缺乏生活情趣，但蒋亦元却多才多艺、兴趣广泛、志趣高雅。蒋亦元认为，“想搞好科研的人，不应终日仅和数字、公式、定理等打交道，如能常读诗词，体会其精髓，以至习作，是有利于培养自己创新思维的。”他总会在工作学习之余挥笔泼墨，根据科研感受赋诗填词，其多篇诗作还被收入《院士诗词选》。

熟悉蒋亦元的人都知道，伴随蒋亦元科研生涯的，还有一样精神润滑剂，那就是音乐。蒋亦元对音乐有一种特殊的感情，他既喜欢传统的民族音乐，如《梁祝》等，也常常对现代流行的音乐产生兴趣，如好莱坞大片《泰坦尼克号》的主题曲 *My heart will go on*。平日，除了唱歌，他对二胡、笛子、口琴、小提琴等乐器演奏也非常钟爱。虽然这些在公开场合少有展示，但是它们却是其在家庭音乐会上的保留节目。

农业工程圈子里每有娱乐活动，作为最精彩的一幕——蒋亦元的独唱都是必不可少的。由于精通英语和俄语，他的节目又不局限于中文歌曲，同一首歌，他会分别用英文或者俄文，然后再用中文演唱，也曾多次在国际会议中引吭高歌。当他以饱满的热情唱完那些中外名歌时，台上台下总是响起最热烈的掌声，甚至常有国外听众讲，“蒋院士择业有误，应去当歌手。”几年前，在北京国际农业工程大会期间，蒋亦元应外宾之邀演唱了世界著名的作曲家托西里的《小夜曲》，引起轰动，一些外宾还纷纷上台与他拥抱，祝贺他演唱成功。

醉心于钟爱事业的人，是不知疲倦、更是乐在其中的。由于业绩突出，蒋亦元曾连续四年（1962～1965）被评为哈尔滨市劳动模范，1980年被评为黑龙江省特等劳动模范。他曾获得黑龙江省科学大会项目奖4项、黑龙江省先进科技工作者称号。1999年获国务院学位委员会、教育部联合授予他“全国首届优秀博士论文指导教师奖”。2001年，蒋亦元荣获全国农业科学技术先进工作者奖等等。然而蒋亦元总是把成功和荣耀当成过眼烟云。如今，耄耋之年的蒋亦元的日程依然繁忙，一个又一个新的目标正在酝酿、实施之中。相信，他的精神将激励代代学子在科研的道路上不断探索、前进。

五、蒋亦元主要论著

蒋亦元，温锦涛，王志夫．1960．农用离心风扇特性测定和设计方法的探讨．东北农学院学报，(2)：99-108，115-118.

蒋亦元，刘振声．1960．乳牛饲养机械化的初步研究．东北农学院学报，(4/5)：119-145.

蒋亦元．1964．平台式逐稿筛的理论分析．农业机械学报，(1) 19-27.

蒋亦元，杨树德，白世贵，等．1965．亚麻种子清选机械的研究．农业机械学报，(5)：506-511.

蒋亦元．1976．水田筑埂机的研究和聚四氟乙烯覆层的应用．农机情报资料，(12)：1-14.

蒋亦元．1979．平台式逐稿器的理论研究．农业机械学报，(2)：75-84.

蒋亦元．1981．农业机械学．北京：农业出版社.

Jiang Y Y, et al. 1982. A Rice Combine for Threshing Prior to Cutting, for Presentation at the 1982 Winter Meeting of American Society of Agricultural Engineers. Chicago, USA, being included in ASAE Yearbook.

Цзян И-юаиь. О Новой технологии Уборки Риса и Системе Уборочных Машин Характеризованных Обмолотом Очесывания На Корню, Доклад зачитанный на первой совместной научной конференции БСХИ и СВСХИ по проблемам социально-экономического развития и основных направлений научно-технического прогресса в сельском хозяйстве СССР и КНР, состоянном в БСХИ май 1990.

Jiang Y Y, et al. 1991. A New Rice Harvesting Technology and Its Stripper- Featured Machine System, Agricultural Mechanization in Asia. Africa and Latin America，22 (3).

Jiang Y Y，et al. 1991. Research on Finger’s Curve of Crop Lifter for the Threshing Prior to Cutting (TPC) Combine Harvester. Proceedings of International Symposium on Agricultural Mechanization，Beijing，China.

中国农业百科全书编辑部（蒋亦元主编）. 1992. 中国农业百科全书 · 农业机械化卷 · 作物收获机械化分支. 北京：农业出版社.

蒋亦元，涂澄海，许家美，等. 1993. 水稻割前脱粒收获机器系统. 农业机械学报，(1)：55-60.

蒋亦元，涂澄海，刘道顺，等. 1996. 以球体沉降实验检验 π 关系式预测的可行性. 农业工程学报，(3)：5-10.

蒋亦元. 1996. 相似准则方程的正确建立及其与回归正交旋转设计的比较. 农业工程学报，(3)：11-15.

蒋亦元. 1996. 以 π 试验设计的实验验证适用于不同阻力区段的球体沉降公式. 农业工程学报，(3)：16-19.

蒋亦元，许家美，涂澄海，等. 1997. 摘脱后切割茎秆搂成条铺的稻（麦）联合收获机. 农业工程学报. (1)：57-62.

蒋亦元. 1997. 板齿摘脱滚筒的核心功能——吸附作用的理论研究. 农业工程学报，(1)：63-68.

Jiang Y Y，et al. 2003. Crop Flow on Stripper Harvester Rotor—Analysis of the Adsorption Effect with Triangular Teeth. Proceedings of the International Conference on Crop Harvesting and Processing，9-11 Feb. Louisville USA. ASAE Publication Number 701P1103e，ed.

Цзян И-юаиь，и дру. 2005. Прогресс в Механизации Консервационного Культивирования Пропашных Культур и Риса——Эффективная Мера Сбережения Земель от Эрозии на Северо Востоке Китая，Материалы 4-й Научно-Практической Конференции Том 1《Экология и Сельскохозяйственная Техника》，Сант-Петербург.

主要参考文献

《东北农学院校史》编写组. 1988. 东北农学院校史 1948～1988. 哈尔滨：黑龙江科学技术出版社.

中国工程院学部工作部. 1998. 中国工程院院士自述. 上海：上海教育出版社.

夏明，廉维亮，刘卓. 2006-8-17. 内外兼修 提升行业科技创新能力——访中国工程院院士、东北农业大学教授蒋亦元. 中国农机化导报.

石岩. 2008. 颗粒归仓的梦想——蒋亦元传. 北京：科学出版社.

撰写者

石岩（1981～），东北农业大学党委宣传统战部文化建设科科长。

刘更另

刘更另（1929～2010），湖南桃源人。土壤和植物营养学家。1994年当选为中国工程院院士。1952年毕业于武汉大学农业化学系；1955年留学苏联四年，获农业科学博士学位。曾任中国科学院长沙农业现代化研究所副所长，中国农业科学院土壤肥料研究所所长、中国农业科学院副院长。20世纪60年代和同志们一道研究出磷素防治水稻"坐秋"的办法及其机理，施用磷肥种植绿色能大大提高当地水稻产量。70年代首次研究出利用钾素提高绿肥田稻谷产量及防止棉花黄叶枯病措施，完善了双季稻绿肥制度。80年代首次研究出红壤中"锌"和"砷"的化学行为，每亩施用硫酸锌1千克，可防治水稻"僵苗"，增产稻谷40～50千克。特别明确了不同形态的砷化物与14种作物的关系，该项结果受到国际土壤化学界的普遍重视，并已编入大学教科书。80年代末，在全国不同气候带布置了9个长期定位实验，持续了20多年揭示了土壤肥力演变和肥料效应的某些规律性。在红壤旱坡地上提出并推广了"水平浅沟、沟沆相连，分散蓄水"的工程措施，解决了红壤旱坡地季节性干旱问题，为发展林果业、草业、恢复植被、建立良好生态环境做出了突出的贡献。6次获国家级奖励，11次获省部级奖励，发表科学著作和论文160多篇（部）。

一、生平概要

刘更另，又名刘赓麟，1929年2月15日生于武陵山区的湖南桃源县。这里苍松翠柏，森林茂密，离家不远就是有名的"桃花源"、"秦人古洞"，那更是芳草鲜美、落英缤纷，到处有良田美地、桑竹之属。刘更另的父母都是农民，苦于文化不高，节衣缩食，送子上学。刘更另7岁起就离家上学，15岁考入国立第八中学高中部，和朱镕基同班同学两年。抗日战争胜利后，刘更另转到湖南省立第14中学，1947年毕业。

在中学阶段，可以说刘更另兴趣广泛，成绩优异，课堂上、操场上、舞台上、棋台上都非常活跃。尤其喜欢古文和化学，然性格内向，不爱交际，但言谈起来，又非常幽默、诙谐，语言生动。在课堂上喜欢提问，敢于发言和辩论，中学古文老师陈宗阑老先生称赞他“好问则裕”，英文老师沈克家称赞他“多思善辩”。

1946 年 7 月 1 日，刘更另失去了父亲。母亲多病，无人侍奉。全家靠祖父母养猪、种田过活，生活非常艰苦。能否读完高中尚属问题，哪有上大学的可能?！可是刘更另没有被困难吓倒，决心报考公费大学，以求深造。经过艰苦努力，终于 1948 年 8 月考上了武汉大学和中山大学，刘更另选择了武汉大学。当时的公立大学，虽然不像私立大学那样收昂贵的学费，但是伙食费、医药费、书籍费还是不少。哪里找这些钱？只有勤工俭学，用自己的劳动筹集膳费。艰苦的条件不仅使他学到了知识，而且还磨炼了他坚韧不拔的意志。

不久，刘更另接触了进步思想，参加了进步“读书会”。后来他又参加了反饥饿、争温饱的学生运动。1949 年 1 月，刘更另被吸收参加地下党的外围组织——中国新民主主义青年联盟，并投入武汉大学的“保校保产”运动，直到 5 月 16 日武汉解放。

1949 年 8 月湖南和平解放，9 月底组织上批准刘更另回家探亲。当时桃源县还是混乱局面，旧政府早已垮台，人民政权尚未建立。土匪、特务、流氓、地痞、恶霸横行乡里，到家没两天，传出风声，土匪要抓刘更另这个“共产党”，母亲担心儿子的安全，催着儿子快走；儿子呢，看到重病的、奄奄一息的母亲，怎么也不愿离开；最后母亲生气了，祖母也哭了，左邻右舍都催他快走，刘更另只好含着眼泪、匆匆告别了自己的亲人。果然，不出两天，土匪就来捕捉他了。可这时他已经像一只小鸟在万里晴空中自由飞翔了。1949 年 10 月 5 日夜，他在沅水小木船上，在月光下写下了这样一首诗：群匪用心毒，螂臂敢挡乘，此去归何处？乾坤任纵横！

二、勤奋努力　“乾坤任纵横”

几十年的实践正好印证了刘更另那“乾坤任纵横”的诗句。祖国大地广大的农村和山区，确实变成了他倾注心血的地方，到处留下了科学研究、纵横观察的足迹。刘更另非常重视农业生产前线和科学实验第一线的工作，先后在湖南祁阳官山坪实验研究 28 年，湖南桃源 8 年，湖南冷水滩 7 年，河北迁西 20 年。在实验站上，最长的一年工作了 342 天。为了研究山区的农业问题，刘更另先后考察了武陵山、五岭山、雪峰山、罗霄山、武夷山、乌蒙山、峨眉山、太行山、燕山、沂蒙山、长白山、天山、阿尔泰山、昆仑山等。

对有些山区，刘更另进行过多次考察或定点实验。为了研究燕山地区的水资源情况，他从研究迁西县的水库开始，实地考察了迁西 26 座大、中、小型水库和上百个水池、水溏、灌溉渠道、河坝等，广泛收集资料。刘更另体会到：“对农业上许多问题的理解，看与不看，大不一样。”大范围调查、多点实验、长期定位研究是刘更另从事农业研究的特色。把宏观和微观结合起来，把生物学和地学结合起来、把认识论与方法论统一起来的科学思维，才能更全面地认识客观世界、更准确地了解许多农业技术问题的实质。例如，刘更另在湖南祁阳官山坪研究低产水稻田的改良，就是按照这条认识路线进行的。

官山坪处在典型的南方红壤地带，土壤非常贫瘠。有一种鸭屎泥，特别怕冬干，冬干以后，来年插下秧苗，待在地里，老不转青，不发根也不分蘖，一直坐到秋天才生长，群众把这种现象叫“坐秋”。“坐秋”的稻田单产很低，一亩只有 100～150 千克，群众说：“一年干冬，三年落空”，又说：“挑粪下田，不如泡冬过年”。这种田南方各省都有，总面积约有 4000 万亩。1945 年湖南大旱，第二年禾苗普遍“坐秋”，严重减产，造成了骇人听闻的大饥荒。

这些情况使刘更另的心情久久不能平静，要改造这种低产土壤，提高作物产量，急需进行科学研究，否则红壤改良无法谈起。刘更另要直接参加改良鸭屎泥的行列，到实验基点去，到农业生产第一线上去，亲自去实践，去探索这个地区农业发展的途径，把总结群众生产经验的农村基点和实验场、实验室的研究结合起来。经过两年的调查了解，1964 年 3 月 24 日，刘更另来到了这个偏僻而贫穷的小山村——祁阳官山坪，立即投入改良鸭屎泥田的战斗。首先肯定施用磷肥防治水稻“坐秋”的办法，进一步研究土壤中磷素活动变化的规律，了解土壤中各种因素之间的关系，抓住磷素活化、泥团融化、生土熟化等几个方面，把研究工作引向深入。经过大量的调查和实践观测发现，同一地形部位，鸭屎泥“坐秋”，黄夹泥不“坐秋”；同是鸭屎泥，冬干的“坐秋”，冬泡的不“坐秋”；同是冬干的鸭屎泥，插早稻“坐秋”，插一季晚稻不“坐秋”；同是插一季晚稻，气温泥温低时插的“坐秋”，气温泥温高时插的不“坐秋”。从这些现象中，他认识到土壤中磷素的变化与土壤温度、土壤水分和泡水时间有密切的关系。土壤干燥过程中，随着泥浆向泥团的转化，有效磷被固结，蓄水泡冬可以增加有效磷 30%～50%，多犁多耙也可缩短浸泡时间，加速磷素活化。施猪粪、压山青，能防止磷肥固结，活化土壤磷素，猪粪和难溶的磷矿粉共沤，可以提高有效磷 1 倍左右。通过这些实验，刘更另等总结出了许多规律性的认识，即土壤中存在磷素有效化和无效化过程，也是固结与反固结过程。泡水，提高泥温，施猪粪、压山青，多犁多耙，可以促进无效磷素向有效磷素转化，这就是反固结过程；土壤干燥，降低泥温，减少有机物，可以使有效磷素向无效态磷素转化，这就是固结过程。

通过化验分析，冬干的鸭屎泥田磷素奇缺，速效磷含量只有5～10毫克/千克，相当于冬泡的1/5～1/4，用7.5千克过磷酸钙沾秧根，每亩可增产稻谷52.5千克；用15千克磷肥做面肥，可增产稻谷83千克。用什么办法能使土壤磷素活化，泥团融化呢？实验结果证明，绿肥不仅能增加土壤有机质和养分，而且对融化泥团和活化土壤中的磷素有特别良好的效果。根据田间测定，在4000立方厘米冬干鸭屎泥的土壤中施用绿肥后，直径为1～4厘米的泥团只有870克，而对照则有2075克，冬干田比绿肥田中泥团多1205克，绿肥田的泥团比冬干田的团块几乎少3/4。盆栽试验结果表明，绿肥加水泡沤以后，对磷酸三钙有明显的溶解作用，和磷酸三钙在水中的溶解情况比较起来，土壤溶解性磷提高了1倍左右，鸭屎泥中的磷，在冬干过程中，主要以磷酸三钙的形式存在，因此绿肥对鸭屎泥中的磷素活化作用特别显著。

经过一系列研究，刘更另等总结出了“冬干坐秋，坐秋施磷，磷肥治标，绿肥治本，以磷增氮，加速土壤熟化”的规律性措施，施用磷肥和种好绿肥，不仅是防治和改良冬干“坐秋”鸭屎泥的有效措施，同时也是改良黄夹泥、白夹泥等低产田的有效措施。官山坪大队运用这些措施，水稻产量大幅度上升，1964年祁阳县推广17万亩，增产30%～50%，湖南省也大力推广，据湘南湘中6个专区不完全统计：推广面积达295万亩，约增产稻谷1.8亿千克。

三、抓生产问题

有了磷肥、绿肥，为双季稻的发展提供了条件。

新的种植制度——双季稻绿肥制度出现了。新的种植制度更充分地利用自然界光热资源；有效地提高复种指数和土壤肥力，大面积稻谷亩产提高100～150千克。农民看到了新制度的优越性。

从1964年起，湖南衡阳地区大力推广官山坪工作站的经验。1974年，该地区又普及了双季稻绿肥制度（占稻田面积的78%）。在推广新种植制度的过程中，刘更另发现新问题，即早稻产量比较高；一般250～300千克/亩；晚稻产量低，一般亩产100～150千克。从光热条件来分析，晚稻生育期间有比早稻更优越的光热空气条件，其所以低产，归根到底还是土壤、肥料、品种和栽培技术上的原因。1974年7月向祁阳县委、1976年向衡阳地委写了《力争晚稻超早稻》的建议，并提出早插、早管、早追肥的关键措施。衡阳地委接受了建议，到1980年351万亩晚稻连续几年大增产，平均每年增产18.6%，晚稻总产由4.9亿千克上升到10.8亿千克。1983年湖南全省实现了“晚稻超早稻”的目标。

新种植制度的第二个问题就是养分不平衡、不协调。双季稻绿肥是个好制度，栽培紫云英能固定空气中的氮素，活化土壤中的磷素，改善土壤结构，绿肥田比冬水田耕性好、肥力高，只要把紫云英种好了，双季稻一般能稳产500千克/亩左右。但从植物营养角度来看，单靠紫云英还不能满足大幅度增产的需要。首先是紫云英养分不平衡，氮多而磷钾少；每亩3000千克的紫云英含有600千克稻谷所需的氮素，可是由于养分不平衡，往往每亩只能收300多千克稻谷。其次是紫云英供应养分不协调。5月上旬水稻分蘖需要大量养分，可是当时水冷泥温低，紫云英分解慢，满足不了水稻分蘖猛长的要求，所以这时紫云英田的禾苗还不如冬水田来得快。可是到了5月底6月初正是水稻幼穗和颖花分化时期，即由“长苗”向“结谷”的转化时期，照理禾苗不需要太多氮素，可是这时气温高，紫云英分解快，供氮很多，禾苗猛长，无效分蘖大量发生，植株荫蔽，禾苗退不下色来，后期也就落黄不好；病虫害严重，瘪谷空壳多。所谓“喜死人的苗，气死人的谷”，这在一定程度上反映了新种植制度的缺陷。刘更另发现了这个问题，经过一系列的实验证明：在双季稻绿肥制度下，一定要补施钾肥，1975年给有关部门写了《发展钾肥生产、搞好氮钾平衡》的建议。为双季稻绿肥制度的巩固与发展做出了新贡献。

“双季稻绿肥制度”发展以后，发现的第三个问题就是“水稻僵苗”。1980年，衡阳地区早稻“僵苗”达20万亩，轻微的一般减产25～30千克/亩稻谷，严重的颗粒无收。科学界说法不一，有的说是病毒引起的“矮缩苗”，有的说土壤潜育化引起的还原性物质毒害，还有的说是缺钾引起的“赤枯病”。

针对这个问题，刘更另首先进行广泛实地调查，发现水稻僵苗一般是紫泥田上比较严重，其他泥土比较轻微；同是紫泥田，绿肥茬比较严重，其他茬口轻微；同是绿肥茬，绿肥厚的比较严重，绿肥薄的轻微；此外，低垄田比较严重，高垄田比较轻微；施氮磷钾肥多的比较严重，氮磷钾肥少的轻微。水稻“僵苗”与20世纪60年代初期的水稻“坐秋”症状不同。它是在禾苗返青后停止生长，不分蘖，不发蔸，叶色深绿，完全叶未长成又长出新叶，叶片错位，严重的是第7叶到第9叶下部叶片出现褐色斑点，上部叶片边缘有皱纹，叶鞘和心叶有白斑，叶尖枯死，株型矮小，严重时，死苗。气温升高，“僵苗”更重，一般发生在水稻插秧以后15～20天。经过一系列的分析化验和田间模拟实验，确定水稻“僵苗”是土壤有效锌供应不足引起的。并且阐明在碱性条件下，“磷锌矛盾”。紫泥田pH 7.6～8.1，碳酸钙3.8%～7.0%，有效锌0.3～0.5毫克/千克，土壤中磷酸根越多，绿肥生长越好，腐解时还原势越强，这样有效锌沉淀越多，致使水稻严重缺锌而“僵苗”。每亩施用硫酸锌1～1.5千克，就可以解决“僵苗”的问题，每亩增产稻谷23.3千克。1981～1982年，衡阳、零陵、邵阳推广面积76万亩，增产稻谷1335万千克。

四、攻薄弱环节

1975年6月中旬，刘更另偕衡阳地区农办副主任到湖南常宁县考察抗旱情况，发现有一片稻田土壤干旱开裂，水从旁边沟里潺潺流过，群众就是不浇水，禾苗旱得成凋萎状态。一同考察的农办主任见此情况后很生气，要处分公社党委书记，认为他是同地委抗旱指示“对着干”。刘更另当时不这样看，他想为什么农民群众不浇水，这“举手之劳”的事不办，其中必有原因。留下来，一打听，才知道这种田就是不能浇水，让它这样干着，每亩还可以收75～100千克稻谷，如果一浇水，马上死苗、颗粒无收。不仅如此，老农们还引出一系列有趣的故事：“有一年大旱，路旁的禾苗都干枯了，群众晚上集会，打着灯笼火把，有人不小心，把火把丢在田里，烧着了半亩田的禾苗，没过几天被烧的禾苗反而发出新苗，抽穗结谷，每亩收稻谷100千克，没有烧的颗粒无收。这种土就有这个怪脾气。”有一个村干部说：“1958年在我们这里修水库，各地的民工在这里住，积攒了许多人粪尿，县委书记在这里搞丰产样板，他想，有这么多人粪尿，还怕不高产？不料插秧以后，禾苗不仅不长，反而死苗，粪尿施到哪里死到哪里，后来书记也没有办法，灰溜溜地走了。”有一个老农说：“这里过去没有种水稻的习惯，大量的种棉花、柑橘、生姜、花生等旱作物，新中国成立后‘以粮为纲’，我们这里来了一个‘旱改水’，这样才种水稻。”听了这些，刘更另感到奇怪，但想到可能是土壤的问题，经过土壤化验分析得知，这种土壤含砷和镁都在500毫克/千克以上，经过模拟实验，最后了解这是砷（As）的毒害。

提起砷，刘更另联想起很多很多，国际上都把砷化物列为剧毒污染物质，食品中砷的含量不许超过0.2毫克/千克，可是在土壤里有的样品含砷量超过4600毫克/千克，当地的生姜、花生、柑橘有一种特殊的香味；当地人民的健康状况：人多瘦长、发黑、多患眼疾、脱发，但寿命较长，刘更另想了解砷化物与植物的关系。刘更另同研究生一起研究了13种植物与砷化物的关系。为了探索砷与磷、硫、硒各元素之间的关系，他研究了砷与过氧化氢酶（CAT，catalase）、超氧化物歧化酶（SOD，superoxide dismutase）、谷胱甘肽过氧化物酶（GSH-Px），分析了几十种防治心血管病的中成药，发现其中很多都含有剧毒的砷化物，最高的超过国际许可标准500多倍。

这些研究，本来已经超出了刘更另原来专业的范畴，可是他对这些矛盾现象总是穷追不舍。他的这些结果在国际土壤学会第13届大会上报道后，引起同行极大的兴趣，挪威科学院院长洛格（Log）教授对这项工作作了很高的评价，国内已将这些工作收入大学教科书。

As_2O_3 曾经被认为对人类是剧毒的东西。然而在2000多年以前中国人就用它来医治人类很多疾病，用它来改善柑橘的糖酸比，提高柑橘的品质和香味。现在中国的年轻医学家陈竺博士等，用它（As_2O_3）来杀死血液里的癌细胞，医治世界顽疾——白血病。

人类对砷化物的认识深化了。对刘更另来说，他是在极端矛盾的现象中得到启发，穷追不舍，而有所收获的。

五、长期坚持　不断实践

当前，“急于求成”的风气和做法，对科学的创新和发展，有很大的消极作用，刘更另对此深为担忧。农业问题、土壤问题、生物问题等都需要长期坚持、不断实践，才有所认识，在这方面刘更另对自己、对同事、对学生的要求，都是非常严格的。刘更另在湖南祁阳红壤改良实验站工作28年，前前后后布置了许多长期实验，到1998年为止，20年以上的实验有6个，15年以上的有9个，在孟公山布置了一个长期实验，一个周期12年，在密云也布置了一个12年的长期实验。现在已经8年了，如果能坚持上4～5个周期，那么它对红壤地区的植被演替、生态重建、林业草业的发展将会积累许多规律性的认识。

1975年布置的“阴离子长期实验”，到现在已经30多年了，一共种了100多茬作物，该实验证明在南方红壤性水稻土中，长期施用含氯离子和含硫酸根离子的化肥，这些离子在土壤中积累不多，还没有发现它们影响作物生长发育的问题。虽然如此，但是氯离子和硫酸根离子对土壤、早稻、晚稻、子粒、营养体的作用是不同的，到现在还没有深入分析。

“三种红壤熟化因子实验”、“水稻高产综合因子实验”、“水稻种植制度长期比较实验”都有20多年了，刘更另利用这些实验的材料培养了8名硕士和4名博士。然而，尽管近期因长期试验的经费无着落，但他在苦守，不言放弃。

1986年起，在刘更另倡导和主持下，在全国不同土壤气候带上建立了9个土壤肥力和肥料效应长期监测实验。包括东北黑土（吉林公主岭）、西北黄土（陕西杨凌）、新疆荒漠土（新疆乌鲁木齐）、华北褐土（北京昌平）、中原潮土（河南郑州）、四川紫色土（重庆北碚）、南方红壤（湖南祁阳）、华北赤红壤（广东广州）、高肥力水稻土（浙江杭州）。现在，有许多实验获得了很好的结果，但是有的实验已经废了，很可惜。这些实验，现在已经进行20多年了，目前还不能说它在农业生产上、在土壤肥料和植物营养科学理论上有什么大成果，更谈不上这些实验像美国的伊利诺伊的长期实验一样，是国家农业发展的“里程碑”。但是，这些实验具有特色，它不是在一种土壤上的定位实验，而是在不同土壤气候带上的多因素系统实验。它不仅观测土壤肥力的演变和肥料效应的变化，而且还探索耕作、栽培与作物生长发育的复杂关系。把这些长期实验坚持下去，对中国农业生产、农业科学和土壤肥料科学都有很重要的意义。刘更另下决心倡导这件事，是倡导在农业科学、土壤肥料与耕作栽培方面要加强基础研究工作。

六、出专门人才

中国农业科学院成立研究生院以来，刘更另自1982年开始招收研究生，先后为国家培养了2名博士后，16名博士，11名硕士。刘更另培养的这些学生现已成为国家研究机关的主要领导或科研骨干。有的已成为实验站站长，有的已成为研究所所长，有的已成为博士生或硕士生导师，独立主持国家重要研究课题。

这些学生之所以都能成长成才，主要得益于他独特的培养学生的方法：充分发挥学生各自的主观能动性，特别强调学生注意观察，重视实践，要学会季米里亚捷夫提倡的“和植物谈话”。刘更另自己也是一样，不怕向自己的学生学习。刘更另多次在研究生新生入学的开学典礼上说：“与其说是学生向我学习得多，不如说是我向学生学习得多。导师的主要作用是把好治学态度关和研究方法关，使学生通过研究生阶段的训练之后，能发现问题、分析问题、解决问题，真正独立地从事科学研究。”这在中国农业科学院研究生院一直被传为佳话。

刘更另特别重视女学生的教育和培养。有一位研究生导师的一名考生成绩考得不错，但因是女生，担心女生体力差，做实验不方便，不愿意招收。他看过这个学生的材料并面试后，认为该生素质不错，朴素，能吃苦，便毫不犹豫地录取了她。该同志学习很好，现在国外很重要的岗位上从事研究工作。

人家说刘更另爱才如子，只要发现好苗子，不惜花重金进行培养。中国农业大学的一位博士希望到中国农业科学院来做博士后，经过考察和了解，发现该同志综合素质不错，但没有招聘指标，他决定采用自费招聘的办法录取。这样在中国农业科学院内破天荒，头一个自费招聘了博士后研究人员。

总而言之，刘更另在农业科学战线工作几十年的体会集中起来就是这样几句话：

抓生产问题，做基础工作，用先进手段，攻薄弱环节，得综合成果，出专门人才。

七、刘更另主要论著

刘更另. 1959. 从甘肃沙田看土壤耕作的几个问题. 北京：农业出版社.

刘更另. 1961. 充分利用肥源，增积有机肥料. 红旗，(9/10)：53-57.

刘更另，陈福兴. 1964. 湖南祁阳关山坪大队几种农业土壤的培肥办法. 中国农业科学，5 (10)：34-41.

刘更另. 1965. 湖南丘陵区稻谷高产途径分析. 耕作与肥料，(1)：37-42.

刘更另. 1965. 到生产中进行农业科学实验. 红旗，(13)：29-33.

刘更另. 1981. 论科学的耕作制度——湖南衡阳地区双季稻发展过程的分析. 土壤肥料，(1)：1-4.

刘更另. 1983. 生态条件和水稻早期生长势的研究. 土壤肥料，(1)：1-6.

李比希. 1983. 化学在农业和生理学上的应用. 刘更另译. 北京：农业出版社.

刘更另. 1984. 土壤肥料科学和现代化农业. 土壤肥料，(6)：1-4，15.

刘更另，高素端. 1985. 土壤中砷对植物生长的影响——南方“砷毒田”的研究. 中国农业科学，18 (4)：9-16.

Liu G L. 1986. Toxic effect of arsenic acid on plant in red soils. Transaction XIII Congress of the ISSS. V. II. Hamburg，8.

刘更另，高广领. 1987. 不同植物富钾作用的研究. 中国农业科学，20 (5)：48-54.

刘更另. 1988. 有机肥料的生产使用是一项社会产业. 中国农业科学，21 (5)：1-6.

Liu G L. 1988. Grain production and balanced fertilization in China. Proceedings of the International Symposium on Balanced Fertilization，11：7-12.

刘更另，李绪花，秦道珠. 1989. 长期施用硫酸盐肥料对土壤性质和水稻生长的影响. 中国农业科学，22 (3)：50-57.

刘更另，黄新江，冯云峰. 1990. 红壤丘陵自然植被恢复及其对某些土壤条件的影响. 中国农业科学，23 (3)：60-69.

刘更另. 1991. 中国有机肥料. 北京：农业出版社.

刘更另. 1992. 营养元素循环和农业的持续发展. 土壤学报，29 (3)：251-256.

陈铭，谭见安，孙富臣，刘更另. 1993. 湘南红壤对 NO_3^- 和 SO_4^{2-} 的吸附机理研究. 环境化学，12 (4)：252-257.

刘更另. 1994. 矿质元素与食物链. 北京：中国科技出版社.

刘更另，邱建军. 1998. 科学建设新疆棉区. 作物学报，24 (6)：641-650.

撰写者

刘更另（1929～2010），传主本人。

庞雄飞

庞雄飞（1929～2004），广东佛山人。昆虫学家，生态学家和高等农业教育家。1997年当选为中国科学院院士。1953年毕业于华南农业大学后留校任教。1955年奉派留学苏联，在莫斯科季米里亚捷夫农学院攻读研究生。1959年毕业获苏联副博士学位。回国后在中国农业科学院原子能研究室工作数月后，被派遣回华南农业大学任教。1977年被破格晋升为教授。历任昆虫学教研室主任，农业部昆虫生态、毒理重点开放实验室主任、副校长，国务院学位委员会第二、三届学科评议组成员，广东省第一届学位委员会委员，中国昆虫学会和中国生态学会常务理事。他长期从事昆虫学和种群生态学的研究，在昆虫物种多样性保育与利用、害虫种群系统控制理论与技术、植物保护剂研究等多个领域做出了开拓性贡献。他共发表昆虫新种137种，出版专著和教材18部，其中《害虫种群系统控制》被国家列为当代科技重要著作；对中国岭南地区是生物物种丰富区域的论证，为南岭国家森林公园和南岭国家自然保护区的建立奠定了重要基础。他的研究成果共获得国家自然科学奖、国家科技进步奖和省部级科学技术奖15项。这些成果和学术思想对中国昆虫学和生态学的发展具有重要的意义。

一、教育世家　报国雄心

庞雄飞，1929年9月3日（农历八月初一）生于广东省佛山市一个清贫的教育世家。他的家族自曾祖父以下共有30人从事教育工作。父亲庞之鉴，母亲卢慕娲，均为小学教师；庞雄飞兄妹三人，他排行第二，兄长庞健行是佛山市的中学教师，妹妹庞励平是广州市的小学教师。庞雄飞幼时靠父母在佛山开办私立博爱小学过着清贫的生活。1938年日寇侵占佛山，父亲携妇将雏避难到广东山区德庆县凤村圩，次年病逝。从此，母亲一人挑起了继续办学和抚育儿女的重担。当时，年仅10岁的庞雄飞便与兄长一起在上学的同时租地耕种，用幼小的肩膀和双手帮助母亲养家糊口，苦度艰难的岁月。1942年，庞雄飞在博爱小学毕业进入南海县第一中学读书，在日寇投降后转学到佛山市华英中学，于1947年毕业。中学毕业后，由于家庭经济拮据，未能马上投考大学，但他一边在小学教书，一边准备报考大学。苦难的童年，颠沛流离的生活经历造就了庞雄飞不畏艰难困苦，勇于开拓进取的坚强性格。1949年，庞雄飞考入了中山大学蚕桑系，后转到病虫系，师从赵善欢、蒲蛰龙等昆虫学前辈。1953年本科毕业留校任教并在赵善欢指导下在职攻读研究生。1954年加入中国共产党，同年赴北京参加留苏培训，1955年被国家选派到苏联留学，在莫斯科季米里亚捷夫农学院攻读研究生。在季米里亚捷夫农学院，他主要研究瑞典麦秆蝇、玉米螟等玉米害虫的发生危害规律及防治技术，完成了学位论文并在苏联的学术期刊上发表了6篇有关研究论文。与此同时，他对天敌昆虫尤其是瓢虫科的分类利用和害虫生物防治工作产生了浓厚的兴趣，开始广泛收集资料为日后的研究工作做准备。1959年，庞雄飞研究生毕业获苏联副博士学位后回国，在中国农业科学院原子能研究室短暂工作数月后，由时任中国农业科学院院长和华南农学院院长的丁颖安排回华南农学院任教。

在苏联留学期间，庞雄飞结识了一位优秀的女留学生，她就是1951年中国选派到苏联莫斯科学习昆虫学的上海姑娘李丽英。报效祖国，振兴中华的崇高理想和献身科学事业的共同志趣把他们牵在一起，意合情投，默默相爱。1956年，李丽英学成归国，在中国科学院昆虫研究所（今动物研究所）工作。1959年庞雄飞归国后，两人结成爱侣。在近半个世纪的岁月中，这对中国昆虫学界知名的伴侣相知相爱，风雨同舟，比翼双飞。婚后李丽英调回广东省科学院广东昆虫研究所，历任研究员、所长、学术委员会主任、中国昆虫学会副理事长、国际昆虫学会副主席等重要学术职务，并当选为中国共产党第十二、十三届全国代表大会代表、中共广东省委委员和第八届全国政协委员。1986年被授予国家级“有突出贡献中青年专家”称号。庞雄飞夫妇育有一子一女，儿子取名庞志，女儿取名庞虹，寄托了对后代继承父母志向，成才报国的无限期望。庞虹继承了父母的事业，于1997年在华南农业大学昆虫学系毕业，获得博士学位，现在中山大学任教授、博士生导师，已成长为一位优秀的年轻昆虫学家。

庞雄飞回到华南农学院后，雄心勃勃地倾其所学报效祖国。一方面从事昆虫学的教学工作，一方面开始系统研究害虫防治中的生态学基础问题和天敌昆虫的分类利用问题。1961年任华南农学院讲师。除1965年和1966年奉派到古巴支援教育和经济建设，1982年以高级访问学者身份到美国农业部昆虫分类与引进研究所进行为期一年的合作研究外，其余时间均在华南农学院及更名后的华南农业大学工作。1977年，中国在经历了“文化大革命”后正式恢复专业技术职称评审制度，凭借在教学和科研方面的优异成绩，他被破格晋升为教授，1984年被国务院学位委员会批准为博士研究生导师。1997年11月当选为中国科学院院士。

2004年3月25日，庞雄飞因病在广州逝世，享年75岁。

二、主要学术成就

“科学研究是一项目的性非常明确的工作，这个目的既不是为了满足自己的好奇心，也不是为了单纯发表论文获谋取什么个人利益，而是为了人类认识世界和改造世界，为了科学的发展和祖国的繁荣富强。”这是庞雄飞教导学生时常说的一句话。他也用自己的一生为学生树立了光辉的榜样。他在害虫种群系统控制的理论与技术、昆虫物种多样性的研究与保育利用、植物保护剂与植物免害工程等领域做出了开拓性的重要贡献。

1. 昆虫种群生态学与害虫种群系统控制

早在留学苏联期间，在对玉米害虫防治的研究实践中，庞雄飞就意识到昆虫生态学，尤其是昆虫种群生态学是害虫防治的基础。他如饥似渴地阅读了大量有关著作和文献，并就瑞典麦秆蝇为害的影响问题开展了研究。回国后，根据自己的研究实践和认识于1962年在《昆虫学报》上发表论文。就害虫猖獗周期性和发生数量的平衡现象等问题，对马世骏提出的“非生物因子（如气候）是影响害虫大发生的关键因子”的论断发表了完全不同的观点，认为生物制约因子才是影响害虫大量发生的关键因子，从而引发了一场学术大讨论。同时发表了温度对昆虫呼吸强度影响等方面的论文。提出了昆虫呼吸恒定温区的新概念，为国内外同行所瞩目。

在“文化大革命”期间，国内科学家的工作受到严重干扰，国际害虫防治研究领域则出现了快速的发展。其中最突出的有两个方面，一是有害生物综合治理（IPM）策略的提出，二是系统科学理论与技术在生物学研究领域的应用，使害虫防治的研究进入了一个全新的阶段。1978年，拨乱反正后的中国迎来了科学的春天，时值壮年的庞雄飞与全国人民一样意气风发地走进了一个辉煌的新时代。他以敏锐的目光洞察到国际害虫生物防治领域的两大进展对未来植物保护工作的重要意义，决心把系统科学引进到有害生物综合治理的研究，以开创中国害虫防治工作的新局面。1978年10月借在北京参加学术会议的机会，他向中国老一辈昆虫学家、中国农业大学管致和坦陈了自己的思路，得到管先生的大力支持。回校后便带领自己的研究生和一批教师，以1974年开始建设的水稻害虫综合防治示范点广东阳江海陵岛为基地，开始了这一开拓性的工作。此后的20年内，他以高度的热诚、旺盛的精力投入这项事业。一方面自学系统科学的理论和方法，并应用于害虫种群动态的研究中；另一方面与中国农业大学植物病理学家曾士迈通力合作，成立全国植物保护系统工程专业委员会，多次召开全国植保系统工程学术讨论会推动这一领域的发展。在这一时期，他经常与华南农业大学、华南理工大学和中山大学的数学家和系统科学专家在一起共同讨论把系统科学应用于生态学研究的技术问题。经过多年的研究，在总结前人成就的基础上，提出了害虫种群系统控制的理论，并发展了一套相应的研究方法，包括明确定义了“种群系统”的概念，提出了研究目标和范围；提出了适应于昆虫种群系统研究应用的种群状态方程建立原理和方法；解决了同时具有种群动态预测功能和研究种群最优控制功能的害虫种群系统模型的建立问题；改进和发展了种群生命表的技术，提出了评价各类因子对种群控制作用的方法和多种群共存系统的信息处理方法。这些理论和方法都在海陵岛害虫综合治理的实践中得到应用和验证。他与中山大学蒲蛰龙教授等共同完成的“以生防为主的水稻害虫综合防治研究”，于1985年获得国家科技进步奖三等奖。1989年，他所领导的团队完成的系统工程在害虫种群控制中应用的成果获得了广东省系统工程优秀成果奖。1990年，他与曾士迈合著出版了《系统科学在植物保护研究中的应用》，1994年完成了专著《害虫种群系统的控制》，创立并系统阐明了害虫种群系统控制的理论和方法。这一专著获得了国内外专家的高度重视，于1995年由广东优秀科技著作出版基金资助出版，并列入国家当代重要科技著作（农业领域）出版计划，于2001年获广东省自然科学奖二等奖。

2. 昆虫种群生态学与害虫生态控制

昆虫种群生态学在以生产系统为单位的害虫治理工作中占有重要的基础地位。庞雄飞在把系统科学的理论和方法引入到种群生态学的研究。带领他的研究生围绕各种重要农业生态系统节肢动物群落的组成、结构、多样性、稳定性和相似性等问题展开了系统深入的研究工作，发表了一系列的论文，并与他的学生尤民生共同编写出版了国内第一部《昆虫群落生态学》教材。

在害虫种群系统控制和昆虫群落生态学研究的基础上，庞雄飞和他的弟子们又以同样的科学思路开展了作物生态系统的结构与控害功能关系研究，根据害虫生态控制的目标，形成了比较完整的害虫生态控制研究方法，于2002年出版了《害虫种群生态控制》专著。他的弟子们继承和发展了他的这一学术思想，进一步提出了生物多样性恢复和保育为基础的害虫生态控制系统的科学概念，建立了一系列重要农作物害虫生态控制系统，在害虫防治、食品安全、生物入侵与生物安全及环境保护等领域均取得了显著的成果，为国家做出了重要贡献。

3. 天敌昆虫分类利用与生物防治

在有“南中国生物防治之父”之称的蒲蛰龙的熏陶下，庞雄飞早在留学苏联期间就对天敌昆虫的分类利用和生物防治产生了浓厚的兴趣。他的妻子李丽英在苏联求学的专业和回国后的工作都是害虫生物防治，共同的语言、共同的志趣坚定了他们在生物防治领域为祖国建功立业的理想。1966年，他在《动物分类学报》发表了他在天敌昆虫分类领域的处女作《广东拱颏瓢虫新种记述（鞘翅目：瓢虫科）》；1975年系统整理了中国食螨瓢虫的种类，1979年与毛金龙合作出版了专著《中国经济昆虫志·第十四册·鞘翅目 瓢虫科（二）》，建立了中国瓢虫科分类系统；1982年赴美合作研究，借鉴华盛顿博物馆、大英博物馆、日本Fukui大学标本馆和巴黎自然历史博物馆的部分瓢虫模式标本，系统分类整理了中国的小毛瓢虫，有力地推进了中国小毛瓢虫的研究。此后又与福建农林大学黄邦侃合作，系统采集整理了武夷山自然保护区的瓢虫；与广西农业科学院蒲天胜研究员合作采集整理了广西瓢虫。他一生共发表瓢虫分类论文34篇，发表瓢虫新种125个。他还培养了一批瓢虫分类的人才，目前国内从事瓢虫分类工作的专家大都是他的研究生。此外，他还发表了赤眼蜂属和缨小蜂属新种12个。

对天敌昆虫进行分类利用、让生物防治造福人类可以说是庞雄飞毕生的追求，即便是在最艰难的时刻也不改初衷。在“文化大革命”期间，在无法进行正常教学和科研工作的情况下，他作为队长参加了广东省生物防治工作队，到广东雷州半岛农业生产第一线去推广害虫生物防治技术。带领老师和学生到广东省海陵岛去建立以生物防治为主的水稻害虫综合防治示范区，与蒲蛰龙在广东四会大沙建立的示范区相呼应，在国内外产生了重大影响。培养了一批农业害虫生物防治的骨干，为农民增收和农业发展做出了贡献。同时，还参加完成了《天敌昆虫图册》和《水稻害虫天敌图说》的编写工作。

庞雄飞在天敌昆虫分类和生物防治领域的研究成果获得了国家和省部级的奖励。其中“中国经济昆虫志”获2001年国家自然科学奖二等奖，“利用赤眼蜂防治稻纵卷叶螟”获1978年广东省科学奖，“瓢虫科分类研究”获1979年农业部技术改进奖一等奖，“水稻害虫天敌图说”获1989年国家教委科技进步奖二等奖，“重要小蜂类群的分类学系统发育研究”获1998年中国科学院自然科学奖二等奖。

4. 生物多样性研究与自然保护区建设

庞雄飞是自然之子，他从小就渴望认识自然，长期从事昆虫学与生态学的研究，更使他崇尚自然，热爱自然。半个世纪里，他进行昆虫标本采集和专项考察活动的足迹遍及全国各地的自然保护区。2003年初春，他到海南岛出差时见到两种稀有的树木长在一起，即赋诗一首："木兰木莲迎春雨，红花绿叶咏冬闲，借问天湖何处是，云开雾岭彩云间。"流露出对大自然的无限依恋和热爱。

庞雄飞致力于自然保护区的建设研究始于20世纪末，从1988年起他带领研究生从事车八岭国家级自然保护区瓢虫科昆虫研究。1992年秋，应广东省林学会邀请，参加了专家考察团对南岭省级自然保护区进行考察。经过考察，专家团建议在原有乳阳八宝山、阳山秤架、大顶山、龙潭角和连州大东山等五个省级自然保护区建设的基础上，组建南岭国家级自然保护区。庞雄飞查阅了大量文献，通过对南方古生物群落进化史的研究和对南岭山地生物多样性调查研究，提出了"南岭和岭南是生物多样性的特丰产地"的科学论断，奠定了南岭自然保护区在华南生物多样性保护方面不可替代的重要地位。1993年年底，南岭国家级自然保护区遂经国务院批准正式建立。1996年，庞雄飞应邀主编《广东南岭国家级自然保护区生物多样性研究》一书。他多次深入粤北山区调查，三次登上广东最高峰——南岭海拔1902米的石坑崆，经过无数个日日夜夜的呕心沥血，终于在2003年出版。该著作受到各界的高度评价，并被美国国会图书馆收藏。除南岭国家级自然保护区外，庞雄飞还为广东石门台等多个省级自然保护区的建设做出了重大的贡献。

5. 作物免害工程和植物保护剂研究

1999年庞雄飞根据昆虫与植物协同进化的原理，提出了作物免害工程和植物保护剂的新概念，即利用基因工程改变作物次生化合物组成，以达到驱避害虫的目的和利用异源植物次生化合物驱避害虫的新思路，并建立了植物保护剂的研究方法，开拓了植物保护研究的一个新的领域。他的弟子们遵循这一新的学术思路系统进行探索，已取得了部分可喜的成果。

三、庞雄飞主要论著

庞雄飞. 1966. 广东拱颏瓢虫记述（鞘翅目：瓢虫科）. 动物分类学报，3（1）：76-81.

庞雄飞. 1974. 利用赤眼蜂防治稻纵卷叶螟. 昆虫学报，17（3）：269-280.

庞雄飞. 1975. 毛金龙. 叶螨的重要天敌——食螨瓢虫（鞘翅目：瓢虫科）. 昆虫学报，18（4）：418-424.

庞雄飞. 1977. 以保护天敌为中心的除虫技术革命. 广东科技，（3）：1-6.

庞雄飞，毛金龙. 1979. 中国经济昆虫志·第十四册·鞘翅目 瓢虫科（二）. 北京：科学出版社.

庞雄飞，侯任环，梁广文，等. 1981. 稻纵卷叶螟防治策略探讨（一）——稻纵卷叶螟生命表及其死亡原因分析. 华南农学院学报，2 (4)：71-84.

庞雄飞，梁广文. 1982. 稻纵卷叶螟防治策略探讨（二）—— 几种重要生态因子与种群数量的关系及海陵岛第二代种群动态模拟. 华南农学院学报，3 (2)：13-27.

庞雄飞，梁广文，曾玲. 1984. 昆虫天敌作用评价. 生态学报，4 (1)：46-56.

Pang X F，Gordon R D. 1984. Lectotype designations and new synonymy in oriental scymnini (Coleoptera：Coccinellidae). Coleopt Bull，38 (2)：131-135.

庞雄飞，梁广文，尤民生，等. 1988. 昆虫种群生命系统研究的状态方程. 华南农业大学学报，9 (2)：1-10.

Pang X F. 1988. Evaluation of effectiveness of *Trichogramma* and other natural enemies Collection. Les Colloques de I'INRA No 43. *Trichogramma* and other egg parasites，443-449.

庞雄飞，梁广文. 1990. 昆虫种群系统的研究概述. 生态学报，10 (4)：373-378.

庞雄飞. 1993. 南岭山地生物群落简史. 生态科学，(1)：21-34.

庞雄飞，梁广文. 1995. 害虫种群系统的控制. 广州：广东科技出版社.

庞雄飞，尤民生. 1996. 昆虫群落生态学. 北京：中国农业出版社.

Pang X F. 1998. Two basic mathematical models for population control in IPM. Proceedings of Abstracts：International Conference of Integrated Pest Management (IPM) —Theory and Practice，Developing Sustainable Agriculture，Guangzhou，China：50-51.

庞雄飞. 1999. 植物保护剂与植物免害工程——异源次生化合物在害虫防治中的应用. 世界科技研究与发展，21 (2)：24-28.

庞雄飞，张茂新，侯有明，等. 2000. 植物保护剂防治害虫效果的评价方法. 应用生态学报，11 (1)：108-110.

庞雄飞. 2002. 害虫种群的生态控制——种群生灭过程控制研究方法. 北京：高等教育出版社.

庞雄飞. 2003. 广东南岭国家级自然保护区生物多样性研究. 广州：广东科技出版社.

主要参考文献

任顺祥. 2005. 中国瓢虫科分类的领头人//梁广文. 庞雄飞纪念影集. 27-28. 内部资料.

尤民生. 2005. 庞雄飞院士在昆虫生态学方面的主要研究思路和学术成就//梁广文. 庞雄飞纪念影集. 33-39. 内部资料.

田明义. 2005. 崇尚自然、保护自然//梁广文. 庞雄飞纪念影集. 82-83. 内部资料.

梁广文. 2009. 名师一代承先德，知行两范启后人//华南农业大学百年校庆丛书编委会. 稻花香——华南农业大学校友业绩特辑. 广州：广东科技出版社：56-58.

撰写者

梁广文（1948～），华南农业大学教授，庞雄飞先生的研究生。

尤民生（1954～），福建农林大学教授，庞雄飞先生的研究生。

曾玲（1949～），华南农业大学教授，庞雄飞先生的研究生。

朱之悌

朱之悌（1929～2005），湖南长沙人。林木育种学家，林木遗传育种学科开创者之一。1999年当选为中国工程院院士。1954年毕业于北京林学院，获农学学士学位；1961年毕业于莫斯科林学院，获副博士学位。北京林业大学教授，林木遗传育种国家重点学科带头人，毛白杨研究所所长。曾任中国林学会林木遗传育种专业委员会副主任、林业部科技委委员、国家及林业部科技进步奖与发明奖评委、《林业科学》编委等。他长期围绕国家急需的短周期工业用材新品种展开研究，创造了同一树种研究连续3次获国家科学技术进步奖二等奖的佳绩，主要包括：首次对毛白杨优树采取分部位采样、保存以及利用的策略，开展了基因资源收集、保存和利用研究，选育出一系列速生、优质的毛白杨绿化雄株和建筑材、胶合板材新品种；利用毛白杨天然 $2n$ 花粉回交实现染色体部分替换和染色体加倍，成功地选育出一系列可短周期栽培的三倍体毛白杨，为解决中国北方造纸原料提供了优良品种；将幼化理论和组培快繁的思想巧妙应用于大田育苗之中，研究出毛白杨多圃配套系列育苗新技术，攻克了白杨无性繁殖材料幼化及大规模扩繁的世界性技术难题；提出“南桉北毛、黄河纸业”的三倍体毛白杨产业化构想，有力地推动了民族造纸木浆原料国产化进程。

一、执著求学，立志于祖国林木良种选育事业

朱之悌1929年10月1日出生于湖南省长沙县青山铺村一个知识分子家庭，为南宋著名理学家朱熹的后人。影珠山、天华山环抱中的青山铺，南通长沙、北接岳阳，千百年来一直是长岳古道商贾歇脚、贸易之所。秀美的田园风光，淳朴善良的乡亲，以及殷实的家境，让生于乱世的朱之悌度过了一个快乐童年。然而，这快乐的时光并没有维持多久，1938年岳阳被日寇占领，作为中国大后方的战略重地，中国军队与日本侵略者在长沙先后进行了四次大规模战役。战火中的少年朱之悌随父母饱受颠沛流离之苦，也因此辍学多次，但由于家教甚严，在祖父和父亲的督促下，期间并未完全荒废学业，坚持到14岁时终于完成了小学阶段的学习。

1943年，朱之悌在长沙高仓中学开始了初中课程学习，1947年以优异的成绩考

入长沙广益中学开始高中阶段的学习。他对在广益中学的学习十分赞赏，步入古稀之年时仍能说出一位位老师的名字。这是由于广益中学历来具有慎选良师、从严治校、艰苦朴实、注重学生全面发展的优良传统使然。“老师不仅教书，而且教人”，“学生莫不尊师敬道，师生情谊融洽、真诚”。朱之悌在广益中学勤奋好学，有疑问就向人请教。好问则裕，翻阅广益中学成绩档案，他的各科学习成绩均为优秀，物理、化学尤为突出。同班学友郭见扬至今仍记得：朱之悌能用一口流利的英语回答英语教师提问，同学们甚至不让他坐在前排，因为怕他一个人抢去了锻炼英语听、说的机会。

1949 年 8 月 4 日，长沙和平解放。已满 20 岁的朱之悌转入长沙省立一中高中学习。学校以“公、勇、勤、朴”为校训，鼓励学生敢想、敢说、敢做，注重学生的个性培养。在长沙省立一中的学习虽只有短短半年多时间，但对朱之悌的未来发展产生了较大影响。此时，伴随新中国的成立而获得新生的省立一中，到处洋溢着勃勃生机，同学们激情满怀，憧憬着美好的未来。尤其是从苏联传来的斯大林改造大自然计划，“我们不能等待自然的恩赐，应该向它索取”，火红年代的火热召唤，强烈地激荡着朱之悌年轻的心。当填报大学志愿时，他毅然选择“培育新品种，改造大自然”作为自己未来奋斗的事业。1950 年秋，朱之悌以高分考入武汉大学园艺系，2 个月后，他离开武汉大学转入更符合自己志向的北京农业大学森林系就读，1952 年随班并入新成立的北京林学院学习。

在大学期间，朱之悌经常聆听林业部长梁希等林学家的报告，他倾倒于大师们的学识和品格，深感作为新中国林人所担负的责任，更庆幸自己当初专业选择的正确。“替河山装成锦绣，把国土绘成丹青”，已经确立人生奋斗目标的朱之悌全身心地投入到为共和国林业事业的学习之中。54 届同学回忆他们的朱之悌老班长时，多为“勤奋、执著、聪慧”等赞誉之辞，也有“固执、一根筋”等评价。凡事不甘落后，只要认准一个目标，就会克服重重困难而勇往直前，不达目的决不罢休，这时的朱之悌已完全展露了一个典型的湖南人的个性。当时学校临时安置在北京西山大觉寺，生活与教学条件十分艰苦，但并没有影响朱之悌的学习热情，课堂上朱之悌是提问最多的，参加教学实习和劳动也是冲在最前面的。1954 年，朱之悌以优异的成绩毕业并留校任教。

刚刚走上工作岗位，就赶上学校向新校址搬迁，朱之悌满怀激情地投入到日常教学和迁校工作之中，其工作深受学校领导、老师和学生的好评，并于 1956 年 3 月被批准加入中国共产党。此时，林木遗传育种学科刚刚建立，专业课教师缺乏，仍然心系林木育种的朱之悌参加了国家组织的留苏选拔考试，并以优异的成绩被选派到莫斯科林学院留学。1957 年 11 月，在经过近一年的俄语培训后，朱之悌来到莫斯科林学院雅勃那阔夫院士（А. С. Яблоков）门下攻读林木育种研究生。而在随后的四年留学生涯中，朱之悌克服了语言交流等重重障碍，心无旁骛地埋头苦读，以各科全优的成绩完成学位课程学习。1960 年 1 月，朱之悌利用寒假回国与女友林惠斌结婚。而假期还没有结束，他就匆匆赶回了莫斯科，抓紧时间完成学位论文补充和验证实验，力求论文的每一个结论都准确无误，并开始着手撰写毕业论文。

1961 年年初，朱之悌在莫斯科林学院完成《核桃嫁接成活机理和无性繁殖的研究》的副博士论文答辩，其论文被全苏联教育委员会批准正式出版，并被列为教学参考书。而论文研究中所取得的关于“核桃嫁接时单宁氧化缩合和蛋白质颗粒化沉淀导致的嫁接隔离层的形成是嫁接成活的障碍；而缩合物的还原和隔离层的消失又是嫁接成活的原因”等新进展，得到了当时莫斯科大学生物学院院长依沙耶夫（Цсаев）教授和莫斯科林学院学位委员会主席吉虽略夫（Н. Кцселев）教授的赏识，甚至建议他参加 1962 年秋季的博士学位答辩。朱之悌考虑到国家建设的需要以及自己肩负的责任，毅然告别莫斯科的迷人风光，于 1961 年 7 月如期踏上回国的旅程。

二、继往开来，开创林木遗传育种学科新篇章

朱之悌回国后，立即全身心地投入到学校的日常工作之中，他白天给学生上课，协助汪振儒先生指导研究生，晚上翻译俄文资料、编写林木育种教材，希望将自己学到的知识、方法全部传授给学生。1963 年，朱之悌晋升为讲师后，开展了毛白杨生根抑制剂分离和调控试验研究。尽管他晚年时曾对当时的研究选题颇感后悔，认为“育种人应做育种事，才是正道”，但研究取得的关于毛白杨皮部存在的两种生长抑制物质与其扦插生根困难相关密切等结果，对于他后来解决毛白杨大规模无性繁殖问题还是有帮助的。然而，正当朱之悌踌躇满志地准备干一番事业时，“文化大革命”开始了，他被迫放弃了心爱的林木育种科研与教学工作。在他的一生中，“最为痛心的是‘文化大革命’期间的事业空缺，白白耗费了宝贵的青春时光”。

1969 年，学校下放云南。此时，朱之悌的两个孩子尚小，一家四口先后随校搬家到江边、丽江、下关，住在当地农民家中，白天参加劳动，晚上参加政治学习。直到 1973 年 3 月学校开始招生复课，全体教职员工才集中到昆明楸木园新校址。多年的转徙流离，并没有消磨掉朱之悌强烈的事业心，在新环境下，他仍然想尽办法创造条件开展工作。他向云南省科委申请科研项目与经费，自己动手组建林木育种研究必备的温室；组织学生科研小组，开展了油橄榄选优和结实测定，以及毛白杨

无性繁殖试验等，取得了一定的研究成果。即使今天步入昆明北京林学院旧址——楸木园，仍能看到朱之悌先生当年栽种的粗已合抱，高耸入云的毛白杨。而机会也总是留给有准备的人，当1978年全国高等院校开始恢复职称评定时，朱之悌凭借多年的成果累积，成为学校为数不多的副教授之一。

20世纪70年代末，国家拨乱反正，学术界亦开始正本清源。1979年，朱之悌当选为第一届中国林学会林木遗传育种专业委员会副主任，并在返京复校后受命着手组建林木遗传育种学科。此时，他已经到了知天命的年龄，也更懂得“只争朝夕”的含义。朱之悌多方联系，调兵遣将，充实学科教师队伍；主持编写林木遗传育种教学大纲，纠正“米丘林遗传学”的错误影响；组织全国“数量遗传学在林木遗传育种中应用”主讲教师培训班，推动林木数量遗传在中国的研究与应用；招收硕士研究生，完善学科培养体系；主编全国林业院校统编教材《林木遗传学基础》，为林学专业师生提供适用的教学参考书，这本教材迄今仍为许多农林院校采用。与此同时，朱之悌积极参与了国家林业科技、教育以及产业发展重大方针、策略制定等工作，为有关部门决策提供了许多重要的意见与建议。1982年，科技部、林业部决定组织实施全国林木育种重大科技攻关课题，朱之悌负责起草林木育种课题的立项论证报告。该报告于1983年获中国林学会重大建议奖。

1985年，朱之悌晋升为教授。林木遗传育种学科也在朱之悌的领导下，于1986年被国务院学位委员会批准为博士点，朱之悌成为中国林木遗传育种学科首位博士研究生导师。作为学科带头人，朱之悌肩负了更重的责任。他认为一个学科能否建设好，除了看其是否具有独具特色的学科发展方向，以及取得有重大影响的科研成果外，更重要的是看其是否拥有一支过硬的教师队伍。正是基于这种“人才主导学科发展”的观点，在林木遗传育种学科建设中，他十分重视人才培养与引进。为了能留住一位优秀学生或青年教师，他一次次不厌其烦地找学校甚至林业部领导，要留校或进京指标，催促帮助青年教师解决住房、配偶工作等问题。可谓“慧眼识人”，凡是他看中而留校工作的教师，无论是目前在岗的，还是离开学校到国外或国内其他院校的，现在都已成为本单位独当一面的学术带头人。

在朱之悌的精心运筹和领导下，经过他与同事们多年的苦心经营，北京林业大学林木遗传育种学科在20世纪90年代迎来了快速发展时期，逐渐发展成为中国林木遗传育种学术交流与人才培养中心之一。1992年，学科顺利通过林业部评审，被列为部级重点建设学科；1996年成为国家“211工程”一期重点建设学科；2001年跻身于国家重点建设学科行列；2003又获得林木、花卉遗传育种教育部重点实验室等。学科经过几代人近半个世纪的建设，已拥有雄厚的研究与人才基础、稳定的学科方向以及解决纸浆材品种等国家经济建设重大科技问题等方面的突出能力，在国内外林学界享有重要影响。

三、锐意进取，毛白杨良种选育研究硕果累累

20 世纪 80 年代初，国家科委及林业部把解决木浆原料品种问题列入国家科技攻关项目，其中毛白杨专题由朱之悌负责，他迎来了自己人生中真正意义的科学春天。在经过充分的科学分析和论证之后，朱之悌带领课题组成员，制定了以毛白杨基因资源收集、保存及其遗传基础研究为起点，以改造毛白杨前期生长缓慢的性状、培育短周期新品种为主攻目标，以解决毛白杨无性繁殖难关为新品种大规模投产保障的技术路线。从此，受命攻关的朱之悌用高度的热情和忘我的精神，十几年如一日，围绕着同样一个目标——毛白杨短周期新品种选育进行研究。春去秋来，基地上蹲点；寒来暑往，林场间穿梭。在完成正常的教学任务之外，朱之悌与夫人林惠斌一起，远离喧闹繁华的都市，选择艰苦的乡间苗圃基地默默地工作，从没休息过节日和假期，日间所做、夜间所思的都是毛白杨。他常说自己有“三子”为宝，但排在首位的永远是苗子（事业）和弟子（接班人），其次才是他的孩子（家庭）。朱之悌晚年时曾多次对弟子说，他最内疚的就是未对子女尽到父亲的责任，还拖累老伴跟随自己年复一年不停地奔波。因为一忙起来，“家”的概念就变得模糊了，或已经扩展为“毛白杨大家庭”了。在此期间内，他也有过痛苦与迷惘，也有过多次机会可以脱离这种“苦行僧”的生活，到生活和工作条件更为优越的国外大学或研究所工作，但湖南人的刚毅性格使朱之悌始终能够战胜自我、摆脱诱惑、守卫理想，一点一滴地积累研究数据，一步一步地向最终目标接近。

众所周知，森林基因资源保存是当代全球性关切的问题之一。基因资源既是生态系统稳定的基础，也是育种可持续发展的保障。因此，朱之悌从开始制定“六五”国家科技攻关研究计划时起，就充分注意了保存毛白杨基因资源的必要性。他在深入分析毛白杨生物学特性及其资源收集与保存的难点基础上，根据基因资源保存与育种利用相结合的原则，组织华北 10 省协作组，在 100 万平方公里分布区内按统一的标准进行调查、选优。并在毛白杨基因资源收集、保存中创造性地采取了分部位取样、分部位保存的方法，即通过挖根促萌繁殖，以消除成年优树的年龄差异，用于优树无性系测定；而通过采集优树、古树花枝进行嫁接繁殖，争取定植后能提早开花结实，用于开展开花习性和杂交育种研究。其中，在山东冠县建立了含 1047 株源于优树根萌苗材料的“档案库”和 850 株源于优树花枝嫁接苗材料的“标本园”；

在毛白杨分布区的10省建成了含500个源于根萌幼化材料的优树无性系测定林。这是中国首例按联合国有关文件并根据树种特点而进行的林木基因资源收集与保存工作，在保存了日益减少的毛白杨基因资源同时，也促进了毛白杨遗传改良研究工作。朱之悌领导课题组从测定林中成功选育出一系列毛白杨雄株行道树和建筑材、胶合板材新品种，并利用“标本园”的毛白杨为亲本杂交获得了大量的优良杂种无性系，有力地推动了中国北方生态建设和工业用材林的良种化进程。1991年获林业部科技进步奖一等奖，1992年获国家科技进步奖二等奖。

白杨派树种扦插繁殖困难是世界公认难题，尤其在规模化育苗时难度更大。为解决这个问题，朱之悌将分步培养的组培思路巧妙运用于大田苗圃育苗之中，研究出毛白杨多圃配套系列育苗新技术，即通过挖根促萌获得毛白杨幼化材料，建立提供原种繁殖材料的采穗圃；利用‘群众杨’、‘太青杨’等砧木树种与毛白杨芽接亲和力高且容易扦插繁殖的特点建立砧木圃，在砧木苗木上每隔15厘米嫁接1个芽，增大繁殖系数；严格执行采穗圃与生产苗木的繁殖圃分开经营的原则，弃绝以苗繁苗的做法，防止苗木积累性衰老；通过采穗圃平茬以及采穗圃与根繁圃定期转换，保持繁殖材料的幼化状态等。这样，朱之悌通过采穗圃、砧木圃、繁殖圃、根繁圃等四圃配套育苗的办法，解决了毛白杨无性繁殖材料幼化、复壮以及大规模扩繁的难关，提高了育苗成活率及其稳定性，并使繁殖系数剧增，3年可从1株扩繁到100万株，年均33万株，攻克了毛白杨大规模繁殖的技术难题。这项成果作为林业部和国家推广项目中技术成熟可靠、覆盖面广、经济与社会效益均佳的科研成果，中央广播电台、中央电视台以及国内数十家报刊多次进行了报道与推广。1996年获林业部科技进步奖二等奖，1997年获国家科技进步奖二等奖。

在完成毛白杨基因资源收集与保存工作的同时，朱之悌开展了以改造毛白杨前期生长缓慢的性状、培育短周期新品种为目标的研究工作。在国内首次采用染色体部分替换和染色体加倍的育种思路，首次成功地选育出一系列短周期三倍体毛白杨新品种，不但解决了毛白杨短周期生产问题，而且还实现了多目标性状综合改良。与常规选种毛白杨优良无性系相比，三倍体毛白杨新品种的材积生长量高出1倍以上，可实现5年短周期经营。同时，由于多倍体细胞巨大性，使三倍体毛白杨的纤维长度增加，单位材积的纤维细胞数以及细胞表面积减少，导致位于细胞间的木质素与聚戊糖含量相对降低，使三倍体毛白杨成为最适制浆造纸的杨树品种。其5年生纤维长平均达1.28毫米，比同龄普通毛白杨长52.4%。三倍体毛白杨新品种作为纸浆纤维用材应用时，不但制浆得率高，而且水、能及化学品消耗低，可保证整个林、浆、纸产业链的综合经济效益最大化。林业部和国家科委验收专家组高度评价三倍体毛白杨新品种的育成：在选育三倍体的数量上、木材增产的幅度上、应用推广的规模上，都居国内外领先水平，是一项高水平的林木细胞染色体工程高科技成果。2004年荣获国家科技进步奖二等奖。

朱之悌在国内外发表论文、专著70余篇（部），创造了同一树种研究连续三次荣获国家科技进步奖二等奖的佳绩，还曾荣获中国林学会陈嵘科学基金奖、国务院黄淮海开发优秀科技奖、国家科委“金桥奖”、何梁何利科学与技术进步奖、首届国家林业科技贡献奖等多项奖励。而他的每一项研究成果问世，都受到了国内外同行的关注和重视，德国 Hattemer 教授、澳大利亚 Lindsay Pryor 教授等国外著名林学家来华进行学术交流时，专程赴基地考察毛白杨研究；1995年召开的世界林联芬兰大会，他是中国唯一被邀请的大会报告人；1996年国外有关杨树的重要著作《杨树生物学经营和保存》出版，中国部分重点引述了他的工作等，为中国林木遗传育种学界在国际上争得了荣誉。国务院、林业部及有关省市领导多次专程赴基地视察，盛赞三倍体毛白杨的育成是国之骄傲。正是因为在毛白杨良种选育中所取得的一系列创新性成果，他于1999年当选为中国工程院院士。“回顾过去，既有收获、成绩与荣誉，也有失误、教训以及遗憾”，而令朱之悌“最为高兴的则是自己还能有机会在我国这片相对贫瘠的林学园地中耕耘播种，并能很自豪地收获珍爱的果实”。

四、壮心不已，力推三倍体毛白杨产业化进程

朱之悌一直认为，“一个品种再好，如果不能转化为生产力，就是水中月，是没有实际意义的。”从1993年开始，他开始竭力推动三倍体毛白杨产业化，但与农业作物品种推广不同的是，林业生产周期长、见效慢，产业化限制因素太多，推动起来困难重重。为加快三倍体毛白杨产业化步伐，朱之悌首先想到的是借助于政府林业部门的行政推动。1994～1997年，他先后与山西、河南、河北等省林业厅签订协议，共建三倍体毛白杨纸浆原料林基地，但在具体实施过程中发现，政府主管部门无相应资金，条条框框限制多，有心无力，很难有突破性进展。他心急如焚。此时，想到决定造林经费的是林业部，应该让林业部领导认识三倍体。1997年2月，朱之悌致信给原林业部分管科技的李育才、刘于鹤副部长，汇报中国首次选育成功的三倍体毛白杨新品种及其丰产情况。1997年11月4～5日，李育才副部长等领导赴河北威县基地考察，看到了三倍体毛白杨的突出表现，从此李部长成了三倍体毛白杨的“宣传员”。在三倍体毛白杨的推广过程中，朱之悌逐渐认识到产业化不仅仅是一个资金的问题，国家政策导向与龙头企业的带动作用应该更为重要。从1998年起，

他开始与一些企业接触，并促成了国务院研究室副主任杨雍哲的河北威县之行。1999年1月7日，温家宝副总理就杨雍哲副主任《关于加速推广三倍体毛白杨的调查报告》做出批示。国家林业局专门召开三倍体毛白杨推广会，对三倍体毛白杨产业化进程起到了积极的推动作用。

1999年6月，朱之悌在体检时间发现右肺上叶有阴影，北医三院先诊断为肺炎，后诊断为肺结核治疗，但他这时并没有把自己看作病人，仍时不时从病床上“逃”出来，抓住一切机会推动三倍体毛白杨产业化。到2000年2月，在坚持抗结核治疗不见好转的情况下，转北京通县胸部专科医院检查，确诊为肺癌。此时的他情绪有些低落，怕自己走不下手术台而“出师未捷身先死”，他希望老天能给10年时间，能看到三倍体毛白杨“见浆见纸”。2000年3月，在做了右肺上叶切除术后不到半个月，躺在病床上的他接受了主要刊载浆纸信息的《商情周刊》专访，提出了“南桉北毛，黄河纸业”的三倍体毛白杨产业化设想。这一院士访谈录发表后，立即引起了山东太阳纸业集团等造纸企业的重视，希望他能赴兖州指导太阳纸业营造三倍体毛白杨纸浆林。接到这一消息后，虽然仍在化疗，但自认为已逃过一劫的朱之悌精神激奋，在病床上又写又画，筹划纸浆原料林基地建设事宜。用朱之悌的话说，是“锅破找补锅人，补锅人找破锅补”。锅破的与补锅的终于碰到一起了，这种盼望已久的真正意义上的三倍体毛白杨产业化终于到来了。由此，朱之悌开始了自己盼望已久的“第二次科技攻关”——三倍体毛白杨产业化攻关。

当冷静下来后，朱之悌开始感觉到将要面对工作的巨大压力。企业要搞“林纸一体化”，不但育苗，还要造林；不但要效益，还要成规模。过去一、二百亩育苗基地建设的经验显然是不够的，而且企业也没有懂林业生产的人才。怎么办呢？朱之悌倡导并推行了“工程育苗”，通过这种综合全国毛白杨专业苗圃技术与资源优势的“借鸡孵蛋”式的推广方式，快速完成造纸企业大规模纸浆原料林建设初期的苗木与人才准备任务。朱之悌深深知道，品种得到企业的认可只是产业化的第一步，要想实现三倍体毛白杨产业化，效益是关键，而科研是基础。因年龄原因，虽然他是院士，但按规定已经不能主持科研课题，而要解决与产业化相关的品种防老复壮、栽培与管理模式等问题，必须有科研经费。此时，朱之悌想到了朱镕基总理。2001年4月21日，朱镕基总理就朱之悌关于三倍体毛白杨纸浆材新品种的来信对有关部委作了重要批示，指出“纸浆原料是个大问题，林业科研开发工作必须抓紧”等。国家林业局批拨750万元专项研究经费，为开展三倍体毛白杨良种区划及产业化栽培配套技术研究提供了强有力的支持。

2000～2004年，朱之悌又拿出了当年在山东冠县、河北威县开展毛白杨良种选育攻关时的劲头，与老伴林惠斌长期蹲点于山东兖州、高唐等地，指导太阳纸业、泉林纸业等企业育苗、造林。由于大规模纸浆原料林建设在中国属于新生事物，实施过程中不可避免会遇到新的问题，却缺乏解决问题的经验。为此，朱之悌将建设三倍体毛白杨纸浆原料林基地的造纸企业组织起来，成立了“百万吨三倍体毛白杨纸浆原料林产业化集团协作组”，形成实质性校企协作、优势互补的组织形式，及时交流经验，提高纸浆原料林建设技术和管理水平。为了使企业形成可持续发展，他同时还指导各企业组建了三倍体毛白杨纸浆林研究所，招聘大学毕业生、研究生等充实到研究所的育种室、种苗室、造林室、土肥室、森保室工作，分别承担三倍体毛白杨新品种推广过程中品种保纯与复壮、采穗圃营建与苗木繁殖、造林技术管理、病虫害防治等任务，从而通过技术研究平台建设，培养一支稳定且技术过硬的纸浆原料林产业化技术队伍等。在朱之悌的精心策划和全力推动下，直至他去世之前，协作组成员累计生产苗木 5000 多万株，营造纸浆原料林 50 多万亩，三倍体毛白杨纸浆材新品种走上了产业化的快车道。

在这期间里，朱之悌每天或与造纸企业的负责人交流意见，坚定企业信心；或协助企业找地方政府，解决产业化中遇到的实际问题；或协调企业与育苗基地的关系，监控纸浆原料林建设的每一个技术环节；或亲自指导他的“纸浆兵”熟悉业务；或布置国家林业局专项课题试验；或接待有关媒体和参观学习的团体与个人，为产业化造势等。几乎每天都有不止一件事情等着朱之悌，而对于一位曾做过癌症手术的 70 多岁的老人，他又是怎样用病弱的身躯担负起这样的重任呢？因为有一个目标在吸引着他，有一股力量在支撑着他，这就是“黄河纸业”，也就是解决中国木浆依赖进口问题。即使在 2004 年 8 月，朱之悌在知道自己肺癌已复发转移进入晚期的情况下，也没有被击倒。他知道自己的时日不多，在住院化疗之余，强忍着骨转移难熬的疼痛，照样做自己未完成的事情——打电话与基地交流意见，布置“百万吨三倍体毛白杨纸浆原料林产业化集团协作组”第三次会议，整理《毛白杨遗传改良》专著文稿，修改博士生开题报告，给学生和助手安排下一阶段的工作等。2005 年 1 月 22 日，朱之悌带着一丝遗憾离开了他所热爱的事业，他终究没有亲眼看到三倍体毛白杨“见浆见纸”。2008 年 1 月，山东太阳纸业化学机械浆生产线投产并生产出三倍体毛白杨木浆，三倍体毛白杨的“林纸一体化”终于成为现实，这一大好消息应该是对朱之悌院士——三倍体毛白杨之父的最好告慰。

五、树木树人，身教重于言教堪称学界大师

育种是一个艰苦的职业，也是一个高风险职业，林木育种尤其如此。“走完这一

艰苦而漫长的过程，约需15～20年时间。辛辛苦苦、担惊受怕、费力费钱的遗传改良工程，全靠育种者以始终不渝、百折不挠的毅力去支撑、奋斗”。因此“育种者绝不能不分青红皂白，从头到尾平均使劲；更不能赶时髦，看人家国际水平在那儿，也跟着把重点放在那儿”。“亦余心之所善兮，虽九死其犹未悔”，这是他的执著。翻阅朱之悌不同时期使用的数十本大小、薄厚不一的笔记本，可以清楚地浏览到他一生的执著与追求。讲课教案、毛白杨研究计划、中外文资料摘录、英文学习笔记、会议记录、工作总结等，真实地记录了他的人生轨迹；字里行间，无一不诠释着一位老一辈知识分子追求事业的拳拳之心。

朱之悌的朋友既有学界泰斗、省部高官，也有很多育苗种树的农民；在河北威县基地，他前后与五任县长合作，相处融洽，而与科研基地的领导和群众更是亲密无间，这是他的率真。他曾组织来源于十个省、数十人的课题组持续十几年开展毛白杨良种选育攻关；此后又领导“百万吨三倍体毛白杨纸浆原料林产业化集团协作组”进行了涉及成千上万人的纸浆原料林基地建设，指挥若定，这是他的大气。他长期坚持在基地蹲点，亲自动手测量数据，掌握第一手资料，甚至为不影响试验布置而和学生一起拉犁耕地，这是他的实干。他曾经为了保住试验林不被砍伐，整整一天孤零零地坐在林业局办公楼外等待与局长见面，以便劝说其改变决定；也曾一次次为事业强作欢颜而委曲求全，这是他的坚忍。他在课题研究遇到困难时，或遭受学术界的故意刁难时，也总能通过努力巧妙地加以解决，这是他的智慧。

与在科学研究投入方面的大方相比，朱之悌在个人生活方面的要求是非常低的，有时甚至过于苛刻。家中的家具大多是从云南带回来的；出差时仍然带着留苏时用的旧皮箱；最好的几套衣服也都是为出国置办的，只有参加一些重要活动才穿；去科研基地出差，他坚持不住宾馆，而住林场、苗圃没有暖气、空调的“朱公馆”；蹲点时间长时自己开伙做饭，时间短就在林场、苗圃职工家里吃；出差只要是白天行车就一定不买卧铺，夜晚乘坐火车时，有硬卧就绝不买软卧；打出租车也找最便宜的等，这是他的节俭。他常说：“科学研究必须讲究，不能将就；而生活上只要能满足基本需要就可以了。”

朱之悌是首批国家林业科技贡献奖获得者，首批国家政府特殊津贴享受者，部级有突出贡献专家，长期担任林业部科技委委员、林业部科技进步奖评委、国家科技进步奖和发明奖评委会评委、《林业科学》编委等职，在国内外享有重要影响。同时朱之悌也是一位深受学生爱戴和欢迎的优秀教师，他所讲授的课程，总是座无虚席。同学们反映，听他的课简直是一种享受。但如果你看到他备课时的情景，也就会认为这是很自然而然的事情了。每次讲课之前，朱之悌总是坐在桌前，对照讲义和资料，冥思苦想，写写画画。大量的知识累积和融会贯通，充分的准备使他在讲授时能深入浅出、娓娓道来。朱之悌还是一位深受弟子爱戴的成功导师。如果说毛白杨育种成功是他事业的一个方面，那么他培养成才的14名博士和19名硕士则是他事业成功的另一方面。今天，他的弟子已有8人被聘任为博士生导师，13人晋升为教授或研究员，成为活跃在国内外林木遗传育种舞台上的重要力量。

六、朱之悌主要论著

朱之悌. 1962. 核桃杂交和无性繁殖试验（俄文）. 莫斯科：莫斯科林学院出版社.

朱之悌. 1979. 油橄榄选优的方法. 林业科学，15（2）：105-110.

朱之悌. 1980. 油橄榄优树结实能力测定方法的研究. 林业科技通讯，(1)：9-14.

朱之悌. 1986. 林木无性繁殖与无性系育种. 林业科学，22（3）：280-290.

朱之悌，张志毅，赵勇刚. 1986. 毛白杨优树快速繁殖方法的研究. 北京林业大学学报，8（4）：1-17.

Zhu Z T. 1988. Collection，Conservation and Breeding Studies of Genetic Resources of *Populus tomentosa* in China. Proceeding of 18th Session of IPC AD HOC Committee of Poplar and Willow Breeding FAO. Rome：51-58.

朱之悌. 1989. 林木遗传工程进展. 世界林业研究，2（3）：43-47.

朱之悌. 1990. 林木遗传学基础. 北京：中国林业出版社.

朱之悌. 1991. 毛白杨良种选育战略的若干考虑及其八年研究结果总结 // 林业部科技司. 阔叶树遗传改良. 北京：科学技术文献出版社：59-82.

朱之悌. 1992. 森林基因资源收集、保存的要点和方法. 世界林业研究，(2)：13-20.

朱之悌. 1992. 全国毛白杨优树资源收集、保存和利用的研究. 北京林业大学学报，14（增3）：1-25.

朱之悌，盛莹萍. 1992. 论树木的老化：幼年性、成年性相互关系及其利用. 北京林业大学学报，14（增3）：92-103.

朱之悌，林惠斌，康向阳. 1995. 毛白杨B301等异源三倍体无性系选育的研究. 林业科学，31（6）：499-505.

Zhu Z T，Zhang Z Y. 1997. The Status and Advances in Genetic Improvement of *Populus tomentosa* Carr.. Journal of Beijing Forestry University (English Ed.)，6（1）：1-7.

Zhu Z T，Kang X Y，Zhang Z Y. 1997. Advances in the Breeding Program of *Populus tomentosa* in China. Journal of Beijing Forestry University (English Ed.)，6（2）：1-7.

朱之悌，康向阳，张志毅. 1998. 毛白杨天然三倍体选种研究. 林业科学，34（4）：22-30.

朱之悌. 2002. 我国造纸国情的若干特点及其对策. 北京林业大学学报，24（5/6）：284-287.

朱之悌. 2002. 毛白杨多圃配套系列育苗新技术研究. 北京林业大学学报，24（增刊）：4-33.

朱之悌. 2004. 三倍体毛白杨：林纸企业产业化发展的重要途径. 中国林业产业，(10)：42-45.

朱之悌. 2006. 毛白杨遗传改良. 北京：中国林业出版社.

主要参考文献

刘磊，彭鸣皋. 2002. 一株伟岸的白杨树//湖南科学技术协会. 三湘院士风采录（第三卷）. 长沙：湖南科学技术出版社：120-126.
朱之悌. 2006. 毛白杨遗传改良. 北京：中国林业出版社.
铁铮. 2007. 看见白杨就想起了您//周景. 绿海红帆. 北京：中国林业出版社：123-131.
续九如. 2007. 永远的导师//周景. 绿海红帆. 北京：中国林业出版社：132-134.
康向阳. 2007. 参天一白杨//周景. 绿海红帆. 北京：中国林业出版社：134-136.

撰写者

康向阳（1963～），北京林业大学教授，传主的学生。

束怀瑞

束怀瑞（1929～），山东淄博人。果树学家。2001年当选为中国工程院院士。1950年毕业于山东农学院，1957年参加苏联专家进修班。曾担任山东省园艺学会理事长，山东省政府专家顾问团林果分团团长，现任山东省政府专家顾问团副团长，山东省苹果工程技术研究中心主任，国家苹果工程技术研究中心主任。在国内较早开展果树栽培生理研究，对苹果碳氮营养的研究以及发明的地膜覆盖穴贮肥水旱栽技术，均获得国家教委科技进步奖二等奖。主持的“山东省百万亩苹果幼树优质丰产综合技术研究”，获国家科技进步奖二等奖。自1994年作为山东省良种产业化工程果树首席专家，组织全省科技人员进行果树良种选育及配套栽培技术研发。2006年承担中国工程院的咨询项目，组织全国果树界专家完成了65万字《果树产业可持续发展战略研究》咨询报告。1998年组建了山东省苹果工程技术研究中心，2008年组建了国家苹果工程技术研究中心。从事果树教学和科研60年，先后主编了《果树研究法》和《果树栽培生理学》等统编教材，出版了《苹果学》、《苹果根系研究》和《果树栽培理论与实践》。2009年获何梁何利基金科学与技术进步奖。

一、艰难岁月磨砺坚毅性格

1929年10月28日（农历九月二十六），束怀瑞出生在山东省淄博市城郊的墓王庄。这是一个医学世家，不幸的是在他4岁时作为家中顶梁柱的父亲突然病逝，家道中落，生活变得十分艰难，但坚毅、知书达理的母亲，想方设法维持生计，坚持让六个孩子都去上学，其中有五个完成了大学学业，在各自的岗位上都有所作为。

抗日战争开始后1938年举家从淄川迁到济南，还在上小学的他，经常到北园郊区去割草、挖菜、拾荒，以解家困，留下了少年时代不可磨灭的印记。1941年他考入齐鲁中学，1947年由于经济困难他放弃了到北京上大学的梦想，转入山东省立农学院园艺系学习。然而从少年显露的数学天赋在他以后的学习和工作中仍然突出，表现为才思敏捷、数字记忆力强，注重试验数据的统计分析。他主编了中国第一本果树研究法教材，这是后话。

青少年时期的磨炼，使他养成了直面困难、永不懈怠的坚强性格。七七级的同学都记得，在他夫人抱病的最后几年里，他一面细心照顾病人，一面从不耽误教学，总是风尘仆仆，疾步如飞，毛线衫脱碎的线头露在袖外，那场景至今仍令人唏嘘不已。

二、调查总结真知灼见出实践

1950 年束怀瑞大学毕业留校，立即投入了新中国热火朝天的建设中，参加了大量建校劳动，深入农村进行资源调查、麦收选种，从年轻时就养成了务实肯干、重视理论联系实际的作风。

在早先工作的近十年间他侧重资源调研，先后完成了《乐陵枣生物学特性及品种群》、《肥城桃生物学特性及栽培技术》、《山东柿树品种》、《山东木瓜》、《山东石榴》等调研报告，为果树器官发生、分类演化、品种组群的研究奠定了基础。1951 年，他和同事从济南经历城—泰安—曲阜—沂水到益都（青州），徒步 300 多千米考察山东野生果树及干果资源，采集标本，第一次发现了平邑甜茶是苹果的优良砧木，并完成了干果栽培资料的整理，后来作为农业部 1960 年举办的干果培训班教材。1952 年学校院系调整，人多课少，他除了兼做校基建和行政工作，还兼做了果树学、微积分、测量学等多课的助教，为后来专业拓宽、搞学科交叉起了好的作用。1957 年到北京参加苏联专家进修班，全国各农业院校园艺系果树学系主任 40 多人参加，不但对他后来开展果树科学研究奠定了良好基础，还使他有机会与果树界的前辈建立了良好的关系，从学术交往中受益匪浅。1959 年参加全国果树专家编写《中国果树栽培学》，得到了系统的锻炼和提高。

从 1954 年开始他利用 10 年时间，经常去烟台果区向有经验的老农学习，通过总结威海劳模陶遵祜、戚合胜的经验，通过到栖霞观里学习劳模史茂根，到青岛莱阳梨区学习抗风树形“三挺身”和盘状整枝及独特的枝组更新方式，对胶东半岛苹果整形修剪经验进行了调研总结，1959 年提出了苹果“三大主枝主干分层形”的树形，形成了“枝组”概念及枝组培养技术，在修剪技术上提出“以优势部位枝量及枝类调节和树冠枝量布局为关键”的技术观点和方法，这些方法至今一直在生产上广泛应用。

尽管 20 世纪 60～70 年代的动荡干扰了正常的教学和科研，但他没有荒废时间，而是深入农村果树生产一线，调查研究和总结经验，如到禹城蹲点，进行盐碱土改良和苹果、梨双行密植丰产试验，获得大面积早期丰产、增收的成效；80 年代初开始又用10年时间针对沂蒙山区瘠薄干旱果园，创造出了“地膜覆盖穴贮肥水技术”，针对平原地区积涝地创造了“起垄沟草制”，技术简单，效果突出。80年代后期，全国苹果栽培面积迅速扩展，苹果种植早期丰产成为果树科研推广中的首要课题。1990年他立项主持“山东省百万亩苹果幼树优质丰产综合技术研究”课题，历经四年时间，苹果亩产量由129千克提高到1010千克，是全国平均产量的2.6倍，同时也培养多人完成多项理论研究，该项目1996年获国家科技进步奖二等奖。随着中国加入世界贸易组织（WTO）带来的竞争压力，他积极推动果树产业化和产后加工、贮藏技术的现代化，组建了山东省产学研综合体，1998年成立了山东省苹果工程技术研究中心，经过多年奋斗，2009年升级成为国家苹果工程技术研究中心，对加速技术创新和成果转化将起到越来越大的桥梁和孵化器的作用。

他的奇思妙想来自极强的责任心以及对果树生产环境和现状的了解，穴贮肥水的发明就是一个极好的例子。他看到沂蒙山区由于水资源匮乏，春季许多苹果园难以及时供水或根本没有灌溉条件，只种树但不施肥浇水，严重影响树体生长发育和产量品质。他就尝试在树冠下挖出4～6个深40厘米、直径40厘米的穴，埋入秸秆草把、有机肥和速效肥料，向穴中灌水，然后用地膜覆盖。这看似简单的方法，效果却出奇的好，不但节约了一大半的肥水，而且由于草把营养穴中水肥气热条件适宜且稳定，根系大量发生且吸收能力强，这样，仅优化树冠下10%左右的土壤空间，就满足了树体活跃代谢的需要，使树体春季形态建成快，生长速率高，显著提高了产量和品质。同样，他在滕县、长清县梨区推广把粗陶罐埋在树下，一次灌水20千克，达到逐渐渗漏，从而保证了山地梨树的需水，稳定了产量。

束怀瑞常说，在和团队群众结合的长期生活中可以净化灵魂，只要肯干务实就能获得信任，就能增强创业信心。他下基层从来都是直奔果园，从不讲排场，他挂在嘴边的一句话就是“不要给地方添麻烦”。为了解决济南市长清县杏树丰产问题，他三进焦台村现场指导；为了保住肥城桃名牌的品质，他带领研究生几进肥城沙窝村进行精品栽培试验；为了枣庄市大棚樱桃的发展，他带领年轻教师带着项目和技术，多次前往山亭区和峄城区。沂蒙山区的大大小小果园，留下了他的一串串足迹，黄河故道区的盐碱滩涂撒下了他的滴滴汗水，东营、枣庄、潍坊等地果树发展牵动着他的心，每到一处他都会和果农兄弟交朋友，弟子们下乡，只要说是束老师的学生，当地技术人员和果农无不热忱接待、倾力帮助。

三、深谋远虑学科交叉育人才

改革开放后，束怀瑞把主要精力投入学科建设和人才培养上，他所在的果树学科1983年被授予硕士点，1993年成为博士点，1995年建成博士后流动站（2007年被评为全国优秀博士后流动站），1998年成为园艺一级学科，2002年果树学成为国家级重点学科。在学科建设上所取得的成就归功于他对学科交叉融合的重视，开放性思维方式，宽阔的胸襟和团结协作精神。他始终强调，果树学科是个应用学科，偏重经验性，由于历史的原因，发生了人才断层和知识断代，要想培养人才快速成长，快速提高，跟上科学进步的速度，就要拓宽知识基础，跳跃式发展，学人之长，补己之短，通过学科交叉博采众长，克服本单位的知识面狭窄的局限性，实现青年梯队人才的培养建设。他先后组织了生理生化、化学、数学、土化、病理、经济等学科的专家人才参与果树学科的研究生导师梯队，组建了全国重点果树学科的校际联合体。为了博采众长，把本校青年教师送到有国家级实验室或学科基础好的部属院校攻读博士学位，也派很多人到国外学习和研究；同时，为了改善人才结构，拓宽研究领域，他招收生命科学、生理学、化学、微生物、食品科学、数学和经济学毕业的硕士或教师攻读果树学博士，使一批青年进入了前瞻性和开创性的研究领域，培养了一大批业务骨干。

他从教60年来，秉持教书育人的师德规范，从严治教，率先垂范。多年来一直坚持为本科生开设专题报告，每年为新生做人生导航讲座，并捐款设立“园艺学子奖学金”，鼓励勤学优秀学生。对于研究生教育，他不仅仅满足于传道授业解惑，而是用他发散式、跳跃式的思维方式，启发鼓励学生多思考，多关心国家宏观政策，多到生产第一线调查，多动手，以有所发现、有所创新、有所贡献为培养目标。自1979年以来培养硕士28人、博士48人、博士后36人，其中有很多人已经成为科研和教学战线上的中坚力量。在他的培养下，本学科新一代优秀骨干已崭露头角，他谆谆嘱咐年轻人，既要追赶前沿，又要密切联系生产，服务“三农”，服从需要，稳定方向，扎实苦干，稳健地成长。

四、聚焦根系寻找丰产优质金钥匙

“树大根深”、“根深叶茂”这些词语似乎都印证着地上部和地下部的因果关系，然而很少有现代农业技术措施是直接以植物根系作为主要对象的，也因为根系研究方法和工作难度的限制，根系的研究多年来进展缓慢，无论在深度和广度上都无法与地上部的研究相比。而束怀瑞偏偏钟爱这“地下”工作，从50年代初就开展苹果根系生物学研究，延续至今半个世纪没有间断。他认为，无论国内还是国外，优质丰产栽培技术的共同特征就是重视果园的地下管理即根系管理，只有了解根系生物学习性，才能在此基础上制订科学合理的栽培技术措施，为根系创造良好的土壤营养空间，促进地上部的健壮和丰产及优质生产。他提出的“根系是果树生长发育调控中心”这一观点，已经获得了普遍认同和高度重视。针对目前生产上大量使用化肥、土壤酸化、树势衰退的问题，他呼吁要“沃土养根壮树”，并围绕这一主题开展了大量研究，正在形成养根壮树，优质丰产的技术体系。

他带领弟子们对苹果根系进行了长期而系统的研究，搞清了苹果根系的类型、演化与特性和功能，提出新的分类方法；追踪了根系周年发生节奏与补偿生长效应，研究了根冗余、根分泌及化感效应，根际微生物、菌根、营养空间、界面效应等，发现了果园土壤生态变异大，根系对环境反应敏感，是一个非完整性补偿功能体系。在研究土壤介质对根系分布多样性的影响时，他有趣地发现，黏土地的苹果根系常呈“线性”分布，分根少，密度小，吸收根量少，但在延伸过程中，如遇到透气性好的区域，分根就会大量发生；肥水条件较好的粗骨土，根系分布均匀，分根多，吸收根量大，呈“均匀性”分布；透气性好但贫瘠、干旱的沙地果园，根系分布广、密度小，吸收根细短干枯、功能差，根系的分布呈“边远型”；山地、冲积平原土果园，砾石层、黏板层常限制根系向下扩展，因而根系常集中分布于表层，而呈“层性”分布。这些发现对有针对性地进行土壤改良和根系培养都具有指导意义。

针对苹果根系的特征，他获得了采取合理栽培技术措施的科学依据。无论 20 世纪 70 年代推广深翻扩穴、80 年代创新穴贮肥水和覆草，还是 90 年代推广改良果园基质界面技术等，均围绕着改良根系生长环境，节约肥水、提高资源利用效率这一主题。这也是他不断提出新理念、新技术的生发点，如针对近年果园郁闭、劳动力短缺、土壤深翻困难等现实，根据苹果根系密度低、产量高的特点，他提出了“低垄沟灌集中施肥”和三层节水（表层覆盖防蒸发、中层培肥微补、下层雨季贮水）的果园地下管理技术，以助于从根本上解决季节性根系环境恶化、土壤透气性差、果园深翻受到限制等问题。

五、碳氮营养开创果树研究大方向

从 20 世纪 60 年代初开始，他带领教研室的同事利用同位素技术对苹果碳、氮营养生物学进行技术研究。延续至今，他系统研究了苹果不同植株类型、不同负荷条件下，碳素同化产物制造、运输、分配，氮素年周期吸收、运转及再分配利用的规律；提出了果树生长年周期中碳素营养四个特征阶段，即贮藏物质供应期包括萌芽和激素诱导期，营养竞争不稳定期，平衡分配期，以及贮藏营养回流期；探明了果实营养来源的多源性及局部性，以及负荷对营养分配与器官发生、特别是根系发生的影响，从而奠定了养根壮树的理论基础。

他发现生产上树体发生的许多生长节律失调和生理机能障碍都与贮藏营养不足有关。根据植株营养状况，他将苹果树分为五个营养类型，即丰优型、旺长型、小老树、饥饿型及大小年型。各种类型具有不同的生长节奏，成型物质基础、器官质量和植株功能上均有差别，但对这些类型的改造都是以提高贮藏营养水平为核心。他一再强调贮藏营养对多年生果树非常重要，苹果秋季施肥以提高贮藏营养水平亦是丰产稳产所必需。^{15}N标记试验结果显示，秋季施肥不仅促进光合作用，提高碳素物质贮藏水平，秋施氮50％～60％可贮藏在根中；在贮藏氮、春施氮同时存在的情况下，苹果在春季的新根发生、枝叶生长仍优先利用贮藏氮，春施氮起作用时已近新梢旺长期。春梢停长后的新根高发期正值苹果的花芽分化期，此期追施氮肥特别是氨态氮肥、配合磷钾肥将有益于花芽分化。7～8月，秋梢生长、果实膨大期应控制氮肥的施用，但在山丘粗骨土、河滩沙地果园，因频繁地降雨或灌溉常造成大量养分淋溶而使土壤脱氮，下部功能叶片早衰发黄脱落，果实个小。因此在保肥性差的果园，夏季应少量多次施肥防止土壤脱氮。由以上发现他提出，施肥时期应遵循“以秋施为主，春季因树区别对待，夏季不断线”的原则。在栽培技术上提出“看碳施氮，以氮促碳，养根壮树，优质丰产”的观点，被广泛接受并用于指导生产。

如今，束怀瑞已经年过八十，仍然精神矍铄，步履稳健，作为苹果产业技术体系的岗位专家，每天都有干不完的事情。他的示范基地遍布全国苹果产区，他和基层人员保持着密切的往来，即使是周末或节假日人们也可以在办公室找到他。看着他精力充沛的工作状态，人们很难想象他已是八十开外的老人。他说：“我愿意和青年平等地在一起，可增加工作的活力，可享受到团队大家庭的温暖，心情愉快，身体健康。”

面对着纷至沓来的荣誉，他说工作成果是集体的；面对着蓬勃发展的果树事业，他深感欣慰，满怀着希望和责任。他的体会是：年轻时吃苦耐劳的经历能使人终生受益；农业研究问题来自生产一线，用现代科学眼光总结提炼群众的传统经验很重要，要理论联系实际，把握住一个主要方向锲而不舍地研究下去。

六、束怀瑞主要论著

束怀瑞，罗新书，黄镇．1961．果树根系研究．山东农学院学报，(9)：34-44.

束怀瑞，罗新书．1961．果树研究法．北京：农业出版社（1979，第二版；1987，第三版).

束怀瑞，顾曼如，李雅志．1964．苹果叶器官形成及其功能研究．山东农学院学报，(9)：23-36.

束怀瑞，顾曼如，黄镇．1980．苹果C^{14}同化物运转分配特性研究——周期、相关、平衡特性．山东农学院学报，11（1）：39-53.

束怀瑞，黄镇，张连忠．1981．苹果幼树碳素营养物质的贮藏及利用习性研究．山东农学院学报，13（1）：23-30.

顾曼如，张若杼，束怀瑞，等．1981．苹果氮素营养研究初报——植株中氮素营养的年周期变化特性．园艺学报，（4）：21-28.

束怀瑞，顾曼如，黄化成．1981．苹果氮素营养研究（Ⅱ施氮效应）．山东农学院学报，2：23-31.

顾曼如，束怀瑞，周宏传．1985．苹果氮素营养研究Ⅲ．根外追^{15}N及其吸收、运转特性．园艺学报，（2）：89-94.

顾曼如，束怀瑞，周宏伟．1986．苹果氮素营养研究Ⅳ．贮藏^{15}N运转、分配特性．园艺学报，13（1）：25-30.

顾曼如，束怀瑞，周宏伟．1987．苹果氮素营养研究Ⅴ，不同形成^{15}N的吸收、运转特性．山东农业大学学报，18（4）：17-24.

束怀瑞．1993．果树栽培生理学．北京：农业出版社.

束怀瑞．1993．苹果综合技术标准．青岛：青岛出版社.

束怀瑞，等．1997．苹果学．北京：中国农业出版社.

程述汉，束怀瑞，魏钦平．1999．苹果新梢生长动态的数学模型．生物数学学报，14（1）：82-85.

杨洪强，束怀瑞．2007．苹果根系研究．北京：科学出版社.

Zhang J H，Mao Z Q，Wang L Q，Shu H R．2007．Bioassay and identification of root exudates of three fruit tree species．J Integr Plant Biol，49（3）：257-261.

陈伟，束怀瑞．2008．施肥对平邑甜茶根际微生物的影响．植物营养与肥料学报，14（2）：328-333.

束怀瑞．2009．果树栽培理论与实践．北京：中国农业出版社.

束怀瑞．2009．果树学研究论文集．北京：中国农业出版社.

曹慧，王孝威，邹岩梅，束怀瑞．2009．外源NO对水分胁迫下平邑甜茶幼苗中几种氮代谢酶的影响．园艺学报，36（6）：781-789.

主要参考文献

中国工程院学部工作局．2009．中国工程院院士自述·第二卷．北京：高等教育出版社：508-510.

撰写者

翟衡（1957～），山东农业大学园艺科学与工程学院研究员，长期从事葡萄及苹果抗逆生理研究，兼任束怀瑞院士专业秘书。从七七级入学，即成为束怀瑞的本科学生，并从1985年与束怀瑞在同一单位工作至今。

刘 筠

刘筠（1929～），湖南双峰人。鱼类繁殖生理学家。1995年当选为中国工程院院士。1953年毕业于湖南师范学院，留校任生物系助教兼秘书。在长达50多年的教学生涯中，他历任湖南师范学院（现湖南师范大学）生物系助教、讲师、副教授、教授、研究室主任、副系主任、副校长；现为发育生物学国家重点学科带头人，湖南师范大学国家“211工程”重点学科实验室（鱼类发育生物学研究室）主任。他是中国四大家鱼人工繁殖基础理论研究及人工繁殖技术建立的主要创始人之一，也是中国中华鳖繁殖生理学研究和人工繁殖技术建立的创始人之一。在他的领导下，课题组在世界上首次成功研制了雌雄两性能育、遗传性状稳定的异源四倍体鲫鲤群体，并用之大规模生产了在全国推广应用的具有多种优势的不育三倍体鱼，产生了显著的经济、社会和生态效益；近几年来，在他的指导下，课题组还创新性地研制了新型四倍体、三倍体、五倍体鲫鲂群体，雌核发育和雄核发育二倍体鲫鲤克隆体系，改良二倍体红鲫、花鲫、青鲫，改良三倍体鲫鱼；创新地研制了新型的Sox-HMG DNA分子标记方法等。他在国内外学术期刊发表论文百余篇，撰写了《中国养殖鱼类繁殖生理学》专著。他曾作为第一完成人获得了国家科技进步奖二等奖、湖南省首届科学技术杰出贡献奖、国家教委科技进步奖一等奖、湖南省科技进步奖一等奖。

一、刻苦奋进的学子

1929年11月17日，刘筠出生于湖南双峰县青树坪乡的一个农民兼小手工业者家庭。小时候全家靠父亲做点小生意、母亲手工织帽为生。父母亲虽识字不多且家境贫寒，但对子女的求学却非常重视，终日劳作，省吃俭用，希望子女能够读书成才。刘筠自小耳濡目染父母的勤劳朴实以及对子女无私的付出，养成了朴实的生活作风和积极向上的奋斗精神。刘筠8岁时，父母亲带着他和弟妹举家迁居武冈县城，一为生活所迫，二也是为了给子女更好的教育环境。刘筠年岁虽小，但他非常懂事，深知生活艰难，格外珍惜自己的读书机会。他刻苦上进，是每天到校最早、最守纪律、学习最投入、最用功的学生。小学毕业时，他以全校第一的成绩考进了洞庭中学（现武冈市二中）。

洞庭中学是抗日战争时期黄埔军校第二分校，为躲避日本侵略军的铁蹄，由武汉迁往武冈。学校的创办人李明灏和刘侃元都是爱国人士，许多有名的教师都慕名来此任教，因此形成了良好的校风和先进的教学理念。学校实行宽进严出的教学方针，每年招收两个班的学生，但到毕业时已淘汰二分之一。这种“不进则退”的竞争机制成了激发刘筠刻苦学习的一种动力。刘筠学习非常主动，也非常刻苦，但从不死记硬背。战争年代能找到的学习资料极少，每门课程仅有一本教科书，刘筠善于抓住重点，注重理解，反复思考，举一反三，学习效果非常好，每次考试都在班上前 5 名。少年时代的刘筠除了发奋学习，同样爱好体育健身运动，追求全面发展。他从小就热爱游泳，进入洞庭中学后，跑步、爬山、打球更是样样擅长，甚至在县级学生运动会上的中距离赛跑和撑竿跳高项目上还获得过较好的名次。他每年都要多次畅游武冈县城附近的名胜古迹，往往早出晚归，一天走上七八十里山路，流连山水田野，抒发胸间大志。如今说起武冈法相岩的八岩，年近八旬的刘老仍记忆犹新。少年时代的磨炼为他后来从事繁重的科学研究打下了良好的身体基础，培养了他不达目的誓不罢休的坚强意志。学生阶段的刘筠除了是学校各项活动中的活跃分子，还显露出过人的组织才能。他担任过学生会体育部长、生活部长、学生会主席等职务。那时的洞庭中学有办学生伙食合作社的传统，学生自己种菜、养猪、养鸡来改善生活。刘筠既是组织者，又是实干家，卖文具、卖花生米，并且主动为学生伙食合作社积累资金。在他的带领下，学生们每月只需从家里带来 15 千克大米，每周还能吃上一顿猪肉，生活条件得到很大提高，曾经和刘筠同窗共载的同学们都非常佩服和感谢他。

1948 年，经过中学阶段的努力学习，刘筠以优异的成绩考取了国立师范学院。一年后的秋天，湖南和平解放，国立师范学院合并到湖南大学，刘筠也随之转入湖南大学生物系学习。解放之初，由于师资力量不够，有些课程尤其是专业课程缺乏任课教师，学生们不得不去其他院校进行课程选修。在这种特殊情况下，刘筠前后在国立师范学院、湖南大学、湖南医学院、中山大学等四所院校学习。1953 年毕业，时逢全国院系调整，生物系成为调整后新成立的湖南师范学院的一个系。由于刘筠各科成绩突出，表现优异，他被分配到湖南师范学院生物系任助教并兼任系秘书。当时在大学里担任助教是很难被批准主讲一门基础课程的，但是由于刘筠在大学阶段打下的扎实基础，以及踏实肯干的工作作风，他在工作第二年即被批准主讲动物胚胎学，他讲的课深受学生欢迎。当时生物系的系主任董爽秋是位非常关心青年教师成长的教育家，对教学的要求非常严格，对人才的培养也很重视且极有远见。

董教授一贯主张高等学校的教师必须开展科学研究才能提高教育质量，因此科学素养良好且教学认真的刘筠进入了他的视野。由董教授推荐并经学校批准，刘筠于1956年被保送到中国科学院实验生物研究所进修实验胚胎学，师从学识渊博、治学严谨的庄孝僡和朱洗两位教授，专门从事实验胚胎学器官形成和诱导的研究。在中国科学院两年半的学习，刘筠认真刻苦、一丝不苟，为而后的科学研究打下了坚实的基础。1958年秋，刘筠从中国科学院学成回到了湖南师范学院生物系。

二、敢为人先的学者

自古以来青、草、鲢、鳙是中国的特产鱼，被称为四大家鱼。四大家鱼可以在池塘（静水）条件下生存，却无法在池塘环境里繁殖，其种苗的获得只能在江河里捕捞。这种状况对中国当时以四大家鱼养殖为主的水产养殖业影响很大，严重地制约了水产业的发展。1958年秋，水产部在湖南召开水产会议，提出了一个老祖宗千年未能回答的问题：为什么池塘养殖的四大家鱼不能自然繁殖？到底能不能繁殖？此时刚从中国科学院实验生物研究所进修回到湖南师范学院的刘筠向学校主动请缨，要求承担起这项工作。待报告批下来后，刘筠毅然辞别新婚的妻子，卷起铺盖，带着几个高年级的学生奔赴湖南省30多个县市的池塘、湖泊、河流和水库进行四大家鱼性腺发育的调查研究。在那段时间里，有时一天要赶70多里路，经常一天只能吃上两顿饭，而每日工作时间长达十七八个小时更是常事。当时工作条件和生活条件都相当简陋，在渔场一张床上往往要横三竖四，挤下一堆人，这种睡觉的情景被人戏称“横堆罗汉”。有时忙起来累到只能弯身在鱼棚的长椅上过夜。尽管条件简陋，工作繁重，刘筠仍全身心地扑在工作上，带着弟子采集了1000多个样本，经过组织细胞学切片观察，证实了池养家鱼的生殖细胞是能够正常发育的，但是雌性卵巢中的卵母细胞只能发育到初级卵母细胞阶段就停滞不前。从细胞周期的原理来说，生长在池塘环境的四大家鱼雌性卵母细胞不能进入M期，不能自动进行减数分裂。由于池塘环境缺乏像江河所具备的生态条件，在生殖季节四大家鱼的雌性自身的垂体不能分泌足够多的促性腺激素，无法导致卵巢中已经达到生长成熟的卵母细胞进行成熟排卵，必须要进行人工催产。这个结论，为后来家鱼的人工繁殖提供了科学的理论依据。经过理论研究和无数次艰苦的反复对比实验，功夫不负有心人，终于在1963年对所有的四大家鱼人工催产排卵都获得了成功。这一成果不仅为四大家鱼的人工繁殖开辟了道路，也对传统的鱼类不能人工催产的理论进行了修正。很快，四大家鱼的人工繁殖技术被广泛地应用于生产。

1959～1962 年，鲢、鳙、青鱼的人工催产已得到顺利的普及和推广，唯有草鱼的人工催产很不稳定，时好时坏。一次偶然的机会，刘筠察觉，不同的催产激素对草鱼的催产效果完全不同。当时对四大家鱼人工催产普遍使用鲤鱼垂体（简称 PG）和人绒毛膜促性腺激素（简称 HCG）。1962 年 5 月，两个不同的实验场地对草鱼进行人工催产，一个试验场地（湖南水产研究所）使用的催产激素是 HCG，而另一个试验场地（沅江琼湖渔场）使用的催产激素是 PG。在基本相同的生态环境和水温条件下，注射 HCG 的雌性草鱼全部不产，而注射 PG 的雌性草鱼几乎全产。这种结果马上引起了刘筠的注意，经过反复思考、提炼质疑以及多次的对比试验，证实了 HCG 对雌性草鱼没有成熟、排卵反应。当年年底，刘筠把这项实验结果和理论总结在北京召开的全国水产学术会议上提了出来，引起了与会人员的广泛关注和高度重视，但一位内分泌和生殖生理学权威学者对这个结论并不赞同，认为这只是操作上的差错，雌性草鱼只对 HCG 不敏感在理论上是不能成立的。刘筠虽然对自己的操作很有信心，但仍然觉得必须慎重。于是，第二年他多次重复 HCG 对雌性草鱼的催产实验，用客观事实再一次证明了 HCG 对草鱼人工催产确实没有成熟、排卵的效果。经过几十年的实践检验，生产实践始终证明了他的观点，现在的学术界也已经普遍接受了这个结论。在对四大家鱼人工繁殖的长期研究中，刘筠既注重搞应用技术，也重视基础理论，敢为人先，坚持实践是检验真理的唯一标准，不盲目相信权威。

中华鳖，又叫甲鱼、鳖，俗称王八，名字虽不雅，历来却因其独特的食用价值和药用、保健价值而深受人们青睐。在“吃饱就行”的年代，中华鳖的需求量并不大，野生甲鱼也并不罕见。到了 20 世纪 70 年代末到 80 年代中，随着人们生活水平的提高，老百姓对这一美味产生了巨大的需求，甲鱼的身价迅速提升，甚至高达几百元一斤。甲鱼生长慢，成熟期长，随着自然环境的恶化，生存空间越来越小，要不了多久就会濒临灭绝。1979 年，湖南省科委向湖南师范学院和汉寿县特种水产研究所下达了“鳖的人工繁殖和养殖”的课题。由于当时的观念落后，有人认为“投钱养王八算是哪门子搞法?”但是刘筠知道，对于甲鱼，人们认识并不多，一直以为它只能自然生长和繁殖，如果能研究出甲鱼的人工繁殖，从科学的角度讲，挽救了一个物种；从经济的角度来说，老百姓得到了实惠。于是，他立即组织人员制定研究方案，带领课题组前往洞庭湖区进行实地调查，收集资料，采集标本，进行分析研究和养殖实验。他一干就是好几年，扎根在洞庭湖区、岳阳、汉寿县一带，终于摸清了甲鱼的性成熟年龄，生殖细胞的发育规律，胚胎发育的过程以及影响甲鱼繁殖、发育、生长的环境因素等情况。他总结出了稚鳖、幼鳖、成鳖、亲鳖四级饲养方法和鱼鳖混养技术，提出了雌鳖的选择标准，雌雄鳖合理搭配的比例和提高孵化率的人工繁殖技术方案。他提出的技术方案、总结出来的技术理论被广泛应用在湖南的生产实践中。仅1994年一年，湖南仅靠养殖甲鱼就增加产值4亿多元，汉寿县一跃成为中国的“甲鱼之乡”。消费者品尝到了大量而美味的甲鱼，更重要的是，农民从中获得了实利，许多农民因养殖甲鱼而成为万元、十万元、百万元户，大大提高了当地农民的生活水平，促进了水产业的大力发展。

20世纪80年代后期，早已功成名就的刘筠并没有那种“当了教授，就如船到码头”的清闲心情，他又将自己的研究拓展到了细胞工程育种领域。四大家鱼的人工繁殖和养殖，已经解决了鱼的产量问题，但能否像杂交水稻那样使质和量都得到提高？这个问题一直吸引着水产科技工作者的目光。根据经典遗传学原理，不同种属之间的物种远缘杂交难度非常大，但是刘筠并没有在困难前面低头，他始终相信“方法总比困难多”，要有所创造才能有所突破。他带领大批水产工作者建立了多处基地，采取室内实验与野外实践相结合，理论研究与技术创新相结合，细胞工程与有性杂交相结合，传统方式与现代方法相结合，从最基本的胚胎发育做起，开始了鲤鲫鱼类远缘杂交的研究。他精心设计实验框架，经过大量材料的受精细胞学分析，终于发现鱼类远缘杂交也具有正常的受精细胞学过程，也就是说，精子不仅能激活卵子的发育，而且精子所携带的遗传物质能和卵子所携带的遗传物质相融合，形成正常的受精过程，一道“生儿育女”。这一发现不仅打消了国内水产界的疑问，也震惊了国际鱼类研究界。通过不懈的努力，刘筠和他的课题组成功地实现了鲫鲤之间的远缘杂交，其间可谓一波三折。杂交第一代（湘鲫），由于生长速度快而得到了推广养殖。与鲤鱼进行比较，湘鲫在品质上有一定的改善，但体型和肉质更接近鲤鱼，提高质量的目的并没有完全达到。20世纪50年代，日本和苏联就有学者曾提出过鲫鲤杂交雄性不育的理论，国际上也一直公认这样一个结果。不迷信权威的刘筠没有被所谓的经典理论束缚，他没有就此作罢，而是在这个基础上继续开展深入的研究。经过漫长而艰难的试验，刘筠终于发现，在湘鲫中，4.6％的雄性虽然精液看起来是水样，但同样能够繁殖后代，使用湘鲫自交得到了F_2代，并在其中发现有些个体能够产生二倍体精子和卵子（通常情况下，二倍体鱼只能产生单倍体精子和卵子），它们受精使得在第三代中产生了雌性两性都可育的异源四倍体鲫鲤。再经过长期研究发现，这些四倍体鲫鲤鱼能够自然繁殖。这是世界上首次培育成功的雌雄两性能育、遗传性状稳定的异源四倍体鲫鲤。这些四倍体鲫鲤与正常的二倍体鲫鱼鲤鱼杂交，就得到了不育的杂交后代三倍体湘云鲫、湘云鲤。它们比普通的鲤鱼、鲫鱼体型肥大而肚小（不育），生长速度快，抗病力强，特别是谷氨酸钠（呈味氨基酸，味精的主要成分）含量高，味道极为鲜美，很好地解决了鱼的品质问题。这些杂交的三倍体鲫鲤——湘云鲫和湘云鲤一上市就受到了人们的欢迎，至今已在全国28个省市推广应用。2000～2006年共生产湘云鲫（鲤）17亿尾，累计新增产值24.8亿元，新增利税6.7亿元，产生了显著的经济、社会和生态效益。此项研究创新性地突破了国内外相关领域的研究现状，为探讨自然界鱼类多倍体的形成机制提供了非常重要的理论依据。国外同行专家评审认为："能繁殖的异源四倍体鲫鲤鱼的获得是鱼类的第一例"。由朱作言院士、林浩然院士等专家组成的鉴定委员会明确指出"这一成果标志着我国科学家在鱼类多倍体育种的理论和应用方面都取得创造性突破，属世界领先水平"。

目前，在刘筠的悉心指导下，课题组在多倍体鱼类育种领域又有了新的突破。课题组在原有实验基础上创造性地运用雌核发育、雄核发育和远缘杂交技术等，制备了一系列具有生长速度快、体背高、抗病力强、营养价值高等优良性状的新型二倍体和多倍体鱼，其中新型三倍体鱼不仅具备生长速度快、抗逆性强、不育的特点，并且还体现了体型更美观、肉质味道更鲜美、品种更丰富的优势；此外，课题组还运用亚科间的远缘杂交新制备了三倍体、四倍体、五倍体鲫鲂。可以预见，这些改良的新型多倍体鱼应用到生产中后，必将产生更好的经济效益和生态效益。

近年来刘筠将研究方向拓展到了大鲵的人工繁殖和转基因鱼的研究领域，目前也已经取得了一定的突破，相信不久的将来又会给大家一个惊喜。

三、浇灌桃李的良师

刘筠虽因科研而成名，但他更看重自己是一名教师，他常说："我是先有了教师的身份，才会有科研的机会，教书育人始终是要排在第一位的。"自1953年以来，刘筠就一直在湖南师范大学任教，担任本科的动物胚胎学、组织学等课程的教学。从事教育工作60年，可谓是桃李满天下。他教过的学生今时今日谈起刘筠老师时，仍是敬佩之情溢于言表。自20世纪80年代起，他开始带研究生，担任过研究生的发育生物学、鱼类生殖生理学、实验胚胎学、生物学技术等课程的教学，至今已为国家培养了一百多名硕士和博士生。长期以来，他对教学工作认真负责，在教学岗位上兢兢业业；他的教学内容丰富，能反映学科的前沿，教学过程中重点、难点突出，语言生动，表达清晰；他强调理论联系实际，把自己在科研中取得的成果及时应用于教学，把自己在科研中的获得经验与成果编写成教材，给予学生第一手资料。1984～1987年，他曾担任过国家教委高等学校理科生物学教材编写委员会委员，并得到了国家教委的奖励。1995年当选为中国工程院院士。1995年至今受聘为国家教委全国师范院校科技教育顾问。他撰写的《中国养殖鱼类繁殖生理学》专著，是湖南师范大学发育生物学实验室研究生鱼类生殖生理专业课的教科书，同时也被国内的水产院校广泛采纳作为相关专业研究生的参考书，该书还被国内外水产工作者广泛引用。他特别注意培养学生的动手能力，他认为无论对本科生还是研究生的教学，首先应从自己做起，上课必备课，实验必动手，对自己严格才能对学生严格。因此，学生普遍反映教学效果特别好。在教学过程中，他除了传授生物学的专业知识外，还介绍中国科学领域取得的其他成就，扩大学生的视野，提高学生的综合能力，加强学生的素质教育。作为老一辈研究者，刘筠尤其注重培养学生爱祖国爱人民的思想品德，以自己的亲身经历，引导学生学好科学文化知识，为社会主义祖国服务，为四个现代化建设服务。

在教书育人、培养青年教师方面，刘筠的许多事迹在湖南师范大学及国内高校中传为佳话。在鱼类发育生物学研究室科研队伍团队建设中，刘筠鼓励和倡导学科队伍中的年轻教师到国内外的知名学府或是研究所进修深造，并且经常把自己设计的一些科研课题交给他们，让他们担当主攻手，而在课题成果署名上往往把自己的名字排后。他的言传身教给他的学生们树立了良好的榜样，至今他已为国家培养了一大批优秀的硕士和博士，他们都具有吃苦耐劳、自强不息的精神，在国内外取得了非常优异的成绩，其中许多学生已晋升为教授和副教授，多位学生在美国、日本、加拿大、法国、比利时等国家做出了傲人的成绩。如今，刘筠已年过八旬，但他老而弥坚，依然活跃在教学岗位上，仍然拿着放大镜坚持查读专业书籍，准备教案，指导多位研究生，并经常为本科生举行学术讲座。

刘筠为师既严格又可亲，在学习和工作上他从不马虎，非常有原则，但在生活上却平易近人，关心学生。每个学期开学时，无论有多忙，他都要和研究生召开座谈会，告之如何做人、如何做学问，亲切地询问大家的生活情况，特别是对一些家境不好的学生尤为关心，为他们做出适当的生活安排，使他们减少生活上的顾虑，让他们更好地投入学习和科研中。直到现在，发育生物学研究室的每一位学生都会对同一个场景历历在目：每天早晨上班时，刘筠老师略显吃力地拄着拐杖走进实验室，询问每一个他所遇到的研究生早餐吃了什么，有没有喝牛奶，每天的生活开支大约是多少，够不够用等问题。他知道有个学生是在单亲家庭中长大的，经常对他说："你妈妈很不容易，一个人把你抚养长大，你以后要加倍地孝顺她。"他还常说："好好学习，现在生活苦一点，将来会好的。老师们和实验室的同学们都会无私地帮助你，支持你。"这个学生时常和同学说起刘老师的话，说刘老师让他对生活充满了信心。

特别值得一提的是，刘筠不仅仅关心本实验室的学生，而且对素不相识的其他学生也同样关心。2003 年 9 月生命科学院动物学专业招收了一名叫陈亚龙的硕士研究生，他出生于双峰县青树坪镇凡平村一个普通的农村家庭，幼年因小儿麻痹症而导致右腿残疾，凭借坚强的毅力和不懈的追求，在大学毕业工作三年以后，又考上了硕士研究生。不想命运再次和他开了个玩笑，2004 年 4 月正在读研一的他，被查出患上多发性骨髓瘤。一个学生和刘筠聊天时谈到了陈亚龙，刘筠对这个遭遇不幸的学生非常关心，并当场掏出 500 元要转交给陈亚龙治病。后来刘筠还多次找学校的主管领导，帮陈亚龙申请了 8000 多元的医药补助费。陈亚龙出院以后，几次到实验室来感谢刘筠的关心和帮助，刘筠总是鼓励他，一定要自强不息，继续做生活的强者。

刘筠对已经毕业的同学同样关注。2002 年春天，一位已毕业离校的学生突然收到了一张汇票，一看是刘筠寄过来的。原来是当年师从刘老师所参与的课题获得了国家奖励，刘筠给每个参与该项目的研究生都发了奖金。这个学生后来回忆说："我当时非常惊喜和感动，已过古稀之年的刘筠居然还记得我们这些已经毕业的弟子。刘筠对青年后辈的这种无私关怀和爱护，除了体现刘筠作为科学家对年轻人的惜才爱才之心，更体现了刘筠言传身教、既教书又育人的伟大情怀。"

刘筠对学生的指导事无巨细，他对学生的关怀无微不至，数年如一日，天天如此。刘筠就是这样一位既在科研领域孜孜不倦地追求，毕生探索，又在教学领域辛勤劳动、浇灌天下桃李的令人尊敬的长者。

四、刘筠主要论著

刘筠. 1959. 关于蝾螈两眼距离的研究. 实验生物学报，6 (4)：299-315.

刘筠，刘素孋，寿孝鐘，等. 1962. 草鱼性腺发育的研究. 湖南师范学院自然科学学报，4：63-96.

刘筠. 1965. 家鱼的人工繁殖研究工作的现状和展望. 水产学报，2 (3)：49-58.

刘筠，陈淑群，王义铣，等. 1966. 草鱼卵子受精的细胞学研究. 湖南师范学院学报自然科学版，5：73-84.

刘筠，陈淑群，王义铣，等. 1978. 草鱼产卵类型的研究. 水生生物学集刊，6 (3)：247-257.

刘筠，陈淑群，王义铣，等. 1979. 荷包红鲤（♀）×湘江野鲤（♂）杂种一代的研究及其在生产上的应用. 湖南师范学院自然科学学报，1：1-5.

刘筠. 1979. 我国淡水养殖鱼类遗传育种的现状和展望. 水生生物学集刊，6 (4)：471-484.

刘筠. 1979. 我国淡水养殖鱼类遗传育种的现状和展望（综评）. 内陆水产，3：11-25.

刘筠. 1980. 鱼类的生殖生理与遗传改良. 内陆水产，2：21-33.

刘筠，陈淑群，王义铣. 1981. 三角鲂精子与青鱼卵子的受精细胞学研究. 水生生物学集刊，7 (3)：229-239.

刘筠，陈淑群，侯陵，等. 1982. 温度等生态因素对鳖胚胎发育的影响. 湖南师范学院自然科学学报，1：67-73.
刘筠，刘楚吾，陈淑群，等. 1984. 鳖性腺发育的研究. 水生生物学集刊，8（2）：145-151.
刘筠，游洪涛，方志刚. 1984. 鳖的繁殖生理和人工养殖的研究及其应用取得可喜成果. 内陆水产，5：21.
刘筠，周工健. 1986. 红鲫（♀）×湘江野鲤（♂）杂交一代生殖腺的细胞学研究. 水生生物学报，10（2）：101-111.
刘筠. 1992. 我国淡水养殖鱼类选种育种的现状与发展趋势. 内陆水产，3：3-4.
刘筠. 1993. 中国养殖鱼类繁殖生理学. 北京：农业出版社.
刘筠，刘楚吾. 1994. 鳖和牛蛙的人工繁殖. 北京：中国农业出版社.
刘筠. 1998. 中华鳖养殖业的发展和思考. 内陆水产，1：2-4.
刘筠，刘少军，孙远东，等. 2003. 多倍体鲫鲤. 中国农业科技导报，5（6）：3-6.
刘筠. 2005. 自然存在的转基因人与克隆人现象及对转基因人与克隆人概念的新思考. 南华大学学报医学版，33（2）：143.

主要参考文献

唐湘岳，龚民. 2004-2-28. 呕心沥血为“三农”——记中国工程院院士刘筠. 光明日报.
邓一凡，王颖. 2005-3-14. 刘筠“鱼圣”名震水产界. 文汇报.
阳锡叶，李伦娥. 2012-12-7. 刘筠：草根“鱼院士”. 中国教育报.

撰写者

肖俊（1982～），广西水产研究所助研，刘筠院士的学生。
张纯（1980～），湖南师范大学副教授，刘筠院士的学生。

20 世纪中国农学大事记

中国近代农业科学研究和农业教育始于19世纪末的清朝晚期。1895年孙中山发表《创立农学会征求同志书》，1896年罗振玉等在上海成立上海农务会；1897年上海农务会创办了我国第一份农业学术刊物《农学报》；1898年我国第一家农业科研机构上海育蚕试验场建立；1898年我国最早的农业学校浙江蚕学馆和湖北农务学堂分别开办；19世纪末开始从国外引进动植物良种和农业机具，并将西方的农业科技著作译成中文出版。所有这一切，为中国20世纪农业科技发展奠定了基础。

1900 · 罗振玉撰写的《农事私议》出版发行，大力提倡引进国外农业科技改良农业。

· 台湾建立台北农会，继而在台湾各地建立了农会分支机构，从事农业推广工作。

1901 · 南京创办江南蚕桑学堂，下设教习部、试验部、事务部。

· 山西在太原创办山西农林学堂，下设农、林两科。

· 湖南巡抚赵尔巽在长沙创办农务试验场。

1902 · 清廷批准在保定创办直隶农事试验场和直隶农务学堂。

· 张林楷在四川合川创办四川蚕桑公社，开展蚕桑研究，指导农家栽桑养蚕。

· 华侨曾汪源父子从马来西亚引进第一批橡胶树苗，在海南岛试栽成功。

1903 · 山东农事试验场创办于济南，从事栽培、作物育种和土壤肥料研究。

· 山西农事试验场创办于太原，从事旱地和园地试验研究。

· 台湾在台北建立中央农业研究所，继而在台湾各地设立分所。

· 安徽芜湖农务局从日本引进水稻品种‘女郎’试种。

1904 · 清廷批准在河北保定成立北洋马医学堂，1907年改为陆军马医学堂，这是中国最早成立的兽医学校。

· 山东在济南创办林业试验场，从事林木培育、防虫等试验研究。

· 陕西高祖宪、郑尚真等创建“牧羊公社”，购入美利奴绵羊，以改良本地绵羊。

· 中国开始从国外引入和试用化学肥料。

1905 · 清廷明令废科举，兴办学堂后，京师大学堂兴建农科大学堂，这是中国最早的农科大学，是中国农业大学的前身。

· 清廷专门选派30名学生赴日本进修农业科学技术，这批留日学生日后成为有建树的农学家。

· 清廷陆军部军牧司的察哈尔两翼牧场从欧洲引进优良种马和养马技术，建立了模范马群，为中国近代畜种改良的开端。

1906 · 清廷农工商部在北京西直门外设立中央农事试验场，刘春霖任场长，场内设农林、蚕桑、肥料、动物、博物等科。

· 东北奉天农事试验场成立，初期聘用一位日本人为场师。1908年陈振先（首位农科留美学者）任场长。

· 赵尔巽在天津创办农事试验场，聘日本人为场师。

1907 · 清廷农工商部颁布《农会章程》，要求各地农会调查土宜物产、条陈农务事宜、发行农学刊物、交换发售良种、举办演讲展览等，以促进农业推广。

· 1907～1908年，奉天农事试验场从国外引进麦类、玉米、豆类、牧草等良种，进行试种推广。

1908 · 南京创办江南农业试验场，从事谷物、大豆、麻类、烟草试验研究。

· 东北奉天创办森林学堂，实施林业教育，以兴林政。

· 吉林创办九站农事试验场。

1909 · 清廷农工商部为振兴林业提出要求：调查各省宜林地和天然林情况，搜集各国发展林业的资料，派人赴日本考察造林情况。

· 清廷派孙子文赴日本考察水产讲习所、试验场和制造场等，为筹办水产学校做准备。

· 据清学部总务司统计，宣统元年（1909年）全国有高等农业院校5所，在校学生530人；中等农业学堂31所，在校学生3226人。

· 广东农事试验场创办于广州。

1910 · 直隶水产讲习所创办于天津。1929年改名为河北省水产专科学校。

· 由南洋第一劝业会研究会发起，成立了“全国农务联合会”，其宗旨为：联络全国农业机构，调查农业状况，劝导农业改良。

· 吴宗濂撰写的《桉谱》出版发行，该书论述了桉树产地、栽植历史、生长特征、栽植技术和用途等。

1911 · 清廷在察哈尔创办两翼牧群学堂，并设置实习牧场，饲养优良种马。

· 上海求新机器制造厂研制出农田灌溉离心激水机（水泵）。

1912 · 北洋政府农林部在北京设立林艺试验场，后改为北平模范林场。

· 浙江省设立嘉兴治虫局，为中国最早的专业植保机构。

· 江苏省水产学校创立，张公镠任校长。

1913 · 北洋政府农林部改为农商部，将张家口垦牧场改为农商部第一种畜试验场，进行畜种改良。

· 北洋政府教育部颁布《大学规程》，规定农科大学分农学、农艺化学、林学和兽医等，修业年限 3～4 年（本科）。

1914 · 北洋政府农商部颁布《森林法》，这是中国第一部森林法。1915 年又相继颁布《森林法实施细则》和《造林奖励条例》。

· 金陵大学成立农科。1916 年农科与林科合并为农林科，1928 年改名为金陵大学农学院。

· 金陵大学农科开始小麦改良研究，后经多年选育，培育出小麦良种金大 26 号。

· 穆藕初在上海创办植棉试验场。

1915 · 中国第一所高等水利工程学校——南京河海工程专门学校建立，许肇南任校长，李仪祉任教务长。

· 北洋政府农商部在北京西山创办第二种畜试验场，在安徽凤阳创办第三种畜试验场。

· 北洋政府聘任美国专家周伯逊为顾问，指导棉花试验，先后在直隶正定、江苏南通、湖北武昌设第一、二、三棉业试验场。

· 北洋政府农商部在山东长清县创办林业试验场。

· 赵楣在浙江临海创办浙江甲种水产学校，设渔捞、制造两科。

1916 · 北洋政府农商部创办林务研究所，进行树种育苗、造林、林产制造、林业经济等研究。

· 北洋政府农商部在彰德设立中央直属模范棉场，后改为第一植棉场。

· 章祖纯发表《北京附近发生最盛之植物病害调查报告》，为中国实地调查植物病害的开端。

1917 · 由王舜臣、陈嵘、过探先、陆水范等发起的中华农学会在上海成立，推选陈嵘为会长。

· 中华森林会在南京成立，由凌道扬等主持会务。1928 年改为中华林学会，推选姚传法为理事长。

- 聂云台等在上海创办中华植棉改良社，郁屏翰任社长。
- 中国合众蚕业改良会在上海成立。该会倡导并推广使用第一代杂交改良蚕种。
- 陈葆刚等在烟台创办中国第一个水产试验场。

1918
- 广州万国蚕丝改良会利用当地蚕种与引进蚕种杂交，选育出一代杂交种碧交种，在生产中推广应用。
- 南洋兄弟烟草公司从美国引进烟种，在山东、安徽、河南等地推广种植。
- 鲁农撰写的《马匹人工授精技术》，首次在中国介绍动物人工授精技术。

1919
- 过探先应华商纱厂之聘，主持棉产改良工作，后育成江阴白籽棉等品种。
- 1919～1924年，南京高等师范农科（后改为东南大学农科）金善宝等选育出南京赤壳和武近无芒等小麦品种。
- 1919～1924年，原颂周在南京高等师范农科主持水稻育种，育成改良江宁洋籼和改良东莞白水稻品种。

1920
- 东南大学在南汇县成立棉虫研究所，由张巨伯主持工作。
- 金陵大学聘请美籍专家郭仁凤组建棉作改良部。经几年研究，培育出百万华棉品种，在长江下游地区推广。

1921
- 东南大学农科创办园艺系，这是中国最早建立的大学园艺系。
- 江苏南通甲种农校经多年研究，培育成南通鸡脚棉棉花良种。
- 江苏女子蚕桑学校培育成一代杂交种蚕，在吴江、无锡等地推广。
- 我国第一份林学刊物《森林》由中华森林会创刊。

1922
- 东南大学成立棉作改良推广委员会，聘请美国棉花专家柯克作指导。后陆续培育成青茎鸡脚棉、小白花棉等棉花良种。
- 江苏通泰棉垦公司、上海银团、东南大学等联合建立江苏昆虫局，聘吴伟士为局长，开展棉虫、螟虫、桑虫等防治研究。
- 东南大学农科和金陵大学农学院研制出中耕器、棉花播种机、新式犁等农机具。

1923
- 东南大学赵连芳主持水稻育种研究，后育成水稻良种帽子头在生产中推广。
- 江苏省育蚕试验所和江苏女子蚕桑学校进行的蚕种浸酸试验人工孵化秋蚕种，获得成功。
- 吴觉农发表《茶叶原产地考》一文，指出中国是茶叶的故乡。
- 钱崇澍、邹秉文、胡先骕等为农科高等院校编写出第一部《高等植物学》

教材。

1924 • 金陵大学王绶等通过纯系选择，培育出金大 332 大豆品种，在长江流域推广种植。

• 北平中央防疫处研制出马鼻疽诊断液和狂犬病疫苗。

• 章守玉编著的《花卉园艺学》出版发行，为中国近代最早的花卉专著。

1925 • 金陵大学农科小麦育种研究获得优良单株。在沈宗瀚主持下，经多年试验后培育出金大 2905 小麦良种。

• 邓植仪在《农村》创刊号上发表《论砂与泥之性状及土壤分类法》一文，为中国应用现代土壤学进行土壤分类的首篇文章。

• 周桢赴德国撒克逊邦林学院学习，为中国留学攻读森林经理学第一人。

1926 • 中山大学农学院丁颖在沼泽地发现野生稻，将之与农家品种竹粘杂交，获得成功。后经多年培育，育成中山一号水稻良种。

• 金陵大学农学院水稻育种取得成效，从水稻农家品种中选出 1945 个优良单穗。后从中选育出金大 1386 号水稻品种。

• 四川省刘载镛开办俊泽兄弟养蜂场，附设养蜂学校，为中国最早的养蜂专业学校。

1927 • 广西实业院成立，主要从事农林、工矿技术研究。

• 中国合众蚕桑改良会所属的镇江蚕种场，开始大量制造和推广人工孵化秋蚕种。

1928 • 张巨伯、吴福祯、柳支英等发起，在南京成立“六足学会”（又称中国昆虫学会），初期有会员 20 多人。

• 王启虞发现土蜂能寄生于金龟子幼虫体上，控制金龟子为害，提出了以虫治虫新方法。

• 《中国养鸡杂志》出版发行，为中国近代第一份畜牧专业杂志。

• 湖北在武昌设立第一棉花试验场，以推动棉花种植业发展。

1929 • 国民政府农矿部、内政部、教育部联合颁布《农业推广规程》。同时，农矿部成立中央农业推广委员会，指导和督促农业推广工作。

• 邹秉文、戴芳澜等发起，在南京成立植物病理学会。

• 金陵大学在全国 22 个省进行土壤利用调查，获得土地利用的统计数据。

1930 • 国民政府实业部青岛商品检验局设立血清制造所，为中国第一个兽医生物药品研制机构。

• 中国园艺学会成立。1934 年出版了《中国园艺学会会报》。

· 南京中央地质调查所成立土壤研究室，为中国建立土壤研究机构开端。

· 李仪祉在陕西主持引泾灌溉工程，使泾阳、三原、高陵、临潼、礼泉等县受益。

· 浙江大学农学院蒋芸生等开展果树资源调查，查明浙江衢州柑橘有 4 类 14 种。

1931 · 河北正定棉业试验所建立，其前身为农商部第一棉业试验场。

· 燕京大学开始高粱育种研究，后经多年努力，培育出燕京 129 号高粱品种。

· 美国作物育种学家洛夫就任国民政府实业部顾问和江浙两省作物改良总技师，将生物统计分析方法与田间试验技术引入中国。

· 四川省设立中心农事试验场，湖南省在长沙设立棉作试验场，广东设立甘蔗试验场。

1932 · 国民政府实业部在南京建立中央农业试验所，在上海设立第一血清制造所。

· 中央大学农学院金善宝引进意大利小麦良种明他那（Mentana）。后经系统选育，培育出中大 2419 小麦良种，1949 年后改名为南大 2419。

· 中央农业试验所聘请美国专家洛夫为总技师，在其指导下，进行棉花区域试验。

· 黄文沣主持对福建沿海 17 个县进行渔业调查，为中国较早的一次渔业调查，积累了宝贵的资料。

· 1932～1936 年，中央农业试验所沈骊英等用引进的意大利小麦品种与金大 2905 杂交，培育出中农 28 号等小麦品种。

1933 · 国民政府行政院农业复兴委员会邀请邹秉文等 19 位专家，制定“全国农业计划”。该计划 1934 年以《中国农业之改进》一书出版发行。

· 国民政府实业部在南京建立中央种畜场。

· 新疆伊犁种羊场聘请苏联专家指导人工授精，为中国家畜人工授精最早的试验示范。

· 丁颖发表《广东野生稻及由野生稻育成的新种》一文，论证了中国是栽培稻种的原产地。

· 张心一撰写的《中国农业概况》出版发行，以翔实数据和图表反映出全国 25 个省的农业状况。

1934 · 国民政府全国经济委员会在南京建立中央棉产改进所，在甘肃建立西北种畜改良场。1935 年又在南京建立全国稻麦改进所。

- 国民政府财政部成立烟草改良委员会，在许昌设立烟种繁殖场。
- 国民政府实业部成立兽医检疫所，程绍迥任主任，对进口畜禽实行检疫。
- 孙云沛、吴振钟用棉油、石碱、肥皂等制成混合药剂，防治棉花蚜虫效果显著。
- 章文才在《中国园艺学会会刊》上发表了中国第一篇有关乙烯处理柑橘的学术论文。
- 据中央农业实验所统计，中国已有农业科研机构 691 个，其中国立 52 个，省立 356 个，县立 174 个，其他 109 个。

1935

- 全国稻麦改进所周拾禄制定一套水稻品种鉴定方法，在江苏、安徽、江西、湖南以及西南一些省推广应用。
- 侯光炯、马溶之进行了南昌地区潴育性红土壤水稻土肥力初步研究，提出中国水稻土的初步分类。
- 郑辟疆创办江苏省立制丝专科学校（后改为江苏省立蚕丝专科学校），并兼任校长。
- 上海商品检疫局与中央农业实验所合办上海兽医防治所。当年上海地区发生口蹄疫，由于上海兽医防治所查明病原，及时注射口蹄疫血清，使病情得到控制。
- 沙玉清编著的《农田水利学》、陈植编著的《造园学概论》、唐燿编著的《中国木材学》由商务印书馆出版发行，分别为中国近代第一部农田水利专著、造园学专著、木材学专著。
- 顾青虹在国内首先发表《桑树品种之研究》一文，开创了中国桑树品种资源的征集、整理工作。

1936

- 丁颖利用印度野生稻与广东农家水稻品种银粘杂交，培育出巨型大穗水稻品系千粒穗，轰动了东南亚稻作学界。
- 江西农业院（江西农业科学院的前身）育成水稻品种南昌特别一号。后推广到广东地区，广东农民从中选育出矮脚南特水稻良种。
- 四川农业改进所开始进行玉米杂交育种研究。后经多年努力，培育出玉米双交种 452、458、404、411 等品种。
- 中山大学彭家元分离出一种能分解纤维质的细菌，命名为“元平菌”，可促进堆肥腐熟。
- 中国畜牧兽医学会在南京成立，蔡无忌当选为理事长。

- 沈其益编著的《中国棉作病害》、吴耕民编著的《蔬菜园艺学》出版发行，分别为中国近代最早出版的棉花病害专著、蔬菜园艺学专著。

1937 · 中央农业试验所建成中国第一个半机械化猪瘟血清制造厂。

- 河南大学王鸣岐开展枣疯病研究，发现枣疯病病原体可以通过嫁接传毒，并研究出砍除病株以保护健康株的措施。
- 四川省家畜保育所试制出猪丹毒疫苗，在温江、南充、成都等地试验示范，取得良好效果。
- 吴耕民在浙江黄岩创办浙江园艺改良场并任场长。
- 1937～1938年，四川大学农学院杨开渠陆续发表《再生稻研究初报》和《再生稻研究续报》，成为再生稻研究的奠基人。

1938 · 国民政府在汉口设立直属行政院的生产促进委员会，统筹后方的农业推广工作。

- 中央农业实验所孙云沛研制成功砒酸钙，用以防治棉花大卷叶虫。
- 钱浩芦利用四川铸铜与竹材研制成竹质喷雾器，降低了成本，定名为“七七喷雾器”。
- 黄昌贤在美国攻读博士学位时，应用植物激素首次培育出无籽西瓜，轰动美国。

1939 · 国民政府行政院批准在兰州建立西北技艺专科学校。后改为西北农业专科学校。

- 中国共产党在延安建立了自然科学研究院。初建时为研究机构，次年改为教学机构，设有农科。
- 陕甘宁边区政府建设厅在延安创建了陕甘宁边区农业试验场和陕甘宁边区农业学校。
- 郑肇经编写的《中国水利史》出版发行，为中国近代有名的水利史专著。

1940 · 乐天宇、李世俊、陈凌风、方悴农等发起，在延安成立了中国农学会，乐天宇任主任委员。

- 中央农业实验所孙本忠经多年的研究，选育出黄皮蚕种中农29。以后又育成第二代黄皮蚕种3011。
- 戴松恩从事小麦抗赤霉病研究取得成效，为抗病育种奠定了基础。
- 马闻天研制成功简易干牛瘟疫苗，方法简便，成本低。

1941 · 国民政府农林部在重庆歌乐山成立中央林业实验所，韩安任所长。同时，在广西桂林成立中央畜牧实验所。

• 福建在崇安成立茶叶研究所，吴觉农任所长。

• 毛宗良从事园艺植物分类研究取得成果，确定了榨菜为茎用芥菜的一个变种。

• 广西农林试验场黄瑞纶发现了毛鱼藤的杀虫作用。

• 1941～1942 年，林孔湘在广东、福建、江西三省 20 多个县进行柑橘病害调查，在福建的几个果园发现柑橘黄枯病（后称黄龙病）。

1942 • 西北农学院赵洪璋开始小麦育种研究。利用系谱法结合早代测产、混系繁殖等，于 1948 年育成碧蚂 1 号等小麦良种，50 年代在北方冬麦区大面积推广。

• 朱树屏研究成功“朱氏培养液”，是国际上广泛使用的浮游藻类培养液之一。

• 李庆逵等对《中国之土壤》进行修订、补充，编撰成《中国之土壤概述》，论述了中国土壤种类及其分布。

• 1942～1945 年，罗登义进行水果和蔬菜营养成分研究，发现刺梨含有丰富的维生素 C，引起国内外学者关注，英国学者李约瑟特别将刺梨称为“登义果”。

1943 • 延安自然科学院乐天宇等在西北干旱地区推广甜菜种植技术和制糖技术。

• 广西农业试验场收集到甘蔗品种资源 80 种。后经多年研究，选育出多个甘蔗良种。

1944 • 国民政府将农产促进委员会与粮食增产委员会合并，组建农业推广委员会，统筹管理农业推广工作。

• 中央农业实验所药剂制造厂实验室进行 DDT 农药合成研究。1945 年合成 DDT，1946 年投入生产。

1945 • 中国土壤学会在重庆成立，李连捷任理事长。

• 张乃凤、利查逊、叶和才等发表《17 省 171 个试验点肥料田间试验报告》，为这些地区作物需肥情况提供了依据。

• 20 世纪 40 年代初中期干铎、王战等在四川万县谋道溪（又名磨刀溪）发现新树种，后经胡先骕、郑万钧鉴定，定名为水杉。

• 叶培忠在天水水土保持站通过杂交技术培育成叶氏狼尾草。

1946 • 北京大学农学院蔡旭引进美国小麦品种资源 3000 多份。其中的早洋麦经数年选育，培育出农大 1 号等小麦良种。以后又培育出农大 183、农大 36 等小麦良种。

- 盛彤笙在兰州创办中国第一所畜牧兽医学院国立西北兽医学院，并任院长。
- 山东大学农学院设立水产系，为中国第一个大学本科水产系。
- 丁振麟撰写的《野生大豆和栽培大豆的遗传研究》刊登于《美国农艺学会杂志》上，引起国内外学者关注。

1947
- 中央水产试验所在上海成立，林绍文任所长。同时，中央农业经济研究所在南京成立。
- 中央农业实验所由实生苗育成中农14号甘薯良种，适于长江流域栽培。
- 邱式邦采用“六六六”毒饵治蝗，在皖北滁县获得成功。后又首创“六六六”粉剂治蝗技术。

1948
- 中国共产党在东北解放区建立首个兽医科研机构——哈尔滨兽医研究所。
- 中国人民解放军军事管制委员会对山东省立农学院实行接管，任命刘春安为代理院长。
- 马闻天、梁英、潘定华等将上海、北平发生的鸡瘟认定为鸡新城疫病，并提出了防治技术。
- 李曙轩在美国与卡洛斯一起发现萘乙酸甲酯和2,4-D可以防止甘蓝、花椰菜在贮藏期间脱叶和黄化。
- 蒋同庆编著的《蚕体遗传学》出版发行，为中国家蚕遗传育种的奠基之作。

1949
- 5月，华北农业科学研究所在北京成立，陈凤桐任所长。
- 9月，北京农业大学成立。它是由北京大学农学院、清华大学农学院、华北大学农学院、辅仁大学农学系合并而成。首任校务委员会主任为乐天宇。
- 原中央水产实验所由上海迁至青岛，改名为食品工业部水产实验所。后改为黄海水产研究所。
- 陈恩凤编著的《水土保持学概论》出版发行。1951年又编著出版了《中国土壤地理》。这两本书成为高等院校教材。

1950
- 2月24日～3月9日，农业部在北京召开华北农业技术工作会议。
- 4月11～24日，农业部召开首届全国土壤肥料工作会议。
- 5月，林垦部组织森林调查队，在甘肃洮河林区进行森林资源调查。这是全国森林资源调查的开端。
- 8月，农业部召开全国种子会议，提出种子工作方针任务以及开展群众性选种运动和建立良种繁育推广制度。
- 朱弘复、张广学发现棉蚜主要寄生在苦荬菜的根部过冬，提出拔除苦荬菜和水灌棉田的防治棉蚜措施。
- 中山大学沈鹏飞带队，对海南岛进行了首次森林调查。
- 王栋编著的《牧草学通论》（上、下册）出版发行，为新中国第一部牧草方面的专著。
- 西南农学院在重庆成立。它是由四川省立教育学院农艺系、园艺系、农产制造系，华西大学农艺系等合并而成。

1951
- 2 月 26 日，原中华林学会改名为中国林学会，梁希任理事长。
- 6 月，中国人民解放军首次在山西、河北、湖北、安徽等地执行飞机喷洒药剂灭蝗任务，治蝗率达 90%以上。
- 12 月，在镇江成立华东蚕业研究所。1957 年改名为中国农业科学院蚕业研究所。
- 马世骏、陈永林主持的“东亚飞蝗生态生理学理论研究及其在根治蝗害中的意义”，探索出东亚飞蝗一些特性，提出了蝗情预测预报方法和根治蝗害方案。
- 许绶泰研究提出“升汞全血反应”诊断骆驼伊氏锥虫病方法。

1952
- 7 月，教育部在北京召开全国农学院院长会议，提出合并一批大学森林系，成立北京林学院、南京林学院和东北林学院。
- 10 月，由金陵大学农学院、中央大学农学院、浙江大学农学院部分系科合并，成立了南京农学院。
- 11 月，由中山大学农学院、岭南大学农学院、广西大学农学院部分系科合并，成立了华南农学院。
- 由上海复旦大学农学院和东北农学院部分系科合并，成立了沈阳农学院。
- 由武汉大学农学院、湖北省农学院及其他一些大学部分系科合并，成立了华中农学院。
- 在江苏水产学校基础上，成立了上海水产学院。
- 在中国人民解放军第二步兵学校基础上，成立了新疆八一农学院，首任院长为涂治。

1953
- 1 月 1 日，林业部在华北农业科学研究所森林系基础上，成立了中央林业科学研究所。
- 2 月 27 日～3 月 7 日，全国植物病理会议和中国植物病理学会全国代表大会在北京召开，推选戴芳澜为理事长。

- 5 月 3 日～7 月 16 日，中国科学院与农业部、林业部、水利部等联合组织西北水土保持考察团，搜集了土壤、气候、水文、地面覆被等宝贵资料。
- 中国科学院、水利部、农业部、林业部等组织科学工作者分别到广西、云南、广东调查植物资源和土壤利用情况，到东北小兴安岭调查哺乳动物和鸟类情况，到江苏、浙江等调查鱼病及其防治情况。

1954

- 1 月 7 日，农业部发出《征集各地主要农作物原始品种材料的通知》，促进了作物种质资源的保存和利用工作。
- 7 月 9 日，农业部召开全国农业技术工作会议，邓子恢副总理到会作报告。
- 7 月 16～30 日，农业部、中国科学院联合在北京召开全国土壤肥料工作会议和中国土壤学会第一届代表大会，推选马溶之为理事长。
- 兽医药品监察所方时杰、周泰冲等开始研制猪瘟兔化弱毒疫苗。1955 年研制成功，1956 年在生产中试用。
- 吴仲伦主持编制的《中国林业区划草案》出版发行，为我国首部林业区划专著。

1955

- 5 月 19 日，农业部、粮食部、商业部和全国供销合作总社联合发布《关于加强粮食、棉花、油料作物优良品种繁育推广工作的联合指示》。
- 10 月 10～20 日，农业部、林业部、水利部和中国科学院联合举行“第一次全国水土保持会议”，总结了水土保持工作的成绩和经验。
- 11 月 15 日～12 月 8 日，农业部召开全国农业科学研究工作会议，制定了《1956～1967 年农业科学研究工作方案》。
- 王万钧等设计并试制成功中国自制的第一台谷物联合收割机。

1956

- 1 月 5 日，国务院发出《关于加强民间兽医工作的指示》，强调民间兽医人员是一支不可忽视的力量。
- 3 月 4～6 日，中国农学会在北京召开新中国成立后的第一次全国代表大会，推选杨显东为理事长。
- 8 月 10～25 日，中国科学院和高等教育部联合在青岛召开全国遗传学座谈会，113 位学者参会。这次会议后，我国高等院校和科研机构普遍恢复了摩尔根遗传学的教学和科研。
- 农垦部在广州成立华南热带作物科学研究所。该所 1958 年迁至海南岛。

- 北京农业大学彭克明首次提出在中国建立肥料长期定位试验，为我国土壤肥力监测网的建立奠定了基础。
- 华中农学院刘后利提出油菜分类体系，分为白菜型、芥菜型和甘蓝型。这个分类系统为我国学者普遍接受。
- 北京农业大学黄瑞纶编著的《农用药剂学》出版发行，为中国学者编著的最早的农药专著。

1957
- 2 月 14 日，农业部召开水稻改制经验交流会议，总结单季改双季、间作改连作、部分地区籼稻改粳稻的经验。
- 3 月 1 日，中国农业科学院在北京成立，丁颖任院长。建院初期有 11 个专业研究所，6 个大区研究所。
- 10 月 31 日～11 月初，农垦部部长王震率中国农业技术代表团赴日本考察访问，引进日本水稻良种和茶叶加工机械。
- 农民育种家洪春利、洪群英选育出我国第一个矮秆水稻品种矮脚南特，大面积推广应用。
- 浙江农学院庄晚芳编著的《茶树生物学》出版发行，为中国第一部系统论述茶树生物学特性的专著。
- 1957～1958 年，西北农学院石声汉校释的《〈齐民要术〉今释》（一、二、三、四）由科学出版社出版发行。

1958
- 8 月，黄海水产研究所朱树屏等创造出海带自然光育苗法，为世界海带养殖史上的一项创举。
- 10 月 27 日，在中央林业研究所和森林工业研究所的基础上建成中国林业科学研究院。
- 我国开始组织全国化肥试验网工作，先后在不同地区、不同土壤和不同作物上试验，并陆续取得成果。
- 1958～1960 年，我国开展了第一次土壤普查工作，为制定土地利用规划奠定了基础。
- 1958～1961 年，沈阳农学院徐天锡在广州、湛江、南宁和海口进行作物南育试验获得成功，开创了我国北方春玉米、高粱等作物北种南育的先例。

1959
- 1 月 12～22 日，水产部召开全国水产工作会议，确定了“以养为主，积极发展捕捞”的方针。
- 11 月 20 日，中国农业科学院在北京召开第一次全国育种工作会议，提出了专业研究机构与群众相结合的育种工作方针。

• 12 月，农业部召开全国家畜家禽育种工作会议，确定了“本品种选育和杂交改良并举，全面开展家畜家禽育种工作”的方针。

1960 • 2 月，林业部召开全国林业科学技术工作会议，要求迅速壮大林业科技队伍，加强科研成果的鉴定和推广工作，重视改善科研工作条件。

• 3 月 30 日～4 月 10 日，第二届全国人民代表大会第二次会议通过并公布了《1956～1967 年全国农业发展纲要》。

• 12 月，中国作物学会成立，推选金善宝为理事长。

• 中国农业科学院祖德明开始研究以水稻为母本与高粱等异属植物的远缘杂交试验，获得一批变异性状多样的类型。

• 北海珍珠养殖场在熊大仁指导下，养殖成功中国第一批海水人工珍珠，为海水珍珠养殖业发展奠定了基础。

• 阳含熙在湖南江华县建立了中国最早的人工林生态试验站，开展定位研究工作。

• 叶培忠主编的《树木育种学》出版发行，为中国树木育种方面第一本系统完整的教材。

1961 • 6 月，中共中央批准国家科委和中国科学院共同制定的《关于自然科学研究机构当前工作的十四条意见》，要求对科学技术工作进行调整，对科技战线各种“左”的思想表现进行清理，对科技工作中一些政策问题作了规定和澄清。

• 华南农学院赵善欢在中国昆虫学会学术讨论会上首次提出昆虫田间毒理学理论，把昆虫毒理学和生态学紧密结合起来，为农药制造和合理使用提供了依据。

• 台湾学者张德慈首次将台中再来 1 号水稻良种引入印度试种成功，为印度粮食增产做出了贡献。

• 北京农业大学孙渠主编的《耕作学》出版发行。该书总结了中国耕作技术和耕作制度改良的经验。

1962 • 7 月 22 日～8 月 1 日，中国植物保护学会成立大会在哈尔滨举行，推选俞大绂为理事长，戴芳澜为名誉理事长。

• 10 月 11 日，国家科委和农业部邀请 60 多位农业科学家在北京举行座谈会，商讨加强农业科学研究和农业科技队伍建设问题。周恩来总理接见了与会科学家。

- 11 月 22 日，中共中央、国务院发布《关于加强种子工作的决定》，强调了农业生产中“种子第一”，要促进良种的培育、繁殖和推广。
- 12 月 17～27 日，中国林学会在北京举行首次学术年会。会议就营造速生林、恢复和发展木本粮油、现有林合理经营和木材综合利用等进行了研讨。
- 中国农业科学院李光博在国内首次提出黏虫季节性南北往返迁飞为害假说与迁飞路线图示。
- 北京农业大学曾士迈发表《小麦条锈病大区流行规律的数理分析》一文，提出了小麦条锈病流行区系的观点和研究方法。
- 杨允奎在国内首先报道了“利用玉米雄性不育特性培育玉米杂交种”研究成果，促进了玉米育种技术的发展及其应用。

1963
- 2 月 8 日～3 月 31 日，中共中央、国务院在北京召开全国农业科学技术工作会议。会议讨论和审议了《1963～1972 年农业科学技术发展规划纲要》，周恩来总理在会上作了报告。
- 3 月 18 日，中国蚕学会在江苏镇江成立，推选孙本忠为理事长，郑辟疆为名誉理事长。
- 3 月，中国农业机械学会成立，推选刘仙洲为理事长。
- 12 月 16 日，中国水产学会在北京成立，推选杨扶青为理事长。
- 黄海水产研究所赵法箴主持的“中国对虾幼体发育形态和发育生态研究”取得成绩，为对虾全人工育苗奠定了基础。
- 汤逸人在全国农业科学技术工作会议上提出家畜生态学研究创意，后被列为国家科研课题，为中国家畜生态学的创立奠定了基础。
- 北京农业大学裘维蕃编著的中国第一部《植物病毒学》由农业出版社出版。
- 1963～1965 年，中国农业科学院庄巧生等培育的冬小麦品种北京 8 号和北京 10 号，在生产中推广应用。1978 年获全国科学大会奖。

1964
- 湖南黔阳农校教师袁隆平首先提出通过培育“三系法”利用杂种优势培育杂交稻的设想。不久他发现了水稻不育株。1966 年他撰写的《水稻的雄性不孕性》在《科学通报》上发表，引起有关部门的关注。
- 中国农业科学院江朝余等完成的“冬干鸭屎泥水稻‘坐秋’及低产田改良研究”、王守纯等完成的“豫北地区盐渍土棉麦保苗技术措施研究”分别获国家技术发明奖一等奖。

· 李佩成提出了潜水井群非稳定渗流计算的“割离井法”及相应公式，使其成为满足不同水文地质条件和水井不同运行方式的多种求解模型，解决了灌排井群工程设计中的难题。

· 华南热带作物科学研究所改名为华南热带作物科学研究院，何康任院长。

1965 · 2月，国务院在北京召开全国农业科学实验工作会议，谭震林副总理在会上作了报告。

· 8月6日，农业部发出《关于从国外引种要严格控制病虫害的通知》。并陆续在全国18个主要口岸建立动植物检疫所，防止危险性病虫传入。

· 中国农业科学院曾省等从三化螟幼虫尸体中分离出一种芽孢杆菌，定名为杀螟杆菌。这是中国首次采集分离并工厂化生产和大面积应用的细菌杀虫剂。

· 钟麟等著的《家鱼的生物学和人工繁殖》出版发行。该书详细论述了家鱼的生物学特征、苗种培育和养殖技术。

1966 · 3月，中国农业科学院在北京召开第三次全国作物育种工作会议。会议向全国推荐了72个粮食和经济作物优良品种，并研究了作物育种工作10年规划。

· 中国农业科学院鲍文奎培育出可用于生产的八倍体小黑麦新物种，突破了结实率低、种子饱满度差的问题。

· 北京农业大学俞大绂在水稻恶苗病菌的异核遗传研究中，揭示了该菌在自然界中以三种不同模型组成异核体。

1967 · 9月23日，中共中央、国务院发出《关于加强山林保护管理，制止破坏山林、树木的通知》。

· 中国第一台自走式机动插秧机“东风2S型”通过国家鉴定。

1968 · 台湾学者廖一久研究成功草虾人工繁殖技术，促进了台湾养虾业的发展。

· 台湾学者利用急效性苏云金杆菌和细胞质多角体病毒防治松毛虫获得成功，杀虫效率达90%。

1969 · 北京农业大学被外迁、裁并。北京农业机械化学院、北京林学院和一些省的农林院校也被搬迁或撤销。

· 1969～1973年，天津农业科学研究所侯锋、吕淑珍先后培育出津研1号、津研2号、津研3号黄瓜品种，在全国各地推广。

1970 · 8月，中国农业科学院和中国林业科学研究院分别被撤销建制，合并成立中国农林科学院。

· 10月23日，袁隆平的助手李必湖在海南岛沼泽地里发现一株雄花败育的野生稻（简称“野败”），为水稻杂交育种找到突破口。

1971 · 8月16日～9月15日，国务院召开第二次全国农业机械化会议，讨论通过了《全国农业机械化发展纲要》（1971～1980）。

1972 · 4月5～30日，农林部在北京召开农林科技座谈会，讨论并确定了组织“水稻杂种优势利用”等22项重大农林科技协作项目研究。

· 5月24日，山西太谷郭家堡科研队队长高忠丽在小麦“2-2-3品系”中发现雄花花药退化的不育株。后经中国农业科学院邓景扬鉴定，确认该不育株为无花粉型、受显性雄性单基因控制的核不育小麦，将其命名为“太谷核不育小麦”。

· 10月10日，国务院批转农林部《关于当前种子工作的报告》，提出大力选育推广良种，坚持自繁、自选、自留、自用，辅以调剂的种子工作方针。

· 袁隆平选育出符合标准的水稻不育系，1973年正式命名为“二九南一号不育系”。同时，江西萍乡农业科学研究所颜龙安等育成“珍汕97不育系”、“二九矮不育系及其保持系”。

· 华中农学院傅廷栋等首次发现有实用价值的波里马油菜细胞质雄性不育系。后配组选育出华杂2号、华杂3号、华杂4号三系杂交种。

1973 · 广西农学院张先程和湖南的袁隆平、黎垣庆等先后选育出杂交水稻恢复系。至此，中国实现了水稻“三系”配套，标志着籼型杂交水稻培育成功。

· 湖北沔阳县沙湖农场技术人员石明松在粳稻农垦58大田中发现自然不育株。后与有关单位协作研究，1985年将该不育株命名为“湖北光周期敏感雄性不育水稻”。

· 福建农学院谢联辉等开始系统研究中国水稻病毒的病源、分布、传播、为害、测报与防治等。后首次发现水稻簇矮病毒。

1974 · 浙江农业大学陈子元等承担农业部下达的“农药安全使用标准研究”。后编制出29种农药在19种作物上的69项农药安全使用标准。

· 南京林学院叶培忠、王明庥等进行的黑杨派南方型无性系四个品系的引种试验获得成功。后这四个品系在长江中下游和黄淮海地区广为栽植。

1975 · 5月8日，农林部在河南新乡召开全国植物保护工作会议，确定了“预防为主，综合防治”的植保工作方针。

- 10月，中国农林科学院、湖南农业科学院联合主持召开第四次全国杂交水稻科研协作会议，正式对外宣布籼型杂交水稻研究成功。
- 12月26日，农林部在广州召开推广杂交水稻会议。1976年开始，杂交水稻在全国大面积推广种植，比常规水稻增产20%。
- 中国农业科学院沈荣显等研制成功马传染性贫血病弱毒疫苗，突破了马传染性贫血病免疫技术难关。
- 山东海洋学院管华诗主持完成的“海带提碘联产品——褐藻胶和甘露醇再生利用”研究，研制成农业乳化剂等新产品，并相继投产。

1976
- 中国农林科学院李竞雄等培育的抗病、高产玉米品种中单2号开始示范推广，1978年获全国科学大会奖。
- 陆星垣经过三年11代选育，育成高产优质夏秋蚕新品种浙农1号。以后又育出浙农1号×苏12的一代杂种。
- 萧步阳创造出温室一年三季的小麦增代育种新方法。

1977
- 北京农业大学吴仲贤编著的《统计遗传学》，对中国数量遗传学和动物遗传育种研究具有指导意义。

1978
- 3月18～31日，中共中央在北京召开全国科学大会。邓小平在会上作了重要报告，提出“科学技术是生产力”的观点。会议讨论通过《1978～1985年全国科学技术发展规划纲要》，评选出7657项受奖科技成果，其中农业领域受奖381项。
- 5月4日，国务院批准农林部在北京成立中国水产科学研究设计院。1980年改名为中国水产科学研究院。
- 5月，国务院批准恢复中国农业科学院和中国林业科学研究院建制，任命金善宝为中国农业科学院院长，郑万钧为中国林业科学研究院院长。
- 7月，中国农学会在太原召开全国农业学术讨论会，1400多位专家学者参加会议，提出100多条有关农业和农业科技发展的建议。
- 11月29日，国务院发布《关于华北农业大学搬回马连洼并恢复北京农业大学名称的通知》，确定北京农业大学为全国重点高等学校，面向全国。
- 1978年开始，中国开展第二次全国农作物品种资源补充征集工作，并先后进行了西藏、云南等地作物品种综合考察及全国野生大豆等专项考察，共收集到60多种农作物品种资源11万多份。
- 北京农业大学林传光的“马铃薯退化研究”、江苏省农业科学院朱凤美提出的“水稻白叶枯病综合防治方案”、南京林学院熊文愈主持研究的“毛竹速生生产与南竹北移”等分别获全国科学大会奖。

1979 ·4 月 3～7 日，国家农委等联合在北京召开全国农业自然资源调查和农业区划会议。会议宣布，成立全国农业自然资源调查和农业区划委员会。

·6 月 4 日，国家农委发出《关于成立全国农业土壤调查办公室的通知》，正式开始全国第二次农业土壤普查工作。

·9 月 28 日，中国共产党第十一届四中全会通过《中共中央关于加快农业发展若干问题的决定》，要求迅速恢复和加强农业科研机构和高等院校的研究和教学条件，办好中国农业科学院和北京农业大学等重点科研机构和院校。

·北京农业大学石元春等在河北曲周试验区开展旱涝盐碱综合治理研究取得成果，提出半湿润季风气候区水盐运动理论，建立了区域水盐运动监测预报体系。

·南京农学院黄瑞采在国内率先开展变性土研究，在中国土壤学会第四次代表大会暨学术年会上发表论文，提出砂浆土是变性土的观点。

·华南热带作物研究院主编的《橡胶栽培学》出版发行。后黄宗道、何康又主编出版了《热带北缘橡胶树栽培》。这两部著作总结了中国橡胶树栽培北移的研究成果。

·1979～1980 年，安徽农学院陈椽撰写的《中国云南是茶树原产地》和《再论茶树原产地》，提出茶树原产地是云南的“一元论”。

1980 ·7 月，中国首次将杂交水稻技术有偿转让给美国西方石油公司。

·8 月 18 日，国家农委、农业部联合下发《关于加强农业科研工作的意见》，提出调整、整顿和加强农业科研工作以及建立正常科研秩序的意见。

·12 月 5 日，农业部和国家标准总局在北京召开全国种子标准化学术交流和种子检验标准审定会议。

·北京农业大学陈延熙首先提出“植物体自然生态系”概念。之后又提出植物生态学工程理论。据此研制出植物体共生菌增产菌。

·中国水产科学研究院冯顺楼研制成功四片式双拖扩口网，为国内首创，在广东、江苏、浙江等地推广应用。

1981 ·5 月 9 日，国科委发明评选委员会审查批准，袁隆平等育成的“籼型杂交水稻”获国家技术发明奖特等奖，山东省棉花研究所庞居勤等育成的鲁棉一号棉花品种获国家技术发明奖一等奖。

- 12 月 15 日，全国农作物品种审定委员会在北京成立。
- 中国科学院昆明植物研究所冯国眉等在原始森林中发现了中国珍稀树种大树杜鹃。
- 江苏省农业科学院郑庆端等利用血清培养凝集试验诊断急性猪丹毒成功，为防治猪丹毒病提供了良好技术手段。

1982 · 4 月 3 日，国家农委、国家科委在北京召开农业科技推广授奖大会，授予 220 项农业科技推广项目“农业科技推广奖”，924 人获个人奖。

- 5 月，农业部在北京成立全国农业技术推广总站、全国畜牧兽医总站、全国植物保护总站。
- 10 月 15 日，全国第一次农业生态经济学术讨论会在银川举行。会议提出，把生态效益和经济效益统一起来，促进我国农业持续健康发展。
- 全国橡胶科研协作组完成的“橡胶树在北纬 18°～24°大面积种植技术”、丹东农业科学研究所景奉文等培育的“玉米自交系 330”、徐州地区农业科学研究所盛家廉等培育的甘薯品种徐薯 18 分别获国家技术发明奖一等奖。

1983 · 1 月 26 日至 2 月 2 日，国家科委、农牧渔业部、林业部在北京召开全国农村科技工作会议。7 月，中央办公厅和国务院办公厅转发了国家科委党组的《关于当前农村科技工作和体制改革的若干意见》。

- 10 月 11～20 日，全国野生稻学术会议在长沙召开。与会专家确认了湖南茶陵和江永两县的野生稻及其性状。这是继江西东乡之后又一次在我国发现的高纬度野生稻。
- 中国兽医药品监察所方时杰、周泰冲等研制的猪瘟兔化弱毒疫苗、浙江省农业科学院王汀华等培育的水稻新品种原丰早、四川省农业科学院戴铭杰等培育的棉花抗病品种 52-128 和 57-681、铁岭地区农业科学研究所王国栋等培育的大豆品种铁丰 18 分别获国家技术发明奖一等奖。

1984 · 8 月 13 日，我国首座现代化种质资源库在中国农业科学院落成。

- 中国农业科学院李竞雄等培育的多抗性丰产玉米杂交种中单二号、安徽省水产局赵乃刚等完成的“河蟹繁殖的人工半咸水及其工业化育苗工艺”分别获国家技术发明奖一等奖。
- 天津市农业科学院侯锋等培育的黄瓜抗病丰产配套品种津研 1～7 号获国家技术发明奖二等奖。
- 中国农业科学院刘更另等完成的“红壤稻田持续高产研究”，提出施钾肥调节土壤养分平衡，施锌肥防治水稻僵苗技术措施。

• 旭日干与日本学者共同研究获得世界上第一只体外受精的试管山羊。

1985 • 1 月，北京农业大学沈其益主持的“农药种衣剂处理棉种防治棉花苗期病虫研究”，首次研制成功农药种衣剂及其多种配方。

• 3 月 13 日，中共中央发出《关于科学技术体制改革的决定》，指出：改革农业科学技术体制，使之有利于农村经济结构的调整，推动农村经济向专业化、商品化、现代化转变。

• 11 月，北京农业大学陈文新与新疆农业科学院合作开展新疆豆科植物根瘤菌资源调查研究，新发现 55 种能结瘤的豆科植物。

• 中国科学院李振声等培育的远缘杂交小麦新品种小偃 6 号、中国农业科学院方智远等和北京市农林科学院贾翠莹等培育的甘蓝自交不亲和系及其配制的 7 个系列甘蓝新品种、绵阳地区农业科学研究所冯达仕等培育的高产优质小麦新品种绵阳 11 号分别获国家技术发明奖一等奖。

• 中国科学院周立三等完成的“中国综合农业区划”、胡昭玲等完成的“聚乙烯地膜覆盖栽培技术引进与应用研究”、中国农业科学院张方域等完成的“全国棉花品种区域试验及其结果应用”、中国水产科学研究院赵法箴等完成的“对虾工厂化全人工育苗技术”研究、江苏省农业科学院杜正文等完成的“我国褐稻虱迁飞规律的阐明及其在预测预报中的应用”、南京林业大学王明庥等完成的“黑杨派南方型无性系的引进和推广”、赵书润等培育的军马新品种山丹马和伊吾马分别获国家科学技术进步奖一等奖。

• 中国农业科学院张子仪完成的“中国饲料成分及营养价值表”研究、广东省农业科学院黄耀祥等培育的籼稻新品种双桂 1 号、华中农学院章文才等完成的“甜橙优良品种锦橙的选育、鉴定与推广”分别获国家科学技术进步奖二等奖。

1986 • 1 月，全国第二次土壤普查经 7 年努力，完成了县一级土壤普查任务，基本查清了土地资源概数和各类土壤的数量和质量。

• 中国科学院西北水土保持研究所李玉山主持的“长武高原沟壑区农业高效生态经济系统综合研究”，建立了王东沟国家试验示范区，研究成果在示范区和辐射区推广应用。

• 中国农业科学院成立生物技术研究中心，范云六任主任。该中心为中国农业领域第一个分子生物学研究机构。

1987 • 中国水产科学研究院蒙钊美主持的“大珠母贝人工育苗养殖及插核育珠”

研究、南京林业大学陈岳武等完成的“杉木第一代种子园研究成果的推广应用”、新疆巩乃斯协作组傅寅生等培育成的中国美利奴羊新品种分别获国家科学技术进步奖一等奖。

- 中国农业科学院陈善铭主持的“中国小麦条锈病流行体系”研究获国家自然科学奖二等奖。
- 中国农业科学院张乃凤主持的“我国氮磷钾化肥的肥效演变和提高增产效益的主要途径”、山东农业大学余松烈主持的“山东省黄淮海中低产地区夏秋粮均衡增产综合栽培技术研究”、黑龙江省农业科学院萧步阳主持育成的春小麦品种克丰2号、中国农业科学院郑丕留主持的“家畜家禽品种资源调查及《中国畜禽品种志》的编写”分别获国家科学技术进步奖二等奖。
- 湖南农业大学官春云等培育出我国第一个国家审定的双低油菜品种湘油11号，被评为湖南省十大科技成果之一。
- 西南农业大学侯光炯主持的“水田自然免耕技术”研究，提出改传统平作为垄作、垄沟维持浸润、垄埂连续植被的技术措施。
- 东北农学院王金陵等培育出超早熟、耐低温、蛋白质含量高的大豆新品种东农36号。
- 甘肃草原生态研究所任继周研究提出评定草原生产能力的新指标“畜产品单位”，被我国学术界认可和政府部门采用。

1988

- 7月27日，国务院表彰参加黄淮海平原农业开发实验做出突出贡献的科技人员，石元春等93人受到表彰。
- 李鸣冈等完成的“包兰线沙坡头地段铁路治沙防护体系的建立”获国家科学技术进步奖特等奖。
- 四川农业大学周开达主持的“籼亚种内品种间杂交培育雄性不育系及冈、D型杂交稻”研究获国家技术发明奖一等奖。
- 国家气象局程纯枢主持的“全国农业气候资源和农业气候区划研究”、中国奶牛协会赵海泉等完成的“中国黑白花奶牛的培育”、三明市农业科学研究所谢华安等培育的杂交水稻新组合汕优63、北京市环境保护研究所卞有生等完成的“留民营生态农业系统建设与研究”分别获国家科学技术进步奖一等奖。
- 北京农业大学戴景瑞主持培育出高产、优质、多抗玉米杂交种农大60，在全国20多个省（市）推广种植。

- 中国科学院西北水土保持研究所山仑主持的“黄土丘陵区农林牧合理结构与增产技术综合研究”，所设计的上黄试验区农林牧生态经济结构方案实施后，取得显著生态经济效益。
- 华南农业大学卢永根提出“特异亲和基因”新概念，并提出应用特异亲和基因以克服籼粳稻杂种不育性的设想。
- 中山大学林浩然主持的“鱼类生殖和生长的神经内分泌调节机理研究”取得成效，为诱导鱼类产卵和促进鱼的生长奠定了基础。

1989 · 7 月 26 日，林业部在北京举行森林资源新闻发布会，公布了中国第三次森林资源清查结果：中国现有森林面积 12 465 万公顷，森林覆盖率为 12.98%。

- 中国林业科学研究院洪菊生主持的“杉木地理变异和种源区划分”研究、丹东市农业科学研究所吴纪昌主持培育的多抗性玉米杂交种丹玉 13 号分别获国家科学技术进步奖一等奖。山东省农业科学院陆懋曾主持培育的高产稳产小麦品种济南 13 号获国家科学技术进步奖二等奖。

1990 · 9 月 1 日，农业部全国水产技术推广总站在北京成立。

- 中国农业科学院谭联望、刘正德培育的棉花新品种中棉 12、四川农业大学颜济等培育的高产、抗锈小麦种质资源“繁六”及姊妹系分别获国家技术发明奖一等奖。
- 中国科学院海洋研究所张福绥等完成的“海湾扇贝引种、育苗、养殖研究及应用”、中国农业工程研究设计院朱明主持的“棉籽泡沫酸脱绒成套设备与技术”研究、陕西省农业科学院宁锟主持培育的小麦新品种陕农 7859、吉林省双阳县第三鹿场韩坤主持完成的“双阳梅花鹿育种”分别获国家科学技术进步奖一等奖。
- 中国科学院南京土壤研究所李庆逵主持的“中国磷矿农业利用研究”、朱兆良主持的“稻田土壤的供氮能力和氮肥施用量的推荐”、北京林业大学陈俊愉主持的“金花茶基因库建立与繁殖技术研究”分别获国家科学技术进步奖二等奖。
- 莱州市农业科学研究所李登海主持培育出中国第一个株型紧凑、大穗型高产玉米杂交种掖单 13 号，1991 年以后在全国大面积推广应用，经济效益显著。
- 费鸿年、张诗全合著的《水产资源学》出版发行，为中国第一部水产资源学专著。

1991 ·江苏里下河地区农业科学研究所程顺和主持培育的小麦新品种杨麦5号、新疆生产建设兵团农业局刘守仁等完成的“中国美利奴羊（新疆军垦型）繁殖体系”研究分别获国家科学技术进步奖一等奖。

·中国农业科学院方智远主持培育的甘蓝新品种中甘11号和中甘8号、北京农业大学王树安主持的“小麦夏玉米两茬亩产吨粮技术体系研究”等分别获国家科学技术进步奖二等奖。

·中国科学院石玉林主持的《中国1∶100万土地资源图》编制，建立了中国1∶100万土地资源图的土地资源分类系统与统计体系。

1992 ·8月，中国正式宣布实施“水稻基因组计划”，并在上海成立中国科学院国家基因研究中心。

·国家气象局周秀骥主持的“灾害性天气监测和短期预报系统”研究、中国水产科学研究院朱德山主持的“鳀鱼资源、渔场调查及鳀鱼变水层拖网捕捞技术”研究、南充地区农业科学研究所谭民化等培育的高产甘薯新品种南薯88分别获国家科学技术进步奖一等奖。

·山东农业大学余松烈主持的“冬小麦精播高产栽培的理论与实践”研究、北京林业大学朱之悌主持的“毛白杨优良基因资源收集、保存和利用”研究等分别获国家科学技术进步奖二等奖。

·中国农业科学院许树军、董玉琛等完成的“小麦属间杂种染色体自然加倍种质的发现和利用”研究，发现一个波斯小麦PS5，育成小麦异源双二倍体。

1993 ·北京农业大学石元春主持的“黄淮海平原中低产地区综合治理的研究与开发”获国家科学技术进步奖特等奖。

·中国科学院西北水土保持研究所李玉山主持的“黄土高原综合治理定位试验研究”、中国水稻研究所叶复初等培育的优质、高产、多抗杂交水稻新组合汕优10号、浙江省淡水水产研究所张念慈主持的“草鱼出血病防治技术”研究、上海市农药研究所秦裕基主持的“粉锈宁新技术开发”研究分别获国家科学技术进步奖一等奖。

·中国农业科学院卢良恕主持的“我国中长期食物发展战略研究”、戚春章主持的“蔬菜种质资源的搜集、研究和利用”等分别获国家科学技术进步奖二等奖。

·中国农业科学院俞履圻主持的“粳型稻种起源及耐旱性与耐冷性研究”，证实粳稻起源于云南南部。

• 北京林业大学黄枢、沈国舫主编的《中国造林技术》出版发行。该书被评为国家优秀科技图书。

• 南京农业大学李鸿渐等编著的《中国菊花》出版发行。该书有 2300 多个菊花品种图谱，全面记录了中国菊花品种。

1994 • 6 月 3 日，中国工程院在北京成立，并举行首届院士大会，朱光亚当选为院长，96 人当选首批中国工程院院士。

• 12 月 5～9 日，首届农业技术推广研究员评审会议在北京召开，558 名成绩突出的农业技术人员获得技术推广研究员资格。

• 西南农业大学向仲怀编著的《家蚕遗传育种学》出版发行，为全国农业院校蚕学专业教材。

1995 • 6 月，经国务院批准，北京农业大学和北京农业工程大学合并成立中国农业大学。

• 中国农业科学院黄祯茂主持培育的棉花新品种中棉所 16、河南省农业科学院林作楫主持培育的高产稳产小麦新品种豫麦 13 号、浙江省农业科学院陈剑平主持的“大麦和性花叶病在禾谷多黏菌介体内的发现和增殖的证明”、福建农业大学陈如凯主持的“甘蔗品种的资源鉴定、利用及新品种选育”、军事医学科学院黄翠芬主持研制的“仔猪大肠菌腹泻基因工程多价疫苗”、新疆生产建设兵团叶良中主持的“棉花铺膜播种机的研制与推广”分别获国家科学技术进步奖一等奖。

• 中国农业科学院蒲富慎主持的“果树资源性状鉴定及优异种质筛选”、南京农业大学盖钧镒主持的“中国南方大豆地方品种群体特点和优异种质的发掘、遗传与选育”等分别获国家科学技术进步奖二等奖。

• 中国科学院水生生物研究所蒋一珪主持的“银鲫天然雄核发育机理研究”、南京土壤研究所李庆逵等编著的《中国水稻土》分别获国家自然科学奖二等奖。

• 中国农业科学院辛志勇主持的“综合应用生物技术创造抗黄矮病普通小麦新种质”、东北农业大学蒋亦元主持研制的“割前脱粒水稻收获机器系统”等分别获国家技术发明奖二等奖。

1996 • 中国林业科学研究院王涛主持的“ABT 生根粉系列的推广”获国家科学技术进步奖特等奖。

• 华中农业大学傅廷栋主持的“油菜波里马雄性不育系及其优质杂种的研究、选育与利用”、广西水利电力厅吴锡瑾主持的“广西千万亩水稻节水灌溉技术开发”、中国林业科学研究院许煌灿主持的“棕榈藤的研究”分别获国家科学技术进步奖一等奖。

- 四川农业大学荣廷昭主持育成的高配合力、高产、抗多种病害玉米自交系“48-2”和“S37”获国家技术发明奖二等奖。
- 河北省农林科学院刘洪岭主持培育的“高产、优质冬小麦新品种冀麦5418”、山东农业大学束怀瑞主持的“山东省百万亩苹果幼树优质丰产综合技术研究与应用”等分别获国家科学技术进步奖二等奖。
- 华中农业大学熊远著主持选育出瘦肉猪新品系DⅣ系优良种猪，在生产中推广应用。
- 华南农业大学庞雄飞、尤明生合著的《昆虫群落生态学》出版发行。该书为昆虫群落生态方面的重要专著。
- 《中国农业百科全书》全部出齐，共25卷31册，3600余万字。
- 1996～1998年，中国农业科学院郭三堆、倪万潮、范云六等研制成功单价抗虫基因和双价抗虫基因，并培育出单价抗虫棉和双价抗虫棉在生产中推广。

1997

- 2月20日，国务院发布《植物新品种保护条例》，自1997年10月1日起施行。
- 山东农业大学李晴祺、包文翊等完成的“冬小麦矮秆、多抗、高产新种质‘矮孟牛’的创造及利用”研究获国家技术发明奖一等奖。
- 广东农业科学院黄耀祥主持的“水稻半矮秆‘早长’超高产株型模式和第三代超高产品种‘胜优’的育成”研究获国家技术发明奖二等奖。
- 中国科学院遗传研究所胡含主持的“小麦花粉无性系变异机制与配子类型的重组与表达规律”研究获国家自然科学奖二等奖。
- 中国林业科学研究院唐守正主持的“我国南方人工用材林林业局（场）森林资源现代化经营管理技术”研究、北京林业大学朱之悌主持的“毛白杨多圃配套系列育苗技术”研究等分别获国家科学技术进步奖二等奖。
- 中国农业科学院李博主持的“中国北方草地草畜平衡动态监测系统试验研究”，实现了大面积草地遥感估产、草畜平衡估算和草地资源动态监测。
- 中国农业科学院陈宗懋主持的“茶叶中农药残留预测技术”研究，提出了农药在田间降解、加工消解和泡茶浸出中与降解规律有关的理化参数和影响因子，建立了预测茶叶中农药降解速率与实际残留量的预测模型。

• 中国水产科学研究院唐启升主持的“白令海和鄂霍次克海狭鳕渔业信息网络和资源评估调查”，首次在白令海阿留申海盆区发现当年生狭鳕幼鱼密集分布区。

• 南京农业大学刘大钧主持的“抗白粉病普通小麦-簇毛麦易位系选育及 *pm21* 基因染色体定位”研究，发现并定位簇毛麦抗白粉病基因，定名为“*pm21*”。

1998 • 中国农业科学院蔡荣芳主持培育的高产、优质、多抗棉花新品种中棉 19、中国林业科学研究院黄铨主持的“沙棘遗传改良系统研究”、江苏里下河地区农业科学研究所程顺和主持培育的高产、抗逆、优质小麦新品种扬麦 158 分别获国家科学技术进步奖一等奖。

• 中国农业科学院邓景扬主持的“太谷核不育小麦的发现、鉴定与初步利用”获国家技术发明奖二等奖。

• 中国林业科学研究院蒋有绪编著的《中国森林群落分类及其群落学特征》出版发行。该书首次论及中国复杂地理条件下建立统一的森林群落分类系统。

• 中国农业科学院郭予元主编的《棉铃虫的研究》出版发行。该书论述了棉铃虫迁飞规律及与寄主植物的关系等。

1999 • 9 月，经国务院批准，西北农业大学、陕西农业科学院、中国科学院西北植物研究所、西北林学院、水利部水土保持研究所等七个单位合并成立西北农林科技大学。

• 中国热带农业科学院刘松泉主持的“橡胶树优良无性系的引种、选育与大面积推广应用”获国家科学技术进步奖一等奖。

• 中国科学院邹承鲁主持的“酶活性部位柔性”研究获国家自然科学奖二等奖。

• 中国农业大学吴常信主持的“节粮小型褐壳蛋鸡的选育”获国家科学技术进步奖二等奖。

• 国家海洋局第三海洋研究所徐洵等测定了含 30 万个碱基对的对虾病毒基因组全部序列，在世界上率先破译对虾白斑杆状病毒遗传基因密码。

• 中国水产科学研究院雷霁霖主持的“大菱鲆引种和苗种生产技术”研究取得成效，促进了大菱鲆养殖业的发展。

2000 • 6 月 13 日，国家林业局公布第五次全国森林资源清查结果：全国森林面积为 1.59 亿公顷，居世界第 5 位（次于俄罗斯、巴西、加拿大、美国），森林覆盖率为16.55%。

- 由国家科学技术奖励评审委员会评审，经国务院批准，袁隆平获2000年度国家最高科学技术奖。
- 北京市农林科学院和中国农业科学院联合培育的高配合力、综合性状优良的玉米自交系“黄早四”获国家科学技术进步奖一等奖。
- 四川农业大学颜济主持的“小麦族生物系统学与种质资源研究”获国家自然科学奖二等奖。
- 中国人民解放军军需大学夏咸柱、殷震等研制的“犬五联弱毒苗”获国家科学技术进步奖二等奖。
- 中国农业大学陈文新主持的“中国豆科植物根瘤菌资源多样性、分类及系统发育研究”，新发现结瘤植物300多种，分离、纯化、确认、保藏根瘤菌5000多株。
- 中国农业大学李宁主持的“猪高产仔数FSHβ基因的发现及应用研究”，在国际上率先发现猪促卵泡素β亚基（FSHβ）基因是影响猪产仔数的主效基因。
- 南开大学陈瑞阳主持的“中国主要植物染色体研究”，新发现191种具有重要经济价值和科学意义的多倍体、多倍体复合体和细胞型，出版了世界第一部植物基因组染色体图谱。
- 云南农业大学朱有勇、陈海如在世界上首次提出水稻遗传多样性控制稻瘟病的理论和技术。
- 武汉大学朱英国等培育出“红莲型”、“马协型”新的水稻细胞质雄性不育系，通过了国家自然科学基金委员会的鉴定。
- 华中农业大学陈焕春主持的“伪狂犬病鄂A株分离鉴定及分子生物学与综合防治”研究，研制出诊断试剂与疫苗，在全国推广应用。
- 山东农业大学于振文主持的“小麦衰老生理和超高产栽培理论与技术”研究，揭示了田间条件下叶片和根系的衰老规律及其与籽粒发育的关系，并研究出配套栽培技术。
- 扬州大学刘秀梵主持研制的鸡传染性法氏囊病中等毒力活疫苗，因具有突破母源抗体能力强而使鸡产生坚强免疫。
- 中国科学院朱弘复等编著的《中国经济昆虫志》，论述了昆虫纲9306种昆虫，成为世界上当时唯一的经济昆虫研究专著。

主要参考文献

中国农业年鉴编辑委员会. 1980～2001. 中国农业年鉴（各年度农业大事记）. 北京：农业出版社.

中国农业百科全书编辑部. 1986～1996. 中国农业百科全书. 北京：农业出版社.

郭文韬，等. 1988. 中国农业科技发展史略. 北京：中国科学技术出版社：437-469.

郭文韬，曹隆恭. 1989. 中国近代农业科技史. 北京：中国农业科技出版社：24-36，130-158.

中国大百科全书出版社编辑部. 1990. 中国大百科全书·农业卷. 北京：中国大百科全书出版社：1804-1808.

靳晋，曾晓光. 1992. 台湾农业发展及其科学技术. 北京：北京农业大学出版社：18-20，107-120.

中国科学技术协会. 1996. 中国科学技术专家传略·农学编. 北京：中国农业科技出版社：35-500.

信乃诠. 2000. 半个世纪的中国农业科技. 北京：中国农业出版社：219-223.

石元春. 2002. 20 世纪中国学术大典·农业科学. 福州：福建教育出版社：675-700.

牛盾. 2004. 国家奖励农业科技成果汇编. 北京：中国农业出版社：143-594.

撰写者

安成福（1938～），研究员，中国农业科学院办公室原副主任。

(S—0859.0101)

ISBN 978-7-03-037279-6